D: Beyel del. S. Halle sc.

Vom

Mühlenbau

und

Mühlenwesen;

oder

vollständige Anleitung,

nicht nur alle Arten

Mehl-, Malz- und Schrotmühlen,

sie mögen vom Wasser, Winde, Dampfe, oder von Thier- und Menschenkräften getrieben werden, zu erbauen, sondern auch dasjenige kennen zu lernen, was in Ansehung des Mahlens selbst und der Mühlenordnungen zu beobachten ist.

Nach den neuesten und besten Schriften bearbeitet

von

H. G. Flörke,

Mitgliede einiger gelehrten Gesellschaften.

Erster Theil,

welcher die Beschreibung der Wind- und Wassermühlen enthält.

Nebst 58 Kupfertafeln auf $15\frac{7}{8}$ Bogen und 4 Tabellen auf $1\frac{1}{4}$ Bogen.

Dieser Theil macht den 95sten Theil der Krünitzischen ökonomisch-technologischen Encyklopädie aus, und ist unter obigem Titel für diejenigen Liebhaber, welche die Encyklopädie nicht besitzen, besonders abgedruckt worden.

Berlin, 1804.

In der Buchhandlung des Königl. Preuß. Geh. Commercien-Raths Joachim Pauli.

Mühle, bedeutet 1) eine Maschine, worin durch angebrachte Räder eine Kreisbewegung erhalten wird, durch welche gewisse Materien leichter bereitet, eigentlich **gemahlen**, d. i. zermalmet werden. Dergleichen sind im engern Sinne **die Kaffeemühle, die Hanfmühle, die Senfmühle, die Mahlmühle** oder **Kornmühle**, welche im gemeinen Leben auch nur die Mühle schlechthin genannt wird, und von welcher es wieder verschiedene Arten gibt, dergleichen **die Handmühle, die Roßmühle, die Windmühle, die Wassermühle, die Schiffmühle**, u. s. f. sind.

In weiterer Bedeutung werden auch andere ähnliche Räderwerke, vermittelst welcher Dinge zerschnitten, geschliffen, gestampft, gewalkt, gebohret, abgewunden, gezwirnet rc. werden, **Mühlen** genannt.

nannt. Dahin gehören **die Bret-, Schneide- oder Sägemühlen, die Stampfmühle, die Lohmühle**, die Lohe zu stampfen, **die Papiermühle**, die Lumpen durch Stampfen zu Papier zu bereiten, **die Schleifmühle, die Walkmühle, die Frisirmühle**, die Tücher aufzukratzen, **die Gimfmühle**, ein Drehrad, die Gimfe rund zu drehen, **die Bohrmühle**, die Flintenläufe auszubohren, **die Zwirnmühle**, viele Fäden zugleich zu zwirnen u. s. f. Indessen gibt es ähnliche Maschinen dieser Art genug, von welchen der Nahme Mühle nicht eingeführt ist, wohin z. B. schon das gemeine **Spinnrad** gehört. Soll eine Maschine indessen den Nahmen einer Mühle führen, so wird dabey, wie gesagt, vorausgesetzt, daß auf derselben gewisse Materien, als Korn, Pulver, Papier, Pfeffer rc. auf irgend eine Art bereitet werden. Dadurch unterscheidet man eine Mühle von einem Krahn, oder andern auch aus Rädern zusammengesetzten Maschinen *). Daß aber ferner Räder und eine Kreisbewegung zu einer Mühle erfordert werden, sieht man daraus, weil man Materien auch ohne Mühlen zu einem Zwecke bereiten kann; z. B. der Pfeffer kann sowohl gestoßen, als auf einer Handmühle gemahlen werden.

Zu den Redensarten, welche in diesem Sinne von dem Worte **Mühle** vorkommen, gehören unter andern folgende: **Dem Tuche die Mühle geben**, heißt bey den Tuchbereitern, es auf der Walkmühle walken lassen. **Das ist Wasser auf seine Mühle**, im gemeinen Leben, das ist seinem Verlangen, seinen Absichten gemäß, eine von den Wassermühlen hergenommene Figur. **Getreide zur**

*) Die Schöpfmühle macht hier eine Ausnahme.

zur **Mühle, auf die Mühle, in die Mühle, schicken**, damit es gemahlen werde.

Auf den Mahl- oder Getreidemühlen wird auch ein einzeler Gang derselben **die Mühle** genannt. **Die Mühle stellen**, bey den Kornmüllern, den obern Mühlstein höher stellen. **Die Mühle zusammen lassen**, ihn niedriger stellen.

2) In dem **Mühlenspiele, hat man eine Mühle**, wenn man drey Steine neben einander in gerader Linie hat. **Die Mühle zumachen**, eben daselbst, durch Einschiebung des dritten Steins eine gerade Linie bekommen. **Seine Mühle aufmachen**, durch Wegschiebung des einen Steins die gerade Linie zerreißen. **Die Zwickmühle**, eine solche Stellung der Steine, wo man durch Oeffnung der einen Mühle immer die andere schließen kann; wo die erste Hälfte des Wortes, wie es Hr. Adelung wahrscheinlich findet, aus **zwey** entstanden seyn soll, eine gedoppelte Mühle zu bezeichnen, die es wirklich ist. Näher läßt sich dieses Wort indessen vielleicht von **zwicken**, jemanden quälen, peinigen, ableiten, weil eine solche Mühle den Gegner in die äußerste Verlegenheit und gewöhnlich zum Verluste der Parthie bringt. Die Benennung dieses Spiels ist unbekannt. Thom. Hyde in seinem Buche de ludis orientalium zeigt, daß dieses Spiel von den ältesten Zeiten in der ganzen alten Welt bekannt gewesen, daß es im Oriente erfunden worden, und daß schon Ovid darauf gezielet, wenn er in seinem Gedichte de arte amandi sagt:

Parva tabella capit ternos utrinque lapillos
In qua vicisse, est continuasse suos.

In der ersten Bedeutung lautete dieses Wort nach Herrn Adelung's Untersuchung im 12ten Jahrhunderte Moile, im Schwabenspiegel Mulin, und noch in Schwaben und der Schweitz die Müh in und im Plural die Mühlinen, im Niedersächsischen Möle und Möll, im Dän. Molle, im Schwed. Mölla, ehedem Mylna, im Ißländischen Mylna, im Englischen Mill, im Angelsächsischen Mylen, im Französischen Meule, Moulin, im Böhmischen Mleyn, im Polnischen Mlyn, im Russischen Melne, im Finnländischen Mylly, im Irländischen Mulinn, im Bretagnischen Meal, im Wallisischen Melin, Milin, im Lateinischen Mola, im Griechischen μυλη, alle unmittelbar von mahlen, welches in vielen Mundarten auch mühlen und muhlen lautet, und zwar entweder, so fern es im engsten figürlichen Verstande zermalmen bedeutet, oder auch so fern es als das Frequentativum von mähen, sich bewegen, in mehr eigentlicher Bedeutung, sich im Kreise bewegen, bezeichnet; obgleich andere es seltsam genug von einem gewissen Griechen, Nahmens Mylas ableiten, welcher zur Zeit der Eroberung des gelobten Landes von den Israeliten gelebt, und die Mühlen erfunden haben soll. Daß in den Wörtern Mühlenamt und Mühlenvogtey, so fern solche einen Bezirk um Bremen bezeichnen, die erste Hälfte aus Mahl, eine gerichtliche Versammlung, ein Gerichtsbezirk, verderbt ist, hat Herr Adelung in seinem Wörterbuche bemerkt.

Eintheilung der Mühlen.

Alle Mühlen können nun auf eine doppelte Art betrachtet werden; entweder sieht man auf den **Trieb**, wodurch sie in Bewegung gesetzt werden, oder auf ihren **Nutzen** und **Absicht**. Man pflegt sich hauptsächlich viererley Kräfte zu bedienen, um die Mühlen in Bewegung zu setzen. Man bedienet sich dazu entweder des **Wassers**, oder der **Luft**, oder des **Dampfes** von kochendem Wasser, oder der **Thiere** und **Menschen**, einiger anderer Kräfte, die man in neueren Zeiten noch anzuwenden versucht hat, und im folgenden berührt

werden

werden sollen, hier noch zu geschweigen. Man kann daher alle Mühlen in **Wassermühlen**, **Windmühlen**, **Dampfmühlen** und **Thiermühlen** eintheilen. Der **Absicht** nach aber kann man die Mühlen in viele Classen theilen, wenn man alle Maschinen, die im gemeinen Leben den Nahmen einer Mühle führen, in Betrachtung ziehen will. Da es hier indessen nur auf eine Hauptübersicht ankommt, so wollen wir nur bey fünf Classen stehen bleiben, nachdem in denselben etwas **zerrieben**, **zerstossen**, **zerschnitten** oder **glatt gemacht** wird.

Daraus erwächst folgende Tabelle.

Die Mühlen werden eingetheilt:

I. Dem **Triebe** nach, und sind

a) Wassermühlen, und zwar

aa) perpendikuläre, mit horizontaler Welle und senkrechten Rädern,

α) Unterschlächtige:

αα) Pfahlmühlen, welche unbeweglich an einem Orte stehen:

1) Stabermühlen,

2) Straubmühlen,

3) Panstermühlen,

א) mit einem Ziehpanster,

ב) mit einem Stockpanster.

ββ) Schiffmühlen.

β) Oberschlächtige;

Diese sind:

αα) einfache oberschlächtige oder

ββ) doppelte, wie z. B. die Mühlen mit Kehrrädern.

γ) Halboberschlächtige, oder mittelschlächtige mit Sackrädern.

bb) Horinzontale, oder solche, deren Welle senkrecht, das Wasserrad aber wagerecht ist; diese theilen sich
α) in solche, auf welche das Wasser fällt
αα) von oben oder schräge,
ββ) von der Seite;
β) in solche, welche in einem Flusse stehn. Diese theilen sich in solche
αα) mit, oder
ββ) ohne bewegliche Flügel.

b) **Windmühlen.**
aa) Hölzerne,
α) ganz bewegliche,
β) im Dach bewegliche.
bb) Steinerne nur im Dach bewegliche.
Oder man kann die Windmühlen auch eintheilen nach dem Stande ihrer Flügel, in Mühlen
αα) mit senkrechten Flügeln,
ββ) mit schiefen Flügeln,
γγ) mit horizontalen Flügeln, von welchen allen es wieder mehrere Unterarten gibt, je nachdem sie auf holländische oder deutsche Art gebauet und mit Ruthen oder Segeln versehen sind.

c) **Dampfmühlen**, oder Mühlwerke, welche vermittelst einer Dampfmaschine in Bewegung gesetzt werden.

d) **Thiermühlen.**
aa) Standhafte.
α) Mit dem Vecte, oder Deichsel, **Roßmühlen.**
β) Mit dem Tretrade, **Tretmühlen;** dieses Rad steht

αα)

αα) schief,
ββ) perpendikular
γγ) wagerecht.
bb) Bewegliche,
α) Mit einem Vecte, die auf Wagen stehen, **Wagenmühlen.**
β) Mit einer Kurbel, welches **Handmühlen** sind.
αα) Große mit einem Vorgelege, die werden beweglich
א) durch eine Kurbel,
ב) durch einen Schwengel,
ββ) Kleine, wo die Kurbel unmittelbar an der Welle des Mühlsteins sitzt.

II. Der **Absicht** nach wird
a) entweder etwas zerrieben, zerschroten und gemahlen, welches geschieht
aa) in den Mehlmühlen,
bb) Graupenmühlen,
cc) Schrotmühlen,
dd) Gewürzmühlen,
ee) Caffeemühlen.
b) Oder es wird etwas gestampft und gestoßen.
aa) Durch Stämpfer, als
α) Oehlmühlen,
β) Pulvermühlen,
γ) Lohmühlen.
bb) Durch Hämmer,
α) Walkmühlen,
β) Papiermühlen.
c) Zerschnitten.
α) Schneide- oder Sägemühlen,
β) Steinschneidemühlen,
γ) Heckerlingsmühlen.

d) Gebohrt.

Bohrmühlen.

e) Glatt gemacht.

α) Schleifmühlen,

β) Poliermühlen.

Diese letztere Abtheilung der Classification der Mühlen nach der Absicht, oder dem Zwecke, zu welchem sie erbauet sind, umfaßt, wie vorhin bemerkt worden, nicht alle Mühlen, indem z. B. die **Zwirn- und Spinnmühlen**, die **Schöpfmühlen**, die **Getreidewurfmühlen** rc. nicht darunter begriffen sind. Theils läßt sich aber bey der so großen Verschiedenheit der Geschäfte, welche durch mühlenartige Maschinen ausgerichtet werden, nicht füglich eine ganz vollständige Eintheilung, die sie alle umfaßte, angeben, oder würde, wenn dieses auch der Fall wäre, doch nicht lange vollständig bleiben, indem ohne Aufhören neue Erfindungen gemacht werden, und man immer mehr sucht, sich die Arbeiten durch Maschinen zu erleichtern; theils habe ich es hier nach dem einmahl in der Encyklopädie befolgten Plane auch vorzüglich nur mit den **Mahlmühlen** zu thun, oder den **Mühlen im engsten Sinne des Wortes, in so fern sie zum Mahlen des Getreides zu Mehl, Malz oder Schrot bestimmt sind**, weshalb ich diejenigen Mühlen, durch welche man andere Zwecke zu erreichen sucht, hier nicht weiter in Betracht ziehen darf, da sie ihrer verschiedenen Bestimmung und ihren eigenen Nahmen nach in anderen Artikeln der Encyklopädie abgehandelt werden, wie es aus dem am Ende dieses Artikels befindlichen Nachweisungsregister über die verschiedenen Mühlenarten zu sehen ist. Ich werde zwar von sehr mannigfaltigen Einrichtungen der Mühlen reden müssen, aber vorzüglich doch nur in Ansehung

sehung der verschiedenen Triebkräfte derselben; und wenn hierunter nun auch alle in der ersten Abtheilung der obigen Tabelle genannten Mühlen vorkommen, deren Trieb- und Räderwerk auch bey vielen anderen als den Mahlmühlen eine Anwendung findet: so beschränke ich mich doch einzig darauf, die Anwendung dieser Vorrichtungen selbst nur auf eigentliche Mahlmühlen zu zeigen, und die Anwendung auf Mühlen zu anderen Zwecken bleibt anderen Artikeln vorbehalten.

Kurze Geschichte der Getreidemühlen [1]).

Will man jede Weise, das Getreide zu zermalmen, mahlen, und alle dazu dienliche Werkzeuge, sie mögen so unbequem seyn, als sie wollen, Mühlen nennen, so sind diese vom höchsten Alterthum. Abraham [2]) ließ seinen Gästen Kuchen aus dem feinsten Mehle backen, und das Manna [3]) ward wie Getreide gemahlen. Dazu scheint zuerst der Mörser gebraucht zu seyn, der auch, noch lange nach Erfindung der eigentlichen Mühlen, bey-

1) Malouin hat in seiner Abhandlung von der Müller-, Nudelmacher- und Bäckerkunst, welche im [illegible]ten Bande der Deutschen Ausgabe des Schauplatzes der Künste und Handwerke, übersetzt von Schreber, befindlich ist, eine kurzgefaßte Geschichte der Entstehung und Verbesserung der Bäcker- und Müllerkunst geliefert, welche verschiedene Nachrichten aus dem Alterthume über diesen Gegenstand enthält. Mit mehr Sorgfalt und Ausführlichkeit hat indessen der berühmte Herr Hofrath Beckmann in Göttingen die zerstreueten Notizen zur Geschichte der Getreidemühlen gesammelt, und denselben in seinen Beyträgen zur Geschichte der Erfindungen, II. B. 1. St. Leipzig 1784. 8. S. 1—68 einen eignen Aufsatz gewidmet, aus welchem ich in dem nachfolgenden das vorzüglichste entlehne, da mir nichts besseres über die Geschichte der Getreidemühlen bekannt ist, und ich es nicht besser sagen könnte, als es Beckmann gethan hat.

2) Moses B. 1 Cap. 18. S. 40. nach H. H. Michaelis Uebersetzung.

3) Moses B. 4 Cap. 11, V. 35.

behalten worden, weil diese vermuthlich anfangs nicht gar große Vorzüge gehabt haben [1]). Der Mörser oder das Gefäß hieß ὅλμος, pila; die Keule, ὕπερος oder ὕπερον, pistillus oder pistillum. Stoßen hieß μάττειν, pinsere, welches Wort auch, so wie pinsor, bey den nachher gebräuchlich gewordenen Mühlen, beybehalten worden [2]). Es scheint, man habe mit der Zeit den Mörser inwendig gereift, und auch die Keule, wenigstens unten, eingekerbt, da denn die Körner mehr zerrieben als zerstoßen worden. Eine noch nicht genug erklärte Stelle des Plinius [3]) macht diese Vermuthung wahrscheinlich. Dadurch ward aus dem Mörser eine Handmühle, so bald man nämlich der Keule oben eine Kurbel gab, durch deren Hülfe man sie leichter im Kreise herumtreiben konnte. Eine solche Handmühle hieß **mola trusatilis, versatilis, manuaria** [4]), und war wohl wenig von derjenigen unterschieden, die noch jetzt die Apotheker, Mahler, Töpfer, Pergamentmacher und andere Handwerker, zu Zerreibung spröder Körper, als der Mahlerfarben, der Glasur, der Kreide u. d. brauchen [5]). Vermuthlich hatte jede Haushaltung oder Familie eine solche Mühle. Moses verboth sie als Pfand anzunehmen; denn dieß wäre, sagte er, eben so viel, als wenn jemand sein Leben zum Pfande setzte; weil er nämlich, setzt H. Michaelis

1) Hesiod. opera et dies 421. — Die Stellen der angeführten Schriftsteller, welche Beckmann häufig anführt und mit vieler Gelehrsamkeit erklärt, sind in seinem Werke selbst a. a. O. nachzusehen.

2) Servius ad Virg. Aen. I, 179:

3) Plin. XVIII, 10. II. p. 111.

4) Gellius III. cap. 3.

5) Wer diese Mühlen nicht kennet, der sehe Hartwig (Sprengels) Handwerke und Künste. II. S. 125. Tab. 4 Fig. 12. auch Wallerius's physische Chemie I. S. 62.

lis hinzu, alsdann nicht mahlen, also auch kein Brod zur täglichen Nothdurft des Lebens backen könnte [1]). Anfänglich war das Mahlen eine Arbeit der Weiber, vornemlich der Sklavinnen, so wie es noch jetzt bey den rohen Völkern ist: es muß auch deswegen nicht gar viele Kräfte verlangt haben [2]). Aber nachher wurden die Mühlen von den Leibeigenen getrieben, denen man eine hölzerne Scheibe um den Hals legte, damit diese Unglücklichen nicht mit der Hand zum Munde kommen, also kein Mehl verzehren möchten [3]).

Mit der Zeit verfiel man darauf, der Mühle eine Deichsel zu geben und sie vom Viehe treiben zu lassen, dem man, wie jetzt, die Augen verband [4]). Vielleicht haben so gar die ersten Roßmühlen, molae iumentariae, asinariae, nur eine schwere Keule, so wie die Handmühlen, gehabt [5]), aber man muß bald bemerkt haben, daß die Arbeit schneller gehn würde, wenn man statt derselben, einen großen schweren walzenförmigen Stein nehmen wollte.

1) Moses B. 5. Cap 24. S. 59.
2) Als Moses dem Farao die Erschlagung der Erstgeburt drohete, sagte er: es sollen alle Erstgeborrne sterben, vom Erstgebohrnen des Königs an, der zum Throne bestimmt war, bis auf den Erstgebohrnen der Leibeigenen, die hinter der Handmühle sitzt. Homeri odyss. VII, 103 und XX, 105.
3) Diese Scheibe heißt bey Pollux παυσικάπη.
4) Apulej. metamorph. lib. 9.
5) Beckmann stellt sich die ältesten Roßmühlen ungefähr so vor, als die Oehlmühle, welche man in Sonnerat's Reise nach Ostindien und China. I. Zürich 1783. 4° Tab. 25. abgebildet sieht. An der Keule eines auf einem in die Erde geschlagenen Pfahle befestigten Mörsers ist eine Deichsel angebracht, wovor zwey Ochsen gespannet sind; ein Kerl regiert die Ochsen, und einer steht am Mörser, um die Samen unter die Keule zu stoßen. Auf einer indianischen Handmühle, sagt Sonnerat, können zwey Menschen des Tags nicht mehr als sechszig Pfund Mehl mahlen; da ein einziger Mann unsere Mühle regiren kann, die des Tags mehr als tausend Pfund liefert.

wollte. Inzwischen glaubt Beckmann nicht, daß die ersten Roßmühlen schon Schuh und Zarge, wie die heutigen, gehabt haben; wenigstens die Handmühle, welche Tournefort [1]) zu Nicaria gesehn, die auch aus zweyen Steinen bestand, hatte weder das eine, noch das andere, sondern das Getreide, welches durch eine Oeffnung des Läufers zwischen beyde Steine kam, fiel als Mehl auf ein Bret oder eine Tafel, worauf der Bodenstein, der zwey Schuh im Durchmesser hatte, ruhete.

Der Läufer hieß μύλος, μύλη, meta, turbo; der Bodenstein ὄνος, catillus. Meta bedeutet sonst einen Kegel mit abgerundeter Spitze [2]), und daher hat man vermuthet, daß man anfänglich das Getreide mit einem steinernen, unten platt geschliffenen Kegel zerrieben habe, so wie die Mahler sich des Reibsteins noch jetzt bedienen, und man glaubt, daß dieser Nahmen hernach auch dem Läufer der Mühle gegeben worden. Unwahrscheinlich ist diese Vermuthung nicht, zumahl da noch jetzt einige rohe Völker ihr Getreide auf Reibsteinen zermalmen [3]); jedoch bemerkt Beckmann, daß er sich keiner Stelle bey den Alten erinnere, welche diese Art zu mahlen bestätigen könnte, und er meint, die Keule der Handmühle, statt deren hernach der Läufer gebraucht ward, habe ihrer Bildung wegen auch meta heißen können. Hr. Niebuhr fand in Arabien, außer der Handmühle, einen Reibstein, der von dem bey uns gebräuchlichen darin abweicht, daß er keine Tafel, sondern ein länglich breiter hohlgekrümmter Stein war, wozu nicht ein kegelförmiger Läufer, sondern ein spindelförmiger Stein, der in

1) Voyage du levant. Amsterd. 1718. 4* I. pag. 155.
2) Ein Heuhaufen, Feime, hieß meta foeni, Colum. II 19. Plin. XXVIII, 28.
3) Voyage de Fresier. p. 62.

in der Mitte dick und an beyden Enden zugespitzt war, gehörte. Auf diesem Stein wird das vorher eingeweichte Getreide gemahlen, und hernach zu Kuchen verbacken [1]).

Ueber die eigentliche Einrichtung oder Bauart der alten Handmühlen hoffte er einige Aufklärung von geschnittenen Steinen und andern Alterthümern; aber es ist ihm bloß eine Abbildung davon vorgekommen. Der Italiener Anton Franz Gori [2]) hat einen rothen Jaspis beschrieben, worauf eine männliche meist nackte Figur geschnitten ist, welche in der linken Hand eine Korngarbe, und in der rechten ein Werkzeug hält, welches, nach aller Wahrscheinlichkeit, eine Handmühle seyn soll. Der Italiener hält die Figur für eine Abbildung des Gottes Eunostus, der wie Suidas sagt [3]), der Gott der Mühlen war. Das Werkzeug, welches Eunostus vorzuzeigen oder selbst zu betrachten scheint, gleicht, so viel man erkennen kann, (denn der Stein ist kaum einen halben Zoll lang,) einem Kasten, der oben enger, unten weiter ist. Er steht über einer Tafel erhoben, und man sieht im Boden eine senkrechte Röhre, aus der das Mehl, welches sogar der Künstler ausgedrückt haben soll, heraus zu fallen scheint. Oben hat der Kasten entweder einen geöffneten Deckel oder einen aufgesetzten, vielleicht schief gestellten Korb, aus dem das Getreide in die Mühle fällt. Diese hat an der einen Seite, etwa in der Mitte der einen Seitenwand,

1) Niebuhr Beschreibung von Arabien. Kopenhag. 1772. 4. S. 31. Eine Abbildung beyder Steine ist auf der ersten Kupfertafel Fig. 11. zu sehen.

2) Memorie di varia erudizione della Societa colombaria Fiorentina. In Livorno 1752. 4.* vol. 2. p. 207: Osservazioni del proposto A. F. Gori sopra un' antica gemma anulare rappresentante Eunosto dio de' mulini.

3) Εὔνοστος, θεός τις φασὶν ἐπιμύλιος.

wand, einen hervorragenden gebrochenen Stil, den man, ohne große Anstrengung der Einbildung, für eine Kurbel ansehen wird, oder für den Theil der Mühle, welchen einige molile genannt haben. So sehr klein die Zeichnung ist, und so wenig sie die innere Einrichtung anzugeben vermag, so kann man doch daraus den Schluß ziehen, daß die Welle, sie sey nun von Holz oder Eisen, glatt oder gekerbt gewesen, nicht wie bey unserer gemeinen Kaffemühle senkrecht gestanden, sondern horizontal gelegen hat, woraus denn eine etwas künstlichere Einrichtung, als man bey der ersten Erfindung erwarten sollte, vermuthlich wird. Wer weiß aber, ob nicht sogar vielleicht die Welle der Kurbel innerhalb des Kastens ein Kronrad gehabt hat, welches einen Trilling, an dessen senkrechter Welle die Keule unten befestigt gewesen, umgetrieben hat? Dürfte man dieses annehmen, so wäre die Handmühle der Alten nicht sowohl der vorher genannten Farbemühle, als vielmehr der philosophischen Mühle unserer Chemiker, ähnlich gewesen: so würde denn Langelott nicht der erste Erfinder der letztern seyn *). An der andern Seite, welche der Kurbel gegen über steht, ragen aus der Mühle des Eunostus zwey Stiele hervor, die Gori für Werkzeuge, welche man bey dem Mahlen gebraucht, etwa für eine Handschaufel und einen Staubbesen hält; aber da wir das innere nicht sehen können, so scheint es doch noch zweifelhaft, ob nicht etwa diese Hervorragungen Theile der Mühle selbst sind.

Ein Paar Ueberbleibsel alter römischer Mühlsteine hat man im Anfange des 18ten Jahrhunderts zu Adel in Yorkshire gefunden, wovon Thorn-

*) S. Wallerius physische Chemie. I. S. 62. Fig. 73.

Thornsby [1]) eine Nachricht gegeben hat. Der eine Stein ist zwanzig Zoll breit, in der Mitte dicker als am Rande, also auf der einen Seite convex gewesen; der andere hat die selbige Bildung, aber am Rande diejenige Dicke gehabt, welche der erste nur am Mittelpuncte hatte, und auf letzterm hat man noch Einkerbungen erkannt.

Die Stellen der Alten, welche von Hand- und Roßmühlen handeln, sind von verschiedenen Gelehrten gesammelt, welche Beckmann a. a. O. anführet [2]); allein sie lehren zu wenig, als daß sie besonderer Aufmerksamkeit werth wären. Auch ist die Untersuchung, welcher Ceres die Griechen die Erfindung der Mühlen zugeeignet haben [3]), oder wer der Milantes sey, dem Stephanus diese Ehre beylegt [4]), oder wie diejenige Mühle beschaffen gewesen, welche Myletes, der Sohn des Lelex, des Königs in Laconien, zuerst erbauet hat,

1) Philosoph. transact. n. 282. p. 1285. und Philos. trans. from the year 1700 to the year 1720, abridg'd by Henry Iones. Lond. 1731. 4.* V. 9 p. 38.

2) Hierher gehören nach Beckmann: Ioh. Heringii tractatus de molendinis eorumque iure. Francofurti 1663. 4.* Ein sehr unordentliches Buch, welches geduldige Leser verlangt. F. I. Goetzius de pistrinis veterum. Cygneae 1730. 8.* Größtentheils ein Auszug aus dem vorigen, auch unordentlich und viele Auszüge aus Schriften, die wenig zur Geschichte und Kenntniß der Mühlen beytragen. Traité de la police par De la Mare lib. 5. tit. 9. ll. p. m. 143. G. H. Ayrer de molarum initiis. und ebendesselben Prolusio de molarum progressibus; jede von 2 Bogen in 4; Göttingen 1772. *. C. L. Hoheiselii diss. de molis manualibus veterum. Gedani 1728. Pancirollus edit. Salmuth. II. p. 294. Histoire de la vie privée des François par le Grand d'Aussy. Paris 1782. 3 Theile in 8. * I. p. 33. S. Fabricii bibliographia antiq. Hamburgi 1760. p. 1002.

3) Plin. lib. 7. cap. 56. l. p. 412: Ceres frumenta instituit; eadem molere et conficere in Attica; et alia in Sicilia, ob id dea iudicata.

4) Stephan. de urbibus v. μυλαντια.

hat [1]), ziemlich fruchtlos, indem auch diese Nachrichten zu wenig lehren.

Was die Erfindung der **Wassermühlen** betrifft, so scheint diese in die Zeiten des Mithridats, des Julius Cäsars, des Cicero zu fallen. Weil Strabo [2]) erzählt, daß neben der Residenz des Mithridats eine Wassermühle gewesen, so haben ihm einige die Ehre der Erfindung zuschreiben wollen; aber man kann doch mit Gewißheit nicht mehr daraus schließen, als daß schon damahls, wenigstens in Asien, Wassermühlen bekannt gewesen sind. Daß die ersten zu Rom an der Tiber kurz vor den Zeiten Augusts angelegt worden, sagt Pomponius Sabina († 1496) in seinen Anmerkungen über das Gedicht des Virgils, welches moretus heißt; aber er hat keinen Beweis desfalls beygebracht. Da er die meisten seiner Anmerkungen aus den Erklärungen des Servius genommen hat, und er von diesem ein vollständigeres Exemplar gehabt hat, als bisher gedruckt ist, so kann es seyn, daß er diese Nachricht eben daher geschöpft hat. Die sichersten Beweise, daß Rom zur Zeit des Augusts Wassermühlen gehabt hat, sind wohl die Beschreibung derselben, welche Vitruv gegeben hat [3]), und das artige Epigram des Antipater: „Höret auf, euch zu bemühen, ihr Mädchen, die ihr in den Mühlen arbeitet; jetzt schlaft und laßt die Vögel der Morgenröthe entgegen singen; denn Ceres hat den Najaden befohlen, eure Arbeit zu verrichten; diese gehorchen, werfen sich auf die Räder, treiben mächtig die Wellen und durch diese die schwere Mühle." Dieser Anti-

1) Pausan. Lacon. III. cap. 20. edit. Kuhnii p. 260.
2) Strabo lib. 12, edit. Almelov. p. 834.
3) Lib. 10. cap. 10.

Antipater [1]) hat, wie Salmasius sehr wahrscheinlich behauptet, zur Zeit des Cicero gelebt. Eben so deutlich redet Palladius [2]) von Wassermühlen, welche er auf Landgütern, die fließendes Wasser haben, anzulegen anräth, um Getreide, ohne Menschen und Vieh, mahlen zu können.

Es gibt auch noch andere Stellen der Alten, die man auf Wassermühlen zu deuten pflegt, aber ungewisser sind. Dahin gehört der Vers des Lucretius [3]):

> Vt fluvios versare rotas atque haustra videmus.

Es scheint auch nicht, als ob man die Wasserräder, an welche der tolle Heliogabalus seine ixionischen Freunde binden ließ, dahin rechnen könne [4]). Diese und die haustra des Lucretius sind wohl die von Vitruvius am angeführten Orte beschriebenen Schöpfräder, die also schon zu des Lucretius Zeiten vom Wasser getrieben worden; hingegen die rotae, welche dieser von jenen unterscheidet, könnten eher für Mühlen angesehn werden.

Dem sey aber wie ihm wolle, so bleibt doch ausgemacht, daß man schon im alten Rom Wassermühlen gehabt hat, und eben deswegen kann es wunderlich scheinen, daß man dieser vortheilhaften Erfindung nicht öfterer gedacht findet, und daß sie nicht gleich die mühseligen Hand- und Roßmühlen verdrängt hat. Daß dieses nicht geschehen ist, sondern daß die Anzahl der letztern noch lange hin sehr

1) Dieses griechische Epigram hat zuerst Salmasius bekannt gemacht, in seinen Anmerkungen zu des Lampridius Heliogabalus. S. Historiae augustae scriptores recensiti a C. Salmasio. Parisis 1620. fol. * p. 193.

2) Pallad, de re rustica lib. I, 42. edit. Gesn. II. p. 892.

3) Lucret. V. ver. 517. Man vergleiche Salmas. ad Solin. p. 416.

4) Lamprid. in vita Heliogabali.

sehr groß geblieben ist, kann man aus vielen Stellen schließen. Als Caligula, ungefähr drey und zwanzig Jahre nach dem Tode des Augusts, zu Fortbringung allerley Sachen, Pferde und Ochsen aus den Mühlen wegnahm, entstand in Rom ein Brodmangel, woraus Beroaldus den richtigen Schluß zieht, daß damahls nur wenige Wassermühlen vorhanden gewesen sind [1]). Ja, mehr als drey Jahrhunderte nach August, waren die Roßmühlen noch so gemein in Rom, daß ihre Anzahl sich auf drey hundert belief [2]). Auch in den Gesetzen ist ihrer und der Handmühlen noch lange Zeit nachher immer gedacht worden. Der Jurist Paulus, der ungefähr ums Jahr 240 lebte, nannte, wo er die zu einem Vermächtniß eines Bäckers und eines Landwirths gehörigen Stücke bestimmte, asinam molendariam und molam [3]). Constantin befahl im Jahre 319, daß alle Sklaven, die zu den Mühlen verdammet wären, aus Sardinien nach Rom gebracht werden sollten [4]). Solche Verordnungen über Mühlen-Sklaven kommen noch unter Valentinian vor [5]).

Als aber die Einführung des Christenthums die Sitten verbesserte, wurden die Sklaven seltener, und Ausonius der unter Theodosius dem Großen, gegen Ende des dritten Jahrhunderts lebte, wel-

1) Sueton. vita Calig. cap. 39.
2) Petr. Victor. de regionibus urbis Romae.
3) Digestorum lib. 33. tit. 7, 18.
4) Cod. Theodos. lib. 9. tit. 40, 3. oder L. 3. Quicunque. C. Th. de poenis.

5) Cod. Theodos. lib. 14 tit. 3, 7 oder L. 7. Post quinquennii. C. Th. de pistoribus. Noch jetzt hat man in Sardinien keine andere Mühlen, als solche die von Eseln getrieben werden; s. des Francesco Cetti Quadrupedi di Sardegna. Sassari 1778 8 oder die deutsche Uebersetzung: Cetti Naturgeschichte von Sardinien. Leipzig. 1783. 8. I. S. 51.

meldet ausdrücklich, daß man zu seiner Zeit aufgehört habe, so gar Verbrecher zur Sklaverey zu verdammen und Mühlen von Menschen treiben zu lassen.

Oeffentliche Wassermühlen kommen inzwischen erst unter Honorius und Arcadius vor, und die ältesten Gesetze, die derselben (aquae molarum) gedenken, ums Jahr 398, zeigen deutlich, daß sie damahls noch eine neue Anstalt gewesen, die man durch öffentlichen Schutz sichern mußte, und Befehle zu dieser Absicht wurden noch gegen Ende des fünften Jahrhunderts von Zeno erneuret und geschärft [1]). Es ist auch werth angemerkt zu werden, daß man im ganzen Justinianischen Gesetzbuche nicht des Fachbaums oder Sicherpfahls gedacht findet, der doch in allen neuern Gesetzen vorkommt, und der da, wo viele Mühlen in einer Reihe an einerley Strohm liegen, so häufige Streitigkeiten veranlasset [2]). Die Mühlen in Rom waren an den Canälen, die das Wasser nach Rom führten, angelegt, und weil dieses von vielen Handwerkern und zu mancherley Gebrauch genützt ward, so ward verordnet, daß, bey Vertheilung des Wassers, die Mühlen allemahl vorgehen sollten. Die meisten lagen unten am Berge Janiculus [3]). Da sie von so wenig Wasser getrieben worden, so werden sie vermuthlich nur wenig gefördert haben, und hierin, vornehmlich aber in der großen Anzahl Sklaven und in deren wohlfeilen Unterhaltung, wird wohl

1) Cod. Theodos. lib. 14. tit. 15, 4. und Cod. Iustin. Lib. 11. tit. 42. 10. Auch findet man vieles, was hierher gehört bey Cassiodor Z. B. Var. 3, 31. in Cassiodori op. a. Genevae. 1650. 4* pag. 104.

2) S. I. M. Hiler diss. de arbore et palo molinario. Halae 1730. 4*

3) Procopius lib. 1. Gothicorum c. 19. Prudentius lib. 2. contra Symmachum v. 948.

der Grund liegen, warum diese herrliche Erfindung nicht gleich mehr genutzt, und nicht geschwinder zur Vollkommenheit gebracht worden, welches doch bald nach Aufhebung der Sklaverey geschehn zu seyn scheint, wie wohl auch noch ein besonderer Vorfall dazu Gelegenheit gegeben hat.

Als Vitiges, König der Gothen, im Jahre 536, den Belisarius in Rom belagerte, und die vierzehn großen kostbaren Wasserleitungen der Stadt verstopfen ließ, gerieth dieser in große Verlegenheit, nicht wegen Wassermangels überhaupt, den dawider sicherte ihn die Tiber, sondern wegen Verlusts desjenigen Wassers, welches die Bäder versorgte, vornehmlich aber die Mühlen trieb, welche alle an diesen Canälen lagen. Pferde und Ochsen, die man hätte zum Mahlen brauchen können, fehlten; aber Belisarius gerieth auf den kühnen Gedanken, Fahrzeuge auf die Tiber zu bringen, und darauf die Mühlen zu legen, um solche vom Strohme selbst treiben zu lassen. Der Versuch glückte vollkommen, und es wurden solcher Mühlen so viele als nöthig waren, gebauet. Um diese zu zerstöhren, warfen die Belagerer starke Balken und todte Körper in den Strom, und liessen solche in die Stadt hinunter treiben; aber die Belagerten brauchten Hemketten, und zogen alles, was die Feinde hinein warfen, früh genug heraus. Dies scheint die Erfindung der Schiffmühlen zu seyn, wenigstens kennt Beckmann keine ältere. Es ist gewiß, daß dadurch der Gebrauch der Wassermühlen ungemein erweitert worden; denn die Schiffmühlen lassen sich fast auf jedem Strohme, ohne Erbauung eines Gerinnes oder künstlichen Gefälles anbringen; sie können an die bequemsten Stellen verlegt werden, und steigen und fallen von selbst, so wie das Wasser steigt und fällt; wiewohl sie dagegen die Unbequemquemlichkeit haben, daß sie eine starke Befestigung verlangen, daß sie oft den Strohm zu sehr verengen, daß sie langsamer gehn und nicht selten bey gar zu hohem Wasser oder Eis zu gehn aufhören; alles dieses empfindet man an solchen Orten, wo man keine andere, als nur Schiffmühlen hat, z. B. zu Lyon.

Nach dieser Verbesserung sind die Wassermühlen niemahls wieder außer Gebrauch oder in Vergessenheit gekommen, vielmehr sind sie bald über ganz Europa bekannt geworden, und wenn es der Mühe werth wäre, so könnte man Erwähnungen derselben aus jedem Jahrhunderte beybringen. Die Salischen und andere alte Gesetze [1]), haben wie die Römischen, für die Sicherheit dieser Mühlen, die sie molina oder farinaria nennen, gesorgt, und dem eine Strafe bestimmt, welcher die Schleusen verderben oder das Mühleisen, Ferramentum, stehlen würde. Aber schon hundert Jahr vor den Salischen Gesetzen waren Wassermühlen in Deutschland und Frankreich. Ausonius, der ums Jahr 379 lebte, gedenkt derer, welche damahls an einem kleinen Strohm, der in die Mosel fällt, vorhanden waren, welche auch Fortunatus im fünften Jahrhunderte anführte [2]). Gregorius von Tours, der gegen Ende des sechsten Jahrhunderts schrieb, hat der Wassermühlen mehr als einmahl gedacht; er nennet z. B. eine, welche vor der Stadt Dijon lag, und eine andere, welche ein Abt zum Vortheile seines Klosters erbauen ließ [3]).

 Brito,

1) Leges Francorum Salicae, edit. Eccardi. Francof. et Lipsiae. 1720. fol. * p. 51.
2) Auson. mosella v. 362:
Venantii Hon. Clement. Fortunati carmina, edit, Broweri. Moguntiae 1617. 4* pag. 83.
3) Gregorii Turonensis opera; ed. Theod. Ruinart Lutet. Paris. 1699. fol. * histor. lib. 3, 19. p. 126. Und vita patrum 18. p. 1242.

Brito, der im Anfange des dreyzehnten Jahrhunderts die Thaten des Französischen Königs Philips Augusts in Versen beschrieb [1]), erzählt, wie durch Durchstechung eines Dammes die Mühlen, welche neben Gournay (castrum Gornacum oder Cornacum) lagen, zum Schaden der Belagerten zerstöhrt worden. Auf dem ersten Kreuzzuge am Ende des elften Jahrhunderts verbrannten die Deutschen in Bulgarien sieben Mühlen, die auf einem Strohme unter einer Brücke lagen, also Schiffmühlen gewesen sind [2]). In Urkunden des zwölften und dreyzehnten Jahrhunderts werden die Wassermühlen oft aquimollia, aquimoli, aquismoli, aquimolae genannt [3]). Petrus Damiani, ein Kirchenlehrer des elften Jahrhunderts, sagt: Sicut aquimolum nequaquam potest sine gurgitis inundantia frumenta permolere; ita — [4]).

Zu Venedig hat man, so wie an mehrern Orten, Mühlen, die sich nach der Ebbe und Fluth richten, und also von sechs zu sechs Stunden die Richtung der Räder ändern [5]). Zanetti [6]) hat aus einigen Urkunden bewiesen, daß solche schon ums Jahr 1044 und noch sicherer 1078, 1079 und 1107 vorhanden gewesen. In der einen Urkunde

1) Guil. Britonis Philippidos libri XII editi a C. Barthio. Cygneae. 1657. 4* lib. 6. v. 220. p. 115.

2) Chronicon Hierosolymitanum editum a Reinero Reineccio. Helmstadii 1584. 4* lib. 1. cap. 10. p. 7.

3) S. Glossarium novum ad scriptores medii aevi, collegit Carpentier. Parisiis 1766. fol.* vol. I. p. 266.

4) Damiani opera omnia; edit. Cajetani, Parisiis 1743. fol.* tom. I. p. 105. lib. 6. epist. 23.

5) Eine neue Einrichtung dieser Art findet man in the advancement of arts, manufactures and commerce; by W. Bailey. Lond. 1772, fol.* Im Englischen heißt eine solche Mühle Tide mill.

6) (Girolamo Zanetti) Dell' origine di alcune arti principali appresso i Veneziani libri due. Venezia 1758. 4* p. 71.

kunde stehn die Worte: super toto ipso aquimolo molendini posito in palude juxta campo alto — wo der Ausdruck aquimolum molendini besonders merkwürdig ist, der vielleicht andeuten sollte, daß die Mühle, von der die Rede war, eine eigentliche Mehlmühle sey. Wenn diese Vermuthung gegründet wäre, so würde dadurch bewiesen seyn, daß man schon im elften Jahrhunderte Wassermühlen nicht allein zum Mahlen des Getreides, sondern auch zu mancher andern Absicht angewendet habe.

Es scheint, daß man überall, auch nach Anlegung der Wassermühlen, noch lange Hand- und Roßmühlen in Privathäusern beybehalten hat. In der Lebensbeschreibung des heiligen Benedict lieset man, daß er eine Mühle mit einem Esel gehabt, um für sich und seine Gehülfen das Getreide zu mahlen. Unter den Fabeln vom heiligen Bertin ist eine von einer Frau, die, weil sie am Feste desselben Getreide gemahlen, den Gebrauch des Arms verlohren hat, und einer andern Frau, die auch diese Arbeit zur Unzeit vorgenommen, soll, wie Flodoard hat dichten mögen, die Hand an der Kurbel festgewachsen seyn. Mehr Wunder dieser Art findet man noch später in der catholischen Mythologie. Am längsten blieben solche kleine Mühlen in den Klöstern, und man rechnete es manchen Geistlichen als ein Verdienst an, daß sie ihr Brodkorn selbst mahlten. Die wahre Ursache war wohl, daß die Klöster sich von allen Leuten außer ihren Mauren unabhängig, also alle Bedürfnisse so viel möglich, sich selbst verschaffen wollten, wozu noch kam, daß diese religiösen Faulenzer doch sonst zu wenig Arbeit und Bewegung hatten, also das Mahlen zum Zeitvertreib und besserer Verdauung ihrer unverdienten Speisen verrichten

richten konnten. Sulpitius Severus [1]) im Anfange des fünften Jahrhunderts erzählt die Lebensart eines orientalischen Mönchs, und meldet dabey ausdrücklich, er habe sich sein Getreide selbst gemahlen. Gregorius von Tours hat die Erzählung von einem Abte, der seinen Mönchen die Arbeit an der Handmühle durch Erbauung einer Wassermühle erleichterte [2]). Aber am merkwürdigsten ist wohl, daß man noch im sechsten Jahrhunderte in Frankreich Verbrecherinnen zur Mühle verdammte, wie die Geschichte der Septimina, der Amme des Childebert, beweiset [3]).

Es war viel gewagt, dem gewaltsamen Wasser künstliche Mühlen zu tragen und zu treiben anzuvertrauen, aber noch viel kühner war es, die Kräfte des nicht weniger gewaltsamen, viel unbändigern und immerfort veränderlichen Windes zum Mahlen anzuwenden. Dennoch ist es möglich geworden, indem man, da keiner die Stärke und Richtung des Windes abändern kann, Mittel gefunden hat, das Gebäude selbst solchergestalt einzurichten, daß es den Wind, er komme aus welcher Gegend er wolle, nicht mehr und nicht weniger als nöthig ist, auffangen könne.

Es ist sehr unwahrscheinlich, oder vielmehr es ist gewiß falsch, daß schon die Römer **Windmühlen** gehabt haben, ungeachtet es Pomponius Sabina, doch ohne Erweis, behauptet hat [4]). Vitruvius [5]) hat da, wo er alle bewegende Kräfte nennet, auch der Anwendung des Windes gedacht, aber nicht ein Wörtlein von Müh-

len

1) Dialog. I, 2. edit. Hornii. Amstel. 1665. 8* p. 499.
2) Gregor. Turon. l. c.
3) Histor. Francorum lib. 9, 38. p. 462:
4) a. a. O.
5) Lib. 9. cap. 9. lib. 10. cap. 1, 13.

len gesagt, so wenig als Seneca [1]) und Chrysostomus [2]), die beyde die Vortheile des Windes erzählt haben. Beckmann hält ebenfalls die Erzählung eines alten Böhmischen Annalisten [3]) für falsch, nähmlich daß man in Böhmen vor dem Jahre 718 nur Windmühlen gehabt, und erst damahls Wassermühlen angelegt hat. Vielleicht hat er Hand- und Roßmühlen, statt Windmühlen schreiben wollen.

Man hat oft behauptet, daß diese Mühlen zuerst im Orient erfunden [4]), und durch die Kreuzzüge in Europa bekannt geworden wären; allein auch dieses ist unwahrscheinlich. Denn erstlich findet man diese Art noch jetzt entweder gar nicht, oder höchst selten im Orient, nicht in Persien, nicht in Palästina, nicht in Arabien; so gar Wassermühlen sind dort selten und nur von kleiner Bauart [5]).

1) Natur. quaest. lib. 5. cap. 18.

2) Chrysost. in psalm. 134. p. 362.

3) Wenceslai Hagecii Böhmische Chronik, ins Deutsche übersetzt von Joann Sandel. Nürnberg 1697. fol. * S. 13:

4) Man s. de la Mare tr. de la police a. a. O. Description du duché de Bourgogne. Dijon 1775. 8. I. p. 165. Dictionnaire des origines (par d'Origny) V. p. 184.

5) Voyages de Chardin. A Rouen 1723. 8. VIII. p. 2211. D'Arvieux merkwürdige Nachrichten von seinen Reisen. Dritter Theil. Kopenhagen und Leipzig. 1754. 8. S. 201: Die Araber haben keine Windmühlen. Diese sind im Morgenlande nur an denen Orten im Gebrauche, wo schlechterdings keine Bäche angetroffen werden, und an den meisten Orten bedient man sich der Handmühlen. Diejenigen, welche ich auf dem Berge Libanus und Karmel gesehen, sind denen sehr gleich, die man an einigen Orten Italiens antrifft. Sie sind sehr einfältig und kosten sehr wenig. Der Mühlstein und das Rad sind an einerley Achse befestigt. Das Rad, wenn man es anders so nennen kann, besteht aus acht ausgehöhlten Brettern, als Löffel gestaltet, die überzwerch in der Achse sitzen; wenn nun das Wasser mit Heftigkeit auf diese Breter fällt, drehet es dieselben herum, und bringet durch das Umtreiben den Mühlstein in Gang, über welchem das Korn aufgeschüttet wird.

Zweytens findet man Windmühlen schon vor den Kreuzzügen, oder wenigstens gleich beym ersten Anfange derselben. Es kann seyn, daß einige Theile von Europa, vornehmlich Frankreich und England, diese Gebäude durch diejenigen kennen gelernt haben, die von Kreuzzügen zurück kamen, aber es folgt daraus nicht, daß diese sie im Orient gefunden haben; vielleicht hatten sie solche auf ihrer Reise innerhalb Europa, vielleicht in Deutschland, dem Vaterlande der meisten großen Maschinen, gesehn. Auf gleiche Weise sind viele nützliche Kenntnisse durch die von auswärtigen Kriegen zurückgekommenen Soldaten nach Deutschland gekommen, so wie Engländer und Franzosen nach Rückkunft aus dem letzten Kriege, manche nützliche Werkzeuge unserer Landwirthe in ihrem Vaterlande bekannt gemacht haben; z. B. unsere Futterschneide, unsere Sense mit dem Habergestell u. a.

Mabillon hat ein Diplom vom Jahre 1105 bekannt gemacht, worin einem Kloster in Frankreich erlaubt wird, Wasser- und Windmühlen molendina ad ventum, anzulegen [1]). Im Jahre 1143 ward in Northamton Shire eine Abtey in einem Walde angelegt, welcher in einer Zeit von 180 Jahren ganz aufgerieben worden. Unter den Ursachen dieser Ausrottung wird angegeben, daß in der ganzen Nachbarschaft kein Haus, keine Wind- oder Wassermühle erbauet worden, wozu nicht das Holz aus jenem Walde gehohlt worden [2]). Als im zwölften Jahr-

Niebuhr Beschreibung von Arabien S. 217. Wasser- und Windmühlen habe ich in ganz Arabien nicht gesehen; doch traf ich in Tehama eine Oehlpresse an, die durch einen Ochsen getrieben ward, und vermuthe daher, daß die Araber auch dergleichen Kornmühlen haben.

1) Mabillon annales ordinis S. Benedicti. Tom. V. Luteciae Paris. 1713. fol. * p. 474.

2) Monasticon Anglicanum sive pandectae coenobiorum; edit. sec. Londini 1682. fol. * I. p. 816.

Jahrhunderte diese Mühlen allgemeiner zu werden anfingen, entstand ein Streit darüber, ob von solchen den Geistlichen der Zehnten gebühre, und Pabst Celestin III entschied ihn zum Vortheile seiner Leute [1]). Im Jahre 1332 schlug einer Nahmens Bartolomeo Verde den Venetianern vor, eine Windmühle anzulegen; nach Untersuchung des Vorschlags ward ihm dazu eine Stelle angewiesen, die er behalten sollte, wenn ihm sein Unternehmen innerhalb einer bestimmten Zeit glücken würde [2]). Im Jahre 1393 ließ die Stadt Speyer eine Windmühle bauen, und einen Mann, welcher mit der Windmühle mahlen konnte, aus den Niederlanden kommen [3]). Im Jahre 1442 ist eine in Frankfurt angelegt worden, aber es ist nicht bekannt, ob man dort nicht schon vorher dergleichen gehabt hat [4]).

Um die Mühlen nach dem Winde stellen zu können, hat man eine doppelte Einrichtung; entweder ist das ganze Haus dergestalt gebauet, daß es sich unten auf einem Zapfen drehen läßt, oder das Dach allein mit den Flügeln und ihrer Axe ist beweglich. Mühlen der ersten Art heißen **Deutsche**, der andern Art **Holländische**. Beyde werden entweder inwendig durch ein Rad und Getriebe, oder von außen mit einem langen Hebel gedrehet. Beckmann meint, daß die deutschen Mühlen älterer seyen, als die Holländischen; denn die ältesten Beschreibungen, deren er sich erinnern kann, reden sämmtlich nur von erstern. Hieronymus

1) Decretal. Greg. lib. 3. tit. 30. c. 23.

2) (Gir. Zanetti) Dell' origine di alcune arti appresso i Viniziani. Venez. 1758. 4* p. 74. Le Bret Geschichte von Venedig. II, 1 S. 233.

3) Lehmanns Chronica der Stadt Speyer. Frankf. 1641. 4* S. 847.

4) Lersner Frankf. Chronik II. S. 22.

nymus Cardanus [1]), zu dessen Zeiten Windmühlen in Italien und Frankreich längst gemein waren, hat doch nur der ersten gedacht, und Holländer selbst behaupten, daß die Bauart mit beweglichem Dache erst in der Mitte des sechszehnten Jahrhunderts von einem Flanderer erfunden worden [2]). Diejenigen Mühlen, womit in Holland das Wasser aus dem Lande geschöpft und weggeschaft wird, deren eine schon ums Jahr 1408 bey Alkmaar gewesen, auch 1450 bey Schoonhoven und 1452 bey Enkhuisen erbauet worden, wurden anfänglich von Pferden, und nachher vom Winde getrieben. Aber da sie noch unbeweglich waren, und sie also nur bey einem einzigen Winde arbeiten konnten, so setzte man sie mit der Zeit nicht mehr auf den Erdboden, sondern auf eine Flösse, die man denn nach jedem Winde herum legen konnte [3]). Vermuthlich hat diese Einrichtung die Erfindung der beweglichen Mühlen veranlasset.

Es ist sehr wahrscheinlich, daß man in den ersten Zeiten mit Zermalmung der Körner zufrieden gewesen, und daß man erst nachher auf den Einfall gekommen ist, das Mehl von den Kleyen oder der Hülse oder Haut der Körner zu schneiden. Zuerst geschah

1) De rerum varietate lib. 1. cap. 10; in der Ausgabe aller seiner Werke: Lugduni 1663. fol. vol. III. p. 26.

2) Die Nachricht hat Beckmann gefunden in De koophandel van Amsterdam door Le Long. t'Amsterdam 1727. 2 Theile in 8. II. S. 584. Man lieset daselbst daß Jan Adriaansse Leegwater dieses aufgezeichnet habe, welcher wegen vieler Erfindungen berühmt gewesen, und 1650, im 75sten Jahre seines Alters gestorben ist. In der Ausgabe des angeführten Buches vom Jahre 1718, die nur einen Band ausmacht, steht diese Nachricht noch nicht, und in der neuesten von 1780 ist sie, wie manche gute Anmerkung, ausgelassen worden. Dagegen steht sie auch in dem prächtigen Werke: Beschryving der Stadt Delft — — door verscheide Liefhebbers en Kenners der Nederlandsche oudheden. Te Delft 1729. fol. * pag. 623.

3) Beweise hiervon findet man am angeführten Orte der Beschreibung der Stadt Delft.

geschah dieß durch Siebe, die man mit der Hand bewegte; und man hat auch noch jetzt in Frankreich, bey der so genannten mouture en grosse, eine besondere Beutelkammer, worin das Sieb mit der Hand durch eine Kurbel gedrehet wird. Ebenfalls ist auch noch in manchen Gegenden von Niedersachsen und Elsaß die Gewohnheit, das Mehl besonders auszubeuteln, wozu denn verschiedene Siebe nöthig sind. Die Römer hatten vornehmlich zwey Arten: cribra excussoria und pollinaria; letztere lieferten das feinste Mehl, pollinem, welches noch jetzt unsere Müller und Bäcker Pol nennen. Siebe aus Pferdehaaren sollen zuerst die alten Gallier, Siebe aus Leinen zuerst die Hispanier gemacht haben [1]). Die Einrichtung, ein Sieb von Gestalt eines ausgespanneten Beutels an die Mühle selbst anzubringen, in selbiger das Mehl, wenn es die Steine verläßt, fallen, und den Beutel durch das Mühlwerk drehen und erschüttern zu lassen, diese vortheilhafte Einrichtung ist erst im Anfange des sechszehnten Jahrhunderts bekannt geworden, welches man in etlichen Chroniken ausdrücklich angemerkt findet z. B.

Chronica Cygnea oder Beschreibung der Stadt Zwickau durch M. Tobiam Schmidten. Zwickau 1656, 2 Theile in 4*. II. S. 249: Im Jahre 1502 Mitwoch für Ioh. Baptistae ist das Räderwerk der Beutel in Mühlen allhier zu Zwickau erstlich aufkommen und gebraucht worden. Die geschwornen Meister des Bäcker-Handwerks, die es befördert, sind damahls gewesen: Nic. Voller u. a. Daraus leicht zu sehen, daß man bisher nur Geschrotenes, und nicht Gebeuteltes, gleich wie noch an vielen Orten gebräuchlich, und auch 1641 hier zu Zwickau aus Noth geschehen müssen, gebacken habe.

Theatri Freibergensis chronicon. Pars posterior. Beschreibung der Bergk Haupt Stadt Freyberg in Meissen.

1) Plin. lib. 18. cap. 11. p. 113.

Meissen. Ander Buch, worin die Annales von Andr. Mollero. Freybergk 1653. 4* S. 335 Anno 1580 große Trocknüß und Wassermangel. In allen Mühlen umb die Stadt sind nicht mehr als noch 15 Gänge gangen, und hat man letztlichen die engen Beutel ganz hinweg gethan, und weit angehenget, die Leute besser zu fördern, welches denn so viel gefruchtet, daß täglich auf jeder Mühle noch einmahl so viel als zuvor können gemahlen werden Walser Appenzeller Chronik. S. Gallen 1740. 8* S. 471. Um diese Zeit (1533) hat auch ein Meister von Memmingen die Appenzeller gelehrt, das schöne weiße Beutelmehl, welches weit und breit berühmt ist, zu machen.

Hierdurch ist ein Gewerb veranlaßt worden, welches jetzt viele Menschen ernähret, nähmlich die Verfertigung des **Beuteltuchs**, oder desjenigen Gewebes, wodurch das Mehl in den Mühlen gesiebt wird. Der Verbrauch desselben ist jetzt allgemein und sehr ansehnlich. Zu einem Beutel werden fünf Ellen erfordert, und man kann auf einen Mahlgang jährlich wohl 25 Ellen rechnen. Wenn man dieses überlegt, so wird man es nicht unwahrscheinlich finden, daß Chursachsen, nach einer in der letzten Hälfte des 17ten Jahrhunderts gemachten Berechnung, als man diese Manufactur einzuführen suchte, jährlich zwölf bis funfzehn tausend Thaler für dieses Gewebe den Ausländern bezahlt hat. Das Beuteltuch, welches auch zu allerley Nähereyen, zu Modeltüchern des Frauenzimmers, zu Beziehung allerley Rahmen, z. B. der Fensterrahmen, angewendet wird, wird aus drat gesponnenen wollenen Faden, nach Art der Leinewand, mit zwey Schämeln gewebet. Man sollte denken, daß diese Arbeit keine Schwierigkeit haben könnte, und dennoch verlangt sie manche künstliche Handgriffe, die unsere Landsleute nur mit Mühe und vielleicht noch nicht völlig erlernt haben; wenigstens kommt noch jetzt viel Beuteltuch aus England,

land, und ungeachtet die Elle noch einmahl so viel, als von der deutschen Waare kostet, so hält sie auch dagegen viel länger. Ein Beutel von englischem Gewebe soll drey Monate gut bleiben, und von deutscher Arbeit kaum acht Wochen. Es muß dazu lange, also einschürige Wolle, sehr gut gewaschen, und zu drallem und gleichem Garn gesponnen werden, welches man vor dem Aufscheren in heißem Wasser abbrühen oder todtbrühen muß, damit es nicht zusammen laufe. Das Gewebe muß geleimt werden, und auch darin haben die Engländer Vortheile, die wir noch nicht erreicht haben. Ihr Beuteltuch ist steifer, glatter, läßt das Mehl besser hindurch, dahingegen das deutsche schlecht oder gar nicht geleimt wird. Die Oerter, welche Webereyen dieser Art haben, sind auch noch nicht zahlreich. Am Ende des 17ten Jahrhunderts legte Daniel Kraft zu Ostra bey Dresden eine Zeugmanufactur an, die auch diese Waare verfertigte [1]). Um ihm einen Vorschuß zu verschaffen, mußte ihm jede Mühle auf jeden Gang einen Thaler voraus bezahlen. Die Weberey zu Hartau bey Zittau hat ihren Ursprung einem Leinweber aus diesem Dorfe, Daniel Pletzky, zu danken, der in Ungarn, wo er seine Verwandtschaft besuchte, die Arbeit erlernte, und sie nach seiner Rückkunft, mit Beyhülfe des Schulmeisters Strietzel, zu Stande brachte. Seit dieser Zeit ist dieses Gewerb dort allgemein und erblich geworden [2]). Das dortige Beuteltuch, welches nicht allein im Lande zum Verkaufe herum getragen, sondern auch nach Böhmen,

1) Von diesem Manne lieset man einige Nachrichten im zweyten und vierzehnten Bande der Leipziger Sammlungen.

2) Anzeige von der Leipziger ökonomischen Societät in der Michaelis-Messe 1772. Dresden 8. S. 79.

Böhmen, Mähren und Schlesien geschickt wird, wird schockweise verfertigt; jedes Schock hält ungefähr 64 bis 65 leipziger Ellen; das schmahlste ist zehn Zoll, das breiteste vierzehn Zoll breit. Von jenem kostet das Schock jetzt 4 bis $4\frac{2}{3}$ Thaler, und von letzterm sechs Thaler. Es wird nicht geschwefelt, deswegen sieht es zwar nicht so weiß aus, aber es ist auch dauerhafter und verdirbt nicht so leicht auf dem Lager des Kaufmanns. Ebenfalls wird im Herzogthum Würtemberg viel Beuteltuch gemacht, und zwar für Rechnung der Kalwer Compagnie. Wann dieses Gewerbe dort angefangen hat, weiß Beckmann nicht anzugeben; alles was ihm davon bekannt ist, verdankt er einem Freunde, der ihm bey seiner Durchreise durch Würtemberg folgende Nachrichten gesammelt hat. Die Waare wird dort in keinem Manufactur-Hause gemacht, sondern von etwa 18 oder 20 Meistern der Zeugmacher-Innung in den Oberämtern Kalw und Wildberg, denen die Gesellschaft alle Materialien dazu liefert. Nur diese allein darf mit dieser Waare handeln, und die Müller sollen, so viel sie brauchen, allein von den Kalwer Beutelträgern kaufen, und denselben, so oft sie sich bey ihnen anmelden, in ein Buch anschreiben, und dabey melden, ob, wann und wie viel Beuteltuch sie von den Trägern gekauft haben *). Nichts desto weniger versehen sich die Müller lieber heimlich mit in- und ausländischem Beuteltuche. Im Preise gewinnen sie zwar wohl nicht, aber sie klagen, daß die von der Gesellschaft angenommenen Zeug-

) Nach dem General-Rescript von 1750, welches oft wiederhohlet worden. S. das Recht der Handwerker nach Wirtembergischen Gesetzen, entworfen von Weisser. Stuttgard 1779. 8 S. 220 und 377. Inzwischen soll diese Gesellschaft dieses ausschliessende Recht schon im Jahre 1668 erhalten haben.

Zeugmacher nicht den gehörigen Fleiß anwenden, um die Waare dauerhaft zu machen; zu dem sollen die von der Gesellschaft ausgeschickten Beutelträger oft an andern Orten heimlich schlechte Waare einkaufen, und sie für Kalwer Beuteltuch verkaufen. Diese Beschuldigungen werden wenigstens demjenigen, der die Folgen ausschließender Begünstigungen kennet, nicht unwahrscheinlich dünken. Auch in Gera wird Beuteltuch gemacht, so wie auch in Potsdam und Berlin, an welchem letzten Orte die gesammte Judenschaft eine Manufactur dieser Art unterhält.

Seit einigen Jahren haben die Franzosen eine Art zu mahlen, welche sie mouture économique nennen, dergestalt gepriesen, daß man solche leicht für eine neue Erfindung, welche in der Müllerkunst Epoche machen müsse, ansehen sollte. Aber neu ist sie nicht. Sie besteht darin, daß man den Weitzen nicht auf einmahl so klein mahlet, als man ihn haben will, sondern daß man Schrot und Mehl öfterer wieder aufschüttet und durch verschiedene Beuel siebet. Diese Weise, welche im Grunde nichts künstliches, nichts unerwartetes hat, war sogar schon den Römern bekannt, wie man aus Plinius Nachricht von den verschiedenen Mehlarten, die er similago, simila, flos, pollen, cibarium, u. s. w. nennet, schließen kann; denn diese Wörter sind gar nicht gleichgeltend, sondern bedeuten offenbar allerley Mehlarten, welche aus einerley Getreide durch öfteres Mahlen und Sieben ausgeschieden wurden. Ueberhaupt waren die Römer in dieser Kunst weit gekommen [*]). Sie wußten aus dem Getreide mehr Mehl, und aus dem

*) Hierüber sehe man insbesondere eine lange Anmerkung in Beckmann's Beyträgen a. a. O. S. 47 ff.

dem Mehl mehr Brot zu erhalten, als die Franzosen daraus bisher erhalten haben. Plinius [1]) rechnete, daß das Brot um ein Drittel schwerer, als das dazu genommene Mehl seyn müsse, und daß dieses in Deutschland schon vor mehr als hundert Jahren gewöhnlich gewesen ist, weiß man aus den zu verschiedenen Zeiten angestellten Backproben, die, so unzuverlässig sie auch immer sind, doch gewiß nicht zu viel Mehl und Brot angeben [2]). Aber in neueren Zeiten ist die Müller- und Bäckerkunst in Italien sehr tief gesunken, und verständige Italiener gestehen gerade zu, daß bey ihnen das Brot ungleich schlechter sey, als in den meisten Theilen von Europa, und daß die Deutschen in diesen Künsten ihre Meister seyn [3]). Rom macht inzwischen eine Ausnahme; denn wenigstens ist es dort möglich gutes deutsches Brot zu haben, aber man muß auch wissen, daß es daselbst nicht von Italienern, sondern von Deutschen gebacken wird, so wie auch alles Brot, was zu Venedig in den öffentlichen Backöfen, theils zum inländischen Gebrauche, theils für die Schiffe, theils sogar zum ausländischen Verkaufe gebacken wird, die Arbeit deutscher Meister und Gesellen ist. Sie werden dazu ausdrücklich nach Venedig verschrieben,

1) Plin. lib. 18. cap. 10.

2) Nachrichten dieser Art findet man z. B. gesammlet in der Encyklopädie, im Art. Backprobe, Th. 3, S. 384. Nach den von Köhler im Anhange zu seinem Rechenmeister angeführten Versuchen, geben in Deutschland 100 Pfund Mehl 150 Pfund Teig, und diese 133 Pf. 11 Loth gutes Brod.

3) Man sehe die Abhandlung des Rosa, Professors der Arzneywissenschaft zu Pavia, über das Brodbacken im Mayländischen, in Atti dell' accademia delle scienze di Siena. Tom. IV. p. 321. Ferner L'amico de' poveri che insegna il vero modo di f[illegible] pan venale. In Firenze 1773. 8. S. Beckmann's Physikal. ökon. Biblioth. IV. S. 365. u. V. S. 45.

ben, und in Rom machen sie noch jetzt eine Brüderschaft aus, die eine herrliche Kirche hat [1]). Die Oefen dieser deutschen Bäcker werden nie kalt, die meisten werden reich, aber da sie aus Geitz oft viele Tage und Nächte in der größten Hitze in einem fortarbeiten, so erlebt von zehn dort reich gewordenen Bäckern kaum einer die Rückkunft nach Deutschland. Es ist schon sehr lange her, daß unsere Landesleute den Einwohnern des stolzen Roms, der Hauptstadt der katholischen Christenheit, das Brot backen; denn schon im funfzehnten Jahrhunderte war es dort eine alte Gewohnheit, in reichen Häusern kein anders, als deutsches Brot zu essen, welches der Dominicaner Mönch Felix Fabri, der am Ende des genannten Jahrhunderts schrieb und 1502 starb, umständlich erzählt hat [2]).

In Deutschland ist die mouture économique von undenklichen Zeiten bekannt; Sebastian Müller hat schon im Anfange des 17ten Jahrhunderts eine so deutliche Beschreibung davon gegeben, daß sogar Franzosen sie darin erkennen [3]). Butré, der, (gerufen oder ungerufen) nach Deutschland kam, um die Deutschen mahlen und backen zu lehren, gerieth in keine geringe Verlegenheit, als er seine Lehrlinge geschickter als seine zudringlichen Meister fand, und tröstete sich nur damit, daß nach seiner Meinung in Carlsruhe die Mühlsteine zu klein,

1) Schlözers Staatsanzeigen I. Heft 3 S. 219.

2) S. dessen Historia Suevorum lib. 1. cap. 8. Diese Geschichte des Felix Fabri steht in Suevicarum rerum scriptores aliquot, ex bibliotheca et recensione Goldasti, die zum erstenmal zu Frankfurt 1605. in 4 * und zum andernmal zu Ulm 1727. fol. *, gedruckt ist.

3) Bericht von Brodbacken, fundiret und gerichtet auf die Substanz, Natur, Eigenschaft und Gütigkeit des Fruchtwachs — — gestellet durch Sabaldum Müllern, Bürgern zu Königsberg in Preußen. Leipzig 1616. * 100 Seiten in 4, nebst einigen Tabellen.

klein, und die Beutelsiebe doch nicht so, wie jetzt in Paris Mode sey, geordnet wären [1]).

Selbst in Frankreich sind zuweilen Müller und Bäcker schon im sechszehnten Jahrhunderte auf eben diese Weise zu mahlen verfallen; aber die Polizey hat sie von Zeit zu Zeit als schädlich und betrüglich verbothen. Im Jahr 1546 drohete sie denen Strafe, welche die Kleyen noch einmahl wieder aufschütten würden [2]), und 1658 erneuerte sie die Drohung mit der beygefügten Ursache, daß die Gesundheit darunter leiden würde [3]). Inzwischen konnten solche Verbothe, welche die Polizey ohne genugsamen Grund gab, nicht verhindern, daß verständige Personen bemerkten, die Kleyen enthielten noch Mehl, welches, wenn es geschieden würde, so eßbar als das erste seyn müßte. Die dieses einsahen, wurden durch den wahrscheinlichen Vortheil zu Versuchen, das noch rückständige Mehl aus den Kleyen zu scheiden, gereitzet, die leicht glückten, aber geheim gehalten werden mußten. Malouin erzählt S. 125, daß schon vor mehr als hundert Jahren ein Müller zu Senlis diese Kunst getrieben, und daß sich diese dann allmählig, aber heimlich, auch in die benachbarten Mühlen eingeschlichen habe. Es gab Leute, die davon ein Gewerb machten, daß sie Kleyen aufkauften, aus diesen

1) Daß die Franzosen gar zu große Mühlsteine haben, hat schon Schreber in Anmerkungen zu Malouien bewiesen.

2) Traité de la police par De la Mare. II. pag. 259.

3) De la Mare p. 228:
Die wahre Ursache dieses Verboths sagt Beckmann, war wohl diese. Von allem Mehle, was nach Paris kam, muste damahls eine starke Abgabe erlegt werden. Da liessen viele nicht Mehl, sondern mehlreiche Kleyen kommen, mahlten und beutelten solche in Paris aus, und gewannen dadurch nicht wenig. Als die Abgabe aufgehoben ward, hörte auch dieser Betrug auf, der sonst wohl die mouture economique früher zur Vollkommenheit gebracht hätte.

diesen das Mehl scheideten und verkauften; und es kann gar wohl seyn, daß manche von diesen die Kunst übertrieben oder zu viel Kleyen unter das Mehl gemahlen haben. Dieß geschah am meisten zur Zeit einer Theurung, z. B. im J. 1709, und weil alsdann viele Menschen auf alle kleine Vortheile aufmerksam waren, so ward auch eben alsdann diese Kunst mehreren bekannt und auch nachher von mehreren genutzet, so daß sie endlich allgemein ward. Die Missionarien, welche an der königlichen Kapelle und der Pfarrkirche zu Versailles standen, ließen ihren Weitzen in einer benachbarten Mühle mahlen; er ward, wie gewöhnlich, nur einmahl aufgeschürtet, und die mehlreichen Kleyen wurden zur Viehmast verkauft. Mit der Zeit erlernte der Müller die mouture économique, kaufte den Missionarien die Kleyen ab, und gestand nachher, daß er daraus noch eben so viel und eben so schönes Mehl erhalten habe, als die Missionarien aus dem ganzen Weitzen erhalten hatten. Er soll ihnen endlich das Geheimniß selbst entdeckt, und ihnen nachher 14 Boisseaux aus ihrem Weitzen geliefert haben, anstatt daß sie vorher nur 8 Boisseaux erhalten hatten. Diese freywillige Anzeige des Müllers soll 1760 geschehen seyn, und wird dadurch wahrscheinlich, daß mehrere damahls die Kunst entdeckten. Ein Bäcker, Malisset, erbot sich bey dem Lieutenant-général de police zu lehren, wie man vortheilhafter mahlen könnte; es wurden Versuche, welche die Möglichkeit bewiesen, angestellet und bekannt gemacht. Ein Mehlhändler von Senlis, Nahmens Buquet, welcher die Aufsicht über die Mühle des großen Hospitals zu Paris hatte, that eben dieses Anerbieten; seine Versuche, die unter obrigkeitlicher Aufsicht geschahen, wurden gedruckt, und nun fanden sich Gelehrte, welche die Kunst untersuchten, ihr einen anständigen Nahmen gaben, sie erklärten, berechneten, beschrieben, empfohlen und alle Obrigkeiten in Frankreich auf die mouture économique aufmerksam machten [1]). Die Regierung schickte den Buquet 1764 nach Lyon, 1766 nach Bordeaux, 1767 nach Dijon und 1768 nach Mondidier, und die Vortheile, die Frankreich von dieser Verbesserung der Müllerkunst jetzt genießt, waren dieser Mühe werth. Vorher erhielt man aus einem pariser Setier 80 bis 90 Pfund Mehl und 150 bis 160 Pfund Kleyen; aber nun erhält man 185, und nach der neuesten Verbesserung 195 Pf. Mehl. Zur Zeit Ludwigs des heiligen rechnete man vier bis fünf Setiers für den jährlichen Unterhalt eines Menschen, und diese waren kaum hinreichend; so viel ward sogar den Hospitaliten, aux Quinze-Vingts, gegeben; so viel rechnete noch Budee [2]) im 16ten Jahrhunderte. Nachdem allmählig die Müllerkunst verbessert worden, so hat man die vier Setiers auf drittehalb und nun, nach der letzten Verbesserung, auf zwey Setiers herunter gesetzt [3]).

1) Histoire de la vie privée des Français, par M. Le Grand d'Aussy. Paris 1782. 3 vol. in 8 * I. pag. 50.

2) Budaeus de asse. Basileae 1556. fol. * p. 214.

3) Die vornehmsten Schriften von der mouture économique sind nach Beckmann's Angabe folgende: Memoire sur les avantages de la mouture économique par B. Dijon 1769. 8. s. Götting. gel. Anzeigen. 1771. Zug. S. 45, wo der V. Beguinet statt Beguillet genannt ist. Manuel du meunier, et charpentier de moulins, ou traité de la mouture économique, redigé sur les mémoires du Sr. Cesar Buquet. par M. Beguillet. Paris 1775. 8. Traité de la connoissance générale des grains et de la mouture par économie. Par M. Beguillet; seit 1775 zwey Theile in 8, die in Beckmann's phys. ökon. Bibliothek VIII. S. 340. angezeigt sind. Pain economique par M. de Butré. Carlsruhe 1777. 8, s. Biblioth. X. S. 79. Le parfait boulanger par M. Parmentier. Paris 1778. 8. s. Biblioth. X. S. 74.

Die Mühlen, worauf die Getreidekörner nur enthülset und abgeründet werden, heißen **Graupenmühlen**, und gehören zu den neuern Erfindungen. Anfänglich wurden die Graupen nur durch Stampfen bereitet, hernach aber gemahlen, und weil sie dadurch vollkommener abgeründet wurden, so wurden sie durch den Nahmen der **Perlgraupen** von den gestampften unterschieden. Die Bauart der Graupenmühlen weicht wenig von den Mehlmühlen ab, und gemeiniglich hat man auf diesen nur einen Graupengang zugleich angebracht. Die Hauptsache besteht darin, daß der Läufer in seinem Umfange rauh behauen ist, und ohne einen Bodenstein unter sich zu haben, in einer hölzernen Einfassung (Lauf) herum läuft, welche inwendig mit einem Eisenbleche ausgefüttert ist, das, nach Art einer Reibe, aufgeworfene scharfe Löcher hat. Die Gerste wird auf den Stein geschüttet, der sie an den Lauf treibt, und an denselben abreibt, enthülset und abründet, worauf sie in ein Siebwerk gebracht wird [1]). Inzwischen soll man doch in Ulm die bekannten Ulmer Graupen auf einer gemeinen Mühle mahlen, nachdem man nähmlich beyde Steine weit genug von einander entfernt hat [2]). Die erste Art der Graupenmühlen ist eine deutsche Erfindung. In Holland ist die erste nicht früher als ums Jahr 1660 zu Saardam gebauet worden. Diese Mühle, die man anfänglich **Pellikaan** nannte, verdiente in vielen Jahren nur so viel, daß eine Familie davon sparsam leben konnte; aber im Anfange des 18ten Jahrhunderts waren allein in Saardam wohl schon

 funfzig

1) Beyers Theatrum machin. molar. S. 85. Sprengels Handwerke und Künste. XII. S. 77.

2) Schreber's Beyträge zur Beförderung der Haushaltungskunde Münster 1770. 8. S. 230,

funfzig Perlgraupen-Mühlen, die ihre Eigenthümer reichlich belohnten [1]).

So lange die natürliche Freyheit der Menschen nicht durch eine Menge Gesetze eingeschränkt war, konnte jeder auf seinem Grunde und Boden bauen, was er wollte, also gewiß nicht nur Wassermühlen, sondern auch Windmühlen. Selbst das Römische Recht hat diese Freyheit noch nicht geschmählert [2]). Aber die Pflicht der Regenten, für das beste der ganzen Gesellschaft zu sorgen, berechtigte diese auch dahin zu sehen, daß niemand einen solchen Gebrauch von öffentlichen Ströhmen machen möchte, wodurch ihre allgemeine Nutzung gehindert oder gar unmöglich gemacht werden könnte [3]). Aus diesem Grunde durfte nicht jeder über jeden Strom eine Brücke schlagen, und es ist sehr wahrscheinlich, daß die Landesherren bald nach Vermehrung der Wassermühlen, aus eben diesem Grunde, die Freyheit, solche anzulegen, beschränkt, und solche nicht anders, als wenn sie, nach angestellter Untersuchung, für unschädlich erklärt worden, gestattet haben. So wurden dann die Wassermühlen zum Wasser-Regal gezogen, wohin sie schon Kayser Friedrich I. ausdrücklich gerechnet hat [4]). Aber an kleinen unschiffbaren Ströhmen durften die Eigenthümer der Ufer noch lange Mühlen bauen [5]).

Jedoch

1) De koophandel van Amsterdam door Le Long, die Ausgabe von 1727. II. S. 538.

2) Digestorum lib. 39. tit. 2, 24.

3) Digestor. lib. 43. tit. 12, 1.

4) Wie aus C. L. Tolneri codice diplomatico Palatino, der seiner Historia Palatina; Francof. ad Moen. 1700. fol. beygedruckt ist, S. 54. wo ein Diplom von Friederich I. vorkommt, zu sehen.

5) Digestor. lib. 43. tit. 11, 12.

Jedoch die Habsucht der Landesherren, die durch die Unredlichkeit und Niederträchtigkeit der Räthe, und durch die Schwäche des Volks begünstigt ward, dehnte mit der Zeit dieses Regal nicht nur über alle Ströhme, sondern auch über alle Luft, über die Windmühlen aus. Die ältesten Beyspiele, welche Beckmann noch zur Zeit darüber bekannt sind, hat schon Jargow angeführt [1]). In der letzten Hälfte des vierzehnten Jahrhunderts wollte das berühmte, aber nun längst zerstörte Augustiner Kloster zu Windsheim in der Provinz Oberüssel, nicht weit von Zwoll, eine Windmühle bauen, welches ein benachbarter Guthsherr zu verhindern suchte, weil er behauptete der Wind in der dortigen Gegend gehöre ihm. Da wendeten sich die Mönche an den Bischof zu Utrecht, unter dessen Herrschaft die Provinz schon seit dem zehnten Jahrhunderte stand, und dieser that den Ausspruch, daß ihm, dem Bischofe, allein aller Wind der ganzen Provinz gehöre, und ertheilte deswegen dem Kloster 1341 eine ausdrückliche Erlaubniß, eine Windmühle zu bauen, wo es wollte [2]). Auf gleiche Weise gab Albert, Pfalzgraf bey Rhein, der Stadt Harlem im Jahre 1394 die Erlaubniß eine Windmühle anzulegen [3]). Vielleicht sahen die Regenten die Vermehrung der Windmühlen als eine Schmählerung der ihnen schon zugefallenen Wassermühlen und der davon ihnen oder denen, welchen sie solche verliehn hatten, entstehenden Einnahme an. Jedoch giebt es noch Theile von

1) Jargow Einleitung in die Lehre von den Regalien. Rostock 1757. 4° S. 424.

2) Chronicon canonicorum regularium ordinis Augustini capituli Windesemensis. Auctore Ioh. Buschio. Antverpiae 1621. 8° S. 73.

3) Theod. Schrevelii Harlemum. Lugduni Batav. 1647. 4° p. 181.

Deutschland, in welchen den Gutsherren das Recht auf ihrem Boden Mühlen zu bauen, noch nicht entwendet ist; z. B. Mecklenburg.

Ein anderer Zwang, den die Gewaltigen der Erden den schwächern durch die Mühlen auflegten, bestand darin, daß diese ihr Getreide auf der herrschaftlichen Mühle, gegen eine bestimmte Abgabe, mahlen lassen musten. Die ältesten Beweise von solchen **Zwang**- oder **Ban-Mühlen**, molendinis bannariis, sind schon aus dem elften Jahrhunderte. Fulbert, Bischof von Chartres und Kanzler von Frankreich, beklagte sich in einem Briefe an Richard, Herzogen von Normandie, daß man anfinge, die Einwohner eines Theils dieser Provinz zu zwingen, auf einer Mühle, die fünf Lieues entfernt lag, mahlen zu lassen [1]). In der Chronik des Benedictiners Hugo von Flavigny, der im elften und zwölften Jahrhunderte lebte, kommen molendina quatuor cum banno ipsius villae vor [2]). Mehrere Beyspiele dieser Servitut, secta ad molendinum, aus dem zwölften und folgenden Jahrhunderte findet man bey Du Fresne unter diesem Worte, und unter molendinum bannale.

Es ist nicht schwer, den Ursprung der Zwangmühlen anzugeben. Als das Volk einmal unterjocht war, muste es sich diese und noch mehrere und härtere Pflichten gefallen lassen, die sich zum Theil als Denkmahle der barbarischen Leibeigenschaft noch in den aufgeklärten Zeiten erhalten haben. De la Mare [3]) führt ein Beyspiel an, daß die Herren

1) Die Briefe des Fulbert stehen in Maxima bibliotheca veterum patrum. Tom. XVIII. Lugduni 1677. fol. * pag. 9.
2) Chron. Virodunense in Labbei biblioth. manuscr. I. p. 132.
3) Traité de la police II. p. 151.

ren bey Freylassung der Unterthanen, zum Andenken ihrer bisherigen Unterwürfigkeit, und um auch noch in Zukunft von ihnen so viel als möglich zu ziehen, von diesen verlangt haben, daß sie, versteht sich gegen Abgabe, ihr Korn auf der herrschaftlichen Mühle mahlen, ihr Brod in herrschaftlichen Oefen backen, und ihren Wein in herrschaftlichen Keltern pressen lassen sollten. Es läßt sich jedoch noch ein billigerer Ursprung denken; nähmlich die Erbauung der Mühlen war zu allen Zeiten kostbar und also nur die Unternehmung der Reichen; um diese wegen ihrer zum gemeinen Besten verwendeten Gelder schadlos zu halten, entstand die Bedingung, daß die Nachbaren auch in Zukunft auf der von ihnen erbaueten, und keiner andern Mühle mahlen lassen sollten. Zu unsern Zeiten, nach dem man alle erdenkliche Mittel wider die Betrügerey der Müller unkräftig oder unzulänglich gefunden hat, wünscht man die Abschaffung der Zwangmühlen und die Vervielfältigung der freyen Mühlen.

Eintheilung der Getreidemühlen.

Die Getreidemühlen theilt man ein nach der Kraft, die sie treibt, und nach der besondern Einrichtung, die man ihnen nach Beschaffenheit der Umstände gibt. Da man nun alle in der ersten Abtheilung der obigen Tabelle, S. 5—7, genannten Arten von Mühlen zum Mahlen des Getreides anwenden kann, und auch angewendet hat, wiewohl sich die mehrsten auch zu anderen Zwecken benutzen lassen: so darf ich hier keine besondere Eintheilung hersetzen, sondern kann mich ganz darauf beziehen. Dem zu Folge werde ich hier 1) **von den Wassermühlen**, 2) **von den Windmühlen**,

mühlen, 3) **von den Dampfmühlen**, 4) **von den Roßmühlen**, 5) **von den Tretmühlen**, und 6) **von den Handmühlen** und ihren verschiedenen Arten, in so fern sie zum Mahlen des Getreides zu Mehl, Malz oder Schrot eingerichtet sind, handeln, darauf aber verschiedene Bemerkungen folgen lassen, die das **Mahlen selbst** und **das Mühlenwesen nach seinem ganzen Umfange** zum Gegenstande haben. Nur ist zu bemerken, daß es, um Wiederhohlungen zu vermeiden, nöthig seyn wird, bey der Beschreibung der Mühlen, z. B. der Wassermühlen, den dahin gehörigen Materien eine etwas andere Folge zu geben, als sie in der obigen Tabelle haben; worüber indeß die am Ende dieses Artikels befindliche Uebersicht die nöthigen Nachweisungen geben wird.

Erste Abtheilung.

Die Anlage und den Bau der Mahlmühlen betreffend.

I. Von den Wassermühlen.

A. Physische Möglichkeit eine Wassermühle anzulegen.

Ehe man eine Wassermühle anlegen kann, muß man, außer den **rechtlichen Befugnissen** dazu, wovon in der zweyten Abtheilung dieses Artikels die Rede seyn wird, besonders die **physische Möglichkeit** in Betracht ziehen, und diese beruhet **auf einer guten Lage, auf einem vorhandenen zureichenden Gefälle, und auf einem reichen Zuflusse des Wassers.**

Durch

Durch eine **gute Lage** versteht man, wie es Stieglitz in seiner Encyklopädie der bürgerlichen Baukunst *) sehr gut zusammen faßt, nicht sowohl eine nicht zu weite Entfernung von den umliegenden Mahlgästen, als vielmehr die Wahl eines solchen Ortes an dem Strohme, wo die Mühle aller Vortheile, die sie von einem lebhaften Zuflusse des Triebwassers erwartet, theilhaftig wird, ohne der Schifffahrt oder angrenzenden Ländereyen nachtheilig zu werden. Ist der Strohm schiffbar, so darf sie weder durch eine gar zu große Consumtion, noch durch zu starke Stauungen die Fahrt hemmen, es wäre denn, daß eine Schleuse vorhanden sey, die den Fahrzeugen eine sichere Durchfahrt verschafft. Ist der Strohm nicht schiffbar, so hat der Mühlenbaumeister schon mehr Freyheit in Ansehung der Auswahl des Lagerortes. Es ist ein Glück, wenn man einen Strohmarm findet, den man ganz zu der Mühle brauchen kann. Bisweilen hat an einem Orte schon eine Mühle gestanden; wollte man nun hier wieder eine errichten, so muß man sich sehr sorgfältig um die Ursachen erkundigen, warum die vorige Mühle eingegangen ist, und prüfen, ob auch diese Ursachen aus dem Wege zu räumen sind, ehe man eine neue Mühle anlegt.

Die Aufsuchung eines **guten Platzes** ist nur die erste Vorbereitung zu der Anlegung einer Mühle. Ehe man aber ganz entscheiden kann, ob eine Mühle an einem gewissen Orte hingebaut werden soll, ist vor allen Dingen nöthig, das Gefälle und die Menge des Wasserzuflusses zu untersuchen, so wie auch zu wissen, wie das Gefälle des Ufers beschaffen sey, das heißt, ob der Fluß, an demjenigen

*) III Th. Leipzig 1796. 8. S. 689 ff.

gen Orte, wo die Mühle hinkommen soll, um einige Fuß in die Höhe könne getrieben werden, ohne über seine Ufer zu treten, und die anliegenden Grundstücke zu überschwemmen. Um nun das Gefälle des Ufers mit Genauigkeit zu beobachten, so gehe man längst der Strohmbahn von dem zu der Anlegung einer Mühle oder Wasserkunst erwählten Orte so lange gegen den Strohm hinauf, bis man an die niedrigsten Ufer kommt, wo die Felder und Wiesen ganz flach sind. Von da nivellire man bis zum Wahlorte der Mühle hin, und bemerke das Gefälle des Ufers. Beträgt dasselbe nicht über zwey Fuß, so kann hier keine Mühle gebaut werden. Ein Gefälle von drey bis vier Fuß gehört zu einem wirksamen unterschlächtigen Rade; fünf bis sieben Fuß geben ein halb unterschlächtiges Rad, und jedes über sieben Fuß ansteigendes Gefälle verspricht ein oberschlächtiges Rad. Die Art der Mühle ist also nach dem Gefälle zu bestimmen. Alle unterschlächtigen Räder sind mit dem geringsten Gefälle zufrieden; sie verlangen aber desto mehr Wasser. Die oberschlächtigen Räder hingegen sind zwar mit wenigem Wasser zufrieden, verlangen aber größtentheils mehr Gefälle. Halb unterschlächtige Räder sind ein Mittelding zwischen beyden. Dieses ist das **Gefälle des Ufers.**

Was die **Rösche**, oder das Gefälle, das einem Mühlgraben oberhalb der Mühle zum Zufluß und unterhalb derselben zum Abfluß des Wassers gegeben wird, anbetrifft, so wird man gewiß nie fehlen, wenn man auf 100 Fuß Länge des Mühlgrabens, 2 Zoll Rösche giebt. In Ansehung des **Wasserstandes**, das ist, der Höhe des geschützten Wassers auf dem Fachbaume, so hoch nähmlich das Wasser durch die Schutzbreter gehalten wird,

in

in Ansehung dieses Wasserstandes kann jede Stabermühle mit $1\frac{1}{2}$ Fuß bis 20 Zoll Wasserstand, im Gegensatz des **Unterwassers**, zufrieden seyn; eine Straubermühle aber mit 12 höchstens 16 Zoll. Pansterzeug kann auch mit 3 Fuß auf diese Art zufrieden seyn. Man setzt jedoch voraus, daß diese drey Arten unterschlächtiger Räder, ohne den anliegenden Gegenden zu schaden, nicht mehr Wasserstand erhalten können. Denn, wenn Wasser genug vorhanden ist, und der Wasserstand kann ohne Schaden der Ländereyen und oberhalb liegenden Mühlen erhöhet werden, auch die ganze Maschine der Wassermenge gemäß eingerichtet ist, so kann der Wasserstand nach den Umständen erhöhet werden. **Lebendiges Gefälle** ist dasjenige, das die Gerinne zur Inclination bekommen.

Die Wichtigkeit der Untersuchung des Gefälles oder der Menge des Wasserzuflusses macht es nöthig, daß wir uns mit dem **Gefälle des Wassers** genauer bekannt machen. Ist dieses geschehn, so müssen wir die **Geschwindigkeit des zufließenden Wassers** und die **Quantität** desselben betrachten.

Das Wasser, welches die Kraft ist, wodurch die Räder einer Wassermühlen getrieben werden, bekommt seine Gewalt durch den Fall. Der Fall oder das Gefälle ist eine Abneigung der Strohmbahn von dem größten Zirkel, der aus dem Mitpunkte der Erde formirt wird, und dieser Zirkelbogen heißt die wahre Horizontallinie. Je mehr nun, und in je kürzern Distanzen, eine Strohmbahn sich von dieser Horizontallinie abneiget, desto größer ist das Gefälle, und desto mehr Gewalt bekommt das Wasser, Körper, die ihm entgegen stehn, in Bewegung zu setzen, oder mit sich fort zu reißen. Die Stärke des Gefälles erfährt man durch

durch das Nivelliren oder Abwägen. Hierzu gehört eine große Genauigkeit in der Ausführung und eine sehr gute **Nivellir- oder Wasserwage.** Weil aber die Wasserwagen gemeiniglich sehr theuer sind, so bedient man sich auch zu der Untersuchung des Gefälles der Setzwage oder Schrotwage. Die beste Einrichtung dieses Instrumentes ist folgende.

Man nehme eine Latte, Figur 5537, ab, 8 Ellen lang, 2 Zoll breit, 1½ Zoll dick, von gutem ausgetrockneten harten Holze, setze selbige auf die hohe Kante, und errichte genau in ihrer Mitte ein anderes dergleichen Stückchen Latte, c, 1½ Elle hoch, theile dieses Stück Latte oben und unten in zwey gleiche Theile. und reiße eine richtige gerade Linie vom obersten bis zum untern Punkte. Dieses ist die sogenannte Lothlinie. Das Loth kann aus einer großen Büchsenkugel bestehn und an dieses befestige man einen Perpendikulfaden, wozu am besten ein mit reinem Wachse gewächster seidener Faden zu nehmen ist. Diesen Perpendikulfaden hänge man oben bey c, so an, daß das Loth 2 bis 3 Zoll kürzer ist, als die Lothlinie. Damit sich nun diese stehende Latte, oder Setzwage, nicht verrücken kann, so wird sie durch die beyden schiefen Latten, d und e, mit der Meßlatte, ab, durch Schwalbenschwänze verbunden. Ferner gehören hierzu zwey 3¼ Ellen lange, 2 Zoll breite und 1 Zoll starke abgehobelte viereckige Stäbe, die genau in Füße, Zolle und Linien eingetheilt werden müssen. Jeder dieser Stäbe wird oben mit einem eisernen Ringe f beschlagen, und erhält unten eine eiserne. Spitze oder einen Schuh g, der so lang seyn muß, daß, wenn er an der Stange angeschlagen ist, genau 6 Zoll davon einnimmt. Beym Gebrauche wird jede Stange 6 Zoll tief eingesteckt, daher 3 Ellen von der Stande über der

Erde

Erde bleiben, woran man das Gefälle nach Füssen, Zollen, Linien genau abmessen kann. Jeder Stab wird mit einer Hülse und Stellschraube h versehen, woran sich ein Arm i befindet, worein beym Gebrauche der Wage die Latte a b gelegt, und, nachdem es nöthig ist, hoch oder tief geschoben und die Hülse fest geschraubt wird.

Ehe man diese Wage gebraucht, muß sie probirt und untersucht werden, ob sie eine wagerechte Linie zeigt. Dieses wird also gefunden. Man schlägt die Stangen ein, und setzet die Wage in die Arme der Hülsen, und rückt die Hülsen so lange auf- und niederwärts, bis der Faden des Lothes in die Lothlinie genau eintrifft; alsdenn schraubt man die Hülse fest, und wendet die Wage um. Zeigt sich nun in dem verwendeten Stande ein Unterschied, daß der Faden des Lothes nicht wie zuvor einspielt, so ist die Wage unrichtig. Um sie nun völlig in Richtigkeit zu bringen, muß man die Latte c herausnehmen, und von derselben unten, wo sie auf a b aufsteht, an der Seite, von der das Loth aus der Lothlinie ausschlägt, etwas abnehmen. Z. B. hängt das Loth nach x hinüber, so muß man von z etwas abnehmen. Und hiermit wird so lange fortgefahren, bis der Faden des Lothes in allen Wendungen, die man mit der Wage macht, die Lothlinie decket.

Hat man nun die Wage berichtigt, oder richtig befunden, so wird die **Untersuchung des Gefälles** folgender Gestalt gemacht. Zuvörderst mißt man die ganze Länge des abzuwägenden Mühlenbaches mit einem in Ellen eingetheilten Maßstabe, oder besser mit einer Meßkette, und schreibt die gefundene Länge auf. Hierauf fängt man an, das Gefälle zu messen, und es ist einerley, ob man von oben nach unten, oder von unten den Fluß hinauf nivelliret; gemeiniglich aber pflegt man von unten nach oben hinauf zu messen. Man schlägt einen Pfahl, dem Wasserspiegel gleich, unweit dem Ufer in das Wasser, und läßt einen Gehülfen den einen Stab wagerecht mit dem Schuhe auf diesen Pfahl aufsetzen und festhalten, auch die Hülse mit dem Arme, nach Beschaffenheit des Bodens, etwa 1 oder 2 Fuß hoch fest schrauben, legt die Wasserwage mit einem Ende darauf, mit dem andern aber auf den am Ufer in der nöthigen Weite auch festgehaltenen Stab. Der am Ufer angebrachte Stab darf nicht eingeschlagen, sondern muß nur aufgesetzt werden, weil der Stab im Wasser auf dem Pfahle auch nur aufsteht. Von hier aber bis zur letzten Station, bey welcher man eben so wie bey dieser ersten verfährt, werden jedesmahl alle beyde Stäbe 6 Zoll tief in die Erde gesteckt. Spielt nun die Wage richtig ein, so schreibt man die an den Stäben in Füßen, Zollen und Linien sich zeigende Höhe, bis an die unterste Fläche der festgeschraubten Hülse genau auf. Ist die Höhe des im Wasser stehenden Stabes größer, als des, der auf dem Lande steht, so zeigt es ein Steigen, im umgekehrten Falle aber, wenn sie kleiner ist, als die am Stabe auf dem Lande, ein Fallen an. Nun zieht man eine Höhe von der andern ab, und schreibt das Steigen und Fallen auf, jedes in eine besondere Spalte. Hierauf wird der im Wasser gestandene Stab weggenommen, und in der gehörigen Weite des Wagescheites ins Land gesteckt, der auf dem Lande aber bleibt unverrückt stehn, nur daß er allezeit mit jenem gleich tief in die Erde eingedrückt wird. Auf diese Art verfährt man bis an das Ende des gemessenen Baches oder Flusses. Ist man bis zu der letzten Station gekommen, so wird in das Wasser eben wieder ein Pfahl, dem

Wasser-

Wasserspiegel gleich, eingeschlagen, und man verfährt hier eben so, wie bey der ersten Station. Alsdenn addirt man die in jeder Spalte befindlichen Zahlen des Steigens und Fallens zusammen, und zieht die kleinere Summe von der größern ab. Der Rest ist das richtige Gefälle des Baches oder Mühlgrabens. Uebrigens muß man hierbey jede Linie mit aufschreiben, und darf keine als unbedeutend ansehn und weglassen. Denn da diese Art Wasserwage nur kleine Weiten auf einmahl wiegen kann, so kommen gar oft einzelne Linien neben den Zollen vór, welche zusammen genommen, auch Zolle ausmachen, und am Ende die Rechnung sehr trüglich machen würden, wenn man sie weglassen wollte. Folgende Tafel kann die Sache noch deutlicher machen.

Stationen.	Steigen Fuß	Steigen Zoll	Steigen Linien	Fallen Fuß	Fallen Zoll	Fallen Linien
1) bis an den Wasserspiegel	—	—	—	1	5	7
2) — —	—	—	—	—	2	9
3) — —	—	—	—	—	7	3
4) — —			—	—	6	—
5) — —	—	4	2	—	—	—
6) — —	—	4	2	—	—	—
7) — —		—	—	—	4	4
8) — —	—	—	—	—	7	9
9) bis auf den Wasserspiegel	1	9	3	—	—	—
	2	5	7	3	9	8

Also 3 Fuß 9 Zoll 8 Linien Fall,
2 — 5 — 7 — Steigen.

1 — 4 — 1 — wahres Gefälle.

Die Arbeit mit einer solchen Schrot- und Setzwage geht zwar etwas langsam von statten, weil man nur immer kleine Weiten auf einmahl messen kann, aber die Messung wird auch desto richtiger, und man verfällt hierbey nicht so leicht in einen Fehler, als bey den Wasserwagen mit Dioptern oder Visiren.

Wo aber große Distanzen abzuwägen sind, da wird es mit dieser Wage etwas zu mühsam seyn, denn man kann des Tages nicht einmahl eine Viertel-Meile weit kommen. Man bedienet sich demnach bey großen Distanzen einer Wage mit Diopter,

Dioptern, dergleichen die Mathematiker auf unterschiedene Art angeben, welche gemeiniglich aber kostbar anzuschaffen sind.

In der Encyklopädie wird im Artikel **Nivelliren** das hierbey nöthige Verfahren und die dazu gehörigen Instrumente beschrieben werden. Hier will ich zum Behufe der Mühlenbaukunst nur einer Wage mit Dioptern erwähnen, welche Melzer erfunden hat, *) welche nicht viel Aufwand erfordert, und womit es sehr leicht von statten gehet.

Dioptern oder Visire sind überhaupt Blättchen von schwachem Messing, welche 1½ Zoll breit und 2 Zoll hoch seyn können, durch das bey d Fig. 5538. machet man ein klein Löchlein, wie eine schwache Stecknadel, und durch das bey c. eine Oeffnung, etwa ½ Zoll, und ziehet einen zarten Faden queer über; es muß aber, wenn die Visire angemacht werden, das Löchlein in dem Blättchen d und der Faden in dem Blättchen c genau Eine Höhe haben; wenn man nun mit dem Auge e durch das Löchlein und auf den Faden siehet, so kann man genau das, wonach man siehet, abvisiren.

Bey Verfertigung dieses Instruments nimmt man

1) eine Setz-Wage wie die, c d e Fig. 5537. oder von anderer Einrichtung, und kehret das unterste zu oberst, wie Fig. 5539.

2) Schläget man bey m und n zwey Haken ein,

3) Setzet bey c und d die Dioptern darauf,

*) S. Adam Melzer's neu verbesserte Mühlenbaukunst. II Th. 2te Auflage. Merseburg 1800. 8. S. 6 ff.

4) Schläget einen dergleichen Stab ein, wie bey der Schrotwage, oben, S. 48. beschrieben, und ebenfalls mit einer Hülse wie Fig. 5540. versehen seyn muß, die man auf- und niederschieben, und durch eine Stellschraube befestigen kann.

5) Hänget man die verkehrte Setz-Wage mit den Haken m und n an einer Schnure an den Arm der Hülse v auf, daß die Pendelschnur in die Perpendiculär-Linie einspielet,

6) Stecket man einen Stab von der aufgehenkten Wage in einer Weite ohngefähr von 100 Schritt (oder noch weiter, wenn man scharfe Augen hat, oder ein Glas zu Hülfe nimmt,) perpendicular bey w ein, an welchen man eine viereckige Tafel, die schwarz angestrichen ist, und nur mitten einen weißen Punct oder ein weißes Kreuz hat, auf- und niederschieben, und durch eine Stellschraube befestigen kann.

7) Zielet man durch die Diopteren nach der Scheibe W, und läßt sie so lange erhöhen oder erniedrigen, bis man den Mittelpunct der Scheibe erzielet. So bald dieses geschehen, so hat man die scheinbare Horizontal-Linie gefunden.

Wenn man mit dieser Wage den Anfang machen will zu operiren, so lässet man an dem Ufer des Wassers sich einen bequemen Stand machen, und schläget den Stab mit der Hülse gleich am Rande in das Wasser, und hänget die Wage an den Arm v, daß das Pendel richtig einspielet.

2) Lässet man von dem kleinen Loche der Diopter d einen Bleywurf auf die Fläche des Wassers fallen, damit man die Höhe des Ufers dadurch zu wissen bekommt, die man in seine Schreibtafel einschreiben muß.

3) Stecket man den Stab W an das Ufer, von der Wage etwa 100 Schritt, oder auch noch weiter, nachdem es sich will thun lassen.

4) Zielet man durch die Dioptern nach der Scheibe, und lässet sie so lange erhöhen und erniedrigen, bis man den Mittelpunct der Scheibe erblicket; so bald dieses geschehen, lässet man die Scheibe feststellen.

5) Nimmt man die Wage von dem Stabe, und ziehet den Stab mit der Hülse v heraus, und schläget ihn ganz nahe bey der Scheibe W ein.

6) Hänget man die Wage wieder an den Arm v, daß das Pendel an der Wage richtig einspielet, und stellet die Hülse v so lange auf und nieder, bis die Dioptern und der Mittelpunct der Tafel W in Einer Höhe sind; wenn dieses ist, so ziehet man den Stab mit der Tafel heraus, und lässet ihn weiter nach X hinausstecken, visiret wieder durch die Dioptern, und lässet die Tafel auf- und niederschieben, bis man den Mittelpunct der Tafel erblickt.

7) Nun trägt man die Wage wieder nach, und stellet sie wieder nach der Scheibe, und alsdann die Scheibe wieder fort, und dieses geschiehet wechselsweise, bis die Messung zu Ende ist.

Es ist aber auch ein Unterschied unter der wahren Horizontal-Linie, und unter der scheinbaren Horizontal-Linie zu machen. Die Schrothwage, welche oben, S. 48. beschrieben ist, zeigt allezeit die wahre Horizontal-Linie, und die Wage mit Dioptern zeiget nur die scheinbare Horizontal-Linie an; welches an der kleinen Erdkugel Figur 5541. deutlich wird, da a den Mittelpunct der Erde bedeutet, b. c. die scheinbare Horizontal-Linie, n e einen Bogen aus a gezogen, welcher die wahre Horizontal-Linie anzeiget, (welches eine Circul-Linie ist,) woraus man siehet, daß **bc** die scheinbare sich über die wahre Horizontal-Linie um **ec** erhebet, woraus erhellet, daß bey allen Distanzen, die abvisiret werden, von der gefundenen Höhe etwas gewisses, die wahre Horizontal-Linie zu überkommen, abzuziehen ist, welches nach mathematischer Untersuchung auf 300 Schuh $\frac{1}{3}$ einer Linie beträgt. NB. nach Rheinländischem Maße, den Schuh zu 12 Zoll, und den Zoll zu 12 Linien gerechnet. Damit man aber in großen Weiten nicht merklich fehle, so muß man ausrechnen, wie viel auf eine gewisse Distanz die scheinbare Horizontal-Linie über die wahre erhöhet ist, und dieses geschiehet, wie folget. Der mittlere Halbmesser der Erde, welcher hier unter **an** vorgestellet wird, ist nach Klügel's Berechnung 3,275,790 Französ. Toisen, nach dem alten Maße, deren jede 6 Pariser Fuß, oder nach Rheinl. Maß 6 Fuß, 2 Zoll und $6\frac{3}{4}$, oder genauer $6\frac{4234}{13913}$ Linien nach der Duodecimal-Eintheilung hält. Diese macht man zu Zollen oder gar zu Linien, wenn man es genau haben will, und quadriret sie, das ist, multipliciret sie mit sich selbst.

2) Die scheinbare Horizontal-Linie ist **nc**, diese quadrirt man auch.

3) Addiret man die zwey Quadrate.

4) Ziehet man aus der Summe die Quadrat-Wurzel.

5) Von dieser ziehet man ferner den Semidiameter der Erde **ae** ab, so bleibet die verlangte Erhöhung der scheinbaren Horizontal-Linie über die wahre übrig.

Der Grund beruhet auf dem Pythagorischen Lehrsatz, daß, wenn an einem rechtwinklichten Triangel zwey Seiten bekannt sind, man die dritte durch Rechnung finden kann. Weil aber diese

Rechnung

Rechnung nicht jedermanns Werk ist, so will ich eine kleine Tafel hierher setzen, daß man sehen kann, wie viel man auf jede Weite abziehen muß, und welche man auf eine Weite von 6000 Schuh brauchen kann.

Weiten.	Erhöhungen.	
Schuh	Zoll	Linien
300	—	— $\frac{1}{3}$
600	—	1 $\frac{1}{3}$
900	—	3
1200	—	5 $\frac{1}{3}$
1500	—	8 $\frac{1}{3}$
1800	1	—
2400	1	9 $\frac{1}{3}$
2700	2	3
3000	2	9
3300	3	6
3600	4	—
3900	4	8
4200	5	4
4500	6	2
4800	7	1
5400	8	11
5700	10	—
6000	11	—

Woraus man siehet, daß auf 1800 Schuh schon ein Zoll abgezogen werden muß. Hierbey kommt indessen auch noch die Abweichung der Lichtstrahlen nahe an der Erde in Betracht, wovon man in der Encyklopädie im Art. **Nivelliren** das weitere sehen wird, da der Ort es nicht erlaubt, hier diese Materie ausführlich abzuhandeln.

Das aber die Schrotwage die wahre Horizontal-Linie zeiget, wird sich an der kleinen Erde

Fig. 5541. zeigen lassen. Aber alle Wirkungen derselben und auch die damit angestellten Versuche zu erzählen, leidet hier die Absicht nicht. Da die anziehende Kraft der Erde alles nach dem Mittelpuncte a ziehet, so muß man sich nicht einbilden, daß das Wasser in einem Teiche oder einem See gerade nach der scheinbaren Horizontal-Linie stehe, sondern es schließet sich um die Peripherie der Erde. Nun macht die Setzwage (weil sie aus kurzen Linien besteht) allezeit eine gleichlaufende Linie mit dem Wasser, und zeiget die wahre Horizontal-Linie. Genauer genommen ist aber nur deshalb bey der Setzwage keine Rücksicht auf die Krümmung der Erde zu nehmen, weil sie sich immer nur auf kleine Distanzen erstreckt, bey welchen die wahre und scheinbare Horizontal-Linie unmerklich wenig verschieden sind.

Wenn ein **Mühlenbach große Krümmungen** und Biegungen hat, so ist nöthig, daß man bey der Untersuchung des Gefälles solche mit ausmisset und aufzeichnet und einen ordentlichen Plan davon macht. Dieses ist überhaupt nöthig, damit man sehen kann, wie der Fluß am füglichsten nach der anzulegenden Mühle abzuleiten ist, und damit man bey sich ereignenden Streitigkeiten den Riß mit zu den Acten legen kann.

Wenn man aber das Gefälle eines solchen Flusses schätzen will, wie viel es nähmlich auf eine oder mehrere Ruthen beträgt, so muß es nicht nach einer über das Land abgesteckten geraden Linie, sondern nach der Krümme des Flusses geschehen. Oft wird man verhindert, wegen unzugänglicher Sümpfe nahe an den Fluß kommen zu können, und man ist genöthigt, in einiger Entfernung vom Flusse die Messung anzustellen, und mit der

Nivel-

Nivellir-Linie bergan und bergab zu gehen. Dieser Umstand kann aber in der Operation gar keinen Fehler hervorbringen, wenn man nur die gemessenen Höhen in die Tafel ordentlich einträgt. So viel aber möglich ist, suchet man bald wieder nahe an den Fluß zu kommen.

Die Aufnahme eines Flusses wird entweder mit dem Astrolabium verrichtet, da alle Winkel abvisiret, und mit dem Transporteur zu Papier getragen werden; oder mit der Mensul, da sich denn auf diesem Instrument die Figur gleich zeiget *). Weil aber diejenigen, die in der Meßkunst unerfahren sind, mit diesem Instrument nicht umzugehen wissen, so will ich hier zeigen, wie dergleichen Arbeit mit Stäben und Schnure oder Kette verrichtet werden kann. Ehe man aber zur Messung schreitet, werden allerwenigstens folgende Stücke erfordert.

1) Eine hinlängliche Anzahl rundgehobelte Stäbe, die 5 bis 6 Schuh hoch, und nicht allzu dick, damit sie nicht beschwerlich sind, auch nicht allzu dünne, damit sie sich nicht biegen und ungern einschlagen lassen.

2) Ein Bleygewicht, welches in einem länglichten Stückchen Bret bestehet, das auf beyden Seiten nach der Länge hohl ausgehobelt ist, und in der Mitte eine Perpendiculär-Linie hat, an welche eine Schnur mit etwas Bley genagelt wird. Dies dienet, alle Stäbe perpendiculär einzuschlagen.

3) Eine Meßkette oder Meßschnur, von 3 bis 4 Ruthen lang, wo eine jede Ruthe in 10 Schuhe, ein jeder Schuh in 10 Zoll eingetheilet wird. Den ersten und letzten Schuh einer ganzen Meßkette pfleget man in 10 Zoll wirklich wieder abzu-

*) S. Melzer a. a. O. S. 14 ff.

abzutheilen. Eine Ruthe wird im Sächsischen insgemein auf $7\frac{1}{2}$ Dresdener Ellen gerechnet. Theilet man nun diese Länge in 10 Schuh, so hat ein solcher Schuh 18 Dresdener Zoll, dieses werden aber geometrische Schuh genannt. Die Ruthen bemerket man mit Null (o), die Schuhe mit einem Strichlein ('), die Zolle mit zwey Strichlein ("). Diese Ketten werden von eisernen Drathstücken schuhweise mit dazwischen befindlichen Ringen verknüpfet; an beiden Enden der Kette werden die Ringe so groß gemacht, daß man solche an die Stäbe stecken kann, und bey den Schnuren machet man an den Enden Schleifen.

4) Einen besondern Maßstab, der eines solchen Schuhes lang ist, in welche die Meßkette eingetheilet worden.

Dieser Maßstab, der in 10 Zoll zergliedert wird, dienet hierzu, wenn im Messen mitten bey der Kette eine Linie ein Ende hat, auf jeglichen Schuh auch die Zolle zu finden.

5) Man muß auch vorher wissen, eine Linie auf dem Felde abzustecken, und auf eine gegebene Linie eine Perpendicular-Linie aufzurichten.

Wenn man nun z. B. eine Linie von A bis B. Fig. 5542. abstecken sollte, so schläget man

1) Zwey Stäbe bey A und B perpendicular in die Erde.

2) Tritt man etliche Schritte hinter einen solchen Stab, als hier in C, und läßt die mitelsten Stäbe also einschlagen, daß keiner vor dem andern A und B kann gesehen werden. So hat man der Aufgabe Genüge geleistet.

3) Sollte man solche Linie verlängern müssen, so darf man nur noch mehrere Stäbe weiter hinaus einschlagen lassen, also daß das Auge in C keinen derselben vor den erstern Stäben siehet, so läßt sich die Linie so weit man will fortsetzen. Man kann auch eine Linie zugleich messen und abstecken. Z. B. wenn man eine Linie von A bis B. Fig. 5543 abstecken,

cken, und auch zugleich mit messen sollte, so stecket man

1) in A einen Stab ein, und hänget die Meß-kette mit ihren Ringen, oder die Schnur mit ihren Schleifchen daran.

Läßt man den Gehülfen mit dem andern Ende bis in C hinausgehen, welcher sich von dem Messer, der bey A stehet, und, der immer auf das Object B sehen und abzielen muß, mit Worten oder Winken muß weisen lassen, ob er seinen Stab mehr rechts oder links einstecken soll, bis die zwey Stäbe A und C mit dem abgezielten Object B in einer geraden Linie stehen. Wenn dieses geschehen, macht man die Kette von den Stäben wieder los, und gehet der Messer C so lange gegen B fort, bis der erste von A in C kommt, als wo er wiederum den Anfang der Kette befestiget, und die vorige Arbeit wiederhohlet, bis die Messung zu Ende ist; und auf diese Art kann eine Linie abgestecket und auch zugleich gemessen werden.

Um eine Perpendicular-Linie auf dem Felde aufzurichten, verfährt man also: Z. B. Sollte auf der Linie ab Fig. 5544. aus b eine Perpendicular-Linie aufgerichtet werden, so nimmt man mit der Meßkette 3, 4 und 5 Schuh, und läßt sie in den Winkeln scharf anziehen wie diese Figur zeiget: so ist bc die Perpendicular-Linie, die man nach Gefallen verlängern kann. Der Grund beruhet darin, daß, wenn an einem rechtwinklichten Triangel die Basis 3 Theile, und der Cathetus 4 Theile hat, alsdenn die Hypotenusa von selbst 5 Theile ist. Man kann auch die Aufrichtung der Perpendicular-Linien mit einem großen Winkelhaken verrichten.

Am allerbequemsten geschiehet es aber mit dem Instrument, das man das Kreuzmaß nennet. Es bestehet aus zwey winkelrechten kreuzweis zusammengefügten Linealen, auf welchen vier perpendicular stehende Nadeln aufgerichtet sind, dergleichen Figur 5545. zu sehen ist. Wenn man nun dieses Instrument auf der gegebenen Linie A B Fig 5546. in den gegebenen Punct c stellet, und die Nad l a b gegen den Stab A und B richtet, nach den andern beiden Nadeln aber c d einen Stab hinaus in D stecken läßt, daß die Nadeln denselben decken, so hat man eine Perpendicular-Linie aufgerichtet. Man kann auch

auch auf dieses Instrument anstatt der Nadeln perpendicular stehende Dioptern machen, wie bey der Wasserwage, nur daß die Faden hierin in den Dioptern perpendicular gezogen seyn müssen.

Wenn man die Messung selbst vornimmt, wird nun

1) der Fluß mit Stäben nach einer geraden Linie abgestecket und gemessen, so weit es seine Biegungen erlauben, als hier in der Fig. 5547 von a bis b, und man thut wohl, wenn man die Stäbe von a nach b zu, immer nach einerley Maß (so weit es sich will thun lassen) einschlägt. Z. B. von a bis d 3°, von d bis e 3°, von e bis f 3°, von f bis g 3°, von g bis b 2° 5′.

2) Richtet man von d, e, f, g Perpendikular-Linien nach den Biegungen des Wassers auf, und misset solche Abstände, z. B. dieser bey d ist 9′, bey e 1° 4′, bey f 5′, bey g 6′.

3) Desto weniger sich zu verirren, so zeichnet man mit Bleystift die Linien, wie sie durch die Stäbe an dem Ufer des Wassers abgesteckt worden, auf einem Bogen Papier Fig. 5548 ungefähr auf, und zu jeder Linie schreibt man das Maß, ob die Figur gleich nichts tauget, sondern nur dadurch dem Gedächtniß zu Hülfe zu kommen.

4) Von b bis c läßt sich dieser Fluß wieder nach einer geraden Linie abstecken. Damit man nun wissen könne, nach was für einem Winkel beyde Linien a b und b c im Puncte b an einander stoßen, so verlängert man die Linie a b von b bis m um eine Ruthe, daselbst steckt man bey m einen Absteckestab ein, desgleichen verlängert man auch die Linie c b von b bis n um eine Ruthe, allda stecket man bey n gleichfalls einen Stab ein. Nun misset man die Querlinie m n, welche ist 1° 5′, so hat man den Winkel, wie die Linien ab

und

und c b an einander stoßen; dieses schreibet man alles auf den Bogen Fig. 5548 auf.

5) Schreibet man auch das Maß der Linie b c, wie man es im Messen gefunden, als z. B. von b bis o 3°, von o bis p 3°, von p bis q 3°, von q bis r 3°, von r bis c 2°, auf den Bogen Fig. 5548.

6) Richtet man bey o, p, q, r wieder Perpendikular-Linien nach den Biegungen des Wassers auf, und misset solche Abstände; als z. B. dieser bey o hält 1° 4′, bey p 7′, bey r 9′, dieses schreibet man alles zu der blind gezogenen Fig. 5548.

7) Nun begiebt man sich nach Hause, und spannet ein besonderes sauberes Papier aufs Reißbret Fig. 5549 nimmt einen verjüngten Maßstab, Handzirkel und ein Lineal, zieht auf das Papier, das auf dem Reißbrete Fig. 5549 aufgespannt ist, eine Linie a b, auf diese trägt man die Messung, wie sie bey Fig. 5548 aufgeschrieben steht. Da sind von a bis d 3 Ruthen, deswegen nimmt man auf dem verjüngten Maßstabe für a d Fig. 5548 3 Ruthen, und trägt sie auf die Linie a b Fig. 5549 aus a in d. Ferner 3° aus d in e, 3° aus e in f, 3° aus f in g, von g bis b Fig. 5548 sind nur 2° 5′ aufgeschrieben, diese greifet man auf dem verjüngten Maßstabe, und trägt sie aus g in b Fig. 5549, so hat man die ganze Länge der Linie a b aufgetragen.

8) Nun richtet man Fig. 5549 aus d, e, f, g Perpendikular-Linien auf, nach der Größe, wie Fig. 5548 aufgeschrieben steht, da sind diese bey d 9′, bey e 1° 4′, bey f 5′, bey g 6′, diese greifet man, eine nach der andern, auf dem verjüngten Maßstabe, und sticht sie gehörig ab, so

kann

kann man von a bis b die Krümme des Flusses genau ausziehen.

9) Ferner ist die Linie a b bey der Messung von b bis m 1 Ruthe verlängert worden, imgleichen die Linie c b aus b in n 1 Ruthe, um den Winkel, nach welchem beyde Linien a b und c b in b zusammenstoßen. Diese 1 Ruthe nimmt man auf dem verjüngten Maßstabe, und trägt sie auf der Linie a b Fig. 5549 aus b in m, läßt den einen Fuß des Zirkels in b stehn, und macht gegen n einen kleinen Zirkelbogen; nun nimmt man 1° 5′ für den Winkel m n, wie er Fig. 5548 aufgeschrieben stehet, auf dem verjüngten Maßstabe, setzet den einen Fuß des Handzirkels in m, und ziehet wieder einen kleinen Zirkelbogen gegen n; auf diese kreuzweis sich schneidenden Bogen und auf den Punct b leget man ein Lineal, so kann man die Linie bc ziehen, welche mit der Linie ab bey b nach eben einem solchen Winkel zusammenstößet, wie man auf dem Lande mit Stäben abgestecket hat. Verfähret man nun bey dieser Linie, wie bey der ersten ab gewiesen, und auf dem Bogen Fig. 5548. aufgeschrieben stehet, so wird man die Krümmungen des Flusses Fig. 5547. auf das Papier Fig. 5549. bekommen, und der Riß wird in allen Stücken dem Flusse Fig. 5547. ähnlich seyn. Aus diesem Risse siehet man, wie ein Graben von a nach e abgeleitet, und bey v Fig. 5547. eine Maschine angebracht werden kann.

Wir wollen hier z. B. annehmen, daß das wahre Gefälle bey dem neuen Mühlgraben a c 1 Elle 22 Zoll betrüge, und solches, wie es die Sache erfordert, 1) in Risch, 2) in Wasserstand, und 3) in lebendiges Gefälle eintheilen.

Risch oder Rösch ist derjenige Fall, der einem Mühlgraben oberhalb der Mühle zum Zufluß, und unter

unter derselben zum Abfluß des Wassers gegeben wird, und giebt man gemeiniglich auf 100 Ellen 2 Zoll Risch; hat man aber nicht viel Gefälle auszutheilen, so kann man auch auf 100 Ellen nur einen Zoll geben. Wasserstand ist die Höhe des geschützten Wassers auf dem Fachbaume, so hoch es nemlich durch die Schutzbreter gehalten wird; und dieser ist unterschiedlich, als bey Staberzeuge 1 Elle bis $\frac{5}{4}$ hoch, bey Pansterzeuge 5, 6 bis 7 Viertelellen, bisweilen an großen Ströhmen wohl über 2 Ellen, bey Strauberzeuge $\frac{3}{4}$, auch wohl nur $\frac{1}{2}$ Elle, wovon an seinem Orte mehr gesagt werden soll. Lebendiges Gefälle ist dasjenige, das die Gerinne zu ihrem Schuß oder Kröpfung bekommen.

Wenn man nun weiß, was Risch, Wasserstand und lebendiges Gefälle ist, so kann man sich zu der Eintheilung wenden. Da man nun von a bis c 1 Elle 22 Zoll Gefälle hat, so bauet man bey a, dem Wasser gleich hoch, ein Uebertallwehr, und in der Gegend bey v bauet man die Mühle. Der neue Mühlgraben ist nach geschehener Messung 225 Ellen; nun theilet man das Gefälle ein, wie folget:

Ellen	Zoll	
—	2	von a bis zur Mühle v zum Risch des Grabens,
—	2	von v bis c gleichfalls zum Risch des Grabens,
1	6	Widerstand,
—	12	zur Kröpfung des Gerinnes.
1 Elle	22 Zoll.	

Bey so bewandten Umständen wäre die Eintheilung geschehen.

Nun ist aber auch noch zu wissen nöthig, ob der Fluß hinlänglich Wasser schüttet, und ob man eine Staber- oder Panstermühle anlegen kann. Denn es müssen die Panstergerinne nach der kleinsten Weite 4 Ellen, und nach der größten 7 Ellen seyn. Die Stabergerinne werden nach der kleinsten Weite $1\frac{1}{2}$ und nach der größten $2\frac{1}{2}$ Ellen, die Straubergerinne $1\frac{1}{2}$ Ellen. Wie aus der Tiefe und Schnelligkeit eines Flußes durch Rechnung zu finden sey, ob ein Fluß zu einem Staber- oder Panstergerinne hinlängliches Wasser schüttet, wird weiter unten gezeiget werden; wir wollen hier vorläufig indeß eine andere Regel, dieses zu finden, angeben, die in dem Gebrauche ziemlich genau zutrifft. Nähmlich, wenn ein Stabergerinne 2 Ellen weit, und $\frac{5}{4}$ Ellen Wasserstand haben soll, so muß der Mühlgraben 4 Ellen weit und $1\frac{1}{2}$ Ellen tief Wasser haben, und ihm auf 100 Ellen 2 Zoll Risch gegeben werden. Dieser Graben schüttet hinlängliches Wasser zu einem Stabergerinne, welches 2 Ellen weit und $\frac{5}{4}$ Ellen Wasserstand hat. Damit man aber auch wissen könne, ob der Fluß c den Graben hinlänglich fülle, so verfüget man sich an einen Ort des Flusses, wo selbiger einen etwas starken Zug hat, und misset seine Breite und Tiefe, und daraus kann man gar leicht schliessen, ob er hinlängliches Wasser schüttet. Ein Panstergerinne von 4 Ellen weit muß einen Graben von 8 Ellen weit, $1\frac{1}{2}$ Ellen tief Wasser, und auf 100 Ellen 2 Zoll Risch haben; und nach dieser Regel kann man auch auf weitere Gerinne schliessen. Da aber bey dergleichen Graben die Ufer gern nachfallen, und selbige an dem Rande die oben angegebene Tiefe nicht behalten: so thut man wohl, wenn man die Gräben einige Schuh weiter macht, damit das Wasser hinlänglichen Raum zu

fließen

fließen habe; und überhaupt ist die Erweiterung bey der Mündung höchst nöthig.

Es gibt aber auch solche Gegenden, wo man bey einer solchen Ableitung nicht so viel Gefälle findet, als zu einer Mühle nöthig ist; um das Gefälle nun zu vermehren, muß man in diesem Falle, wenn es wegen des am Flusse liegenden Landes ohne Schaden geschehen kann, das Wasser aufdämmen. Gehet nun der Fluß in hohen Ufern, so kann es durch ein Ueberfallwehr geschehen, sind aber keine hohen Ufern vorhanden, so bauet man ein Aufziehwehr, wovon weiter unten gehandelt werden soll.

Um in dieser Hinsicht im Voraus den nöthigen Ueberschlag machen zu können, muß man auch die Höhe der Ufer eines Flusses oder Mühlgrabens messen, und ein Profil davon aufzeichnen. Denn darnach kann man es am besten beurtheilen, ob etwa bey einer Aufstauung des Wassers im Mühlgraben eine Ueberschwemmung der daran liegenden Ländereyen zu befürchten sey.

Bey der Anlegung eines neuen Werks ist es noch nicht genug, daß man mit dem Gefälle des Wassers bekannt geworden, sondern man muß auch untersuchen, **wie viel Wasser** der Fluß der Mühle zuführe, um zu beurtheilen, ob das Werk künftig auch einen Mangel am Wasser habe? Dieses wird durch eine Messung, welche man die Wasser-Consumtion und auch die Geschwindigkeitsmessung nennet, bestimmet. Aus der Geschwindigkeit und Größe des Strom-Profils eines Flusses wird bestimmet, wie viel Wasser in einer Minute oder in einer Secunde durch oder vorüber fließt. Hat man dieses gefunden, und die Wassermenge, welche die Mühle in gleicher Zeit nöthig hat, berechnet: so läßt es sich gleich übersehen, ob die Mühle Wasser gezug habe oder nicht? Sollte der Fluß so ergiebig seyn, daß mehr zukäme, als die Mühle verbrauchte: so dienet diese Berechnung auch dazu, die Weite der Freyarche und der Schütten- oder Fachwand zu bestimmen, damit zur Zeit einer Ueberschwemmung das überflüssige wilde Wasser dadurch abgeleitet werden könne.

Zu der Berechnung der Wassermenge in einer Minute oder Secunde wird erfordert, zuerst die Profil-Oeffnung des Flusses zu finden. Eine Sache, die einem der Geometrie Unerfahrnen sehr schwer und vielleicht ganz unmöglich fällt; so viel es sich aber thun läßt, soll dieses hier einleuchtend gezeigt werden. Bey Ausmessung eines Strom-Profils kommt es besonders darauf an, daß man die Breite des Flusses und die verschiedenen Tiefenlinien messe, und wenn dieses geschehen, die Oeffnung ins Quadratmaß bringe. Selten findet es sich, daß der Fluß im Boden eine gerade Linie quer über macht; die Gestalten der Strom-Profile sind öfters Trapezien, oft ganz unordentliche Figuren, welche weder einer Parabel, noch Zykloide ähnlich sehen. Dieses alles macht die Ausmessung und Berechnung viel mühsamer, als wenn das Strom-Profil als ein ordentliches Quadrat oder Parallelogram zu messen und zu berechnen wäre.

Am besten ist es, wenn man bey Ausmessung eines Strohmprofils sich nach einem solchen Orte hin verfüget, wo der Fluß so viel möglich eine grade Linie macht; und sowohl unterhalb als oberhalb, wo die Vermessung vorgenommen werden soll, keine Sandbänke oder Werder sich befinden; und wo die Geschwindigkeiten auf den Boden sowohl als auch nahe an der Oberfläche des Wassers, dem Ansehen nach, einerley Bewegung hat. Hat man einen solchen Ort gefunden, so

wird

wird nach Behrens practischer Mühlenbaukunst, (Schwerin 1789. 4. S. 11 ff.) eine Schnur a b Fig. 5550. welche vorher von 5 Fuß zu 5 Fuß — es verstehet sich bey breiten Flüssen, bey kleinen Bächen muß sogar die Schnur in Fuße eingetheilet werden — entweder mit rothem, blauem oder schwarzem Zeuge bezeichnet worden, quer über den Fluß und zwar im rechten Winkel gespannet, dergestalt, daß sie, wo möglich durch starkes Anziehen, sich gerade bringen läßt; deshalb darf sie nicht zu dick seyn. Diese Schnur wird auf jedes Ufer mit den Pfählen c und d befestiget; hierauf setzt man sich in einen Kahn, und nimmt einen in Fuß, Zoll und Linien eingetheilten Maßstab, und mißt zuerst die Tiefe e f. weiter g h. i k. und l. m. Dieses wäre nun die Messung der Tiefenlinien quer durch den Fluß, wir sind aber am Ufer noch nicht fertig, und haben noch die Triangel l. w. und e v f zu messen, welches, da die Fläche des Wassers o n und die Tiefenlinien l m und e f rechte Winkel mit einander machen, auf folgende Art ganz leicht bewerkstelliget wird. Man mißt bey dem ersten Triangel l w m nur bloß die Linie auf dem Wasser von l nach n und bey dem zweyten von e nach o, welches Maß gleich wie die Länge der Tiefenlinien und deren Abstand von einander aufgezeichnet wird, damit nach vollendeter Arbeit alles gehörig zu Papier getragen und berechnet werden könne.

Nun etwas von Auftragung des gemessenen Strohmprofils. Man ziehet zuerst auf dem Papier eine gerade Linie, als welche die Linie des oberen Wasserspiegels o n seyn muß: denn die Schnur, ob sie gleich noch so stark angezogen wird, wird niemahls horizontal und senket sich in der Mitte, durch ihre eigne Schwere gegen das Was-

 ser

ser, deswegen muß man das Maß der Tiefe, vom obern Wasserspiegel ab, bis auf den Grund nehmen, und nicht von der Schnur ab, messen. Die Schnur zeiget nur die Breite des Strohms, den Abstand der Tiefenlinien und einen rechten Winkel als die kürzeste Linie über den Fluß an. Die Linie, welche auf dem Papier gezogen worden, wird in so viele Theile eingetheilet als Puncte auf der Schnur vorhanden gewesen, als c. l. i. g. e. d. Hiernächst setzt man mit dem Transporteur oder sonst einem Winkel-Instrument so viele Perpendikular-Linien von der geraden Linie im rechten Winkel ab, so viel als gemessen worden sind, nemlich ef. gh. ik. lm. Ist dieses geschehen, so wird das Maß ef. abgesetzet, und solchergestalt verfährt man bey den übrigen Linien. Nun ziehet man von f nach h u. s. w. durch die Puncte k und m eine Linie, hierdurch ist nun also die Tiefe des Strohms vom Wasserspiegel ab, bestimmet. Es fehlet aber noch die Dossirung beyder Ufer. Dieses sind Triangel, man darf also nur aus e auf der Linie no, welche die Oberfläche des Wassers vorstellet, nach o und von l nach n das Maß absetzen, und dann von o nach f und von n nach m Linien ziehen, so ist dadurch die Schräge beyder Ufer auf das Papier getragen, und das gemessene Strohmprofil berichtiget. Das übrige auf beyden Seiten der Ufer, so weit es über dem Wasser ist, sind willkührliche Nebenzeichnungen, welche entweder besonders gemessen, oder auch nur nach dem Augenmaß verzeichnet werden können.

Nun kommen wir zu der Berechnung des gemessenen und aufgetragenen Strohmprofils. In der Geometrie wird gelehret, daß wenn die ganze Grundlinie (Basis) mit der ganzen Höhe multipliciret, das Product aber durch 2 dividiret wird, dieses den Flächen-

Flächen- oder Quadratinhalt eines Triangels ausmache; oder die halbe Höhe mit der ganzen Grundlinie; oder die halbe Grundlinie mit der ganzen Höhe multipliciret, gibt ohne weitere Division sofort den Quadratinhalt eines Triangels. Was die Berechnung der übrigen Tiefenlinien betrifft, welche verschiedene Längen haben, so werden solche durch eine Mittellinie (Linea intermedia) entweder in ein ordentliches Parallelogram oder in ein ordentliches Quadrat verwandelt. Eine solche Figur also, die mit 4 geraden Linien umschlossen ist, und wovon nur 2 Seiten gegen einander parallel sind, und die übrigen verschiedene Längen und Winkel haben, wird ein Trapezium genannt. Die Mittellinie in einer solchen Figur ist die Basis zur Berechnung, so wie die Linien in unserm Strohmprofile tu. rs. und gp sind, welche mit der Breite, oder dem Abstand zweyer Tiefenlinien multipliciret werden, das Produkt gibt den Inhalt eines jeden Trapeziums. — Da dieses aber für Ungeübte, welche sich in Wasserberechnungen einlassen wollen, etwa noch nicht hinlänglich seyn möchte, so wollen wir die ganze Berechnung des Strohmprofils hersetzen.

In unserm Strohmprofile haben wir 2 Triangel und 3 Trapezia zu berechnen. Wir setzen also:

Triangel f e o Basis f o ½ ⸗ 2′ 6″
ganze Höhe e. v. ⸗ ⸗ 3′ 0″
Inhalt des Triangels 7 | 80

Trapezium e g f h. Lin. intermed. p. q. 4′ 6″
Breite e g. ⸗ ⸗ 5′ 0″
Inhalt des Trapeziums 23 | 00

Trapezium g h i k. Lin. intermed. r. ſ. 5′ 6″
Breite g i ⸗ ⸗ 5′ 0″
Inhalt des Trapeziums 28 | 00

Trapezium i k l m. Lin. intermed. t. u. 7′ 6″
Breite i l ⸗ ⸗ 5′ 0″
Inhalt des Trapeziums 38 | 00

Triangel m l n. Basis m n ½ ⸗ 10′
ganze Höhe l w ⸗ ⸗ 2″
Inhalt des Triangels 20

Wiederhohlung.

Triangel f e o	7	□ Fuß	80	□ Zoll
Trapezium e g f h	23	—	00	—
— g h i k	28	—	00	—
— i k l m	38	—	00	—
Triangel m l n	20	—	—	—
Inhalt des ganzen Strom⸗Profils ⸗	116	□ Fuß	80	□ Zoll.

Nun wissen wir wie groß die Profilöffnung des Strohms ist nähmlich 116 □ Fuß 80 □ Zoll. Um nun hiernach die Wassermenge zu berechnen, welche in einer Secunde durch diese Oeffnung fließt, so wird noch erfordert, daß man des Flusses Geschwindigkeit messe. Bekannt ist es, daß die Geschwindigkeiten eines Flusses selten, ich möchte fast sagen, niemahls an jedem Orte sich gleich ist; bald am Ufer matt, in der Mitte aber lebhaft; bald an einem Ufer matt, an dem andern aber lebhaft; so wie nun dieses auf der Oberfläche wahrgenommen wird, so verhält es sich auch in der Tiefe. Bald auf der Oberfläche matt, in der Mitte lebhaft, auf dem Grunde wieder matt; an manchen Orten sind die Geschwindigkeiten beynahe einerley; folglich so sehr abwechselnd und verschieden, daß man, ohne einen Versuch zu machen, damit nicht durchkommen kann. Zuerst müssen, wie es die Ordnung erfordert, die Instrumente und die Verfahrungsmethode erkläret werden, ehe wir zur Sache selbst schreiten. Die Geschwindigkeiten eines Flusses zu messen, dazu hat man verschiedene Instrumente nöthig.

Belidor beschreibt in seiner Architectura hydraulica, I Part. T. I. Art. 614. ein Instrument, was Pitot erfunden hat, und womit man die Geschwindigkeiten auf der Oberfläche, in der Mitte und auf dem Grunde erforschen kann. Es bestehet aus einer gebogenen gläsernen Röhre, welche unten eine trompetenförmige Oeffnung hat und oben gleichfalls offen ist, wie aus Fig. 5551 zu ersehen ist. Diese Röhre wird an ein Bret befestiget, welches von A an bis B in Fuße, Zolle und Linien eingetheilet wird. Wird nun dieser Geschwindigkeitsmesser dergestalt lothrecht ins Wasser eingesetzt, daß die trompetenförmige Oeffnung C zu unterst und gegen den Strohm an ins Wasser kommt: so zeigt die Benetzung des Bretes bey D an, wie tief die untere Oeffnung im Wasser gewesen, und das Wasser in der Röhre wird durch den Stoß der Geschwindigkeit etwas in die Höhe getrieben, welches hier durch E angezeigt ist, und zwar so weit, bis die Wassersäule in der Röhre über D dem Andringen des Strohms durch die Oeffnung C das Gleichgewicht hält. Bemerkt man denn mit einem kleinen Schieber, wie tief das Instrument unter Wasser gewesen, und wie viel Fuß, Zoll und Linien das Wasser in der Röhre hoch steht: so findet man den Unterschied D E, welcher die Höhe der Wassersäule über der Fläche des Strohms angibt. Nun hat man bereits berechnete Tabellen, woraus man die einer Höhe der Wassersäule zukommende Geschwindigkeit ersehen kann, wohin besonders die von Silberschlag berechnete **Tabelle** gehört, welche ich hier unter Lit. A. anfüge *), da sie auch bey den folgenden Untersuchungen sehr viele Anwendung findet. Wenn in diesem Falle nun z. B. die Höhe D E 1 Zoll beträgt, so findet man in der ersten Spalte dieser Tabelle die dieser Höhe, oder Gefälle zukommende Geschwindigkeit in einer Secunde gleich 2 Fuß 3 Zoll. So kann man nun bey mehreren Versuchen gleich sehen, wie sich die Geschwindigkeiten in der Tiefe gegen einander verhalten, und man findet gemeinhin, daß die Geschwindigkeit in der Tiefe abnimmt. Aus allen diesen Geschwindigkeiten läßt sich entweder eine Mittelgeschwindigkeit finden, welche der Höhe der drückenden Wassersäule zukommt, oder man vergleicht auch jede gefundene Geschwindigkeit in der Tiefe, mit der Länge der Strohmstriche.

Die

*) Diese Tabelle befindet sich im 1sten Theile der Wasserbaukunst des Ob. Cons. R. Silberschlag's S. 81 ff.

Tabelle A.

von Silberschlag berechnet;

die Geschwindigkeit und den Stoß des Wassers zu bestimmen.

Nach altem pariser Maß und Gewicht.

Geschwindigkeit in 1 Sekunde		Höhe der Wassersäule, oder das Gefälle, welches diese Geschwindigkeit hervorbringt			Stoß auf 1 Quadrat-Fuß lb.	Geschwindigkeit in 1 Sekunde		Höhe der Wassersäule, oder das Gefälle, welches diese Geschwindigkeit hervorbringt			Stoß auf 1 Quadrat-Fuß lb.
Fuß	Zoll	Fuß	Zoll	Linien	Pfunde	Fuß	Zoll	Fuß	Zoll	Linien	Pfunde
—	1	—	—	1/60	4/495	4	—	—	3	2	18 1/4
—	1 1/2	—	—	3/80	1/55	4	1	—	3	4	19 1/5
—	2	—	—	1/15	1/31	4	2	—	3	6	20 1/3
—	2 1/2	—	—	1/12	1/20	4	3	—	3	7	21 1/7
—	3	—	—	1/7	1/14	4	4	—	3	9	22
—	3 1/2	—	—	1/5	1/12	4	5	—	3	10	22 7/8
—	4	—	—	1/4	1/8	4	6	—	4	—	23 3/4
—	4 1/2	—	—	1/3	1/6	4	7	—	4	2	24 2/17
—	5	—	—	5/12	1/5	4	8	—	4	4	25 1/2
—	5 1/2	—	—	1/2	1/4	4	9	—	4	6	26 5/12
—	6	—	—	7/12	2/7	4	10	—	4	8	27 1/5
—	6 1/2	—	—	2/3	1/3	4	11	—	4	10	28 1/10
—	7	—	—	3/4	2/5	5	—	—	5	—	29 1/4
—	7 1/2	—	—	11/12	14/31	5	1	—	5	2	30 1/4
—	8	—	—	1	1/2	5	2	—	5	4	31 1/4
—	8 1/2	—	—	1 1/6	4/7	5	3	—	5	6	32 1/4
—	9	—	—	1 1/3	2/5	5	4	—	5	8	33 3/10
—	9 1/2	—	—	1 1/2	3/4	5	5	—	5	10	34 1/3
—	10	—	—	1 2/3	5/6	5	6	—	6	—	35 5/12
—	10 1/2	—	—	1 5/6	11/12	5	7	—	6	3	36 1/2
—	11	—	—	2	1	5	8	—	6	5	37 4/7
—	11 1/2	—	—	2 1/4	1 1/12	5	9	—	6	7	38 3/4
1	—	—	—	2 1/3	1 1/6	5	10	—	6	10	39 5/6
1	1	—	—	2 3/4	1 3/8	5	11	—	7	—	41
1	2	—	—	3	1 4/7	6	—	—	7	2	42 2/7
1	3	—	—	3 3/4	1 [illegible]	6	1	—	7	5	43 1/3
1	4	—	—	4 1/4	2 1/10	6	2	—	7	7	44 1/2
1	5	—	—	4 3/4	2 1/3	6	3	—	7	10	45 1/4
1	6	—	—	5 1/3	2 [illegible]	6	4	—	8	—	47
1	7	—	—	6	2 14/21	6	5	—	8	3	48 1/5
1	8	—	—	6 2/3	3 3/21	6	6	—	8	5	49 7/12
1	9	—	—	7 1/3	3 4/7	6	7	—	8	8	50 1/3
1	10	—	—	8	3 12/21	6	8	—	8	11	52 3/31
1	11	—	—	8 3/4	4 2/7	6	9	—	9	1	53 1/7
2	—	—	—	9 7/12	4 2/3	6	10	—	9	4	54 1/4
2	1	—	—	10 1/2	5 1/12	6	11	—	9	7	56
2	2	—	—	11	5 1/8	7	—	—	9	10	57 5/14
2	3	—	1	—	5 38/41	7	1	—	10	—	58 3/4
2	4	—	1	1	6 2/7	7	2	—	10	3	60 1/8
2	5	—	1	2	6 5/6	7	3	—	10	6	61 1/2
2	6	—	1	3	7 13/41	7	4	—	10	9	63
2	7	—	1	4	7 5/6	7	5	—	11	—	64 2/7
2	8	—	1	5	8 1/3	7	6	—	11	3	65 6/7
2	9	—	1	6	8 5/6	7	7	—	11	6	67 1/2
2	10	—	1	7	9 5/12	7	8	—	11	9	68 5/8
2	11	—	1	8	10	7	9	1	—	—	70 1/4
3	—	—	1	9	10 1/2	7	10	1	—	3	72
3	1	—	1	10	11 1/8	7	11	1	—	6	73 3/8
3	2	—	2	—	11 1/4	8	—	1	—	9	74 3/4
3	3	—	2	1	12 15/41	8	1	1	1	—	76 1/2
3	4	—	2	3	13	8	2	1	1	4	78 1/12
3	5	—	2	4	13 2/3	8	3	1	1	7	79 2/3
3	6	—	2	5	14 1/7	8	4	1	1	11	81 1/4
3	7	—	2	7	15 1/32	8	5	1	2	2	82 3/4
3	8	—	2	8	15 3/4	8	6	1	2	5	84 1/2
3	9	—	2	10	16 1/7	8	7	1	2	9	86 1/3
3	10	—	2	11	17 1/7	8	8	1	3	—	87 2/3
3	11	—	3	—	18	8	9	1	3	4	89 1/2

Geschwindigkeit in 1 Sekunde		Höhe der Wassersäule, oder das Gefälle, welches diese Geschwindigkeit hervorbringt			Stoß auf 1 Quadrat-Fuß lb.
Fuß	Zoll	Fuß	Zoll	Linien	Pfunde
8	10	1	3	7	91 1/3
8	11	1	3	11	93 1/12
9	—	1	4	2	94 2/3
9	1	1	4	6	96 4/7
9	2	1	4	10	98 1/3
9	3	1	5	1	100 1/6
9	4	1	5	5	102
9	5	1	5	9	104
9	6	1	6	—	105 2/7
9	7	1	6	4	107 1/2
9	8	1	6	8	109 1/1
9	9	1	7	—	111 2/7
9	10	1	7	4	113 1/5
9	11	1	7	8	115 1/8
10	—	1	8	—	117
10	1	1	8	4	119
10	2	1	8	8	121
10	3	1	9	—	123
10	4	1	9	4	125
10	5	1	9	8	127
10	6	1	10	1	129
10	7	1	10	5	131 1/8
10	8	1	10	9	133 1/5
10	9	1	11	1	135 2/5
10	10	1	11	6	137 3/5
10	11	1	11	10	139 2/5
11	—	2	—	2	141 1/3
11	1	2	—	7	143 2/3
11	2	2	—	11	146
11	3	2	1	4	148 1/6
11	4	2	1	8	150 1/3
11	5	2	2	1	152 3/5
11	6	2	2	5	154 2/3
11	7	2	2	10	157
11	8	2	3	3	159 1/3
11	9	2	3	7	161 1/2
11	10	2	4	—	163 6/7
11	11	2	4	5	166 1/4
12	—	2	4	10	168 4/7
12	1	2	5	2	171 2/3
12	2	2	5	7	173 1/5
12	3	2	6	—	175 2/3
12	4	2	6	5	178
12	5	2	6	10	180 1/2
12	6	2	7	3	182 2/3
12	7	2	7	8	185
12	8	2	8	1	187
12	9	2	8	6	190
12	10	2	8	11	192
12	11	2	9	4	195
13	—	2	9	10	197
13	1	2	10	3	200
13	2	2	10	8	202
13	3	2	10	11	204
13	4	2	11	7	208
13	5	3	—	—	210
13	6	3	—	5	213
13	7	3	—	11	216
13	8	3	1	4	218
13	9	3	1	10	221
13	10	3	2	3	224
13	11	3	2	9	226
14	—	3	3	2	229
14	1	3	3	8	232
14	2	3	4	2	235
14	3	3	4	7	237
14	4	3	5	1	240
14	5	3	5	7	243
14	6	3	6	1	246
14	7	3	6	6	249
14	8	3	7	—	251
14	9	3	7	6	254
14	10	3	8	—	257
14	11	3	8	6	260
15	—	3	9	—	263
15	1	3	9	6	266
15	2	3	10	—	269
15	3	3	10	6	272
15	4	3	11	—	275
15	5	3	11	6	278
15	6	4	—	1	281
15	7	4	—	7	284
15	8	4	1	1	287
15	9	4	1	7	290
15	10	4	2	2	293
15	11	4	2	8	296
16	—	4	3	2	299
16	1	4	3	9	302
16	2	4	4	3	306
16	3	4	4	10	309
16	4	4	5	4	312
16	5	4	5	11	315
16	6	4	6	5	318
16	7	4	7	—	322
16	8	4	7	7	325
16	9	4	8	1	328
16	10	4	8	8	331
16	11	4	9	3	335
17	—	4	9	10	338
17	1	4	10	4	341
17	2	4	10	11	345
17	3	4	11	6	348
17	4	5	—	1	351
17	5	5	—	8	355
17	6	5	1	3	358
17	7	5	1	10	362
17	8	5	2	5	365
17	9	5	3	—	369
17	10	5	3	7	372
17	11	5	4	2	375
18	—	5	4	10	379
18	1	5	5	4	382
18	2	5	6	—	386
18	3	5	6	7	389
18	4	5	7	3	393
18	5	5	7	10	396
18	6	5	8	5	400
18	7	5	9	—	404
18	8	5	9	8	407
18	9	5	10	3	411
18	10	5	10	11	415
18	11	5	11	6	519
19	—	6	—	2	422
19	1	6	—	10	426
19	2	6	1	5	430
19	3	6	2	1	433
19	4	6	2	9	437
19	5	6	3	4	441
19	6	6	4	—	445
19	7	6	4	8	449
19	8	6	5	4	452
19	9	6	6	—	456

Geschwindigkeit in 1 Sekunde		Höhe der Wassersäule, oder das Gefälle, welches diese Geschwindigkeit hervorbringt			Stoß auf 1 Quadratfuß lb.	Geschwindigkeit in 1 Sekunde		Höhe der Wassersäule, oder das Gefälle, welches diese Geschwindigkeit hervorbringt			Stoß auf 1 Quadratfuß lb.
Fuß	Zoll	Fuß	Zoll	Linien	Pfund	Fuß	Zoll	Fuß	Zoll	Linien	Pfunde
19	10	6	6	8	460	25	—	10	5	—	731
19	11	6	7	4	464	25	1	10	5	10	736
20	—	6	8	—	468	25	2	10	6	8	741
20	1	6	8	8	472	25	3	10	7	6	746
20	2	6	9	4	476	25	4	10	8	4	751
20	3	6	10	—	480	25	5	10	9	2	756
20	4	6	10	8	484	25	6	10	10	—	761
20	5	6	11	4	488	25	7	10	10	10	766
20	6	7	—	—	491	25	8	10	11	9	771
20	7	7	—	8	495	25	9	11	—	7	776
20	8	7	1	5	499	25	10	11	1	5	781
20	9	7	2	1	504	25	11	11	2	4	786
20	10	7	2	9	508	26	—	11	3	—	791
20	11	7	3	6	512	26	1	11	4	—	796
21	—	7	4	2	516	26	2	11	4	11	801
21	1	7	4	10	520	26	3	11	5	9	806
21	2	7	5	7	524	26	4	11	6	8	811
21	3	7	6	3	528	26	5	11	7	6	816
21	4	7	7	—	532	26	6	11	8	5	822
21	5	7	7	8	536	26	7	11	9	4	827
21	6	7	8	5	541	25	8	11	10	2	832
21	7	7	9	2	545	25	9	11	11	1	837
21	8	7	9	10	549	26	10	12	—	—	842
21	9	7	10	7	553	26	11	12	—	10	848
21	10	7	11	4	558	27	—	12	1	9	853
21	11	8	—	—	562	27	1	12	2	8	858
22	—	8	—	9	566	27	2	12	3	7	864
22	1	8	1	6	570	27	3	12	4	6	869
22	2	8	2	3	575	27	4	12	5	5	874
22	3	8	3	—	579	27	5	12	6	4	880
22	4	8	3	9	583	27	6	12	7	3	885
22	5	8	4	6	588	27	7	12	8	2	890
22	6	8	5	3	592	27	8	12	9	1	896
22	7	8	6	—	597	27	9	12	10	—	901
22	8	8	6	9	601	27	10	12	10	11	906
22	9	8	7	6	606	27	11	12	11	10	912
22	10	8	8	3	610	28	—	13	—	9	917
22	11	8	9	—	614	28	1	13	1	8	923
23	—	8	9	9	619	28	2	13	2	8	928
23	1	8	10	6	623	28	3	13	3	7	934
23	2	8	11	4	628	23	4	13	4	6	939
23	3	9	—	1	632	28	5	13	5	6	945
23	4	9	—	10	637	28	6	13	6	5	950
23	5	9	1	8	641	28	7	13	7	5	956
23	6	9	2	5	646	28	8	13	8	4	962
23	7	9	3	2	651	28	9	13	9	3	967
23	8	9	4	—	655	28	10	13	10	3	973
23	9	9	4	9	660	28	11	13	11	2	978
23	10	9	5	7	665	28	—	13	—	2	984
23	11	9	6	4	669	29	1	14	1	2	990
24	—	9	7	2	674	29	2	14	2	7	996
24	1	9	8	—	679	29	3	14	3	1	1001
24	2	9	8	9	683	29	4	14	4	1	1 7
24	3	9	9	7	688	29	5	14	5	—	1013
24	4	9	10	5	693	29	6	14	6	—	1019
24	5	9	11	2	697	29	7	14	7	—	1024
24	6	10	—	—	702	29	8	14	8	—	1030
24	7	10	—	10	707	29	9	14	9	—	1036
24	8	10	1	8	712	29	10	14	10	—	1042
24	9	10	2	6	717	29	11	14	11	1	1048
24	10	10	3	4	721	29	—	14	—	—	1053
24	11	10	4	2	726	30		15			

Die Geschwindigkeit auf der Oberfläche, oder die Länge der Strohmstriche zu messen, dazu nimmt man entweder eine ziemlich große Kugel von Wachs, oder noch besser von polirtem Kupfer, welche ohngefähr einen Durchmesser von 6 Zollen haben kann. Diese Kugel ist inwendig hohl und mit einem Hahn versehen, damit man nach Befinden so viel Wasser hinein lassen könne, daß sie noch einige oder ein Paar Zolle aus dem Wasser hervorrage; dann ist sie zum Gebrauch fertig. Hiernächst muß man eine Uhr bey der Hand haben, welche Secunden zeiget und die man auf Erfordern hemmen oder wieder gehen lassen kann. Man verfügt sich hierauf an den Orte a. Figur 5552. wo vorher die Schnur übergespannet und die Tiefenlinien gemessen worden sind. Der Secundenzeiger wird gehemmet, man läßt die Kugel oberhalb der Schnur, wo die erste Abtheilung f. vom Ufer 5 Fuß ausmachte, ins Wasser; so bald die Kugel die Mitte der Schnur a b erreicht hat, wird in dem Momente der Secundenzeiger losgelassen, nun gehet man längs dem Strohm wo möglich in einen rechten Winkel mit der Kugel fort, so bald aber eine Secunde vorüber ist, wird in dem Augenblick der Punct h bezeichnet, so weit die Kugel in einer Secunde oder Minute fortgetrieben. Diese Bezeichnung kann durch einen Pfahl geschehen, worauf geschrieben wird: Erster Strohmstrich; und man geht solchergestalt weiter fort, bis man alle Strohmstriche gemessen hat. So viele Abtheilungen nun auf der Schnur sind, so vielmal muß man diesen Versuch wiederhohlen, und so viele Strohmstriche bekommt man denn auch. Die Länge der Strohmstriche a q. f m. e n. d o. c p. b r. werden hiernächst mit einer Kette oder Maßstab

gemessen,

gemessen, und jede Länge für sich besonders angeschrieben.

Diese Art Strohmstriche zu messen, ist indessen sehr mühsam und kann nur bey stillem Wetter vorgenommen werden, damit die Kugel vom Winde nicht beunruhiget werde. Weniger mühsam und mehr richtig ist vielleicht eine andere Methode, vermittelst eines Instruments, welches Behrens in seiner Wasserbaukunst S. 18 angegeben hat. Dieser Strohmstrichmesser hat die Gestalt einer kleinen Schiffmühle, welche auf kupfernen Gefäßen ruhet und mit Ankern verbunden ist. Das Wasserrad kann 5 Fuß im Umkreis und die Schauffeln 8 Zoll in der Länge seyn. Der Zeiger, welcher die Geschwindigkeit der Strohmstriche angiebt, bestehet in einer runden Scheibe, welche inwendig Zähne oder Kämme hat, in der Welle sitzen 5 Tangenten, welche allemal einen Zahn fortschieben, sobald das Rad um einen Fuß vom Wasser herum getrieben ist, auf der Scheibe werden so viele Abtheilungen gemacht, als Zähne vorhanden sind, als von Nro. 1. an u. s. w. Da nun das Rad vom Wasser getrieben wird, je nachdem der Fluß schnell fließet, so hat das Wasser einen Weg von 5 Fuß in der Länge durchgelaufen, wenn das Wasserrad seinen Lauf einmal vollendet hat. Hat man nun eine Uhr bey sich, welche Secunden zeiget, so kann man gleich, wenn man die Grade auf der Scheibe zählet, wissen, wie viel Fuß der Fluß in einer Secunde fortgeflossen ist. Diese Maschine kann durch eine Zwinge allezeit regieret werden, daß sie laufen und stille stehen muß. Man hat hierbey die Bequemlichkeit, daß man in einem Kahn jeden Strohmstrich genau messen, und daß ein mäßiger Wind die Maschine auch nicht beunruhigen kann; dahingegen eine Kugel sehr leicht in einen schnel-

schnelleren Strohmstrich gezogen und vom Winde, entweder von oben oder von unten herauf, aufgehalten oder fortgeschoben werden kann, welches denn einen sehr merklichen Fehler in Berechnung der Wassermenge in einer Secunde veranlassen muß. Nur ist bey der Behrenschen Maschine auf den Widerstand nicht gerechnet, welchen sie vermöge der Trägheit der Körper dem Wasser leistet, so daß ihre Angaben also immer etwas zu geringe sind.

Da die bisher angegebenen Arten, die Geschwindigkeit eines Strohms zu messen etwas umständlich sind, und Instrumente erfordern, die man nicht aller Orten haben kann, so ist die von Beyer beschriebene Methode, die Geschwindigkeit nach einem Pendel zu messen, welches halbe Secunden schwingt, immer auch noch anwendbar. Man misset demnach an den Ufern des Strohms 20 Fuß ab, und knüpft bey dem Anfangspuncte an einem daselbst aufgerichteten Stabe ein Pendel zu halben Secunden an, welches bis ans Centrum der Kugel 9 Zoll $2\frac{1}{8}$ Linien alt Pariser, oder 10 Zoll $5\frac{1}{2}$ Linien Leipziger Decimal-Maß seyn muß. Die Kugel kann 4 — 5 Linien im Durchmesser halten. Mit diesem Pendel werden die halben Secunden abgezählet, welche vorbey gehen, indem ein Spahn oder Wachskügelchen von dem Anfangspuncte bis zu dem abgesteckten Ende der 20 Fuß gelangt. Hätte man nun z. B. auf 20 Fuß 68 halbe oder 34 ganze Secunden gefunden, so wäre die Geschwindigkeit des Wassers $1\frac{7}{10}$ Fuß in einer Secunde, welches man genau aufschreiben und merken muß.

Man mag nun auf eine oder die andere Art die Geschwindigkeit des Wassers gefunden haben, so dient die oben bey S. 74. befindliche Tabelle A, ohne weitläuftige Rechnungen das dazu gehörige

Gefälle

Gefälle anzugeben. Und hat man umgekehrt durch die Fig. 5551. abgebildete Pitotsche Maschine die Höhe der Wassersäule gefunden, welche dieser oder jener Strohmstrich in die Röhre hinauftreibt: so kann man vermittelst eben dieser Tabelle, wie vorhin bemerkt, auch wieder die Geschwindigkeit des Wassers finden. In dieser Tabelle findet man endlich auch den Stoß, wie stark die gefundene Geschwindigkeit des Wassers auf eine gegebene Fläche von 1 Quadratfuß wirkt. Es ist bekannt, daß ein Pariser Cubicfuß 72 Berliner; 1 Cubicfuß Rheinländisch 64, 65, auch 66 Cöllnisch, und 1 Leipziger Cubicfuß 49 — 50 Pfund Leipziger oder Cölnisch Gewicht schwer ist. Hat man nun z. B. eine Höhe oder Gefälle von 6 Fuß, so multiplicire man sie mit der Schwere eines Cubicfußes Wassers, es sey nun Pariser, Rheinländisches, Leipziger oder ein anderes Maß und das Product zeigt die Größe des Stoßes in Pfunden, auf 1 Fuß Quadratfläche. So viel Quadratfuß nun die Fläche enthält, mit so viel Mahl schwerem Gewichte drückt auch die Kraft des Stoßes auf die Fläche. Es sey zum Beyspiele die Quadratfläche der Schaufel eines Wasserrades = 3 Quadratfuß, und man habe nach Leipziger Gewicht den Cubicfuß zu 50 Pfund angenommen, so wäre die Kraft des Stoßes oder Drucks = 300 Pfund Leipziger auf 1 Fuß Quadratfläche; auf 3 Fuß Quadratfläche aber = 900 Pfund. Hiervon wird weiter unten noch mehr vorkommen.

Um überhaupt die Tabelle A mit Leichtigkeit anzuwenden, dienet noch folgende Anleitung, das in der Tabelle zum Grunde gelegte alt Pariser Maß in andere Maße und Gewichte zu verwandeln.

1ste Aufgabe. Es wird die Geschwindigkeit in einem andern als Pariser Maße gegeben, man soll das

das dieser Geschwindigkeit zukommende Gefälle in eben demselben Maße finden. Reduziret das Maß in Pariser, bemerket aus der Tabelle das in der zweyten Spalte dieser Geschwindigkeit zugeeignete Gefälle; dieses reduziret wieder in das Maß, mit welchem ihr die Geschwindigkeit gemessen, so ist geschehen, was man verlangte. Z. B. Ein Strohm läuft in einer Secunde 5 Fuß fort nach Leipziger Maße, wie hoch wird sein Gefälle nach diesem Leipziger Fuße seyn?

Es verhält sich der Pariser Fuß zum Leipziger, wie 144 : 125, wenigstens kann man bey diesen Aufgaben völlig mit diesem Verhältniß zufrieden seyn. Also 144 : 125 = 5′ : 4′ 4″. (weil die Reduktion nach der verkehrten Regel Detri berechnet wird, so muß das 1ste Glied der Proportion nicht 125 : 144, sondern 144 : 125 gesetzet werden) Dieser Geschwindigkeit kommt das Gefälle von 3 Zoll 9 Linien zu, welches wieder in Leipziger Maß verwandelt werden muß, indem man schließet, 125 : 144 = 3″ 9‴ : 4″ 8‴. Näymlich 4 Zoll 8 Linien beträgt das Gefälle in Leipziger Maß.

Wenn man sich einen Maßstab von einigen Fußen verfertigen läßt, wo das Pariser Maß neben demjenigen, nach welchem gerechnet und gemessen werden soll, in Fuß, Zoll, und Linien richtig abgestochen worden: so kann man der Reduktions-Rechnung überheben seyn, indem der Maßstab durch den Augenschein die Maße vergleichet.

2te Aufgabe. Es wird das Gefälle in Rheinischem Maße gegeben, und die Geschwindigkeit soll nach eben demselben gefunden werden. Z. B. das Gefälle = 6 Fuß Rheinisch, wie groß ist die Geschwindigkeit? Reduziret daß Maß des Gefälles in Pariser Fuß, indem ihr schließet: 144 : 139 = 6 : 5′ 9″ 6‴. In der Tabelle kommt diesem Gefälle die Geschwindigkeit 18′ 8″ am nächsten. Welche wieder in Rheinisches Maß zu verwandeln sind, 139 : 144 = 13′ 8″ : 19′ 6″ der Geschwindigkeit im Rheinischen Maße.

3te Aufgabe. Aus dem gegebenen Gefälle, oder der demselben zukommenden Geschwindigkeit, den Stoß auf einen z. B. Leipziger Quadratfuß zu bestimmen. Z. B. die Geschwindigkeit wäre 18 Fuß Leipziger. Reduziret das gegebene Maß in Pariser, in-

indem ihr schließet: 144 : 125 = 18′ : 15, 7″ 6‴ Pariser Fuß. Suchet in der Tabelle den dieser Geschwindigkeit zukommenden Stoß auf, = 284 Pf. und schließet, wie sich verhält der Pariser Quadratfuß zum Leipziger Quadratfuß, das ist 20736 : 15625 = 284 Pf. : 214 Pf. (beynahe, wenn man die Bruchtheilchen vernachlässiget).

4te Aufgabe. Es wird der Stoß auf einen Leipziger Quadratfuß gegeben, z. B. 214 Pf. und man soll das Gefälle oder die Geschwindigkeit, welche zur Hervorbringung dieser Wirkung erforderlich ist, ausfündig machen. Schließet 15625 : 20736 = 214 Pf. : 284 Pf. Sollte nun die Geschwindigkeit gefunden werden: so meldet die Tabelle daß dieser Stoß eine Geschwindigkeit von 15′ 7″ erfordere, welche wieder durch das Verhältniß 125 : 144 in Leipziger Maß zu verwandeln, und 18′ betragen. Oder soll das Gefälle gefunden werden: so reduziret das in der Tabelle dem Stoße zugeeignete Gefälle 4′ — ″ 7‴ in Leipziger Maß.

Ueberhaupt kann man, so oft es nicht auf Kleinigkeiten ankommt, die Tabelle gerade zu so brauchen, als ob sie nach Rheinländischem Maße berechnet worden, welches jede Probe sattsam zeigen wird, und an den Orten, wo das Rheinische Maß üblich, mit vielen Vortheilen benutzet werden kann.

Man könnte die Geschwindigkeit des Wassers auch aus dem durch das Nivellement gefundenen Gefälle des Wassers berechnen, wenn man die Länge einer ganzen gemessenen Strecke des Flusses nimmt, und aus dieser Länge und der Höhe des ganzen Gefälles die Höhe des Gefälles auf 1 Fuß sucht. Nehmen wir z. B. an, daß die Länge des Flusses 500′ und das Gefälle auf diese Länge 10′ 5″ sey, so erfahren wir durch die Regel de tri, daß das Gefälle auf 1′ Fuß lang, 3 Linien betrage. Hernach wird aus diesem gefundenen Gefälle, 3‴, aus dem Quadrat der allgemeinen Geschwindigkeit = 900, und aus der allgemein bekannten Höhe = 15, die Geschwindigkeit in 1 Secunde gesucht, welche 1′, 3″ betragen wird.

Diese

Diese Berechnungen der Geschwindigkeit des fließenden Wassers treffen aber nicht genau zu; indessen kann man sich doch bey vorkommenden Fällen ziemlich damit behelfen, weil es hierin auf eine Kleinigkeit nicht ankommt. Die Ursachen der Abweichungen von diesen Berechnungen sind folgende. Nach den Bewegungsgesetzen schiefliegender Flächen sollte die Geschwindigkeit des Wassers in einem Flusse oder Bache von Punkt zu Punkte zunehmen, wie die Quadratwurzeln aus den Perpendikular-Höhen. Allein es zeigt die Erfahrung, daß das Wasser in den Flüssen und Bächen, ob sie gleich eine schiefliegende Fläche vorstellen, sich nicht nach diesem Bewegungsgesetze richtet, sondern öfters am Ende, und vorzüglich da, wo ein Fluß sich in die See ergießt, langsamer fließt, als bey dem Anfange, weil erstlich die Sohle des Flusses sehr ungerade und keine genaue schiefliegende Fläche ist; zweytens weil die Ufer nicht immer parallel sind, und das Profil des Flusses bald enge, bald weit ist; und drittens, weil der Strohm gemeiniglich Krümmen hat, wodurch das Wasser in seinem schnellen Laufe aufgehalten wird.

Um nun aus der gefundenen Geschwindigkeit des Wassers die **Menge** desselben zu finden, die der Fluß in einer bestimmten Zeit führt, muß man erst die Mittelgeschwindigkeit ausfündig machen, weil man sonst jedes Wasser-Prisma nicht berechnen kann. Gesetzt, nach **Pitots** Strohmmesser, oder sonst einem Instrument, habe ein Fluß auf der Oberfläche eine Geschwindigkeit in einer Secunde von 28 Fuß 6 Zoll in der Länge; in der Mitte 30 Fuß 4 Zoll; am Grundbette 30 Fuß 6 Zoll. Diese Summen werden nun zusammen addirt und durch 3 dividirt, was heraus kommt, ist die Zahl für die Mittelgeschwindigkeit nach der Länge des

Strohmstriches; hiermit wird das Profil des Triangel-Streifens multipliciret, das Product zeigt den Durchfluß der Wassermenge in einer Secunde an. Es verstehet sich von selbst, daß durch die Länge der Geschwindigkeit des Strohmstrichs die punktirte Linie zwischen a f und h m Fig. 5552 u. s. f. verstanden wird. Wir wollen dieses, um der Deutlichkeit wegen, durch ordentliche Ansätze näher ins Licht setzen.

Zuerst müssen wir die mittlere Geschwindigkeit ins Reine bringen, oben war:

a. Die obere Geschwindigkeit des Streifens a h f m. Fig. 5552 nach der punktirten Linie	28 Fuß 6 Zoll
b. In der Mitte	30 — 4 —
c. Nahe am Grundbett	29 — 5 —
	88 Fuß 3 Zoll
Dividirt durch 3; gibt die mittlere Geschwindigkeit des Streifens a f h m. nach der punktirten Linie	29 Fuß 5 Zoll.

Diese 29 Fuß 5 Zoll mit dem Quadrat-Inhalt der Profil-Oeffnung des Triangel-Streifens f e o Fig. 5550 multipliciret, gibt den körperlichen Inhalt des dreyeckigen Wasser-Prisma in einer Secunde. Also:

Die mittlere Geschwindigkeit war	29′5″
Das Quadrat der Profil-Oeffnung des Triangels e f o. war	7′80″
	23600
	2065
Körperlicher Inhalt des dreyeckigen Wasser-Prisma e f o	230 | 100

Mithin fließen in einer Secunde durch die Profil-Oeffnung des Triangels e f o. 230 Kubikfuß 100 Kubikzolle Wasser weg.

Ferner:

Ferner:

a.	Die obere Geschwindigkeit des Streifens f m e n nach der punktirten Linie Fig. 5552	32 Fuß 6 Zoll
b.	Die mittlere	33 — 8 —
c.	Die untere, nahe am Grundbette	31 — 4 —
		79 Fuß 6 Zoll
	gibt die mittlere Geschwindigkeit des Streifens f m e n nach der punktirten Linie 3)	32 Fuß 6 Zoll.

Diese 32 Fuß 6 Zoll werden mit dem Quadrat-Inhalt der Profil-Oeffnung des Trapeziums e. g. f h. Fig. 5550 multipliciret, mithin war:

Die mittlere Geschwindigkeit	32′6″
Quadrat-Inhalt der Profil-Oeffnung e g f h	2300
	97800
	652
Körperlicher Inhalt des Trapeziums e g f h	749|800

Weiter:

Die obere Geschwindigkeit des Streifens e d n o. Fig. 5552 betrug	35 Fuß 2 Zoll
Die mittlere	36 — 5 —
Die untere, nahe am Grundbette	34 — 8 —
	106 Fuß 3 Zoll.
gibt die mittlere Geschwindigkeit des Streifens e d n o nach der punktirten Linie 3)	35 Fuß 5 Zoll.

Diese 35 Fuß 5 Zoll mit dem Quadrat-Inhalt der Profil-Oeffnung g h i k multipliciret. Also:

	35′5″
Profil-Oeffnung g h i k.	28′00″
	28400
	710
Körperlicher Inhalt des Trapez. g h i k.	994|000

Weiter:

Die obere Geschwindigkeit des Streifens docp. Fig. 5552 war	35 Fuß 0 Zoll
Die mittlere	36 — 4 —
Die untere, nahe am Grundbette	34 — 5 —
	105 Fuß 9 Zoll.
gibt die mittlere Geschwindigkeit des Streifens docp. nach der punktirten Linie 3)	35 Fuß 3 Zoll.

Mit dieser Summe wird das Quadrat der Profil = Oeffnung des Trapeziums i k l m multiplicirt. Also:

Die mittlere Geschwindigkeit war oben	35′3″
Das Quadrat der Profil-Oeffnung iklm.	38′00″
	282400
	1059
Körperlicher Inhalt des Trapez. iklm.	1341|400

Weiter:

Die obere Geschwindigkeit des Streifens cbrp. Fig. 5552 war	30 Fuß 0 Zoll
Die mittlere	31 — 8 —
Die untere, nahe am Grundbette	30 — 10 —
	92 Fuß 10 Zoll.
gibt die mittlere Geschwindigkeit des Streifens cbrp. nach der punktirten Linie 3)	30 Fuß 10 Zoll.

Diese Summen wieder mit dem Quadrat-Inhalt der Profil-Oeffnung des dreyeckigen Prisma m l n Fig. 5550 multipliciret, was heraus kommt, ist der körperliche Inhalt. Also:

Die mittlere Geschwindigkeit war oben	30′10″
Das Quadrat der Profil-Oeffnung mln.	20′0″
Körperlicher Inhalt des dreyeckigen Wasser-Prisma z	602|000

Diese

Diese Summen zusammen addiret:

Körperlicher Inhalt des dreyeckigen Prisma afhm	230′	—	100″
Körperlicher Inhalt des Trapeziums egfh	749	—	800
Körperlicher Inhalt des Trapeziums ghik	994	—	000
Körperlicher Inhalt des Trapeziums iklm	1341	—	400
Körperlicher Inhalt des dreyeckigen Prisma mln	602	—	000
Summe der Wassermenge, welche in einer Sekunde durch die gemessene Profil-Oeffnung des Flusses läuft	3917 Kub. Fuß		300 Kub. Zoll.

Ein kürzerer Weg die Wassermenge zu berechnen, welche in einer Secunde bey der im vorhergehenden bemerkten Geschwindigkeit wegfließet, ist folgender *). Wenn die gemessenen Tiefenlinien einerley Abstand haben; d. i. wenn sie gleich weit von einander entfernet sind; so addiret man die Gleichungslinien alle mit einander zusammen, hiernächst aber werden sie durch die Anzahl der Mittel- oder Gleichungslinien dividiret; dieses gibt eine mittlere oder eine Proportional-Zahl. Wenn diese nun mit der Breite des Flusses multipliciret werden, so bekommt man den Quadratinhalt der Profilöffnung des Flusses auf einmal. Nun noch nicht genug! Die Geschwindigkeit unter dem Wasserspiegel muß man auch wissen. Würde das Wasser in Absicht der Geschwindigkeit unter den obern Spiegel, in der Mitte, und nahe am Grundbette dreyerley sehr von einander abweichende Geschwindigkeiten haben; so werden die Längen der Strohmstriche zusammen addiret, — welche zwar nicht

*) S. Behrens a. a. O. S. 23 ff.

nicht alle, sondern nur auf den Spiegel mit der Kugel gemessen werden können, durch Pitot's Strohmmesser sich aber besser bestimmen lassen, — und mit 3 dividiret, das Product giebt eine Mittelgeschwindigkeit von der Länge eines jeden Streifens. Werden nun alle Streifen auf diese Art behandelt, hernach zusammen addiret, und mit der Summe der Strohmstrichlinien wieder dividiret, so bekommt man eine mittlere Proportional-Zahl von der Länge der Streifen, oder das Maß, wie weit das Wasser in einer Secunde fortgeschoben wird. Wird nun diese Zahl mit dem Quadratinhalt der Profilöffnung multipliciret, so zeigt die Summe gleichfalls die Wassermenge an, welche in einer Secunde an dem bestimmten Orte vorbey fließet. Würden aber die Tiefenlinien nicht einerley Breite oder Abstand von einander haben, so muß man es sich gefallen lassen, jeden Prismatischen Streifen oder Trapezium, wie angewiesen, besonders auszurechnen, und das Quadrat aller Triangel und Trapezien zusammen zu addiren.

Dieses war die Art, wie man die **Wassermenge in einem offenen Strohme** messen und berechnen müsse; **Bey den Frey- oder Mahlschützen** hat man diese mühsame Anstalt und Berechnung nicht nöthig, und man kann viel geschwinder abkommen, wenn man sich ein für allemal eine Tabelle verfertiget hat, die zu allen Höhen oder Wasserständen brauchbar ist. Hat man diese, und die Höhe und Breite des aufgezogenen Schutzes ist gegeben; so kann man gleich aus der Tabelle beurtheilen, wie viel Wasser in einer Secunde durch die Schüttöffnung wegstürzt. Dieses verstehet sich aber, wo das Unterwasser dem Aussturz ganz und gar nicht hinderlich ist, und das Kolkwasser noch um einige Zolle niedriger stehet, als der Grund-

oder

oder Fachbaum; sonst aber muß man den Widerstand oder Gegendruck des untern Wassers erst abrechnen, wovon im folgenden das weitere vorkommen wird.

Isaak Newton ꝛc. hat in seinen Phil. Nat. Princip. Math. Lib. II Prop. VIII. Probl. XXXVI. bewiesen, daß die Geschwindigkeit des Wassers, welches durch verschiedene in dem Boden oder in den Seitenwänden des Gefäßes angebrachte Oeffnungen fließt, eben so groß seyn muß, als die Geschwindigkeit, welche ein schwerer Körper erlangen würde, wenn er von einer Höhe fiele, welche der Höhe zwischen der Oberfläche des Wassers und der Stelle, wo sich das Wasser ergießt, gleich ist. Daher muß ein Wasserkörper, dessen Länge 32 Fuß beträgt, in der Tiefe von 16 Fuß, während einer Zeitsecunde völlig auslaufen. Und aus den Gesetzen des Falles schwerer Körper folgt, daß, wie sich die Quadratwurzel von 16 zu der Geschwindigkeit des ausfließenden Wassers verhält, welche mit dieser Tiefe oder Höhe zusammengehört; so verhält sich auch die Quadratwurzel einer jeden andern Höhe, zu der mit dieser Höhe zusammengehörigen Geschwindigkeit. Dieses will so viel sagen, die Ausflußmengen durch gleiche Oeffnungen verhalten sich eben so, wie die Quadratwurzeln ihrer senkrechten Entfernungen von dem Wasserspiegel. Newton aber, welcher hierüber Versuche anstellte, fand, daß die auf diese Art bestimmte Geschwindigkeit zu groß sey, und änderte selbige in verschiedenen Fällen ab. Denn nicht nur die Friction an dem Umfange der Oeffnung, sondern auch die Biegung der Wassertheilchen ehe sie die Oeffnung erreichen, tragen dazu bey, die Geschwindigkeit des ausströhmenden Wassers zu verringern. Könnte man nun beyde Umstände und besonders den letztern verhüten, so würde Newton's Theorie unfehlbar durch Versuche bestätigt werden; oder besser, so würden die Versuche vollkommen mit der Theorie übereinstimmen. Wenn wir nun annehmen, daß das Wasser in das obere Ende einer cylindrischen Röhre laufe, und daß zwischen den Wassertheilchen und der gedachten Röhre keine Attraction oder kein Reiben Statt finde; so wäre die Geschwindigkeit eines jeden Wassertheilchens auf dem Boden eben so groß, als diejenige, welche ein schwerer Körper erlangen würde, wenn er frey und ohne Verbindung mit der Röhre von einer gleichen Höhe herabfiele. Um also die wahre Geschwindigkeit unter Einwirkung verschiedener Umstände zu erhalten, so muß die Geschwindigkeit, welche die Theorie angibt, durch Versuche berichtiget werden. Um sich demnach von der Genauigkeit der Versuche, welche andere gemacht haben, zu überzeugen, hat Herr John Banks sich die Mühe gegeben, eine beträchtliche Menge anzustellen, wovon ich hier einige anführen werde *).

Aus den Versuchen, welche mehrere Naturforscher angestellt haben, erhellet, daß die Geschwindigkeit des ausfließenden Wassers viel weniger beträgt, als sie nach Newton's Theorie betragen sollte. Diese Abweichung war so beträchtlich, daß sie sich berechtigt glaubten, daraus zu schließen, die Geschwindigkeit des Wassers sey so groß, als diejenige, welche ein schwerer Körper erlangt, wenn er von einer Höhe herabfällt, welche der halben Wasserhöhe gleich ist. Dieses aber ist in der That ein Irrthum

*) S. Abhandlung über die Mühlenwerke. Von John Banks, Lehrer der Experimental-Philosophie. Aus dem Engl. übers. von C. G. Zimmermann, Lehrer der Mathematik am Friedrichwerderschen Gymnasium in Berlin. Berlin, bey Quien 1808. S. 117 ff.

Irrthum, weil die beobachtete oder wirkliche Geschwindigkeit nie größer werden kann, als diejenige, welche durch eine richtige Theorie festgesetzt ist; dessen ungeachtet ist die wirkliche Geschwindigkeit größer, als diejenige, welche man nach der letztern Theorie erhalten sollte, da sich doch erwarten läßt, daß sie, wegen der Hindernisse, deren es nach Beschaffenheit der Umstände bald mehr, bald weniger gibt, nie völlig erreicht werden kann. Als John Banks seine Versuche anstellte, so wünschte er, alle Hindernisse ꝛc. so viel wie möglich, aus dem Wege zu räumen, und fing daher, auf Anrathen der Schriftsteller mit Oeffnungen in Platten an, deren Dicke ungefähr $\frac{1}{10}$ eines Zolles betrug. Das Resultat davon ist in nachstehender Tabelle enthalten. Aus dieser kann man sehen, daß bey einer Höhe von 8 Fuß die beobachtete Geschwindigkeit um $4\frac{1}{2}$ Fuß geringer ausfällt, als die berechnete. — Er nahm hierauf Ansätze von verschiedener Gestalt, und erhielt durch dieselben allemal mehr Wasser, als durch die dünne Platte. Weil er aber gern die größte Geschwindigkeit erhalten wollte, so ist nur zu bemerken, daß die kegelförmige Röhre unter allen, welche er gebraucht hat, die beste war. Er machte sie von Kupfer, ihre Länge betrug ungefähr $\frac{1}{10}$ eines Fußes und der Durchmesser des obern war doppelt so groß als der Durchmesser des untern Endes oder der Oeffnung. Der Wasserstrahl, der aus dieser Röhre herausspritzt, unterscheidet sich auf eine auffallende Art von dem, welcher durch die dünne Platte floß. Er siehet in einer Weite von einigen Fuß, nach Beschaffenheit der Wasserhöhe mehr oder weniger, wie ein Stück Krystallglas aus. Auch wird dieser Strahl nicht unmittelbar unter der Oeffnung so verengert und zusammengezogen, als es bey dem Wasserstrahl durch die Oeffnung in einer dünnen Pflatte bemerkt wird, und der Unterschied der beobachteten und berechneten Geschwindigkeit beträgt auf 7 Fuß nur $1\frac{1}{4}$ Fuß.

Anfänglich wurde eine Oeffnung beynahe bis zu der Weite gebohrt, als es zur jedesmahligen Absicht nöthig war; diese Oeffnung erhielt ihre völlige Größe vermittelst eines gehärteten Stahldrahtes, davon das eine Ende wie eine viereckige Pyramide zugespitzt, und das andere in der Spindel einer Drehbank befestigt war. Der Draht ward hierauf in mehrere Stücke zerbrochen, welche auf einer Diagonalscale dicht an einander gelegt wurden, um die Summe ihrer Durchmesser zu beobachten; auch wurden selbige mit einem Schraubenmicrometer gemessen. Alle diese verschiedenen Stücke maßen mehrere Beobachter, welche in Absicht des Durchmessers eines solchen Stückes nie um $\frac{1}{1000}$ Theil eines Zolles von einander abwichen. Und aus der Geschwindigkeit, womit das Wasser durch ungleiche oder solche Oeffnungen ausfloß, welche vermittelst verschiedener Drähte gemacht waren, hatte Banks Ursache zu schließen, daß alle Durchmesser mit der größten Genauigkeit abgemessen waren.

Um die Wassermenge zu erhalten, welche in einer gegebenen Zeit ausläuft, schloß ein Gehülfe mit einem Finger die Oeffnung der Röhre zu, bis dieselbe voll Wasser war und hielt die Linse des Pendels, welches halbe Secunden schwingt, mit der andern Hand. Hierauf ließ er in demselben Augenblicke beyde Hände sinken, und das Wasser floß ungehindert so lange als es nöthig war (während dieses Versuches wurde das Wasser durch einen beständigen Zufluß in derselben Höhe erhalten) und nach

nach Verlauf einer gewissen Zeit wurde der Ausfluß mit der größten Genauigkeit gehemmt

Das ausgelaufene Wasser wurde darauf abgewogen, nach Kubikzollen berechnet und mit dem in Zollen ausgedruckten Flächeninhalte der Oeffnung dividirt. Auf diese Weise erhielt man die Länge, des, in dieser ganzen Zeit ausgeflossenen Wasserstrahls.

Versuche mit einer durchbohrten Platte, deren Durchmesser ungefähr $\frac{1}{40}$ eines Zolls betrug.

Tabelle I.

Anzahl	Höhe, in Fuß	Flächeninhalt der Oeffnung in Zollen	Gewicht des in einer Minute auslaufenden Wassers in Unzen Avoirdupois	Geschwindigkeit in Sec. nach der Theorie	Geschwindigkeit in Sec. nach der Erfahrung	Unterschied bey einer Höhe von 16 Fuß
1	1,375	0,0055	16,97	9,38	7,4	6,7
2	2,2	0,0055	21,4	11,86	9,3	
3	4,5	0,0055	30,6	16,9	13,35	
4	8,	0,0055	40,8	22,62	17,8	
5	1,375	0,01227	37,94	9,38	7,42	6,8
6	2,2	0,01227	48,1	11,86	9,41	
7	4,5	0,01227	68,4	16,9	13,37	
8	8,	0,01227	92,2	22,62	18,1	
9	3,66	0,0046	23,17	15,31	12,08	6,6
10	8,	0,0046	34,39	22,62	18,0	
11	3,66	0,007	35,36	15,31	12,12	6,5
12	8,	0,007	90,9	22,62	18,03	
13	3,66	0,09	454,0	15,31	12,106	6,6
14	8,	0,09	674,0	22,62	17,97	

In

In den sechs folgenden Versuchen lief das Wasser durch eine kegelförmige Röhre, deren Länge $\frac{1}{10}$ eines Fußes betrug.

Fortsetzung der Tabelle I.

Anzahl	Höhe in Fuß	Flächeneinheit der Oeffnung in Zoll	Gewicht des in einer Minute auslaufenden Wassers, in Unzen Avoirdupois	Geschwindig. in Sec. nach der Berechnung	Geschwindig. in einer Secunde nach der Erfahrung	Unterschied bey einer Höhe von 16 Fuß
15	3,61	0,0046	26,87	15,2	13,9	
16	3,61	0,007	41,16	—	14,23	2
17	3,61	0,0141	85,3	—	14,52	
18	7,0	0,0046	37,43	21,16	19,53	2
19	7,0	0,007	57,4	—	19,68	
20	7,0	0,0141	117,0	—	19,91	

Die folgenden Versuche sind von dem Herrn Abt Bossut angestellt. Die Grundfläche seines Behältnisses ein Quadrat, dessen Seite 3 Fuß im Lichten hatte; die Oeffnungen, wodurch das Wasser floß, waren in kupfernen Platten gemacht, deren Dicke ungefähr $\frac{1}{24}$ eines Zolles betrug.

Die Wasserhöhe über dem Mittelpunkte der Oeffnung betrug 11 Fuß 8 Zoll 10 Linien pariser Maß.

Tabelle II.

Durch die kreisförmige Oeffnung,		Anzahl der Kub. Zoll des in 1 Min. ausgeflossenen Wassers.
von 6 Lin. im Durchmesser	2311	
„ „ 1 Zoll im Durchmesser	9281	
„ „ 2 Zoll im Durchmesser	37203	

Durch eine rechtwinklige Oeffnung,		Anzahl der Kub. Zoll des in 1 Min. ausgeflossenen Wassers.
zu 1 Zoll lang 3 Lin. breit	2933	
„ worin jede Seite 1 Zoll betrug	11817	
„ „ „ 2 „	47361	

Bey einer Wasserhöhe von 9 Fuß.

Durch die kreisförmige Oeffnung,		Anzahl der Kub. Zoll der in 1 Min. ausgeflossenen Wassermenge
von 6 Lin. im Durchmesser	2018	
von 1 Zoll im Durchmesser	8135	

Bey einer Wasserhöhe von 4 Fuß.

Durch die kreisförmige Oeffnung		Anzahl der Kub. Zoll des in 1 Min. ausgeflossenen Wassers.
von 6 Lin. im Durchmesser	1353	
von 1 Zoll im Durchmesser	5436	

Nach englischem Maße gerechnet, ist die Höhe bey den sechs ersten Versuchen 12,5104 Fuß; die berechnete Geschwindigkeit 28,296, Fuß und das arithmetische Mittel der beobachteten Geschwindigkeit beynahe $17\frac{1}{2}$ Fuß.

Versuche aus F. D. Michelotti Sperimenti Idraulici, 1767. Der Behälter war 20 Fuß hoch und seine Grundfläche war ein Quadrat, dessen Seite 3 Fuß im Lichten betrug; auch waren in verschiedenen Entfernungen von dem obern Rande Oeffnungen angebracht. Der Abgang des Wassers wurde durch neuen Zufluß vermittelst einer 2 Fuß breiten Rinne mit horizontalem Boden beständig ersetzt. Das Wasser rann in eine Cisterne von prismatischer Gestalt, deren Flächeninhalt 289 Quadratfuß betrug, und die Wassermenge wurde bestimmt, indem man die Höhe derselben in der Cisterne maß. — Die benannten Zahlen sind hier in pariser Maß ausgedrückt.

Tabelle III.

Größe und Gestalt der Oeffnung	Höhe über dem Mittelpunkte der Oeffnung				Ausflußzeit	Kubikf. der ausgefloss. Wassermenge		
	Fuß	Zoll.	Lin.	Pct.	Min.	Fuß	Zoll.	Lin.
Die Oeffnung war rechtwinklig, und jede Seite betrug 3 Zoll.	6	7	4	3	10	463	7	3
	6	10	2	8	12	566	5	6
	11	8	1	6	$8\frac{1}{2}$	516	9	5
	11	9	9	10	10	612	1	5
	21	8	3	6	5	415	5	3
	21	8	7	0	6	499	2	8
Die Oeffnung war rechtwinklig, und jede Seite betrug 2 Zoll.	6	7	6	0	15	329	9	8
	11	5	1	4	15	423	5	7
	21	5	3	7	10	385	4	0
Die Oeffnung war rechtwinklig, und jede Seite betrug 1 Zoll.	6	9	1	0	30	158	6	7
	11	10	8	1	24	163	9	6
	21	6	1	0	60	562	11	4
Die Oeffnung war kreisförmig, und ihr Durchmesser betrug 3 Zoll.	6	8	4	0	15	542	10	6
	11	7	1	0	12	570	11	8
	21	7	4	0	8	521	3	7
Die Oeffnung war kreisförmig, und ihr Durchmesser betrug 2 Zoll.	6	9	5	0	30	488	8	3
	11	8	8	0	28	589	6	5
	21	10	10	0	20	575	5	10
Die Oeffnung war kreisförmig, und ihr Durchmesser betrug 1 Zoll.	6	10	6	0	60	247	4	3
	11	8	11	0	60	324	1	5
	21	0	2	0	60	444	6	5

In dem ersten Versuche beträgt der Wasserstand nach englischem Maß 7,049 Fuß, und die berechnete Geschwindigkeit 21,2 Fuß. Die Wassermenge, die in Minuten ausfloß, beträgt nach pariser Maß 463,604 Kubikfuß, der Flächeninhalt der Oeffnung 0,0625 Fuß, hiermit dividire man die Ausflußmenge und wir erhalten 7416,06 Fuß, die in 10 Minuten auslaufen. Dieses gibt 12,36 französische oder 13,175 englische Fuß in einer Secunde; oder es verhält sich die wahre Menge zu der berechneten beynahe wie 5 zu 8. Ungefähr dasselbe Resultat folgt aus allen Versuchen, welche dieser Schriftsteller gemacht hat, wovon hier nur einige angeführt worden sind.

Versuche von den Herrn Brindley und Smeaton. Das Wasser breitete sich mit einer großen Oberfläche aus, und die Tiefe desselben wurde von dem Wasserspiegel bis zum obern Theile der Oeffnungen gemessen.

Tabelle IV.

Größe der Oeffnung	Höhe in Fuß	Zeit, worin 20 Kub. Fuß Wasser ausfließen	
Die Oeffnung war rechtwinklig und jede Seite betrug 1 Zoll.	1	9 Min.	22 Sec.
	2	6	40
	3	5	20
	4	4	44
	5	4	14
$\frac{1}{2}$ Zoll	6	17	33

Tabelle V.

Einschnitte, die 6 Zoll breit sind	Zeit, worin 20 Kub. Fuß Wasser auslaufen.	
1 Zoll tief	7 Min.	16 Sec.
$1\frac{3}{8}$	4	55
$2\frac{5}{16}$	2	19
$3\frac{1}{8}$	1	33
$6\frac{1}{2}$	0	30
5	0	46
$1\frac{1}{4}$	5	26
$1\frac{5}{8}$	3	55
$5\frac{3}{8}$	0	42

Versuche von dem Herrn Prof. Helsham auf der Universität zu Dublin.

Tabelle VI.

Wasserhöhe in Fuß	Durchmesser der Oeffnung	Zeit in Secunden	Gewicht in Gran
4	$\frac{1}{10}$	10	2944
4	$\frac{4}{10}$	—	47040
4	$\frac{5}{10}$	—	72960
4	$\frac{8}{10}$	—	178560
2	$\frac{1}{10}$	—	2087
2	$\frac{4}{10}$	—	33600
2	$\frac{5}{10}$	—	51840
2	$\frac{8}{10}$	—	128400

In den ersten vierzehn Versuchen der ersten Tabelle ist die Geschwindigkeit oder die Ausflußmenge etwas größer als in den folgenden Tabellen, obgleich die Oeffnungen in flachen Metallplatten gemacht waren. Dieses haben wir dem Umstande zuzuschreiben, daß die Röhre sich unten in einen abgekürzten Kegel endigte und die Platte ½ Zoll stark war. In den sechs übrigen Versuchen, wo anstatt der Platte eine conische Röhre gebraucht ist, finden wir die Geschwindigkeit so beträchtlich vermehrt, daß sie bey einer Höhe von 16 Fuß von der, durch die Theorie festgesetzten Geschwindigkeit, nur um 2 Fuß kleiner ausfällt. Sollten aber die Gesetze der Hydrostatik für das ausfließende Wasser keine größere Geschwindigkeit bestimmen, als diejenige, welche ein schwerer Körper erlangt, der von der halben Höhe herabfällt: so würden wir hier eine Wirkung ohne Ursache hervorgebracht sehen. Denn die Geschwindigkeit würde nach diesen Gesetzen bey einer Höhe von 16 Fuß eben so groß seyn, als diejenige, welche ein schwerer Körper erhalten würde, der 8 Fuß tief herabfiel, wozu eine Geschwindigkeit von 22,627 Fuß in einer Secunde gehört; da doch die wirkliche 30 Fuß beträgt. So vortheilhaft nun auch immer die Einrichtung eines Behälters in Absicht der Gestalt und Form gemacht werden mag, so kann man dadurch doch nicht den Druck der flüssigen Körper oder die Gesetze der Natur verändern, sondern alles zweckt nur darauf ab, die Hindernisse so viel wie möglich, aus dem Wege zu räumen.

Aus diesen Versuchen aber sind wir nicht berechtiget, die Schlußfolge zu ziehen, daß die Geschwindigkeit des ausfließenden Wassers dasselbe Verhältniß behalte, wenn die Oeffnungen in großen Oberflächen gemacht sind. **Newton** fand, daß die beobachtete oder wirkliche Geschwindigkeit allemahl kleiner ist, als die berechnete und zwar in dem Verhältnisse, wie 1 zu der Quadratwurzel aus 2, oder wie 1,000 zu 1,414; **Bossut** wie 100

zu

zu 150; und F. D. Michelotti wie 5 zu 8 ꝛc. — Bringet man nun die Wassermengen der vorhergehenden Tabellen unter einerley Benennung, so kommen sie in folgender Ordnung zu stehen:

Newton	0,707
Bossut	0,615
Banks	0,750
Michelotti	0,625
Helsham	0,705
Smeaton	0,631
	6) 4,033

Das arithmetische Mittel = 0,672

Bossut und Michelotti haben unter allen, ihre Versuche in den größten Gefäßen angestellt. Ob sie nun gleich nicht die größte Geschwindigkeit erhalten haben, so wurden sie dadurch doch nicht bewogen, eine andere Theorie anzunehmen, sondern beyde berechneten die Geschwindigkeit auf eben die Art, wie sie Newton berechnet hat. Nehmen wir nun die mittlere Geschwindigkeit der obigen Versuche, so beträgt sie $\frac{672}{1000}$ der bechneten; oder das Verhältniß derselben gegen einander ist wie $5\frac{3}{8}$ zu 8 das heißt, bey der Höhe oder Tiefe von 1 Fuß beträgt die zugehörige wirkliche Geschwindigkeit $5\frac{3}{8}$ Fuß und ein gleiches Verhältniß findet bey jeder andern Höhe Statt.

Beyspiel. Aus der gegebenen Tiefe = 6 Fuß, die Geschwindigkeit zu finden.

Es sey die Tiefe in Fuß = d,

die gesuchte Geschwindigkeit = v;

so ist alsdenn $v = 0{,}672 \times 8 \sqrt{d} = 2{,}449$,

das Product aus dieser Zahl in $5\frac{3}{8}$ gibt die Geschwindigkeit = 13,163.

Wenn das Wasser durch lothrechte Einschnitte abgelassen wird, so bewegt es sich an dem untern

Rande der Oeffnung mit einer größern Geschwindigkeit als an dem obern. Ist aber die Höhe der Oeffnung in Vergleichung mit der Tiefe derselben unter dem Wasserspiegel im Behälter nur klein, so kann die Tiefe bis zur Mitte der Oeffnung ohne merklichen Fehler für die mittlere angenommen werden. Daraus folgt die Regel:

Man messe die Tiefe der Oeffnung unter dem Wasserspiegel, drucke sie in Fußmaß aus, ziehe aus der gefundenen Tiefe die Quadratwurzel aus, und multiplicire dieselbe mit 5,4; so erhält man die Geschwindigkeit in einer Secunde in Fuß. Man multiplicire nun dieses Product mit dem in Fußmaß ausgedruckten Flächeninhalte der Oeffnung, so gibt die gefundene Zahl, die in einer Secunde ausströhmende Wassermenge in Kubikfuß an.

Beyspiel. Es sey die Tiefe 10 Fuß, die Höhe der rechtwinkligen Oeffnung 7 Zoll und ihre Breite 4 Fuß, wie groß ist die in einer Secunde auslaufende Wassermenge?

Die Quadratwurzel von 10 ist 3,162, diese gibt mit 5,4 multiplicirt 17,0748 Fuß für die Geschwindigkeit in einer Secunde. Der Flächeninhalt dieser Oeffnung ist $\frac{4 \times 7}{12} = 2\frac{1}{3}$ Fuß; dadurch multiplicire man die Geschwindigkeit, so erhalten wir 39,84 Kubikfuß in einer Secunde.

Wenn die Höhe der Oeffnung in Vergleichung mit dem Druckwasser groß ist, so muß man die Geschwindigkeiten am obern und untern Rande derselben berechnen, und den Flächeninhalt der lothrechten Durchschnittsfigur des in einer gegebenen Zeit ausströhmenden Wassers suchen.

Beyspiel. Die lothrechte Tiefe der rechtwinkligen Oeffnung beträgt 2 Fuß, ihre Breite 4 Fuß und

und der obere Rand derselben liege in dem Behälter 1 Fuß tief unter dem Wasserspiegel; wie groß ist die in einer Secunde ausströhmende Wassermenge?

In Fig. 5553. bezeichnet B den Wasserspiegel, BA die Tiefe des obern Randes dieser Oeffnung und BD die Tiefe des untern Randes. BD ist die Axe der Parabel und die Ordinaten AC und DG stellen in diesen Entfernungen vom Scheitelpuncte die Geschwindigkeit des ausfließenden Wassers vor. Wir müssen daher den Inhalt von ACGD suchen. Dieses geschiehet, indem wir den Flächeninhalt der Durchschnittsfiguren BDG und BAC berechnen und diese von jener abziehen.

Man setze $BD = d$, $AC = a$, $DG = n$, $BA = c$;

so ist der Inhalt von $BGD = \frac{2nd}{3}$ und der Inhalt von $BAC = \frac{2ca}{3}$; folglich der Inhalt der Figur $ACGG = \frac{2nd}{3} - \frac{2ca}{3}$. Denn nach der obigen Regel, ist die Geschwindigkeit des obern und untern Randes 5,4 und 9,24 und der gesuchte Flächeninhalt $= 14,82$; multiplicirt man diese Zahl mit der Breite der Oeffnung, so gibt das Product 59,3 Kubikfuß in einer Secunde.

Von der Wassermenge, welche durch Einschnitte ströhmt, wenn sie in der Seitenfläche eines Gefäßes oder in einem Wehre angebracht oben offen sind. Siehe Fig. 5554.

Wenn wir annehmen, daß die Oberfläche des Wassers völlig in Ruhe sey, und daß unterwärts die Geschwindigkeit mit der Quadratwurzel der Tiefe zunehme; so ist der Inhalt des senkrechten

Durchschnitts ein Theil einer Parabel, und wird gefunden, wenn man die, der untersten Stelle der Oeffnung, zugehörige Geschwindigkeit mit der Wasserhöhe multipliciret, und von diesem Producte $\frac{2}{3}$ für den gesuchten Flächeninhalt nimmt. Multipliciret man nun denselben mit der Breite des Einschnittes, so gibt das Product, die, in der gegebenen Zeit, herausgestürzte Wassermenge in Kubikfuß an.

Beyspiel. Es sey die Tiefe des Einschnittes 5 Zoll, und die Breite 6 Zoll, wie viel beträgt die in 46 Secunden auslaufende Wassermenge?

Die Tiefe beträgt 0,4166 Fuß, davon ist die Quadratwurzel, 0,6455, welche mit $5{,}4 \times 3 = 3{,}6$ multiplicirt 2,3238 gibt. Aus dem Producte dieser Zahl in die Tiefe erhalten wir 0,96809; multipliciren wir nun dieses Produkt mit der Breite 0,5 Fuß, so haben wir 0,48404 Fuß in einer Sekunde. Das Produkt davon in die Zeit, gibt 22,269 Kubikfuß. — Nach dem sechsten Versuche der fünften Tabelle erhalten wir 20 Kubikfuß.

Hieraus geht hervor, daß die Brindleyschen Versuche in der V. Tabelle für senkrechte Einschnitte in den Wänden eines Gefäßes gelten, wovon bisher nichts angeführt ist. Sie haben aber darin einen wesentlichen Mangel, daß der Herr Verfasser nicht angegeben hat, um wie viel sich der Wasserspiegel beym Ausfluß von der Horizontalfläche senkte, und ob unter der Tiefe des Einschnitts, die Tiefe der Ueberlaßschwelle unter dem horizontalen ungesenkten Wasserspiegel, oder die Höhe des ausströhmenden Strahls verstanden wird.

Ein anderes Beyspiel. Es sey die Tiefe $3\frac{1}{8}$ Zoll, die Breite 6 Zoll, wie groß ist die Wassermenge, welche in 93 Secunden abfließt?

Es sey die Tiefe in Fuß $= d$,
die Breite $= b$,
$n = 3{,}6$;

so gibt alsdenn $3{,}6\,d\,b\,\sqrt{d}$, die Kubikfuß in einer Secunde.

In diesem Beyspiele ist $d = 0{,}2604$, $b = 0{,}5$, $\sqrt{d} = 0{,}51$; diese Zahlen geben in einander multiplicirt 22,227 Kubikfuß: beynahe $2\frac{1}{4}$ Fuß mehr als der Versuch gibt. — Bey der Tiefe von 1 Zoll erhält man nach der Berechnung 18,727 und die Versuche geben 20 Kubikfuß. Auch beträgt die Wassermenge, welche durch die Oeffnung von der Größe eines Quadratzolles ausfließt, so genau sie durch Versuche bestimmt werden kann, 8,6 Kubikfuß und nach der Berechnung nur 7,3.

Aus diesen Vergleichungen ergibt sich, daß nicht alle diese Versuche mit gleicher Sorgfalt und Genauigkeit angestellt sind. Bey der obigen Berechnungsart liegt die Voraussetzung zum Grunde, daß die Oberfläche des Wassers völlig in Ruhe sey; allein genau genommen ist dieses in keinem Falle wahr, am wenigsten bey Flüssen, obgleich bey stillem Wasser die Abweichung von dem Versuche nicht beträchtlich ist. Und wenn wir die Geschwindigkeit der Wasserfläche auch in Berechnung bringen wollen, so können wir alsdenn eben so verfahren, als wenn wir die Wassermenge suchen, welche durch eine unmittelbar unter der Oberfläche angebrachte Oeffnung ausfließt.

Es sey die Geschwindigkeit der Oberfläche $= v$; so ist $\left(\frac{v^2}{5{,}4}\right) = h$ d. i. die Wasserhöhe wozu diese Geschwindigkeit gehört, wenn wir nun selbige zu der Tiefe addiren, so können wir daraus folgenden Satz herleiten, nähmlich $\frac{2}{3} \times (d + h) \times 5{,}4\,\sqrt{d} - \frac{2hv}{3} =$ dem Inhalte der Durchschnittsfigur; das Produkt aus derselben in die

 Breite

Breite des Durchschnittes gibt die Zahl der Kubikfuß in einer Sekunde.

Beyspiel. Es sey d die Tiefe des Einschnittes $=$ 1 Fuß; die Breite b $=$ 1 Fuß, v $=$ 1 Fuß in einer Sekunde, folglich $h = \left(\frac{v^2}{5{,}4}\right) = 0{,}034$; so ist alsdenn $(d + h) = 1{,}034$, $\sqrt{d} = 1$, $\frac{2hv}{3} = 0{,}0228$; oder $1{,}034 \times 5{,}4 \times \frac{2}{3} - 1 \times \frac{2}{3} = 3{,}7003$ d. i. der Flächeninhalt; oder $(d+h) \times 3{,}6 \sqrt{d} - \frac{2hv}{3} =$ dem Flächeninhalte, welche mit der Breite b multiplicirt 3,7 Kubikfuß für eine Secunde gibt.

Da in diesem Beyspiele die Geschwindigkeit der Oberfläche 1 Fuß in 1″ angenommen wird, so ist die in einer Sekunde ausfließende Wassermenge um $\frac{1}{10}$ eines Kubikfußes größer, als sie seyn würde, wenn die Wasserfläche ganz ohne Bewegung wäre *). — —

Sehr einleuchtend und anwendbar für diejenigen, welche sich mit dem practischen Mühlenbau beschäftigen, sind indessen auch die von Herrn **Behrens** hierüber angestellten Versuche, von denen er in seiner Mühlenbaukunst Nachricht gibt. Seine Versuche hat er auf folgende Art angestellet. Zuerst ließ er sich einen Kubikschuh von Brettern verfertigen, welcher aber noch 2 Zolle höher als breit und dick war: einen Maßstab in Fuß, Zoll und Linien eingetheilet, und eine Uhr, welche Sekunden zeigte. Hierauf ließ er in das Schütt so viele vierkantige Löcher, jeden 1 Zoll □, einmeisseln,

*) Ueber Consumtion der Wehre sehe man du Buat's Hydraulik 1ster Theil. §. 142. S. 261, u. f. der Uebersetzung.

meisseln, als das Wasser innerhalb, nach Zollen gerechnet, hoch stand. Weil aber die Löcher selten so gleich durchgemeißelt werden können, daß sie genau rechte Winkel bekommen, und nicht an einer Kante etwas größer oder kleiner sind, als die übrigen; so ließ er sich Bleche verfertigen, wodurch gerade ein Quadratzoll gehauen war. Diese Bleche wurden vor die durchgemeißelten Löcher gesetzt, und nach vorher gegebenem Signale mußte in einem Momente der Sekundenzeiger an der Uhr losgelassen und der Stöpsel ausgezogen werden. Nun lief das Wasser durch die quadratzöllige Oeffnung in den Kubikschuh. Wie nun derselbe beynahe so weit vollgelaufen war als erfordert wurde, so mußte sich ein jeder dieser Männer in Bereitschaft halten; wie aber das Wasser in dem Kubikschuh wirklich die erforderliche Höhe erreicht hattte, so mußte in einem Momente der Stöpsel eingeschlagen und der Sekundenzeiger gehemmet werden. Nun war die nächste Beschäftigung, die Secunden auf der Uhr zu zählen, welche während der Zeit vorüber gegangen, da das Wasser in den Kubikschuh gelaufen, und den Stand des Wassers vor dem Schütt zu probiren, ob es noch die nähmliche Höhe nach dem Versuch hätte, als die Höhe vorher war? Dieses traf beständig zu, und er hatte daher nicht nöthig eine Vergleichung zwischen den Höhen vor, und zwischen den Höhen nach den Versuchen zu machen, welches sonst nöthig gewesen wäre, wenn das Wasser während des Versuchs sich um etwas vermehret oder vermindert hätte. Diese Versuche wiederhohlte Behrens so lange, als Löcher in dem Schütt befindlich waren, und zwar alle doppelt, damit er nicht zu einem Irrthum verleitet werden möchte, woraus er hiernächst eine Tabelle verfertigte. Für diejenigen, welche selbst einst diese Versuche anstellen wollen, muß man noch erinnern, nie das Maß des Standwassers dichte an den Seitenwänden zu nehmen, weil das Wasser an den Ränden beständig höher und in der Mitte niedriger stehet; vielmehr muß man die Höhe in einiger Entfernung von den Seitenwänden nehmen, damit man nicht dem Ausguß eine größere Höhe zueigne. Auf diese Art findet man durch einen Versuch den Durchfluß der Wassermenge in einer Sekunde durch eine bestimmte Oeffnung, woraus sich dann freylich auf größere Oeffnungen Anwendungen machen lassen, wenn die Versuche mit der gehörigen Genauigkeit angestellt worden, wie künftig gezeigt werden soll.

Hier folget nun die Tabelle, welche aus vorbeschriebenen Versuchen des Herrn Behrens entstanden, und mit aller Genauigkeit aufgezeichnet worden ist. Das hier gebrauchte Maß ist das Mecklenburgische.

Stand-Wasser-Höhe		Ausfluß des Wassers in einer Secunde durch eine □ zöllige Oeffnung	Stand-Wasser-Höhe		Ausfluß des Wassers in einer Secunde durch eine □ zöllige Oeffnung
Fuß	Zoll	Kubikzoll	Fuß	Zoll	Kubikzoll
—	1	4¾	2	11	246
—	2	9½	3	—	260
—	3	14¼	3	1	272
—	4	19	3	2	285
—	5	23¾	3	3	299
—	6	28½	3	4	314
—	7	33¼	3	5	330
—	8	38	3	6	347
—	9	42¾	3	7	365
—	10	47½	3	8	384
—	11	52¾	3	9	404
1	—	57¾	3	10	425
1	1	60	3	11	447
1	2	64½	4	—	470
1	3	69¼	4	1	485
1	4	75½	4	2	501
1	5	82¼	4	3	518
1	6	90	4	4	536
1	7	99¾	4	5	555
1	8	109	4	6	575
1	9	120	4	7	596
1	10	132	4	8	618
1	11	145	4	9	641
2	—	159	4	10	665
2	1	162	4	11	690
2	2	166	5	—	715
2	3	171	5	1	737
2	4	176	5	2	759
2	5	183	5	3	781
2	6	191	5	4	806
2	7	200	5	5	831
2	8	210	5	6	857
2	9	221	5	7	884
2	10	233	5	8	912

Stand-

Stand-Wasser-Höhe		Ausfluß des Wassers in einer Secunde durch eine □ zollige Oeffnung
Fuß	Zoll	Kubikzoll
5	9	941
5	10	971
5	11	1002
6	—	1034
6	1	1060
6	2	1087
6	3	1115
6	4	1144
6	5	1174
6	6	1205
6	7	1237
6	8	1270
6	9	1304
6	10	1339
6	11	1375
7	—	1412
7	1	1442
7	2	1475
7	3	1508
7	4	1542
7	5	1572
7	6	1613
7	7	1650
7	8	1688
7	9	1727
7	10	1757
7	11	1798
8	—	1840
8	1	1883
8	2	1927
8	3	1972
8	4	2018
8	5	2065
8	6	2113
8	7	2162
8	8	2212
8	9	2263
8	10	2315
8	11	2368
9	—	2422
9	1	2453
9	2	2489
9	3	2523
9	4	2558
9	5	2591
9	6	2628
9	7	2666
9	8	2705
9	9	2745
9	10	2786
9	11	2828
10	—	2871

Wer

Wer diese Tabelle gegen andere halten oder vergleichen will, dem dienet zur Nachricht, daß ein Pariser Fuß um 1 Zoll 7 Linien größer ist, als der Mecklenburgische, mithin wäre das Verhältniß zwischen jenem und diesem, wie 163 zu 144. Wer nun den Ursprung dieser Tabelle betrachtet, den wird es nicht befremden, daß sie eben so wenig wie die im vorhergehenden angeführten Versuche mit den durch Rechnungen gefundenen Resultaten zutreffe, welche letztere gemeiniglich höher hinauslaufen, als erstere. Besonders sind die Ursachen, wodurch das Wasser verhindert wird dasjenige zu thun, was es nach den Rechnungen thun sollte, wie vorhin bemerkt worden, die Friktion des Wassers an den Seiten und Boden seines Behältnisses, die ungleichen voller Schilf, Busch und Stämme hangenden Ufer, und der mit Bergen und Kolken abwechselnde Grund und Boden. Alles dieses sind Umstände, wodurch der Lauf des Wassers aufgehalten wird, und welche sich bis jetzt nicht haben berechnen lassen wollen; wie viel diese nähmlich zu Verminderung der Geschwindigkeit beytragen. Euler hat sich dieserwegen bemüht *), nicht, daß er die Wasserfriktion und ihre Folgen hat berechnen wollen, sondern nur gewisse Formeln zu geben, daraus sich durch Vergleichung mit Versuchen das Gesetz der Friktion nur beynahe finden ließe. Unter diesen Umständen siehet man es leicht ein, daß das Reiben bey flüssigen Materien, oder die eigentliche Verminderung der Geschwindigkeit des Wassers, in einem offenen Strohme sowohl als einer Freyarche, noch viel schwerer zu untersuchen sey, als bey festen Körpern, und wie weit man

*) Tentamen theoriae de frictione fluidorum. Comm. Nov. petrop. T. VI.

man darin noch zurück sey. So lange dieses alles noch nicht genau ausgemacht ist, so lange müssen wir uns mit solchen Tabellen und Rechnungen begnügen, welche der Wahrheit nur beynahe, niemals aber völlig, gleich kommen.

Nun wollen wir noch die Anwendung und den Gebrauch dieser Tabelle zeigen, wie sie sich nähmlich bey Berechnungen der Wassermengen anwenden lasse. Sind die Schützen ganz herausgezogen, so summiret man in der Tabelle von 1 Zoll an, bis so weit herunter, als das Wasser vor den Schützen hoch stehet, nähmlich alle berechneten Ausflüsse zusammen; hierauf mißt man die Breite des Schütts, und multipliciret solche mit dem in der Tabelle gefundenen Außfluß eines Streifens: was heraus kommt, wird durch 1728, als so viele Kubikzolle ein Kubikfuß hat, dividiret; das Produkt gibt die Wassermenge in Kubikfußen, welche durch die Schüttöffnung in einer Sekunde wegstürzet. Diese Formel kann man auch bey Katarrhacten oder Wasserfällen, Wehren und gemeinen Ueberfällen anwenden, wo das Wasser frey wegstürzt, und das Unterwasser noch nicht die Höhe des Grund- oder Fachbaums erreicht hat.

Der zweyte Fall ereignet sich, wenn das Schütt nur auf einige Zolle aufgezogen und nicht völlig herausgenommen ist. Hierzu wird erfordert, daß man zuerst die Höhe des Standwassers und die Höhe der Schüttöffnung messe; wenn dieses geschehen, so weiß man, wie hoch die Schüttöffnung und wie tief die Oeffnung unter dem obern Wasserspiegel ist. Am kürzesten kommt man weg, wenn man nur blos den Streifen nach der Höhe der Schüttöffnung zusammen summiret, und mit der Breite der Schüttöffnung multipliciret, das Produkt gibt die Wassermenge in einer Sekunde in Kubikzollen; will man aber Kubikfuße haben, so muß man die Summe abermals durch 1728 dividiren, dann ist geschehen, was verlanget worden. Man kann auch in der Tabelle von 1 Zoll an, bis so weit herunter, alle Ausflüsse des zölligen Streifens zusammen summiren, wo die Schüttöffnung angehet, hiernächst den Streifen der Schüttöffnung selbst; wenn nun letztere Summe von ersterer abgezogen wird, so erhält man gleichfalls den Ausfluß der Wassermenge in einer Sekunde.

Der dritte Fall kommt vor, wo das Unterwasser schon einige Zolle auf dem Grund- oder Fachbaum stehet, und dabey das Schütt ganz herausgenommen ist. Hierbey ist zu bemerken, daß erstlich die Höhe des Gegenstau- oder Unterwassers gemessen werden müsse, und nach der gefundenen Höhe werden in der Tabelle alle Ausflüsse von 1 Zoll an, bis so weit herunter zusammen summiret, als die Höhe des Stauwassers beträgt; diese Summe mit der Breite multipliciret, gibt die Wassermenge, welche wegen des Gestau- oder des Unterwassers nun weniger aus der Schüttöffnung fließen, als sonst durchfließen würde, wenn kein Unterwasser vorhanden oder hinderlich wäre. Hierauf wird die Höhe des Standwassers gemessen, und nach der gefundenen Höhe werden von 1 Zoll an alle Ausflüsse in der Tabelle bis so weit herunter zusammen summiret, als das Wasser hoch stehet: das Produkt gibt die Wassermenge der ganzen Schüttöffnung, wenn kein Unterwasser hinderlich wäre; da nun durch obigen Gegenstau die Druckkraft des oberen Wassers geschwächt wird, so muß auch nothwendig erstere Summe von der letztern abgezogen werden, was überbleibt, ist der wirkliche Ausfluß in einer Sekunde.

Der vierte Fall ist der, wenn das Unterwasser um einige Zolle auf dem Grundbaum stehet, und das Schütt nicht völlig aufgezogen ist. Hierbey ist eben nichts besonders zu bemerken nöthig, als daß man, wenn z. B. die Höhe des Standwassers 36 Zoll, die Höhe der Schüttöffnung 24 Zoll und die Höhe des Stauwassers 6 Zoll wäre; statt von 1 Zoll an, jetzt von 6 Zoll anfangen könne, den Streifen in der Tabelle bis zu 36 Zollen zusammen zu summiren, hiernächst die Höhe der Schüttöffnung von 24 bis 36 Zoll; Wird nun der Ausfluß von 24 bis 36 Zollen von dem Ausfluß von 6 bis 36 Zollen abgezogen, so bekommt man den Durchfluß in einer Sekunde in Kubikzollen, wollte man aber Kubikfuße haben; so verfährt man, wie vorher gezeigt worden ist.

Wir wollen diese Fälle durch einige Exempel näher erläutern, damit sie desto faßlicher werden.

Erster Fall: Es sey die Höhe des ganz herausgezogenen Schütts 2 Fuß 6 Zoll, die Breite 3 Fuß 5 Zoll. Nun summire man in der Tabelle von 1 Zoll an, bis zu 2 Fuß 6 Zoll, alle Ausflüsse in einer Sekunde zusammen, welche 2628 Kubikzoll betragen; diese Summe mit der Breite des Schütts, 3 Fuß 5 Zoll, multipliciret, das Produkt gibt 10728 Kubikzoll; Diese durch 1728 zu Kubikfuß dividiret, gibt die Wassermenge, welche in einer Sekunde durch die Schüttöffnung stürzt, mit $62\frac{1}{3}$ Kubikfuß.

Zweyter Fall: Es sey die Höhe des Standwassers 2 Fuß 6 Zoll, die Höhe der Schutzöffnung 1 Fuß 6 Zoll, die Breite des Schütts im Lichten zwischen den Docken- oder Griessäulen, 44 Zoll oder 3 Fuß 8 Zoll. Nun summire man in der Tabelle die Ausflüsse des Streifens von 1 Zoll breit und 2 Fuß 6 Zoll, oder 30 Zoll lang, von

1 Zoll

1 Zoll an, bis herunter zu 30 Zollen; diese betragen 2628 Kubikzolle. Da nun das Schütt nicht ganz herausgezogen ist, so muß man auch den Stand, welcher über der Schützöffnung noch vorhanden ist, von ersterer Summe abziehen; dieser beträgt nach der Tabelle, wenn die Ausflüsse von 1 Zoll an, bis zu 12 Zollen zusammen summiret werden, 375 Kubikzolle. Werden nun 375 von 2628 abgezogen, so bleiben zum Rest 2253 Kubikzolle, als der Ausfluß eines Streifens von 1 Zoll breit; Da nun aber das Schütt 44 Zoll breit ist, so haben wir auch so manchen Zoll, so manchen Streifen, deren jeder 2253 Kubikzolle Wasser ausstürzen läßt: multipliciret man nun 2253 mit 44, als der Anzahl der Streifen, so kommen heraus 99132 Kubikzoll, diese mit 1728 zu Kubikfuß dividiret, gibt den Ausguß der Wassermenge in einer Sekunde mit 57⅓ Kubikfuß. Sind mehrere Schütte vorhanden, so wird obiger Ausguß mit der Zahl der Schütte multipliciret, was heraus kommt, ist der totale Ausguß aller Schütte in einer Sekunde.

Dritter Fall: Das auf 6 Zoll sich auf dem Grundbaum aufgestauete Wasser muß man als einen Widerstand ansehen, den der obere Druck erst überwältigen muß, wodurch so viel von seiner Kraft abgehet, als die Höhe des Stauwassers beträgt. Wir wollen den leichtesten und kürzesten Weg in dieser Berechnung wählen, und uns einbilden, daß die Höhe des oberen Wassers 3 Fuß 6 Zoll, die Höhe des Stauwassers 6 Zoll, die Breite des Schütts 3 Fuß 8 Zoll betrage; da nun nach der Höhe des Stauwassers um so viel der Ausguß vermindert wird, so lasse man im Zusammenaddiren der Ausflüsse in der Tabelle, von oben 6 Zoll ganz weg, und fange erst von 7

Zoll an, bis herunter zu 3 Fuß 6 Zoll; Dieser Ausguß beträgt 5739 Kubikzoll, mit der Breite des Schütts multipliciret, geben 252,516 Kubikzolle, wieder mit 1728 dividiret, kommen zum Rest 146⅙ Kubikfuß, als Ausguß in einer Sekunde.

Vierter Fall: Gesetzt, die Höhe des Stauwassers betrüge 8 Zoll, die Höhe der Schüttöffnung vom Grundbaum ab 1 Fuß 6 Zoll, die ganze Höhe des äußeren Standwassers 3 Fuß 6 Zoll, und die Breite des Schütts 3 Fuß 8 Zoll: so summiret man erstlich die Ausflüsse in der Tabelle von 1 bis 8 Zoll, als einen Streifen von 1 Zoll breit, 8 Zoll hoch, zusammen; diese geben 172 Kubikzolle in einer Sekunde; hiernächst die Höhe der Schüttöffnung von 1 Fuß 6 Zoll, vom Grundbaum abgerechnet, betragen 2691 Kubikzoll. Da nun das Stauwasser diesen Ausguß in jedem Streifen um 172 Kubikzoll vermindert, so müssen 172 von 2691 abgezogen werden, was überbleibt, ist der Ausguß der Schutzöffnung in einer Sekunde; nähmlich 2519 Kubikzoll. Das Schütt ist aber 3 Fuß 8 Zoll, oder 44 Zoll, breit, so viele Zoll wir nun in der Breite haben, so viele Streifen haben wir auch, es werden also 2519 mit 44 multipliciret, was heraus kommt durch 1718 dividiret; der Rest zeigèt den Ausguß in jeder Sekunde mit 64⅛ Kubikfuß an.

Aus den vorhergehenden Exempeln, mit Beyhülfe der Tabelle, lassen sich nun auf alle Fälle, wo es auf den Ausfluß der Wassermenge ankommt, Berechnungen machen; besonders kommen sie alsdann zu statten, wenn man Grundwerke, Schleusen, Siele und Ueberfälle anlegen will, um sich vorher von der Möglich- oder Unmöglichkeit der Ausführung des projectirten Plans einen Begriff zu machen, und wie groß das Werk angeleget wer-

werden müsse, den Zusturz des oberen Wassers abzuführen.

Ueber diese Materie ist, außer Klügel's und Langsdorf's Schriften, besonders auch das schätzbare Werk des Herrn du Buat, welches den Titel führt: Grundlehren der Hydraulik, aus dem Franz. übers. von Kosmann, Berlin, bey Belitz und Braun, 1796. 636 S. 8., nachzusehen, indem es von vielen, von demselben angestellten Versuchen über die Geschwindigkeit des Wassers, über die Ausflußmenge der Wehre, der Schützen ꝛc. Nachricht gibt. Es setzt indessen eine etwas größere Gewißheit in der höheren Rechenkunst voraus, als man von den mehrsten Lesern dieses Werkes erwarten kann.

B. Von der Stoßkraft des ausfliessenden Wassers, und deren Anwendung auf Mühlenwerke *).

Es ist aber nicht genug, daß man weiß, wie viel Wasser in einer bestimmten Zeit aus einer gewissen Oeffnung, bey gegebener Wasserhöhe, herausstürze; wir müssen auch wissen, mit wie viel Gewalt das Wasser an den Seitenwänden seines Behältnisses drücke. Es ist oben angemerkt, daß je höher das Wasser stehe, desto stärker es auch drücke. Das untere wird von dem obern gedrückt, und da das untere dem Drucke des obern auszuweichen sucht, so muß es irgendwo seine Gewalt ausüben. Ein anders ist es aber mit dem Seiten- und ein anders mit dem Bodendruck. Der Seitendruck sucht nur die entgegengesetzten verticalen Wände fortzuschieben. Eine Bodenfläche aber trägt die Schwere des ganzen Wasserkörpers, welche auf ihr steht, und sonderbar ist es, daß der Boden-

*) S. Behrens practische Mühlenbaukunst S. 36 ff.

druck noch stärker ist, als eigentlich der drückende Wasserkörper schwer ist. Die Stärke des Boden- und Seitendrucks hanget, wie schon angemerkt ist, bloß von der Höhe des Wassers ab. Den Seitendruck kann man am besten begreiflich machen, wenn man sich einen rechtwinkligen Triangel vorzeichnet, und denselben in sehr viele Parallel-Linien dergestalt eintheilet, daß sie mit der Grundlinie (Basis) alle parallel sind. Die oberste erste Linie wird fast gar keinen Druck haben, die nächstfolgenden aber immer mehr und mehr zunehmen, bis zur letzten, gleichwie die Semiordinaten von den Abscissen.

Nun wollen wir uns zu einer durch bloße Versuche gefundenen Tabelle wenden, welche den Seitendruck bestimmen soll, und wornach wir die Gewalt des Wassers gegen die Schaufeln der Wasserräder berechnen können. Vor allen Dingen aber wird erforderlich seyn, noch mit wenigem zu bemerken, wie man durch einen Versuch zu der Kenntniß des Seitendrucks gelangen könne.

Man kann, wenn man den Versuch wegen des Ausflusses der Wassermenge in einer Sekunde anstellen will, auch zugleich den Seitendruck erforschen. Jedoch hat man hierbey keine Uhr nöthig, sondern nur eine besonders dazu eingerichtete sehr schnelle Wage mit erforderlichem Gewichte, vom Quentin bis zum Pfunde. Andere gemeine, oder Schnellwagen, lassen sich bey diesen Versuchen nicht anbringen, sondern es muß ein gleicharmiger Winkelhebel seyn. Hr. Hofrath Kästner hat in seiner Hydrodynamik §. 331. einen solchen Hebel vorgeschlagen, den Behrens aber in einen ordentlichen Haspel verwandelt hat, weil letzterer zu seinen Versuchen sich besser anbringen ließ. Die Arme dieser Wage müssen gleich lang und von einer-

ley

ley Schwere seyn; und da an dem untern Arm ein metallenes gevierteS Blech angebracht wird, den Stoß des Wassers aufzufangen: so müssen natürlich um so viel die andern Arme schwerer oder dicker von Holz seyn, damit die Wage beständig im Gleichgewicht bleibe, und kein Arm den andern ziehen könne. Das Blech wird um ein sehr geringes größer gemacht, als das Loch ist, damit kein Wasser vorbey sprütze. Die Zapfen in der Welle werden, nebst der Unterlage (Hypomochlium), von polirtem und gehärteten Stahl verfertiget. An dem einen Arme, welcher einen rechten Winkel mit dem senkrechten macht, wird eine Wagschale befestiget; diese Schwere wird aber allemahl zu dem Stoße des Wassers addiret, weil sie wirklich ein Theil des Gewichts ausmacht, so wie auch das Gewicht, welches erfordert wird, die Wage ins Gleichgewicht zu bringen, welches man die Friction nennt, oder das Reiben der Wage auf den Zapfen und ihren Lagern hierzu mitgehört. Hierauf wird die Wage vor einer Oeffnung dergestalt angebracht, daß das von einem Quadratzoll gevierte Blech gerade vor die Oeffnung passet; nächstdem läßt man das Wasser vor das Blech treten, und legt nach und nach so viel Gewichte in die Schale, daß das Wasser nur eben noch mächtig ist, das Blech fortzuschieben; wenn dieses geschehen, so wird die Oeffnung verstopft, die Gewichte gezählt, wozu die Wagschale selbst und die Friction gehört, welches nebst des Wassers Höhe, oder wie tief die Oeffnung unter dem obern Wasserspiegel gewesen, aufgeschrieben wird. Auf diese Art verfährt man von Höhe zu Höhe. Man darf aber bey diesen Versuchen das Wasser nicht durch eine Röhre nach der Wage leiten, dieses würde einen merklichen Fehler verursachen, vielmehr muß das Blech, welches den Stoß auffängt,

 unmit-

unmittelbar vor die Oeffnung gebracht werden. Hat man nun alle Versuche von Höhe zu Höhe mit der erforderlichen Genauigkeit angestellt und aufgeschrieben: so kann man sich ein für allemahl daraus eine Tabelle verfertigen, worin alles so eingetragen wird, wie man es durch die Versuche gefunden hat, wodurch man der weiteren Wiederhohlungen der Versuche, wobey, ohne durchaus naß zu werden, nicht wegzukommen ist, gänzlich überhoben seyn kann.

Hier folget die Tabelle von dem Seitendrucke:

Stand=Wasser=Höhe		Seitendruck gegen 1 □ zöllige Fläche		Stand=Wasser=Höhe		Seitendruck gegen 1 □ zöllige Fläche	
Fuß	Zoll	℔	Loth	Fuß	Zoll	℔	Loth
—	1	—	$1\frac{1}{4}$	2	11	2	4
—	2	—	$1\frac{5}{8}$	3	—	2	7
—	3	—	2	3	1	2	11
—	4	—	$3\frac{1}{4}$	3	2	2	15
—	5	—	$3\frac{3}{4}$	3	3	2	23
—	6	—	$4\frac{1}{4}$	3	5	2	28
—	7	—	$5\frac{3}{4}$	3	6	3	1
—	8	—	$5\frac{7}{8}$	3	7	3	6
—	9	—	$6\frac{1}{4}$	3	8	3	11
—	10	—	$7\frac{1}{4}$	3	9	3	16
—	11	—	$7\frac{3}{4}$	3	10	3	21
1	—	—	$8\frac{1}{2}$	3	11	3	25
1	1	—	10	4	—	3	30
1	2	—	12	4	1	4	3
1	3	—	14	4	2	4	9
1	4	—	16	4	3	4	15
1	5	—	18	4	4	4	21
1	6	—	20	4	5	4	27
1	7	—	22	4	6	5	1
1	8	—	24	4	7	5	7
1	9	—	26	4	8	5	12
1	10	—	28	4	9	5	18
1	11	—	30	4	10	5	24
2	—	1	—	4	11	5	30
2	1	1	3	5	—	6	4
2	2	1	6	5	1	6	11
2	3	1	9	5	2	6	18
2	4	1	12	5	3	6	25
2	5	1	15	5	4	7	—
2	6	1	18	5	5	7	7
2	7	1	22	5	6	7	14
2	8	1	25	5	7	7	21
2	9	1	29	5	8	7	28
2	10	2	—	5	9	8	3

Stand-Wassers Höhe		1 □ zöllige Fläche	Seitendruck gegen
Fuß	Zoll	℔	Loth
5	10	8	11
5	11	8	19
6	—	8	29
6	1	9	2
6	2	9	10
6	3	9	18
6	4	9	27
6	5	10	4
6	6	10	13
6	7	10	22
6	8	10	31
6	9	11	8
6	10	11	17
6	11	11	26
7	—	12	3
7	1	12	12
7	2	12	22
7	3	13	—
7	4	13	10
7	5	13	20
7	6	13	30
7	7	14	8
7	8	14	18
7	9	14	28
7	10	15	6
7	11	15	16
8	—	15	26
8	1	10	5
8	2	16	16
8	3	16	27
8	4	17	6
8	5	17	17
8	6	17	28
8	7	18	7
8	8	18	18
8	9	18	30
8	10	19	10
8	11	19	22
9	—	20	2
9	1	20	14
9	2	20	26
9	3	21	6
9	4	21	18
9	5	21	30
9	6	22	10
9	7	22	22
9	8	23	2
9	9	23	15
9	10	23	28
9	11	24	9
10	—	24	22

Bevor ich nun etwas von andern Versuchen, die Stoßkraft auszumitteln, sage, wollen wir diese Tabelle durch ein paar Exempel erst näher erläutern. Z. B. ein Mühlenwerk wäre nach den Grundsätzen der Mechanik berechnet, daß die todte Kraft 1080 Pfund betrage; man stehe aber in Zweifel, da überhaupt nur 3 Fuß 11 Zoll Standwasser gerechnet werden können und das Mahlschütt nur 3 Fuß 2 Zoll im Lichten breit ist: Ob ohne Erbreiterung des Schütts die Mühle wohl die verlangte Wirkung thun könne? Diesen Punkt nun auszumitteln, haben wir schon 2 bestimmte Sätze vor uns: wir wissen nähmlich die Höhe des Standwassers zu 3 Fuß 11 Zoll, und die Breite des Schütts im Lichten zwischen den Docken (Griessäulen) zu 3 Fuß 2 Zoll. Wir summiren also in der Tabelle von 1 Zoll an, bis 3 Fuß 11 Zoll inclusive, den ganzen Druck des Wassers, welcher gegen einen Streifen von 1 Zoll breit und 3 Fuß 11 Zoll lang lieget, zusammen, welcher 64 Pfund beynahe beträgt. Die Schüttöffnung war oben 3 Fuß 2 Zoll breit, welche 38 Zoll ausmachen; dieses sind also auch 38 Streifen, daher das Wasser gegen jeden dieser Streifen mit 64 Pfund drücket: Es müssen also 38 mit 64 multipliciret werden, und dieses gibt einen Druck gegen die Schüttöffnung von 2432 Pfund. Noch nicht genug; diese Summe zeigt nur das Gleichgewicht an; welches so viel heißt: Wenn nähmlich vor die Schüttöffnung eine Gegengewalt von 2432 Pfunden geleget worden, daß das Wasser solche nicht aus der Stelle zu bringen vermögend sey, wenn auch gleich das Schütt ganz herausgezogen wäre. Dieses Gleichgewicht nennet man in der Mechanik die todte oder auch die erhaltende Kraft. Zu einem wirksamen Triebe wird aber eine lebendige Kraft erfordert; diese verhält sich, nach dem Lehrsatz des Parent, zur todten, wie 9 gegen 4. Da nun vorgedachtes Mühlenwerk in Ansehung der todten Kraft zu 1080 Pfund berechnet worden ist; so schließet man nach der Regel-Detri:

4 geben 9 : was 1080 Pfund?

9

9720

4) 2430 Pf. lebendige Kraft.

Man sieht also, daß die Schutzöffnung groß genug ist, das Mühlenwerk zu treiben, und daß es die gehörige Gewalt vom Wasser völlig zu erwarten habe, nur muß aber das Schutzbret allemal ganz aus dem Wasser herausgezogen werden, weil sonst die bestimmte Kraft an der Peripherie des Rades vermindert wird. Von verschiedenen hierbey noch in Betracht zu ziehenden Abweichungen wird unten noch die Rede seyn.

An diesem Exempel werden sich zugleich auch noch andere Fälle zeigen lassen, die bey Mühlen- oder Wasserberechnungen vorkommen können. Gesetzt die lebendige Kraft wäre wie oben 2430 Pf. man solle dazu die Schutzöffnung finden, um dem Rade obige Gewalt vom Wasser zuzuschicken? Die Höhe des Wasserstandes ist wie oben zu 3 Fuß 11 Zoll gegeben; man summirt also einen Streifen in der Tabelle von 1 Zoll an, bis zu 3 Fuß 11 Zoll inclusive zusammen; so hat man 64 Pfund. Man setze also:

64 Pfund geben einen Streifen von 1 Zoll breit : was 2430 Pfund?

2430

64) $37\frac{31}{32}$ oder 38 Zoll, als

die

die Breite des Schutzes. Hieraus ist klar, daß oben richtig gerechnet worden, und es dienet zugleich dieser Satz als eine Probe. Die Breite des Schutzes haben wir nun auf einmahl gefunden, weil sie aus dem vorhergehenden bekannt war; wie aber, wenn man sie zu der berechneten lebendigen Kraft erst suchen müßte? Ist die lebendige Kraft gegeben: so darf sie auch nur in der Tabelle aufgesucht werden. Wäre aber bloß die todte Kraft gegeben: so findet man auch nur in der Tabelle die Schutzöffnung zur todten oder erhaltenden Kraft.

Wir wollen diese Aufgabe, ob sie gleich mit der vorhergehenden übereinkommt, nochmahls versuchen:

Aufgabe. Die berechnete lebendige Kraft einer Maschine sey 2496 Pfund, die Wasserhöhe 3 Fuß 8 Zoll; hieraus soll nun die Breite des Schutzes gefunden werden?

Auflösung. Man summiret in der Tabelle die Gewalt des einen Streifens von 1 Zoll an, bis herunter zu 3 Fuß 8 Zoll, als so hoch der gegebene Wasserstand ist: so hat man 52 Pfund weniger 3 Loth. Diese Kleinigkeit wollen wir fahren lassen, und dafür ein Ganzes annehmen, mithin völlig 52 Pfund. Nun setzen wir, wie vorher geschehen:

52 Pfund geben 1 Zoll breit : was 2496 Pf.?

$$\frac{2496}{52)\quad 48}$$ Zoll, als die Breite des Schutzes. Werden nun zur Probe 48 Zoll mit 52 Zollen multiplicirt: so gehet die lebendige Kraft wieder mit 2496 Pfunden hervor.

Es kommen noch mehrere Fälle in der Mühlen- und Wasserberechnung vor, welche bemerkt zu werden verdienen.

Erste Aufgabe. Man hätte die todte Kraft einer Maschine berechnet zu $1109\frac{1}{3}$ Pfund, und die Höhe des Wasserstandes auf dem Grundbaum zu 3 Fuß 8 Zoll bestimmt: hieraus soll man nun nicht allein die Breite des Schutzes finden, welche der todten Kraft zugehört, sondern daraus weiter die lebendige Kraft und die dazu gehörige Schützenbreite.

Auflösung 1. Man summiret, wie vorher gezeigt worden, einen Streifen in der Tabelle von 1 Zoll an, bis herunter zu 3 Fuß 8 Zoll inclusive, als so hoch der Stand des Wassers gegeben ist: so hat man 52 Pfund beynahe. Nun setzet man:

$$52 — 1 — 1109\tfrac{1}{3}$$

$$1109\tfrac{1}{3}$$

52) 21 Zoll $3\frac{12}{13}$ Linien, od. 4 Linien,

als so breit der Schutz seyn muß, wenn der vorliegende Druck des Wassers die Maschine im Gleichgewicht erhalten soll.

Auflösung 2. Nun suchet man die lebendige Kraft, indem man wie vorher schließet:

$$4 — 9 — 1109\tfrac{1}{3}$$

9

9981

3

9984

4) 2496 Pfund, als die lebendige Kraft.

Man sucht ferner die Schützenbreite zur lebendigen Kraft, indem man aus dem Wasserstande von 1 Zoll

Zoll an, in der Tabelle, bis zu 3 Fuß 8 Zoll inclusive, die Gewalt eines Streifens addirt hat, man findet demnach 52 Pfund. Man setzet ferner: 52 — 1 — 2496

2496

52) 48 Zoll, als so breit der Schutz im Lichten seyn muß, wenn obige Kraft von 2496 Pfunden an dem Rade erfolgen soll.

Zweyte Aufgabe. Man habe die Breite des Schutzes zu 4 Fuß bestimmet, daraus soll man die Höhe des Wasserstandes finden, welche erfordert wird, eine Gewalt von 2496 Pfunden an einem Rande auszuüben?

Auflösung. Diese findet man in der Tabelle, indem man eine Zahl suchet, welche mit 4 Fuß oder 48 Zollen multipliciret, 2496 Pfund ausmacht. Würde man von ohngefähr darauf verfallen seyn, den Streifen von 1 Zoll an, bis zu 3 Fuß 8 Zoll, zusammen zu addiren; so hätte man die Zahl 52 gefunden, welche mit 48 multipliciret, wieder 2496 Pfund ausmacht; Solchemnach weiß man, daß das Wasser 3 Fuß 8 Zoll hoch stehen muß, wenn die Gewalt von 2496 Pfund erfolgen soll.

In den vorhergehnden Berechnungen haben wir uns um die Schaufeln des Rades gar nicht bekümmert, sondern nur bloß sehen wollen, wie breit eine Schutzöffnung bey einem gegebenen Wasserstande seyn müsse. Da aber nothwendig die Schaufelfläche dergestallt eingerichtet werden muß, daß sie den Stoß völlig auffange; so muß man freylich auch diese wissen.

Auflösung. Man bringet die Oeffnung des Schutzes ins Quadrat, dividiret mit der Höhe in den Flächeninhalt, so hat man die Länge der Schaufeln.

feln. Oder man nimmt, — welches gleichviel ist — die Breite des Schutzes für die Länge, und die Höhe der Schutzöffnung, nach Abzug von 2 Zollen, für die Breite der Schaufeln an; so hat man was verlanget worden.

Gesetzt:

die Breite des Schutzes wäre 4 Fuß
die Höhe der Schutzöffnung $1\frac{1}{2}$ —

so ist 6 der Flächeninhalt der Schutzöffnung.

Dividiret man nun mit der Höhe in den Flächeninhalt: so hat man die Länge der Schaufeln gefunden.

$$1\frac{1}{2} \text{ in } 6$$
$$3 \quad 2$$
$$12$$
$$3)\ 4 \text{ Fuß Länge der Schaufeln.}$$

Man kann auch mit der Länge der Schaufeln in obigen Flächeninhalt dividiren; so bekommt man gleichfalls die Schaufelnbreite:

$$\left.\begin{matrix} 2 \\ \not{6} \\ \not{4} \end{matrix}\right\} 1\tfrac{1}{2}$$ oder $1\frac{1}{2}$ Fuß für die Breite der Schaufeln,

werden nun von $1\frac{1}{2}$ Fuß oder 1 Fuß 6 Zoll, 2 Z. abgezogen — der Grund hiervon wird in folgender Berechnung angegeben —: so bleiben für die Schaufelnbreite 1 Fuß 4 Zoll.

Es verstehet sich übrigens, daß man die Schaufeln eines Wasserrades nicht eher berechnen könne, bis man die lebendige Kraft einer Mühle gefunden habe, und den Wasserstand vor den Schütten wisse; Woraus sich denn und aus der Tabelle oben, S. 119. dieses leicht bewerkstelligen lässet. Es ist nicht

nicht zu vermuthen, daß ein Müller sein vorliegendes Druck- oder Mahlwasser gern ohne Noth verschwende und frey laufen lasse; daher muß auch die Schutzöffnung nach der Schaufeln Breite eingerichtet werden, damit kein Wasser ohne Nutzen über die Schaufeln wegspringe. Die äußerste Höhe der Schutzöffnung kann man nach Herrn Behrens so bestimmen, als:

die Schaufelnbreite zu	1 Fuß 4 Zoll
für den Spielraum zwischen dem Rade	— 2 —
mithin beträgt die äußerste Höhe der Schutzöffnung nach obiger Schaufelnbreite	1 Fuß 6 Zoll.

Vielleicht möchte jemand nach der lebendigen Kraft und Standwasserhöhe die Länge der Schaufeln berechnet wissen wollen? Dem zu Folge sey also die berechnete lebendige Kraft einer Mühle $1228\frac{1}{2}$ Pfund, die Höhe des Standwassers vor dem Schutze 3 Fuß 6 Zoll, die Höhe der Schutzöffnung, nach obiger Angabe, 1 Fuß 6 Zoll. Man Summiret also in der Tabelle (s. oben, S. 119.) die Gewalt des Wassers gegen einen Streifen von 1 Zoll breit und 1 Fuß 6 Zoll lang, als so hoch das Schütt aufgezogen wird, von 2 Fuß an, bis inclusive zu 3 Fuß 6 Zoll, zusammen; so hat man die Gewalt eines Streifens mit $34\frac{1}{8}$ Pfund gefunden. Nun suche man eine Zahl für die Breite der Schutzöffnung, welche mit $34\frac{1}{8}$ Pfund multipliciret wird, gerade $1228\frac{1}{2}$ Pfund ausmacht. Diese ist 36. Also muß der Schutz im Lichten der Docken 3 Fuß oder 36 Zoll breit seyn. Nimmt man nun diese Breite für die Länge der Schaufeln an; so sind

3 Fuß für die Länge und
1 Fuß 4 Zoll für die Breite der Schaufeln.

Da endlich die Schutzöffnung aus den vorhergehenden Gründen, wegen der Breite der Schaufeln nicht höher seyn kann: so müssen auch, wenn eine größere Gewalt erfordert wird, die Schaufeln länger und der Schutz zwischen den Docken breiter werden. Dahingegen bleibet die Höhe der Schutzöffnung und die Breite der Schaufeln dessen ungeachtet unverändert.

Wie nun die Schützen und die Kröpfung am besten einzurichten sind, damit das Wasser seine ganze Kraft anwenden könne, wird weiter unten, besonders nach des Herrn Bergrath Eiselen's Angabe, gezeigt werden.

Des Herrn J. Smeaton's Versuche, die Kraft des Wassers zur Treibung unterschlächtiger Räder zu bestimmen*).

Bey einer Materie, welche für den praktischen Mühlenbau so wichtig ist, ist es sehr nützlich, die Versuche mehrerer Sachkundigen mit einander zu vergleichen, besonders wenn diese mit Werkzeugen angestellt worden, die mit den zu bauenden Maschinen dem Wesentlichen nach ganz übereinkommen. Das letztere ist besonders bey den von dem berühmten Smeaton angestellten Versuchen der Fall, wie es sich aus dem nachfolgenden ergeben wird, weshalb sie hier nicht übergangen werden können.

Figur

*) S. Versuche über die natürlichen Kräfte des Wassers und des Windes, um Mühlen und andere Maschinen zu treiben, die auf einer kreisförmigen Bewegung beruhen; von Herrn J. Smeaton. Aus den Philos. Transact. Vol. LI. P. I. übersezt in Geißler's Beschreibung und Geschichte der neuesten und vorzüglichsten Instrumente und Kunstwerke. VI Th. Zittau und Leipzig 1795. 8. S. 51 ff.

Fig. 5555 ist die perspectivische Ansicht einer Maschine zu Versuchen mit Wasserrädern; hier ist ABCD der untere Kasten, welcher das Wasser aufnimmt, nachdem es vor dem Rade abgefallen, und um den obern Kasten DE damit zu versehen, wo es bis zu einer erforderlichen Höhe vermöge einer Pumpe gehoben, welche der Stab FG angibt, der in Zolle und einzelne Theile getheilt worden, und unterhalb ein Flößholz hat, wodurch der Stab steigt oder fällt, so wie die Oberfläche des Wassers höher oder tiefer steht. HI ist ein Stab, wodurch das Schutzbret gezogen, und in irgend einer erforderlichen Höhe vermittelst des Stifts K gehalten wird, welcher in verschiedene Oeffnungen paßt, die nach Art einer Diagonal'kale an der vordern Fläche des Stabes HI befindlich sind. GL ist der obere Theil der Pumpstange, um das Wasser aus dem untern Kasten zu erhalten, und bis zu der erforderlichen Höhe in den obern Kasten DB zu heben, und solchemnach das Wasser wieder zu ersetzen, welches durch die Oeffnung abläuft, die das Schutzbret macht. MM ist der Bogen und Handgriff für den Pumpstock, und der Ansatz N dient dazu, um den Punkstock nicht zu hoch zu heben, indem der Handgriff hier anstößt; die Liefe regulirt den Boden der Pumpröhre, wo er aufgehalten wird. O ist die Welle, worauf sich eine Schnure windet, welche, nachdem sie über die Rollen P und Q geführt worden, die Schale R trägt, in welche Gewichte gelegt werden, um die Kraft des Wassers zu untersuchen. ST sind die zwey Streben, welche das Rad tragen, und herauf oder herab geschoben werden können, um das Rad so viel als möglich gegen den Kanal zu stellen. W ist ein Träger, welcher die Schale und die Rolle erhält; er steht in der Vorstellung um etwas höher als die Maschine, eigentlich muß er aber eine Höhe von 15 bis 16 Fuß über dem Rade haben.

Fig. 5556 ist ein Durchschnitt der nähmlichen Maschine, wo einerley Theile mit einerley Buchstaben bemerkt sind, wie Fig. 5555. Außer diesem ist xx, die Pumpröhre 5 Zoll im Durchmesser und 11 Zoll lang. Y ist der Kolben, und Z ist eine feststehende Klappe. GV ist ein Cylinder von Holz, welcher an der Pumpstange befestigt wird, und über die Oberfläche des Wassers reicht; da dieser Theil

 von

von einer solchen Stärke ist, daß dessen Durchschnitt die Hälfte des Raums der Pumpröhre einnimmt, läßt er die Oberfläche des Wassers um so viel steigen, indeß der Kolben herabgeht, als während dem er steigt, wodurch denn der Stab FG gleichförmiger in seiner Höhe erhalten wird. Der Bogen und der Handgriff MM ist hier auf einer andern Seite verzeichnet, damit alle Dimensionen besser unterschieden werden können. aa ist einer von den zwey Drähten, welche als Direktoren für die Flöße dienen, um auf diese Art die Stange FG senkrecht zu erhalten; zu der nähmlichen Absicht dient auch w, welches ein Ansatz von Holz mit einer Oeffnung ist, wodurch der Stab geht, und solchemnach aufrecht erhalten wird. b ist die Oeffnung des Schutzbretes, cc ist ein Bret, um das Wasser genau nach der Oefnung cd in den untern Kasten zu führen, und ce ein anderes Bret, um das Wasser zu sammeln, welches von den Schaufeln des Rades verstreut wird

Fig 5557 stellt ein Ende der Hauptwelle nebst einem Durchschnitte des beweglichen Cylinders vor, welcher Fig 5555 mit O bezeichnet worden. ABCD ist das Ende der Welle, worin die Theile B und D mit messingenen Ringen gesichert werden. E ist ein Cylinder von Metall, und der Theil F desselben macht den Zapfen. cc ist der Durchschnitt eines hohlen Cylinders von Holz, dessen innerer Durchmesser etwas größer ist, als das Band B. aa ist der Durchschnitt eines messingenen Bandes, das in das Ende des hohlen Cylinders getrieben worden, und genau an das Band B anschließt, um gedranger daran geschoben werden zu können, daß kein Schlottern statt finde. bb, dd, gg stellen den Durchschnitt eines messingenen Bandes, Platte und Röhre vor, die sich am andern Ende des hohlen Cylinders befinden; die Röhre dd ist so eingerichtet, daß sie frey an den Cylinder E geschoben werden kann, so wie das Band aa auf den Cylinder B geschoben wird: das äußere Ende der Röhre bey gg verliert sich in einen Ansatz, wodurch der hohle Cylinder vor- und rückwärts, oder auch willkührlich auf den cylindrischen Theilen der Welle B und E bewegt werden kann. ee, ii, oo ist der Durchschnitt eines messingenen Bandes, welches gleichfalls auf einen hohlen Cylinder befestigt worden: der Rand dieses Bandes ee hat Zähne wie

wie ein Kronrad, und der Rand oo Zähne wie ein Steigerad. Wird nun also die Platte bddb dicht an das Band D gestoßen, so werden die Zähne des Bandes ee in den auf der Welle befestigten Stift G einfallen, auf welche Art denn der hohle Cylinder sich zugleich mit dem Rade und der Welle herumdreht; wird sie aber vermittelst des Ansatzes gg zurück getrieben, so wird dadurch der hohle Cylinder von dem Stifte G getrennt, und hört auf, sich herum zu bewegen. Das Gewicht in der Schale wird vermittelst eines Sperrkegels aufgehalten, daß es nicht zurück gehen kann, welcher in das Steigerad oo einfällt. Auf diese Art wird der hohle Cylinder, um welchen sich die Schnure windet, in Thätigkeit gesetzt, und augenblicklich wieder befreyet, während dem das Rad in Bewegung ist; überhaupt dürfte ohne eine solche Einrichtung es schwer halten, ähnliche Versuche mit hinreichender Genauigkeit anzustellen.

Die Anwendung dieses jetzt beschriebenen Apparats wird verständlicher werden, wenn man im Allgemeinen das anführt, was Smeaton eigentlich zur Absicht dabey hatte; wobey vorher noch der Begriff, welchen er mit andern praktischen Mechanikern mit dem Worte **Kraft** verbindet, festgesetzt werden muß.

Das Wort **Kraft**, welches in der praktischen Mechanik gebräuchlich ist, bedeutet die Aeußerung der Stärke, der Gravitation, des Antriebs oder des Drucks, um eine Bewegung zu erzeugen, und hierdurch verbunden mit der Bewegung fähig zu seyn, eine Wirkung hervor zu bringen, so wie keine Wirkung eigentlich mechanisch ist als diejenige, welche eine solche Art von Kraft erfordert, um sie zu leisten.

Das Steigen eines Gewichts, verhältnißmäßig nach der Höhe, zu welcher es in einer gegebenen Zeit gehoben werden kann, ist das eigentliche Maß der Kraft; oder mit andern Worten, wenn das gehobene Gewicht durch die Höhe multiplicirt wird, zu welcher es in einer gegebenen Zeit gehoben werden kann, so ist das Produkt das Maß der Kraft, womit es gehoben wird, folglich sind alle diejenigen Kräfte gleich, deren Produkte, die vermöge einer solchen Multiplication erfolgen, gleich sind; denn wenn eine Kraft zweymahl das Gewicht zu der nähmlichen Höhe heben kann, oder das nähmliche Gewicht die doppelte Höhe steigt, in der nähmlichen Zeit, als eine andere Kraft es vermögend ist, so ist die erste Kraft doppelt der zweyten; und kann eine Kraft die Hälfte des Gewichts zur doppelten Höhe heben, oder das doppelte Gewicht zur halben Höhe, in der nähmlichen Zeit als ein anderes, so sind diese beyden Kräfte gleich. Indessen ist dies bloß in dem Falle zu verstehn, wenn die Bewegung des gehobenen Körpers langsam und gleichmäßig geschieht, denn bey geschwinden, beschleunigten oder verzögerten Bewegungen wird die Kraft der Trägheit der gehobenen Materie eine Veränderung erzeugen.

Bey Vergleichung der durch Wasserräder erzeugten Wirkungen mit den Kräften, die sie erzeugen; oder mit andern Worten, um zu wissen, welcher Theil der ursprünglichen Kraft nothwendiger Weise bey der Anwendung verlohren geht, müssen wir vorher wissen, wie viel Kraft erforderlich ist, die Anreibung der Maschine und den Widerstand der Luft zu überwinden; desgleichen welches die wahre Geschwindigkeit des Wassers in dem Augenblicke ist, wenn es auf das Rad fällt, und die wahre Menge des Wassers, die in einer gegebenen Zeit angewendet wird.

Von der Geschwindigkeit des gegebenen Wassers in dem Augenblicke, als es auf das Rad fällt, kann die Höhe der Quelle, die eine solche Geschwinschwindigkeit bewirkt, vermöge anerkannter und versuchter Grundsätze der Hydrostatik hergeleitet werden: so daß durch Multiplicirung der Menge oder der Schwere des Wassers, das in einer gegebenen Zeit angewendet wird, durch die Höhe der solchergestalt erhaltenen Quelle, welche als die Höhe angesehen werden muß, von welcher die Last des Wassers in dieser gegebenen Zeit gefallen, wir ein Produkt erhalten, das der ursprünglichen Kraft des Wassers gleich ist; und frey von aller Unzuverlässigkeit, die von der Anreibung des Wassers entsteht, während dem es durch kleine Oeffnungen geht, und außer allen Zweifeln, die von dem verschiedenen Maße der springenden Wasser entstehen, so wie von verschiedenen Schriftstellern angeführt wird. Hingegen wird die Summe der Lasten, die vermöge dieses Wassers gehoben werden, und der Last, welche erforderlich ist, die Anreibung und den Widerstand der Maschine zu überwinden, multiplicirt durch die Höhe, zu welcher die Last in der gegebenen Zeit gehoben werden kann, ein Produkt geben, welches der Wirkung dieser Kraft gleich ist, und das Verhältniß der beyden Produkte wird das Verhältniß der Kraft zur Wirkung seyn: so daß wenn man das Rad nach und nach mit verschiedenen Gewichten belastet, wir im Stande seyn werden, zu bestimmen, bey welcher besondern Last und Geschwindigkeit des Rades die Wirkung das Maximum ist.

Das Verfahren, die wahre Geschwindigkeit des Wassers zu finden, in dem Augenblicke, wenn es auf das Rad fällt; das Verfahren, die Stärke der Anreibung, des Widerstandes u. s. f. in jedem Falle aufzusuchen; und das Verfahren, den wahren Betrag des Wassers zu erhalten, so weit als es folgende Versuche betrifft, ohne zur Theorie zurück

rück zu gehen, sind Materien, worauf die folgenden Bestimmungen beruhen, und es ist daher erforderlich, sie näher zu erklären.

Die Geschwindigkeit des Wassers zu bestimmen, welches auf das Rad fällt. — Es ist bereits schon oben erwähnt worden, daß Gewichte von einer Schnur gehoben werden, die sich um einen cilindrischen Theil der Welle windet. Es werde daher erstlich das Rad vermittelst des Wassers in Bewegung gesetzt, allein ohne Gewicht in der Schale, und die Zahl der Umdrehungen in einer Minute sey 60: nun ist offenbar, daß wenn das Rad frey von aller Anreibung und Widerstand wäre, 60mahl der Umkreis des Rades der Raum seyn würde, durch welchen sich das Wasser in einer Minute bewegt hätte, und mit einer Geschwindigkeit, womit es auf das Rad fiel; allein da das Rad Anreibung und Widerstand erleidet, und doch in einer Minute 60 Umgänge macht, so ist offenbar, daß die Geschwindigkeit des Wassers größer als 60 Umgänge gewesen seyn müsse, ehe es auf das Rad gefallen. Nunmehr werde die Schnur um die Welle gewunden, aber entgegen, und in die Schale werde ein Gewicht gelegt; dieses Gewicht (welches das Gegengewicht genannt werden kann) wird jetzt das Rad unterstützen, da es dasselbe auf eben die Seite drehet, als es von dem Wasser würde herum gedrehet worden seyn; man lege daher so viel Gewicht in die Schale, daß ohne Wasser das Rad eine etwas geschwindere Bewegung erhalte, als 60 Umgänge in einer Minute; wir wollen 63 annehmen; nun werde es wieder mit Wasser versucht, unterstützt durch das Gewicht; das Rad wird also jetzt mehr als 60 Umgänge machen, z. B. 64: es läßt sich also schließen, daß das Wasser noch eine Kraft äußert, um dem Rade eine Bewegung mitzutheilen. Das Gewicht werde so weit vermehrt, daß es $64\frac{1}{2}$ Umgänge in einer Minute ohne Wasser mache, man mache die Versuche mit Wasser wie vorher, und angenommen, es macht jetzt die nähmliche Anzahl von Umdrehungen mit Wasser als ohne Wasser nähmlich $64\frac{1}{2}$: so ist offenbar, daß in diesem Falle das Rad die nähmliche Zahl von Umgängen in einer Minute macht, als es thun würde, wenn gar keine Anreibung noch Widerstand statt fände, weil das Gewicht dem gleich ist; denn wäre sie geringer, so würde das Wasser das Rad über das Gewicht beschleunigen, und wenn zu groß, es aufhalten; das Wasser wird also nunmehr ein Regulator der Bewegung des Rades, und die Geschwindigkeit seines Umkreises wird ein Maß der Geschwindigkeit des Wassers.

Auf gleiche Art, wenn man das größte Produkt, oder das Maximum der Wirkung sucht, nachdem man durch Versuche gefunden, welches Gewicht das größte Produkt giebt, indem man einfach das Gewicht in der Schale durch die Zahl der Umdrehungen des Rades multiplicirt, suche man, welches Gewicht in der Schale, wenn die Schnur gegenseitig um die Welle geschlagen worden, das Rad allerley Zahl von Umgängen nach der nähmlichen Richtung ohne Wasser machen läßt: so ist offenbar, daß dieses Gewicht beynahe der Anreibung und dem Widerstande zusammengenommen gleich seyn werde; und folglich, daß das Gewicht in der Schale mit zweymahl *) dem Gewichte der Schale addirt zum Gegengewichte, der Last gleich seyn werde, welche gehoben worden wäre, angenommen

*) Das Gewicht der Schale macht einen Theil des Gewichts zu beyden Seiten.

nommen daß die Maschine ohne Anreibung und Widerstand sey; dieses multiplicirt durch die Höhe, zu welcher sie gehoben wurde, wird die größte Wirkung dieser Kraft geben.

Die Menge des angewendeten Wassers wird folgendermaßen gefunden. — Die Pumpe, deren man sich bedient, um den Wasserkasten mit Wasser zu versehen, war so sorgfältig gemacht, daß kein Wasser durch das Leder dringen konnte, und gab einerley Menge Wasser bey jedem Zuge, er mochte geschwind oder langsam geschehen; und da der Zug bestimmt war, folglich der Werth eines Zugs (oder wegen mehrerer Gewißheit zwölf Züge) vermöge der Höhe bekannt war, zu welcher das Wasser hierdurch in den Wasserkasten gehoben wurde, so konnte leicht eine Berechnung statt finden, da er von einer regelmäßigen Figur war. Das Schutzbret, wodurch das Wasser auf das Rad geführt wurde, war so eingerichtet, daß es vermittelst eines Stifts in gewissen Höhen gestellt werden konnte, um solchergestalt einerley Kraft vom Wasser zu erhalten; denn wenn man darauf Rücksicht nahm, wie viele Züge in einer Minute erforderlich waren, um die Oberfläche des Wassers in einer gegebenen Höhe zu erhalten, so wird, wenn man die Zahl der Züge durch ihren Betrag multiplicirt, das vermöge einer gegebenen Oeffnung und Strohm in einer gegebenen Zeit erhaltene Wasser gefunden werden.

Dies wird aus der fernern Berechnung einer Reihe von Versuchen noch deutlicher werden.

Versuche.

Das Schutzbret zur ersten Oeffnung gehoben.

Das Wasser über dem Boden des Schutzbrets	30 Zoll
Züge der Pumpe in einer Minute	39½ —
Wasserkasten erfüllt durch 12. Züge zu	21 —
Das Rad hob die leere Schale, und machte in 1 Minute .	80 Umdreh.
Mit einem Gegengewichte von 1 Pf. 8 Unzen . . .	85 —
Mit Wasser versucht . .	86 —

No. 1.	Gewicht Pf.	Unz.	Umdrehungen in 1 Min.	Produkt
1.	4	0	45	180
2.	5	0	42	210
3.	6	0	36¼	217½
4.	7	0	33¾	236¼
5	8	0	30	240 Maxim.
6	9	0	26½	238½
7	10	0	22	220
8	11	0	16½	181½
9	12 hörte auf sich zu bewegen.			

Wenn sich das Wasser so langsam bewegt, daß es sich vom Rade nicht so geschwind frey macht, als es von dem Schutzbrete ersetzt wird, so fällt das sich anhäufende Wasser zurück, und das Rad hört unmittelbar auf, sich zu bewegen.

Gegengewicht für 30 Umdrehungen ohne Wasser 2 Unz. in der Schale.

Die Fläche des Wasserkastens betrug 105,8 Quadratzoll.

Gewicht der leeren Schale und Rolle 10 Unz.

Umkreis der Welle 9 Zoll.

Umkreis des Wasserrades 75 Zoll.

Reduktion der obigen Versuche. — Der Umkreis des Rades 75 Zoll, multiplicirt durch 86 Umgänge, gibt 6450 Zoll für die Geschwindigkeit des Wassers in einer Minute; $\frac{1}{60}$ davon wird die Geschwindigkeit in einer Sekunde seyn, gleich 107,5 Zoll, oder 8,96 Fuß für einen Wasserkasten von 15 Zoll *), welches wir den **virtualen** oder **wirkenden Strohm** nennen wollen.

Da die Fläche des Wasserkastens 105,8 Zoll ist, so gibt diese multiplicirt durch das Gewicht des Wassers eines Kubikzolls gleich der Dezimalzahl, 579 der Unze Averdupoise 61,26 Unzen für das Gewicht von so viel Wasser, als in dem Wasserkasten auf einen Zoll Tiefe, deren $\frac{1}{16}$ ist 3,83 Pfund, enthalten ist. Dieses mit der Tiefe 21 Zoll multiplicirt, gibt 80,44 Pfund für den Betrag von 12 Zügen; und vermöge des Verhältnisses werden 39½ (die Zahl in einer Minute) 264, 7 Pfund geben, als die Schwere des Wassers, das in einer Minute verbraucht wird.

Da nun 264,7 Pf. Wasser angesehen werden kann, als durch einen Raum von 15 Zoll in einer Minute herabgefallen, so wird das Produkt dieser zwey Zahlen 3970 die Kraft des Wassers ausdrücken, wodurch die mechanischen Kräfte bewirkt werden, welche folgende waren:

Die Geschwindigkeit des Rades als Maximum war nach oben 30 Umgänge in einer Minute; diese durch 9 Zoll, dem Umkreise der Welle multiplicirt, machen 270 Zoll; allein da die Schale vermöge einer Rolle und doppelten Schnure angehan-

*) Dies wird nach dem bekannten hydrostatischen Grundsatze bestimmt, daß nähmlich die Geschwindigkeit des ströhmenden Wassers der Geschwindigkeit gleich ist, als ein schwerer Körper erlangen wird, wenn er von der Höhe des Behälters fällt; so wie es sich von dem Steigen des Wasserstrahls bis beynahe zur Höhe seines Behälters ergibt.

gehangen war, so wurde das Gewicht blos halb so viel, nähmlich 135 Zolle gehoben.

Das Gewicht in der Schale beym Maxim.

	8 Pf.	0 Unz.
Gewicht der Schale und Rolle	0 —	10 —
Gegengewicht Schale und Rolle	0 —	12 —
Summe des Widerstandes	9 —	6 —
oder Pf.	9,375.	

Da nun 9,375 Pf. 135 Zoll gehoben werden, so ist, wenn diese zwey Zahlen mit einander multiplicirt worden, das Produckt 1266, als die Wirkung beym Maximum: so daß das Verhältniß der Kraft zur Wirkung ist wie 3970: 1266 wie 10: 3, 18.

Allein obschon dieses die größte einfache Wirkung ist, die von erwähnter Kraft hervorgebracht werden kann, und welche durch den Antrieb des Wassers auf ein unterschlägiges Rad geschieht, so wird doch, da die ganze Kraft des Wassers dadurch nicht erschöpft wird, dies nicht das wahre Verhältniß zwischen der Kraft des Wassers und der Summe aller Wirkungen seyn, die dadurch hervorgebracht werden können: denn da das Wasser nothwendig das Rad mit einer Geschwindigkeit verlassen muß, die dem Umkreise des Rades gleich ist, so sieht man wohl, daß irgend ein Theil der Kraft des Wassers übrig bleiben muß, nachdem es von dem Rade abgefallen ist.

Die Geschwindigkeit des Rades als Maximum ist 30 Umgänge in einer Minute, und folglich bewegt sich dessen Umkreis um 3,125 Fuß in einer Sekunde, welches einem Wasserstrohme von 1,82 Zoll entspricht; wird dieses durch den Betrag des Wassers in einer Minute nähmlich 264, 7 Pfund multiplicirt, so erhält man 481 als die übrig bleibende Kraft des Wassers, nachdem es das Rad verlassen hat; wird dies nun von der eigentlichen Kraft 3970 abgezogen, so bleiben 3489, welches derjenige Theil der Kraft ist, welcher angewendet wird, um die Wirkung 1266 zu erhalten; und folglich ist der Theil der Kraft, welcher zu Erzeugung der Wirkung gebraucht wird, zur größten Wirkung, die dadurch erzeugt wird, wie 3489 : 1266 = 10 : 3,62, oder wie 11 : 4.

Die Geschwindigkeit des Wassers, welches auf das Rad fällt, ist bestimmt worden, daß sie 86 Umkreisen des Rades in einer Minute gleich sey, und die Geschwindigkeit des Rades als Maximum sey 30; die Geschwindigkeit des Wassers wird daher zu derjenigen des Rades seyn, wie 86 zu 30, oder wie 10 zu 3, 5, oder wie 20 zu 7.

Die Last als Maximum hat man gefunden, daß sie 9 Pf. 6 Unz. gleich sey, und daß das Rad aufhörte sich mit 12 Pfund in der Schale zu bewegen; wird nun dazu die Schwere der Schale addirt, nähmlich 10 Unzen *), so wird das Verhältniß beynahe seyn wie 3 zu 4 zwischen der Last als Maximum, und derjenigen, wodurch das Rad aufgehalten wird.

Es ist merkwürdig, das obschon die Geschwindigkeit des Rades im Verhältnisse zum Wasser sich größer ergiebt, als $\frac{1}{3}$ der Geschwindigkeit des Wassers, so ist doch der Antrieb des Wassers im Falle eines Maximum größer als doppelt demjenigen, was durch Theorie erhalten wird, d. i. statt $\frac{4}{9}$ der Säule ist es beynahe gleich der ganzen Säule.

Es

*) Der Widerstand der Luft verschwindet in diesem Falle, und die Anreibung wird nicht mit gerechnet, da 12 Pf. in der Schale hinreichend war, das Rad aufzuhalten, nachdem es in volle Bewegung gesetzt worden; und daher etwas mehr als eine Gegenbalancirung für den Antrieb des Wassers.

Es ist hier noch anzumerkeu, daß im gegenwärtigen Falle das Rad nicht an einem offnen Flusse stand, wo der natürliche Strohm, nachdem er seinen Antrieb den Flößen mitgetheilt hatte, Raum genug hat, sich nach allen Seiten zu verlieren, wie die Theorie voraus setzt, sondern in einem Kanal, wonach die Flöße oder Schaufeln eingerichtet waren, und folglich das Wasser anders, sich nicht verliehren konnte, als daß es sich längs hin mit dem Rade bewegte. Anzumerken ist ferner, daß ein Rad, welches auf diese Art wirkt, sobald als das Wasser auf die Schaufeln fällt, indem es einen plötzlichen Stoß erhält, es gegen die Schaufeln auftreibt, wie eine Welle gegen einen feststehenden Körper; um so mehr wird, wenn der Schuß des Wassers nicht den vierten Theil eines Zolls stark ist, ehe es auf die Schaufeln fällt, doch dieser Schuß auf die ganze Oberfläche einer Schaufel wirken, deren Höhe 3 Zoll beträgt; und folglich wäre die Schaufel nicht höher als die Stärke des Schusses des Wassers, wie die Theorie auch voraussetzt, so würde ein großer Theil der Kraft durch das Ueberströhmen des Wassers über die Schaufeln verlohren gegangen seyn.

Zu fernerer Bestätigung dessen, was bereits erwähnet worden ist, hat Smeaton folgende Tafel (welche hier unter Lit. B. abgedruckt ist) beygefügt, welche das Resultat von 27 Versuchen enthält, welche auf oben angegebene Art gemacht und reduzirt worden sind. Was in Rücksicht der Theorie der unterschlägigen Räder noch übrig ist, wird natürlicher Weise von einer Gegeneinanderhaltung der verschiedenen Versuche unter sich gefolgert werden können.

Grundsätze und Beobachtungen aus der bey vorstehender Seite befindlichen Tabelle B. gefolgert.

1. Grundsatz. Wenn der virtuale und wirkende Strohm einerley ist, so wird die Wirkung beynahe seyn, wie die Menge des angewendeten Wassers.

Dies sieht man, wenn man den Inhalt der Kolonnen 4, 8 und 10 der vorhergehenden Reihe von Versuchen vergleicht; z. B.

1. Beyspiel von No. 8 und 25 genommen, nähmlich:

No.	Virtualstrohm.	Angewendetes Wasser.	Wirkung.
8	7,29	161	328
25	7,29	355	785

Nun werden wir, da die Ströhme gleich sind, wenn die Wirkungen dem angewendeten Wasser verhältnißmäßig gemacht werden, vermöge des 1. Grundsatzes haben 161 : 355 = 328 : 723; allein 723 ist gegen 785 zufolge N. 25 um 62 in dem Versuche zu geringe; die Wirkung von No. 25 verglichen mit No. 8. ist also nach dem gegenwärtigen Grundsatze in dem Verhältnisse wie 14 zu 13 größer.

Das vorhergehende Beyspiel nebst vier ähnlichen enthält in einem Ueberblick folgende Tafel.

Beyspiele

Beyspiele	No. Tab. I.	Virtualstr.	Angewandtes Wasser	Wirkung	Vergleichung	Abweichung	Verhältniß d. Abweich.
		Zoll	Pf.				
1.	(8 (25	7,29 7,29	161 355	328) 785)	161 : 355 = 328 : 723	62 +	14 : 13
2.	(13 (18	10,5 10,5	285 357	975) 1210)	285 : 357 = 975 : 1221	11 −	121 : 122
3.	(22 (23	6,8 6,8	255 332	541) 686)	255 : 332 = 541 : 704	18 −	38 : 39
4.	(21 (24	4,7 4,7	228 262	317) 385)	228 : 262 = 317 : 364	21 +	18 : 17
5.	(26 (27	5,03 5,03	307 360	450) 534)	307 : 360 = 450 : 531	3 +	178 : 177

Daher

Daher können wir denn hieraus, bey Vergleichung verschiedener Versuche, da einige unter, andere über das Maximum fallen, alle aber bey einer Sache, wo so viele verschiedene Umstände zusammentreffen, so nahe, als erwartet werden kann, zutreffen, aus Vernunftgesetzen durch Induction folgern, daß das Maximum richtig sey, nähmlich daß die Wirkungen beynahe sind, wie die Menge des angewandten Wassers.

2. Grundsatz. Wenn die Menge des Wassers einerley ist, so wird die Wirkung beynahe seyn, wie die Höhe des virtual oder wirkenden Stroms.

Dies wird man gleichfalls finden, wenn man den Inhalt der Kolonnen 4, 8 und 10 in den Versuchen vergleicht.

1. Beyspiel von No. 2 und No. 24, nähmlich:

No.	Virtualstr.	Angewandtes Wasser.	Wirkung.
2	15	264,7	1266
24	4,7	262	385

Da nun das angewandte Wasser ganz gleich ist, so müssen wir dem zu Folge eine der Wirkungen in Verhältniß bringen, als: vermöge des

1. Grundsatzes 262 : 264,7 = 385 : 389
und 2. — — 15 : 4,7 = 1266 : 397

Die Wirkung also von No. 24, verglichen mit No. 2, ist geringer, als zu Folge des gegenwärtigen Grundsatzes in dem Verhältnisse wie 49:50.

Das vorige und zwey andere ähnliche Beyspiele sind in folgender Tafel enthalten.

Beyspiele

Beyspiele	No. Tab. I.	Virtualstrohm	Angew. Wasser	Wirkung	Vergleichung	Abweichung	Verh. d. Abw.
1	2 24	15 4,7	264,7 262	1266 385	1 Max. 262 : 364,7 = 385 : 319 2 Max. 15 : 4,7 = 1266 : 397	8—	49 : 50
2	1 10	15,85 3,55	275 114	1411 117	1 Max. 114 : 275 = 117 : 282 2 Max. 15,85 : 3,55 = 1411 : 316	34—	8 : 9
3	11 17	14,2 4,25	342 1675	1505 212	1 Max. 167,5 : 342, = 212 : 433 2 Max. 14,2 : 4,25 = 1505 : 450	17—	25 : 26

3. Grundsatz. Wenn die Menge des angewandten Wassers einerley ist, so ist die Wirkung beynahe wie das Quadrat der Geschwindigkeit.

Dies findet man, wenn man den Inhalt der Kolonnen 3, 8 und 10 bey irgend einem der Versuche vergleicht, als:

1. Beyspiel von No. 2 und No. 24, nähmlich:

No.	Umdreh. in 1 Min.	Angew. Wasser.	Wirk.
3	86	264,7	1266
24	48	262	385

Ist die Geschwindigkeit wie die Zahl der Umdrehungen, so haben wir vermittelst des

1. Grundsatzes 262 : 264,7 = 385 : 389

3. — — $\left(\begin{array}{l}86^2 : 48^2\\7396 : 2304\end{array}\right)$ = 1266 : 394

Differenz 5

Die Wirkung also von No. 24, verglichen mit No. 2, ist vermöge des gegenwärtigen Grundsatzes kleiner in dem Verhältnisse wie 78 : 79.

Das vorhergehende und drey andere Beyspiele sind in folgender Tafel enthalten.

Beyspiele

Beyspiele	No. Taf. I.	Umdr. in 1 Min.	Angew. Wasser	Wirkung	Vergleichung	Abweichung	Verh. d. Abw.
1	2	86	264,7	1265	1 Gr. 262 : 264,7 = 385:389	5—	78 : 79
					(86^2 : 48^2)		
	24	48	262	385	3 Gr. (7396 : 2304) = 1266:394		
2	1	88	275	1411	1 Gr. 114 : 275) = 117:282	39—	7 : 8
					(88^2 : 42^2)		
	10	42	114	117	3 Gr. (7744 : 1764) = 1411:321		
3	11	84	342	1505	1 Gr. 167,5 : 342) = 212:433	18—	24 : 25
					(84^2 : 46^2)		
	17	46	167,5	212	3 Gr. (7056 : 2116) = 1505:451		
4	18	72	357	1210	1 Gr. 228 : 357) = 317:496	42—	12 : 13
					(72^2 : 48^2)		
	21	48	228	317	3 Gr. (5184 : 2301) = 1210:538		

4. Grundsatz. Wenn die Oeffnung einerley ist, so wird die Wirkung beynahe seyn, wie der Würfel der Geschwindigkeit des Wassers.

Dies findet man, wenn man den Inhalt der Kolonnen 3, 8 und 20 vergleicht, z. B.

1. Beyspiel von No. 1 und No. 10, nähmlich:

No.	Umdrehungen.	Angewandtes Wasser.	Wirkung.
1	88	275	1411
10	42	114	117

Hier ist noch zu merken, daß wenn Wasser aus einer Oeffnung in einerley Sektion aber mit verschiedenen Geschwindigkeiten geht, so wird das angewandte Wasser der Geschwindigkeit verhältnißmäßig seyn; und daher umgekehrt, wenn das angewandte Wasser der Geschwindigkeit nicht verhältnißmäßig ist, so ist die Sektion des Wassers nicht gleich.

Vergleicht man nun das sich ergießende Wasser mit den Umdrehungen von No. 1 und 10, so wird man haben, 88 : 42 = 275 : 131,32; allein das sich ergießende Wasser vermöge No. 10 ist bloß 114 Pf.; daher, obschon das Schutzbret zu einerley Höhe bey No. 10 gezogen worden, wie bey No. 1, so war doch die Sektion des ausfließenden Wassers geringer bey No. 10 als bey No. 1 in dem Verhältnisse wie 114 zu 131, 2, folglich ist die wirkende Oeffnung oder die Sektion des Wassers bey No. 10 gleich wie bey No. 1 gewesen, so daß wenn 131,2 Pf. Wasser statt 114 ausgeflossen, die Wirkung in gleichem Verhältnisse würde vermehrt worden seyn, d. i. vermöge des

Zusatzes

Zusatzes, nach dem	88 :	42	= 275 : 131,2
1. Grundsatze	114 :	131,2	= 117 : 134,5
4. Grundsatze	82^3 : 681472 :	42^3 74088	= 1411 : 153,5
		Differenz	19

Die Wirkung also von No. 10, verglichen mit No. 1, ist geringer, als sie zu Folge des gegenwärtigen Grundsatzes seyn sollte, in dem Verhältnisse wie 7 : 8.

Das vorhergehende und drey andere ähnliche Beyspiele sind in folgender Tafel enthalten.

Beyspiele	No. Taf. I.	Umdr. in 1 Min.	Angew. Wasser	Wirkung	Vergleichung	Abweichung	Verh. d. Abw.
1	1	88	275	1411	Zus. 88 : 42 = 275 : 131,5	19—	7 : 8
	10	42	114	117	1 Gr. 144 : 131,2 = 117 : 134,5)		
					4 Gr. 88^3 : 42^3 = 1411 : 153,5)		
2	11	84	342	1505	Zus. 84 : 46 = 342 : 187,3	10—	23 : 24
	17	46	167,5	212	1 Gr. 167,5 : 187,3 = 212 : 237)		
					4 Gr. 84^3 : 46^3 = 1505 : 247)		
3	18	72	357	1210	Zus. 72 : 48 = 357 : 238	24—	14 : 15
	21	48	228	317	1 Gr. 228 : 238 = 317 : 331)		
					4 Gr. 72^3 : 48^3 = 1210 : 355)		
4	22	68	359	1006	Zus. 68 : 48 = 359 : 253,4	18+	20 : 19
	24	48	262	385	1 Gr. 262 : 253,4 = 385 : 272)		
					4 Gr. 68^3 : 48^3 = 1006 : 354)		

Noch

Noch einige Bemerkungen hierüber.

1. Bemerk. Wenn man die zweyte und vierte Kolonne der Tabelle B. bey S. 141. vergleicht, so sieht man, daß der Virtualstrohm in keinem sichern Verhältnisse gegen den obern Wasserkasten steht; allein daß, wenn die Oeffnung größer ist, oder die Geschwindigkeit des Wassers, die davon ausfließt, geringer, sie näher mit einander zusammentreffen: und daß folglich in den großen Oeffnungen der Mühlen und Schutzbreter, wo eine große Menge Wasser von mäßigen Wasserkästen ausfließet, der Wasserkasten, und der virtuale Strohm, wie er von der Geschwindigkeit bestimmt wird, näher zutrifft, wie die Erfahrung bestätiget.

2. Bemerk. Bey Vergleichung der verschiedenen Verhältnisse zwischen der Kraft und der Wirkung in der 11. Kolonne ist die gewöhnlichste 10 zu 3; die äußern Glieder 10 zu 3, 2 und 10 zu 2, 8; allein da man findet, daß wo die Menge Wasser, oder die Geschwindigkeit desselben, d. i. wo die Kraft am größten ist, das zweyte Glied des Verhältnisses gleichfalls am größten ist; so können wir das Verhältniß 3 zu 1 bey großen Werken als bleibend ansetzen.

3. Bemerk. Die Verhältnisse der Geschwindigkeiten zwischen dem Wasser und dem Rade in der 12 Kolonne befinden sich innerhalb den Gränzen 3 zu 1 und 2 zu 1; allein da die größern Geschwindigkeiten sich dem Verhältnisse 3 zu 1 nähern, und die größere Menge Wasser demjenigen 2 zu 1, so wird das allgemeine Verhältniß seyn 5 zu 2.

4. Bemerk. Bey Vergleichung der Zahlen in der 13 Kolonne sieht man, daß kein sicheres Verhältniß zwischen der Last statt findet, die das

Rad als Maximum erträgt, und wo es ganz stille steht; allein daß es innerhalb 20 zu 19 und 20 zu 15 stehet; da nun die Wirkung sich dem Verhältnisse 20 zu 15 oder 4 zu 3 am meisten nähert, wenn die Kraft am größten ist, es sey nun durch vermehrte Geschwindigkeit oder durch die Menge des Wassers, so scheint dies am meisten auf große Werke anwendbar zu seyn: allein da die Last, die ein Rad heben muß, um mit dem besten Vortheil zu wirken, bekannt werden kann, wenn man die Wirkung kennt, die es hervorbringen soll, und die erforderliche Geschwindigkeit, um sie zu erhalten; so ist die genaue Kenntniß der größten Last, die es tragen wird, in der Ausführung von geringerer Folge.

Auch ist hier noch zu bemerken, daß bey allen Beyspielen unter den drey letztern der vier vorhergehenden Grundsätze, die Wirkung der geringern Kraft zur größern nicht in dem gehörigen Verhältnisse steht, wenn sie mit dem Grundsatze verglichen werden, ausgenommen das letzte Beyspiel des vierten Grundsatzes; daher denn, wenn die Versuche genau genommen werden, wir annehmen müssen, daß die Wirkungen in einem höhern Verhältnisse wachsen und abnehmen, als diese Grundsätze voraussetzen: allein da die Abweichung nicht sehr beträchtlich ist, und die größte ungefähr den achten Theil dieser Größe beträgt; und da es nicht leicht ist, Versuche von einer so zusammengesetzten Beschaffenheit mit vollkommner Genauigkeit anzustellen, so können wir eher annehmenn, daß die geringere Kraft mit einiger Anreibung geschieht, oder daß irgend ein ungünstiger Umstand dazu beyträgt, worauf nicht gehörig Rücksicht genommen worden, und wir können daher schließen, daß diese Grund-

sätze

sätze der Wahrheit sehr nahe kommen, wenn sie im großen Werken angewendet werden.

Nachdem bereits erwähnte Versuche angestellt worden, wurde das Rad, welches ursprünglich 24 Schaufeln hatte, auf 12 Schaufeln gesetzt, welches eine Verminderung in der Wirkung erzeugte, weil eine größere Menge Wasser zwischen den Schaufeln und dem Kanale vorbeyging; allein als eine kreisförmige Bögung von einer solchen Länge angebracht wurde, daß eine Schaufel in die Krümmung ging, ehe die vorhergehende sie verließ, so kam die Wirkung ziemlich der ersten gleich, so daß die Zahl der Schaufeln in diesem Rade nicht über 24 vermehrt werden durfte. —

Von andern Versuchen, welche zur Ausmittelung der Wirkung des Wassers angestellt worden sind, will ich hier nur noch die des Hrn. J. Banks anführen, welche in seiner Abhandlung über die Mühlenwerke, in der Deutschen Uebersetzung (Berlin 1800. 8.) S. 138 ff. beschrieben sind. Er sagt daselbst:

Der Druck des Wassers verhält sich, was auch der Wasserbehälter immer für eine Gestalt oder Größe haben mag, allemahl, wie die Tiefe; die Geschwindigkeit aber, wie die Quadratwurzel der Tiefe und der Stoß wie das Quadrat der Geschwindigkeit oder wie die Tiefe. Ich habe den Beweis davon bereits gegeben *) und zu mehrerer Vollständigkeit füge ich noch folgende Bemerkungen hinzu:

1) Das Druckwasser kann als die Kraft betrachtet werden, welche das fließende Wasser forttreibt.

2) Die Wassermenge und die Geschwindigkeit sind die Wirkung der gedachten Kraft.

3) Könnten wir die Geschwindigkeit allein betrachten und annehmen, die Kraft wirke auf ein einzelnes Wassertheilchen, so würde in diesem Falle

 die

*) Er bezieht sich hier auf seine anderweitigen Versuche, welche oben, S. 89 ff. angeführt sind, und woraus dieses Resultat erhellet.

die doppelte Tiefe in dem gedachten Theilchen eine doppelte Geschwindigkeit hervorbringen.

4) Wenn eine gewisse Kraft bey einem einzelnen Theilchen eine doppelte Geschwindigkeit bewirkt; so wird die verdoppelte Kraft zwey solchen Wassertheilchen auch eben dieselbe Geschwindigkeit mittheilen.

5) Wenn daher eine gegebene Kraft bey einem einzigen Wassertheilchen eine gewisse Geschwindigkeit bewirkt, so wird eine viermahl größere Kraft erfordert, um zwey solchen Theilchen eine doppelte Geschwindigkeit mitzutheilen. Und bey dem Ausflusse des Wassers durch eine gegebene Oeffnung wächst die Menge mit der Geschwindigkeit in gleichem Verhältnisse an, daß heißt, eine doppelte Geschwindigkeit, gibt eine doppelte Menge, folglich verhält sich die Kraft, welche dieselbe hervorbringt, allemahl wie das Quadrat der Geschwindigkeit. Hieraus schliessen wir, daß sich die Wirkung des durch eine gegebene Oeffnung fließenden Wasserstrahls allemal so verhalten müsse, wie die Tiefe dieser Oeffnung, dieß will so viel sagen: fließt ein Wasserstrahl aus einer Oeffnung einen Fuß tief unter der Oberfläche heraus, und bringt derselbe eine gewisse Wirkung hervor; so wird der durch dieselbe Oeffnung fließende Wasserstrahl bey einer Tiefe von 4 Fuß eine viermahl größere Wirkung hervorbringen, obgleich die Ausflußmenge nur doppelt so groß ist.

Die absolute Kraft des fließenden Wassers pflegt man gemeiniglich durch das Gewicht einer Wassersäule, oder eines Wasserprismas zu schätzen, welches die Ausgußöffnung zur Grundfläche hat. Dieß ist die wahre Bestimmung des Drucks auf eine gegebene Oberfläche; allein im Zustande der Bewegung muß das Wasser eine größere Wirkung hervorbringen.

Die Versuche der nachstehenden Tabelle habe ich angestellt, um den Stoß eines gegebenen Wasserstrahls mit dem Gewichte einer Wassersäule zu vergleichen, wodurch jener hervorgebracht wird.

Die Stangenwage Fig. 5558 oder der Hebel NL, welcher sich um den Punkt C frey drehen kann, war so eingerichtet, daß eine Stelle N der breiten Fläche (worin der oberste Theil eines Hakens vernietet ist) den aus der Röhe AB hervorschiessenden Strahl auffangen

fangen konnte, und das bewegliche Gewicht W wurde so lange geschoben, bis die Kraft des Wasserstrahles das Ende L von der Unterlage P in die Höhe hob. Als der Ausfluß des Wassers gehemmt oder der Hebel weggenommen ward, so wurde an dem Haken h ein Gewicht angebracht, vermittelst dessen das Ende L von der Unterlage P eben so gehoben wurde, als vorher von dem Wasserstrahle. Auf diese Art wurde also die Kraft des Wasserstrahles mit einem Gewichte von bestimmter Größe verglichen und durch selbiges ausgedruckt. — In der dritten Kolonne der Tabelle ist das Gewicht einer Wassersäule angegeben, deren Höhe so groß ist, als die in der ersten Kolonne bemerkte Tiefe und deren Horizontaldurchschnitt dem Flächenraume der Oeffnung in der zweyten Kolonne gleich ist; und so lange die Oeffnung dieselbe Größe behält, muß der Druck genau der Tiefe proportional seyn. Und obgleich die Kraft in der vierten Kolonne größer ist als das Gewicht, so verhält sich doch dieselbe allemahl wie das Tiefe; oder obgleich die Kräfte, so wie sie durch Versuche gefunden werden, nicht völlig genau zutreffen: so kommen sie doch nahe genug, um zu beweisen, daß sie sich eben so wie die Quadrate der Geschwindigkeiten oder wie die Tiefen verhalten.

Tabelle.

Tiefe in Fuß	Flächeninhalt d. Oeffnung	Gewicht d. senkrechten Wassersäule		Die auf den Hebel wirkende Kraft	
		Dwts.	Gr.	Dwts.	Gr.
1,5	0,0055	0	25	2	0
2,0833	0,0055	1	11	2	18
8,	0,0055	5	13½	10	10
1,25	0,02259	3	14	6	0
1,5416	0,02259	4	10	7	6
8,	0,02259	22	21	38	6
2,375	0,0141	4	6	7	0
3,458	0,0141	6	4	10	6
7,0146	0,0141	12	13½	21	21
9,3125	0,0141	16	14,8	28	5

Allein die Kraft oder vielmehr der Stoß eines Strohmes kann nie durch seine Wirkung auf das Rad bestimmt werden, wenn selbiges in ein Gerinne eingefaßt ist; weil in diesem Falle das Wasser, sobald es die Schaufelbreter getroffen hat, keine reine Bahn zum Abflusse findet, sondern einen Rückstau verursachet und sich gegen die Schaufeln weit mehr anhäufet, als es geschehen würde, wenn das Wasser ungehindert wegfließen könnte.

Versuche

Versuche des Herrn J. Smeaton's, die Kraft des Wassers bey oberschlägigen Rädern zu finden *).

Ohne angestellte Versuche dürfte man verleitet werden zu glauben, daß wie verschieden auch das Verfahren der Anwendung ist, doch wenn nur einerley Menge Wasser durch einerley senkrechten Raum herabfällt, die natürliche wirkende Kraft gleich seyn werde, angenommen daß die Maschine frey von aller Anreibung sey, und nach der Berechnung die völlige Wirkung der Kraft äußere; denn wenn wir die Höhe einer Wassersäule zu 30 Zoll annehmen, die auf einer Grundfläche oder Oeffnung von einem Quadratzoll steht; so wird jeder Kubikzoll Wasser, welcher davon abfließt, die nähmliche Geschwindigkeit oder das Moment von dem gleichförmigen Drucke von 30 Kubikzoll darüber erlangen, als ein Kubikzoll, welcher von der Höhe herabfällt, im Herabfallen auf die Fläche der Oeffnung erhalten wird, nähmlich eine solche Geschwindigkeit als in entgegengesetzter Richtung ihn zur Fläche führen würde, woher er fiel **); man sollte daher voraussetzen, daß ein Kubikzoll Wasser, der durch einen Raum von 30 Zoll fiele, und hier auf einen Körper sich eindrückte, im Stande seyn würde, eine gleiche Wirkung zu erzeugen, als ob der nähmliche Kubikzoll durch den nähmlichen Raum bey einer langsamern Bewegung herabgefallen, und die Wirkungen nach und nach erzeugt hätte: denn in beyden Fällen wirkt die Schwere auf eine glei-

*) S. Geißler's Instrumente und Kunstwerke IV. S. 82 ff.

**) Eine Folge von dem Steigen des Strahls bis beynahe zur Höhe der Behälter

che Menge Wasser durch einen gleichen Raum *); und folglich, daß, welches auch das Verhältniß zwischen Kraft und Wirkung in unterschlägigen Rädern war, das nähmliche auch in oberschlägigen und bey allen übrigen seyn würde: indessen so viel Versprechendes dieses hat, so wird man doch bey fernern Folgerungen finden, daß die Wirkung der Schwere der fallenden Körper von der Wirkung des Stoßes unelastischer Körper sehr verschieden ist, ob sie schon von einerley mechanischer Kraft erzeugt wird.

Die Abänderungen in der Maschinerie, deren Smeaton sich zu seinen vorigen Versuchen bediente, um sie zugleich auch zu Versuchen für oberschlägige Räder angemessen zu machen, waren vornehmlich folgende.

Fig. 5556 Nachdem das Schutzbret I b geschlossen worden, wurde die Stange H I losgeschraubt und weggenommen.

Das unterschlägige Rad wurde von der Welle genommen, und statt desselben ein oberschlägiges Rad von gleichem Durchmesser eingelegt. Dieses Rad war zwey Zoll in der Tiefe der Eimer; die Zahl der Eimer war 36.

Die Pfosten S und T Fig. 5555 wurden einen halben Zoll gehoben, so daß der Boden des Rades frey vom stehenden Wasser war.

Um das Wasser auf das Rad zu leiten, ward ein Kanal in den punktirten Linien f, g Fig. 5556 gelegt. Die Oeffnung geschahe vermittelst des Schiebers h i welcher auch zugleich das äußere Ende des Kanals schloß, wenn das Wasser aufgehalten werden sollte.

Fig. 5557. Das Steigerad o o, welches nicht aus einem Stücke mit dem Bande e e, i i bestand

(ob

*) Die Schwere wirkt in der That einen längern Zeitraum auf den Körper, welcher langsam fällt, als auf einen, welcher geschwind fällt; allein dies kann den Unterschied in der Wirkung nicht erzeugen: denn ein elastischer Körper, welcher durch den nähmlichen Raum in gleicher Zeit fällt, wird beym Falle auf einen andern elastischen Körper beynahe zu der nähmlichen Höhe wieder getrieben.

(ob es schon oben so angegeben worden, um unnöthige Distinktionen zu vermeiden) ward mit dessen Sperrkegel an die entgegengesetzte Seite gelegt; folglich konnte die bewegliche Rolle gleichmäßig wirken, ohnerachtet das Wasserrad in seiner Bewegung die entgegengesetzte Richtung hatte.

Versuche.

Wasserkasten 6 Zoll.

14½ Pumpzüge iu 1 Min. 12 derselben = 80 Pfund *).

Schwere der Schale (naß) 10½ Unzen.

Gegengew. für 20 Umdr. außer der Schale 2 Unz.

No.	Gewicht in der Schale	Umdrehungen.	Produkt.	Bemerkungen.
1	0 Pf.	60	—	Warf den größten Th. d. Wassers vom Rade.
2	1	56	—	
3	2	52	—	
4	3	49	147	Nahm d. Wasser besser auf.
5	4	47	188	
6	5	45	225	
7	6	42½	255	
8	7	41	287	
9	8	38½	308	
10	9	36½	328½	
11	10	35½	355	
12	11	32¾	360½	
13	12	31¼	375	
14	13	28½	370¼	
15	14	27½	385	
16	15	26	390	
17	16	24½	392	

18

*) Der geringe Unterschied in dem Werthe von 12 Zügen der Pumpe nach vorigen Versuchen entstand von einer geringen Differenz in der Länge des Zugs, die von dem Werfen des Holzes verursacht worden

No.	Gewicht in der Schale.	Umdrehungen.	Produkt.	Bemerkungen.
18	17	$22\frac{3}{4}$	$386\frac{3}{4}$	
19	18	$21\frac{3}{4}$	$391\frac{1}{2}$	Maximum
20	19	$20\frac{3}{4}$	395	
21	20	$19\frac{3}{4}$	$388\frac{1}{4}$	
22	21	$18\frac{1}{4}$	396	Unregelmäßig
22	22	18		
24	23	Ueberschlagen durrch die Schwere.		

Reduktion der vorhergehenden Versuche.

Da bey diesen Versuchen der Wasserkasten 6 Zoll ist, und die Höhe des Rades 24 Zoll, so wird der ganze Fall 30 Zoll seyn; das angewandte Wasser war $14\frac{1}{2}$ Pumzüge in einer Minute, wovon zwölfe 18 Pf. enthielten; daher war denn das in 1 Minute verbrauchte Wasser $96\frac{1}{4}$ Pfund, diese durch 30 Zoll multiplicirt, geben als Kraft = 2900.

Wenn wir den 20sten Versuch als das Maximum annehmen, so haben wir $20\frac{3}{4}$ Umdrehungen in 1 Minute, deren jede die Last $4\frac{1}{2}$ Zoll hob, d. i. 93,37 Zoll in 1 Minute. Das Gewicht in der Schale war 19 Pf., das Gewicht der Schale $10\frac{1}{2}$ Unzen; das Gegengewicht 3 Unzen in der Schale, dieses nebst dem Gewichte der Schale $10\frac{1}{2}$ Unzen, macht im Ganzen $20\frac{1}{2}$ Pf., welches der ganze Widerstand oder die Last ist; diese multiplicirt durch 93,37 Zoll, macht 1914 für Wirkung.

Das Verhältniß der Kraft und Wirkung wird also seyn wie 2900: 1914, oder wie 10: 6,6 oder wie 3: 2 beynahe. Allein wenn wir die Kraft blos von der Höhe des Rades rechnen, so werden wir haben $96\frac{2}{3}$ Pf. multiplicirt durch 24 Zoll = 2320 für die Kraft, und diese wird seyn zur Wirkung

kung wie 2320: 1914, oder wie 10: 8,2 oder wie 5: 4 beynahe.

Die Reduktion dieser Versuche findet man in No. 9 der anliegenden Tabelle C.; das übrige wird von ähnlichen Versuchen hergeleitet, die auf gleiche Art reducirt wurden.

Bemerkungen und Herleitungen aus den Versuchen der anliegenden Tabelle C.

1. Von dem Verhältnisse zwischen der Kraft und Wirkung der oberschlägigen Räder.

Die eigentliche Kraft des Wassers muß auf den ganzen Fall gerechnet werden, weil es zu dieser Höhe gehoben werden muß, um einerley Wirkung zum zweyten Mahle zu erhalten.

Die Verhältnisse zwischen den solchergestalt geschätzten Kräften und den von den Versuchen hergeleiteten Wirkungen als Maximum übersieht man auf einmahl in der 9. Kolonne der Tabelle C.; hieraus folgt denn, daß diese Verhältnisse von denjenigen wie 10 zu 7,6, zu denjenigen wie 10:5,2 abweichen, d. i. beynahe von 4:3 zu 4:2. Zu denjenigen Versuchen, wo der Wasserkasten, und die gebrauchte Menge am geringsten sind, ist das Verhältniß beynahe wie 4:3, allein wo die Höhe und Menge am größten ist, kommt es denjenigen 4:2 näher, und als Mittel des Ganzen kann man das Verhältniß beynahe wie 3:2 annehmen. Es ist in den Smeatonschen Bemerkungen über die Wirkungen der unterschlägigen Räder gezeigt, daß das allgemeine Verhältniß der Kraft zur Wirkung, wenn es am größten ist, war 3:1; die Wirkung also der oberschlägigen Räder unter einerley Umständen von Größe und Fall ist ins Mittel gerechnet doppelt derjenigen der unterschlägigen Räder; und als eine Folge davon, daß unelastische Körper, wenn sie vermöge ihres Antriebs oder Stoßes wirken, bloß einen Theil ihrer eigenthümlichen Kraft mittheilen; indem der andere Theil bey Veränderung ihrer Figur zu Folge des Zugs verwendet wird.

Die zusammengesetzten Kräfte des Wassers nun allein von der Höhe des Rades, verglichen mit den Wirkungen wie in der 10. Kolonne, scheinen ein mehr bleibendes Verhältniß zu beobachten; denn wenn wir das Mittel einer jeden Klasse nehmen, wie in der 11. Kolonne, so werden wir die äußern Glieder finden, daß sie nicht mehr als in dem Verhältnisse 10:8,1 zu demjenigen 10:8,5 verschieden sind; und da das zweyte Glied allmählig wächst von 8,1 zu 8,5 durch Wachsung des Wasserkastens von 3 zu 4 Zoll, so ist der Ueberschuß 8,5 über 8,1 dem größern Antriebe des Wassers im Kasten von 11 Zoll über denjenigen von 3 Zoll zuzuschreiben; so daß wenn wir 8,1 auf 8 wegen des Triebs von 3 Zoll Höhe reduciren, so werden wir das Verhältniß der Kraft haben, bloß auf die Höhe des Rades berechnet zur Wirkung als Maximum wie 10:8 oder wie 5:4 beynahe; und von der Gleichheit des Verhältnisses zwischen Kraft und Wirkung, welche unter ähnlichen Umständen bleibt, läßt sich schließen, daß die Wirkungen sowohl als die Kräfte sind wie die Menge Wasser, und die senkrechten Höhen mit einander gehörig multiplicirt.

2. Von der schicklichsten Höhe des Rades nach Verhältniß des ganzen Falls.

Wir haben bereits aus der vorhergehenden Bemerkung gesehen, daß die Wirkung von einerley

Menge Wasser, welches durch einerley senkrechten Raum fällt, doppelt ist, wenn es vermöge dessen Schwere auf ein oberschlägiges Rad drückt, als die nähmliche Menge, durch den Antrieb auf ein unterschlägiges Rad bewirkt. Auch sieht man, daß durch Anwachsen der Höhe von 3 zu 11 Zoll, d. i. des ganzen Falls von 27 bis 35 Zoll oder in dem Verhältnisse von 7 zu 9 beynahe, die Wirkung nicht größer erfolgt, als in dem Verhältnisse von 8, 1 zu 8, 4 d. i. wie 7:7, 26, und folglich das Steigen der Wirkung nicht ganz ein Siebentheil des Wachsens der senkrechten Höhe. Hieraus folgt, daß je höher das Rad im Verhältnisse zum ganzen Falle ist, desto größer die Wirkung seyn werde; weil es weniger von dem Triebe der Höhe des Wassers abhängt, sondern mehr von der Schwere des Wassers in den Eimern; und überlegen wir, wie schief das Wasser aus dem Wasserkasten gegen die Eimer wirkt, so werden wir in Rücksicht des geringen Vortheils nicht Anstand nehmen, welcher von dem Triebe darauf entsteht; so wie wir denn unmittelbar sehen werden, von welchen geringen Folgen dieser Trieb zur Wirkung eines oberschlägigen Rades ist. Indessen da alles seine Gränzen hat, so ist es auch hier; denn es kommt immer darauf an, daß das Wasser irgend eine größere Geschwindigkeit habe als der Umkreis des Rades, wenn es darauf fällt; außerdem wird das Rad durch die Eimer nicht nur verzögert werden, in die das Wasser fällt, sondern es wird auch ein Theil überfließen, und eben so viel geht an Kraft verlohren.

Die Geschwindigkeit, welche der Umkreis des Rades haben muß, wenn sie aus den fernern Folgerungen bekannt ist, damit die erforderliche Höhe dem Wasser seine gehörige Geschwindigkeit giebt, wird nach den gewöhnlichen Regeln der Hydrostatik leicht berechnet, und wird ungleich geringer gefunden werden, als insgemein ausgeübt wird.

3. Von der Geschwindigkeit des Umkreises des Rades, um die größte Wirkung zu erhalten.

Wenn man einen Körper von einer Höhe frey herabfallen läßt, so bedarf er zum Falle einer gewissen Zeit, und dann geht die ganze Wirkung der Schwere darauf, um dem Körper eine gewisse Geschwindigkeit mitzutheilen; allein läßt man diesen Körper während seines Falles auf einen andern Körper wirken, um eine mechanische Wirkung zu erhalten, so wird der fallende Körper verspätet, weil ein Theil der Wirkung der Schwere alsdenn darauf verwendet wird, um die Wirkung hervorzubringen, und der Ueberrest wird bloß angewendet, dem fallenden Körper die Bewegung zu geben: je langsamer also ein Körper fällt, desto größer wird der Theil der Wirkung der Schwere seyn, welche angewendet wird, um eine mechanische Wirkung zu erzeugen; folglich wird denn auch die Wirkung um desto größer seyn.

Wenn ein Wasserstrohm in den Eimer eines oberschlägigen Rades fällt, so wird er hier gehalten, bis das Rad, während dem es sich herum drehet, ihn ausgießt; je langsamer nun das Rad sich bewegt, um desto mehr Wasser wird jeder Eimer aufnehmen; so daß was in der Eile verlohren geht, durch den Druck einer größern Menge Wasser, die auf die Eimer auf einmahl wirkt, wieder gewonnen wird; nimmt man bloß dies zum Augenmerk, so wird die mechanische Kraft des oberschlägigen Rades, um Wirkungen hervorzubringen, gleich seyn, die Bewegung geschehe nun geschwind

oder

oder langsam; allein wenn wir auf das Rücksicht nehmen, was bereits von dem fallenden Körper bemerkt worden ist, so wird man finden, daß so viel von der Wirkung der Schwere, als angewendet wird, um dem Rade und dem Wasser darin eine größere Geschwindigkeit zu geben, von dessen Drucke auf die Eimer abgezogen werden müsse; so daß, obschon das Produkt, welches durch Multiplication der Anzahl der Kubikzolle Wasser erhalten wird, welche auf das Rad auf einmahl vermöge dessen Geschwindigkeit wirken, in allen Fällen gleich seyn werde; indessen da jeder Kubikzoll, wenn die Geschwindigkeit größer ist, nicht so viel auf den Eimer drückt, als wenn sie geringer ist, so wird die Kraft des Wassers, um Wirkungen zu erzeugen, bey geringerer Geschwindigkeit größer seyn, als bey größerer; daher denn diese allgemeine Regel, daß unter gleichen Umständen je geringer die Geschwindigkeit des Rades, desto größer die Wirkung davon seyn werde. Eine Bestätigung dieser Lehre, nebst den Gränzen, die bey der wirklichen Ausführung statt finden, kann aus den vorhergehenden Versuchen hergeleitet werden.

Aus diesen Versuchen sieht man, daß wenn das Rad ungefähr 20 Umdrehungen in einer Minute machte, die Wirkung beynahe die größte war. Machte es 30 Umdrehungen, so wurde die Wirkung ungefähr um den zwanzigsten Theil vermindert; machte es aber 40, so geschahe die Verminderung $\frac{1}{4}$, machte es weniger als $18\frac{1}{4}$, so ward dessen Bewegung unregelmäßig; und war es belastet, so daß es keine 18 Umdrehungen machen konnte, so ward das Rad vermöge seiner Schwere überlastet.

Es ist ein Vortheil in der Ausführung, daß die Geschwindigkeit des Rades nicht weiter vermin-

 dert

dert werden müsse, als in so fern ein wirklicher Vortheil in Rücksicht der Kraft erhalten wird, weil unter gleichen Umständen, so wie die Bewegung vermindert wird, die Eimer größer gemacht werden müssen, und wird das Rad mit Wasser mehr belastet, so wird der Trieb auf jeden Theil des Werks nach Verhältniß vermehrt; die vortheilhafteste Geschwindigkeit in der Ausführung wird daher diejenige seyn, daß das hier angewandte Rad 30 Umgänge in einer Minute mache; d. i. daß die Geschwindigkeit des Umkreises wenig mehr als 3 Fuß in einer Sekunde betrage.

Die Erfahrung bestätiget, daß diese Geschwindigkeit von 3 Fuß in 1 Sekunde auf die höchsten oberschlägigen Räder sowohl, als auf die niedrigsten anwendbar sey; und sind alle übrigen Theile des Werks gehörig darauf eingerichtet, so erhält man ziemlich nahe die größte mögliche Wirkung; indessen ist dies auch aus Erfahrung gewiß, daß hohe Räder weiter von dieser Regel abweichen können, ehe sie ihre Kraft verlieren werden, als es niedrige thun; denn ein Rad von 24 Fuß Höhe kann sich nur 6 Fuß in 1 Sekunde bewegen, ohne einen beträchtlichen Theil seiner Kraft zu verlieren; so wie Smeaton im Gegentheil gesehen hat, daß ein Rad von 33 Fuß Höhe eine vollkommne und gute Bewegung hatte, und dessen Geschwindigkeit wenig über 2 Fuß betrug

4. Von der Last eines oberschlägigen Rades, um das Maximum zu bewirken.

Die größte Last für ein oberschlägiges Rad ist diejenige, welche dem Umkreise des Rades seine gehörige Geschwindigkeit ertheilt; dies findet man, wenn man die Wirkung, die es in einer gegebenen

Zeit

Zeit hervorbringen soll, durch den Raum dividirt, der vermöge des Umkreises des Rades in der nähmlichen Zeit beschrieben werden soll. Der Quotient wird der Widerstand seyn, der vom Umkreise des Rades zu überwinden ist, und ist gleich der gesuchten Last, Anreibung und Widerstand der Maschine eingeschlossen.

5. Von der größten möglichen Geschwindigkeit des oberschlägigen Rades.

Die größte Geschwindigkeit, deren der Umkreis eines oberschlägigen Rades fähig ist, hängt von dem Durchmesser oder der Höhe des Rades und von der Geschwindigkeit der fallenden Körper ab; denn es ist offenbar, daß die Geschwindigkeit des Umkreises nie größer seyn kann, als einen halben Umkreis zu beschreiben, indeß ein Körper, den man von der Höhe des Rades fallen läßt, durch dessen Durchmesser herabfällt; auch nicht ganz so groß, da ein Körper, welcher durch den nähmlichen senkrechten Raum fällt, den nähmlichen in einer so geringen Zeit thun kann, wenn er durch einen Halbzirkel geht, als in einer senkrechten Linie geschehen wäre. Z. B. wenn ein Rad 16 Fuß 8 Zoll hoch ist, so wird ein Körper durch den Durchmesser in 1 Sekunde fallen: dieses Rad kann also nie zu einer Geschwindigkeit gelangen, daß es einen Umgang in zwey Sekunden macht; so wie denn in der That schon ein oberschlägiges Rad sich nie dieser Geschwindigkeit nähern wird; denn wenn es eine gewisse Geschwindigkeit erhält, so wird der größte Theil des Wassers verhindert in die Eimer zu fallen, und der übrige Theil wird bey einer gewissen Höhe seines Falls vermöge der Centrifugalkraft herausgeworfen. Dies scheint bey den vorhergehenden

henden ersten drey Versuchen der Fall gewesen zu seyn: allein da die Geschwindigkeit, wenn diese sich ereignet, von der Gestalt der Eimer sowohl als von andern Umständen abhängt, so kann die größte Geschwindigkeit der oberschlägigen Räder nicht allgemein bestimmt werden; auch ist dies um so weniger in der Ausführung nöthig, da es in diesem Falle unvermögend ist, wegen der bereis gegebenen Gründe irgend eine mechanische Wirkung hervorzubringen.

6. Von der größten Last, die ein oberschlägiges Rad überwältigen kann.

Die größte Last, die ein oberschlägiges Rad überwältigen wird, ist für sich betrachtet, unbegränzt und unbestimmt; denn da die Eimer von einer gegebenen Kapazität seyn können, so wird, je mehr das Rad belastet wird, es sich um desto langsamer herumdrehen; allein je langsamer es sich herumdrehet, um desto mehr werden die Eimer mit Wasser gefüllt werden; und folglich, obschon der Durchmesser des Rades und die Menge des angewandten Wassers beyde begränzt sind, so kann doch kein Widerstand erfolgen, der nicht zu überwinden sey; allein in der Ausführung stoßen wir immer auf etwas, welches uns hindert, auf Infinitesimalen zu gehen; denn wenn wir wirklich ein Rad bauen, so müssen die Eimer nothwendig von einer gegebenen Kapazität seyn, und folglich wird ein solcher Widerstand das Rad anhalten, der gleich der Wirkung aller Eimer in einem halben Umkreise ist, die mit Wasser angefüllt sind.

Ist die Bauart der Eimer gegeben, so kann die Größe ihrer Wirkung bestimmt werden, ist aber für die Ausführung nicht von so vielen Folgen,

da

da in diesem Falle auch das Rad seine Kraft verliert; denn obschon hier die Aeußerung der Schwere auf eine gegebene Menge Wasser ist, so erzeugt sie doch, da die Bewegung durch eine Gegenbalancirung verhindert wird, nach unsrer Bestimmung keine mechanische Wirkung. Allein in der That hört ein oberschlägiges Rad insgemein auf nützlich zu seyn, ehe es bis so weit belastet ist, denn wenn es auf einen solchen Widerstand stößt, welcher dessen Geschwindigkeit bis zu einem gewissen Grad vermindert, so wird dessen Bewegung unregelmäßig; allein dies ist niemahls der Fall, als bis die Geschwindigkeit des Umkreises weniger als zwey Fuß in einer Sekunde ist, wo der Widerstand gleich ist, wie man nicht nur aus den vorhergehenden Versuchen, sondern auch aus Versuchen mit größern Rädern sieht.

Nachdem wir nunmehr die verschiedenen Wirkungen der Kraft des Wassers untersucht haben, wenn es vermöge seines Triebs und vermöge seiner Schwere unter dem Nahmen unter- und oberschlägiger Räder wirkt; so könnten wir nun weiter fortgehen, und die Wirkungen untersuchen, wenn der Antrieb und die Schwere verbunden wirken, wie bey den verschiedenen Arten von Brusträdern u. s. f. Allein wenn man darauf Rücksicht genommen hat, was bereits erwähnt worden, so wird die Anwendung von einerley Grundsätzen in diesen gemischten Fällen sehr leicht seyn, daß man in dieser Rücksicht alles ins Kurze fassen kann; **denn alle Arten von Rädern wo das Wasser nicht durch einen gegebenen Raum fallen kann, wofern nicht das Rad sich damit bewegt, müssen von der Beschaffenheit eines oberschlägigen Rades betrachtet werden, je nach der senkrechten Höhe als das Was-**

ser herabfällt; und alle diejenigen, welche den Trieb oder Stoß des Wassers erhalten, er sey nun in horizontaler, senkrechter oder schiefer Richtung, sind als unterschlägige Räder anzusehen. Bey einem Rade also, auf welches das Wasser auf einem Punkt unter der Oberfläche des Strohms stößt, und sodann in einem Cirkelbogen herabfällt, wo die Schwere auf das Rad wirkt, wird die Wirkung eines solchen Rades der Wirkung eines unterschlägigen Rades gleich seyn, dessen Strohm gleich der Differenz der wagerechten Oberfläche zwischen der Oberfläche des Wassers in dem Behälter, und dem Punkte wo es auf das Rad fällt, ist, addirt zu derjenigen eines oberschlägigen Rades, dessen Höhe gleich der Differenz des wagerechten Standes zwischen dem Punkte ist, wo es auf das Rad fällt, und dem wagerechten Stande des hintern Wassers. Es wird hier angenommen, daß das Rad den Stoß des Wassers unter rechten Winkeln gegen die Halbmesser erhält, und daß die Geschwindigkeit seines Umkreises gehörig eingerichtet ist, um den größten Vortheil beyder dieser Kräfte anzunehmen, außerdem muß dieserwegen eine Reduktion geschehen.

In den weiter unten folgenden Abschnitten, wo von dem Bau der verschiedenen Wasserräder selbst die Rede seyn wird, kommen von diesen hier durch Versuche gefundenen Sätzen noch nähere Anwendungen vor.

C. Von dem Widerstande, welchen das Reiben oder die Friction der Zapfen, Zähne ꝛc. bey den Mühlenrädern verursacht.

Ein wichtiger Gegenstand, welcher bey der Berechnung eines anzulegenden Mühlenwerks sehr in Betrach-

Betrachtung kommt, ist der Widerstand, welchen die **Reibung** oder die Friction der sich einander berührenden und über einander bewegenden Körper verursacht. Da hiervon in der Encyklopädie indessen ein besonderer Artikel vorkommen wird, so darf ich vorläufig davon nur so viel berühren, als zur Vollständigkeit der gegenwärtigen Materie unumgänglich nöthig ist.

Die Größe des Reibens hängt besonders von der Last, oder der Schwere der Körper, die bewegt werden, ab. Eigentlich hat man nur das Reiben zu überwinden, welches eine Last in den Berührungspunkten eines andern Körpers, da der eine über den andern wegglitschet, verursachet. Dieses nun auszumachen, hat man eine Anstalt oder ein Werkzeug nöthig, welches man einen **Tribometer** nennt. Ein Werkzeug, womit man das Reiben der hölzernen und metallenen Körper bestimmen kann.

Hr. Hofrath Kästner hat uns im zweyten Theile seiner angewandten Mathematik ein Werkzeug an die Hand gegeben, womit man die Größe des Reibens untersuchen kann. Er schreibt nähmlich §. 149. III. im gedachten Buche: "Wie viel das Reiben bey einem gegebenen Körper auf gegebenem Boden betrage, läßt sich auf folgende Art ausmachen: Man befestige an den Körper eine Schnur, daß sie horizontal gezogen werden kann, führe sie über eine Rolle, und lege in eine Wagschale, die an ihrem Ende hangen muß, so lange Gewichte, bis der Körper anfängt fortzurücken. Ehe dieses geschah, betrugen die Gewichte weniger als das Reiben: Nachdem es geschicht, betragen sie mehr; Eigentlich findet man also nur die Gränzen zwischen welche das Reiben fällt. Aber wenn man die Gewichte nur immer um etwas weniges ver-

vermehret, so kann man diese Gränzen sehr enge zusammen bringen, und denn eine von ihnen, ohne großen Fehler für das Reiben, annehmen".

Beym Maschinen- und Mühlenbaue hat man vornehmlich darauf zu sehen, was Haynbüchenholz auf Haynbüchenholz für eine Friction mache; als die Kämme und Stöcke der Räder und Getriebe in einander. Ferner Stahl auf Stahl, wie das Mühleneisen in der Pfanne. Stahl auf Stein, wie die Schänen in dem Halse der Windmühlenwellen. Stahl auf Messing, wie zum Theil die stehenden oder Kronwellenzapfen in der Pfanne, in den holländischen Windmühlen. Gegossenes und geschmiedetes Eisen auf Stein, wie die Zapfen in den Wellen der Wasserräder. Die Größe des Reibens, durch Veranlassung der Mühlensteine, läßt sich nach vorgedachter Maschine nicht bestimmen, indem der Läufer nicht fest auf dem Liegerstein aufliegет, sondern dieses hängt von dem Getreide, das gemahlen wird, ab, und wird vergrößert, wenn die Steine geschärft sind. Sind die Mühlensteine geschärft, so fassen sie mehr; sind sie aber stumpf, so fassen sie weniger Korn. Die größte Friction, welche bey Kornmühlen statt findet, ist: wenn die Steine geschärft, das Mühleneisen gespielt, geschroten wird und alle Räder neu sind, welches als der äußerste Punkt in der Berechnung der Kornmühle angenommen werden kann. Die Größe der Friction der Mühlensteine läßt sich unmittelbar bey einer Mühle am sichersten und besten wahrnehmen, wovon im folgenden ein Mittel an die Hand gegeben werden soll.

Nach

Nach dem im vorhergehenden angeführten Kästnerischen Vorschlage geben:

		℔	Lth
50	Pf. Haynbüchenholz auf Haynbüchenholz eine Friction von	25 ℔	8 Lth
50	Pf. Stahl auf Stahl	6 —	18 —
50	— Stahl auf Stein	8 —	5 —
50	— Stahl auf Messing	7 —	19 —
50	— Eisen auf Stein	14 —	27 —
50	— gegossenes Eisen auf Stein	12 —	12 —
	Erhalten die Flächen aber Fett: so thun		
50	Pf. Haynbüchenholz auf Haynbüchenholz mit Wasserbley bestrichen	15 —	10 —
50	Pf. Stahl auf Stahl	5 —	— —
50	— Stahl auf Stein	5 —	31½ —
50	— Stahl auf Messing	4 —	2 —
50	— geschmiedetes Eisen auf Stein	6 —	2 —
50	— dito mit Wasser	12 —	5 —
50	— gegossenes Eisen auf Stein	10 —	6 —
50	— dito mit Wasser	6 —	24 —

Hieraus sieht man die verschiedenen Größen der Friction bey verschiedenen Körpern. Nicht weniger den merklichen Unterschied, wenn die Körper trocken, wenn sie in Fett, und wenn sie statt Fett in Wasser gehen.

Dieses alles ist noch nicht hinreichend, das Reiben der Maschinen zu bestimmen, wir müssen auch ihre eigentliche Schwere kennen lernen, was nähmlich auf diesen oder jenen Wellzapfen für eine Last liegt; und dann können wir, wenn wir diese erst wissen, aus obigem die Friction bestimmen. Es wiegt also nach mecklenburgischem Maß *) und

Es=

*) 55 Mecklenb. Fuß machen 51 Rheinländ. oder 173 Mecklenb. Fuß machen 144 Pariser. 100 Mecklenb. Pfunde machen $109\frac{1}{16}$ Berliner und $109\frac{7}{18}$ Leipziger.

Gewicht, wie es **Behrens** in seiner praktischen Mühlenbaukunst S. 57 angibt.

1	Kubikf. trocknes Eichenholz	32 ℔	14 Lth
1	— nasses —	35 —	0 —
1	— Haynbüchenholz	49 —	23 —
1	— Büchenholz	46 —	4 —
1	— trocknes Tannenholz	27 —	13 —
1	— nasses —	30 —	24 —
1	— gegossenes Eisen	381 —	16 —
1	— geschlagenes Eisen	472 —	— —
1	— Sandstein, auf Art d. Mühlensteine	110 —	— —

Um nun den Widerstand zu finden, welcher bey irgend einer Mühle durch die Reibung verursacht wird, muß man die Schwere aller einzelnen Theile berechnen. Dieses ist zwar nicht sehr schwer, allein sehr umständlich und weitläuftig; dazu weicht die Form der Theile bey verschiedenen Mühlen auch so sehr ab, daß man von einer nicht mit Sicherheit auf eine andere schließen kann. Um indessen für Ungeübte den Gang dieses Geschäftes zu zeigen, will ich hier die Hauptangaben einer solchen Berechnung, welche **Behrens** in seiner praktischen Mühlenbaukunst sehr ausführlich auseinander gesetzt hat, mittheilen, im übrigen aber auf diesen genannten Schriftsteller, S. 57 ff. seines Werks verweisen.

Eine Wasserwelle hat zweyerley Gestalten: an den Enden, wo die Bänder aufgelegt werden, hat sie die Form einer abgeschnittenen runden Pyramide, (Pyramis truncata) und diese müssen besonders ausgerechnet werden. In der Mitte von beyden Enden ab, hat sie die Gestalt, wie ein 16eckiges Prisma. Eine jede Ecke macht auf der Basis einen Triangel mit dem Mittelpunkt der Welle; also hat man bloß einen Triangel ins Quadrat zu bringen. Diese Summe wird durch die Zahl der Triangel, oder Zahl der Seiten, multipliciret; was heraus kommt, ist das Quadrat der untersten 16eckigen Fläche; Wird nun dieses mit der Länge wieder weider multipliciret:] so gibt das Produkt den kubischen Inhalt des 16eckigen Prismas der Welle.

Gesetzt:

a) Die Abrundung der Welle betrage 3 Fuß in der Länge; der Durchmesser wäre unten 2, und oben 1 Fuß 4 Zoll, so macht die Länge der aus diesen Weiten entstehenden ganzen Pyramide $13\frac{1}{2}$ Fuß. Da nun diese Pyramide einen Zirkel zur Basis hat; so setzt man nach der Regel: 7 geben 22, was 2? — was heraus kommt wird mit dem vierten Theil des Durchmessers multipliciret, oder auch mit dem ganzen Durchmesser, und hernach die Summe wieder durch 4 dividiret, was heraus kommt, ist das Quadrat der untersten Fläche. Wird dieses nun mit dem dritten Theil der Höhe multipliciret, so kommt der kubische Inhalt der ganzen Pyramide heraus. Berechnet man nun die abgeschnittene Spitze in der vorigen Ordnung, indem man setzet: 7 — 22 — 1' 4" u. s. w.; so bekommt man den kubischen Inhalt der abgeschnittenen Spitze, wird dieser nun von dem Inhalte der ganzen Pyramide abgezogen: so bekommt man den kubischen Inhalt des abgerundeten Theils der Welle. Also:

7 — 22 — 2

22

44

7) $6\frac{2}{7}$ Umkreis.

0'6" Vierter Theil des Diameters.

378

$2\frac{4}{7}$

38 $0\frac{4}{7}$ Quadrat der untersten Fläche.

3'6"

2 28 0

11 40

2 $0\frac{4}{7}$

13 | 70 $0\frac{4}{7}$ kub. Inhalt d. ganzen Pyramide.

Das

Das abgeschnittene Stück:

7 — 22 — 1′4″
22
―――
28
28
―――
308
7) ―――
44 Umkreis
14 ganzer Durchmesser.
―――
176
44
―――
616
4) ―――
154 Quadrat der untersten Fläche.
106
―――
924
154
―――
16|324
3) ―――
5|441$\frac{1}{3}$ kubischer Inhalt des abgeschnittenen Stücks.

Diese Summe von ersterer abgezogen:

13700$\frac{4}{7}$
5441$\frac{1}{3}$
―――
bleibt Rest 8259$\frac{4}{7}$ als den Inhalt des abgerundeten einen Endes der Welle.
8259$\frac{4}{7}$ doppelt.
―――
16|519$\frac{1}{7}$ als beyder abgerundeten Wellen Inhalt.

Oder:

16 Kubikfuß 519$\frac{1}{7}$ Kubikzolle.

Nun folget die Ausrechnung des mittlern gleich dicken 16eckigen Theils der Welle. Der Umkreis wird in so viele Triangel eingetheilet, als Ecken oder Seiten vorhanden sind. Die Basis beträgt, nach dem Durchmesser der Welle, von jedem Triangel 4$\frac{1}{2}$ Zoll, und der Perpendikel bis zum Centro 11 Zoll. Also:

11″

11''
$4\frac{1}{2}$

44
$5\frac{1}{2}$

$49\frac{1}{2}$ Inhalt eines Triangels.
16 Zahl der Seiten.

294
49
8

792 Quadrat-Inhalt aller Triangel.
210 Länge der Welle.

7 920
158 4

166|320 Inhalt des 16eckigen Theils der Welle.
16|$519\frac{3}{7}$ —— von beyden abgerundeten Enden.

182|$839\frac{3}{7}$ oder $182\frac{1}{3}$ Kubikfuß beynahe, als den Inhalt der ganzen Welle.

Um genau zu seyn, so müssen noch die Armlöcher, und die Löcher, worin die Wellzapfen kommen, von der Größe oder dem Inhalt der Welle, wieder abgezogen werden, damit man nicht etwas doppelt rechne. Ob nun gleich dieser Abgang unbedeutend ist; so möchte es doch eine Nachlässigkeit verrathen, wenn man dieses mit Stillschweigen übergienge. Wir wollen demnach alles genau berechnen.

Die Blätter der Wellzapfen sind gewöhnlich
lang 18 Zoll
breit 16 —
108
18
288 Quadrat-Fläche.
dick $1\frac{1}{4}$
288
72
360 Inhalt des einen Wellzapfen-Blattes.
360 doppelt.
720 Inhalt beyder Wellzapfen-Blätter

Jeder Arm ist
breit 10 Zoll
dick 6 —
also ist 60 die Quadrat-Fläche der Arme.
84 Länge der Arme in dem Wasser- und Kammrade.
240
480
5040
720 von oben
Summe 5760 Inhalt der Wellzapfen und Armlöcher.

Den einen Arm rechnet man so lang, als die Welle dick ist, also 24 Zoll
Den zweyten wegen des Ueberschnitts 18 —
42 Zoll
doppelt 42 —
Länge der Arme für das Wasser- und Kammrad 84 Zoll

Durch 1728 zu Kubikfußen dividiret:

576
5760
1728
5184

$3\frac{576}{1728}$ oder kürzer $3\frac{1}{3}$ Kubikfuß beynahe.

Ferner:

Ferner:

Der kubische Inhalt der Welle war	182¼ Kubikfuß
Davon den Raum, welchen die Wellzapfen- und Armlöcher einnehmen	3¼ — —
Bleiben für den reinen Inhalt der Welle = =	179 Kubikfuß

Weil nun die Welle bis auf die Hälfte beständig naß ist, so können wir sie nicht als trocken Holz berechnen; sondern wir müssen das Gewicht zwischen trocknem und nassem Holze vergleichen, und denn mit der Summe den kubischen Inhalt der Welle multipliciren.

Ein Kubikfuß Eichenholz wiegt	32 ℔ 14 Lth
Ein — — nasses	35 — — —
	67 — 14 —
dividirt durch 2)	
Kommen zur mittlern Schwere der Welle = =	33 ℔ 23 Lth.

Nun nach der Regel Detri angesetzt:

1 Kubikfuß wiegt 33 ℔ 23 Lth — 179 Kubikf.

Kommen also für die Schwere der Welle bloß an Holz 6035 ℔ 12 Loth.

Nun wollen wir

b) das Eisenwerk an Zapfen und Bändern auch berechnen, um die ganze Schwere der Welle, welche auf ihren beyden Zapfen lieget, zu setzen. Da wir den Inhalt der Zapfenblätter aus a) schon wissen, so haben wir nur bloß nöthig, den cylindrischen Zapfen an jedem Blatte zu berechnen, und demnächst dasjenige für die Blätter hinzu zu fügen.

Der Diameter des Zapfens sey 3 Zoll
Die Länge — 4 Zoll.

Man suchet also aus der bekannten Proportion die Peripherie des Zapfens, was heraus kommt, wird entweder mit dem vierten Theile des Diametri multipliciret: Oder der vierte Theil der Peripherie wird mit dem ganzen Diametro multipliciret: Oder der halbe Diameter wird mit der halben Peripherie multipliciret. Ließe sich aber nichts halbiren oder in 4 Theile theilen; so wird der ganze Diameter mit der ganzen Peripherie multipliciret, was heraus kommt, durch 4 dividiret. Dieses gibt nach der ausführlichen Berechnung, welche ich hier indessen übergehe, in Cubik-Zollen:

$56\frac{16}{28}$ als den Inhalt beyder Zapfen.

Hierzu aus a) die Blätter 720

$776\frac{16}{28}$ oder $\frac{4}{7}$ Kubikzolle, als den Inhalt zweyer Blattzapfen.

Ein Kubikfuß gegossenes Eisen wiegt $381\frac{1}{2}$ Pf. also setzen wir:

1 Kubikfuß — $381\frac{1}{2}$ ℔ — $776\frac{4}{7}$ Kubikzoll

$381\frac{1}{2}$

296262

1728)

Ganze Schwere zweyer Blattzapfen 171 ℔ $14\frac{1}{3}$ Loth beynahe.

c) Da die abgerundeten Enden der Welle, wo die Bänder aufliegen, als Kegel (Conus) gestaltet sind; so haben auch die Bänder nicht einerley Maß.

Der größte Band ist 24 Zoll im Diameter
Der mittlere — 20 — — —
Der kleinste — 16 — — —
Die Breite der Bänder ist $2\frac{1}{4}$ Zoll
Die Dicke ——— $\frac{3}{8}$ —

Nun sucht man aus dem Diameter der Bänder die Peripherie nach den vorhergegebenen Formeln; hat man diese gefunden; so multipliciret man solche mit der Breite, und hiernächst mit der Dicke der Bänder. Dieses gibt, in Kubikzollen,

$159\frac{58}{224}$ als kubischen Inhalt dreyer Bänder.
$159\frac{58}{224}$ doppelt auf beyden Enden der Welle.

$318\frac{58}{112}$ als den Inhalt der 6 Wellenbänder.

Da

Da nun ein Kubikfuß geschmiedetes Eisen 472 Pfund wieget; so beträgt die ganze Schwere der 6 eisernen Bänder — 87 ℔ $4\frac{5}{7}$ Loth beynahe.

Nun können wir die eigentliche Schwere der Welle an Holz und Eisen, welche auf den Zapfen lieget, schon sehen. Es war

	℔	Lth
a) Die Welle bloß an Holz	6035 ℔	21 Lth
b) Die Schwere der Blattzapfen	171 —	$14\frac{1}{7}$ —
c) Die Schwere der 6 Bänder	87 —	$4\frac{5}{7}$ —
Summe der ganzen Schwere der Welle an Holz und Eisen, ohne das Räderwerk	6294 ℔	$8\frac{1}{11}$ Lth

d) Die Schwere des Wasserrades mit den Felgen, Schaufeln und Armen zu erforschen, ist eine der mühsamsten Berechnungen, die hierbey vorkommen. Wir wollen zu unserm Gegenstande ein böhmisches Rad erwählen, was 16 Fuß im Durchmesser ist, und damit den Anfang machen.

Zuerst müssen wir den kubischen Inhalt der Felgen ausmachen; Dieses geschieht, wenn durch zweymahlige Ansätze das Quadrat der Felgen gefunden und mit deren Dicke multipliciret wird.

$$
\begin{array}{r}
7 — 22 — 16 \\
22 \\
\hline
32 \\
32 \\
\hline
352 \\
\hline
7)\ \ 50\frac{2}{7}
\end{array}
$$

Umkreis der äußern Kante der Felgen.

Die Felgen sollen 1 Fuß 2 Zoll breit seyn; also wird der ganze Durchmesser des Rades 2 Fuß 4 Zoll kleiner als der vorhergehende

16′0″ Fuß
2′4″ abgezogen

bleiben 13′8″ Zoll für den kleinen Durchmesser des Rades.

Nun setze man:

7 — 22 — 13′8″

$$\begin{array}{r} 22 \\ \hline 276 \\ 276 \\ \hline 3036 \end{array}$$

7) 46 Fuß $3\frac{5}{7}$ Zoll, Umkreis der inneren Kante der Felgen.

Nun quadrire man erst den größten und hiernächst den kleinen Zirkel, und ziehe das Quadrat des kleineren von dem größeren ab, was überbleibt ist das Quadrat der Felgen. Das gibt als den Quadrat-Inhalt der beyden Felgenringe 103 □ Fuß und $68\frac{5}{7}$ □ Zoll.

Ein jeder Ring ist 3 Zoll dick; also sind 2 Ringe zusammmen genommen 6 Zoll dick, damit das Quadrat der Ringe multipliciret, gibt den kubischen Inhalt zweyer Ringe, beynahe $62\frac{1}{9}$ Kubikfuß.

c) Das Wasserrad ist nach dem vorhergehenden 16 Fuß im Durchmesser: Also ist der Umkreis $50\frac{2}{7}$ Fuß. Die Schaufeln sitzen alle auf 10 Zoll von einander, mithin haben wir 60 Schaufeln. Jede Schaufel ist 3 Fuß lang, 10 Zoll breit, $1\frac{1}{4}$ Zoll dick. Das gibt beynahe $20\frac{1}{4}$ Kubikfuß, als den Inhalt aller Schaufeln.

Die Arme sind lang 16 Fuß, und breit 10 Zoll, dick 6 Zoll. Das gibt beynahe

	$35\frac{1}{2}$	Kubikfuß, als den Inhalt beyder Arme. Hierzu
den Inhalt der Ringe d)	$62\frac{1}{9}$	
der Schaufeln e)	$20\frac{1}{4}$	
	$117\frac{31}{36}$	Kubikfuß, als den Inhalt des ganzen Wasserrades.
multipliciret mit	35	als so viel 1 Kubikfuß nasses Eichenholz, nach mecklenburgischem Maße und Gewichte, wieget.
Summe	4125 ℔	$5\frac{1}{3}$ Loth, als die Schwere des ganzen Wasserrades.

f) Wir gelangen nun zur Berechnung der Schwere des Kammrades. Ein Kammrad hat einen Ring von Spiegel- und einen Ring von Brust- oder Bügen-Felgen. Ersterer ist außen zirkelrund, inwendig aber geviert, letzterer wird bloß als ein Ring eines Wasserrades berechnet. Das Kammrad ist hoch 9 Fuß. Die Felgen sind 4 Zoll dick. Das gibt $63\frac{11}{28}$ Quadrat-Fuß, als den Inhalt des Zirkels.

Da aber inwendig eine Vierung vorhanden ist, so muß diese erst besonders berechnet, und demnächst von obiger Summe wieder abgezogen werden; was denn überbleibt, ist das eigentliche Quadrat der Spiegelfelgen. Jede Seite der inwendigen Vierung beträgt bey diesem Rade 5 Fuß 3 Zoll.

Das gibt	28	0 9	Quadrat-Fuß als den Inhalt der Vierung.
abgezogen von	63	$\frac{1}{2}$ $\frac{1}{8}$	
bleibt	35	4 7 $\frac{4}{7}$	Quadrat der Spiegelfelgen
		4″	Dicke der Felgen
das gibt also	121	1 90$\frac{2}{7}$	oder 14$\frac{1}{9}$ Kubikfuß, als Inhalt der Spiegelfelgen.

g) Der Inhalt der Brust- oder Bügenfelgen wird durch zwey Ansätze gefunden, gleich wie beym Wasserrade. Man rechnet erst das Quadrat des größten und hiernächst das Quadrat des kleinsten inwendigen Zirkels aus, und denn ziehet man das Quadrat des kleineren von dem Quadrate des größeren ab, was überbleibt, ist das Quadrat der Bügenfelgen; wird nun dieses mit der Dicke der Felgen multipliciret: so gibt das Produkt den kubischen Inhalt der Brust- oder Bügenfelgen. Die Auslochungen der Felgen zu den Kammlöchern des Rades werden, da dieses einen ganz unbedeutenden Abgang macht, indem die Zapfen der Kämme diese Löcher wieder füllen — übergangen. Gleicher Gestalt werden die Zapfen der Kämme, ob gleich Haynbüchenholz etwas mehr am Gewicht ausmacht, als ein gleicher Zapfen von Eichenholz wieget, nicht besonders in Berechnung genommen; weil diese Genauigkeit nur eine unnütze Arbeit seyn würde.

Der äußere Zirkel des Kammrades ist also 9 Fuß im Durchmesser. Der innere Zirkel wird aber nach Abzug der Breite der Felgen, auf jeder Seite des Durchmessers 10 Zoll kleiner, mithin 20 Zoll im Ganzen. Folglich bleiben für den inneren Durchmesser nur 7 Fuß 4 Zoll. Die Dicke der Felge ist 4 Zoll. Das gibt 11′ — 89″$\frac{2}{7}$ Quadr. d. Felgen, und diese nach der angegebenen Dicke

Dicke von 4 Zoll cubiret, beynahe $4\frac{1}{2}$ Kub. Fuß, als den Inhalt der Bügenfelgen.

h) Die Arme sind 9 Fuß lang, 10 Zoll breit, 6 Zoll dick. Das gibt beynahe $10\frac{1}{2}$ Kubikfuß, als den Inhalt zweyer Arme.

Die Kämme sind an der Zahl 64, nach der gewöhnlichen Theilung von $4\frac{1}{2}$ Zoll hat der Kamm zur Breite 3, zur Dicke $2\frac{1}{8}$, und zur Länge 3 Zoll. Das gibt 1224 Cubik-Zoll als den Inhalt aller Kammköpfe.

Durch Zusammensummirung aller Summen gelangen wir nun zu einem Gewichte, welches der Schwere des Kammrades gleich kommt. Wenn nähmlich das Zusammensummirte durch 32 Pf. 14 Loth multipliciret wird.

Es war oben:

f)	der Inhalt der Spiegelfelgen	— $14\frac{1}{9}$	Kubikfuß.
g)	— — der Bügenfelgen	— $4\frac{1}{2}$	— —
h)	— — der Arme	— $10\frac{1}{2}$	— —
	Inhalt des ganzen Kammrades, ohne die Kammköpfe	$29\frac{1}{9}$	Kubikfuß.

Da nun 1 Kubikfuß trocknes Eichenholz 32 ℔ 14 Loth wiegt, so wiegen diese $29\frac{1}{9}$ Kubikfuß 944 ℔ $9\frac{1}{3}$ Loth, als die Schwere des Rades an Eichenholz.

Ferner: 1 Kubikfuß Haynbüchenholz wiegt 49 ℔ 23 Loth; die obigen 1224 Kubikzoll wiegen also 35 ℔ 7 Loth, als die Schwere der 64 Kammköpfe.

Um nun endlich die ganze Last der Welle mit dem Wasser und Kammrade in einer Summe zu sehen; so müssen wir nun noch alle Schweren zusammen addiren. Es betrug oben:

die Last der Welle mit den Zäpfen und mit den Bändern — — —	6294 ℔	$8\frac{1}{2}$	Loth
des Wasserrades — — —	4125 —	$5\frac{1}{3}$	—
des Kammrades — — —	944 —	$9\frac{1}{3}$	—
der Kammköpfe — — —	35 —	7	—
Summe der ganzen Last —	11,398 ℔	$29\frac{5}{7}$	Loth

i) Nun haben wir noch den Mühlenstein, mit dem Mühleneisen und dem Getriebe zu berechnen; und wollen also nach der Ordnung beym Mühleneisen anfangen und mit dem Mühlensteine die Berechnung endigen.

Das Mühleneisen ist oben als eine abgeschnittene vierkantige Pyramide, in dem Halse als ein Cylinder, in der Mitte als ein viereckiges Prisma, und die untere Spitze als eine abgeschnittene runde Pyramide anzusehen und zu berechnen. Wir müssen also 4 Hauptansätze machen, wenn wir dieses Stück berechnen wollen.

1) Der Zapfen des Mühleneisens, worauf der Rhin sitzt, ist unten am Halse

lang	3	Zoll
breit	$2\frac{1}{2}$	—
	$7\frac{1}{2}$	Quadrat
	$8\frac{3}{4}$	ganze Höhe d. Pyram.
	$65\frac{5}{8}$	Drittel der Höhe
dividirt durch 3)	$22\frac{13}{24}$	Kubik-Inhalt des ganzen Zapfens.

Da nun aber der Zapfen oben stumpf ist; so muß die abgeschnittene Spitze erst berechnet und von obiger Summe wieder abgezogen werden.

Die Spitze ist unten lang $1\frac{1}{2}$ Zoll
breit 1 —

$1\frac{1}{2}$ Quadrat
$2\frac{1}{2}$ ganze Höhe

$3\frac{3}{4}$
dividirt durch 3) $1\frac{1}{4}$ kubischer Inhalt der abgeschnittenen obern Spitze
abgezogen von der ganzen Spitze $22\frac{3}{16}$

bleiben $21\frac{2}{16}$ als kubischer Inhalt des obern Rhinzapfens.

2) Der Hals des Mühleneisens ist 3 Zoll im Durchmesser und 17 Zoll lang. Das gibt $120\frac{3}{14}$ Cubikzoll als den Inhalt des Halses.

3) Der mittlere Theil, worauf das Getriebe sitzt, ist 3 Zoll in allen Kanten, und 18 Zoll lang. Das gibt 162 Kubikzoll als den Inhalt des mittlern Theils.

4) Der untere Theil ist wie eine abgeschnittene runde Pyramide zu betrachten, deren Durchmesser 3, und die verlängerte ganze Höhe $21\frac{1}{4}$ Zoll ist. Das abgeschnittene Stück ist 1 Zoll im Durchmesser und $7\frac{1}{4}$ hoch. Das gibt

$50\frac{32}{131}$ Inhalt der ganzen Spitze
abgezogen $1\frac{15}{168}$ abgeschnittene Stück.

beynahe $48\frac{1}{7}$ Kubikzoll, als den Inhalt der untern Spitze.

Nun können wir das Gewicht des Mühleneisens im ganzen ausmachen, wenn wir zuerst alle Produkte zusammen addiren, und die Summe zuletzt mit der Schwere des Eisens dividiren.

Es war:

1. der Inhalt des obern Zapfens	$21\frac{2}{16}$	Kubikzoll.
2. — —— des Halses	$120\frac{3}{14}$	——
3. — —— des mittlern Theils	162	——
4. — —— der Spitze	$48\frac{1}{7}$	——
Inhalt des ganzen Mühleneisens beyn.	$352\frac{1}{3}$	Kubikzoll.

Da nun 1 Kubikfuß geschmiedetes Eisen 472 ℔ wiegt, so geben $352\frac{1}{3}$ Kubikzoll, als Schwere des ganzen Mühleneisens beynahe $96\frac{1}{4}$ ℔.

Ferner:

Ferner

k) haben wir die Schwere des Getriebes an Holz und Eisenwerk zu berechnen. Dieses kleine Rad bestehet aus zwey Scheiben von Büchenholze, $2\frac{1}{4}$ Zoll dick und 15 Zoll im Durchmesser; Aus zwey eisernen Bändern, 15 Zoll im Durchmesser, $\frac{3}{8}$ Zoll dick und $2\frac{3}{4}$ Zoll breit; Aus 9 Stöcken, 16 Zoll lang, $2\frac{1}{2}$ Zoll im Durchmesser von Haynbüchenholze. Dieses gibt 972_{28} Kubikzoll als den Inhalt zweyer Scheiben, welche 25 ℔ und $30\frac{1}{2}$ Loth wiegen.

Die beyden eisernen Bänder haben nach den angegebenen Maßen $100\frac{53}{12}$ Kubikzoll Inhalt, und sind schwer 27 ℔ $13\frac{1}{8}$ Loth beynahe. Die 9 Stöcke betragen $707\frac{1}{5}$ Kubikzoll Inhalt und wiegen 20 ℔ $11\frac{1}{4}$ Loth beynahe.

Hierzu die Schwere der Scheiben	— 25	— $30\frac{1}{2}$	—
die Schwere der Bänder	27	— $13\frac{5}{8}$	—
Schwere des Getriebes	73 ℔	$23\frac{3}{8}$ Loth.	

l) Nun kommen wir endlich zur letzten Berechnung, nähmlich den Inhalt und die Schwere des Mühlensteins, des Rings und des Warzenrings zu finden.

1. Der Mühlenstein soll 5 Fuß 4 Zoll im Durchmesser halten und dabey 18 Zoll dick seyn; das gibt $57933\frac{1}{7}$ Kubikzoll Inhalt des Mühlensteins.

Ferner:

Das Loch durch den Mühlenstein ist 18 Zoll lang, und 8 Zoll im Durchmesser, und muß also von obigem Inhalte wieder abgezogen werden, weil der Stein oben in einem Stücke berechnet worden ist. Also:

	$905\frac{1}{7}$	als Inhalt des Steinlochs
abgezogen von	$57929\frac{1}{7}$	als dem Inhalt des vollen Mühlensteins,
bleiben	57024	für den wirklichen Inhalt des Steins.
1728)	―――――	
oder	33	Kubikfuß.

Setzen wir nun, daß 1 Kubikfuß Sandstein 110 ℔ wiegt, so geben diese 33 Kubikfuß 3630 ℔ als ganze Schwere des Mühlensteins.

2. Die gewöhnlichen Rihne sind mit zwey Schwalben-Schwänzen versehen, und im Ganzen 16 Zoll lang. Die Schwalben sind an der Schwalbung 5, und nahe am Zapfenloche $3\frac{1}{3}$ Zoll breit, und 4 Zoll lang. An der Schwalbung 1, und nahe am Zapfenloche 3 Zoll hoch. Der mittlere Theil, wo der Zapfen durchgehet, ist 3 Zoll hoch, 3 Zoll breit, 6 Zoll lang. Die Schwalben müßten eigentlich als abgeschnittene Pyramiden berechnet werden. Allein diese Genauigkeit ist hier von weiter keinem Nutzen. Der Inhalt

beyder Schwalben beträgt	$32\frac{1}{8}$	Kubikzoll
der mittlere Theil gibt	54	Kubikzoll Inhalt
Hiervon das Zapfenloch aus g)	$21\frac{9}{16}$	
bleiben	$32\frac{7}{16}$	für den Inhalt des mittlern Theils d. Rihns.
Hierzu v. oben d. Schwalben	$32\frac{2}{16}$	
also	$64\frac{9}{16}$	Inhalt des ganzen Rihns.

3. Der Warzenring ist 8 Zoll im Durchmesser, 1 Zoll breit, die Zähne ins Gleiche gebracht, so

so ist die Dicke 1 Zoll. Das gibt
$25\frac{1}{7}$ Kubikzoll als den Inhalt des Warzenringes.

Hierzu von oben den Inhalt des Rihns	$64\frac{9}{16}$
also zusammen	$89\frac{79}{112}$ Kubikzoll.

Wenn nun 1 Kubikfuß geschmiedetes Eisen 471 ℔ wiegt, so geben diese $89\frac{79}{112}$ Kubikzoll
24 ℔ 19 Loth als den Betrag des Rihns u. Warzenrings.

Hierzu die Schwere des Mühlensteins aus l)	3630	
gibt die Schwere des Mühlensteins mit d. Eisenwerke	3654 —	19 Loth
Noch hierzu		
die Schwere des Mühlensteins aus i 4)	96 —	8 —
die Schwere des Getriebes aus k 3)	73 —	$23\frac{3}{8}$ —
Summe der ganzen Schwere, welche auf der Spitze des Mühleneisens ruhet	3824 ℔	$18\frac{1}{8}$ Loth

Aus den bisherigen Berechnungen wissen wir nun, wie groß die Last der Wasserwelle mit dem Wasser- und Kammrade auf beyden Zapfen, nicht weniger wie groß die Last des Mühlensteins mit dem Getriebe und Eisenwerk auf der Spitze des Mühleneisens in der Pfanne sey. Es bliebe also nun noch übrig das Reiben der Wellzapfen auf ihren steinernen Lagern, das Reiben der Kämme und Stöcke an einander, das Reiben auf der Spitze

Spitze des Mühleneisens in der Pfanne, das Reiben des Mühleneisenhalses in dem Busch, und endlich das Reiben der Mühlensteine, wenn sie geschärft sind, und hartes Korn geschroten wird, als die möglichst größte, durch Erfahrungen ausgemachte Friction — zu berechnen.

Da die Wellzapfen auf steinernen Lagern ruhen und sich bewegen, so müßten wir nach dem obigen, S. 173. also ansetzen: 50 Pfund geben eine Friction von 6 Pfund und 2 Loth, was geben u. s. w. Da aber nur der inwendige Zapfen mit Fett, der äußere aber mit Wasser versehen zu werden pflegt, und Wasser eine stärkere Friction veranlasset, als Fett; so würde man nach diesem Ansatz eine etwas zu geringe Zahl für das Reiben herausbringen. Man kommt demnach der wirklichen Friction am nächsten, wenn man eine Vergleichung zwischen der Reibung mit Fett und zwischen der Reibung mit Wasser macht. Das heißt so viel: Man addire was 50 Pfund Eisen auf Stein, in Fett, und 50 Pfund Eisen auf Stein, in Wasser, für eine Summe bringe, dividire diese Summe durch 2: so hat man eine mittlere Zahl für das Reiben gefunden, welche um 2 Pfunden und 16½ Loth höher heran wächst, als obiges Gewicht war. Um allen Irrthum zu vermeiden, ist zu bemerken: daß man bey Berechnung der Friction, oder des Reibens, nicht auf die Größe der Fläche, worauf sich ein paar Körper reiben, sondern auf die Stärke des Drucks, oder Größe der Last, sehen müsse; nicht die Friction wird durch Verminderung der Flächen geringer, sondern nur das Moment. Gedenket man sich irgend eine Last, welche auf einer quadratzölligen Fläche ruhete oder beweget werden sollte, so würde zwar Last, Last bleiben, dagegen aber, weil die ganze Last auf einer kleinen Fläche zusammen gebracht worden, tiefer eindrücken; darum, weil sie nur einen kleinen Raum auf der untergelegten Fläche einnimmt. Im Gegentheil aber kann eine gleiche Last auf einer größeren Fläche nicht so tief in die Unterlage eindrücken, weil die Last auf einer größern Fläche verbreitet ist. Mithin können beyde gleich schwere Lasten, welche dabey auf verschiedenen Flächen ruhen, mit gleichen Gewichten aus ihren Berührungspunkten fortbeweget werden.

Nach diesem eben angeführten Satze müssen wir also erst die Reibung des Eisens auf Stein mit Fett, und die Reibung des Eisens auf Stein mit Wasser, zusammen addiren. Also:

50 ℔ gegossenes Eisen geben eine Friction mit Fett	6 ℔ 24 Loth
50 ℔ gegossenes Eisen geben eine Friction mit Wasser	10 — 13 —
	17 ℔ 5 Loth
durch 2)	
Mittlere Zahl für das Reiben	8 ℔ $18\frac{1}{2}$ Lth.

Die Wasserwelle wog mit den Rädern nach S. 186. im Ganzen 11,398 Pfund $29\frac{5}{7}$ Loth. Also setzen wir nach der Regel-Detri:

50 ℔ geben 8 ℔ $18\frac{1}{2}$ Loth, was 11398 ℔ $29\frac{5}{7}$ L.?

Reibung der Wellzapfen auf ihren steinernen Lagern 1955 ℔ $20\frac{1}{15}$ Loth beynahe.

Ferner:

50 ℔ Stahl auf Stahl geben 5 ℔ Frict. 3824 ℔ $18\frac{7}{8}$ L.
32

1600 Loth

Reibung auf der Spitze des Mühleneisens 382 ℔ 15 Loth beynahe.

Die Reibung der Mühlensteine bey voller Einkörnung, wenn geschroten wird, und die Reibung des Mühleneisenhalses in dem Busch, läßt sich aus obigen Formeln gar nicht bestimmen; Es wäre denn, daß man sich einer höhern Rechnungsart bedienen könnte. Folgender Vorschlag wird hier Auskunft geben, und ohne Zweifel der kürzeste Weg seyn, durch einen Versuch obige Reibungen heraus zu bringen: Man lasse, wenn Stöcke und Zähne noch neu und unabgeschliffen sind, der Busch gespielt ist, die Steine neu und geschärft sind, und hartes Korn geschroten wird, und die Mühle mitten in der Einkörnung zugesetzt wird — einige Kämme aus dem Kammrade heraus nehmen, umwinde das Mühleneisen oder das Getriebe mit einem Seile, führe es über eine Rolle, am Ende des Seils befestige man eine Wagschale, und lege nach und nach so viel Gewichte ein, daß der Mühlenstein sich zu bewegen oder herum zu gehen anfängt. Von dem eingelegten Gewichte ziehe man obige 382 Pfund 15 Loth ab; so bleibt der Rest für die Reibung der Mühlensteine, und für die Reibung des Mühleneisenhalses in den Busch übrig. Wollte man aber die Reibung des Mühleneisenhalses in dem Busch, besonders noch erfahren: so werfe man den Läuferstein ab, und wiederhohle den Versuch nochmahls. Von diesem Gewichte muß aber die Reibung, welche das Mühleneisen und das Getriebe durch ihre eigene Schwere veranlassen, noch abgezogen werden; was denn überbleibt, ist die Reibung des Halses in dem Busche. Diesen letztern Satz braucht man eigentlich gar nicht zu wissen, genug wenn man weiß, wie viel die Reibung der Mühlensteine im Ganzen ausmacht. Man hat sich aber zu hüten, daß man diese Reibungen nicht mit einander verwirre, denn die Reibung der Mühlensteine und die Reibung des Mühleneisens in der Pfanne und in dem Busch, sind besondere Dinge. Die erstere Reibung rühret von dem Getreide her, welches geschroten wird; die andere Reibung von der Schwere des Mühlensteins, Getriebe und Eisenwerk; die dritte Reibung aber von dem starken Anspielen des Busches an den Hals des Mühleneisens. Durch angestellte und vorbeschriebene Versuche hat Behrens demnach gefunden, daß die Mühlensteine bey voller Einkörnung, wenn geschroten wird, die Steine scharf gemacht sind, und der Busch gespielt ist, mit Inbegriff dieser Reibung, eine Reibung von 1507 Pfunden, wenn das Seil um das Mühleneisen gewunden wird, veranlassen; hierin ist auch noch die Reibung begriffen, welche durch die eigne Schwere des Steins und des Mühleneisens in der Pfanne veranlaßt wird.

Aus der Mechanik wissen wir, daß durch den Hebel eine Last, an einer Welle, so viel Mahl leichter überwunden werden kann, als des Zapfens oder der Wellen Halbmesser (Semidiameter) in der Länge des Hebels enthalten ist. Der Umkreis der Mühlenwellenzapfen bedeutet den Raum der zu bewegenden Last, und der Umkreis den die Arme des Rades um die Wellen beschreiben, den Raum der Kraft. Wird nun des Zapfens Halbmesser in den Halbmesser der Hebel, oder Arme des Rades, dividiret: so bekommt man das Verhältniß zu wissen, in welcher die Kraft mit der Last stehet. Diesen Hebel nennt man in der Mechanik einen einarmigen, einseitigen, oder einen Hebel von der andern Art (vectis homodromus).

Nach den vorhergehenden Regeln wollen wir nun das Gleichgewicht, oder die todte Kraft, welche an der Peripherie des Wasserrades appliciret werden

den muß, für das ganze Mühlenwerk finden. Der Halbmesser des Getriebes Theilzirkel ist 6 Zoll, des Mühleneisens Spitze $\frac{3}{4}$ Zoll, des Kammrades Theilzirkel 4 Fuß 6 Zoll, des Wasserrades 8 Fuß 6 Zoll, und des Zapfens Halbmesser $1\frac{1}{2}$ Zoll. Wir setzen also:

$$6 - \frac{3}{4} - 1507$$
$$\frac{3}{4}$$
$$1130$$
$$6)\ \overline{}\quad 188\frac{1}{4}\ ℔.$$

Dieses Gewicht würde, wenn es an der Peripherie des Getriebes appliciret würde, obige Friction ins Gleichgewicht halten. Nun müssen wir sehen, was dieses Gewicht für eine Reibung an den Kämmen und Stöcken verursacht, welches zu 241 Pfunden wieder addiret werden muß. Die Brüche sind entweder zu einem Ganzen gemacht, oder auch ganz weggelassen, weil sie nichts erhebliches ausmachen.

50 ℔ geben — $15\frac{5}{16}$ ℔ — $188\frac{1}{4}$ ℔
$15\frac{5}{16}$
2941
50) ——
59 ℔ beynahe, als die Friction der Kämme und Stöcke.

Hierzu von oben $188\frac{1}{4}$

Gewicht, welches an die Peripherie des Kammrades gelegt werden müßte, um das Gleichgewicht von 1507 Pfunden zu erhalten $247\frac{1}{4}$ ℔

Die Friction der Wasserwelle betrug nach obiger Berechnung 1955 Pfund, der Zapfens Halbmesser verhielte sich zu dem Halbmesser des Wasserrades, wie $1\frac{1}{2}$ zu 102; Also setzen wir, um das Gleichgewicht, welches an die Peripherie des Wasserrades geleget werden müßte, die Last der Welle allein zu erhalten.

$102 - 1\frac{1}{2} - 1955$

$1\frac{1}{2}$

1955

$977\frac{1}{2}$

2932

$102)$ 29 ℔ als das Gleichgewicht für die Schwere der Welle

Ferner: Hierzu $247\frac{1}{4}$

$102 - 54 - 276\frac{1}{4}$

54

1104

1380

$13\frac{1}{2}$

$14917\frac{1}{2}$

$102)$

Summe $146\frac{1}{4}$ ℔ beynahe, als die todte oder erhaltende Kraft an der Peripherie des Wasserrades für das ganze Mühlenwerk.

Diese Berechnung stimmt mit der Erfahrung und öfters angestellten Versuchen genau genug überein, und man kann diese Formeln so gebrauchen, wie sie in dem vorhergehenden aufgeführet sind.

Nun haben wir noch die lebendige Kraft zu suchen, wenn das Mühlenwerk die gehörige Schnelligkeit haben und die bestmöglichste Wirkung thun soll. Parent, ein Mitglied der Pariser Akademie, hat vor ungefähr 100 Jahren den Lehrsatz erfunden, daß sich die lebendige zur todten Kraft verhalten müsse, wie 9 zu 4, wenn das Rad die bestmöglichste Wirkung haben solle.

Also nehmen wir, nach diesen Voraussetzungen:

$$
\begin{array}{rr}
4 - 9 - & 146\frac{1}{4} \\
 & 9 \\
\hline
 & 1314 \\
 & 2\frac{1}{4} \\
\hline
4) & 1316\frac{1}{4} \\
\hline
\text{Summe} & 329\frac{1}{16}
\end{array}
$$

℔, welche an die Peripherie des Wasserrades gelegt werden müssen, wenn das Werk die gehörige Schnelligkeit haben soll.

Wie groß die Schüttöffnung nun seyn muß, um so viel Wasser auf die Schaufeln des Rades stürzen zu lassen, daß der Stoß des Wassers obigen $329\frac{1}{16}$ Pfund gleich komme, dieses findet man aus der Tabelle und den darauf folgenden Sätzen oben, S. 119 und fl. Alle Mühlenwerke, ohne Ausnahme, sie haben Vorgelege oder nicht, haben Böhmische oder Straubräder, lassen sich insgesammt nach rückgedachten Formeln berechnen; desgleichen auch alle Stampf- und Hammermühlen, wenn vorher die Schwere der Stampfen, oder Hammer, und die daraus entstehende Friction an den Hebedaumen berechnet worden. Ein ziemlich merklicher Unterschied wird sich aber finden zwischen einer Mühle, die ein Böhmisches und einer andern, die ein Straubrad hat: letzteres wird bey abgeschliffenem Zeuge, worunter der obere Mühlenstein mit gehöret, auf 20 Pfund leichter gehen. Die Friction ist übrigens bey Mühlen gar zu ungleich; will man die größte Friction herausbringen, und die dazu gehörige Kraft berechnen: so muß man es so machen, wie es hier geschehen ist, dann fährt man sicher.

D. Vom Grundwerke oder Gerinne der Wassermühlen.

Nachdem wir in den vorhergehenden Abschnitten uns mit der **Untersuchung des Gefalles**, mit der Berechnung der **Geschwindigkeit des herbeyfließenden Wassers** mit der **Quantität und Wirkung** desselben, so wie mit den Hindernissen, welche die **Friction** verursacht, beschäfftigt haben, so wenden wir uns zu dem Baue der Mühlen selbst, und wir werden erst die **unterschlächtigen**, alsdenn die **oberschlächtigen** Mühlen betrachten.

Das erste und vornehmste Stück, was bey dem Baue der unterschlächtigen Mühlen vorkommt, ist das **Grundwerk**, oder **Gerinne**, an dessen guter Einrichtung sehr viel gelegen ist, damit das Wasserrad einen raschen Lauf erhält, welcher das Leben desselben ist. Ein Gerinne hat, nach der bisher üblichen besten Einrichtung, wobey einige neuere Verbesserungen, besonders durch den Herrn Bergrath Eiselen, noch unberührt bleiben, drey Haupttheile, (Figur 5559 und 5560) den **Fachbaum**, A, mit dem darauf stehenden **Grieswerke**, das **Obergerinne**, B, welches auch der **Heerd**, und die **Arche**, genannt wird, das **Untergerinne**, D, wo das Wasser auf die darin hangenden Räder schließt.

Der **Heerd** wird, wie es Stieglitz in seiner Encyklopädie der bürgerlichen Baukunst *) zeigt, und mit angemessenen Figuren, welche sich hier von ihm entlehne, erläutert, folgendermaßen erbaut. Erstlich werden zu Legung des **Fachbaums**, 4 Ellen weit von einander, 12 Zoll star-ke

*) 3ter Theil, S. 704 ff.

ke Pfähle, a Fig. 5561, doppelt nach der Linie, wie man den Fachbaum legen will, eingestossen. Bisweilen stößt man hier auch nur einfache Pfähle ein, die aber sehr stark seyn müssen. Ihre Stärke muß 16 bis 18 Zoll betragen; setzt man aber zwey Pfähle neben einander, so braucht jeder nur 10 bis 12 Zoll stark zu seyn. An diese Pfähle werden alsdenn Zapfen geschnitten, welche genau so eingerichtet seyn müssen, daß der Fachbaum c mit seiner Oberfläche auf erwähnte Pfähle einen Zoll höher zu liegen kommt, als die Höhe des **Mahlpfahls** b, Fig. 5559 und 5560, beträgt. Diese zollige Erhöhung des Fachbaums heißt der **Erb**- oder **Zehrzoll**. Ferner werden zwischen die **Pfähle** a vier andere d, Fig. 5561, eingeschlagen, und zwar so, daß sie mit den Pfählen a rechte Winkel machen. Alle diese und die im Folgenden erwähnten Pfähle müssen so lang seyn, als es die Festigkeit des Bodens verlangt, und sie werden so tief eingerammet, bis sie nicht mehr rücken. Auf diese Pfähle d werden die **Jochstücke** e, welche 12 bis 16 Zoll stark seyn können, solchergestalt eingezapft, daß sie mit ihrer Unterfläche 6 oder 8 Zoll tiefer, als die Achseln der Pfähle a zu liegen kommen, und dieses geschieht deswegen, damit man bey f einen 6 oder 8 Zoll tiefen Einschnitt, nach der Breite des Fachbaums, wie die punktirten Linien g zeigen, machen kann, unten aber noch 8 Zoll Holzstärke übrig bleibe, wie man bey h, Fig. 5560, bey dem Jochstücke e sieht. Durch diese 6 oder 8 zollige Holzstärke, oder Platte, geht der Zapfen i, Fig. 5561, 6 Zoll durch, damit er sogleich in den Fachbaum mit eingelocht werden kann. Wenn nun dieses alles verrichtet ist, so kann man die Weite der Pfähle genau abmessen, und auf der untern Fläche des Fachbaums c die Löcher nach der Breite und Stärke der Zapfen einschlagen, dann den Fachbaum in die Einschnitte f der Jochstücke e einlegen, in welchen er dem Drucke des Wassers Widerstand zu leisten vermögend genug seyn wird. Ferner müssen oberhalb des Fachbaums e, Figur 5559, 5560, vier Reihen **Pfähle** gestoßen werden, von denen jeder, sowohl der Länge als Breite nach 2 Ellen von dem andern abstehen muß, wie auf den beyden Schwellen l m durch die punktirten Linien gezeigt wird. Die Stärke dieser Pfähle ist gemeiniglich 8 Zoll. Es müssen auch diese Pfähle also verschnitten und geächselt werden, daß die zunächst am Fachbaume liegende Schwelle n 9 Zoll niedriger als der Fachbaum zu liegen komme, die andere o wieder 9 Zoll niedriger als n, und also die vierte m, oder die äußerste Herdschwelle, wenn sie um 9 Zoll tiefer, als die dritte l, gelegt ist, genau $1\frac{1}{2}$ Elle gesenkter, als der Fachbaum c, zu liegen komme. Dieses geschieht deswegen, damit der Herd desto besser mit Sande verschüttet oder verschlämmt werden könne, und man das Unterwaschen und Durchbrechen desto weniger zu befürchten habe.

Wenn nun der Fachbaum nebst den Herdschwellen in richtige Lage gebracht ist, so werden vor demselben die gespündeten Pfähle p Fig. 5559, welche man Herd- oder Spundpfähle nennt, bis auf eine Strecke in beyde Ufer hineingeschlagen, um die Erde fest zu halten, damit sie nicht durchbrechen könne, und dieses geschieht auch vor der äußersten Herdschwelle m, wo der Druck des Wassers am stärksten ist. Diese Herdpfähle können 4 bis 6 Zoll stark, 12 bis 14 Zoll breit seyn, ihre Länge aber wird durch die Festigkeit des Grundes bestimmt. Man hält auch für dienlich, diese Herdpfähle nach einer Seite anzuspitzen, wie bey g, Figur 5562, zu sehen ist. Bisweilen werden sie aber auch auf beyden Seiten angespitzt.

Auf den Fachbaum c kommt das **Grieswerk** A, Fig. 5560, und r t, Fig. 5562, zu stehn. Die **Griessäulen** r sind nach Proportion des Werkes und des Fachbaums 16 bis 20 Zoll stark. Sie stehen vor den **Widebänken** s Fig. 5559, 5560, und haben die Weite der Gerinne. Oben sind sie mit den **Spannrahmen** t, Fig. 5562, bedeckt, und unten mit Falzen versehn, damit die **Schutzbreter** u dazwischen eingesetzt werden können. Wo die Griessäulen zu weit von einander stehn, daß die Schutzbreter zu lang und ungangbar würden, da setzt man dazwischen andere **Säulen** v, und verbindet sie mit den Griessäulen r durch Spannriegel w. Diese Säulen v werden 6 bis 8 Zoll stark gemacht, und **Setzpfosten** genannt. Die Schutzbreter u, die vermöge der Mühlenordnung in gewisser und genauer Höhe gehalten werden müssen, sind nur mit schlechten **Schutzschenkeln** x versehen, und können also leicht aus den Falzen gerückt und heraus genommen werden.

Vor die zwey äußersten zwey Griessäulen werden nach den Linien y r, Figur 5559, zu jeder Seite des Ufers fünf 10 bis 11 Zoll starke Pfähle eingeschlagen, z Figur 5560, über welche nachgehends die **Plattstücke**, α, hingelegt, und bey r in die Griessäulen eingezapft werden, um die Wände des Herdes oder die sogenannten **Lehrwände**, β zu formiren. Endlich wird der ganze Herd mit guter lettiger Erde beschüttet, und den Schwellen gleich eben wohl ausgestoßen, auch mit starken wohlgefügten Pfosten, γ belegt. Die Lehrwände, β, werden ebenfalls, an den inwendigen und auswendigen Seiten der Pfähle mit solchen Pfosten beschlagen, zwischen denselben aber dennoch mit

Lehm oder Thon ausgerammet. Auf diese Art ist der Heerd, oder der obere Theil des Grundwerks fertig.

Der Heerd darf niemahls parallele Wände haben, sondern muß das Wasser nach dem Fachbaume keilförmig leiten. Denn da der Abfluß durch den Schutz ungleich schneller fortschießet, als das Wasser in das Gerinne eintritt, so dehnet sich das Gefälle in den parallelen Herden aus, zumahl wenn sie von beträchtlicher Länge sind, verliehrt den Wasserstand vor dem Schutze und zugleich den Druck, wovon doch lediglich der rasche Einsturz in das Rad abhängt. Eine solche Mühle kann auch nicht einmahl bey Ueberschwemmungen mit vollem Herde mahlen. Je länger nun das Gerinne des Heerdes ist, und je mehr das Rad Wasser bedarf, desto weiter muß es sich gegen den Einfluß zu ausbreiten. In großen Ströhmen lassen sich dergleichen Heerde nicht anlegen, sondern man führt Dämme, nach einer keilförmigen Richtung, so weit in den Strohm herauf, bis sie so viel Wasser spannen, als zum Betrieb der Wasserräder erforderlich ist.

Hierbey ist noch zu erinnern, daß, wenn das Erdreich, an dem Orte, wo man eine Mühle bauet, sehr hart und fest ist, man nicht allemahl die Fachbäume und Herde, auf die angezeigte Art, so sehr zu befestigen nöthig hat. Findet sich guter fester Grund, wo man nicht so leicht einen Durchbruch zu befürchten hätte, so kann man den Fachbaum, ohne alles Bedenken, nur auf etliche Pfähle legen, und mit schwachen Herdpfählen, die nur glatt gefüget sind, verstoßen, und den Herd mit Moß und Steinen auspflastern. An kleinen Bächen, wo Straubermühlen befindlich sind, pflegt man vor die Fachbäume derselben nur drey oder vier gefügte und gespündete Pfosten quer auf einander zu setzen, und an die Pfähle der Fachbäume anzunageln, welche alsdenn mit Thon verrammelt, und die Heerde davor mit Steinen ausgepflastert werden. Dieses ist bey kleinen Bächen genugsame Befestigung.

Wir werden uns nun zu dem **Gerinne** C, Figur 5559, 5560 oder dem untern Theile des Grundwerkes. Man hat vorzüglich zweyerley Gerinne, das **Mahlgerinne**, und das **Wüstegerinne**. Die Mahlgerinne bekommen ihren Nahmen von der Art des Zeuges, wie die Mühle erbaut ist, und man hat daher Stabergerinne, Straubergerinne, Panstergerinne. In der Figur 5559 und 5560 ist ein Panstergerinne und ein wüstes Gerinne vorgestellt. So weit nun ein solches Gerinne werden soll, so weit werden die davor stehenden Griessäulen r, aus einander gesetzt. Hinter denselben werden 10 bis 12 Zoll starke **Pfähle** D Figur 5560, in der Weite von 2 Ellen 16 Zoll nach den Linien s Figur 5559, eingestoßen; auf diese Pfähle werden die Plattstücken, F F oder die sogenannten **Weydebänke**, aufgelegt, und in die Griessäulen eingezapft. Die **Bodenschwellen** werden durchgehends auf zwey Pfähle gelegt, wie in der Figur 5559, bey G mit punktirten Linien angegeben ist. Was ihre Eintheilung anbetrifft, so ist vorzüglich auf die **Kreuzschwelle**, H und die **Kropfschwelle**, I zu sehn, damit die **Kröpfung oder Inclination des Gerinnes** gehörig beobachtet werde. Wie diese Kröpfung gehörig angelegt werden muß, werden wir weiter unten mit mehrerem sehen. Die übrigen **Schwellen**, L können in der Weite von 2 Ellen nach einander folgen, und endlich werden die Pfähle und Schwellen mit den **Pfosten M** beschlagen, so ist das Gerinne fertig.

Ferner werden vor die Kreutzschwellen H an die Seite der andern Weydebank, drey oder vier **Pfähle** N eingestoßen, wie in der Figur 5560 mit punktirten Linien angegeben ist, und zwar so, daß, wenn die Schwellen P darauf gelegt werden, zwischen denselben und der Weydebank S 3 Figur 5559, $\frac{2}{2}$ bis $\frac{3}{4}$ Elle Raum bleibt. Auf diese Schwellen setzt man die Zieherker, oder Gatterscheiden Q Figur 5559, 5560 damit die Pansterwellen, sammt ihren Wasserrädern, durch Hülfe der Ausziehegatter R und des dazu bereiteten Ziehzeuges, aufgezogen werden können. Hinter die zwey übrigen Griessäulen, muß man, so wie bey den erstern, nach den Linien s T Figur 5559, in der Weite von 2 Ellen 16 Zoll, Pfähle D Figur 5560, einstoßen; auf diese kommen die Weydebänke s T oder E F zu liegen, welche dann das wüste Gerinne einschließen. Die zum Boden dieses Gerinnes nöthigen Schwellen werden durchgehends auf zwey Pfähle G Figur 5559, aufgelegt, und zwar 2 Ellen aus einander, und so, daß sie, vom Fachbaum an, immer niedriger zu liegen kommen, bis die letzte Schwelle dem Fluß, wohin das Gerinne sich ausgießt, gleich komme. Die wüsten Gerinne dienen dazu, daß man bey Eisfahrten und großen Wassern, die Schutzbreter aufziehn, und dem Eis und Wasser Luft machen kann, daß es hierdurch seinen Lauf nehme. Zuletzt ist noch zu erinnern, daß man bey r Figur 5559, nach den punktirten Linien die **Eisbrücken** legt, welche, zur Winterszeit, zu Abeisung der Wasserräder sehr nöthig sind, und bey 2 die **Schutzbrücke**, um den Schutz aufziehn zu können, so wie bey 4 die **Eispfähle**.

Auf

Auf diese Art ist das ganze Grundwerk einer Panstermühle fertig.

Die **Staber- und Straubergerinne** werden von dem **Panstergerinne** durch die Weite und durch die Legung der Wellen unterschieden. Die Panstergerinne werden aufs höchste 7 Ellen, aufs wenigste 4 Ellen weit, ein Stabergerinne aber selten über $2\frac{1}{2}$ Elle oder unter $1\frac{3}{4}$ Elle breit gemacht. Die Straubergerinne sind gemeiniglich $1\frac{1}{2}$ Elle weit. Was die Legung der Wellen anbetrifft, so sind bey einem Panstergerinne die Lagen der Wellen veränderlich und können in den Gatterscheiden Q, Fig. 5560, vermittelst des Ziehgatters R und des Ziehzeuges aufgezogen werden, dahingegen die Wellen bey einem Staber- oder Straubergerinne unveränderlich liegen bleiben, und anstatt der Gatterscheiden Q nur auf ein paar über das wüste Gerinne gestreckte Hölzer und auf das Angewäge oder Angeweihe, welches auf diesen Hölzern liegt, a Fig. 5563, 5564 aufgelegt sind. Uebrigens hat das Straubergerinne noch das eigne, daß die Kröpfung desselben nach der Rundung des Strauberrades geführt wird, da die Kröpfung bey dem Staber- und Panstergerinne nur ganz flach liegt *).

Noch ist bey den Gerinnen überhaupt anzumerken, daß zu beyden Seiten zwischen den Weydebänken und dem Wasserrade 12 bis 14 Zoll Raum bleiben muß, s Fig. 5559, damit im Winter die Wasserräder nicht so leicht anfrieren können. Unten aber auf dem Boden des Gerinnes werden diese Räume durch die sogenannten **Wasserbänke** x, Fig. 5565, ausgefüllt, aber doch so, daß

*) Beyer, Mühlenschauplatz, Th. I. S. 54. §. 1.

daß zwischen dem Rade und den Wasserbänken $1\frac{1}{2}$ Zoll Raum bleibe, damit das Wasser nicht vergeblich neben den Rädern hindurch fließe. Bey dem Staber- und Straubergerinne kann für diesen Raum s nur 6 bis 8 Zoll gelassen werden, wornach auch die Wasserbänke einzurichten sind. Die Wasserbänke werden so hoch gemacht, als das Wasser in den Gerinnen seinen Lauf hat. Was Eiselen hitrüber sagt, sehe man weiter unten.

Beschreibung eines Mühlengrundwerkes mit massiven Seitenwänden *).

Den Pfahl- oder Pilottenriß eines massiven Mühlengrundwerkes sieht man Fig. 5566. Die Pfähle a a sind die Trachtpfähle des Vorschosses; b die vorliegende Spundwand; c die Trachtpfähle des Grundbaums; d die Hauptspundwand vor dem Grundbaume; e Trachtpfähle des Herdes; f Pfähle zu den Frey- und Mahlgerinnen; g die Pfähle zur Anlage des Kropfes.

Der Zimmermeister schlägt erst die Pfähle c zur Tracht des Grundbaums, welche 18, auch wohl nach der Lage 24 Zoll höher stehen, als die Pfähle a, ein. Hiernächst die Pfähle a und e zur Tracht der Zwischenbalken, kappet darauf die Pfähle zum Grund-, Herd- und Vorlagebaume, legt die gefalzten Balken darauf, und rammt die Spundwände b und d ein, kappet sie nach der Schnur mit den Falzen in einer Linie. Hierbey ist einem sehr schädlichen Hülfsmittel zu begegnen, wodurch die Zimmerleute die Arbeit nur zu beschleunigen suchen, und welcher fast durchgängig gemein geworden ist. Sie haben nähmlich die Gewohnheit, die Spundpfähle mit einer Axt zu kappen, wodurch der

*) S. Behrens praktische Mühlenbaukunst. S. 154 ff.

der Kopf des Pfahls zersplittert, und niemahls die Schnur beobachtet wird. Hieraus entsteht die schädliche Folge, daß der Pfahl von oben zu geschwinder einfaulet, die Bohlen niemahls fest und dicht darauf zu liegen kommen, und unaufhörliche Lecken erfolgen. Nach der Regel soll dieses Verfahren gar nicht gebilliget werden, vielmehr sollen die Spundpfähle nach der Schnur den Falzen gleich, mit einer scharfen Säge abgeschnitten, und dann mit einem Hobel geebnet werden, damit die Deckbohlen auf das genaueste darauf verdichtet werden können. Es ist freylich diese Arbeit für den Zimmermeister etwas mühsamer; allein er lasse es sich nicht verdrießen, lieber etwas mehr Mühe zu übernehmen, um es nur gut zu machen, als wenigere Arbeit zu haben, und ein undichtes Werk zu liefern. Alle Spundwände, welche durch eine Nuthe in den Grundbaum gedeckt werden, sind nichts nütze, weil man nicht ankommen kann, sie gehörig zu verdichten; und da diese Arbeit äußerst mühsam ist: so wird sie von den Zimmerleuten gar zu leicht vernachlässiget, mithin ist sie verwerflich.

Was die steinernen Seitenwände anlanget, so sind dazu die gehauenen Bruch- oder Feldsteine die besten. Aber diese sind sehr theuer. Man muß sich also mit den gesprengten Feldsteinen behelfen, welche auch ein wasserdichtes Mauerwerk geben, wenn nur andere gute Materialien und Kosten nicht geschonet werden. Die Mauer oder Ziegelsteine sind im Wasser nicht tauglich, weil sie durch den Frost mürbe gemacht werden und zerfallen.

Der Steinsprenger sucht sich zu diesem Zwecke die härtesten und festesten Feldsteine oder Granittrümmer aus, welche schwarzgrau aussehen, wie man solche unter andern in Mecklenburg zum Theil sehr häufig findet, — die rothen aus grobem Kies zusam-

zusammen gesetzten sind die schlechtesten, weil sie der Schuß in Graus zerschlägt und sehr mürbe sind, — umgräbt sie so tief, daß sie nur wenig Lager behalten; hierauf sucht er die Adern des Steins auf, worin er gerade hinein bohrt. Die Bohrlöcher in großen Steinen müssen nicht unter 10 Zoll gebohret werden, weil die Ladung sonst nur kleine Stücke abschlägt, welche nicht zu gebrauchen sind, und das Lohn dadurch nur zum Nachtheil der Baukasse erhöhet wird.

Was die übrigen Mauer-Materialien anlanget, so ist es gar so gleichgültig nicht, was man für einen Kalk und für einen Sand zum Mauerwerk nehme. Eine gute Auswahl ist daher so nützlich als nöthig. Der Kalk muß von der Güte seyn, daß man versichert seyn kann, er stehe im Wasser. So bald der Kalk aus dem Brennofen kommt, muß er gleich frisch mit vielem Wasser in einer Kuhle oder Behältniß gelöschet und stark gerühret werden, damit er im Löschen nicht verbrenne. Der Kalk, welcher sich schon von selbst in der Tonne gelöschet hat, tauget gar nichts mehr, und muß man diesen ja nicht mit dem guten vermengen, damit er den übrigen nicht auch verderbe. Zu einem wasserfesten Mauerwerke hat man auch noch Holländischen Traß, und wenn man es haben kann, auch Puzzolane nöthig, wie es im Art. **Mörtel**, im 94sten Theile der Encyklopädie beschrieben ist.

Da auf die Mischung des Kalks und Bearbeitung desselben gar vieles ankommt, welches von einigen doch gar zu sehr vernachlässiget wird; so wird es nöthig seyn, hiervon noch etwas zu sagen.

Die Mischung des Kalks zum Mauern ist nach des Herrn Behrens Vorschlage:

5 Theile

5 Theile scharfen gereinigten Sand;
2 Theile Kalk;
$\frac{1}{3}$ Theil gestoßenen Hammerschlag;
$\frac{1}{3}$ Theil des gestoßenen Ziegelmehls.

Diese Theile werden zusammen gesetzet, und so lange geschlagen, bis daß man keine weiße Klumpen mehr bemerken kann, und es recht zähe geworden ist.

Mischung des Kalks zum Ausfugen:

6 Theile scharfen Sand;
12 Theile Tarraße;
9 Theile ungelöschten Kalk;
3 Theile gestoßenen Hammerschlag.

Diese Mischung geschiehet folgendermaßen: Man machet in dem Schlagkasten einen Kreis von 12 Theilen Tarraße, darauf schüttet man 6 Theile Sand und 3 Theile Hammerschlag; den inneren Raum füllet man mit 9 Theilen klein geschlagenen Stücken ungelöschten Kalk aus. Hierauf wird Wasser auf den Kalk gegossen, und mit Rührstangen so lange umgerühret, bis er sich völlig gelöscht hat; In diesen heißen Kalk wird das übrige gemenget, und die Masse wenigstens einige Stunden lang durch einander gearbeitet; denn ist er zum Gebrauche fertig. Man muß aber nicht mehr einmengen, als gerade verbraucht wird, weil er gleich bindet, und sonst zu steif wird. Das anhaltende Schlagen und Bearbeiten macht vorzüglich den Mörtel fest, deswegen muß man den Kalkschlägern wohl auf die Hände sehen, dieselben besonders in Tagelohn nehmen, und nicht zugeben, daß sie in dem Lohne des Máurermeisters stehen, weil sie sonst durch allerhand Nebenarbeit an dem tüchtigen Schlagen und Bearbeiten des Mörtels abgehalten und behindert werden. Bey 4 Máurern gehören 2 Kalkschläger, wenn der Mörtel gut seyn soll.

Vor dem Angriffe der Arbeit suchet sich der Mäurermeister nun aus dem Vorrathe der Steine vorzüglich solche Steine aus, welche eine platte Stirne und ein gutes Lager haben, und dabey von beträchtlicher Größe sind, damit sie tief genug in die Mauer hineinbinden; fehlt etwas an den Seiten: so schlägt er mit dem großen Hammer die Seiten gerade; damit die Zwicksteine so viel möglich vermieden werden. Müßten indessen welche gebraucht werden: so müssen sie von einer solchen Länge seyn, daß sie wenigstens 2 Fuß in die Mauer hinein gehen, und dabey muß das dicke Ende in der Mauer sitzen, sonst fallen sie gleich heraus, und die Mauern werden löchricht, können auch wohl gar einstürzen. Die kleinen Zwicksteine vor der Stirn der Mauern müssen durchaus nicht geduldet werden. Alle Steine müssen vorher gewaschen und der Staub mit Bürsten ausgebürstet werden, weil der Kalk sonst den Stein nicht bindet. Man muß keinem Stein eher Kalk geben, es sey denn, daß er zuvor in sein Lager gepaßt worden. Alle Höhlungen oder Zwischenräume in der Mauer muß er mit kleinen Steinen sorgfältig auszwicken, und allenfalls mit einem Guß vergießen, damit nicht der geringste leere Raum in der Mauer übrig bleibe. Bey jeder Schichte muß er das Band wahrnehmen, sowohl in der Länge als auch in der Dicke. Wenn die Mauern so weit fertig sind, so nimmt er den zweyten Mörtel, und fügt damit die Stirne der Mauern aus, nachdem er vorher die Fugen angenetzt hat. Hiermit ist er noch nicht fertig: So lange als die Fugen noch naß sind, muß er sie alle Tage nachstreichen, und so lange damit fortfahren, bis sie völlig ausgetrocknet sind.

Wenn die Mauern fertig sind, so müssen sie, wenn es seyn kann, erst völlig austrocknen, ehe sie mit Lehm bestampfet werden und Wasser daran gelassen wird; sonst treibt sie der Frost auseinander und sie werden nie haltbar.

Ein massiver Bau muß gleich vorgenommen werden, so bald die Nachtfröste ausbleiben, damit das Mauerwerk vor dem Herbste völlig austrockne. Man hat deswegen alle Materialien gegen das Ende des Monaths April an Ort und Stelle zu besorgen und in Bereitschaft zu halten. Herbstbaue taugen niemals, und erhalten keine Festigkeit.

Nachdem nun das Nöthige, was bey den massiven Wasserbauten in Acht genommen werden muß, angemerkt worden, so wende ich mich zur Beschreibung des Horizontal-Risses Fig. 5567. Litt. h. sind die massiven Flügel und Seitenmauern, welche unten 5 Fuß in der Anlage haben, und oben bis auf 3 Fuß nach und nach abgesetzet werden. i Die Anker- oder Landwände, welche unten 4 Fuß in der Anlage und oben 3 Fuß dick sind. k Die Bedeckung des Herdes und Vorschosses mit Bohlen. l Die gefalzten Schüttendocken. Die mittlern Docken sind von Holz, die beyden äußern aber von gehauenen Steinen, welche mit der Hauptmauer durch vergossene Klammern und Doppen befestiget werden. Statt daß man sonst Bley gebrauchte, die Klammern zu vergießen, hat man das Mittel erfunden, solche in Schwefel zu vergießen, welches schon verschiedene einsichtsvolle Männer nachgemacht und den großen Nutzen dieses Mittels bewährt gefunden haben. Litt. m die Gerinnholven oder Platten; n die Ahnwellen-Schlüssel und Zapfenlager; o die Spannbalken; p die Mühlenräder.

Das Profil oder der Durchschnitt des Grundwerks in der Breite Figur 5568. zeiget Litt. a die Spundwand auf der Hälfte; b die Trachtpfähle

pfähle unter dem Grundbaume; c der Grundbaum; d die Bobohlung des Herdes, welche in einen Falz des Grundbaums greift; e die Seitenmauern; f die Ankermauern oder die sogenannten Landwände, zum Abschnitt des Schleichwassers hinter den Seitenwänden; g die gefalzten hölzernen Schutzdocken; h die Schützen; i der Schluß- oder Schutzballen.

Uebrigens bemerke ich noch, daß das eben beschriebene Grundwerk seiner Form nach hier nicht als Muster aufgestellt wird, und daß sich aus dem nachfolgenden verschiedene mögliche Verbesserungen desselben ergeben werden.

Des Herrn Bergrath Eiselen's Verbesserung der Mühlengerinne zu unterschlächtigen Kropfrädern *).

Der Herr Bergrath Eiselen, welcher eine große Menge Wasserräder bey dem Berg- und Hüttenwesen unter seiner Direction hat, entdeckte durch seine lange Erfahrung in diesem Fache verschiedene sehr beträchtliche und sehr gemeine Fehler bey der gewöhnlichen Anordnung der unterschlächtigen

*) S. Ueber die Anwendung des Wassers auf unterschlächtige, insonderheit aber auf solche Wasserräder, die in einem Gerönne gehen, und einiges Gefälle, mithin sogenannte Kröpfe haben, vom Bergrath Eiselen. Steht in der Sammlung nützlicher Aufsätze und Nachrichten, die Baukunst betreffend. Herausgegeb. v. mehreren Mitgliedern des Königl. Preußischen Oberbaudepartements, Jahrgang 1798. IIter Band, oder vierter Theil. Berlin auf Kosten der Herausgeb. u. gedruckt bey Unger. 116 S. 4. N. 11. Besonders auch die weitere Ausführung dieser Abhandlung: Beytrag zur Anwendung des Wassers auf unterschlächtige sogenannte Kropfräder, und deren besseren Einrichtung selbst von Joh Christoph Eiselen, Königl. Preußl. Bergrath rc. Berlin 1800 bey Wilh. Vieweg. 48. S. 8. mit ½ Bogen Kupft. 2tes Heft. das. 1801. 68 S. 8. nebst 1 Kupft.

tigen Wasserräder, und wurde dadurch veranlaßt, auf Verbesserungen zu denken, die auch mit dem glücklichsten Erfolge ins Werk gesetzt worden sind, und bey allen unterschlächtigen Wasserrädern, die einige Kröpfung haben, nach und nach angewendet zu werden verdienen. Die gewöhnlichen Fehler in der Anordnung der genannten Mühlenwerke bestehen nach ihm vorzüglich darin, daß die Schützen zu weit vom Rade abliegen und ihre Oeffnung weiter als die Breite des Rades ist, gemacht wird; daß die Verkröpfungen mit zu großem Spielraum und dem Rade nicht anpassend geformt werden; daß zwischen der Schütze und dem Rade noch ein Gefälle gelassen wird, und die Lage der Radschaufeln der vortheilhaftesten Einwirkung des Wassers nicht angemessen ist. Diese Fehler haben nun, wie es der Herr Bergrath theils aus Gründen der Theorie, theils aus einzelen Fällen, die ihm selbst in der Praxis vorgekommen sind, sehr einleuchtend zeigt, so nachtheilige Folgen in Absicht der Wasserverschwendung, und der verminderten Geschwindigkeit sowohl als der Wirkung, daß die vorgeschlagenen und schon durch die Erfahrung als höchst nützlich befundenen Verbesserungen in der Anordnung der Mühlengerinne jedem, der sich für dieses Fach interessirt, sehr willkommen seyn müssen.

Um die Leser dieses Werkes in den Stand zu setzen, es zu beurtheilen, wie wichtig die von dem Herrn Bergrath Eiselen angegebenen Ideen für den Mühlenbau sind, und sie auf seine vorhin genannten Schriften, wenn sie sie noch nicht kennen sollten, aufmerksam zu machen: so will ich hier aus seinen Beyträgen einiges ausheben, und auch zur größern Deutlichkeit ein nach seiner Theorie gebauetes Rad im Kupferstiche hinzufügen, das zwar zunächst nicht zu einer Mahlmühle bestimmt ist,

 jedoch

jedoch mit gehöriger Aenderung der damit in Verbindung stehenden Theile dazu leicht angewendet werden kann.

In Absicht der gewöhnlichen Fehler bey den bisherigen Mühlenwerken klagt der Herr Bergrath (s. 1. Heft seiner Beyträge S. 5 ff.), daß, wie er bey seiner mehr als zwanzigjährigen, über manche Länder und Gegenden ausgedehnten Erfahrung sich vollständig überzeugt habe, bey den im Umtrieb befindlichen Werken, ihr Zweck, Lage, Wasserstand und Gefälle sey auch immer dasselbe, dennoch eben so wenig eine allgemeine Uebereinstimmung statt finde, als wenig er selbige in Ansehung der zweckmäßigen Anzahl der Schaufeln der Räder in den besten ihm bekannt gewordenen mechanischen und hydraulischen Angaben auffinden können.

In beyden Fällen hat er wenigstens

1.) kein bestimmtes Gesetz auf die Nähe oder Ferne der Schütze vom Rade, solche jedoch insgemein mehr weit abgelegen, als nahe, und überhaupt gefunden, daß man dies als einen sehr unter- und nachgeordneten Gegenstand betrachtet hat.

2.) Hatten die Schützen fast immer zu ihrer Breite im Lichten die gesammte Weite des Gerinnes, ja öfters noch größere Weite, unbekümmert, ob das Rad selbst, mit Hinsicht auf sein Licht oder seine Schaufellänge 2 Fuß und mehr schmahler gewesen.

Man sehe zugleich Belidor's Anordnungen und Beyer's Mühlenbaukunst rc.

3.) Die Verkröpfungen hat er mit sehr weniger Ausnahme, fast immer theils äußerst nachlässig, theils mit übertriebenem Spielraum angefertiget, auch

4) sehr häufig, ja fast allgemein, zwischen der Schütze und dem Rade noch ein besonderes, bald größeres, bald kleineres Gefälle gefunden ꝛc.

Fleißige und anhaltende Beobachtungen bey dem Umtriebe der Werke, auffallende Verschiedenheiten bey demselben Zwecke, Lage, Wasserstand u. dgl., so wie der Umstand, daß er bey Leitung der Baugeschäfte einer beträchtlichen Menge der königlichen Eisenhütten ꝛc. Werke, beständig mit dergleichen Gegenständen beschäftiget ist, und nicht selten angegangen wird, dem öfters, freylich durch ganz gewöhnliche Naturbegebenheiten entstehenden Wassermangel, durch bessere Einrichtungen abzuhelfen, haben ihn indeß, verbunden mit mehreren Versuchen, die er darüber anzustellen Gelegenheit gehabt, bald überzeugt, daß dergleichen Vorrichtungen dem Zwecke, die Kraft auf die möglichst vortheilhafteste, mit Ersparung verknüpfte Art anzuwenden, nicht entsprechen, vielmehr häufig dazu führen, selbige bald mehr, bald minder zu verschwenden und die Wirkung zu vermindern, weil es in die Augen leuchtend ist, daß das Wasser bey einer zu weit abgelegenen Schütze, z. B. von 6, 8, 10, 12 bis 15 Fuß, wie man dies leider hin und wieder gewahr wird, ermattet und wesentlich verliert, ehe solches die Schaufeln erreicht. — Eben aus dem Grunde muß auch die Kraft des vorliegenden Druckwassers, die nur an der Schützenöffnung mit der vollesten Lebendigkeit wirkt, je nachdem jene Entfernung vom Angriffspunkte groß ist, vermindert werden.

So ist es hiernächst nicht ganz zwecklos, verschwenderisch, sondern selbst zu einem Widerstande geneigt, wenn man der Schützenöffnung sogar eine größere Breite giebt, als die gesammte Breite des Rades

Rades mit der Kranz- oder Felgenstärke beträgt (einzelne Fälle, wo sie vollends so breit angetroffen wird, als das Gerönne, nicht einmahl zu erwähnen). In solchen (welches bis jetzt doch noch immer die gemeinsten Fälle sind,) wird nach Lage der Umstände $\frac{1}{5}$, $\frac{1}{4}$, ja wohl gar $\frac{1}{3}$ des Wassers nicht allein ohne Nutzen auf- und an die Seite des Rades gelassen, sondern selbiges muß auch da, wo nicht ein starkes Gefälle unter dem Rade vorhanden ist, nothwendig das Unterwasser aufhäufen, mithin Widerstand werden, so daß statt eines vermeintlichen Nutzens nicht allein eine offenbare Verschwendung befördert wird, sondern man sich noch gar in den meisten Fällen einen künstlichen Widerstand zur noch größern Vermehrung jener Verschwendung verschafft. — Es kann diese, obwohl immer die üblichste Art der Vorrichtung, selbst wenn sie sich nicht schon durch eine richtige Betrachtung der Sache widerlegte, doch darum nicht von Nutzen seyn, weil man auf der andern Seite zugleich zugeben müßte, daß die Schaufeln überflüssige Dinge wären. Da nun dies aber hoffentlich niemand wird einräumen können noch wollen, so entsteht billig die Frage: was soll das Wasser außer den Gränzen jener auffallenden Stege für Wirkung hervorbringen? Bringt es aber keine Wirkung oder (wenn man doch etwas einräumen möchte) höchstens eine solche hervor, die in jedem Falle minder ist, als die Verschwendung: so bleibt das Resultat Verschwendung. — Wohl verstehet sich hierbey übrigens von selbst, daß der Hr. Bergrath solche Räder ausnimmt, die bloß mit dem Strohme und dessen Geschwindigkeit, also mit sehr wenig oder gar keinem Kropfgefälle, z. B. wie bey Pansterwerken u. dgl., gehen.

So wie schon vorhin das Schädliche der großen Entfernung der Schützen, oder der wirkenden Oeffnung auf das Rad, an sich gedacht worden: so ist es noch schädlicher, zwischen dieser und dem Angriffspunkte des Rades, das heißt, auf die bemerklich gemachten Distanzen, aus täuschendem Wahne, ein besonderes starkes Gefälle zu lassen, und zwar aus zweyerley Gründen. Einmahl, weil ungeachtet der schief ablaufenden Fläche, sich die Fortwirkung des vorliegenden Druckes doch, wie dies aus theoretischen Gründen sowohl, als aus der Beobachtung unwiderlegbar folgt, bey jedem Moment der zunehmenden Länge vermindert — so daß je größer diese Entfernung bis zum Angriffspunkte ist, desto mehr also auch die Geschwindigkeit und jene Fortwirkung des Druckes abnehmen muß. — Zweytens aber, wenn hierbey ja noch einiger Zweifel bliebe, gehet doch durch eben dies zwischen das Rad und die Schützenöffnung gelegte besondere Gefälle, dem eigentlich wirkenden Gefälle eben so viel, folglich auch, dem wasserhaltenden Bogen des Rades verlohren, dergestalt also, daß man insgemein findet, daß auf diese Weise die Wirkung auf $1\frac{1}{2}$, 2 bis 3 Schaufeln verlohren gehen. — Wenn aber unläugbar ist, daß, je größer der wasserhaltende Bogen des Rades seyn kann, auch die Wirkung um desto größer, oder im andern Sinne, die Wasserverschwendung um desto minder seyn muß: so folgt daraus auch in diesem Falle nothwendig, daß jene Vorrichtung ihren bisher behaupteten Rang nicht weiter verdienet, und daß das sogenannte Stoßgefälle bey dem hier in Rede stehenden Vorwurfe nicht bloß in den Rang der unnützen, sondern wirklich schädlichen Einrichtungen gehöret, wie durch Resultate noch näher erwiesen werden wird.

Aus diesen und mehreren Gründen also, deren weitere Ausführung für den vorurtheilsfreyen Künstler und Beobachter eben so überflüssig, als für den Liebhaber des Althergebrachten unnütz seyn würde, ist der Herr Bergrath Eiselen schon vor mehreren Jahren bewogen worden, von allen jenen bisherigen Principien abzugehen, und sich einen eigenen, freylich öfters sehr unangenehmen Weg zu bahnen, um so mehr, als er nicht allein theils den wirklichen, jedoch von Vorurtheilen nicht ganz befreyten Werkverständigen, theils den Empiriker, theils den Werkmann selbst zu bekämpfen hatte, und nicht selten gewahr werden mußte, daß die noch so deutlichen Angaben, entweder aus wirklichem Mißverstande, oder aus Liebe zum Althergebrachten nur halb oder in ganz entstellter Art ausgeführt worden waren. Bey der einmahl erhaltenen Ueberzeugung des Bessern ließ er sich indeß durch alle dergleichen Schwierigkeiten nicht abschrecken, und der Erfolg hat die glücklichsten Resultate, die allenfalls aktenmäßig bewiesen werden können, bestätiget.

Sehr einleuchtend zeigt nun der Herr Bergrath in dem 2ten Hefte seiner Beyträge die Einrichtung der von ihm angegebenen Kropfräder an einem bey dem hohen Ofen zu Zehdenik an der Hafel von ihm unternommenen Mühlenbau zu Treibung des Gebläses. Es wurde nöthig, das dortige Hochofen-Wasserrad mit einem neuen zu vertauschen, indem es, wenn es auch nicht schon zu alt gewesen wäre, doch diesen Wechsel in jeder andern Hinsicht verdienete. Man verband damit zugleich die Absicht, dem Hohen-Ofen, aus Grundsätzen der neueren Erfahrungen ein, um das doppelte, vergrößertes Gebläse vorzulegen; mithin die Last um eben so viel zu vermehren, unerachtet zu dem

dem bisherigen geringeren Gebläse, in manchen Jahreszeiten eben nicht überflüssige Kraft vorhanden war. Dieserhalb brachte man daher zugleich in Vorschlag, das neue Wasserrad, statt der 18 füßigen Höhe des alten, 20 Fuß hoch zu machen. Diese vermehrte wenige Hebelskraft, so nützlich auch die Hebung der Welle selbst zu andern Einrichtungen in der Hütte blieb, war jedoch, wenn man bey der bisherigen Konstruction desselben und der Art der Anwendung des Wassers, bleiben wollte, bey Weitem nicht hinlänglich, um der Absicht eine doppelte Last zu bewegen, zu entsprechen, und zwar um so weniger als dadurch die Geschwindigkeit zugleich um $\frac{1}{10}$ vermindert würde.

Es stand indeß der Umbau der Wasserarche mit dieser Einrichtung in Verbindung. — Diese hatte nach den bisher üblichen, einseitig und nicht im Ganzen überlegten, mithin verderblichen Einrichtungen, auf eine Länge von 76 Fuß, ein lebendiges Gefälle bis vor die Schütze des Rades = 1 Fuß $5\frac{1}{2}$ Zoll. — Was sollte hier dieses, so widersinnig der Kropfhöhe des Rades und dessen wasserhaltenden Bogen, geraubte Gefälle machen? Eiselen's Anschlag ging also gleich dahin, dieses Gefälle directe auf das Rad anzuwenden, und sich an den vermeintlichen Stoß, der hiernach 4 Schaufeln weniger treffen, folglich den wasserhaltenden Bogen in diesem Verhältniß eben so sehr, als die Wirkung vermindern mußte, nicht zu kehren und sonst die durch Erfolge bestätigten besseren Einrichtungen bey dem neuen Rade eintreten zu lassen. — Um jedoch nicht ganz und gar gegen ältere Vorurtheile anzulaufen, entschloß er sich von jenem besonden Archengefälle, nur 14 Zoll zur Potenz auf das Rad zu erheben, und die übrigen $3\frac{1}{2}$ Zolle dem Archengerinne, von einem Fachbaum zum an-

dern

dern, also auf die oben angegebenen Länge, zu lassen. Dies ist jedoch nicht ganz so ausgeführet, sondern dem neuen Rade nur ein Mehrgefälle von 12 Zoll zu Theil geworden.

Hiernach entwarf er nun die Einrichtung seines Rades, die Art der Verschaufelung, die Vorrichtung des Kropfes und der **schiefliegenden** Schütze.

Nach diesen Bestimmungen wurde darauf, wiewohl nach manchen Zögerungen, die von vorurtheilsvollen Leuten verursacht wurden, welche Eiselen's Angabe als sehr unanwendbar vorstelleten, endlich selbst zum Werke geschritten, und das im Nachfolgenden zu beschreibende Rad gebauet.

Fig. 5569 und 5570 stellet dieses Wasserrad im Grund- und Aufriß, oder Durchschnitt, dar. Die punctirten Linien zeigen überall an, wie die Einrichtung des bisherigen alten Rades beschaffen gewesen, das Ausgezeichnete hingegen, welche Einrichtung selbiges bey dem Umbau bekommen habe; und es gehet daraus, was 1) das ehemahlige alte Rad betrifft, mit mehrerem deutlich hervor, daß zwar

a) ein Kropfgefälle von 2 Fuß in 1 und 2 vorhanden, dieses aber so schlecht angewandt gewesen, daß dadurch nur 4 Schaufeln in Bewegung gesetzt wurden, dabey lag in 3 und 4

b) die Radeschütze $9\frac{1}{2}$ Fuß vom Angriffspunct entfernt,

c) die gesammte Breite des Rades betrug nur 4 Fuß, und das Licht desselben 3 Fuß 4 Zoll. Gleichwohl war

d) nach 3 und 4 die Breite der Schützenöffnung, gleich der Breite des Gerinnes vom Rade

Rade, nähmlich 5 Fuß und 2 Zoll. Sonst war dies Rad

e) in 48 gerade Schaufeln eingetheilet, und diese auf gewöhnliche Weise mit dem Halbmesser des Rades, folglich im rechten Winkel gelegt, und mit durchgelochten Armen verbunden.

In sofern nun als diese Einrichtung Tausende von Beyspielen und selbst eine Menge sonst bewährter Schriftsteller für sich hat, kann man ihr das Zeugniß des wohlhergebrachten Alterthums in der That nicht absprechen, vergleicht man sie aber ohne Vorurtheil, und ohne sich an dies Alterthum und das bloß Uebliche zu kehren, mit dem wirklichen Zweck, der dahin gehen muß, mit der mindest möglichsten Kraft, den größt möglichsten Widerstand zu gewältigen: so müssen dem richtigen Beobachter, folgende äußerst wichtige Fehler sogleich in die Augen springen. Einmal, warum war der Schütze 5 Fuß und 2 Zoll zur Breite gegeben, da doch das Licht des Rades nur 3 Fuß und 4 Zoll enthält, mithin das Wasser auch nur auf diese Breite oder Schaufellänge, aufgefaßt werden konnte, also eine Wassersäule von 1 Fuß und 10 Zoll breit, größtentheils verschwendet wurde. Wollte man auch sagen, daß vom Ausguß der Schütze bis zum Angriff des Rades Seitenbreter angebracht waren, die das ausströhmende Wasser in der Nähe des Rades auf 4 Fuß und einige Zolle zusammenhielten, so war doch dies Hülfsmittel um so weniger von erheblicher, am wenigsten aber von wirklicher Bedeutung, da diese Seitenbreter in der Nähe des Rades, bis auf etwa 3 Zoll hoch abgeschrägt werden mußten, mithin die Wassersäule gerade da, wo sie sich zu heben gezwungen war, eben so nothwendig übertreten, und um das Rad wirklos herumgehen mußte, also nicht bloß verlohren ging, sondern selbst bey einer großen Menge, den Widerstand vermehren half, zumal wenn, wie hier der Fall wirklich war, es dem Rade unterhalb an Gefälle fehlt. — Jenes, nähmlich die Wirklosigkeit war, und ist bey allen ähnlichen Rädern um somehr der Fall, da z. B. hier, selbst bey dem größtmöglichsten Stand des Wassers, dennoch 6 Zoll gezogen wurden, solches folglich vor dem Rade, wenn man sich auch das Fortströhmen des Wassers ohne Widerstand gedenken könnte, gleichwohl wenigstens eine Erhöhung von $7\frac{2}{5}$ Zoll ergab, so daß, weil die Seitenbreter dort nur 3 Zoll hoch seyn konnten, das meiste Wasser überstürzen und um das Rad gehen mußte. Selbst aber wenn diese Seitenbreter, (welches doch in anderer Rücksicht nicht wohl möglich ist), höher gewesen wären, oder hätten seyn können, würde doch dies nicht geholfen haben, da sich die eingeschränkte Wassersäule, indem sie am Rade Widerstand fand, natürlich noch mehr als vorhin angegeben worden, erhöhen, folglich übertreten, um das Rad herum, also wenigstens wenn kein anderes Uebel daraus entstand, verlohren gehen mußte. —

Daß die Schütze in 3 und 4 an $9\frac{1}{2}$ Fuß weit vom Angriffspunct abgelegt war, ist ein Fehler, der in der gewöhnlichen Einrichtung, wobey man nicht weiter nachzudenken nöthig fand, seinen Grund findet. — Auch scheint man sonst wohl nicht geglaubt zu haben, daß die Schütze anders als im rechten Winkel vor dem Rade liegen könne, und davon so weit entfernt bleiben müsse, um zwischen ihr und dem Rade recht bequem durchkommen zu können, wenigstens zeigen die bis jetzt bestehenden allgemeinen Einrichtungen, daß man darüber weiter nachzudenken, für überflüssig gehalten hat.

hat. Es fällt indeß bey näherer Betrachtung des Gegenstandes wohl von selbst in die Augen, daß nur dicht an der geöffneten Schütze der Druck des vorliegenden, folglich die Geschwindigkeit und Wirkung des aufströhmenden Wassers, am größten seyn kann, und daß diese, je länger der Weg ist, den dasselbe bis zum Angriffspunct zu durchlaufen hat, auch um desto mehr annehmen muß.

Wenn aber eben dieser Umstand aus dem Grunde der allgemein üblichen Einrichtung, wo nicht Entschuldigung, doch hinlänglichen Vorwand findet: so läßt sich doch beym ersten Anblick nicht füglich eine dafür finden, daß man dem Rade in 2 und 5, nähmlich wo sich der Kropf anfängt, statt selbigen möglichst nahe heran zu schließen, einen Sack von $3\frac{1}{2}$ Fuß in seiner oberen Länge, vorgelegt gehabt, wodurch die Wirkung wenigstens auf 2 Schaufeln verlohren gegangen, es folglich mit Bedacht dahin gebracht worden, daß bey dieser großen Wasserverschwendung nur 4 Schaufeln, also $\frac{1}{12}$ der Radefläche, da dies doch mit $\frac{1}{8}$ hätte geschehen können, in Arbeit gesetzt worden. Diesen Fehler hat Eiselen freylich allgemein, jedoch seltener von dem wichtigen Belange als hier, und zu einer so sehr beträchtlichen Wasserverschwendung, gefunden.

Stellt man indeß über die ganze Ein- und Vorrichtung genaue Vergleichungen an: so wird man bald gewahr, daß dieser wichtige Fehler aus einem andern entstanden, und in Betracht dieses letztern nothwendige Bedingung wurde. Der Grund liegt nähmlich, wie man mit irgend einiger Anstrengung gewahr werden kann, in der eigentlichen falschen Verschaufelung des Rades. — Wäre daher dieser Sack nicht vorgelegt, und das Wasser dadurch zum Niedersinken gezwungen worden;

so würde solches bey näherm Schluß des Kropfes mit dem Rade, sehr wenige Wirkung auf die Schaufeln hervorgebracht haben, vielmehr größtentheils den geraden Weg, also wirklos durchgeschossen seyn, welches ohnehin, unerachtet des ungewöhnlich großen Sackes oder Schlundes, nicht ganz vermieden war. — Diesen Fehler scheint daher hier, sowohl der Angeber als Anfertiger des Rades gefühlt, aber nicht gewußt zu haben, daß er denselben durch eine andere Stellung seiner Schaufeln, wenn gleich wegen der übrigen Einrichtung nicht ganz, doch zum Theil hätte vermeiden können. Aus dieser Ursache findet man daher hin und wieder auch, daß den Werkverständigen dieser Mißstand aufgefallen ist, sie ihre Kropfsäcke kleiner gemacht, und die Schaufeln, jedoch ohne ein richtiges Gesetz, mehr aus dem Winkel und dem Ganzen mehr angemessen, angelegt haben. Hin und wieder hat Eiselen jedoch diesen Fehler auch noch wichtiger, und zum Theil sogenannte Kropfsäcke oder Einfallschlünde gefunden, die bis 5 Fuß obere Weite hatten, zumahl wenn das Rad einige 20 Fuß hoch war, und so kann man, wenn sie nicht gerade an einem Orte sind, 50 unterschlächtige Räder für denselben Zweck und bey demselben Kropfgefälle, Wasserstand u. s. w. vergleichen, ohne eine allgemeine Uebereinstimmung in bedingt nothwendigen Verhältnissen zu finden, ja dieser Uebelstand ist so allgemein, daß man selbst öfters, wo nur 4, 5, bis 6 dergleichen Wasserräder an einem Orte und unter denselben Umständen zusammen sind, wichtige Abweichungen antrifft, die durch nichts, als durch den Mangel positiver Gesetze und Regeln zur zweckmäßigsten Ein- und Vorrichtung entschuldigt werden können.

Die Anzahl der Schaufeln in diesem Rade von 18 Fuß Duchmesser bestand aus 48, und diese waren für ein Rad, was nur eine sanfte Bewegung und höchstens 3 bis 4 Umgänge in der Minute zu machen hatte, zu wenig, so daß selbiges mit 2 Schaufeln im Viertel mehr, größere Wirkung gehabt haben würde. Es geschah daher auch, daß durch eben diese zu großen Oeffnungen, mit Rücksicht auf die schon bemerkten Fehler, eine nicht unbeträchtliche Anzahl Wasser verlohren ging.

Die große Wasserverschwendung bestätigt sich überhaupt dadurch noch am meisten, daß man bey einem Wasserstande vor der Schütze, von 4 Fuß und 8 Zoll bis 4 Fuß, bey einer Schützenweite von 5 Fuß und 2 Zoll, 6 Zoll Aufzug geben mußte, um das Rad bis 3 oder 4 mahl in der Minute umlaufen zu lassen, und die 2 Blasebälge, wovon jeder bis 32 Kubikfuß Wind per Revolution ergab, nach dem Bedarf in Bewegung zu setzen. Hieraus folgt, daß die Quadrat-Oeffnung der Schütze, bey einem wirkenden Wasserstande von wenigstens 3 Fuß und 8 Zoll, 372 □ Zoll, und die Wasserverschwendung überhaupt 37 Kubikfuß, 48 Kubikzoll in der Sekunde betrug. Sank der Wasserstand herunter, so wurde der Aufzug größer. — Wollte man nun hierbey analog auf den Fall schließen, daß man die Absicht hatte, die Last auf das zweyfache zu vermehren: so folgt wohl von selbst, daß solche bey der geschilderten Einrichtung nicht zu erreichen stand, weil das Doppelte an Kraft erfordert worden seyn würde, und diese, wenn sie auch zu allen Zeiten da gewesen wäre, von dem Rade nach seiner jetzigen Construction nicht gefaßt und angewandt werden konnte. Gleichwohl wollten Kunstverständige und Empiriker bey dieser Einrichtung als unfehlbar stehen bleiben, welches man ihrem Mangel an Einsicht und daß sie sich nicht belehren lassen wollten, Schuld geben muß.

Aus der nachfolgenden Beschreibung der Abbildung des Eiselenschen Rades wird nun die eigentliche Einrichtung desselben zu ersehen seyn.

Fig. 5569 und 5570 stellen dieses Rad im Grund- und Aufriß vor. Hier ist auch besonders die von Eiselen angegebene Art der Verschaufelung, nähmlich:

Selbige mit dem abstürzenden Wasser, oder dem Wege, den dieses von der Oberfläche des Standwassers durch den Kropf bis in die Mitte des Rades zu machen hat,

in rechten Winkel zu legen, wirklich in Ausführung gebracht, die Schütze dem Rade in einer spitzwinkligen Gestalt bis 9 Zoll Entfernung angenähert, und letztere überhaupt nur von der Weite der Schaufellänge im Lichten gemacht worden.

A Fig. 5569 ist der Grundriß, und

B Fig. 5570 der Aufriß und Durchschnitt dieses 20 Fuß hohen, mit 60 geraden offenen Schaufeln versehenen unterschlächtigen Wasserrades, welches also 2 Fuß höher ist als das alte, und 12 Schaufeln mehr hat.

C die Welle.

a b c d der darum geschlossene holländische Verband, wovon die Arme in den Radekränzen eingelassen, und mit eisernen Bolzen zusammengeschlossen sind.

Fig. 5570 e f ist die Schützenweite mit dem Lichte des Rades, oder der auffassenden Schaufellänge gleich, 3 Fuß und 2 Zoll, mithin um 2 Fuß geringer als bey dem alten Rade Fig. 5569.

D äußeres Angewelle des Rades Fig. 5569 und 5570.

E ein Theil des anstoßenden Hüttengebäudes.

F G H I Radestube Fig. 5569. Ferner Fig 5570.

g h die schiefliegende Schütze in einem Winkel von 55 Graden mit dem Archenboden. Selbige ist hier zur desto bequemern Bewegung mit einer Thür x x versehen, die einen Perpendicular-Aufzug von 1 Fuß 3 Zoll gestattet. Zur Bewegung der beynahe um das Doppelte vermehrten Last, nach dem Bedarf der zu reducirenden Minern, darf selbige nur unvollkommen 4 Zoll perpendicular geöffnet werden, also 2 Zoll minder als bey dem alten Rade.

i k ist der Widerstand von 2 Fuß 6 Zoll. Wenn man bey dem alten Rade mit 6 Zoll Schützenaufzug, die nicht viel über halb so schwere Last, oder die Blasebälge, nach dem Bedarf in Bewegung setzen sollte: so war ein Widerstand von 3 Fuß 8 Zoll, bis 4 Fuß erforderlich, also nach dem mindesten Gliede mehr wie gegenwärtig, 1 Fuß und 2 Zoll. Man hat zwar anfänglich diesen Wasserstand auch beybehalten wollen; jedoch bald gefunden, daß außer der etwas schweren Bewegung der Schütze vorzüglich auch das Rad selbst nicht füglich auf seine nur nöthige Wirkung zu stimmen war, mithin sich entschließen müssen, der obigen Differenz gleich Freywasser laufen zu lassen.

1—l Beträgt die Kropfhöhe, oder das Gefälle desselben von 3 Fuß, welches daher um einen Fuß größer ist, als selbiges bey dem alten Rade war.

m Ständer zu dem Schützenzug mit seinen Strebebändern.

n Wellen des Schützenzuges o Lenkarme desselben p Zugstangen q Zughebel	Figur 5569 und 5570.

r eiserne Zugstange der Schützenthüre, die mit einem Bolzen vermittelst passender Auffutterung an derselben befestiget ist, wie s Fig. 5570 zeiget, und dienet zugleich eine leichte und genaue Bewegung zu befördern.

t Zapfenläger dieses zusammengesetzten Zuggestänges Fig. 5569, wobey noch nachrichtlich zu bemerken ist, daß solches in dem vorliegenden Falle, durch Verlängerung der kleinen innern Zugwelle, dergestalt vorgerichtet worden, daß die Schutze zur Bequemlichkeit der Arbeiter, dicht an der vordern Seite des hohen Ofens auf 24 bis 26 Fuß vom Rade ab gezogen werden kann.

u ist der dem Rade vorgelegte Rechen, mit seinen eisernen Zinken v, um dadurch zu verhindern, daß keine Knüppel, Spähne oder sonstige Unreinigkeiten durchgehen, und sich zwischen das Rad und den Kropf setzen, folglich Schaden veranlassen können

w Figur 5570 ist der neu eingerichtete, genau schließende Kropf selbst mit seinem Grundwerke y, aus Spitzpfählen und Grundbalken u. s. w. bestehend.

Aus der in dem vorstehenden enthaltenen Zergliederung und nähern Beschreibung dieses unterschlächtigen Wasserrades, ergeben sich nun, bey der Zusammenstellung gegen das ehemalige, nach des Herrn Bergrath Eiselen's eigner Darlegung, folgende Resultate:

a) Dasselbe ist um 2 Fuß höher als das alte, hat mithin gegen das letztere $\frac{1}{10}$ an der Umlaufsgeschwindigkeit verlohren, dagegen
b) durch bessere Einrichtung mit der Wasserarche, 1 Fuß am Kropfgefälle gewonnen; auch
c) durch die vermehrte Anzahl der Schaufeln, mit Rücksicht auf seinen langsamen Gang und der zu bewegen habenden Last, mehrere Anhaltspuncte zum Auffassen der Kraft erhalten.
d) die Last bey dem neuen Rade oder der Widerstand des Gebläses, ist gegen die des alten Rades, in dem Verhältniß wie 32: 54. oder beynahe wie 4: 7. vermehret. Gleichwohl aber
e) der Wasserstand aus Ursachen der zu großen Wirkung, um 1 Fuß und 2 Zoll.
f) die Schützenweite um 2 Fuß, und
g) deren Perpendikularaufzug um mindestens 2 Zoll bey gleicher Bewegung der Last, oder gleichem Wechsel des Gebläses, vermindert worden.
h) die Schütze ist also gegenwärtig nur weit, = 3 Fuß und 2 Zoll, und wird
i) zur erforderlichen größten Bewegung der Last rechtwinkligt nur gezogen, um 4 Zoll.

die

die Schützenöffnung bey dem ehemahligen alten Rade war	= 372 □ Zoll
aus den eben angeführten Datis h und i aber ergibt sich selbige bey dem neuen Rade nur zu	152 □ Zoll.

mithin werden ersparet 220 □ Zoll, welches ein Verhältniß wie 38: 93. ergiebt, oder die jetzige Wasserverschwendung verhält sich, gegen die des alten Rades, nach diesem sinnlichen Vergleich beynahe wie 1: 3. Ziehet man nun aber vollends in Betrachtung, daß die auf die Schützenöffnung drückende Wassersäule um 1 Fuß und 2 Zoll geringer, dagegen aber die Last beynahe um das Doppelte vermehret, und die Umlaufsgeschwindigkeit um $\frac{1}{10}$ vermindert ist; so wird jeder aus dieser natürlichen Zusammenstellung der Sache einsehen, daß es keiner weiter gedehnten Calculation bedarf, um überzeugt zu werden, daß wenn auch der eine Fuß Kropfgefälle mehr, wie billig ist, in Betrachtung gezogen wird, doch eigentlich in Rücksicht der vorbemerkten Umstände, die Consumtion des neuen Rades gegen das alte verglichen, gewissermaßen Null ist. — Wenn man aber weder verminderte Druckkraft, und eben so wenig die vermehrte Last in Betrachtung ziehet, so ergiebt sich die Wasserverschwendung bey dem neuen Rade, selbst in dem Falle, wenn es denkbar bliebe, daß der Einschnitt der Schütze auf jeder Seite mit einem Zoll als Licht, deren Breite mithin zu 3 Fuß und 4 Zoll betrachtet werden könnte, doch nur zu

13 Kubikfuß 576 K''.
in der Sekunde
bey dem alten Rade aber
war selbige = 37 Kubikfuß 792 K''.

folglich werden in einer
Sekunde ersparet 24 Kubikfuß 216 K'',
welches auch mit der Vergleichung der Ausgußöffnungen übereinstimmet, und bey dem hier in Rede stehenden Werke die Veranlassung gegeben hat, daß auf diese ersparte große Menge Wasser, noch ein Wasserrad zum Umtrieb eines Cupoloofens angelegt werden können, woran sonst, in Betracht eines besondern Wasserrades, gar nicht zu denken gewesen wäre. —

Das Wasser arbeitet in diesem Rade mit einer solchen erstaunenden Gewalt, daß man solches bis unter demselben, gar nicht anders als in einer schäumigen Gestalt, ja eigentlich nichts als Schaum gewahr wird. — Wie die Zeichnung bestimmet, sind beständig 9 Schaufeln in Arbeit, und das Wasser fällt, wie diese verlangt hat, in der Mitte der ersten Schaufel auf. — Erst in der vierten, fünften und sechsten Schaufel tritt das schäumende Wasser, kaum merkbar, in einer gedruckten bogenförmigen Gestalt, ohne Spritzen und Aufbrausen zu verursachen über, theilt sich also mit völliger Gewalt der folgenden Schaufel mit; in der zweyten ist dies noch minder merkbar, und in der dritten, also hier in der sechsten, gehet diese Erscheinung in Null aus. So wie selbige daher nicht zu einem Tropfen Wasserverschwendung Veranlassung gibt, so macht sie sich dem Auge zugleich eben so angenehm, als selten der Fall wohl seyn dürfte, daß sich das Wasser bey dergleichen Maschinen auf einem Wege von 10 Fuß lang in einer durch-

durchaus im höchsten Grade schäumigen Gestalt durcharbeitet.

Die Verschaufelung ist bey weitem nicht so leicht als die gewöhnliche, mithin sind bey einem unachtsamen Arbeiter, zumal wenn er nicht selbst noch technische Hülfsmittel kennt, sehr nachtheilige Fehler leicht möglich. — Wenn aber auch die Verschaufelung selbst noch so richtig geschehen ist, und dagegen bey der damit korrespondirenden Schütze und dem Einschuß auf das Rad, welche beyde Stücke in dem vorliegenden Fall nicht geringe Genauigkeit, Umsicht und selbst Kunst erfordern, Fehler vorgegangen sind; so kann auch der berechnete Erfolg schlechterdings nicht erwartet werden; daher bleibt es Regel, zu dergleichen wichtigen und einer genauen mechanischen Uebereinstimmung unterworfenen Maschinen, die geschicktesten, mit mathematischen Hülfsmitteln bekannten Arbeiter, sollte man selbige auch dreyfach lohnen müssen, zu wählen.

Dies Rad liefert nächstdem das seltene Beyspiel, daß das Wasser in der ersten Schaufel genau auf den Punkt aufschlägt, der ihm vorher bestimmet worden, und zwar geschiehet solches in der Mitte der Schaufel, ohne über diese Gränze hinaus zu gehen, von wo an dasselbe sich dann nach der Oberfläche des Rades, also in der vollkommensten Art ausbreitet. — Es würde dies aber nicht in dem vollkommenen Grade thun, wenn nicht zugleich die Bedingung, (daß nicht mehr als 4 Zoll Wasser zu seiner stärksten Bewegung erforderlich seyn sollten), erfüllet wäre. — Daraus folgt dann auch von selbst, daß, daferne ein Aufzug der Schütze von 6 bis 8 Zoll erforderlich gewesen wäre, (wohl verstanden jedoch bey dem hier zum Grunde liegenden Wasserstande), dies, um ein gleiches

Resultat zu bewirken, auch einen etwas veränderten Einschnitt der Schützenthüre, und eine mehrere Senkung des Einschusses nothwendig gemacht hätte, welches bey veränderten Fällen wohl zu erwegen ist, weil dies Datum den wichtigen Einfluß auf eine mechanisch richtige Anwendung der Kraft und ihrer größten Wirkung hat. — Es ergiebt sich aber auch hieraus der Beweis der höchsten mathematischen Vollkommenheit, und Eiselen gestehet, daß er in seiner dreyßigjährigen Ausübung der Baukunst der erste von dieser Art ist, und ihm nun keinen Zweifel weiter übrig läßt, die Kraft künftig nach jedem Wunsche und auf dem eigentlichen Punkte der größten Wirkung anwenden zu können, vorausgesetzt nähmlich: daß die Angabe nicht durch ungeschickte Werkleute verdorben wird.

Aber dieser schätzbare Beweis ist es nicht allein, sondern es folgen daraus noch zwey andere wichtige, nähmlich einmahl, daß bey dieser Einrichtung die gebrochenen, oder sogenannten **Sackschaufeln,** die neben ihren sonst behauptet werdenden Vortheilen ohnehin manche Nachtheile haben, schlechterdings überflüssig werden, und daß man zweytens eben so sehr die Böden in dergleichen unterschlächtigen Wasserrädern, die man hin und wieder antrifft, und denen Eiselen sonst selbst in manchen einzelnen Fällen nicht ganz abgeneigt war, entbehren kann; denn da das Wasser, wie diese Resultate ergeben, in den Schaufeln bleibt, und auf die vollkommenste Art, ohne auch nur einen Tropfen durchschießen zu lassen, wirkt: so ist eben so wenig ein Sack, in welchem ohnehin die Kraft auf eine Zahl von Momenten der Extremität des Hebels entzogen wird, als ein Boden von irgend einem auch nur scheinbaren Nutzen; auch selbst

wenn

wenn das Kropfgefälle einem Drittheil der Radehöhe gleich wäre, würde um desto minder eine Sackschaufel von Nutzen seyn, da dann bey den vorliegenden Umständen kaum ein Schützenaufzug von 1½ Zoll nöthig bliebe, das Wasser im Rade mithin auch kaum sichtbar werden könnte, folglich eben dieselben Resultate erfolgen müßten, wenn nähmlich dieselben Grundsätze der gesammten Einrichtung mit Umsicht angewandt werden.

Daß die Schütze und das Rad im Winter wegen ihrer Nähe zusammenfrieren würden, wie es einige kurzsichtige, gegen diese neue Bauart eingenommene Leute behaupteten, ist, unerachtet solches den ganzen Winter 1798 im Umtrieb gewesen, im geringsten nicht erfolgt; auch sind nirgends Klagen darüber entstanden, obwohl in dieser Hinsicht nichts weiter geschehen ist, als daß die sonst vorhanden gewesene Radestube beybehalten worden. Es kann auch dieser Fall bey irgend hinlänglicher Aufmerksamkeit um so weniger entstehen, da die Schütze noch mit 1½ Fuß Wasser gedeckt, nicht so leicht, und fast gar nicht anfrieren kann, sich auch wegen des engen gedeckten Raumes, zwischen Rad und Schütze, das Ganze wärmer hält, und am allerwenigsten sich, wie bey den bisherigen großen offenen Feldern, Eisklumpen dazwischen setzen, und zum Ausfrieren beytragen können. In jedem Fall bleibt es indeß gerathen, dergleichen Wasserräder mit guten dichten Radestuben zu überbauen, und sie so geräumig zu machen, daß beym strengsten Froste Feuer darin unterhalten werden kann.

Wenn man bisher bey allen dergleichen unterschlächtigen Wasserrädern von dem Grundsatze ausgegangen zu seyn scheinet, wie es der Herr Bergrath Eiselen weiter bemerkt, daß die Vollständigkeit der Einrichtung und Wirkung bloß in dem auf dasselbe hervorzubringenden Stoß des Wassers liege, dies sich wenigstens mit Tausenden von Beyspielen belegen lassen würde: so ergiebt sich aus den hier aufgestellten Resultaten, daß man gerade den verkehrten Weg erwählet hatte, in so fern solches nähmlich durch das sogenannte Stoßgefälle zwischen der Schütze und dem Rade, und durch die weite Entfernung der Schütze bewirkt werden sollte. Indeß ist bey dieser Einrichtung eine so große Volljährigkeit eingetreten, daß sie völlig Gesetzeskraft erhielt, und daß man es nun nicht mehr der Mühe werth achtete, darüber weiter nachzudenken. Diesem Gesetze gemäß theilte man das vorhandene Gefälle gewöhnlich in 3, hier und da auch wohl, wo nähmlich bessere Einsichten schon mehr gewirkt hatten, in vier Theile, so wie Eiselen denn eben nicht selten Beyspiele vorgekommen sind, wo das Verhältniß 3:5 war.

Von diesem Gefälle gab man nunmehr dem eigentlichen Kropf, je nachdem die obigen Sätze beobachtet waren, entweder $\frac{2}{3}$, $\frac{3}{4}$, oder auch $\frac{3}{5}$, das übrige $\frac{1}{3}$, $\frac{1}{4}$, oder $\frac{2}{5}$ aber reservirte man zum Stoß zwischen der Schütze und dem Rade. — Je größer der Abfall des sogenannten Stoßes seyn konnte, desto vollkommner hielt man auch die ganze Absicht erreicht; es war folglich kein Grund vorhanden, die Schütze dem Rade anzunähern, vielmehr hielt man eine beträchtliche Entfernung derselben für den Stoß sehr wichtig daher findet man selbige auf 5, 6, ja gar bis 12 Fuß und noch darüber, abgelegen. Dies sind wenigstens die allgemeinsten Beyspiele, und Eiselen sagt, er könne sich nicht erinnern, sie bey der sehr großen Menge seiner eigenen Erfahrung anders gefunden zu haben. Freylich lag schon in der Perpendikular-Stellung der Schütze ein Umstand, der es nothwendig machte,

machte, selbige je größer der Durchmesser des Rades war auch um desto mehr von demselben zu entfernen. — Dieser Umstand aber war es nicht allein, vielmehr lag die Hauptursache in der Absicht, den sogenannten Stoß zu befördern, zumahl da Eiselen sehr häufig gefunden, daß man zwischen das Rad und der Schütze noch sehr füglich mit einem Fuder Heu würde haben durchfahren können, welches mehr als zu sehr beweiset, daß man hier mit Fleiß die Entfernung gesucht hat, um so mehr noch, da man große Entfernung der Schützen, selbst bey niedrigen Wasserrädern, wo also der größere Bogen kein Hinderniß abgeben konnte, genug findet.

Hatte man nun z. B. 3 Fuß Gefälle; so wurden dem eigentlichen Kropf davon in den oben bemerkten Fällen, entweder 2 Fuß, 2 Fuß und 3 Zoll, auch wohl gar nur 21 Zoll, und dagegen dem Stoß zwischen dem Rade und der Schütze, 1 Fuß, 9 Zoll oder 15 Zoll zugetheilet, folglich durch diese falsche Vorstellung, der Sache, dem wasserhaltenden Bogen des Rades 4, $3\frac{1}{2}$ bis 5 Schaufeln die mit derselben Kraft noch in Arbeit zu setzen standen, und also auch natürlich, die Hälfte, über $\frac{1}{3}$ und bis $\frac{2}{5}$ der Wirkung geraubt, der Stoß aber bestand nur größtentheils in der Einbildung, und war um so wirkloser, je größer die Entfernung des Druckwassers von dem Angriffspunkt des Rades lag, zumahl noch hinzu kam, daß die Kröpfe in den meisten Fällen selbst so elend vorgerichtet sind, daß zwischen deren Boden und dem Rade ein ganzer Strohm Wasser ohne weitern Nutzen, als daß er höchstens anstreifet, verlohren gehet.

Aus diesem einzigen bisherigen falschen Grundsatze, fließen also nicht nur eine Menge Uebel, sondern er ist auch vorzüglich derjenige, der bisher die größte Wasserverschwendung veranlaßt hat, und um so mehr veranlassen mußte, als alle dabey beabsichteten Zwecke auf dem irrigen Vordersatze des Stoßes beruheten, wie das oben, S. 214 fl. schon dargethan ist. Mehr aber als alle Demonstrationen beweisen die wirklichen Erfolge, wie irrig und nachtheilig dergleichen Vorstellungen und davon abstrahirte Regeln sind, und es stehet darnach wohl für sich selbst fest, daß der Stoß, wenn er wirklich unter gewissen Umständen statt haben kann, doch nie zur Verminderung des Fallraums angewandt werden muß, welches doch hier offenbar, wenigstens in der Rücksicht geschiehet, daß der fallende Körper erst eine schiefe Fläche von 8. 10. 12 und mehreren Fußen durchlaufen mußte, bevor er zum Angriff gelangen konnte, und dann auch, nur in einem 9. 12 bis 15 Zoll tieferen Punkte, statt daß er in dem höhern eben diesen Raum durchlaufen, folglich nach den obigen Verhältnissen, einen um eben so viel größern Bogen der Maschine in Bewegung gesetzt haben würde. — Dazu kommt, daß die aus der Schützenöffnung ströhmende Wassermenge, nur durch die darüber liegende Wassersäule, (oder das Standwasser) ihre größere Geschwindigkeit und Wirkung erhält, und diese desto größer seyn muß, je näher der zu bewegende Körper der Schützenöffnung selbst liegt, so wie es offenbar ist, daß selbige den umgekehrten Erfolg behauptet, je weiter die letztere von dem zu bewegenden Körper abliegt, daß hinfolglich der Stoß in den vorliegenden Fällen nichts bedeutet, diese, nach der allgemeinen Anwendung zu urtheilen, wahrscheinlich sehr ausstudirte Maxime, vielmehr zu sehr wichtigen Nachtheilen gereicht, und die größte Vollkommenheit nur einzig darin gesucht werden muß,

die

die in Umtrieb zu setzende Maschine mit der größt-möglichsten Geschwindigkeit des Wassers, so nahe als möglich an der ausströhmenden Oeffnung, und von der möglichsten Höhe, in Bewegung zu bringen, um alle gewünschten Vortheile zu vereinigen, wie die hier aus einander gesetzten und auf diese Lehren gegründeten Erfolge zur vollständigen Ueberzeugung ergeben.

Die im vorstehenden nach des Herrn Bergrath Eiselen's Theorie angegebenen Verbesserungen der Gerinne unterschlächtiger Mühlen, sind nun gewiß von der Art, daß sie bey allen Mühlenbauverständigen die größte Aufmerksamkeit erregen, und sie bewegen müssen, sich mit der noch genaueren Auseinandersetzung derselben in den genannten Beyträgen bekannt zu machen.

Gerinne der oberschlächtigen Mühlen *).

Das Gerinne einer oberschlächtigen Mühle besteht aus dem **Grundbaume** a und dem **Fachbaume** b mit **Griessäulen** c und der **Holbe** d und einer **Wassermauer** e ferner aus dem **Wasserkasten** oder **Wasserbette** g und dem **Herde** f Figur 5571 und 5572. Der Grundbaum a Figur 5571, wird auf gerammte Pfähle, h gelegt, und auf denselben eine Wand von Säulen o von derjenigen Höhe gesetzt, als das vorhandene und nach der Mühlenordnung zugestandene Gefälle erlaubt. Vor dieser Wand wird eine Wassermauer e bis unter den Fachbaum aufgemauert, sodann der Fachbaum b darauf gelegt, und auf diesen das Grieswerk c mit der Holbe d gesetzt. Vor den Fach-

*) S. Stieglitz Encyklopädie der bürgerl. Baukunst. III. Th. S. 717.

Fachbaum b wird alsdenn der Herd f mit den Seitenwänden l eben so angelegt, wie bey unterschlächtigen Mühlen.

Was das Wasserbette g und die darunter befindliche Radestube x betrifft, so werden eichene Pfähle m in den Grund gestoßen, die Schwellen n darauf gelegt, und hierauf die Säulen o und Bänder p gesetzt, auf die Säulen die Blattstücke q auf diese quer über die Balken r gelegt, worauf alsdenn der Wasserkasten g aufgestellt wird. Bey der Zulegung des Wasserkastens ist vorzüglich auf die Eintheilung der Balken r zu sehen, damit sie auf die Blattstücke q so zu liegen kommen, daß die Räder y ganz frey dazwischen umlaufen können. Die übrigen Balken z werden, weil sie, wegen der Räder nicht ganz durchgehen dürfen, in Spannriegel t eingezapft. Die Rinneporten r die von ganzem Holze rechtwinklich ausgearbeitet sind, müssen so weit aus einander gelegt werden, als das Wasserbette werden soll, und in den Griessäulen c eingezapft seyn, auch über dieses auf die Balken also eingekämmt werden, daß nur 2 Zoll über dieselben hervorragen, damit der Boden 2, der aus 2 Zoll starken Pfosten gemacht wird, mit dem untern Theile der Rinneporten ganz eben fällt. Damit aber die Seiten des Wasserbettes eine genugsame Höhe bekommen, welche 5 bis $\frac{6}{4}$ Elle seyn kann, so fügt man auf die Porten r Baustämme 3, und dobelt sie mit eichenen Nägeln an, oder man setzt auswendig Säulchen 4, in die Höhe und beschlägt solche mit Pfosten, so ist das Wasserbette g fertig. Endlich wird diese Wand von der Schwelle n an, worauf die Angewäge s ruhen, mit Bretern verschlagen, damit zur Winderzeit die Räder, gleichsam wie in einer Stube, warm gehen und nicht so leicht einfrieren. Die Schwellen n werden mit

Bre-

Bretern belegt, damit man bequem um die Wellen der Wasserräder bearbeiten kann. Auf das Wasserbette kommen oben in den Boden über den Wasserrädern die **Schlunglöcher** 5, zum Einschuß des Wassers auf das Rad. Diese Löcher werden hinter dem Kreutz oder Scheitelpunkt des Wasserrades dergestalt eingeschnitten, daß das Wasser recht zwischen die zweyte und dritte Schaufel einschießt. Ihre Länge richtet sich nach der Breite des Wasserrades; sie müssen aber 8 bis 10 Zoll kürzer seyn, als das Wasserrad breit ist, damit alles Wasser in die Schaufeln einfällt und nichts vorbeyfließt.

Uebrigens ist das Gerinne der oberschlächtigen Räder sehr verschieden. Wenn noch über dem Rade Gefälle vorhanden, und der Wasserschatz ergiebig genug ist, so werden solche Gerinne, wie hier beschrieben ist, mit Schlunglöchern angelegt, wodurch dem Rade ein desto schnellerer Stoß beygebracht wird. Bleibt aber kein Gefälle über dem Rade übrig, so läßt man das Wasser, wie es kommt, in die Schaufeln laufen.

Die Wasserleitung zu einer oberschlächtigen Mühle, welche größtentheils in bergigen Gegenden angelegt wird, und sowohl bey Mahlmühlen, als auch zu Kunsträdern in Bergwerken gebraucht werden, wird auf folgende Art bewerkstelligt. Man fasset das Wasser schon auf der Anhöhe, über welche es fließt, in ein Wasserbett, oder einen kleinen Graben ein, den man mit Steinen aussetzt, und, wenn das Erdreich nicht von Natur lettig ist, auf dem Boden sowohl, als an den Seiten, mit Thon ausschlägt. In den Gegenden, wo die Steine rar sind, macht man die Seitenwände von Söden oder Rasen. Man sucht auch vielmahl verschiedene Quellen auf, und leitet sie in den gemeinschaftlichen Graben, oder, wenn es die Gelegenheit gibt, so leitet

tet man aus einem höher liegenden Fluß einen solchen Mühlgraben ab, und führet an den niedrigen und in Gründen liegenden Stellen, das Wasser in hölzernen, wasserdichten Gerinnen, über die niedrigen Stellen hinweg, damit sein ganzer Lauf in einer ebenen Fläche, der man die benöthigte Rösche, die, wie bey andern Mühlgraben, auf 100 Fuß, 1 Zoll beträgt, zutheilt, bis zu dem Orte, wo das oberschlächtige Rad zu stehen kommen soll, fortfließe.

Da es eine Generalregel ist, daß der Wasserstand bey jedem oberschlächtigen Rade 6″ ist, oder daß das Wasser, welches auch das **Standwasser** genannt wird, vor dem Schlundloche so hoch geschützt wird: so kann man leicht eine Tabelle machen, sowohl wie viel Aufschlagewasser, nach Verhältniß der Höhe des Wasserrades dazu gehöre, als auch wie weit die Gerinne seyn müssen, und wie viel Kubikfuß das Aufschlagewasser wiege. Folgende Tabelle wird nach zweyerley Arten Aufschlagewasser, die Kubikfüße und Rinnenweite zeigen.

Höhe des Rades in		Aufschlagewasser in		Beträgt nach		Weite der Gerinne	
Fußen	Ellen	□ Zollen	□ Zollen	Kubikf	Kubikf.	Zolle	Zolle
6	3	264	240	$145\frac{1}{2}$	$135\frac{10}{13}$	44	40
8	4	198	180	$169\frac{11}{88}$	$99\frac{9}{44}$	33	30
10	5	$158\frac{2}{5}$	144	$87\frac{33}{110}$	$79\frac{4}{11}$	$26\frac{2}{5}$	24
12	6	132	120	$72\frac{3}{4}$	$66\frac{3}{22}$	22	20
14	7	$113\frac{1}{7}$	103 beynahe	$62\frac{5}{16}$	$56\frac{35}{176}$	$18\frac{6}{7}$	$17\frac{1}{6}$
16	8	99	90	$54\frac{99}{176}$	$49\frac{106}{176}$	$16\frac{1}{3}$	15
18	9	88	80	$48\frac{1}{2}$	$44\frac{1}{11}$	$14\frac{2}{3}$	$13\frac{1}{3}$
20	10	$79\frac{1}{5}$	72	$43\frac{13}{80}$	$39\frac{15}{22}$	$13\frac{1}{5}$	12
22	11	72	$65\frac{5}{11}$	$39\frac{15}{32}$	$36\frac{6}{11}$	12	$10\frac{10}{11}$
24	12	66	60	$36\frac{3}{8}$	$33\frac{3}{44}$	11	10

Neues Gerinne zu einer oberschlächtigen Mühle. (S. Fig. 5573, 5574 und 5575).

Der Herr George Quayle auf der Insel Man hat kürzlich ein als sehr vortheilhaft beschriebenes neues Mühlengerinne zu oberschlächtigen Rädern angegeben, und er theilt davon unter dem 7ten März 1803 folgende Nachricht mit *).

Da ich Gelegenheit hatte, eine Wasser-Kornmühle auszubessern, deren Maschinenwerk und Dielen durch das aus dem leck gewordenen Gerinne und Damm hervortretende Wasser beschädigt worden waren, so wurde ich veranlaßt, meine Aufmerksamkeit auf die wirksamsten Mittel zur Verhütung des nähmlichen Uebels zu verwenden. Bey den hierzu getroffenen Anstalten findet sich nichts, was nach der Theorie neu wäre; aber in der Verbindung derselben dürfte sich vielleicht manches neue finden. Weil das Unglück, welchem hierdurch vorgebeugt werden soll, sehr häufig ist, und die öffentliche Bekanntmachung des hier befolgten Verfahrens manche Winke zur Benutzung anderer Mittel geben dürfte, so folgt hier eine kurze Angabe der ganzen Behandlung.

Die Arbeit wurde damit angefangen, daß von der zwischen der Mühle und dem Damm befindlichen Erde, bis zu der Tiefe des Felsen, auf welchem der Grund der Mühle stand, so viel weggeschafft wurde, daß ein Raum zum Bau einer Mauer, nebst einem leeren Raum blieb, so daß ein Mensch zwischen durch gehen konnte. Die Richtung der Mauer auf der Dammseite war senkrecht; sie machte aber einen Winkel von einem Fuß auf zehn an der Aussenseite, um sie in den Stand zu setzen, den Seitendruck auszuhalten. Dadurch wurde alles Leken von dem Damm gegen die Mühle gänzlich verhindert; und das Leken aus dem Gerinne wurde ebenfalls dadurch unschädlich gemacht, daß die Seitenwände, welche die Wasserräder halten, bis zu der Höhe des zwey-

*) S. Magazin aller neuen Erfindungen. Leipzig bey Baumgärtner. No. 17. 4. S. 280 ff.

zweyten Flurs der Mühle, und ungefähr 3 Fuß über die Höhe des Wasserkastens hinauf geführt wurden.

Aus der Zeichnung ersieht man, auf welche Art das Wasser an die Räder gebracht wurde. Vermittelst eines äußern Schutzbrets an dem Gerinne wird jeder Vortheil, wodurch das Wasser zu einer solchen Höhe auf dem Mühldamm erhalten wird, als die Lage es verstattet, beybehalten, und zwar ohne die Kosten und ohne die Ungelegenheit, daß man genöthigt wäre, für ein Gerinne von gleicher Höhe mit der Wasserfläche in dem Behältniß zu sorgen. In einem tiefen Gerinne findet das Wasser mehrere Risse, und bringt es schneller zum Verfaulen; auch die Kosten für dessen Verfertigung sind größer, da es verhältnißmäßig stärker gemacht werden muß, um so viele hinzukommende Last zu tragen.

Das hier beschriebene Gerinne kostet weniger Geld; und erreicht den Zweck eben so gut als ein tieferes.

Weil das Wasser in diesem Gerinne bey dem Mittelpunkt des Wasserrads vorbey geht, und wieder auf dasselbe zurück geführt wird, so verursacht es, daß das Rad sich nach dieser Richtung auflöset; daher hat man weniger zu befürchten, daß es durch Schutt oder Steine, welche durch das Gerinn gehen, gehemmt oder beschädigt werden könnte. Hierzu kommt noch ein andrer Vortheil, nähmlich: weil auf diese Art das Wasser hinten von der Höhe des Rads darauf gebracht wird, so geht keines verlohren, weder durch Herübersprützen, noch durch die Schutzbreter; denn alles Wasser, und die ganze Kraft, welche gewöhnlich so übel angewendet wird, muß bey diesem Verfahren sich gegen das Rad äußern.

Die Tiefe des Gerinnes könnte noch weiter herab gesetzt werden, wenn nicht der Umstand zu bedenken wäre, daß das Wasser in dem Augenblick, da das Rad zuerst in Bewegung gesetzt wird, zu einer außerordentlichen Höhe steigt; aber die Tiefe des Wasserkastens ließe sich wohl nicht recht füglich vermindern, indem er zwey und zwanzig Zoll oder zwey Fuß an dem obern Theil erfordert, um das Wasser in die Eimer mit einer solchen Gewalt zu treiben, daß es auf die ersten Eimer wirken kann, bis es den Punkt erreicht, wo die Schwere mit Vortheil zu wirken anfängt.

Diese Mühle hatte ehemahls nur ein einziges Wasserrad; aber aus der Belehrung, welche ich erhalten konnte, war zu vermuthen, daß man lieber deren zwey zu haben wünschte; daher wählte ich dieses Verfahren. Wo Wasser im Sommer mangelt, da wird eine große Verschwendung veranlaßt, wenn nur ein einziges großes Rad vorhanden ist; und fast die nähmliche Menge von Wasser wird verbraucht, wo viel oder wenig Arbeit verlangt wird. Durch Anbringung der drey Schutzbreter, wie sie in der Zeichnung beschrieben sind, kann der Müller sie mit eben der Leichtigkeit behandeln, als wenn nur ein einziges nach der gewöhnlichen Art vorhanden wäre.

Wiewohl dieses Verfahren, das Wasser in einem Behältniß aufzubewahren, oder es aus diesem zu gebrauchen, wo seine Tiefe großen Abänderungen unterworfen ist, nicht so genau in Kleinigkeiten seyn mag, als es vielleicht seyn könnte: so wird man doch für eine Kornmühle die Lieferung des Wassers nach dem gegenwärtigen Plan so regelmäßig finden, daß sie zu jeder Absicht hinreicht.

In Bezug auf den hier angegebenen Fall kann ich versichern, daß, wenn der gegenwärtige Plan von meinem Vorfahrer befolgt worden wäre, eine Ersparniß von mehr als 300 Pfund Sterling für die Ausbesserungen gemacht werden könnte, welche ich vorzunehmen genöthigt war.

Hauptsächlich wurde ich zu diesem Schritt durch meine in verschiedenen Gegenden von Großbritannien und Irland gemachten Beobachtungen veranlaßt, wo in manchen sehr weitläuftigen Werken, welche durch Wasser getrieben werden, große Fehler in dieser Hinsicht geduldet werden; besonders könnte ich ein Beyspiel in dem nördlichen England nennen, wo bey beträchtlichen Eisenwerken über die Hälfte des Wassers durchaus verschwendet wird.

Einige von den Vortheilen dieses Plans sind folgende:

daß das Gerinne, welches das Wasser aus dem Behältniß zu den Rädern führt, viel weniger Geld kostet, als die tiefen offnen Tröge, welche in manchen Mühlen gebraucht werden, oder die dicht verschlossene Fahrt für das Wasser in Holz oder Eisen, welche in andern Mühlen gebräuchlich ist;

daß

daß dieses Gerinne nicht so leicht leck wird, oder die Gebäude beschädigt, wie jene oben genannten: es kann vielmehr sehr leicht in Ordnung erhalten werden, und erfordert einen geringern Raum;

es kann leichter gereinigt werden, und wird durch keinen Schlamm verstopft, wie die geschlossenen Wasserröhren;

kein Wasser geht bey seinem Abfluß auf das Rad verlohren, sondern das ganze Wasser wirkt mit aller Kraft und Last auf die Eimer;

der obere Theil in dem Behältniß kann zu jeder Höhe gebracht werden, in welchem es versorgt werden kann, und der ganze Vorrath dieses Wassers kann auf die Wasserräder geführt werden;

das Schutzbret zwischen dem Behältniß und dem Gerinne öffnet oder schließt sich, nach Belieben und mit Leichtigkeit, vermittelst eines dazu eingerichteten Rades und Zapfens, wie in der Zeichnung beschrieben ist;

zwey Wasserräder werden aus einem einzigen Trog in Bewegung gesetzt, entweder zusammen, oder einzeln, je nachdem der Vorrath an Wasser aus dem Behältniß es verstattet; das breite Rad treibt zwey Paar Mühlsteine; das schmahlere nur ein Paar. Auch anderes Maschinenwerk kann durch die Wasserräder getrieben werden. —

Erklärung der Figuren.

Fig 5573 Grundriß des Gerinnes und anderer Theile.
Fig. 5574 Seitenansicht.
Fig. 5575 Vorderansicht.

A. Das äußere Schutzbret, welches das Wasser von dem Mühldamm in das Gerinne zuläßt.

B und C die Schutzbreter für die Wasserräder D und E, welche durch Haken und Zapfen erhöht und erniedrigt werden.

Wegen der großen Entfernung zwischen dem Wasserschutz und den beyden innern Schutzbretern ist der Schaft des Zapfens, welcher in den Haken des äußern Schutzbrets eingreift, in zwey Theile, G und H, abgesondert. Um es mit größerer Leichtigkeit in Arbeit zu setzen, ist eine neue Kraft (von vier zu eins) durch ein Schwungrad und durch einen Zapfen bey F hinzu gethan worden, welche noch den anderen Zweck hat, eine Seitenrichtung zu geben, um dadurch das Rad frey zu machen, indem der Zapfen B gehoben wird. Hierdurch wird der Müller in Stand gesetzt, die drey Schutzbreter auf der nähmlichen Stelle in Bewegung zu setzen, wie bey Fig. 5575

K L M sind drey Träger für das Gerinne. Zwey befinden sich auch unter dem Wasserkasten, welcher in die Seitenmauern geht; und eine senkrechte Stütze ist zwischen den Rädern angebracht. Diese sind in der Zeichnung nicht bemerkt worden, weil sie eine Undeutlichkeit verursachen konnten.

N ist eine flache Bedeckung zwischen den Rädern, mit einer rings herum gehenden Scheidung von fünfthalb Fuß Höhe, wo die Person sitzt, um die drey Schutzbreter in Bewegung zu bringen.

O Pfeiler, um die Hauptstämme zu tragen.

Von Dämmen und Wehren *).

Wenn man von einem Strohme einen Graben nach einer Maschine ableitet, so wird nicht so viel Wasser vom Strohm hinein laufen, als man nöthig hat; deswegen muß man einen **Damm** querüber im Strohm bauen, damit das Wasser aufdämmet, und seinen Lauf in diesen Graben nehmen muß, und dieser Damm wird ein **Wehr** genannt. Es gibt aber derselben zweyerley Arten, nähmlich **Aufziehewehre**, welche auch **Freyarchen**, und **Freyschleusen** heißen, und **Ueberfallwehre**. Die Aufziehewehre werden von Holz erbauet, und bedienet man sich derselben, wo das Land niedrig ist, und die Flüsse wenig Gefälle haben, da man das Wasser so dämmet, daß es beynahe dem Ufer gleich zu stehen kommt. Damit nun bey anwachsendem

*) S. Adam Melzer's neu verbesserte Mühlenbaukunst. II Th. 2te Auflage Merseburg 1800. S. 38 fl. Huth von Anlegung Beurtheilung und Berechnung der Wassermühlen. Halle 1787. 8. S. 65 ff.

sendem Wasser das daran liegende Land nicht so leicht überschwemmet werde, so bauet man ein dergleichen Wehr, und leget den Fachbaum so tief, als des Flusses Grund ist. So hoch nun der Fluß aufgedämmet werden kann, (welches man durch Hülfe der Wasserwage untersuchen muß) so hoch müssen die Schutzbreter gemacht und auf den Fachbaum gesetzt werden. Diese können bey anwachsendem Wasser, wenig oder viel, nachdem sich der Fluß geschwinde oder langsam ergießet, ausgezogen werden, und kann man dadurch das Wasser so lange in seinen Ufern erhalten, bis endlich der Fluß sich so ergießet, daß er auch das daran liegende Land überschwemmen würde, wenn gleich kein Wehr da wäre. Es muß aber die Weite oder die Länge des Wehres nach der Breite des Flusses eingerichtet werden, wo auch in den Mühlenordnungen die Weiten an einigen Orten verordnet sind; wovon an seinem Orte Nachricht folgen soll. Es sind aber selbige 10, 20, 30, 40, bis einige 50 Ellen im Lichten weit, und es werden die Griessäulen nicht mit zu den Oeffnungen gerechnet. Z. B. in dem Risse 5576 wird ein Aufziehewehr vorgestellt, das 18 Ellen im Lichten weit, und eingetheilet ist, wie folget;

Ellen	Zoll	
—	18	für die Griessäule a. Fig. 5576.
8	—	von der Griessäule a bis zu der Säule b.
—	18	die Säule b.
2	—	von der Säule b. bis zu der Säule c.
—	18	die Säule c
8	—	von der Säule c bis zu der Säule d.
—	18	die Säule d.
21 Ellen	—	

Lässet man nun den Fachbaum bey e und e 4 Ellen in die Ufer gehen, so beträgt die Länge des Fachbaums 29 Ellen. Dieser Fachbaum wird auf Pfähle gelegt, wie beym Grundwerk gezeiget worden. Es bestehet aber ein dergleichen Wehr 1) aus einem Herd, und 2) aus einen Fluthbette. Der Herd A. Fig. 5576 wird auf eben dergleichen Art, wie beym Grundwerke gezeiget worden, erbauet. Hinter den Herd kommt das Fluthbette B, dieses ist nach beygefügtem Maßstabe 6 Ellen lang, damit das Wasser nicht sogleich an den Fachbaum g niederfallen und selbigen unterwaschen kann, sondern seinen Abfluß bey h über das Fluthbette nehmen muß. Auf den Fachbaum kommt das Grieswerk a, i, o, d, Fig. 5577 zu stehen, und werden die äußersten Griessäulen a und d mit den Lehrwänden a k. ung d l ebenfalls, wie bey dem Grundwerke gezeiget worden, verbunden. Ist ein Wehr etwas lang, so werden die mittelsten Griessäulen b und c in einer Weite von einander gesetzt, daß nur ein Schutz dazwischen zu stehen kommt. Zwischen a b und c d kommen zwey Setzpfosten n zu stehen, diese werden mit dem Spannriegel m Fig. 5577 verbunden, damit man die Schutzbreter p nach Belieben einsetzen, und wieder herausnehmen kann. Auch müssen die Setzpfosten n so eingerichtet seyn, daß man selbige herausnehmen, und wieder einsetzen kann, damit bey Eisfahrten dem Wasser und Eise Luft gemacht werden kann. Ferner werden hinter die doppeltstehenden Griessäulen b und c drey oder vier Pfähle q. Fig 5578 gestoßen, auf diese werden die Jochstücke r geleget, und in die Griessäulen b und c eingezapfet, damit das Grieswerk dem Druck des Wassers widerstehen kann. Auf dem Herde werden vor den Griessäulen b und e gleichfalls Pfähle gestoßen, und Jochstücke s darauf gelegt, und in die Griessäulen mit Schwalben geschwänzten Zapfen eingezapfet. Endlich leget man über

die

die Jochstücke s die Schutzbrücke t, welche hier Fig. 5576 mit punkturten Linien bemerket ist. Weil nun die Griessäulen bey einem Aufziehewehre weit von einander zu stehen kommen, so leget man auf selbige einen so genannten Spannrehm i, o, welchen man der Baukunst gemäß verzieret, und dann ist das Aufzugwehr fertig.

Ueberfallwehre bauet man, wo das Wasser in hohen Ufern gehet, oder auch wenn der Untermüller dem obern das Wasser zu hoch hält, daß es ihm in die Wasserräder stauchet, so wird es durch diese Wehre verhindert, weil es über dieselben fallen kann. Weil aber die Baumaterialien, nach Proportion des Preises, immer an einem Orte anders, als an dem andern zu bekommen sind, auch der Baumeister sich nach des Bauherrn Geldbeutel richten muß, so kann man die Ueberfallwehre auf dreyerley Art bauen, als 1) ganz hölzern, 2) halb Holz und Stein, 3) ganz steinern.

Ein hölzernes Ueberfallwehr bestehet 1) aus dem Herd, 2) aus dem Fluthbette, und 3) aus den Lehrwänden. Wenn man demnach bey dem Aufziehewehr das Grieswerk a, i, o, d, Fig. 5577 wegläßet, so ist selbiges ein Ueberfallwehr. Denn es wird der Herd, das Fluthbette und Lehrwände bey dem Ueberfallwehre erbauet, wie bey dem Grundwerke und Aufziehewehre gelehret worden ist, und hat man hier keine weitläuftige Beschreibung nöthig.

Ueberfallwehre von Holz und Steinen, bauet man auf folgende Art:

1) Wenn das Wasser D durch einen vorgestoßenen Schutz abgeschützet ist, so stößet man Pfähle E 5 bis 6 Schuh weit aus einander, und leget die Herdschwelle F so tief, als des Flusses Grund ist, darauf.

2) Vor diese stößet man die Herdpfähle G, siehe Fig. 5579 und 5580.

3) Stößet man eine Reihe Pfähle, und leget die Hauptschwellen I in einer solchen Höhe, als das Wehr zu bauen erlaubt ist, darauf.

4) Vor diese Pfähle setzet man 6 bis 8 Zoll starke wohlgefügte Pfosten K.

5) Stößt man eine Reihe Pfähle L und leget die Schwellen M, daß selbige dem todten Wasser gleich kommt, darauf.

6) Hinter diese stößt man die Pfähle N, damit die Schwelle M eine rechte Widerlage bekommt.

7) Leget von einer Schwelle zur andern Balken oder sogenannte Zungen.

8) Füllet den Raum mit grobem Schutt W aus.

9) Setzet die Fächer mit starken Bruch- oder Quadersteinen R aus, so ist das Ueberfallwehr fertig.

Ein Wehr von Steinen zu bauen.

Dieses ist zwar am dauerhaftesten, es verursacher aber auch viel mehrere Baukosten, als die vorhergehenden. Denn 1) muß das Wasser von allen vier Seiten verschützet werden, 2) aus dem mittlern Raume bringt man das Wasser mit Pump- oder Schöpfwerken heraus, und nachdem man solchergestalt einen trockenen Platz überkommen, so räumet man so tief, als es sich will thun lassen, in den Grund A, und stößt einen Rost, und dieser wird verfertiget wie folget. Fig. 5581 u. 5582.

1) Rammelt man nach der Länge des Wehres zu beyden Seiten in der Weite von etwa 3 Ellen Pfähle ein, doch daß sie in der Dicke einer Schwelle über der Erde stehen bleiben.

2) Schneidet man an den Köpfen der Pfähle Zapfen ein.

3) Leget man die Hauptschwellen B dergestalt darauf, daß die Zapfen in ihre Löcher C kommen.

4) Stößt man quer über andere Pfähle, und leget gleichergestalt die Querschwellen D darauf, und verbindet sie durch Schwalbenschwänze mit den Hauptschwellen, und befestiget die Verbindung mit hölzernen Nägeln, weil die eisernen rosten.

5) Die Querschwellen D verbindet man durch eine andere mit den Hauptschwellen gleichlaufend gelegte Schwelle E.

6) In die gevierten Löcher F rammelt man Pfähle von erlenem Holze ein, so ist der Rost fertig. Auf diese leget man Quadersteine, und verbindet sie mit einander, durch mit Bley eingegossene Klammern. Ueber diese wölbet man einen Bogen, nach der Höhe, als das Wehr zu bauen erlaubt ist, so ist das steinerne Wehr fertig. Man kann auch das Mauerwerk nach so einer Figur auf den Rost setzen, wie das vorhergehende Wehr gezeiget. Wenn aber Floßholz über den Damm geflösset wird, so ist es besser, wenn man das Hintertheil schweifet, wie die punktirte Linie bey d Fig. 5582 zeiget; denn da schlägt der Damm das Wasser von sich, und haben die Flösse eine desto bessere Ueberfahrt.

Die Schützen macht man auf folgende Art.

1) Rammelt man zwey Reihen Pfähle a Fig. 5583 um den ganzen Ort, wo der Grundbau hinkommen soll, um die Hälfte ihrer Länge ein.

2) Auf diese leget man die Balken b.

3) Diese verbindet man mit Querbalken c.

4) Nagelt von Bretern Tafeln zusammen, und setzet sie vor die Pfähle a, wie die punktirten Linien ausweisen.

5) Den Raum zwischen beyden Reihen der Pfähle füllet man mit Lehm, Thon oder sonst einer wasserhaltenden Erde aus.

6) Mitten aus dem eingeschlossenen Raume bringet man das Wasser durch Schöpf- oder Pumpwerk heraus.

Einige stoßen Schutze mit Spundpfählen. Allein sie lassen sich nicht so an einander stoßen, daß die Spünde knapp zusammen passen sollten, und ist diese Sache nicht von gutem Erfolg. Andere pflegen mit mehr Bequemlichkeit und wenigern Kosten, solche ausgefalzte Pfähle einzuschlagen, und in die Falzen Breter einzusetzen, wie Fig. 5584. Allein auch dabey ist noch vieles zu bedenken.

E. Von den Wasserrädern *).

Diejenigen Räder, welche ihre Bewegung entweder durch den Stoß, oder durch die Schwere, oder auch durch den Stoß und die Schwere des Wassers zugleich in Beweguug gesetzt werden, werden Wasserräder genannt.

Wenn das Wasser unten an das Rad anschlägt, so nennt man es ein unterschlächtiges Wasserrad. Diese werden in vier Classen getheilt, als **Staberräder, Strauberräder, Sackräder** und **Pansterräder**.

Die

*) Ueber diesen Abschnitt ist besonders nachzusehen: Anweisung zum praktischen Mühlenbau, oder gründliche Abhandlung zur Verfertigung des gesammten Räderwerkes. Für Müller und Zimmerleute ausgearbeitet von Heinr. Ernst, der Mechanik und Mühlenbaukunst Praktikus. 1 Th. Leipzig bey Fleischer dem jüngern 1802. 8.

Die **Staberräder** bestehen aus zwey Reifen oder Kränzen a a, zwischen welchen die Schaufeln b eingezapft sind. Die Breite richtet sich nach der Quantität des Wassers, sie können 2 bis $2\frac{1}{2}$ Ellen breit seyn. Die Weite der Schaufeln kann 16, 18 bis 20 Zoll seyn, denn wo viel Wasser ist, da leiden die Wasserräder keine enge Schaufelung. Fig. 5585. Fig. 5564 zeigt den Grundriß einer Stabermühle mit 2 Gängen.

Die **Strauberräder** aber haben nur einen Reifen D, und die Schaufeln e stehen auf dessen Stirn, und werden an die Stelzen f mit zwey hölzernen Nägeln angenagelt; auch werden die Schaufeln e mit Riegeln g an beyden Enden befestiget, damit sie dem Druck des Wassers widerstehen. Fig 5586. In Fig. 5563 sieht man den Grundriß einer Straubermühle mit 2 Gängen.

Die **Sackräder** werden gleichfalls von zwey Reifen gemacht, und werden in kleinen Flüssen gebrauchet, wo nicht hinlängliches Gefälle vorhanden, daß man ein oberschlächtiges Rad anbringen kann. Sie werden mit gebrochenen Schaufeln gefertigt, und wird die Kröpfung, wo das Wasser in das Rad schießt, nach der Peripherie des Rades gelegt. Man pfleget sie auch, wenn bey einem Staber- und Strauberrade das Gefälle über 2 Ellen ist, anstatt derselben zu gebrauchen, damit das Wasser nicht über die Schaufeln springen kann. Figur 5587. (Man sehe aber das oben S. 233 gesagte.)

Diese drey Arten Räder liegen mit den Wellen auf ihrem Lager, und können nicht nach dem Steigen und Fallen des Wassers gestellt werden, sondern die Gerinne A sind mit Schutzbretern versehen, damit man viel und wenig Wasser auf die Räder lassen kann. Wie dergleichen Lager beschaffen, ist bey B an dem Strauberrade Fig. 5586 zu ersehen.

Pansterräder haben ebenfalls zwey Reifen aa, und sind von den Staberrädern nur der Weite nach unterschieden; denn sie sind 5, 6 bis 7 Ellen breit, auch werden die Schaufeln b noch in der Mitte mit Riegeln m befestiget, und üben daher eine große Gewalt aus; treiben gemeiniglich zwey Gänge, und können nur in großen Ströhmen gebraucht werden. Diese Räder können auf- und niedergelassen werden; denn die Zapfen der Welle liegen in Gattern n, welche zwischen zwey Säulen o in Falzen auf- und niedergehen, und an Ketten p hangen, und Pansterketten heißen. Diese Ketten p gehen um die Welle Q, welches die Ziehwelle heißt; an dieser Welle ist ein Stirnrad (welches 80 Kämme haben kann), welches in eine Kompstwelle eingreift, an dessen Welle ist eine Ziehscheibe mit 32 bis 36 Sprossen, dadurch kann dieses Rad aufgezogen, auch niedergelassen, und nach dem Steigen und Fallen des Wassers gestellt werden. Fig. 5588.

In dieser Figur 5588 ist nur der äußerste Ziehgatter mit seinen Gatterstäben vorgestellt; denn an dem innern Ende der Welle ist selbiger auf gleiche Art beschaffen; und wie sich die Pansterketten außen um die Ziehwelle Q aufwickeln, so geschieht es auch an der innern Seite.

Wenn Panstermühlen ohne Ziehzeug erbauet werden, so wird es **Stockpanster** genannt. Es werden gleichfalls an jedem Ende der Wasserrad-Welle zwey Säulen E gesetzt, welche wie eine Hebe ausgefalzet werden, damit der Riegel F mit der Welle G auf- und niedergebracht werden kann. Siehe Fig. 5589.

Wenn das Wasser, welches eine Mühle oder andere Maschine umtreibt, oben auf das Rad geleitet wird, so nennt man es ein oberschlächtiges

Wasser-

Wasserrad. Dergleichen können erbauet werden, wenn der Fluß 4, 5, 6, 7, 8, bis 16 Ellen Gefälle hat; denn je höher das Rad, desto mehr thut die Mühle oder Maschine Dienste.

Sie werden gleichfalls aus zwey Reifen A gemacht; die Schaufeln B werden schief in die Reifen eingesetzt, welches die Duckung genannt wird.

Inwendig bey C wird ein Boden genagelt, daß das Wasser nicht durch das Rad fallen kann, sondern die Schaufeln gießen selbiges unten bey D wieder aus. Siehe Fig. 5590.

Man pflegt zwar auch **oberschlächtige Räder** zu machen, wenn etwa nur drey Ellen Gefälle vorhanden, welches **Walzenräder** genannt werden. Sie müssen sehr breit seyn, daß viel Wasser darauf geschlagen werden kann, wenn die Mühle gute Dienste thun soll. Fig. 5591.

Man hat noch eine Art von Wassermühlen, welche **Schiffmühlen** genannt werden. Diese Mühlen werden in so großen Ströhmen angelegt, wo kein Wehr oder Damm angebracht werden kann; oder, wenn er auch angebracht werden könnte, viele tausend Thaler Kosten verursachen würde, wenn das Wasser in ein Gerinne geleitet werden sollte. Es werden selbige auf zwey an einander befestigte Schiffe gebauet, die man gut verankern und mit starken Seilen am Lande befestigen muß. Das eine E heißt das Wellschiff, weil auf demselben die Welle des Wasserrades ruhet; Fig. 5592. Das andere das Hausschiff, weil sich auf demselben das Gebäude der Mühle befindet. (Das Hausschiff ist in dieser Figur nicht vorgestellt.) Sie können von einem Orte zum andern gebracht werden, und heben und senken sich mit dem Steigen und Fallen des Wassers.

Was

Was aber die Bauart eines solchen Rades betrifft, so wird es nicht, wie die Panster-, Staber- und oberschlächtigen Wasserräder von zwey Reifen zusammengesetzt, sondern nur aus Armen a. Diese sind in die Welle C mit einem mit Schwalben geschwänzten Zapfen 4 Zoll tief eingezapft; ihre Stärke kann 3½ Zoll, und die Breite 5 Zoll seyn; die Länge richtet sich nach der Höhe des Wasserrads. Jede Schaufel bekommt 4 solche Arme a. Auf diese werden gedachte Schaufeln am Ende derselben mit zwey Nägeln befestiget, und zwischen den Armen mit Sperrstöcken oder Riegeln b, so von einer Schaufel bis zur andern reichet, verwahret, damit sie dem Druck des Wassers widerstehen können. Ein solches Rad hat gemeiniglich 12 Schaufeln; und weil jede Schaufel 4 Armen hat, so werden 48 Arme dazu erfordert. Die Schaufeln können 9 Ellen lang und 1 Elle breit seyn. Die Höhe des Rades ist 6½ bis 7 Ellen.

Man hat außerdem auch noch **horizontale Wasserräder**, deren man sich in gebirgigen Gegenden einiger Länder bedient. In Deutschland kommen sie indessen seltener vor, weil man die oberschlächtigen Räder ihnen vorziehet, wenn das Wasser hinlänglichen Fall hat. Ihre Struktur soll weiter unten gezeigt werden. Eben so auch die Structur der **Fluthräder**, welche an einigen Orten an der Seeküste, wo die Ebbe und Fluth hin und hergehende Ströhmungen verursacht, üblich sind.

Alle Mühlen, oder andere Maschinen, erhalten ihren Nahmen vom Wasserrade. Ist es ein Staberrad, so wird die Mühle **Staberzeug**, ist es ein Pansterrad, so wird die Mühle **Pansterzeug**, ist es ein oberschlächtiges Wasserrad, so wird die Mühle **oberschlächtiges Zeug** rc. genannt.

Von

Von Verfertigung der Radestühle *)

Nachdem wir die Benennung der verschiedenen Wasserräder angeführt haben, so wird es nun nöthig, die Zurüstung zu beschreiben, worauf dieselben bequem verfertiget werden können, und diese Zurüstung heißt der **Radestuhl**. Dieser besteht aus 4 Balken a, b, c, d, Fig. 5593. Besagte Balken sind 12 bis 18 Zoll länger, als das darauf zu verfertigende Rad Höhe haben soll. Die Stärke derselben kann 6 bis 8 Zoll seyn. In der Mitte dieser zusammen geschlossenen Balken wird ein Holz f welches 4 bis 5 Zoll stark ist, mit einem schwalbenschwänzigen Zapfen fest eingelegt. Genau in der Mitte dieses erwähnten Holzes wird ein Loch gebohret, in welches ein anderes rund gedrehetes Holz eingesteckt wird; dieses Holz wird der Mönch genannt. Siehe Fig. 5594. Dieses Holz oder Mönch hat zwey runde Zapfen a b, wovon der eine a etwa 1½, der andere b aber 1 Zoll stark seyn kann. Hat man also diese oben gedachten Balken zusammen geschlossen, so werden Beine nach beliebiger Höhe eingesetzt, die die vorgezeichneten Löcher anzeigen.

Man kann auch noch zwischen die Balken des hier beschriebenen Radestuhls 4 Bockhölzer Fig. 5593 e, e, e, e besonders einlegen. Diese Bockhölzer haben den Nutzen, daß man auf einem solchen Radestuhle große und kleine Räder machen kann, weil sonst im letztern Falle die Felgen zu kurz sind, folglich nicht aufgelegt werden könnten. Auf diese Art ist dem Uebel abgeholfen, und man hat nun eine Vorrichtung, daß man beyde, große und kleine Räder darauf verfertigen kann.

Um

*) S. Ernst a. a. O. S. 12 ff.

Um nun ein Rad darauf zu verfertigen, so verfährt man folgendergestalt:

1) Suche man das gehörige Viertelmaß oder die Länge einer Felge a b Fig. 5595, (Was das Viertelmaß ist, soll weiter unten ausführlicher gesagt werden.)

2) Nun nimmt man den Radzirkel Fig. 5596 (welcher etwas groß gezeichnet worden, um die Sache deutlicher zu machen), legt denselben mit dem äußersten Loche a auf den Mönch, und verreißt die Felge auf der äußern Peripherie. Ist dies geschehen, so hebt man

3) denselben aus, und legt ihn in das andere Loch auf gedachten Mönch b und verreißt die Felge inwendig. Nun hauet oder säget man

4) das Holz nach den verzeichneten Rissen aus, hobelt es winkelrecht ab, und so ist eine Felge fertig, nach welcher alsdann weiter die andern verrissen, und auch ausgebögt werden können.

Ehe man alle Felgen auf der äußersten und innern Seite rein abhobelt, müssen sie erst auf der Schwartenseite, wo dieselben zusammengelegt werden, genau nach einer geraden Bahn (wozu man sich eines geraden Richtscheits bedienen kann) mit dem Fügehobel abgerichtet werden, und wenn dieses geschehen ist, noch einmahl aufs Reine verrissen, und alsdann das wenige Holz vollends ausgeböget werden. Dadurch erhält man den Vortheil, daß man des langen Auf- und Nachbesserns überhoben seyn kann.

Sind alle Felgen fertig, so fängt man an, den Reif (oder Scheibe) zusammen zu stoßen. Dies geschieht also:

1) Leget man die Felge a Fig. 5595 auf den Radestuhl; auf diese legt man zwey andere c und b (nähmlich auf den bezweckten Ort der Anle-

gung

gung), und sieht zu, ob sie gehörig zusammenpassen; wo nicht, so bessert man noch mit einem Hobel nach, bis sie genau passen. Ist man damit fertig, so werden

2) vier eiserne Zwingen angelegt, und diese drey Felgen vermittelst aufgeschlagener Keile, unter die Zwingen zusammengezogen. Da, wo die obersten Felgen zusammenstoßen, und der Stoß noch nicht paßt, schneidet man mit einer genau geschränkten Säge dazwischen hinein, zieht die obern Felgen wieder zusammen, und continuiret damit, bis sie gehörig passen.

3) Ist also der Stoß, der Ordnung gemäß, gehörig zusammen, so verzeichnet man die Nägel und bohret die Löcher, und nagelt sie zusammen; alsdann wendet man

4) diese drey zusammengenagelten Felgen um, und stößt zwey andere daran (unter Beobachtung obiger Regeln), und fährt damit so lange fort, bis alle Felgen, zusammen gesetzt, eine Scheibe oder Reifen bilden; man merke aber wohl, daß, bey jeder Anstoßung anderer Felgen, der Reif oder Scheibe allemahl in Zirkel gelegt werden muß.

Weil hier die Rede von einem Wasserradreifen ist, so muß man bey der Eintheilung der Nägel und Schaufeln vorzüglich darauf sehen, daß keine Schaufel oder Nagel auf einen Stoß oder Arm treffen darf; es muß alles mit der größten Genauigkeit gearbeitet werden.

Zur Abstechung der Felgenlänge bedienet man sich eines sogenannten Stangenzirkels oder Viertelmaßes, wie es die Müller nennen, welches Figur 5597 abgezeichnet ist. Dasselbe besteht nähmlich aus zwey gedrehten Hölzern a und b, durch welche ein Stückchen Latte gelocht wird. Bey a wird der Zapfen fest gemacht, bey b aber wird das Loch etwas weiter gelassen, damit man oben einen Keil c daraufschlagen kann, um gedachtes Holz an der Latte hin- und herschieben, und vermittelst dieses Keils dasselbe, nach jedem Punkte der verschiedenen Felgenlängen, stellen zu können. Fig. 5598 ist der eiserne Zahn, welcher zur Verreißung der Felgen an den Radezirkel Fig. 5596 angeschraubt werden kann, wie solches praktischen Mühlenbauern schon bekannt ist.

Um Anfängern sowohl, als auch bereits praktischen Arbeitern mehr Bequemlichkeit bey Erbauung der Räder zu verschaffen, soll hier ein Radestuhl mit einer Theilscheibe zu machen angewiesen werden. Man mache sich von gutem harten Holze

1) eine runde Scheibe, Fig. 5599 a, und reiße nach Belieben verschiedene Zirkellinien, als b, c, u. s. w. darauf.

2) Theile man gedachte Zirkellinien nach der Zahl der Kämme, welche in die Räder kommen sollen, richtig und accurat ein. Dann bohre man

3) durch jeden abgestochenen Theilungspunkt ein gerades winkelrechtes Loch durch die Scheibe, welches ½ bis ¾ Zoll stark seyn kann.

4) Passe man genau durch das Centrum der Scheibe ein wohl abgedrehtes rundes Holz d, welches oben mit einer Schraube versehn ist die so lang geschnitten wird, daß sie etwa ½ Zoll in den beweglichen Theilungsstab e gehe; der Stab kann 1 und ½ Zoll stark seyn.

5) In diesen Theilungsstab e muß ein längliches Loch f, welches etwa ½ Zoll stark seyn kann, gemacht werden; darein mache man

6) eine Schraube g, Fig. 5600, welche oben bey g mit einer Mutter versehen ist, und unten bey h einen Absatz hat, damit der Theilungsstab richtig aufliegen kann. Unter diesem Absatze bekommt diese Schraube eine kegelförmig zugedrehte Spitze, damit man dieselbe bequem in die Theilungslöcher der Scheibe einsetzen kann.

Das Loch f muß man so lang machen, daß die Schraube in alle Theilrisse verschoben werden kann.

7) An diese Scheibe a mache man noch vier Schrauben i, i, i, i, welche ganz zuäußerst an die Peripheri gesetzt werden, und mache sie ebenfalls mit Müttern; damit aber die Scheibe darauf ruhe, versehe man sie mit einem Absatz, und überdieß noch mit einem Kopf an dem untern Ende der Schraube, damit, wenn die Scheibe aufgeschraubt wird, sich gedachte Schrauben nicht durchziehen können. Andere Kleinigkeiten sind überdieß aus der Zeichnung zu ersehen.

Der Gebrauch dieser Theilscheibe ist folgender: z. B. man wollte ein Kammrad verfertigen, welches 56 Kämme und 4 Zoll Theilung haben sollte, so procedire man also:

1) Suche man den Theilriß und stoße das Rad zusammen, und richte es gehörig ab. Nun fängt man an, folgendermaßen einzutheilen:

2) Man schraube die Theilungsscheibe a, Figur 5595 auf den Radestuhl k k k auf, und zwar dergestalt, daß sie mit dem Rade a, b, c, und ihrer eigenen Fläche a horizontal stehe.

3) Stelle man die Schraube l in dem langen Loche des Theilungsstabes e auf denjenigen Zirkel, wo 56 Löcher eingebohret sind, als so viel das hier angenommene Rad Kämme bekommen soll. Dann lege man

4) diesen auf den Stoß des Rades, (wohin nähmlich der erste Kamm kommen muß), und mit der Schraube l in das Loch der Theilscheibe. Weil nun hier der Stoß den Kamm bemerkt oder bezeichnet, so braucht man hier keine Linie am Theilungsstabe wegzuziehen, sondern man hebt den Theilungsstab mit der Schraube aus, setzt ihn in das andere Loch auf dem Theilrisse der Scheibe, und zieht für den zweyten Kamm hart an dem Theilungsstabe eine Linie mit einem scharfen Zirkel. Da, wo diese Linie 1 den Theilriß des Rades a, b, c durchschneidet, ist der Punkt zum zweyten Kamme; wie solches die punktirten Linien 1, 2, 3, 4 deutlich zeigen. Auf diese Art fährt man fort, bis man ganz herum ist.

Durch dergleichen Theilungsscheibe kann man ein Rad sehr richtig und geschwind eintheilen, und es wäre zu wünschen, daß man in jeder Mühle eine auf das daselbst befindliche Zeug eingerichtete Theilscheibe verfertigte, indem sie zu jedem Radestuhl anwendwendbar zu machen ist. Man erhält durch diese Theilscheibe den Vortheil, das Viertelmaß geschwind zu finden, ohne daß man erst durch mechanische Eintheilung mit dem Zirkel sich bemühen, viel weniger durch Rechnung suchen muß, welches auch manchen eine große Schwierigkeit machen würde.

Man darf nur verschiedene Theilrisse auf diese Scheibe machen, z. B. zu 4, 5, 6, 7, bis 8 Stücken u. s. w. und nach obigen Regeln verfahren, so hat man das Viertelmaß gleich. Hätte man den Theilriß auf der Theilscheibe zu zwölf Stücken gemacht, so kann man auf diesen auch das Viertelmaß zu vier Stücken finden; man darf nur den Theilungsstab mit der Schraube in die Löcher 1, 3. 6, 9, 12 setzen, so ist man damit fertig. Ingleichen zu acht Stücken, so darf man nur einen Theilriß auf die Theilscheibe machen, und acht Löcher hineinbohren, und in gedachte Löcher den Theilungsstab mit der Schraube setzen, so hat man das Achtelmaß auch, welches alles ein jeder leicht einsehen kann. Es wäre freylich der Sache angemessener, wenn man z. B. ein Rad von acht Stücken im Umkreise machte, daß man sagte, man suche oder mache das Achtelmaß, und nicht das Viertelmaß. Weil es aber ein angenommenes und gebräuchliches Handwerkswort geworden ist, so haben wir es auch hier, beybehalten.

Es würde sich kein schicklicherer Ort finden, vom **Viertelmaße** zu reden, als hier bey Verfertigung der Radestühle. Wir wollen daher gleich anweisen, wie die Viertelmaße von 4 bis zu 16 Stücken mechanisch gefunden werden.

1) Das Viertelmaß zu finden, wenn das Rad aus 4 Stücken soll gemacht werden.

Auflösung.

Man theilet den Radius oder die halbe Höhe des Rades in zwölf gleiche Theile, und sticht noch 5 darüber, so sind es 17; diese 17 Theile geben das Viertelmaß zu 4 Stücken oder Felgen im Umkreise.

2) Das Viertelmaß zu 5 Stücken zu finden.

Auflösung.

Man theilet die halbe Höhe des Rades in 23 Theile und sticht noch 4 darüber, so sind es 27; diese geben das 5telmaß.

Oder:

Oder:

Man suche erst das Viertelmaß zu 4 Stücken; wenn dieses geschehen ist, so theile man den Bogen, den das Viertelmaß absticht, in 5 gleiche Theile, und nehme 4 Theile zum Viertelmaße.

3) Zu 6 Stücken gibt der Radius oder die halbe Höhe des Rades das 6telmaß.

4) Das Viertelmaß zu 7 Stücken zu finden.

Auflösung.

Man theile die halbe Höhe eines Rades in 15 Theile und lasse 2 Theile zurück, so geben 13 das 7telmaß.

5) Das Viertelmaß zu 8 Stücken zu finden.

Auflösung.

Man theile die halbe Höhe des Rades in 17 Theile und lasse 4 Theile weg, so geben 13 das Achtelmaß.

6) Das Viertelmaß zu 9 Stücken zu finden.

Auflösung.

Man theile die halbe Höhe des Rades in 19 Theile und lasse 6 Theile weg, so geben diese 13 das 9telmaß.

7) Das Viertelmaß zu 10 Stücken zu finden.

Auflösung.

Man theile die halbe Höhe des Rades in 21 Theile und lasse 7 Theile weg, so geben 14 das Zehntelmaß.

8) Das Viertelmaß zu 11 Stücken zu finden.

Auflösung.

Man theile die halbe Höhe des Rades in 23 Theile und lasse 10 weg, so bleiben 13, diese geben das 11telmaß.

9) Das Viertelmaß zu 12 Stücken zu finden.

Auflösung.

Man theile die halbe Höhe des Rades in 29 Theile und lasse 14 weg, so bleiben 15, diese geben das 12telmaß.

NB. Man kann auch den [Bo]gen des 6telmaßes in 2 Theile theilen, so gibt ein solcher Theil das 12telmaß auch.

10) Das Viertelmaß zu 13 Stücken zu finden.

Auflösung.

Man theile die halbe Höhe des Rades in 34 Theile, und lasse 18 weg oder zurück, so bleiben 16, diese geben das 13telmaß.

11) Das Viertelmaß zu 14 Stücken zu finden.

Auflösung.

Man theile die halbe Höhe des Rades in 9 Theile, und lasse 5 weg, so geben 4 das 14telmaß.

12) Das Viertelmaß zu 15 Stücken zu finden.

Auflösung.

Man theile die halbe Höhe des Rades in 12 Theile, und lasse 7 weg, so geben 5 das 15telmaß.

13) Das Viertelmaß zu 16 Stücken zu finden.

Auflösung.

Man theile die halbe Höhe des Rades in 23 Theile, und lasse 14 weg, so geben 9 das 16telmaß.

Die höchsten Räder bey Mühlen und andern Maschinen werden nicht über 16 Stücke gemacht, weil ein dergleichen Rad schon 16 bis 17 Ellen hoch wird. Gesetzt aber, es käme der Fall vor, daß man ein Rad von 24 Stücken machen sollte, so darf man nur das 12telmaß suchen, auf einen Bogen von gedachtem Rade stechen, und denselben in zwey gleiche Theile theilen, so gibt ein Theil das 24telmaß; und so verfähret man bey jedem Rade, das mehr Stücke bekommt, als die oben angeführten. Man kann die Viertelmaße auch durch mathematische Berechnung finden; zu dem gegenwärtigen Zwecke genügt die angegebene Methode aber um so mehr, da sie jedem Mühlenbaumeister verständlich ist.

Vom Bau der Wasserräder.

Jede Maschine, die durch ein **unterschlächtiges Wasserrad** bewegt wird, muß nach den Grundsätzen der Mühlenbaukunst wie es auch Stieglitz in seiner Encyklopädie angibt, so angeordnet werden, daß die Geschwindigkeit der umlaufenden Schaufeln, dem dritten Theile der Geschwindigkeit des Aufschlagewassers gleich ist, wenn sie die bestmöglichsten Dienste leisten soll. Es sey ein unter-

unterschlächtiges Wasserrad 8 Ellen = 16 Fuß hoch, so ist der Halbmesser bis an die Mitte der Schaufeln gerechnet = 8′ oder 4 Ellen: also die Peripherie = 50′, 3 3/7″. Ist nun das Gefälle 4 Fuß groß, so findet man in der oben bey Seite 74 befindlichen Silberschlagischen Tabelle die Geschwindigkeit des Aufschlagewassers = 15′, 6″. Hiervon gibt nun der dritte Theil = 5′, 2″, die Geschwindigkeit für den Umlauf des Wasserrades, womit die Maschine den größten Effekt leistet, und die Umlaufszeit des Wasserrades ist = 10 Secunden.

Die Höhe der unterschlächtigen Wasserräder wird folgendermaßen gefunden. Man muß sich zuvörderst erkundigen und untersuchen, wie hoch das Wasser bey gewöhnlichen großen Fluthen anwächst und über die Ufer geht, und hiernächst, wie tief der Boden des Gerinnes nach dem vorhandenen Gefälle des Mühlgrabens gelegt werden kann. Aus diesen beyden Stücken kann man alsdenn die Höhe des Wasserrades bestimmen. Denn man muß den Fußboden der Mühle, wo der Beutelkasten steht, wenigstens so hoch legen, als das Wasser bey entstehenden Wasserfluthen anwächst, damit er alsdenn nicht im Nassen liegt. Nun mißt man die Höhe oder Tiefe von dem Boden des Gerinnes bis auf den Ort, wo der Fußboden der Mühle zu liegen kommt; dieser sey z. B. 3 Ellen; dazu rechnet man die Erhebung der Schwellen, die wir, da sie nicht zu niedrig und dem Erdboden zu nahe liegen dürfen, $\frac{3}{4}$ Elle hoch annehmen wollen, und ferner den halben Durchmesser der Welle des Rades, den man auch $\frac{3}{4}$ Elle annehmen kann, so wird dieses zusammen $4\frac{1}{2}$ Elle ausmachen, welches der halbe Durchmesser des Wasserrades ist, daher das ganze Rad 9 Ellen im Durchmesser erhalten wird.

Die Stücke und Theile eines unterschlächtigen Wasserrades sind folgende: 1) Die **Welle** nebst den daran befindlichen Zapfen und Ringen. Die Länge der Welle ist verschieden. Die Länge des Halses aber muß 15 bis 18 Zoll, und von da bis an das Stirn- oder Kammrad, wenigstens 1 Fuß seyn, damit der Wellzapfen gehörig eingelegt und befestigt werden könne, und die Löcher der Arme des Wasserrades nicht zu nahe an das Ende kommen. Die Wellzapfen müssen 4 bis 5 Zoll lang und 3 bis 4 Zoll dick seyn. Die daran befindliche breite Seite, die der **Bläuel** heißt, muß 15 bis 18 Zoll lang, vorn am Zapfen 15 Zoll und hinten 17 Zoll breit seyn, und durchgehends gleiche Dicke von $\frac{1}{4}$ Zoll haben. Die Ringe der Welle müssen $2\frac{1}{2}$ Zoll breit und $\frac{1}{2}$ Zoll dick seyn. 2) Die **Arme**, deren Länge dem Durchmesser des Rades gleich, und deren Stärke gemeiniglich 5 bis 6 Zoll breit und 4 Zoll dick ist. 3) Der **Kranz** ist 3 bis 4 Zoll dick und 12 bis 14 Zoll breit. 4) Die **Schaufeln**, deren Länge sich nach der Breite des Rades richtet. Ihre Breite ist 12 bis 14 Zoll und ihre Stärke oder Dicke $1\frac{1}{2}$ Zoll. Der Zwischenraum von einer Schaufel zu der andern ist gemeiniglich 15 bis 18 Zoll. Wo viel Wasser ist, da leiden die Wasserräder keine enge Schaufelung.

Von Verfertigung der Panster- und Staberräder *).

Da die **Pansterräder** mit den **Staberrädern** dieß gemein haben, daß sie aus zwey Reifen bestehen, und nur in Ansehung der Weite von ein-

*) S. Ernst Anweisung zum praktischen Mühlenbau. S. 2.. ff

einander unterschieden, im übrigen aber in der Bauart einander völlig gleich sind, so findet in Ansehung ihrer Verfertigung kein besonderer Unterschied statt; denn wenn man z. B. ein Pansterrad, welches 24 Schaufeln im Umkreis, oder 6 in einem Viertel hat, verfertigen soll, so wird nach eben den Regeln, wie gedachtes Pansterrad verfertiget wird, auch ein Staberrad gemacht, welches nähmlich gleiche Anzahl Schaufeln mit dem Pansterrade hat.

Die Höhe der Pansterräder ist sehr verschieden; sie wird eigentlich von der Geschwindigkeit des Wassers und dessen Gefälle bestimmt, wie es vorhin bemerkt worden. Auch ist bereits gesagt worden, daß, wo viel Wasser ist, auch die Entfernung der Schaufeln von einander größer seyn müsse, als wo man weniger Wasser hat. Auf diese Art können demnach Pansterräder nicht einerley Höhe haben. Es gibt deren von 6, 7, 8, 9 bis 10 Ellen hoch. Gemeiniglich nimmt man sechs Arten derselben an, welche nach der Anzahl der Schaufeln, die in einem Viertel des Rades befindlich sind, benennet werden. Als da sind

1) Sechsschauflichte, oder deutlicher zu sagen, wo das ganze Rad 24 Schaufeln im Umkreis hat.

2) Siebenschauflichte, oder wo das Rad 28 Schaufeln im Umkreis hat.

3) Achtschauflichte.

4) Neunschauflichte.

5) Zehnschauflichte, und endlich

6) Elfschauflichte Pansterräder.

Ein Pansterrad zu verfertigen, welches 24 Schaufeln im Umkreis oder 6 in einem Viertel hat.

Auf-

Auflösung.

1) Weil diese Räder von 8 Felgen (oder Stücken) im Umkreis gemacht werden, so sucht man erstlich das Achtelmaß, und zwar also: man schnüret auf eine Pfoste einen zarten Schnurschlag und sticht die halbe Höhe des Rades a b, Figur 5601 und 5602 darauf; wenn das geschehen ist, so theilet man nach oben, S. 263. dieselbe in 17 gleiche Theile, und nach 13 von diesen 17 stellet man den Stangenzirkel, welcher die Länge des 8telmaßes c d bestimmt.

2) Hat man nun die Felgen alle ausgebogen, und fängt man an, den Reifen zusammen zu legen, so verfährt man also: man theilet die Länge der untern Felge c d in 9 gleiche Theile, und auf den 4ten Theil e legt man die obere Felge, daß also hier bey diesem Reifen 4 Theile links und 5 Theile rechts fallen; ferner kommen auch von e bis d 5 Paar, und von c bis e 4 Paar Nägel, daß also jede Felge 9 Paar Nägel bekommt, folglich 3 Paar Nägel zwischen jede Schaufel kommen.

3) Ist noch zu bemerken, daß, wenn man ein Rad aus zwey Reifen (oder Scheiben) macht, der eine allemal rechts, und der andere links angelegt werden muß, z. B. bey dem ersten Reifen Fig. 5601 wo man bey e angelegt hat, fallen auf der untern Felge c d 5 Theile rechts, und auf diese Seite kommt auch der Laschen f nebst dem Arm hin zu liegen, und auch die Schaufelkeile. Bey dem zweyten Reifen Fig. 5602 müssen die 5 Theile c, e links fallen, und wider auf diese Seite kommt auch der Laschen f mit dem Arm hin, wie auch die Schaufelkeile. Beobachtet man also diese Regeln, so werden, wenn das Rad gehängt ist, die Laschen, Stöße und Schaufelkeile ordentlich

auf

auf einander treffen, und alles hat also seine richtige Proportion.

Was die Arme bey den Pansterrädern anbetrifft, so werden solche gemeiniglich 4 Zoll stark und 5 Zoll breit gemacht; jedoch bestimmt ihr Maß die Stärke des Reifes. Weiter werden selbige mit einem Kamm (wie das Stück eines Arms Fig. 5603 zeigt) in die Reifen eingelegt, und alsdann der Laschen, (welches ein Stück Pfoste 4 Zoll stark und so lang, als die Weite der Schaufeln ist, seyn muß). So viel nun der Arm über den Reifen steht, um so viel wird der Laschen genau eingeschnitten und über den Arm gelegt, und zu seiner Befestigung noch mit 5 Nägeln durch den Reifen angenagelt, wie solches aus der Zeichnung deutlich zu sehen ist. Ferner ist wohl zu merken, daß, wenn man die Arme in ein Rad einlegt, (diese Regel gilt bey allen Rädern), man keinen Arm, wo selbiger mit dem inwendigen Aechsel a, Fig. 5603 anstehet, scharf hineinschlagen darf, sondern es muß dieses nur mit einem mäßigen Druck vermittelst der Hände geschehen, vornehmlich bey Wasserrädern; denn dieses ist eben die Ursache, daß hernach die Stöße sich auseinander ziehen, und noch überdieß das ganze Rad sich aus dem Cirkel verwirft, folglich nicht mehr rund gehen kann, und alsdann einen ungleichförmigen Gang bey der Mühle oder andern Maschine verursacht. Eine bekannte Sache ist es, daß das Holz nicht nach der Länge der Jahre, sondern nach der Seite derselben aufquellet; weil nun der Arm in der Welle seinen festen Ort hat, und von selbigem nicht weichen kann, auch der Länge nach auf der Seite der Felgen ansteht, so quillt das Holz von der Felge (vermöge der seitwärts laufenden Jahre) auf. Diese Aufquellung aber bewirkt eine solche Kraft

gegen

gegen den Arm, welcher nicht weichen kann, daß sich dennoch der Reifen (vermöge der vielen Nägel) aus einander ziehen muß; ist nun dieses, so muß sich nothwendig der Reifen (oder ein anderes Rad) auf den Stößen auch auseinander ziehen. Diese Aufquellung des Holzes bewirkt bey Wasserrädern das Wasser, bey andern aber, welche trocken gehen, die feuchte Luft.

Zu mehrerer Deutlichkeit sind bey diesem Rade alle beyde Reifen aufgerissen, und zwar aus dem Grunde, damit das Links- und Rechtsanlegen besser möge verstanden werden.

Von Verfertigung der Sack-, Straub- und horizontalen Wasserräder *).

Die **Sackräder** sind zwar, wie es oben S. 232 nach des Herrn Bergrath Eiselen Erfahrung angegeben worden, eigentlich ganz zu entbehren, indem man durch diejenige Art der Verschaufelung, wie es Fig. 5569 und 5570, zeigt in Verbindung mit einer schiefliegenden Schütze, mehr ausrichten kann, als durch Sackräder, diese letztern ihrer Struktur wegen auch sehr wandelbar sind. Da man sie indessen öfters anwendet und man gewöhnlich viel Rühmens davon macht, so ist hier nachfolgende Anleituug zu ihrer Verfertigung nicht zu übergehen.

Ein Sackrad zu verfertigen, welches 48 Schaufeln im Umkreise, oder 12 in einem Viertel hat, dazu gibt Ernst folgende Anleitung.

1) Weil dieses Rad von 8 Stücken (oder Felgen) im Umkreise zusammengesetzt ist, so sucht man erst das Achtelmaß. Hat man dieses gefunden, so schneidet man

2)

*) S. Ernst, a. a. O. S. 38 ff.

2) die Felgen nach der Länge des Achtelmaßes, leget sie auf den Radestuhl, und verreißt solche mit dem Radezirkel, und böget sie hernach ordentlich aus.

3) Ist man also mit den Felgen bis zum Zusammenstoßen fertig, so macht man sich von einem Brete eine Reißfelge; auf diese verzeichnet man die Dockung der Schaufeln und die Theilung der Nägel.

4) Nun fängt man an, die Felgen zusammen zu stoßen, und zwar so: die untere Felge a b Fig. 5604 verschneidet man aus dem Centro des Rades nach der Länge des Achtelmaßes gehörig ab. Die zweyte c d aber wird nach einem schiefen Schnitte abgeschnitten, welcher aus dem Schaufeltheilungs-Punkte e bis dahin, wo sich die Schaufel an die Peripherie in c anschließet, gezogen, und an der Reißfelge oben so verschnitten seyn muß. Dieser schiefe Stoß verhindert nähmlich, daß kein Zwickel bleibt, und die Felge nicht ausspringt.

5) Legt man die untere Felge a b nach dem Zirkel auf den Radestuhl, und ziehet den Schaufeltheil-Riß f e g:

6) Theilet man gedachten Schaufeltheil-Riß (der auf der Felge gezogen ist) in 6 gleiche Theile, auf den vierten Theil von f gegen e leget man an, daß also 4 Theile rechts und 2 Theile links fallen. Wo nun die 4 Theile hinfallen, da kommt der Viertelstock mit dem Arme hin; bey dem zweyten Reifen kommen aber die 4 Theile auf die andere Seite, je nachdem man den einen Reifen erst links oder rechts anlegt, und so fährt man fort, bis der ganze Reifen zusammen ist.

Die Dockung bey einem Sackrade wird also gefunden:

1) O Fig. 5605. Man leget auf den Radestuhl eine Pfoste, thut mit dem Radezirkel (als der hal-

ben Höhe des Rades) einen Riß darauf, ingleichen nach der innern Breite der Felge ebenfalls einen Riß.

2) Ziehet man aus dem Mittelpunkte des Rades a durch die Felge c d Fig. 5605 eine Linie a b.

3) Theilet man die Breite der Felge auf dieser Linie in 3 gleiche Theile; durch den 3ten Theil e ziehet man eine Zirkellinie; dieser ist der Theilriß zu den Schaufeln. Und endlich

4) theilet man die halbe Höhe des Rades a b in 10 gleiche Theile, und sticht noch einen Theil drüber, so sind es 11. Diese 11 Theile nimmt man mit dem Stangenzirkel, setzet die eine Spitze in den Punkt e, und sieht, wo die andere auf den Schaufeltheilriß hinfällt, als hier in f. Durch die Punkte f und e ziehet man eine gerade Linie f e, so zeigt solche den Schiefstand, oder die Dockung der Schaufeln. Die Lage der Riegelschaufel bestimmt die Schiefe des Stoßes.

Eine andere Art, die Sackräder anzulegen, zeigt Fig. 5606, welche das Rad einer von einem Engländer bey Kopenhagen erbaueten Mühle vorstellt, deren weiter unten noch gedacht werden soll.

Wenn bey diesem eben gedachten Rade die Schütze in schiefer Richtung dem Rade genähert wäre, würde die Kröpfung mit der Eiselenschen sehr nahe zusammen treffen, und in dieser Hinsicht als sehr vortheilhaft anzusehen seyn. Die Kröpfe der von Ernst angegebenen Sackräder machen eine größere Wölbung, und die Schütze ist beträchtlich von dem Rade entfernt. Sie sind daher nach dem, was oben S. 214 ff. angeführt worden, als weniger vortheilhaft anzusehen, indem das Wasser seine ganze Kraft anzuwenden verhindert wird. Da sie indessen bisher am üblichsten waren, so kann ich nicht umhin, den Grund, warum man sie so bauete und die Art der Eintheilung derselben nach des Hrn. Ernst's Angaben hier zu berühren. Er zeigt nähmlich, daß das aus einer

Schütze

Schütze strömende Wasser eine parabolische Richtung habe, welches man am füglichsten bey dem Gerinne oder Schlundloche einer oberschlächtigen Mühle sehen kann. Dieses sey nun eben diejenige Linie, nach welcher der obere Theil eines Kropfs bey einem Sack- und Strauberrade gewölbt seyn müsse, wenn nähmlich die Kraft des Wassers bey einem solchen Rade auf das vortheilhafteste benutzt werden soll.

Um nun aber auch diese parabolische Linie praktisch anwendbar zu machen, so ist Fig. 5604 ein Sackrad mit seinem nach dieser krummen Linie gewölbten Kropf aufgerissen und vorgestellt. Fig. 5604 zeigt ein Sackrad, welches 8 Ellen hoch ist, und das Gefälle ist 2 Ellen 6 Zoll. Der Kropf dazu wird nach Herrn Ernst nun folgendermaßen verzeichnet.

1) Ziehet man eine gerade Linie h i, welche die untere Wasserpaß-Linie vorstellt, und

2) merket man von dieser Linie die Höhe des Gefälles h k an, und mit dieser erwähnten Wasserpaß-Linie zieht man noch, nach der Höhe des Gefälles h k, eine Parallellinie k l.

3) Theilet man die halbe Höhe des Rades a m in 3 gleiche Theile, und einen von diesen 3 Theilen nimmt man und trägt solchen von der äussern Peripherie n auf der Linie k l vorwärts nach dem Fachbaume k, wo gedachter Theil in o abschneidet.

4) Gibt man vom Fachbaume k bis dahin, wo dieser dritte Theil abschneidet, (nähmlich in o) auf jede Ellerlänge des Gerinnes 1 Zoll Risch, welches hier 2 und ½ Zoll beträgt.

5) Schneidet man mit dem halben Radius des Wasserrades von p aus durch die Peripherie desselben, und bemerkt den Durchschnittspunct, welcher hier q ist.

6) Von dem Durchschnittspunkte q ziehet man mit o n wieder eine Parallel-Linie, solche ist q r, und von dem Endpunkte r richtet man wieder eine senkrechte Linie r s auf.

7) Die Distanz von r bis an die Peripherie des Rades q theilet man in 3 gleiche Theile, und aus den Theilen 1 und 2 richtet man wieder senkrechte Linien 1, s und 2 n auf, und endlich

8) theilet man die senkrechte Linie von 1 bis p in 9 gleiche Theile, 2 von diesen 9 Theilen trägt man auf der senkrechten Linie von u gegen 1 herunter, und bemerkt den Punkt davon, welcher hier mit 3 bezeichnet ist. Ferner von v auf der senkrechten Linie gegen 2 trägt man 4 solche Theile herunter. Durch die Punkte dieser Theile, als 3, 4, q ziehet man die krumme Linie p 3, 4, q, so zeigt selbige die richtige Wölbung des Kropfs. Der untere Theil des Kropfs (nähmlich von q gegen i) wird aus dem Mittelpunkte des Rades m mit dem Radius desselben gezogen, wovon aber der Radius einen Zoll größer seyn muß, als die halbe Höhe des Rades beträgt.

Diese Eintheilungsmethode von dem hier beschriebenen Kropfe kann man jederzeit bey Sackzeug anwendbar machen, wo das Gefälle nicht unter 2 Ellen, und das Standwasser auf dem Fachbaume nicht unter 10 Zoll ist. Ereignet sich aber der Fall, daß man mehr Gefälle, hingegen aber weniger Standwasser hat, z. B. etwa 2 Ellen 18 Zoll Gefälle, dabey aber nur 8 oder 9 Zoll Standwasser auf dem Fachbaum ist: so kann man obige Methode nicht anwenden, weil hier der Kropf etwas näher an die Peripherie des Rades gelegt werden muß. Wir wollen daher zeigen, wie auf diese Art der Kropf gewölbt seyn muß, wenn die Kraft des Wassers gehörig benutzt werden soll, damit die Mühle oder andere Maschine ihre Dienste gehörig verrichte.

In der Praxis wird die Eintheilungsmethode von einem parabolisch gewölbten Kropf so bewerkstelliget. Am bequemsten geschieht dieses auf einem Boden, wo man zwey Schnurschläge macht, die so weit aus einander sind, als die Höhe des Gefälles beträgt, und die mit einander parallel seyn müssen. Nun nimmt man den Radezirkel des Wasserrades, macht mit demselben einen Bogenriß, der ungefähr $\frac{3}{4}$ Zoll von dem untern Schnurschlage (welcher den Boden des Gerinnes unter dem Rade zeigt) absteht, und sticht auch hernach von der Peripherie dieses Bogens (der nähmlich mit dem Radius des Wasserrades

serrades beschrieben ist) so weit zurück, als der Fachbaum von der Peripherie des Rades vorwärts liegen soll, und alsdann operiret man, wie eben weitläuftig gesagt ist. Hat man endlich den Kropfbogen gefunden, so hauet man sich einen Lehrbogen darnach aus und verzeichnet die übrigen Kropfbogen nach diesem allen.

Ein anderes Beyspiel ist bey Herrn Ernst nachzusehen.

Wie **Strauberräder** in Ansehung ihrer Structur beschaffen sind, ist schon gesagt worden. Daher wollen wir uns nun zu ihrer Bauart selbst wenden, und die Verfertigung derselben zeigen *).

Es ist demnach Fig. 5607 ein Strauberrad vorgestellt, welches 10 Schaufeln in einem Viertel hat, und von 8 Stücken im Umkreise zusammengesetzt ist; dieses wird also verfertiget:

1) Suchet man das Achtelmaß; hat man dieses gefunden, so leget man

2) eine Pfoste auf den Radestuhl, thut mit dem Radezirkel einen Bogenriß, und sticht das Achtelmaß auf gedachten Bogenriß; durch die Punkte, die die Länge des Achtelmaßes bestimmen, ziehet man

3) von dem Mittelpunkte des Rades (vermittelst des Radezirkels, welchen man an den Mönch leget) gerade Linien, nach diesen Linien verschneidet man die Felgen und bearbeitet sie vollends, bis man zur Anlegung damit fertig ist. Damit verfährt man nun bey diesem Rade also:

4) Man theilet eine Felge a b in 5 gleiche Theile, auf den zweyten Theil c leget man an, daß also von c bis b 3 Theile, und von a bis c 2 Theile kommen; auch bekommt jede Felge 5 Schaufeln. Mit denselben hat es folgende Beschaffenheit:

*) S. Ernst a. a. O. S. 51.

heit: sie werden an Hölzer angenagelt, welche man Stelzen nennt. Diese Stelzen werden mit einer Säge auf die Hälfte ihrer Stärke in die Felgen eingeschnitten; z. B. es werden gewöhnlich die Stelzen 4 Zoll stark gemacht, und 2 Zoll in jede Felge eingeschnitten. Jeder Arm geht so weit noch heraus, daß er zugleich die Länge einer Stelze hat, welche in der Mitte der Felgen mit einem Nagel vernagelt wird. Daher hängt man ein solches Rad auf die Hälfte, und nagelt hernach diejenige Felge, welche den Arm bedeckt, darüber; auch bekommt der Arm, wo er unten an der Felge ansitzt, auf beyden Seiten Achseln, damit dadurch der Reifen fest aufsitze. Hat man also das Rad so weit fertig, und die Schaufeln gehörig an die Stelzen angenagelt, wie auch den Reifen ordentlich in die Lehre gekeilet, so nimmt man eine Latte, befestiget solche an irgend etwas Festes vor dem Rade (z. B. an die Weidebänke), und läßt an dieser Lehre jede Schaufel durch die Musterung gehen; trifft es nun, daß an einer noch etwas steht, so wird solches mit einem Hobel fein und gerade abgestoßen, und damit fährt man fort, bis jede Schaufel gehörig an der Lehre wegstreicht; denn nach dem gemeinen Handwerkssprichworte muß ein Strauberrad so genau in der Lehre gehn, daß es einen Groschen aus dem Kropfe streicht. Ist man nun auf der Stirne mit den Schaufeln fertig, so gehet man auf die Seite, und läßt sie ebenfalls nach einer Lehre durchlaufen, bis sie alle gleich richtig sind: so ist man damit, bis auf das Verriegeln, fertig, welches indessen jedem Handwerksmann schon vom bloßen Ansehn bekannt ist.

Von andern Strauberrädern, besonders zu Wasserkünsten, gibt Ernst weitere Nachricht.

Der **Kropf** bey einem Strauberrade ist nach Herrn Ernst anderen Regeln unterworfen, als bey einem Sackrade, und zwar aus dem Grunde, weil nähmlich ein Strauberrad auf solchen Orten angelegt werden muß, wo weniger Aufschlagewasser ist, als ein Staberrad erfordert; aber im zweyten Falle auch etwas mehr Gefälle vorhanden seyn muß, als im ersten Falle einem Staberrade zukommen kann. Z. B. wenn ein Staberrad nur 8 bis 9 Zoll Gefälle und das dazu gehörige Aufschlagewasser hat, so thut die Mühle oder Maschine ihre Dienste; ist aber weniger Aufschlagewasser, dagegen aber mehr Gefälle vorhanden, so leget man in diesem Falle ein Strauberrad an. Weil nun bey einem Strauberrade wenig Standwasser in dem Gerinne ist, und die Kraft des Wassers doch so benutzt werden soll, daß dieses nicht nur durch die Schwere, sondern auch durch den Stoß seine Wirkung an den Schaufeln des Wasserrades ausüben soll, so muß der Kropf so nahe an das Rad gelegt werden, als es sich thun läßt; nur daß beym ordentlichen Standwasser kein Wasser über die Schaufeln springt. Um nun die richtige Anlage von diesem Kropfe zu bekommen, procedire man also:

1) Man ziehet von dem Fachbaume (oder der Höhe des Gefälles) eine Horizontallinie d e Figur 5607 bis an die innere Peripherie des Reifens.

2) Nimmt man den Zirkel, und setzet denselben in den Mittelpunkt des Rades f und eröffnet solchen bis an das äußere Ende der Schaufel g. Nunmehr macht man

3) mit dieser Eröffnung einen Durchschnittspunkt durch die Horizontallinie d e; solcher ist h. Von diesem Durchschnittspunkte h zieht man eine

gerade Linie in den Mittelpunkt des Rades; solche sey h f.

4) Sticht man auf diese Linie h f aus dem Punkte h die Höhe der Schaufel h i hin, theilet selbige in 2 gleiche Theile, und aus der Mitte derselben ziehet man auf die Horizontallinie d e eine senkrechte Linie, welche die Horizontallinie in k durchschneidet.

5) Nunmehr beobachtet man, wie hoch bey gewöhnlichem Wasser das Standwasser auf dem Fachbaume ist; solches sey hier 12 Zoll; auch misset man, wie weit es vom Fachbaume bis an die Schaufeln des Rades ist, welches hier 4 Ellen beträgt. Weil nun aus Erfahrung bekannt ist, daß durch den Fall das Wasser an seiner Geschwindigkeit gewinnt, hingegen an seiner Höhe verlieret, so muß man auch dieses hier in Obacht nehmen. Man kann daher (wie aus der Erfahrung bekannt ist) auf jede Ellenlänge 1 Zoll Risch annehmen, welches hier auf vier Ellen Länge 4 Zoll beträgt, daß das Wasser vor den Schaufeln des Rades tiefer ist, als das Standwasser auf dem Fachbaume, und daher die ganze Höhe desselben 8 Zoll beträgt. Diese 8 Zoll nimmt man und trägt sie von dem Punkte k aus auf der Horizontallinie d e vorwärts nach d, und bemerket den Abschnittspunkt, welcher hier h ist. Unter diesen Punkt kommt nunmehr die Kropfschwelle senkrecht zu liegen. Weil nun auf jede Ellenlänge, vom Fachbaume an, 1 Zoll Risch gegeben worden, so kommt selbige 4 Zoll unter die Horizontallinie d e zu liegen. Ist nun die Lage der Kropfschwelle bestimmt, so zieht man

6) eine gerade Linie von der Kropfschwelle l bis auf die Kreutzschwelle m; diese Linie theilet man von m bis l in 3 gleiche Theile. Durch den

ersten Theil von l gegen m, welcher hier o ist, fället man eine senkrechte Linie o n, so bestimmt diese die Länge der obern Wölbung des Kropfs. Um nun aber auch die Wölbung oder den Bogen des obern Kropfs zu finden, theilet man

7) die halbe Höhe des Rades, nähmlich von dem Endpunkt der Schaufel g, bis zu dem Mittelpunkte f, in 2 gleiche Theile. Einen dieser Theile nimmt man mit einem Zirkel, setzet denselben unverrückt in den Punkt n, und schneidet mit der andern Spitze einen willkührlichen Bogen; ferner nimmt man wieder den Zirkel mit beybehaltener Eröffnung, setzet denselben auf die Mitte der Kropfschwelle l, und beschreibt einen zweyten Bogen; wo sich nun gedachte Bogen einander durchschneiden, nähmlich in p, daselbst setzet man den Zirkel ein, und beschreibt mit unverrückter Eröffnung den obern Wölbungsbogen des Kropfs, welcher l n ist. Der untere Kropfbogen wird nach einer Zirkellinie aus dem Mittelpunkte f beschrieben, dessen Halbmesser aber einen halben Zoll größer ist, als der Halbmesser des Wasserrades (mit Einschluß der Schaufeln).

Auch diese Eintheilungsmethode von einem Kropfe gründet sich auf die bey den Sackrädern angezeigte parabolische Linie; denn ihre obere Wölbung macht allemahl nach dem untern Kropfe ein Stück einer solchen Parabel aus; nur daß der Kropf nach Verhältniß der Höhe des Stand- und Aufschlagewassers eingerichtet werden muß, wie schon gesagt worden ist. —

Ein jedes **oberschlächtige Wasserrad** muß, wie es Stieglitz bemerkt, wenigstens 6 Fuß hoch seyn. Niedrige oberschlächtige Wasserräder, die nicht über 6 Fuß hoch sind, nennt man, weil sie sehr weit sind, **Walzenräder.** Solche

Räder können aber nie anders mit Vortheil angelegt werden, als wenn man beständig einer genugsamen Menge Aufschlagewassers versichert ist, außerdem sie, da sich das wenige Aufschlagewasser nicht zu ihrer Breite proportionirt, sehr schlechte Dienste thun. Bey wenigem Wasser und genugsamen hohen Fall, braucht man desto höhere Räder, vorzüglich, wenn die Maschine Lasten heben soll.

Die Theile eines oberschlächtigen Wasserrades sind folgende: 1) Die **Welle**, nebst den daran befindlichen Zapfen und Ringen. Die Länge der Wellen ist nach Beschaffenheit der Umstände verschieden, ihre Stärke aber ist 20 bis 24 Zoll. Die Zapfen müssen 4 bis 5 Zoll lang seyn, und 3 bis 4 Zoll im Durchmesser dick. Die an dem Zapfen befindliche breite Seite heißt der **Bläuel**, der 15 bis 18 Zoll lang, vorn am Zapfen 15 Zoll und hinten 17 Zoll breit und durchgehends $\frac{3}{4}$ Zoll dick seyn muß. Die Ringe müssen $2\frac{1}{2}$ Zoll breit und $\frac{1}{2}$ Zoll dick seyn. 2) Die **Arme**; ihre Länge ist dem Durchmesser des Wasserrades gleich, ihre Stärke 4 Zoll in der Dicke und 5 bis 6 Zoll in der Breite. 3) Der **Kranz**, ist 3 bis 4 Zoll dick, und 10 bis 12 Zoll breit. 4) Die **Schaufeln** oder **Zollen**, deren Länge der Breite des Rades gleich ist. Der Zwischenraum zweyer Schaufeln ist 12 bis 14 Zoll, nachdem viel oder wenig Wasser vorhanden ist. Denn bey vielem Wasser kann der Zwischenraum der Schaufeln größer seyn, als bey wenigem Wasser. Jede dieser Schaufeln besteht aus zwey gleich langen, aber ungleich breiten Stücken, welche im rechten Winkel an einander stehen und in die Kränze eingefügt sind: das eine Stück ist 18 Zoll breit und heißt die **W sserschaufel**, das andere aber ist nur 4 Zoll breit und heißt die **Kropfschaufel**. Die

Dicke

Dicke eines jeden Stückes ist 1 Zoll. 5) Der **Boden.** Es wird die ganze inwendige Seite des Wasserrades ringsherum mit zolligen Bretern so dichte verschlagen, daß kein Wasser durchdringen kann, und dieser Verschlag heißt der Boden.

Was die Verfertigung eines oberschlächtigen Rades anlangt, so gibt Ernst dazu an einem Rade von 7 Ellen 12 Zoll Höhe und welches aus 8 Stücken im Umkreise zusammen gesetzt ist, (s. Fig. 5608) folgende Anleitung *).

1) Suchet man das Achtelmaß. Hat man dieses gefunden, so leget man

2) eine Pfoste auf den Radestuhl, thut mit dem Radezirkel einen Bogenriß (nach der in- und auswendigen Seite der Felge); auf diesen äußersten Bogenriß sticht man alsdann das Achtelmaß, leget den Radezirkel an den Mönch, und zieht durch die Grenzpunkte des Achtelmaßes vom Mittelpuncte d heraus gerade Linien; nach diesen verschneidet man alsdann die Länge der Felge.

3) Hat man dieses verrichtet, so büget man die Felge nach den vorgerissenen Cirkelrissen so wohl in- als auswendig genau aus, richtet sie auf der Schwartenseite mit einem Fügehobel genau ab, und verzeichnet die Anzahl der Schaufeln, so viel nähmlich eine Felge bekommt, nebst der Dockung (oder dem Schiefstand derselben), ingleichen auch die Nägel (wovon zwischen jede Schaufel ein Paar kommen), und bohret auf den Punkten, die die Nagellöcher bezeichnen, die Löcher durch: so ist eine Felge fertig, welche man die Reißfelge nennt.

4) Alsdann verreißt man nach gedachter Reißfelge die andern Felgen, und büget sie aus dem

*) S. Ernst Anweisung zum praktischen Mühlenbau. S. 61 ff.

dem gröbsten aus, richtet sie hernach alle ab (auf der Schwartenseite), leget sie auf den Radestuhl, verreißt, vermittelst des Radezirkels, dieselben aufs Reine, und hobelt sie genau und winkelrecht mit der abgerichteten Seite ab; so sind die Felgen bis zu der Anlegung fertig.

5) Die Anlegung wird nun bey diesem Rade also gemacht. Man leget eine Felge auf den Radestuhl genau im Cirkel; alsdann zieht man, vermittelst des Radezirkels, von dem Mittelpuncte d eine gerade Linie durch die Felge; die Breite der Felge nach gedachter Linie theilet man in 3 gleiche Theile; durch den 3ten Theil e ziehet man (mit der äußern Peripherie der Felge) parallel eine Cirkellinie. Diese heißt der Theilriß der Schaufeln, und diesen Theilriß theilet man

6) in 7 gleiche Theile (weil nähmlich hier eine Felge 7 Schaufeln bekommt), und auf den 3ten Theil von a gegen c leget man an. Endlich leget man die Reißfelge auf diejenigen Felgen, welche man zusammenstößt, auf, verzeichnet nach derselben die Nägel, und bohret sie zusammen, jedoch unter Beobachtung derjenigen Regeln, welche bey Verfertigung der Pansterräder angegeben worden sind; und so fährt man fort bis der ganze Reifen zusammen ist.

7) Hat man also den Reifen ganz zusammen, so richtet man selbigen (vermittelst des Hobels) gehörig ab, zieht mit dem Radezirkel den Schaufeltheilriß, theilet auf selbigem die Schaufeln genau ein, leget in jeden Schaufelpunkt den Dockhaken, (welcher schon jedem Müller bekannt ist) und verzeichnet die Dockung, larft hernach die Schaufeln ein, (welches $\frac{3}{4}$ bis 1 Zoll seyn kann) und gibt jeder Schaufel einen Zapfen (in gewissen Fällen auch den Riegel), setzet die Schaufeln und Riegel

Riegel gehörig ein und passet sie zusammen, ingleichen auch die Viertelstücke, wendet den Reifen um, und richtet die andere Seite auch ab; so ist ein Reifen fertig.

Ein wichtiges Stück bleibt immer die Dockung oder der Schiefstand der Schaufeln. Man findet bey vielen Autoren verschiedene Angaben und Methoden, nach welchen die Schaufeln bey einem oberschlächtigen Rade gedockt seyn sollen. Z. B. Melzer im 1sten Theile seiner Mühlenbaukunst Cap. 8. §. 9. gibt eine Dockung an, wonach er alle Räder, sie mögen hoch oder niedrig seyn, docken will; allein seine Dockung ist nur bey etwas vielem Aufschlagewasser zu gebrauchen, und gründet sich auf die Chorde des 60 grädigen Mittelpunktwinkels des Theilrisses der Schaufeln. Auch gibt Hr. Bau-Inspector Behrens in seiner praktischen Mühlenbaukunst im 1sten Theile §. 113. eine Dockung an, nach welcher aber die Schaufeln schon bey einem 4 Ellen 12 Zoll hohen Rade 18 Zoll breit seyn müssen; und weil sich diese Dockung auf die Theilungsweite der Schaufeln gründet, so würden dieselben bey höhern Rädern über 1 Elle breit werden, mithin ohnstreitig zu scharf gedockt seyn. Allein die Dockung für diejenigen oberschlächtigen Räder, welche bloß durch die Schwere des Wassers in Bewegung gesetzt werden, das heißt, wo kein Druckwasser vor den Schützen ist, hängt bloß von der Menge des Aufschlagewassers und von der Geschwindigkeit des Rades selbst ab. Nun hat man durch sorgfältige Versuche, welche bey Mühlen und andern Maschinen angestellet worden sind, gefunden, daß die vortheilhafteste Dockung zu einem oberschlächtigen Rade, welches bloß durch die Schwere des Wassers (wo nähmlich kein Druckwasser vorhanden) in Bewegung gesetzt wird, diese ist,

ist, wenn die Schaufel a b, Fig. 5609 mit der Horizontallinie c d einen Winkel von 22½ Grad macht. Damit man aber auch wisse, wie es praktisch gemacht wird, um diesen Winkel oder die Dockung zu finden, so verfahre man also:

1) Man legt eine Felge c d auf den Radestuhl und zieht vom Mittelpuncte des Rades (vermittelst des Radezirkels) eine gerade Linie durch die Felge c, b, f.

2) Auf gedachter Linie theilet man die Breite der Felge f g in 3 gleiche Theile, und durch den 3ten Theil zieht man (vermittelst des Radezirkels) eine Zirkellinie; diese ist der Theilriß zu den Schaufeln.

3) Legct man an die Linie b, f ein Winkeleisen und zieht vermittelst desselben mit b f rechtwinklicht die Linie c, d. Ferner setzt man einen Cirkel in den Punkt b, und ziehet

4) mit willkührlicher Eröffnung desselben den halben Cirkelbogen f, h, g. Endlich theilet man den Virtelzirkel h, f, (welcher nähmlich die Linie c, d in h durchschneidet) in 4 gleiche Theile. Durch den 4ten Theil i und den Punkt b ziehet man eine gerade Linie a, i, b; so zeigt diese die richtige Dockung der Schaufeln, nach welcher Dockung die beyden aufgerissenen Räder Fig. 5608 und 5610 auch gedockt sind. Damit man aber auch wisse, wie man den Riegel (oder die Bodenschaufel) dockt, daß auch diese ihre richtige Stellung bekommt, und das Wasser nicht stets auf dem Boden liegt, so verfahre man also. Man theile den andern Virtelzirkel h, g, (in der 5609ten Figur) in 3 gleiche Theile, und durch den 3ten Theil k, und den Endpunkt der Schaufel a, b, ziehe man die gerade Linie k, b; so zeigt diese den Schiefstand oder die Dockung des Riegels.

Hat man aber ein oberschlächtiges Rad, z. B. 8, 9 bis 10 Ellen hoch, und dabey wenig Aufschlagewasser, so ordnet man das Verhältniß vom Zeuge so an, daß das Rad einen etwas langsamen Gang bekommt (jedoch nicht übertrieben); und dieses geschieht aus dem Grunde, damit in jede Schaufel etwas mehr Wasser einlaufen kann, folglich um die Schwere des Wassers im Rade zu vermehren. Ist nun dieses, so kann man auch die Schaufeln ein wenig schärfer docken. Man macht es demnach also: man theilet gedachten Virtelszirkel h, f, Fig. 5609 in 5 gleiche Theile, und durch den 5ten Theil von h gegen f zieht man aus dem Punkte b eine grade Linie; so zeigt diese die Dockung der Schaufel. Diese Dockung ist sehr vortheilhaft bey hohen Kunsträdern, wodurch Pumpen in Bewegung gesetzt werden, und wo man wenig Aufschlagewasser hat, denn bey wenigem Wasser muß man die Kraft desselben so vortheilhaft wie möglich zu benutzen suchen.

Ernst gibt noch eine andere Art der Dockung bey oberschlächtigen Rädern an, welche für den Fall bestimmt ist, wo das Wasser auch durch den Stoß wirkt, welches indessen immer in einigem Grade statt findet. Das deshalb gezeichnete Rad stimmt indessen mit der Fig. 5608 zu nahe zusammen, als das ich es hier beschreiben zu müssen glaubte; und ich muß die Leser, die das Ausführliche darüber zu lesen wünschen, auf des Herrn Ernst Werk S. 68 ff. verweisen.

Die oben genannten **Walzenräder** werden an solchen Orten, wo man etwa nur 3 Ellen Gefälle, dabey aber viel Aufschlagewasser hat, angelegt. Dergleichen Rad ist Fig. 5610 aufgerissen; solches ist von 4 Stücken im Umkreise zusammengesetzt, und jede Felge hat 6 Schaufeln, daß also der ganze Umkreis 24 Schaufeln bekommt. Die Anlegung wird aufs Mittel gemacht, und in allem andern verfahren, wie oben, S. 281. gesagt worden ist.

Man thut übrigens wohl, wenn man ein hohes oberschlächtiges Rad verfertiget, daß man es auf 3 Arme hängt und diese doppelt versetzt, auch wohl

wohl gar noch mit Streben und Riegeln verbindet, wie Ernst dazu vollständige Anleitung gibt, und es auch mit Figuren erläutert.

Ist aber ein dergleichen oberschlächtiges Rad sehr breit, z. B. 1 Elle 12 bis 16 Zoll, so thut man wohl, wenn man dasselbe auf doppelte Arme hängt, weil sonst die Last des Rades gar zu weit vom Unterstützungspunkte des Armes hinausfallen würde, folglich nicht hinlänglich Widerstand thun könnte.

Mühlen mit horizontalstehenden Wasserrädern.

Da diese Mühlen sehr einfach sind, so will ich hier, wo ich von ihren Wasserrädern etwas zu sagen veranlaßt werde, gleich auch von ihrer übrigen Beschaffenheit handeln, um Wiederhohlungen zu vermeiden. In der Folge werde ich nur hierher zurückweisen dürfen.

Das ungünstige Urtheil, welches Beyer im 9ten §. des 9ten Capitel seines Schauplatzes der Mühlenbaukunst über die horizontalen Wassermühlen fället, ist zwar durch verschiedene berühmte theoretische Schriftsteller, z. B. einen Kästner, Karsten, Mönnich rc. deutlich widerleget, und der Nutzen dieser Mühlen gezeigt worden; da ihre Bauart so einfach, folglich auch so sparsam, und doch ihr Effekt nach dem Zeugniß des Hrn. Hofraths Karsten beynahe $= \frac{8}{27}$ A a ist; hingegen bey allen unterschlächtigen Rädern nur $= \frac{4}{27}$ A a. wovon A den Wasseraufwand, a aber das Gefälle bedeutet; also bey gleichem Wasseraufwande und gleichem Gefälle von doppelt so großem Effekt. Und in seinem Lehrbegriff der Mathematik im 151sten §. der Hydraulik sagt er:

„Es

„Es ist unstreitig die wohlfeilste Art von Mühlen, die man je erbauen kann.“

Allein es ist noch kein Beyspiel bekannt, daß in Deutschland eine dergleichen Mühle erbaut worden sey, sondern man zieht noch immer die oberschlächtigen Mühlen vor.

In der Uebersetzung von Hrn. Fabre's Versuch über die vortheilhafteste Bauart der Getreidemühlen, Leipzig 1786. 8., wird selbige §. 125 ff. weitläuftig abgehandelt. Allein da man gegenwärtig noch keine Erfahrungssätze über selbige in unsern Gegenden hat: so wollen wir uns begnügen, aus diesem Schriftsteller nur so viel auszugsweise anzuführen, als nöthig ist, einem Mühlenbauer eine Kenntniß von ihrer Bau- und Berechnungsart beyzubringen *).

Herr Fabre beschreibt eine **horizontale**, oder, wie er sie nennt, eine **einfache Mühle**, folgendergestalt: Sie bestehe aus einer lothrecht stehenden Welle, welche an ihrem obern Ende den beweglichen Stein, und an dem untern ein horizontales, oder wagerecht liegendes Wasserrad trägt, auf welches der Strohm unmittelbar wirkt.

Das Ganze wird von einem Stege AB unterstützt, welchen man mittelst einer Schraube und ihrer Mutter C nach Willkühr erheben und niederlassen kann, wie Fig. 5611 deutlich zeigt. Hierauf beschreibt er die Leitungsgräben und deren Gefälle, nebst dem Mahlgerinne, auch den Abflußgraben, in der Fig. 5612 folgendergestalt:

a) Das zur Bewegung einer Maschine bestimmte Wasser kann entweder von einer besondern Quelle oder von einem Flusse abgeleitet werden. Im ersten Falle stellt der Punkt a die Wasserfläche, und

*) S. Weinhold's Fortsetzung des Beyerschen Schauplatzes der Mühlen. Dresden 1788. fol. S. 85 ff.

Aa die Tiefe des Grabens, an dem Orte der Quelle vor. Damit nun das Wasser nicht zurück fließen könne, so gibt man dem Boden des Grabens auf 100 französische Ruthen (Toisen, à 6 Fuß, 10¾ Z. leipziger Maß) nur 1 Zoll Räusche oder Fall. Um aber, daß auch das Wasser im Graben desto eher eintrete, und eine gewisse Geschwindigkeit erlange: so giebt man bey den ersten 24 Ruthen auf jede Ruthe 6 Linien Fall, = 1 pariser Fuß = 13¾'' leipziger. Von diesem Punkte an bis zur anzulegenden Maschine gibt man durchgängig auf 100 Ruthen 1 Zoll Räusche. Man muß auch jederzeit dahin sehen, daß die Ufer des Grabens die nöthige Höhe haben, um zu verhindern, damit das Wasser nicht seitwärts überschlage. Diese Vorsicht ist um desto nöthiger, je mehr man dem Gerinne näher kommt. Denn da man die Zusammenziehung um so mehr vermeiden muß, wenn das Wasser aus dem Graben in das Gerinne fällt, und ersterer anfänglich breiter als letzteres ist: so muß man seine Breite, so wie sie sich dem Gefälle nähert, unmerklich vermindern, bis sie endlich der Breite des obern Gerinnes gleich wird. Es kann aber die Breite des Gerinnes nicht vermindert werden, ohne die Tiefe zu vermehren.

Das gewöhnliche Vorurtheil, dem Graben viel Fall zu geben, damit das bey dem Gefälle ankommende Wasser schon eine gewisse Geschwindigkeit erlangt habe, welches man für einen Vortheil ansieht, ist ganz falsch. Denn die Geschwindigkeit des Wassers bey dem Eintritt des Grabens sey welche sie wolle, so behaupte ich, daß man, um diese Geschwindigkeit zu unterhalten, einen Fall haben müsse, der wenigstens dem hundersten Theil des Grabens gleich ist. Um aber den größten Effekt zu erlangen, so muß man sich das größte Gefälle verschaffen. Nun ist es ausgemacht, daß man dieses nicht anders erlangen kann, als wenn man dem Graben die kleinste mögliche Räusche gibt.

b) Da die Breite des Grabens nicht einerley ist; so muß auch die Tiefe des Wassers veränderlich seyn, und mit der Breite in einem umgewendeten Verhältnisse stehen. Sie wird also größer bey B, als bey A seyn. In der Ausübung aber, kann man sie durchgängig gleich groß annehmen, und die Wasserfläche a b, mit dem Boden des Grabens AB parallel

rallel betrachten; daher wird der höchste Punkt b des Gefälles, in Ansicht auf den Stoß, um den Theil b g, welcher dem Falle des Bodens AB des Grabens gleich ist, unter der Wasserlinie a g anzunehmen seyn.

c) Wenn das Wasser nach verrichtetem freyen Stoße auf die Schaufeln, keinen freyen Fall hätte, so würde es sich unter dem Rade häufen, und den Effekt vermindern, oder wohl gar aufheben. Dieses Hinderniß nun wegzuräumen, lege man den Boden QR, in einer kleinen Höhe QS über den niedrigsten Punkt S an, damit das Wasser nach dem Stoße unter dem Rade, sogleich abfalle, und in das Untergerinne abfließe. Weil nun viel darauf ankommt, daß man sich das größte Gefälle verschaffe; so mache man QS so klein, wie möglich, $=10\frac{1}{3}''$, folglich auch das Untergerinne so breit als es seyn kann, damit das Wasser bey seiner wenigen Tiefe sich recht ausbreiten kann.

d) So nothwendig es ist, die dem Wasser überbliebene Geschwindigkeit zu unterhalten; so würde es doch, sich selbst überlassen, nach dem Stoße einen Theil davon verliehren, indem es aus R auf ST fällt. Leitet man es aber nach einer doppelten Biegung Rrr′, von einem Gerinne in das andere, so wird der Verlust viel kleiner.

a) Um aber die kleinste Breite des Untergerinnes, näherungsweise (so weit es möglich) zu finden, so thue man folgendes:

1) Multiplicirt man die Wassermenge der Quelle mit 637, und man hat die erste Größe; 2). Von dem Gefälle b K oder d S, welches man verwenden kann, ziehe man Sm ab, so gewöhnlich 1 Fuß Pariser, oder $13\frac{3}{4}''$ Leipziger ist, weil die Höhe m Q des Kropfes $3\frac{5}{}''$ Leipziger, und Höhe QS $10\frac{2}{3}''$ Leipziger. Aus dem Reste für dm, ziehet man die Quadratwurzel, multiplicirt sie mit QS, oder $\frac{7}{8}$ Fuß und mit 1000. Dies Product gibt die andere Größe. 3) Dividiret man nun die erste durch die andere Größe, so gibt der Quotient beynahe die kleinste Breite des Gerinnes.

f) Wäre die auf diese Art gefundene Breite, nach Beschaffenheit der Umstände, zu groß oder zu klein; so wäre es auch ein Beweis, daß der Boden QR entweder zu hoch oder zu niedrig sey. Man ver-

vermehre oder vermindere daher SQ, ziehe die Größe Sm, welche nun größer oder kleiner als 13¾" seyn wird, von bk ab, und fängt vorstehende Arbeit von neuem an.

g) In dem Punkt T, wo sich das Untergerinne ST endiget, fängt sich der Abzugsgraben TV an. Daß die Gestalt des Kropfs kreisförmig seyn müsse, folgt bey dieser Art Räder von selbst.

h) Nimmt man den Punkt K für den untersten Punkt des Gefälles an, so heißt die Linie bK, welche das Maß der Höhe des Punktes b, als des höchsten Punktes über dem Punkt K ist, das absolute Gefälle. Wenn durch die Punkte b und K, die Horizontallinien bd, KS, gezogen werden; so wird die Linie dS der Linie bK gleich, und ebenfalls das absolute Gefälle seyn.

i) Bey Berechnung einer Maschine, erwählt man nicht das absolute Gefälle, sondern das relative Gefälle, welches die Entfernung des Punktes d von der Mitte der natürlichen Tiefe des Wassers unten im Gerinne, und zuweilen auch von der natürlichen Wasserfläche ist. Wäre nun die natürliche Tiefe des Wassers unten im Gerinne beträchtlich kleiner, als dm; so kann man in der Ausübung die Höhe des Punktes d, als den höchsten Punkt betrachtet, über der Oberfläche des auf dem horizontalen Theile Mm des Gerinnes angekommenen Wassers, insgemein als das relative Gefälle ansehen; und es ist alsdenn nur nöthig, daß man die Entfernung des Punktes d von der Mitte der Tiefe des Wassers unten an dem Gefälle, für das relative Gefälle annimmt, wenn dm sehr klein, und diese Tiefe des Wassers beträchtlich ist.

k) Um das relative Gefälle, nach welchen man, wie gesagt, die Berechnung der Maschine anstellen muß, zu bekommen; so ziehe man von dem absoluten Gefälle dS ab: Erstlich die Höhe mS, welche allezeit als bekannt voraus zu setzen ist. Weil die Höhe des Kropfes mQ beständig, und die Größe QS leicht gefunden werden kann. Zweytens, die gefundene Tiefe des Wassers, oder bloß die Hälfte dieser Tiefe, und der überbleibende Rest, ist das ralative Gefälle. Z. B. Das absolute Gefälle sey = 14', folglich ist mS = 1', und weil die Tiefe des Wassers unten im Gerinne viel kleiner, als dm ist, so muß

man

man zur Bestimmung des relativen Gefälles von 14' (a) 1' für m S (b) 6'', 4½''' für die Tiefe des Wassers abziehen. Dieses gibt für das relative Gefälle in einer runden Zahl 12⅓.

l) Man unterscheidet aber bey dem, unten im Gerinne angekommenen Wasser, zwey Arten von Tiefen. Die erste ist diejenige, welche es hat, wenn es auf keine Schaufel trifft, und wenn es ohne Hinderniß ablaufen kann; diese heißt die natürliche Tiefe. Die 2te ist die würkliche Tiefe, und diese wird durch den Stoß der Schaufeln, welche es sich zu erheben nöthigen, verursacht. Bey einer guten Einrichtung der Maschine, ist die letztere ohngefähr zwey und ein halb mahl so groß, als erstere. Ausgenommen bey Schiffmühlen, wo die Tiefen einander ziemlich gleich sind. Kennet man die natürliche Tiefe, und multiplicirt sie mit ½, so erhält man die würkliche Tiefe. In der Ausübung kann man aber nur die natürliche Tiefe beybehalten.

m) Um die Breite des Gerinnes in dem höchsten Punkt des Gefälles, oder die Breite des Leitungsgrabens, an diesem Orte zu finden, befolge man diese Regel:

1) Multiplicire man mit 100 die Wassermenge der Quelle, so hat man die erste Größe.

2) Nehme man die Tiefe des Wassers so groß an, als man sie haben will; erhebe sie zur Kubikzahl, und ziehe daraus die Quadratwurzel, welche man mit 520 multiplicirt, und dies ist die zweyte Größe.

3) Dividire man die erste Größe durch die zweyte, und der Quotient ist die gesuchte Breite. Z. B. Man nehme 15 Kubikfuß für die Wassermenge der Quelle an, so ist die erste Größe = 1500. Für die Tiefe des Wassers nehme man 1 Fuß an, so wird die zweyte Größe = 526; und folglich die gesuchte Breite beynahe 3 Fuß seyn. Trüge es sich aber zu, daß die auf diese Art gefundene Breite, im Verhältniß der Tiefe zu groß oder zu klein sey; so nehme man ohngefähr die Hälfte der gefundenen Breite, addire sie zu der Zahl, welche man für die Tiefe angenommen hat, betrachte die Summe als die wahre Tiefe, und fange die Rechnung von vorne an, und man wird ein schicklicheres Verhältniß finden.

n) Die Wassermenge der Quelle richtiger zu finden: Wenn das Gerinne gebaut ist, mißt man zur Berechnung der Maschine, die Wassermenge auf folgende Art: Man nimmt nähmlich, so genau wie möglich, die Tiefe des Wassers im Mm ab; zieht ihre Hälfte von der Höhe dm ab, und nachdem der Rest mit $\frac{6158}{100}$ multiplicirt worden, ziehe man aus dem Produkt die □wurzel. Multiplicirt man alsdenn diese Wurzel durch das Produkt aus der Breite des Gerinnes an diesem Orte in die Wassertiefe, welche man gemessen hat; so gibt das Resultat, sehr nahe, die Wassermenge der Quelle. Die übrigen Bedürfnisse und Berechnungen sind folgende:

o) Der Halbmesser eines horizontalen Wasserrades, sey gewöhnlich nie breiter, als $7\frac{1}{2}$ mahl so breit, als das obere Gerinne breit ist. Die Schaufeln müssen nicht gegen den Halbmesser, sondern gegen die Horizontallinie oder gegen den Strohm geneigt seyn: Ihr Neigungswinkel kann bis 30 Grad, nach Beschaffenheit der Geschwindigkeit des Wassers gehen, denn, je kleiner diese ist, je kleiner wird auch der Neigungswinkel. Die Höhe der Schaufeln, macht man gewöhnlich der würklichen Tiefe des Wassers gleich; man wiederhohlt hier nochmahls: daß die würkliche Tiefe des Wassers, unten im Gerinne, zwey und ein halbmahl größer, als die natürliche Tiefe sey. Worauf man also hier genau zu sehen hat.

p) Um das Gewicht des Läufers nebst seiner Vorrichtung zu finden, (dies heißt inclus. der Welle, Trillings und Mühleisens) multiplicirt man die Wassermenge in das relative Gefälle des Aufschlagewassers, beyde in Fußen angegeben, und den hundertsten Theil dieses Produkts, multiplicirt man mit 30.

q) Um den mittlern Halbmesser des Rades zu bekommen, nehme man das Produkt des relativen Gefälles in die Quadratwurzel, aus der Wassermenge der Quelle, und multiplicire es durch den Bruch $\frac{25}{1000}$. Das Facit ist die Größe des gesuchten Halbmessers in Fußen.

r) Um das Gewicht des in einer Stunde von einer einfachen Mühle zu erhaltenden Mehles zu finden, verfahre man wie folgt:

Man

Man multiplicire das Produkt aus der Wassermenge in das relative Gefälle, wie vorher, und multiplicire mit $\frac{293}{100}$ darein, das Facit wird das gesuchte Mehlgewichte seyn.

s) Den Halbmesser des Steines zu finden. Man mache das vorige Produkt, aus der Wassermenge und Gefälle; ziehe daraus die Quadratwurzel, und multiplicire sie mit dem Bruche $\frac{252}{1000}$, so gibt das Facit den Halbmesser in Fußen.

t) Um dem Stein die gehörige Gestalt zu geben, muß man, wie bekannt, aus dessen Mitte das sogenannte Auge aushauen. Dessen Durchmesser ist $= 1'$. Man kann ihn aber nicht gehörig behauen, ohne das Gewicht des Steins, so für das Auge ausgehauen worden, zu wissen. Dies zu erfahren, befolge man folgende Regel:

1) Ziehe man von dem Gewichte des Läufers mit seiner Vorrichtung, das Gewicht der Welle, des Wasserrades und dessen Zapfen ab, und der Rest gibt die erste Größe.

2) Suche man die Kreisfläche des Auges, nach geometrischen Regeln. Dies ist die andere Größe.

3) Da der Halbmesser des Steins bekannt ist, so suche man auf eben diese Art seine Kreisfläche, und dies ist die dritte Größe.

4) Nun multiplicire man die erste Größe mit der andern, und dividire das Produkt mit der dritten, so wird der Quotient das gesuchte Gewicht seyn.

u) Um das Gewicht des nunmehr ausgehauenen Läufers in Kubikfußen zu bestimmen, verfahre man wie folgt:

1) Von dem Gewichte der Welle nebst Zugehör (den Stein ausgenommen) ziehe man das Gewicht des Auges ab, welches ausgehauen worden.

2) Von dem Gewichte der Vorrichtung des Steins ziehe man diese vorgedachte Größe von erste Größe ab, und

3) dividire man die übrig gebliebene zweyte Größe durch das Gewicht eines Kubikfußes Stein. Der Quotient zeigt das Gewicht des Steins in Kubikfußen.

v) Die Dicke des Läufers am Mittelpunkte und an dem Umkreise zu finden:

1) Man dividire den, nach vorhergehender Methode gefundenen Raum des Steins durch die Zirkelfläche des Steins, dies ist die erste Größe.

2 Man addire die Erhabenheit des Bodensteins, welche wir GN nennen wollen, zu dem doppelten Halbmesser eines Getreidekorns, so hat man die zweyte Größe.

3) Von dieser zweyten Größe nehme man den dritten Theil, und thue ihn zur ersten Größe; und man erhält die Dicke des Läufers am Umkreise.

4) Nehme man die zweyte Größe, und ziehe sie von der ersten ab; der Rest ist die Dicke des Läufers am Mittelpunkte.

w) Die Stärke des Steges zu erfahren, thue man also: Es ist durch die Erfahrung bestätigt, daß ein Steg von Eichenholz, der 10′ $4\frac{1}{8}$″ Leipz. lang, und 7″ ins Gevierte stark ist, sich in Ansehung seiner Biegung oder Federkraft, damit er dem Gewichte des Steins mit seiner Vorrichtung verhältnißmäßig nachgeben könne, für ein Gewicht dieser Verrichtung von 5040 Pfund Leipz. schicke. Nun nehme man den Halbmesser des Steins, dessen Schwere bekannt ist, und sage nach der Regel Detri: Wie sich 6″ Vierkante zu dem Halbmesser von 5040 Pfund Schwere verhalten; so verhält sich auch die gesuchte Vierkante von dem Halbmesser der größern oder kleinern Schwere.

x) Das Gewicht des in einer Stunde gemachten Mehls beynahe zu erhalten, dient folgende Regel: Man multiplicire den Bruch $\frac{27}{1000}$ mit dem Gewichte der Vorrichtung des Steins in Pfunden, und das Produkt ist das verlangte Gewicht am Mehl.

y) Um die Anzahl der Umgänge zu finden, welche ein Stein von gegebenem Halbmesser in einer Minute machen muß, ist die Regel folgende: Man dividire 138 durch den in Fußen ausgedrückten Halbmesser des Steins, und das Produkt gibt die gesuchte Anzahl der Umgänge.

z) Um das geneigte Gerinne aufzeichnen zu können, verfahre man also: Den obern Bogen BH Fig. 5612 zeichnet man, indem man auf der Bodenlinie des Grabens AD und auf der Gerinnen-Linie DG die gleichen Theile DB und DH 1 Fuß groß absetzt, und in den Punkten B und H Perpendikel errichtet, welche sich in L schneiden. Dies ist der Punkt,

Punkt, woraus der Bogen HB gerissen wird. Den untern Bogen, wo das Rad umläuft, macht man wie folget: An den Punkt H und D legt man das Lineal, und zieht die Linie D'HO, welche 25 Grad 50 Minuten groß ist. Hierauf setzt man von O aufwärts in G, und auf der Linie K'm 3 Fuß ab, und errichtet die Perpendikel GN und MN; in den Punkt N, wo sie sich schneiden, setzt man den Zirkel und öffnet ihn bis G, und reißet den Bogen GM, dadurch erhält man den untern Bogen.

Beyspiel von der Berechnung und Einrichtung einer horizontalen Mühle, ohne Vorgelege.

Man hat einen kleinen Bach oder Quelle, deren Wassermenge in einer Sekunde = 10 Kubikfuß ist, und das absolute Gefälle 15' beträgt. Man verlangt die Art, den Bau und den besten Effekt der Mühle zu wissen:

1) Daß selbige einfach, nach der Fig. 5611 erbauet werden müsse, wird vorausgesetzt.

2) Man suche die kleinste Breite des Untergerinnes nach der in e) gelehrten Methode, sie ist hier =2', 4''.

3) Die Breite des Gerinnes unten am Gefälle in m, Fig. 5612, muß gegen die Tiefe des Wassers ein bestimmtes Verhältniß haben. Ueberhaupt kann sie 3 oder 2mahl so groß, als die Tiefe, oder ihr gleich seyn. Hat man viel Wasser, so kann man sie 3mahl größer oder kleiner, als die Tiefe machen; hat man wenig Wasser, so müssen diese beyden Größen sich der Gleichheit nähern. Hier ist der Fall, und die Tiefe des Wassers ist der Breite des Gerinnes gleich; hier $8\frac{1}{3}$''. Zieht man die Tiefe von dem Gefälle der 14' ab, so erscheint das wahre relative Gefälle =13',3'',8'''.

4) Um die Breite des Gerinnes oben beym Anfange desselben am Ende des Leitungsgrabens zu finden, verfahre man nach m). Hier ist die Tiefe des Wassers beym Eintritt = $1\frac{1}{2}$' angenommen, folglich ist die Breite des Gerinnes 1', 3'', 4'''.

5) Den Halbmesser des Wasserrades findet man nach der Anweisung in q), hier 3', $1\frac{1}{8}$''. Uebrigens bauet man dieses Rad mit geraden nach der Hori-

zontallinie geneigten Schaufeln, und verfährt daben nach n), und Fig. 5611.

6) Das Gewicht des Läufers nebst seiner Vorrichtung zu finden. Hier $6917\frac{1}{2}$ Pfund Leipziger, mit Vernachlässigung des Bruches; verfährt man nach p). So wie

7) dessen Halbmesser zu erfahren, bedient man sich der Nachricht in r), hier 3', 8'', 2'''.

8) Das Gewicht der Welle, des Zapfens und des Wasserrades kann man = 1050 Pfund annehmen.

9) Das Gewicht des ausgehauenen Läuferauges zu wissen, verfahre man nach t), und man erhält hier 193 Pfund.

10) Um das Gewicht des nunmehr ausgehauenen Steins oder Läufers in Kubikfußen zu bestimmen, verfahre man nach u). Hier ist es $55\frac{1}{11}$ Kubikfuß.

Nota. Der Kubikfuß Stein ist nach den Pirnaischen Steinen, 1 Centner leipziger Gewicht angenommen.

11) Die Dicke des Läufers am Mittelpunkte und an seinem Umkreise zu finden. Man beobachte, was unter v) gesagt ist.

Nimmt man hier die Erhabenheit des Bodensteins $= \frac{1}{2}''$ an $= \frac{1}{24}'$, und den Durchmesser eines Getreidekorns $= 1''' = \frac{1}{144}'$, so erhält man die Dicke des Steins am Mittelpunkte $= 13''\ 8\frac{1}{4}'''$, und seine Dicke am Umkreise $= 1',\ 2\frac{1}{4}''$.

12) Die Stärke des Steges zu erfahren, thue man was in w) vorgeschrieben ist: so ergibt sich solche, hier = 8''.

13) Das Gewicht des in einer Stunde gemachten Mehls beynahe zu erfahren, geschieht wie in x) gelehrt worden. Hier = 670 Pfund.

14) Um die Anzahl der Umgänge des Läufers in einer Minute zu finden, verfahre man nach y). Hier sind es $43\frac{3}{148}$ Umgänge in einer Minute.

Ein anderes **horizontales Wasserrad** hat Herr Ernst angegeben, und es ist Fig. 5613 und 5614 abgebildet. Die Bauart desselben ist folgende: In die Welle a werden nach Verhältniß der Höhe des Rades mehr oder weniger Arme b, b mit

mit schwalbenschänzigen Zapfen eingesetzt; auf gedachte Arme werden wieder Säulen c, c, c aufgesetzt und in die Arme b eingelocht. Diese Säulen können 12 bis 14 Zoll hoch seyn. Ferner werden diese Arme noch mit Riegeln d, d, d sowohl in- als auswendig verbunden; alsdann werden die Schaufeln, wo die Säulen c stehen, mit einer Larve zwischen die Säulen c eingesetzt. Weil aber diese Schaufelung noch etwas zu weit wird, und, im Fall man mehr Arme machen wollte, die Welle zu sehr durchlocht würde: so setzt man noch zwischen jede Schaufel Nebenschaufeln e, e, e ein. Alsdann wird das Rad rund herum mit Bretern verschalet, und an die Verschalung werden Leisten genagelt, und die Nebenschaufelung dazwischen eingesetzt. Endlich wird unter jede Schaufel noch ein Riegel eingelassen, welcher aber auf der Seite, wo die Directions-Linie von der Bewegung des Rades zugeht, als hier in f, f, f, 3 bis 4 Zoll höher seyn muß, als die Lage des Bodens (oder der Riegel d, d, d). Vor jeder Schaufel werden alsdann Löcher g, g, g, welche 6 bis 7 Zoll von der Schaufel an breit, und so lang, als das Rad breit ist, seyn können, welches hier 1 Elle 6 Zoll beträgt. Weil nun die obengedachten Riegel f, f, f 3 bis 4 Zoll höher liegen, als die Riegel d, d: so werden dadurch schiefe Flächen formirt. Diese schiefen Flächen werden alsdann mit Bretern überdielet, und noch mit besondern eingelegten Riegeln, welche gerade mit der Breite der Löcher g, g, g abschneiden, und mit den Riegeln d, d, d bündig liegen, versehen, damit alsdann die Bodenbreter unten auch aufgenagelt werden können. Diese schiefen Flächen dienen dazu, daß das Wasser, wenn es den Stoß an der Schaufel vollbracht hat, in dem kürzesten Moment wieder hindurch fällt, und durch die Schwere keine Friction verursacht. Fig. 5614 stellt den Profil-Riß vor, wo man die Arme b b von der Seite sieht, welche, um der Schwere des Rades hinlänglich Widerstand zu thun, noch besonders mit Strebebändern h h verwahret sind.

Verschiedene andere Zeichnungen von dergleichen Rädern findet man in Leupold's Theatr. mach. gen. 540. 550. §. Ingleichen findet man auch eine Zeichnung in Caspar Walther's Architect. Hydraulica Tab. VII. u. dgl. mehr. Allein diese Autoren haben zwar jene Zeichnungen von diesen Rädern gemacht, aber ihre Zusammensetzung nicht practisch beschrieben.

Von den Fluthmühlen.

Diese Art der Mühlen ist zwar schon sehr lange bekannt, wie es oben, S. 22. bemerkt worden. Man hat bisher aber noch wenig vortheilhafte Fluthmühlen gehabt. Ich will mich daher hier nur auf einige Angaben beschränken, wie man sie am zweckmäßigsten anlegen könne, und weiter unten hierher zurückweisen.

Das Wesentliche bey den **Fluthmühlen** bestehet darin, daß man beydes die Ebbe und Fluth nöthige, die Mühlenräder beständig nach einer und derselben Seite umzudrehen. Dies kann auf eine sehr künstliche Art ins Werk gerichtet werden. Die erste Erfindung der Fluthmühlen wird einem Zimmermeister von Dünkirchen, Nähmens Perse, zugeschrieben, und man muß an der Seeküste eine solche Erfindung sehr schätzen, weil man, wenn man sich der Fluth zu bedienen im Stande ist, man so viele Wassermühlen bauen kann, als man nöthig hat. Hier ist die Rede besonders von Städten, die am Meere oder großen Flüssen liegen, die Fluth und Ebbe haben. Bey diesen allen findet sich

sich das Ungemach, daß sie keine ordentliche Wassermühlen haben, und es muß ihnen ein Vorschlag, diesem Mangel abzuhelfen, sehr willkommen seyn.

Die Figur 5615 stellet drey Kanäle vor, wovon der mittelste K. C. M. durch zwey Schutzbreter, oder Fallthüren bey B und E. verschlossen wird; gleich wie die beyden andern G D L und H F I durch die beyden Fallthüren D F. Um die Art, mit welcher die Mühlen in den Gang gebracht werden, zu verstehen, ist zu wissen daß das Seewasser bey M hineindringt, und an der andern Seite bey K wieder hinausläuft, in ein großes Wasserbehältniß, worin es eine Zeitlang aufgehoben wird.

Wenn die Fluth auffsteiget, werden die beyden Fallthüren B E aufgezogen, mitlerweile die beyden D und F verschlossen bleiben. Indem nun das Wasser durch den mittelsten Kanal fließet, treibet es das Rad ungefähr vier und eine halbe Stunde lang um, in den 6 Stunden während welcher die Fluth steiget. Denn wenn die Fluth beynahe von gleicher Höhe mit dem Wasser im Wasserbehältniß wird, höret das Rad anderthalb Stunden, bevor die Fluth ihre größeste Höhe erreichrt hat, auf, sich umzudrehen; eben so auch anderthalb Stunden nach der größesten Höhe; daß demnach in den 12 Stunden der Ebbe und Fluth die Mühle nur drey Stunden still steht.

Wenn das Meer anfängt zu fallen, werden die beyden Fallthüren E und B niedergelassen, hergegen die beyden andern D und E aufgezogen. Hierdurch wird das Wasser in dem Wasserbehältniß genöthiget, in den Kanal G D L zu dringen, und da es ins Meer keinen Ausgang findet, geht es unter dem Rade C wieder zurück, welches dadurch in derselben Richtung wie vorhin umgedrehet

wird:

wird; von da geht es durch den Kanal HFI und stürzet sich ins Meer. Die ganze Arbeit besteht also nur darin, daß man die Fallthüren EB und DF alle sechs Stunden wechselsweise aufziehet und niederläßt. Damit man, wenn es nöthig ist, die Mühle hemmen könne, macht man bey A eine Fallthüre, welche das Seewasser zurückhält.

Man kann sich auch auf eine noch einfachere Art, als die vorhergehende der Fluth bedienen, eine Mühle zu treiben. Man stelle sich vor, daß in der 5616ten Figur RST das Zeichen des niedrigen Wassers, und KQM des hohen Wassers sey; und daß der Erdboden bis zur Tiefe der niedrigsten Fluth ausgegraben sey, in der Fläche SLA GNT, welche an die beyden Kanäle oder Wasserbehältnisse DOH und GPI stößt. Von diesen muß das Bett des ersten 6 bis 7 Fuß höher seyn, als das Bett des letztern, welches mit dem niedrigen Wasser, das ist, der niedrigsten Ebbung gleiche Höhe hat. Hieraus wird bey HI ein Wasserfall entstehen, bey welchem eine Schleuse mit Thüren angebracht wird, die das Wasser des obern Kanals aufhalten, und verschiedene Mühlen in den Gang bringen. Am Eingange des obern Kanals macht man die Schleuse AB mit zwey sich zuschließenden Thüren. Diese Thüren öffnen sich von selbst bey dem Aufsteigen der Fluth nach der Seite des Kanals; das Wasser wird bis auf 7 oder 8 Fuß hineindringen, und darin solchergestalt eingeschlossen werden, daß es nirgends anders, als wo es bey den Mühlen eine Oeffnung findet, wieder heraus kann, weil die Thüren D sich von selbst schließen, sobald die Ebbe den Anfang nimmt.

Man mache auch die Schleuse EF bey dem Eingange des untern Kanals, deren nach der See stehende Thüren G sich von selbst schließen werden,

den, wenn die Fluth zu steigen beginnet. Das Seewasser kann also nicht in diesen Kanal kommen, welcher bloß bestimmt ist, das Wasser von oben zu empfangen. Denn da die Mühlen ungefähr auf derselben Höhe mit dem Bette des obern Kanals stehen, so kann das Wasser von dem einen in den andern fließen, und zuletzt sich ins Meer ergießen, wenn die Ebbe den Thüren G die Freyheit gibt, sich zu öffnen und diesen Kanal alle 12 Stunden auszuleeren. Wenn nun die Größe des obern Kanals mit der Quantität des Wassers, welches die Mühlen während 9 oder 10 Stunden verbrauchen, in Proportion steht, werden die Mühlen, ohne aufgehalten zu werden, beständig fortgehen. Nur verstehet es sich von selbst, daß die Wasserräder nach dem verschiedenen Stande des Wassers müssen erhöhet werden können, weil das Wasser sonst bey steigender Fluth zu hoch andringen und das Rad zum Stillstand bringen würde.

Da in allen Flüssen, welche sich ins Meer ergießen, die Fluth merklich über den Ausfluß derselben hinaufsteigt, so können auch die an denselben liegenden Städte und Dörfer sich dieses Vortheils bedienen.

Von dem Nutzen der Fluthmühlen. Aus dem Univers. Magaz. 1760. Sept. S. 144. S. Bremisches Magazin V. B. S. 460 ff.

Ein **Fluthrad** für jede Art der Mühlen oder Maschinen; von Herrn Robert Leslie, Uhrmacher zu London erfunden *).

Dieses

*) S. Repert. of Arts and Manuf. N. VI. und von da übersetzt in Geißler's Beschreibung und Geschichte der neuesten Instrumente und Kunstwerke. VII Th. Zittau und Leipzig 1796. 8. S. 55 ff. woraus ich diese Beschreibung entlehne.

Dieses Rad ist Fig. 5617 und 5618 vorgestellt, dessen Durchschnitt sowohl als der Grundriß mit einerley Buchstaben bezeichnet worden sind. A ist die Welle des Wasserrades, welche senkrecht steht, und auf dem Zapfen L sich bewegt. BB sind die Schaufeln des Rades, welche denjenigen eines Rauchschlauchs (Smoke jack) ähnlich sind. C C ist ein kreisförmiger Verschlag, in Form einer Trommel, welcher das Rad umgibt. DDDD ist die Vorragung oberhalb dieses Verschlags, oder mit andern Worten eine Erweiterung desselben oberhalb. EE sind zwey Fallthüren, welche sich nach der Fluth öffnen und schließen, deren eine zunächst dem Strohme gegen die Pfoste F angedrückt, und die andre von dem Strohme abwärts in einem Kreise herausgetrieben wird; so wie nun die Fluth wechselt, erhalten sie die entgegengesetzte Lage, wie z. B. vermöge der punktirten Linien angegeben worden ist. GGGG sind vier Flügel, welche von dem kreisförmigen Verschlage abwärts stehen; sie geben dem Verschlage Festigkeit, und dienen den Strohm der Fluth aufzufangen, wodurch dessen Geschwindigkeit zugleich verstärkt wird.

H ist die Oberfläche des Flusses, die bey niedrigem Wasser die Höhe des Verschlags erreichen muß, auf welche Art denn immer einerley Menge Wasser auf das Rad wirken wird; denn steigt die Oberfläche des Wassers über den Verschlag höher, so geht das Wasser ab, ohne einen größern Trieb zu verursachen, (selbst wenn dieses Steigen mehrere Fuß betragen sollte) als es der Fall ist, wenn es damit eben steht. I ist das Bette des Flusses, welches, wenn es nicht Tiefe genug für sich selbst haben sollte, tiefer ausgegraben werden kann.

Das Wasser wird in den kreisförmigen Verschlag vermöge des Strohms geführt, welcher gegen die

die Fallthüre E drückt bis diese an den Pfosten F anliegt, wodurch denn eine Oeffnung von D nach F erhalten wird, in welche das Wasser tritt, und gegen den Boden schließt, wo es denn durch die Thüre K wieder abfließt. Wenn die Fluth wechselt, so werden die gegenüber stehenden Thüren, sowohl ober- als unterhalb (gleichfalls mit E und K bezeichnet) geöffnet, und erstere geschlossen, wodurch das Wasser wie vorher fällt, und so dem Rade bey Ebbe sowohl als bey Fluth die erforderliche Bewegung in einerley Richtung mittheilt.

Die Vorzüge, welche dieses Rad gegen alle andere hat, welche vermöge der Ebbe und Fluth in Bewegung gesetzt werden, sind: 1) daß wenn es zu Mühlen angewendet wird, es denselben eine ungleich gleichförmigere Bewegung mittheilt, da immer einerley Menge Wasser darauf wirkt.

2) Daß es sich bey Ebbe sowohl als bey der Fluth nach einerley Richtung auf eine ungleich einfachere Art bewegt, als es bey jeder andern Einrichtung der Fall ist.

3) Daß es eine horizontale Bewegung hat, welche für alle ähnliche schwere Räder immer leichter ist als die vertikale: so wie denn auch die senkrechte Welle so hoch geführt werden kann, als es das Kammrad zuläßt, um ganz außerhalb dem Wasser zu stehen.

4) Daß die Geschwindigkeit des Rades nach Verhältniß zu derjenigen der Fluth größer ist, als sonst gewöhnlich, und man solchemnach keineswegs großer und kleiner Räder nöthig hat, um eine geschwinde Bewegung zu erhalten, so wie denn auch die Anreibung sich immer gleich bleibt.

Endlich dürfte diese Einrichtung auch vielleicht mit ungleich geringern Kosten bestritten werden können, als jede andere, die man dieserwegen angewendet

werden

wenden kann; würden der Verschlag und die Welle horizontal gelegt, anstatt senkrecht zu stehen, und man ließe den Strohm zu einem Ende ein, zum andern wieder heraus gehen, so dürfte es, obschon die Räder auf diese Art bey Ebbe und Fluth eine verschiedene Richtung erhalten, doch immer vortheilhafter seyn, als jedes andere Rad, wo Kurbeln angewendet werden, um das Wasser zu heben, wie unter der Londner Brücke, weil die Geschwindigkeit ohne Zahn und Trieb immer hinreichend seyn dürfte. —

Was die **Wasserräder** der **Schiffmühlen** anlangt, so ist der Bau derselben nicht so vielen Schwierigkeiten unterworfen, und es wird hier vorläufig dasjenige genügen, was oben, S. 255—56 davon vorgekommen ist. Ich werde weiter unten indeß Gelegenheit haben, noch verschiedenes über dieselben zu bemerken, wenn ich die verschiedenen Arten der Mühlen nach ihrer ganzen Zusammensetzung beschrieben werde, nachdem ich noch erst von den Triebrädern und dem Mahlgerüste werde geredet haben.

F. Von den Triebrädern *).

Von Triebrädern gibt es folgende Arten.

1. **Stirnräder**; dieses sind solche wo die Kämme auf der Stirne, oder auf dem Obertheil des äußern Umkreises des Rades stehen, wie es weiter unten durch Figuren erläutert werden soll. Ist ein Stirnrad so klein, daß es etwa nur 20—30 Zähne hat, so heißt es ein **Böckchen**.

1)

*) S. Huth von Anlegung und Berechnung der Wassermühlen. Halle 1787. 8. S. 81 ff.

2) **Kammräder** sind solche, wo die Kämme an der Seite des Umkreises stehen. Die Höhe des Kamm- oder Stirnrades, welches an der Wasserradswelle befindlich ist, wird bey **unterschlächtigen** Mühlen aus der Höhe des Wasserrads gefunden. Das beste Verhältniß der Höhe dieser beyden Räder ist wie 1 zu 2; es wird nähmlich das an der Wasserradswelle befindliche Stirn- oder Kammrad nur halb so hoch als das Wasserrad gemacht, und allenfalls etwas weniges höher. Denn es hat die Erfahrung bestätigt, daß in Mahlmühlen mit unterschlächtigen Wasserrädern bey einem 16 Fuß hohen Wasserrade, das beste Verhältniß folgendes sey: Wenn das Kammrad 72 Kämme und der Quirl 6 Stöcke, beyde zu 4½ Zoll Theilung haben, so kommt der Mühlstein 12mahl herum, wenn das Wasserrad einmahl herum gehet.

Da nun aus der Erfahrung bekannt ist, daß eine nach diesem Verhältniß eingerichtete unterschlächtige Wassermühle sehr gute Dienste thut, so thut man wohl, wenn man dieses Verhältniß bey allen unterschlächtigen Wasserrädern, sie mögen hoch oder niedrig seyn, beobachtet und sie darnach berechnet; wobey die Steine und Getriebe nebst ihrer Theilung allezeit unverändert bleiben, als: Es sey das Wasserrad 18 Fuß hoch, alsdenn sagt man: Ein 16 Fuß hohes Wasserrad hat ein Kammrad von 72 Kämmen zu 4¼ Zoll Theilung, wie viel Kämme bekommt ein Kammrad, wenn das Wasserrad 18 Fuß hoch ist? Hier findet man durch die Regel De Tri, daß das Kammrad 81 Zähne bekommen müsse, wofür die Mühlenbaumeister wegen der ungleichen Zahl 80 Stück, zu 4¼ Zoll Theilung nehmen.

Wenn man nun diese 80 Kämme mit 4¼ Zoll Theilung multipliciret, so giebt das Produkt

1360 Viertelzolle, welche 340 ganze Zolle ausmachen, als den Umkreis des Theilrisses oder Theilzirkels, auf welchem die Kämme zu stehen kommen. Da nun der Umkreis sich zum Durchmesser eines Zirkels verhält wie 22 zu 7, so findet man den Durchmesser zu diesem Theilzirkel, wenn man sagt:

22 Zoll Umkreis haben einen Durchmesser von 7 Zoll lang, wie viel Zoll hat der Durchmesser des Umkreises von 340 Zoll?

$$22' — 7'' — 340''$$

$$\frac{\quad 7}{2380}$$

1	1(1	
2380	109	$9\frac{1}{12}$ Fuß Durchmesser.
2222	12	
22		

Allein es ist nicht nur genauer, wenn man diese 81 Kämme beybehält, wie es **Stieglitz** bemerkt, sondern auch besser, damit die Zahl der Kämme oder Zähne nicht in die Zahl der Triebstöcke aufgehe, weil, wenn dieses geschieht, bey jeder Umwendung des Rades immer einerley Zähne und Stecken auf einander treffen, wodurch entweder, wenn ein Zahn etwa nicht sorgfältig gearbeitet ist, sich Kamm und Stecken klemmen, und die Maschine dadurch stocken und unrichtig gehen würde, oder ein Schlottern und ungleicher Eingriff erfolgen müßte, wenn Kamm und Stecken zu sehr an einander abgeschliffen werden. Nur macht die richtige Eintheilung alsdann dem Baumeister einige Mühe, um zu verhüten, daß kein Zahn auf eine Fuge treffe, wovon indeß unten mehr.

Bey **oberschlächtigen** Mühlen hat man zwey Arten von Verhältnissen der Wasserräder zu den Kammrädern, welche beyde ziemlich überein-treffen. Bey der ersten nimmt man das Verhältniß des Wasserrades zum Kammrade wie 3 : 2 an, das heißt, ein Wasserrad von 3 Ellen Höhe muß ein Kammrad von 2 Ellen Höhe haben, doch kommt es auf einen Zoll mehr nicht an, weil man die Anzahl der Kämme sonst nicht immer genau bestimmen kann. Nimmt man nach dieser Art bey einem zelligen Walzenrade 44 Kämme mit 3" Theilung an, so erhält man für die ganze Höhe des Kammrades, incl. der 9zolligen Felgen, 2 Ellen 3 Zoll, und der Mühlstein kommt bey einem 6steckigem Getriebe $7\frac{1}{3}$mahl herum.

Bey der andern Art rechnet man auf jede Elle Wasserhöhe, bey immer völligem Wasser, $2\frac{1}{2}$ Umgang des Steines; bey wenigem Wasser aber 2 Umgänge. Dies machte nun bey dem zelligen Rade $7\frac{1}{2}$ Umgang. Der Unterschied zwischen beyden Arten ist also sehr unmerklich.

Man sieht aber auch, daß bey beyden Arten die Umgänge des Mühlsteins noch nicht genügen, und daß man also bey einem Walzenrade solche auch nicht wohl anwenden könne, wenn man nicht wider die Proportion sündigen will. Ueberhaupt wird man bey dieser Art Rädern immer die Höhe derselben, oder die Theilungsweite, außer der Proportion, annehmen müssen.

Wenn man nun mit Weinhold das von Beyer angegebene Verhältniß nach diesen beyden Proportionen untersucht, so ergibt sich, daß dasselbe wenig anwendbar sey. Z. B. bey einem 6elligen Wasserrade soll nach der ersten Art das Kammrad 4 Ellen hoch seyn. Geben wir solchem nun mit Hrn. Beyer 64 Kämme mit $4\frac{1}{4}$ Theilungsweite, so erhalten wir 3 Ellen 14 Zoll Durchmesser. Hierzu die Felgenbreite mit 10 Zoll: so

 erhal-

erhalten wir 4 Ellen für die ganze Höhe des Kammrades.

Nun träfe zwar diese Proportion völlig mit der verlangten von 4 Ellen überein; aber da das Getriebe von 6 Stecken nur $10\frac{2}{3}$ Umgänge bringt: so ist die Anzahl der Kämme offenbar zu wenig. Man nehme daher 72 Kämme mit $3\frac{3}{4}$ Theilungsweite an, so erhält der Stein 12 Umgänge, und an der Höhe des Rades fehlt nur $\frac{1}{11}$ eines Zolls. Will man aber die Proportion nach der andern Art finden, und rechnet $2\frac{1}{2}$ Umgang des Steins gegen 1 Elle Wasserhöhe, so beträgt dieses 15 Umgänge und 90 Kämme, und die ganze Höhe des Kammrades würde 5 Ellen, $10\frac{10}{11}''$ betragen, hier also ganz unproportionirlich seyn. Man nehme aber ebenfalls 72 Kämme zu $3\frac{3}{4}''$ Theilungsweite, und gebe dem Getriebe nur 5 Stecken, so erhält man die vorige Höhe des Rades, 3 Ellen, $23\frac{10}{11}''$, und der Mühlstein kommt $14\frac{2}{5}$mahl herum. Beydes ist dem verlangten Verhältniß gemäß.

Man wird hieraus ersehen, daß diese beyden Proportionen der Beyerischen weit vorzuziehen, und bey allen oberschlächtigen Rädern (nur den Walzenrädern nicht) füglich anzuwenden sind.

Die besondern Stücke der Kamm- und Stirnräder sind folgende:

a) Die Welle nebst den daran befindlichen Zapfen und Ringen; diese ist mehrentheils diejenige, woran das Wasserrad befindlich ist.

Bey vorgelegtem Zeuge aber, wo ein Trilling und Kammrad an einer besondern Welle vorhanden ist, kann selbige etwas schwächer seyn; ihre Länge ist nach den verschiedenen Umständen auch verschieden; die Länge des Halses muß 15 Zoll und von da bis an das

Stirn-

Stirn- oder Kammrad wenigstens 12 Zoll seyn.

b) Die Arme; ihre Länge ist dem Durchmesser des Stirn- oder Kammrades oder Trillings gleich; ihre Dicke ist gemeiniglich 4 Zoll und ihre Breite 8 bis 10 Zoll.

c) Der Kranz ist nach der verschiedenen Größe des Rades 8 bis 10 Zoll dick und eben so breit.

d) Die Kämme; ihre Länge ist gemeiniglich 15 bis 16 Zoll; es kommt aber nur hauptsächlich auf die Größe des Kopfs oder Knopfs an, so weit er vor dem Rade hervorraget. Diese wird folgendermaßen gefunden: Man theilet die Weite oder Entfernung zweyer Kämme mit Inbegriff des einen Kamms in 7 gleiche Theile; davon bekommt der Kammkopf 3 Theile zu seiner Dicke, die übrigen 4 Theile bleiben für den Eingriff des Trillingsteckens. Sodann theilet man die Weite oder Entfernung zweyer Kämme in 3 Theile und nimmt 2 Theile davon zur Länge oder Höhe des Kammkopfs; die Breite desselben ist gemeiniglich $2\frac{1}{2}$ bis 3 Zoll.

3) **Trillinge** oder **Drehlinge** sind solche Räder, die aus zwey runden Scheiben bestehen, zwischen welche runde gedrechselte Stäbe eingesetzt sind. In Pansterühlen bekommen die Drehlinge 30 und mehrere Stäbe. Die Theilung eines Drehlings wird auf den Kämmen oder Zähnen des Stirnrades, in welches er eingreifen soll, abgemessen.

Wenn ein solcher Trilling nur wenige, etwa 6, 7 bis 8 Stäbe hat, so wird er ein **Getriebe**, ein **Quirl** genannt, und wenn diese Stäbe in den Um-

Umkreis einer Welle eingelegt sind, so heißt es ein **Kumpf** oder **Kumt.**

Die Stücke eines Trillings sind folgende:

a) Die Welle; wenn an derselben zugleich ein Kamm- oder Stirnrad befindlich ist, so ist sie gemeiniglich 16 bis 18 Zoll im Durchmesser dick; die Länge des Halses ist 15 Zoll und von da bis an den Trilling wenigstens 12 Zoll.

b) Die Arme; ihre Länge ist dem Durchmesser des Trillings gleich; ihre Stärke ist 3 Zoll und ihre Breite 4 bis 5 Zoll.

c) Der Kranz ist gemeiniglich 3 Zoll stark.

d) Die Stecken; ihre Länge ist der Breite des Trillings gleich und ihre Stärke wird aus der Theilung der Kämme gefunden, wie kurz vorher bey den Stirn- und Kammrädern ist gelehret worden.

Wenn ein Trilling und Kammrad an einer besondern Welle vorhanden sind, und von einem an der Wasserradswelle befindlichen Stirnrade bewegt werden, so heißt solches ein **Vorgelege** oder **vorgelegtes Zeug**, wovon hernach ein mehreres gesagt werden wird.

4) Ein **Quirl** von 6 Stecken und $4\frac{1}{2}$ Zoll Theilung ist im Durchmesser 11 Zoll und kann zur Höhe 12 Zoll bekommen. Die Ringe daran sind gemeiniglich $2\frac{1}{2}$ Zoll breit und $\frac{1}{2}$ Zoll dick.

a) Das Mühleisen, welches den Mühlstein trägt, ist 4 bis 5 Fuß lang, $2\frac{3}{4}$ Zoll bis 3 Zoll dick. Der Hals ist $1\frac{1}{2}$ Fuß lang, 3 Zoll stark und recht zirkelrund, am obersten Ende aber wie eine abgestutzte Pyramide gestaltet.

b) Die Pfanne, worin das Mühleisen steht, ist $5\frac{1}{2}$ Fuß lang, 3 Zoll im Lichten weit, auswendig

wendig 3 Zoll hoch, $\frac{1}{2}$ Zoll dick, der Boden aber muß 1 Zoll dick und von Stahl seyn.

c) Die Haue, worauf der Mühlstein liegt, ist 15 bis 18 Zoll lang, 5 Zoll breit und $1\frac{1}{4}$ Zoll am Orte dick, hat in der Mitte ein viereckiges Loch, worein das oberste Ende des Mühleisens paßt.

Nähere Anweisung zur Verfertigung eines Stirnrades *).

Bey der Verfertigung eines Stirnrades kommt es nach Herrn Ernst vorzüglich auf folgende Regeln an:

1) Daß man die Kämme so viel wie möglich richtig eintheile, daß heißt, nach einer richtigen mechanischen Methode den Theilriß zu jeder angenommenen Theilung zu finden wisse.

2) Daß auch die Felgen auf der innern Seite nach einer sehr geraden Bahn, vermittelst eines Richtscheites, abgerichtet werden.

3) Müssen auch bey jedem Stirn- und Kammrade die Kämme auf die Stöße zu stehen kommen, welches eine Hauptsache ist.

4) Da viele Fälle vorkommen, wo man wenig Kraft zur Bewegung der Mühle oder einer andern Maschine hat, so muß man auch darauf mit Rücksicht nehmen, daß man die Friction an den Kämmen und Stecken durch eine vortheilhafte Abänderung derselben, so viel als möglich, zu vermindern suche.

Es ist also Fig. 5619 ein Stirnrad nach des Herrn Ernst's Zeichnung aufgerissen, welches 60 Kämme im Umkreise, oder 15 in einem Viertel, mit

*) S. Ernst's Anweisung zum praktischen Mühlenbau. 1 Th. Leipzig. 1802. S. 75 ff.

mit 4 Zoll Theilung hat. Die Verfertigung ist folgende:

1) Man macht auf eine Pfoste, oder gerades Bret, einen zarten Schnurschlag; man kann es aber auch auf den Radezirkel thun, wie Fig 5620 gezeiget ist.

2) Nummt man die Theilung, und trägt diese so viel mahl auf der geraden Linie fort, als das Rad Kämme in einem Viertel bekommen soll, als nähmlich von a bis b, bey gegenwärtigem Rade 15mahl. Ferner theilet man

3) diese Distanz von a bis b in 11 gleiche Theile, und nimmt 7 von diesen 11 zur Länge des Radezirkels (das heißt auf den siebenten Theil schraubt man den Rißzahn an). Beschreibt man also mit dieser Länge des Radezirkels eine Zirkellinie, so läßt sich die angenommene Theilung genau 60mahl hineintragen.

4) Hat man also den Radezirkel richtig gestellt, so sucht man auch das Viertelmaß. Dieses kann man nun nach der oben, S. 262 angegebenen Anweisung finden, oder man kann es auch bey Stirn- und Kammrädern also machen. Man legt eine Pfoste auf den Radestuhl, und zwar dergestalt, daß der Radezirkel wagerecht ist; thut mit demselben auf gedachte Pfoste einen Bogenriß; auf diesem Riß nimmt man sich irgend nach seiner Absicht einen Punkt an; von diesem Punkte trägt man die Theilung so vielmahl auf den Bogenriß fort, als das Rad Kämme in einem Viertel bekommen soll (z. B. hier 15); nach diesen beyden abgestochenen Endpunkten stellt man also den Stangenzirkel, so hat man das Viertelmaß richtig.

5) Nun fängt man an, die Felgen vermittelst des Radezirkels zu verreißen und auszubögen. Sind diese aus dem gröbsten ausgehauen, so werden

den selbige auf der Schwartenseite (wo sie zusammengelegt werden) genau nach einer geraden Bahn abgerichtet. Ist man damit durch, so werden sie wieder genau auf dem Radestuhl verrissen, und genau und winkelrecht mit der abgerichteten Seite vollends ausgebogen.

6) Ist man damit fertig, so fängt man an, das Rad zusammen zu legen. Dieses geschieht also. Man legt eine Felge a b, Fig. 5619 auf den Radestuhl, genau im Zirkel (wenn dieselbe nach der Länge des Viertelmaßes gehörig verschnitten ist). Auf gedachte Felge wird alsdann eine andere c d, bey diesem Rade eine halbe Theilung, außer dem Mittel gelegt, und auf den Stößen bey c und a mit ein Paar Nägeln fest geheftet; doch dürfen die Nägel nicht versetzt werden, weil das Rad nach geschehener Abtheilung wieder auseinander genommen werden muß. Hat man also diese Felge aufgeheftet, so stößt man

7) eine andere an, doch mit Beobachtung dieser Hauptregel, daß man es allemahl gerade in Zirkel legt; und heftet diese wieder mit Nägeln auf den Stößen, und so fährt man fort, bis es ganz zusammen ist.

8) Ist das Rad endlich ganz zusammen gestoßen, so richtet man eine Seite desselben so genau ab, als es sich nur immer thun läßt, welches vermittelst eines guten Hobels und geraden Richtscheites am besten geschieht. Hat man nun diese Seite gehörig abgerichtet, so legt man

9) das ganze Rad genau in Zirkel; trifft dieses, so schlägt man den Zahn des Radezirkels ohngefähr $\frac{1}{16}$ Zoll einwärts, und thut ganz zu äußerst an der Stirne des Rades (vermittelst des Radezirkels) einen zarten Zirkelriß. Ist dieß nun alles gehörig gemacht, so fängt man an, die Kämme

me auf diesem gedachten Zirkelriß einzutheilen; und das macht man am besten, wenn man erst den ganzen Umkreis vermittelst des Viertelmaßes genau in 4 gleiche Theile theilet, und alsdann die bestimmte Theilung mit einem scharfen Zirkel in die Viertel abtheilet. Hat man nun die Theilung durch den ganzen Umkreis richtig gemacht, so sticht man die halbe Kammkopfsstärke auf jeden Theilungspunkt herüber und hinüber, und winkelt mit einem richtigen Winkeleisen von jedem Punkte über die Stirne herunter, wo jeder Kamm mit einem scharfen Riß hart an dem Winkeleisen angemerkt wird; und so fährt man fort bis man ganz herum ist. Ist man mit der ganzen Abtheilung fertig, so nimmt man

10) das ganze Rad wieder auseinander, schneidet die Kämme nach der gehörigen Kammkopfsstärke mit einer guten Säge wechselsweise ein, schlägt das dazwischen stehende Holz mit einem Meissel aus, und legt hernach das ganze Rad, nach den bemerkten Zeichen, wieder zusammen, wo es alsdann, der Regel gemäß, mit ein Paar Nägeln zwischen jedem Kamme genagelt wird. Nun richtet man die andere Seite auch ab, und zwar so, daß das ganze Rad rund herum eine gleiche Stärke bekommt, welches vermittelst einer Lehre geschieht, die von einem Bretchen nach dem Orte, wo das Rad den schwächsten Theil hat, eingeschnitten wird. Mit dieser Lehre fährt man auf der abgerichteten Seite herum, und an die andere Seite hält man einen Bleystift; so zeigt dieser Riß die gleiche Stärke des Rades, nach welcher dasselbe abgerichtet werden muß. Hat man nun endlich alles gehörig abgerichtet, und genagelt, so fängt man an,

11)

11) die Arme einzulegen; und damit verfähret man folgendermaßen. Man reißt mit dem Radezirkel, hart an der äußern Peripherie des Rades, eine Zirkellinie, theilet diese (wenn das Rad eine gleiche Anzahl von Kämmen in jedem Viertel hat) genau vermittelst des Stangenzirkels in 4 gleiche Theile; auf jeden Punkt dieser abgestochenen Theile legt man die Mitte des Armes mit derjenigen Seite, wo derselbe eingelegt werden soll.

12) Liegt also der Arm in seiner gehörigen Lage, (nach obgedachter Regel) so reißt man mit einem scharfen Zirkel hart an demselben weg, und nach diesem Risse lässet man denselben $\frac{3}{4}$ Zoll in die Felge, sowohl auf der obern als inwendigen Seite, bis auf das Mittel von der Stärke des Rades ein. Nach dieser Methode legt man den andern Arm auch ein, und schneidet sie im Kreuze scharf zusammen, so hat es seine Richtigkeit.

Bey Einlegung der Arme bey Stirn- und Kammrädern empfiehlt Herr Ernst hauptsächlich auch die Regel genau zu beobachten, welche bey der Einlegung der Arme von den Wasserrädern beygebracht ist; nähmlich daß die inwendige Seite des Arms nicht zu scharf anstehen darf, damit, wenn das Holz von der feuchten Luft aufquillt, sich das Rad auf den Stößen nicht aus einander ziehe, und alsdann zu zeitig wandelbar werde, worauf man, bey jetzigen hohen Holzpreisen, um so mehr Rücksicht nehmen müsse.

Die Regeln, nach welchen man die Stärke der Kämme und Stecken eintheilet, sind verschieden. Die gewöhnlichste Regel, welche vorzüglich bey dem gangbaren Zeuge (durch welches Mühlen in Bewegung gesetzt werden) gebraucht wird, ist diese. Man theilet die Theilung c d Fig. 5620 in 7 gleiche Theile; 4 Theile bekommt der Stecken,

und

und 3 der Kamm zu seiner Stärke. Allein man kann diese Eintheilungsmethode nicht gerade zu als eine Universalregel annehmen, wonach nähmlich die Kamm- und Steckenstärke eines jeden verkämmten Rades, Drehlinges und Getriebes müßte eingerichtet werden; denn da würde man in manchen Fällen fehlen. Man denke sich z. B. ein Stirnrad, welches 48 Kämme im Umkreise hat, und in einen Drehling von 36 Stecken eingreift; bey diesem Verhältniß vom Zeuge sind die Räume (oder Peripherien) die die Kämme und Stecken in einer bestimmten Zeit zu durchlaufen haben, einander beynahe gleich. Ist nun dieses, so kann man den Kamm beynahe so stark machen, als den Stecken, wenn sich nähmlich Kämme und Stecken mit einander abgreifen sollen. Der Grund, warum man eigentlich bey solchen Verhältnissen vom Zeuge, da z. B. ein Drehling oder Getriebe mehrere Mahl herum kommt, als das eingreifende Stirn- oder Kammrad, den Stecken etwas mehr Stärke giebt, als den Kämmen, beruht darauf, weil der Stecken in der Zeit, in welcher das Stirn- oder Kammrad herum kommt, nach Verhältniß der Anzahl der Kämme mehrere Mahl angegriffen wird, als der Kamm. Z. B. man hätte ein Kammrad, welches 56 Kämme im Umkreise hat, und in ein Getriebe von 8 Stecken eingreift; bey diesem Verhältnisse wird der Stecken siebenmahl bey einem Umgange des Kammrades angegriffen, folglich muß auch der Stecken nothwendig stärker seyn, als der Kamm. Man kann daher das erste Verhältniß von der Kamm- und Steckenstärke (wo man die Theilung in 7 Theile theilet, davon nähmlich der Kamm 3 und der Stecken 4 Theile bekommt) bey solchen Verhältnissen vom Zeuge am besten anwenden (wo Drehling und Stirnrad in einander greifen),

greifen), da der Raum, den der Stecken in einer bestimmten Zeit zu durchlaufen hat, sich zu dem Raume, den der Kamm in eben der Zeit durchläuft, beynahe immer so verhält, wie 1 zu 2. Bey Kammrädern, welche in Getriebe von 6 bis 12 Stecken eingreifen, kann der Stecken etwas stärker seyn, als bey oben gezeigter Eintheilungsmethode. Man theile demnach die Theilung in gleiche Theile, und nehme 3 zur Stecken- und 2 zur Kammstärke. Die Kammkopfslänge gründet sich auf die Steckenstärke; man theilet nähmlich den Diameter des Steckens in 4 gleiche Theile, so geben $4\frac{1}{2}$ von diesen Theilen die richtige Kammkopfslänge, denn der halbe Theil muß immer zum Spielraume zwischen den Stecken und den Felgen der Stirn- oder Kammräder bleiben. Man kann auch die Theilung in 3 gleiche Theile theilen, und 2 Theile zur Länge des Kammkopfes nehmen, so hat es seine Richtigkeit.

Eine Sache von Wichtigkeit ist nach Herrn Ernst die Abrundung der Kämme, sowohl bey Stirn- als Kammrädern. Die gewöhnlichste Abrundung der Kämmköpfe, die beynahe ein jeder praktischer Arbeiter eigen hat, ist folgende. Man ziehet eine gerade Linie a b, Fig. 5621; auf diese Linie sticht man die Länge des Kammkopfes; diese theilet man in 2 gleiche Theile in c; durch den Punkt c ziehet man alsdann eine winkelrechte Linie mit a b, setzt den einen Zirkelfuß in c und spannet den andern aus bis d oder e (nach der Stärke des Kammkopfes), zieht den Bogen d b e; und dieses ist die Abrundung des Kammkopfes. Allein dieß ist nicht die rechte Abrundung, was man schon daraus abnehmen kann, wenn man einen abgeführten Kamm betrachtet, und dann sieht, daß derselbe sich nach einer ganz andern Figur abgegriffen

gegriffen hat, als nach der gewöhnlichen zirkelförmigen. Man wird daher bemerken, daß das Zeug einen viel sanftern Gang haben wird, wenn sich der Kamm etwas nach dieser Figur durch den Gang des Zeuges abgerundet hat. Ob man nun gleich von jeder Maschine es erwarten kann, daß die Kämme, im fortdauernden Gebrauche, etwas von dieser für sie schicklichern Figur annehmen werden, so ist es doch besser, ihnen dieselbe gleich vom Anfange zu geben, als wenn sie dieselbe durch das Abgreifen und Reiben erst erhalten sollen. Es fragt sich also, wie ist diese Figur mit Zuverlässigkeit auszumachen? und aus was für Gründen wird dieselbe verzeichnet? Was das erstere betrifft, so haben am Ende des 17ten Jahrhunderts zwey verdienstvolle Mathematiker Römer und Delahire, erwiesen, daß man dazu diejenige krumme Linie nehmen müsse, welche entsteht, wenn sich eine Zirkelscheibe um eine andere herum bewegt; denn so beschreibt sie mit jedem Punkte ihres Umkreises eine krumme Linie, welche eine Epicycloide genannt wird. Man kann sich davon eine genauere Vorstellung machen, wenn man eine Zirkelscheibe von Pappe, Holz, oder anderer Materie auf einem geraden Tische befestiget, eine andere Zirkelscheibe an dieselbe legt, und den Punkt, bezeichnet, mit welchem sie einander berühren. Man rolle alsdann die bewegliche Zirkelscheibe um die festgelegte, doch ohne dieselbe jemahls vergleiten zu lassen, bemerke an verschiedenen Orten den Weg dieses Punktes, bis derselbe wieder an den festliegenden Kreis zurück kommt, und ziehe durch die bemerkten Punkte mechanisch eine krumme Linie, die die Punkte alle mit einander verbindet; so wird man eine Linie bekommen, die eine schärfere Rundung hat, als gedachter

dachter Kreis selbst; und auf diese Art hat man eine Epicycloide beschrieben.

Es fragt sich also noch: wie wird eigentlich die richtige Abrundung der Kämme nach den verschiedenen Diametern der Drehlinge nach einer Epicycloidenfigur verzeichnet? Diese Aufgabe hat noch kein Mathematiker aufgelöset; nach einer Anzahl von Versuchen hat indessen Herr Ernst einen Weg gefunden, das verlangte zu bewerkstelligen, und er gibt dazu folgende Anleitung:

1) Nimmt man ein Stückchen Bret a b, Figur 5622 welches ohngefähr 18 Zoll bis 1 Elle lang seyn kann. Auf dieses Bret reißet man

2) mit dem Radezirkel des Theilrisses von Drehlingen einen Zirkelbogen c, d.

3) Nimmt man ein anderes Stückchen Bret von weniger Länge e f und reißet mit dem Radezirkel des Stirnrades einen andern Zirkelbogen g h.

4) Arbeitet man das Holz von beyden Bretern genau nach dem verrissenen Zirkelbogen ab. Ist dieses geschehen, so zapft man in das Bret g e f h ein Stückchen Latte i k Um aber die Länge dieser Latte i k zu bekommen, theilet man

5) den Diameter des Stirnrades in 4 gleiche Theile, und nimmt 3 Theile von diesen 4, von dem äußersten Punkte i des Bogens g h an gerechnet, zur Länge der Latte, welcher Abschnittspunkt hier k ist.

6) Läßt man über gedachtem Punkte k an der Latte noch 2 Zoll Holz stehn; dieses dienet dazu, daß man ein Loch durch den Punkt k genau bohren, und in dasselbe einen Bleystift oder scharfen Nagel stecken kann, um damit den Epicycloiden-Bogen des Kammes verreißen zu können; und somit wären diese Chaoulonen fertig. Will man nun ein Kammmodell nach dieser Art machen, so verfähret man also:

1) Befestiget man das eine Bretchen a b c d mit ein Paar Nägeln auf eine Pfoste, oder sonst etwas gerades; ist dieses geschehen, so legt man

2) an das befestigte Bret a b c d das zweyte g e f h und zwar also, daß beyde Bogen in dem Punkt i sich einander berühren.

3) Steckt man in das Loch k einen Bleystift (oder scharfen Nagel), legt darunter ein Stückchen dünnes Bret oder Pappe, rollt den einen Bogen gh vermittelst der Latte um den festliegenden cd dergestalt, daß derselbe nicht rutschet (oder vergleitet); so wird der Bleystift oben in dem bestimmten Punkt k eine krumme Linie beschreiben, welche die vortheilhafteste Abrundung der Kämme gibt. Nun schneidet man nach der Länge des Kammkopfs ein Stück von dieser krummen Linie kl aus, leget dieses auf das zu dem Kammmodell abgerichtete Stück Holz nach der Stärke vom Kammkopf links und rechts auf, verzeichnet den Kammkopf und fertiget das Modell nach diesen gedachten Rissen, so hat es seine Richtigkeit.

Bey der obern Rundung des Kammes werden nur die scharfen Ecken ein wenig verbrochen, wie solches aus der Zeichnung deutlicher zu sehen ist.

Wie vortheilhaft diese Art der Rundung der Kämme nun sey, zeigt Herr Ernst in seinem genannten Werke an einem Beyspiele sehr einleuchtend. In der Folge räth der Herr Ernst, eben so wie Stieglitz und andere, daß man ein gerade aufgehendes Verhältniß zwischen der Zahl der Kämme und Stecken vermeiden solle, weil, wenn ein Zahn immer wieder eben denselben Stecken ergreift, die Friction viel nachtheiliger wirket, als wenn immer andere Zähne und Stecken in Berührung kommen.

Vielleicht wird es schon manchem Müller und praktischen Arbeiter im Maschinenwesen bekannt seyn, sagt er, daß, wenn man ein Rad noch so genau verkämmt, und ein Getriebe oder Drehling, im Verhältniß der Theilung zu jedem Rade, noch so richtig gemacht hat, man dennoch, wenn man nur ein wenig Aufmerksamkeit auf den Griff des Zeuges wendet, an manchen Rädern wahrnimmt, daß sich sowohl die Kämme als Stecken nicht nach der bestimmten Theilungsweite abgegriffen haben, auch wohl noch überdies auf den Angriffsflächen Buckel und Vertiefungen hinein geschliffen sind. Es fragt sich also: was ist wohl die Ursache dieses irregulären Abgreifens der Kämme und Stecken? Die Ursache ist folgende. Wenn die Zahl der Drehlinge oder Getriebe zwey, drey oder mehrmahl in der Zahl der Kämme der Stirn- oder Kammräder enthalten ist, so treffen bey jedem Umgange des Rades immer einerley Kämme zu einerley Stecken auf einander. Z. B. man hätte ein Kammrad von 64 Kämmen im Umkreise, welches in ein Getriebe von 8 Stecken eingriffe. Weil nun bey diesem Verhältnisse das Getriebe 8 mahl herumkommt, ehe das Kammrad einmahl umgehet, so wechselt kein Kamm und auch kein Stecken, weil alles gerade aufgehet. Z. B. der angreifende Stecken bey dem ersten Umlaufe des Getriebes würde folgende Kämme wegnehmen: von 1 bis 8, alsdann von 9 bis 16, u. s. w. bis alle Kämme durch wären; bey dem zweyten Umgange des Kammrades würden die Getriebestecken von allen den Kämmen wieder angegriffen, die dieselben bey dem ersten Umgange hatten. Folglich hat bey allen diesen Verhältnissen, wo die Zahl der Getriebestecken in der Zahl der Kämme aufgeht, gar keine Abwechselung statt; und bey dem Stirnzeuge verhält sich die Sache eben so. Hat nun ein Kamm oder Stecken eine falsche Figur, so wird ein Eindruck davon (bey allen Stecken oder Kämmen, die von demselben angegriffen werden) bleiben, weil dieser Kamm oder Stecken, bey allen Umgängen des Rades oder Getriebes, dieselben allemahl wieder berührt. Dieses ist nun bey den Mühlen- und großen Maschinenrädern eine böse Sache; denn die Kämme und Stecken sind von Holz, welches unmöglich überall eine gleiche Härte hat. Wenn

 man

man auch z. B. die Stecken zu einem Getriebe alle vom Stammende machen wollte, so ist doch immer einer weicher oder härter, als der andere, so daß sie in Ansehung der Festigkeit sich niemahls gleich sind. Mit den Kämmen hat es die nähmliche Beschaffenheit; denn da reißt man welche aus dem Wipfel, aus der Mitte, und auch manchmahl vom Stammende des Baumes, welches alles schon einem jeden Müller und praktischen Arbeiter bekannt ist, und nicht weiter ausgeführt zu werden braucht.

Drückt nun ein Kamm oder Stecken immer auf einen andern, der mit demselben nicht gleiche Härte hat (wie dieses bey vorerwähnten Verhältnissen der Fall ist), so wird derselbe Kamm oder Stecken bey jedem Umgange des Rades oder Getriebes verhältnißmäßig, nach der Ungleichheit der Härte mehr oder weniger abgegriffen, als die andern Kämme oder Stecken, und dadurch entsteht eine Ungleichheit in der Theilung, welche alsdann nothwendiger Weise einen stoßenden und ungleichen Gang im Zeuge verursachen muß. Um aber diesem Uebel abzuhelfen, gebe man jedem Rade, welches z. B. 36 Kämme hat, 37; wenn nun dieses Rad in ein 6steckiges Getriebe griffe, so ist es klar, daß die Stecken des Getrieben von den Kämmen des Kammrades in folgender Ordnung angegriffen würden, 1, 7, 13, 19, 25, 31, 37; bey dem zweyten Umgange aber wechselte es, und der Angriff würde nunmehr 6, 12, 18, 24, 30, 36, und so fort würden bey jedem Umgange des Kammrades alle Kämme und Stecken gewechselt, daß also nach dieser Art dieselben sich alle (sowohl Kämme als Stecken) gleich abführen würden; da man denn

weder

weder Rucken noch Stoßen in dem Gange des Zeuges verspüren wird *).

Auf den Einwurf, daß bey einem Rade von einer ungeraden Anzahl Kämme die Arme nicht richtig in die Viertel oder Sechstel treffen, gibt Hr. Ernst die Auskunft, daß dieses dem Zusammenhange des Ganzen gar nicht schädlich sey, indem man nur die Arme eine Viertelstheilung verlegen dürfe.

Um aber die Sache deutlicher zu machen, so hat er ein dergleichen Stirnrad aufgerissen, welches Fig. 5623 vorgestellt ist. Dieses Rad hat 57 Kämme im Umkreise, und ist aus 4 Stücken (oder Felgen) zusammengesetzt. Die Eintheilung von selbigem wird also gemacht.

1) Man thut auf eine Pfoste (oder irgend eine andere gerade Fläche) einen zarten Schnurschlag.

2) Auf gedachten Schnurschlag oder Linie sticht man von einem angenommenen Punkte auf dieselbe so vielmahl die Kammtheilung fort, als dieses Rad Kämme in einem Viertel bekommen würde (wenn man nähmlich die Anzahl derselben gerade in die Viertel theilen könnte); dieses sey nun hier 14.

3) Theilet man die angenommene Theilung des Rades wieder in 4 gleiche Theile, und setzt noch einen Theil von diesen vieren der vorhin gedachten 14mahl hingestochenen Theilung zu, welches nunmehr 14 und $\frac{1}{4}$ Theilung ausmacht.

4) Nun theilet man den Raum dieser 14 und $\frac{1}{4}$ mahl hingestochenen Theilung in 11 gleiche Theile: so zeigt der 7te Theil den Punkt an, wo der

*) Diese Eintheilungsmethode empfiehlt auch Büsch in seiner praktischen Mechanik. §. 28.

der Zahn des Radezirkels angeschraubt werden muß. Beschreibt man nun mit dieser Länge des Radezirkels eine Zirkellinie, so wird man die angenommene Theilung des Rades genau 57 mahl hinein tragen können.

Im übrigen verfährt man eben so, wie es im vorhergehenden gezeigt worden. Nur ist zu bemerken, daß bey diesem Rade zwey Felgen um eine Theilung länger seyn müssen, als die andern, welche hier Fig. 5623 mit a b und c d bezeichnet sind.

Was endlich die Anlegung betrifft, so wird selbige auf der langen Felge a b gemacht. Es wird demnach die untere Felge a b in 15 Theile getheilt, und auf den 7ten Theil (oder Kamm) c leget man an. Alles übrige kann deutlicher aus der Zeichnung ersehen und nach dem beygefügten Maßstabe gemessen werden.

Sollte aber der Fall vorkommen, daß man ein Stirn- oder Kammrad zu verfertigen hätte, welches anstatt 57 Kämme im Umkreise 58 oder 59, oder anstatt 60, 62 hätte, und sollte man den Radezirkel dazu finden: so verfahre man nach der von Herrn Ernst gegebenen Anleitung also. Z. B. man hätte ein dergleichen Rad zu verfertigen, welches 59 Kämme im Umkreise bekommen sollte: so dividiret man gleich 4 in 59; man bekommt dann zum Quotienten 14, als so viel das Rad Kämme in einem Viertel bekäme, wenn es 56 im Umkreise hätte. Allein hier bleiben 3 Kammtheilungen übrig; diese nimmt man und sticht selbige auf eine gerade Linie, und theilet diesen Raum der dreymahl hingestochenen Theilung in 4 gerade Theile; einen von diesen 4 Theilen setzet man der 14 mahl hingestochenen Theilung zu, und operiret nun weiter, wie im übrigen gesagt worden ist. Nach

dieser

dieser Regel kann man den Radezirkel zu einem jeden solchen Rade finden, welches eine Anzahl Kämme bekommen soll, die nicht gerade in den Vierteln aufgeht.

Nach dieser Methode sucht man auch die Radezirkel zu Theilrissen bey Drehlingen, wenn nähmlich dieselben eine Anzahl Stecken bekommen, welche nicht gerade in den Vierteln aufgeht.

Von Verfertigung der Drehlinge oder Trillinge.

Die nothwendigsten Regeln, die man bey der Verfertigung eines Drehlinges in Obacht nehmen muß, und wobey eigentlich die meiste Genauigkeit angewendet werden muß, sind nach Herrn Ernst folgende:

1) Muß man die richtige Theilung eines jeden Drehlinges zu dem in gedachten Drehling eingreifenden Stirnrade zu bestimmen wissen. Denn z. B. eine andere Theilung (im Verhältniß zu der Stirnradstheilung) muß der Drehling haben, wenn derselbe zum Drucke gehet, eine andere zum Hube, und wieder eine andere, wenn ein Bäckchen in denselben eingreift, u. s. w.

2) Müssen auch die runden und viereckigen Zapfenlöcher (die nähmlich ein jeder Drehling, wenn derselbe regelmäßig gearbeitet ist, bekommen muß) mit einander gehörig wechseln, das heißt, so daß allemahl ein rundes und viereckiges Loch sich einander gegenüber stehen.

3) Ist auch die Anlegung bey einem Drehlinge wohl zu bemerken, damit nähmlich allemahl die Stecken gehörig auf die Stöße treffen, wie dieses auch schon bey den Stirnrädern gesagt worden ist.

Einen Drehling zu verfertigen, welcher 36 Stecken im Umkreise oder 9 in einem Viertel hat. Fig. 5624.

1) Nimmt man die Theilung, die der Drehling bekommen soll, welche hier 4 Zoll beträgt, und sticht dieselbe auf einer geraden Linie (wie schon bey den Stirnrädern gesagt ist) so vielmahl fort, als der Drehling Stecken in einem Viertel bekommen soll, welches hier 9 sind.

2) Theilet man den Raum der 9mahl hingestochenen Theilung in 11 gleiche Theile, und 7 von diesen 11 Theilen nimmt man zur Länge des Radezirkels.

3) Hat man den Radezirkel richtig gestellt, so bestimmt man auch das Viertelmaß, und dieses geschieht am richtigsten also. Man leget eine Pfoste (von welcher der Drehling verfertiget werden soll) auf den Radestuhl, und thut mit dem Radezirkel des Theilrisses der Stecken einen Bogenriß (auf gedachte Pfoste). Nun nimmt man

4) mit einem scharfen Zirkel die Theilung des Drehlinges, und sticht dieselbe auf erwähnten Bogenriß so vielmahl fort, als der Drehling Stecken in einem Viertel bekommt, welches hier 9 sind. Durch die Endpunkte d, e Fig. 5624 ziehet man vom Mittelpunkte gerade Linien, so bestimmen diese, wo sie die äußere Peripherie des Drehlinges durchschneiden, die Länge des Viertelmaßes a b Fig. 5624.

5 Hat man nun den Radezirkel und das Viertelmaß bestimmt, so fängt man an, die Felgen zu verreißen und auszubügen, richtet dieselben hernach mit einem Fügehobel ab, und so mit wären dieselben bis zur Anlegung der Scheibe fertig. Diese wird nun

6) bey diesem Drehlinge also gemacht. Man legt eine Felge a b Fig. 5624 auf den Radestuhl nach der äußern Peripherie a b genau in Zirkel; hebt alsdann den Radezirkel von dem Mönch ab, und legt ihn mit dem mittelsten Loche ein, und verreißt alsdann den Theilriß der Stecken d e. Hierauf theilet man diesen Theilriß von d bis e in 9 gleiche Theile (soviel nähmlich eine Felge Stecken bekommt); auf den 5ten Theil (oder Stecken) c leget man an, daß also bey dieser Scheibe d gegen c 5 Stecken, und von c gegen e 4 Stecken fallen. Man merke hierbey folgende Hauptregel: daß, wo die 5 Stecken hinfallen, nähmlich hier zwischen d c auf diese Seite auch allemahl der Arm neben dem inwendigen Stoß zu liegen kommt.

Wenn ein Drehling ungerade Stecken in einem Viertel hat, z. B. 7, 9, 11, u. s. w. so wird die Anlegung allemal eine halbe Theilung außer dem Mittel gemacht. Sind die Stecken aber gerade, als z. B. 8, 10, 12, so wird die Anlegung genau aufs Mittel gemacht. Auch muß an den viereckigen Löchern mit dem Drehlingsbohr noch ein halber Zoll eingedrehet werden; und dieses dienet dazu, daß der Stecken dem Drucke (bey schwerem Zeuge) genugsam Widerstand leiste; denn wäre dieses nicht, so würden die Zapfen von den Stecken leicht abbrechen.

Die Hauptsache, welche bey Verfertigung der Drehlinge vorzüglich beobachtet werden muß, ist nach des Herrn Ernst Anweisung *) daß man die Theilung des Drehlings zu jedem Stirnrade, welches in denselben eingreifen soll, richtig zu bestimmen wisse. Es sind demnach Fig. 5625 viererley

*) S, S. 105 ff.

ley Methoden gezeigt, nach welchen man die Theilung der Drehlinge bestimmen kann.

Die erste Methode, die Theilung eines Drehlinges zu finden, wenn derselbe zu Hube geht.

Auflösung.

1) Man reißt mit dem Radezirkel des Stirnrades, welches in den Drehling greifen soll, auf eine Pfoste einen Bogen k c No. 1. Fig. 5625 Auf gedachten Bogen sticht man

2) die Theilung des Stirnrades l c. Nun ziehet man aus dem Mittelpunkte des Rades (vermittelst des Radezirkels) durch die Theilungspunkte l c gerade Linien c b und l a. Auf diese Linien sticht man

3) die Länge der Kammköpfe l a und c b; hernach theilet man diese Kammkopfslängen in 3 gleiche Theile, so zeigt die Entfernung der Punkte a und b die Theilung des Drehlings, die derselbe haben muß, wenn er zu Hube geht, das heißt, wenn die Directionslinie der Kraft aufwärts wirket.

Wenn ein Drehling zu Hube gehet, so muß derselbe in der Theilung etwas weiter gemacht werden, als wenn er zum Drucke gehet, wie es Herr Ernst in seinem Werke aus hinlänglichen Gründen zeigt, welche ich hier der Kürze wegen übergehe.

Die zweyte Methode, die Theilung zu finden, wenn ein Drehling zum Drucke geht.

Auflösung.

1) Man sticht die Theilung des Stirnrades (Fig. 5625 No. 2.) ebenfalls auf einen Bogen, welcher mit dem Radezirkel des Stirnrades beschrieben ist. Ferner zieht man

2)

2) aus dem Mittelpunkte durch die Theilungspunkte m l gerade Linien; auf diese sticht man die Kammkopfslänge l a und m n. Endlich theilet man

3) die Länge der Kammköpfe la und mn in 2 gleiche Theile; so zeigt die Entfernung der Punkte g und e die richtige Theilung des Drehlings.

Die dritte Methode, die Theilung des Drehlings zu finden, wenn ein Böckchen (oder ein kleines Stirnrad) von 36 bis 48 Kämmen in denselben eingreift.

Auflösung.

1) Man sticht hier wieder die Theilung vom Stirnrade o m, (No. 3. Fig. 5625) auf vorgedachten Bogen k, c.

2) Ziehet man wieder vom Mittelpunkte durch die Theilungspunkte o, m gerade Linien; auf gedachte Linien sticht man

3) die Länge der Kammköpfe o p und m n, und theilet dieselbe in 4 gleiche Theile; so zeigt die Entfernung der Punkte f und g die Theilung des Drehlinges.

Die vierte Methode, die Theilung des Drehlinges zu finden, wenn die Kämme des Stirnrades nach einer Epicycloide abgerundet sind.

Auflösung.

1) Man sticht auf vorerwähnten Bogen k, c die Theilung des Stirnrades k, o.

2) Ziehet man auch vom Mittelpunkte durch die Theilungspunkte k o gerade Linien; auf gedachte Linien sticht man

3) Die Länge der Kammköpfe o, p und k s. Die abgestochene Kammkopfslänge theilet man in

3 gleiche Theile; so zeiget die Entfernung der Punkte des ersten Theils h, i die Theilung des Drehlinges.

Wenn die Kämme nach einer Epicycloide abgerundet sind, so muß der Drehling, wenn er zu Drucke geht, etwas enger in der Theilung seyn, als nach voriger dritten Methode gezeigt ist; soll er aber zu Hube gehn, so sucht man die Theilung zu demselben nach der ersten Methode No. 1. Fig. 5625.

Wie Drehlinge verfertiget werden, welche eine andere Zahl der Stecken haben, zeigt Herr Ernst in seinem angeführten Werke. Auch lehrt er Drehling mit doppelten Stecken zu verfertigen, welche die Müller einen **Ranzen** nennen, und welche in einigen Mühlen gebraucht werden, wo immer das große Wasser eine Hemmung in dem Geschäfte des Mahlens verursacht. Man schlägt nähmlich die Stecken aus den äußern Löchern heraus, und macht sie in die inwendigen. Dadurch erhält man den Vortheil, daß man dem Mühlsteine etliche Umgänge mehr verschafft, folglich etwas länger bey großem Wasser mahlen kann.

Endlich ist hier noch etwas über die **Verkämmung** der Stirnräder zu sagen. Die mehresten Müller und Zeugarbeiter verkämmen alle ihre Stirnräder mit dem Zirkel, das heißt, sie legen um die Theilung, welche die Kämme am Ende a b Fig. 5626 haben, einen Zirkel, und stechen mit diesem Instrumente die obern Theilungsweiten der Kämme auf der ganzen Peripherie herum ab. Diese Theilung a b Fig. 5626 nennen sie den **Ausschritt der Kämme.** Diesen Ausschritt nun zu finden, bedienen sie sich einer ziemlich weitläuftigen Methode. Auf eine Pfoste (oder Bret) reißen sie mit dem Radezirkel des Stirnra-

des

des einen Bogenriß c d Fig. 5626; auf gedachten Bogenriß stechen sie alsdann die Theilung des Stirnrades h g; durch diese Theilungspunkte ziehen sie vom Mittelpunkte heraus gerade Linien g e und h f; auf gedachte Linien stechen sie alsdann weiter die Länge der Kammköpfe h f und g e: so zeigt ihnen die Entfernung der Punkte f und e die Theilung, nach welcher sie das Rad verkämmen. Melzer zeigt im ersten Theile seiner Mühlenbaukunst (§. 11. Cap. 8.) eine andere Methode an, nach welcher man den Ausschritt finden soll. Allein sie trifft nach Herrn Ernst's Erfahrungen nicht bey allen Rädern zu, und man kann es dabey nicht dahin bringen, daß alle Kämme genau nach dem Mittelpunkte stehen, besonders bey alten Rädern, wo die Löcher schon weit geworden sind.

Um ein Stirnrad richtig zu verkämmen, bediene man sich daher folgender von Herrn Ernst beschriebenen Methode.

1) Man nehme ein Stückchen Pfoste i k l m Fig. 5626 ungefähr 2 Zoll stark, und mache mit dem Radezirkel des Stirnrades auf gedachtes Stückchen Pfoste einen Bogenriß l m. Nun steche man

2) auf diesen Riß die Theilung des Stirnrades h g, und ziehe vermittelst des Radezirkels vom Mittelpunkte heraus durch die Theilungspunkte h g gerade Linien h f und g e; auf diese Linien steche man alsdann die Länge der Kammköpfe.

3) Verzeichnet man auch die Kammkopfsstärke, wie auch die obere Rundung der Kämme. Nun schneidet man diese verzeichneten Kammköpfe nebst dem Bogen l m richtig aus: so hat man eine Lehre, nach welcher man ein Stirnrad sehr genau und richtig verkämmen kann, wie dieses auch schon die Zeichnung deutlich zeiget.

Von

Von Verfertigung der Kammräder und Getriebe.

Die vornehmsten Regeln, die man bey Verfertigung eines Kammrades vorzüglich zu beobachten hat, wenn man dasselbe richtig und genau arbeiten will, sind nach der Anweisung des Herrn Ernst folgende.

1) Müssen alle Kämme mit der Brustfläche genau winkelrecht seyn.

2) Muß die Vorder- oder Brustfläche, wo nähmlich das Rad an dem Getriebe weggeht, sehr genau und gerade abgerichtet seyn. Und endlich

3) muß dieses auf der Stirne so rund gehn, daß es auch nicht einen Viertelzoll ausschlägt. Diese Regel ist zwar bey allen Rädern nothwendig, aber vorzüglich bey den Kamm- und Stirnrädern am ersten zu empfehlen.

Ein Kammrad zu verfertigen, welches 61 Kämme im Umkreise hat. Fig. 5627.

1) Man nehme die Theilung, die das Kammrad bekommen soll, (welche hier 4 Zoll angenommen ist) und trage diese auf einer geraden Linie so vielmahl fort, als das Rad Kämme in einem Viertel bekommen würde, wenn in dem ganzen Umkreise 60 wären, da nähmlich in ein Viertel 15 kommen. Weil aber hier noch eine ganze Theilung übrig bleibt, so theilet man diese Theilung in 4 gleiche Theile; und einen von diesen 4 Theilen setzt man noch der 15mahl hingestochenen Theilung zu, daß also der ganze Raum 15mahl und ein Viertel Theilung beträgt. Nun theilet man

2) diesen Raum der 15 und $\frac{1}{4}$ mahl hingestochenen Theilung in 11 gleiche Theile; so geben 7 von diesen 11 die Länge des Radezirkels.

3)

3) Hat man den Radezirkel fertig, so macht man auch das Viertelmaß; und weil bey diesem Rade 3 Felgen 15, und eine 16 Kämme bekommt, so verfährt man damit also. Man leget auf den Radestuhl eine Pfoste, und macht (wie schon bey allen vorigen Rädern gesagt ist) mit dem Radezirkel des Theilrisses der Kämme einen Bogenriß darauf. Auf diesen Bogenriß sticht man im ersten Fall die Theilung 15mahl, und im andern 16mahl; durch die Endpunkte (der hingestochenen Theilung) ziehet man vermittelst des Radezirkels vom Mittelpunkte heraus gerade Linien; wo nun diese Linien die äußere Peripherie a b Fig. 5627 durchschneiden, daselbst sind die Punkte, wonach man das Viertelmaß stellet.

4) Ist nun der Radezirkel und das Viertelmaß fertig, so fängt man an, die Felgen abzuschneiden, und dann zu verreißen. Hernach büget man dieselben aus dem gröbsten aus, und richtet sie alsdann auf der Schwartenseite ab, (welches aber sehr genau und gerade seyn muß). Nun werden dieselben wieder aufs Reine verrissen, und das übrige Holz genau nach dem Zirkelrisse und mit der abgerichteten Seite winkelrecht abgearbeitet, wie dieses schon bey den Stirnrädern gesagt worden ist.

5) Sind nun alle Felgen (die zu dem Rade gehören) bis auf das Zusammenstoßen fertig, so fängt man an, die Anlegung zu machen; und diese wird auf der langen Felge a b Fig. 5627 gemacht. Man theilet demnach diese in 2 gleiche Theile, und auf das Mittel e leget man an. Man nimmt hier gleich auf die eine Seite die lange Felge c d, und auf die andere die kurze c e, und stößt alsdann das Rad mit den andern Felgen zusammen;

sammen; so braucht man auf keine Wechselung der Felgen hernach weiter zu sehen.

6) Hat man das Rad nach dem Zirkel genau zusammen gestoßen, so leget man es horizontal (oder wagerecht). Nun fängt man an, die Brustseite fgh Fig. 5627 abzurichten, und zwar so genau als es sich nur immer thun läßt. Dieses geschicht am besten vermittelst eines sehr geraden Richtscheites; denn wenn man dasselbe über die Felgen legt, so kann man gleich sehen, ob hier oder dort noch eine Unebenheit steht, die man dann mit dem Hobel vollends wegstoßen kann. Ist die Brustseite gehörig abgerichtet, so leget man

7) das Rad genau nach der äußern Peripherie abc Fig. 5627 in Zirkel. Alsdann hebt man den Radezirkel aus, leget ihn in das mittelste Loch und verreißt den Theilriß der Kämme. Nun fängt man an, die Kämme nach der bestimmten Theilung auf dem Theilriß einzutheilen, und zwar so, daß man den ersten Punkt auf einen Stoß annimmt, z. B. auf e Fig. 5627 und alsdann fortsticht, bis man ganz herum ist. Man sehe sich aber vor, daß die Zirkelspitzen nicht zu tief in das Holz gedrückt werden; sonst erfolgt eine Unrichtigkeit.

8) Sind die Kämme alle gehörig eingetheilet, so verreißt man die Löcher nach der gehörigen Stärke des Kammbohrers mit einem Zirkel, schlägt dann mit einem Hohlmeissel genau vor, und bohret die Löcher (nach einer Lehre) winkelrecht mit der Brustseite durch. Ist man nun mit dem Bohren fertig, so schlägt man

9) die Löcher 2 Zoll tief auf der Brustseite viereckig nach der gehörigen Kammkopfsstärke aus, damit sich der Kamm nicht drehen könne; und somit ist die eine Seite des Kammrades fertig.

10)

10) Nun wendet man das Rad um, und richtet die hintere Seite auch richtig und gerade ab, und zwar so, daß das ganze Rad durchaus eine gleiche Stärke bekommt. Man bedient sich hierzu einer Lehre, wie bey den Stirnrädern gesagt ist.

11) Ist man mit der Abrichtung auch fertig, so leget man endlich die Arme ein. Diese werden in eine Larve, welche $\frac{3}{4}$ Zoll tief ist, in die hintern Felgen scharf eingelassen; an dem untern Theil aber bey i Fig. 5627 wird der Arm noch 2 Zoll in die Felgen eingeschnitten, damit derselbe dem Drucke der Last hinlänglichen Widerstand leiste, wie solches aus der Zeichnung deutlich zu ersehen ist. Ist man mit allem diesen fertig, so bohret man endlich die Hängenägellöcher bey k durch, da dann das Rad fertig ist.

Bey der Verfertigung der Kammräder sind nach Herrn Ernst noch ein paar praktische Vortheile und Regeln zu bemerken, die ich hier nur kurz andeuten will, da sie von selbst einleuchten.

1) Man bohre die Löcher bey einem Kammrade ja nicht aus freyer Hand, sondern nach der Lehre.

2) Ist es besser, wenn man die Kammlöcher ganz viereckig durchschlägt, und zwar muß man den Kamm etwas verjüngt zulaufen lassen, wie Fig. 5628 deutlich zeiget.

3) Kommt aber der Fall vor, daß man Kammräder zu verfertigen hat, welche schwache Theilung haben, z. B. $3\frac{1}{2}$ bis $3\frac{3}{4}$ Zoll: so darf man die Kammlöcher nicht nach der gewöhnlichen Kammkopfsstärke machen, weil der Kamm gegen den Widerstand der Last zu schwach werden würde, folglich dem Zerbrechen leicht unterworfen wäre. Um diesem Uebel abzuhelfen, hat der geschickte Mühlenmeister,

meister, Hr. Bauer, zu Merseburg, wie es Herr Ernst berichtet, eine Methode gezeigt, nach welcher die Kämme bey einer solchen Theilung dem Zerbrechen gegen den Widerstand der Last wenig unterworfen sind. Sie ist folgende. Man nehme die Kämme etwas breiter, als sie gewöhnlich bey andern Rädern sind, und ächsele den Kammstengel doppelt, und zwar so, daß derselbe von a bis b Fig. 5629 nach der aus der Theilung bestimmten Kammkopfsstärke das Maß hält. Das obere Aechsel nähmlich von b bis c wird so breit von c gegen e gemacht, als es die Breite des Kammkopfs erlaubt; und wenn der Einschnitt bey e auch nur einen Achtelzoll beträgt, so ist es hinreichend.

Man thut übrigens sehr wohl, wenn man bey oberschlächtigen Mühlen (zumahl wo man nicht viel Aufschlagewasser hat) die Theilung der Kammräder nicht zu groß annimmt. Man kann daher dem Kammrade mehrere Kämme geben, und dem Getriebe auch einen Stecken mehr; und ist dieses, so kommen mehr Kämme zum Angriff auf die Stecken, und das Zeug hat alsdann einen sehr sanften Gang.

So wie die Abrundung der Kämme eine Sache von Wichtigkeit bey den Stirnrädern ist, so ist sie es auch bey den Kammrädern. Allein die Abrundung der Kämme bey den Kammrädern wird nicht, wie bey den Stirnrädern, nach einer Epicycloide gemacht, sondern nach einer andern krummen Linie (deren Eigenschaften ebenfalls in der höhern Geometrie gelehrt werden), welche man eine Cycloide oder Radlinie nennt. Diese krumme Linie verzeichnet man folgendermaßen. Man nehme eine runde Scheibe a Fig. 5630 und rolle dieselbe an einem geraden Lineal b c hinab: so beschreibt sie mit jedem Punkte ihres Umkreises eine krumme Linie,

Linie, die man eine Cycloide nennt. In Fig. 5630 hat der angenommene Punkt d diese krumme Linie e d f beschrieben.

Nun nehme man nach der Anweisung des Herrn Ernst eine runde Scheibe (von Pappe oder Holz), deren Diameter so groß ist, als der Diameter des Theilrisses der Stecken von dem Getriebe, in welches das Kammrad eingreift. Man rolle diese Scheibe a Fig. 5630 an einem Lineal (oder geraden Stückchen Latte) auf der Linie b c, ohne daß sie vergleitet, hinab; so wird, wenn man an den angenommenen Punkt d einen Bleystift fest anhält, derselbe die krumme Linie e d f beschreiben, welche die vortheilhafteste Abrundung der Kämmradskämme zeiget. Man nimmt alsdann ein Stückchen Pappe, so lang, als die Länge des Kammkopfs seyn soll, schneidet dasselbe nach der Rundung dieser krummen Linie aus, verzeichnet hierauf das Kammmodell richtig darnach ab, und verfährt im Uebrigen, wie bey den Stirnrädern gezeigt worden.

Wie ferner Kammräder verfertiget werden, welche eine gerade Anzahl Kämme in jedem Viertel, und auch solche, welche 80, 96 bis 108 Kämme haben, lehrt Herr Ernst in seinem Werke und es ist daselbst nachzusehen. Das vorhin angeführte wird indessen hinreichen, sich hiervon eine gehörige Vorstellung zu machen.

Von den Getrieben.

Die Regeln, welche man bey Verfertigung eines Getriebes in Obacht nehmen muß, damit dasselbe gut gehe, sind nach der Anweisung des Herrn Ernst folgende.

1) Muß man den Theilriß zu jeder Anzahl der Stecken, die ein Getriebe bekommen soll, richtig zu finden wissen.

2) Sehe man sich bey der Zusammensetzung der Getriebe wohl vor, daß man die Zapfen nicht windschief haue; denn sonst wird das ganze Getriebe übereck und schief werden.

3) Müssen auch die Stecken auf die richtige Seite gesetzt werden, welche nähmlich auf den Griff kommt, damit sich dieselben immer glatt abgreifen.

4) Müssen auch die Stecken bey jedem Getriebe von oben herunter allemahl etwas verjüngt zulaufen. Und endlich

5) muß man auch die Löcher in den Scheiben, wo das Mühleisen durchgeht, richtig über die Jahre setzen; denn sonst zerkeilet man die Scheiben sehr leicht.

Von Aufreißung der Getriebe.

Den Theilriß von einem 5steckigen Getriebe zu finden.

1) Man nimmt die Theilung ab Fig. 5631 und macht mit derselben einen gleichseitigen Triangel abc.

2) Theilet man die Theilung ab in zwey gleiche Theile in d.

3) Richtet man von dem Punkte d eine senkrechte Linie dc auf. Nunmehr setzt man

4) den Zirkel in den Punkt c, und öffnet denselben bis in den Punkt d. Mit dieser Oeffnung beschreibt man eine Zirkellinie; in diese läßt sich die Theilung ab 5mahl tragen.

Wie man den Theilriß zu einem 6, 7, 8, 9 ꝛc. steckigen Getriebe finden könne, bedarf keiner ausführlichen Anleitung, da dasjenige, was oben,

S.

S. 262 ff. vom Viertelmaße gesagt ist, auch hierbey angewendet werden kann, und es ohnehin gleichviel ist, nach welcher Methode man den Theilriß findet.

Ein Getriebe zu verfertigen, muß nun noch gezeiget werden, wozu Herr Ernst S. 131 seines Werkes folgende Anleitung gibt.

1) Man nimmt ein Stück Pfoste, welches so lang und breit ist, als der Diameter a b, Fig. 5632 des Getrieberinges beträgt.

2) Hobelt man dieses Stück Pfoste genau und gerade ab, damit es nicht übereck bleibe.

3) Macht man sich eine Lehre (von einem Bretchen), welche $\frac{1}{4}$ Zoll länger eingeschnitten wird, als die Breite des Getrieberinges beträgt. Nun fähret man mit dieser Lehre

4) an dem Stückchen Pfoste, woraus die Getriebescheibe gefertiget werden soll, herum, und hält einen Bleystift an, mit welchem man vermittelst der Lehre die gleiche Stärke der Getriebescheibe verzeichnen kann. Steht auf irgend einem Orte noch Holz, so stößt man dieses nach der bezeichneten Bleystiftslinie, vermittelst des Hobels, genau ab. Hat man nun die Scheibe gerade abgerichtet, so legt man

5) den Getriebering auf, und zeichnet die Scheibe nach der innern Rundung des Getrieberinges genau ab. Dann schneidet man

6) das noch stehende Holz, vermittelst einer Säge, genau nach den verzeichneten Rissen rund herum weg. Hierauf schneidet man

7) die Scheibe mit einem Schnittmesser vollends nach, bis sie scharf in den Getriebering passet. Alsdann verreißt man

8) den Theilriß, je nachdem es ein 6, 7, 8 oder 9steckiges Getriebe werden soll; hier nach

Fig. 5632 ein 7steckiges. Weiter sticht man die Stecken auf der Peripherie des Theilrisses richtig ab, und reißt dabey auf jedem abgestochenen Punkt zugleich die Steckenstärke; wo nähmlich die Theilung in 7 gleiche Theile getheilt wird, und davon 4 zur Steckenstärke kommen.

9) Hat man nun die Stecken alle aufgerissen, und zwar so, wie es die aufgerissene Getriebescheibe Fig. 5632 deutlich zeiget, so verreißet man

10) auch die Zapfen (welche an die Stecken kommen). Ihre Stärke bestimmt die Peripherie des Steckens selbst, wie Fig. 5632 zeigt. Nun schneidet man die Zapfen mit einer Säge ein, schlägt das Holz vermittelst eines Meissels heraus, und paßt alsdann die Scheibe in den Ring; und somit wäre diese bis auf das Loch c fertig. Mit diesem Loche (wodurch nähmlich das Mühleisen gesteckt wird) verfährt man also:

11) Man legt auf den Mittelpunkt c Fig. 5632 ein Winkeleisen, oder sonst etwas gerades, und dreht dasselbe so, daß es die Jahre vom Holz schief durchschneidet. Nun zieht man eine gerade Linie an dem Winkeleisen weg, und nach dieser Linie sticht man alsdann das Loch ab, wie Figur 5632 deutlicher zeiget, als es sich sagen läßt. Setzt man nun die Keile an, so treiben dieselben nicht nach der Seite der Jahre, sondern auf die Länge, und dadurch wird die Scheibe nicht leicht zerkeilet.

Von der Zusammensetzung eines Getriebes.

1) Wenn man ein Getriebe zusammensetzt, so müssen die Zapfen ja nichtübereck gehauen werden: denn ist dieses, so wird das ganze Getriebe

schief werden. Um aber diesem Uebel abzuhelfen, können sich diejenigen, die kein richtiges Augenmaß haben, folgender Regel bedienen. Man fertige die Zapfen in der ersten Scheibe erst alle richtig nach den Zapfenlöchern; alsdann nehme man zwey kleine Stückchen Holz, (welche man von einem weichen Keile nehmen kann) und mache sie genau von gleicher Breite. Wenn man nun die Zapfen der zweyten Scheibe fertiget, so legt man ein solches Bretchen auf die inwendige Seite des ersten Zapfens, und hernach das andere auf dieselbe Seite des zweyten Zapfens; stehn nun beyde Bretchen mit einander in gerader Linie auf der obern Seite, so ist der Zapfen richtig; wo nicht, so hauet man an dem zweyten Zapfen nach, wo es fehlt, bis sie mit einander überein treffen.

2) Müssen auch die Stecken mit derjenigen Seite auf den Griff gesetzt werden, wo sich derselbe immer glatt greift; und dieses ist die Schwartenseite. Um aber die Schwartenseite richtig zu finden, so macht man den Stecken (mit der Zunge!) etwas naß, da man denn sieht, wie die Jahre laufen; und hieraus kann man auch die Schwarten- und Kernseite erkennen. Nun ordnet man die Schwartenseite so, daß die Kämme den Jahren zustreichen; so wird der Stecken immer sich glatt abgreifen, und dieses ist bey den Getrieben eine Hauptregel.

3) Muß auch an jedem Stecken auf der Kernseite mit dem Hobel eine gerade Bahn abgestoßen werden, (welche von den Müllern der Ausschritt genannt wird). Sie dienet dazu, daß der Stecken zwischen den Kämmen etwas Spielraum bekomme.

4) Muß jeder Stecken bey einem Getriebe von der obern Scheibe gegen die untere allemal

etwas verjüngt gedrehet werden, und zwar aus dem Grunde: weil die Kammlöcher bey einem Kamrade aus dem Mittel verrissen werden, so fallen diese allemahl unten bey a Fig. 5633 etwas enger, als oben. Nach dieser Differenz (nähmlich zwischen oben und unten) dreht man den Stecken ab, wie solches Fig. 5633 deutlich zeiget.

Von dem Vorgelege.

Wenn ein Drehling und Kammrad an einer besondern Welle vorhanden sind, und von einem an der Wasserradswelle befindlichen Stirnrade beweget werden, so heißt dieses ein **Vorgelege** oder **vorgelegtes Zeug**.

Solche Vorgelege werden nicht deshalb angelegt, daß man mehr Kraft (wie einige in der Mechanik Unerfahrne glauben) als durch einfaches Zeug erlangen wolle, obgleich man sonst in gewissen Fällen, wo man nähmlich etwas zu bewegen die Zeit nicht beobachten darf, durch Vorgelege mehr als durch eine einfache Maschine ausrichten kann. Z. B. Mit einer einfachen Maschine könnte man in einer gewissen Zeit 100 Centner heben; ja sie könnte auch so zubereitet werden, daß dadurch 200 Centner beweget werden könnten, allein zur letztern wird noch einmahl so viel Zeit erfordert, als zur erstern. Dieses alles findet bey einer Mühle, da der Mühlstein, als die wirkliche Last, einmahl so schnell, wie das andere zu bewegen erfordert wird, oder zu seinem Umlaufe eine bestimmte Zeit haben muß, nicht statt. Die Ursachen, warum man Vorgelege anbringet, sind folgende:

1) Weil bey oberschlächtigen Mühlen die Gebäude halb in dem Erdboden zu stehen kommen, und das Wasser leicht in dieselben eintreten kann

und

und dadurch viele Unsauberkeit verursacht würde. Dieses nun zu vermeiden, bauet man eine solche Mühle mit Vorgelegen, und bringet den Drehling über das Stirnrad, so kommt alles übrige Holzwerk nebst dem Fußboden in die Höhe und wird sodann vor der Fäulung bewahret.

2) Machet man Vorgelege bey sehr hohen oberschlächtigen Wasserrädern, um die daher entstehenden großen Kammräder zu vermeiden, wodurch die Umgänge, so das Kammrad allein befördern müßte, durch verschiedene kleine Räder erlanget werden; und sodann man auch das Mühlgerüste, welches, wenn das Radewerk einfach wäre, wegen des großen Kammrads, eine unbequeme Höhe erhielt, weit niedriger und bequemer erbauen kann.

3) Um gleicher Ursachen willen werden auch bey den Schiffmühlen, bey welchen die Wasserräder sehr langsam gehen, Vorgelege gemacht, weil nähmlich nicht allein das Mühlengebäude sehr niedrig ist, und daher ein großes Kammrad wenig Platz hat, sondern auch die Schnelligkeit des Mühlsteins durch ein Vorgelege, dessen Drehling in den Stecken vermindert seyn muß, befördert wird.

4) Bey Staber- und Strauberzeuge wird zu dem Ende ein Vorgelege angebracht, daß man nebst der Mahlmühle etwa eine Oehl-, Hirse-, Walk- oder Schneidemühle anlegen, und in Ermangelung des Mahlens das andere Werk brauchen kann. Es dürfen aber beym Vorgelege die Mühlsteine nicht mehr Umgänge erhalten, sondern das Vorgelege muß so eingerichtet werden, daß die Steine eben nicht mehrmahl herumgehen, als wenn die Mühle von einfachem Zeuge wäre.

5) Bey Panstermühlen bringt man gemeinhin Vorgelege an, um dadurch zwey Mahlgänge in Bewegung zu setzen.

Man hat aber zweyerley Arten von Vorgelege, nähmlich liegendes und stehendes. Ein liegendes heißt, wenn die Wellen horizontal liegen, wie Fig. 4634 zu sehen, da a das Wasserrad, b das Stirnrad, c der Drehling, welcher über dem Stirnrade liegt, und d das Kammrad ist. Wäre nun b das Kammrad, so wäre bey f der Fußboden, da aber d das Kammrad ist, so kommt der Fußboden bey g zu liegen.

Es dürfen aber bey Vorgelegen die Mühlsteine nicht mehr Umgänge erhalten, sondern es muß das Vorgelege so eingerichtet werden, daß die Mühlsteine eben nicht mehrmahl herumkommen, als wenn die Mühle von einfachem Zeuge wäre. Wir wollen annehmen, das Wasserrad a Fig. 5634 wäre 6 Ellen hoch, sagt man nun ein 4 Ellen hohes Wasserrad bringt den Mühlstein 10mahl herum, wie vielmahl wird er bey einem 6 Ellen hohen Rade umgehen müssen? so ist die Antwort: 15mahl. Nun eignet man den Rädern so viel Kämme zu, daß die Umgänge herauskommen. Z. B.

(3:2|
das Stirnrad b — 68| $1\frac{32}{36}$ ($1\frac{8}{9}$) oder $\frac{17}{9}$
der Drehling c — 36|
das Kammrad d — 56|
das Getriebe e — 7| 8
17
8
9) 136| $15\frac{1}{9}$ mahl
4(1|

Also kommt der Mühlstein $15\frac{1}{9}$ mahl herum, und ist ein Bruch bey solchen Maschinen nicht zu achten.

Stehendes Vorgelege ist, wenn eine Welle senkrecht stehet, als Fig. 5635 ist a das Wasserrad,

rad. an diese Welle wird ein Kammrad b gesetzt, welches in den Drehling c, welcher an die perpendiculär stehende Welle befestiget ist, eingreifet. An dieser ist ein kleines Stirnrad e, welches in das Mühlstein = Getriebe f eingreifet. Die stehende Welle d kann man, wenn es nöthig ist, 5 bis 6 Ellen lang machen. Wir wollen annehmen, das Wasserrad a wäre 6 Ellen hoch, so müßte der Mühlstein ebenfalls 15 mahl herumkommen. Giebt man dem Kammrade b 68 Kämme, dem Drehlinge c 24 Stecken, dem Stirnrade e 44 Kämme, und dem Getriebe f 8 Stecken, so werden die Umgänge herauskommen, wie folgendes Beyspiel ausweiset.

		(2(0	
Das Kammrad	b	68	$2\frac{20}{24}$ ($2\frac{5}{6}$) oder $\frac{17}{6}$
der Drehling	c	24	4)
das Stirnrad	e	4(4	$5\frac{4}{8}$ ($5\frac{1}{2}$) oder $\frac{11}{2}$
das Getriebe	f	8	

17	1	
11	6	
17	18(7	$15\frac{7}{12}$ mahl
17	122	
187	12	

Die Theilung des Kammrades b kann 4 Zoll, und des Stirnrades e $3\frac{3}{4}$ Zoll seyn.

Beweis, daß ein Vorgelege nicht so viele Dienste thut, als ein einfaches Zeug.

Die mehrsten Mühlenbesitzer glauben, man könne mit einer vorgelegten Mühle mehr, als wenn sie nur einfaches Zeug habe, ausrichten. Deswegen sind von vielen Vorgelege erbauet worden, und es ist auch einigen gelungen, daß ihre Mühlen mit einem Vorgelege mehr Dienste gethan haben, als vorhin mit dem einfachen Zeuge. Diese haben es aber aus Unwissenheit dem Vorgelege beygemessen, und dadurch sind viele dieser Meinung beygetreten, und glauben, das Vorgelege thue mehr Dienste als das einfache Zeug.

Es haben aber auch viele mit ihrem Schaden erfahren, daß, wenn sie ihr einfaches Zeug mit Vorgelege erbauten, selbiges nicht einmahl so viel Dienste leistete, als ihre alte einfache Mühle. Diese sagen, das Zeug ist nicht getroffen, es ist verderbt, das Geld ist unnütz verwendet, die Zeugarbeiter haben es nicht verstanden rc. Was demnach den ersten Fall betrifft, wenn nähmlich ein Vorgelege mehr Dienste thut als einfaches Zeug, so ist die Ursache diese, und keine andere möglich: das einfache Zeug hat erst nicht genug Umgänge gehabt; ist man nun auf den Einfall gekommen, und hat die Mühle mit Vorgelege erbauet, und dem Mühlsteine mehr Umgänge gegeben, so hat dadurch das Wasserrad einen langsamern Gang erhalten, und es kann also in jede Schaufel etwas mehr Wasser einschießen; dadurch bekommt das Wasserrad mehr Kraft, und die Mühle thut bessere Dienste, als sie zuvor that. Allein dieses hat das Vorgelege nicht bewirket, denn wenn man bey dem einfachen Zeuge dem Kammrade mehr Kämme gegeben, daß der Mühlstein seine gehörigen Umgänge erhalten hätte, so würde das Wasserrad eben einen solchen langsamen Gang bekommen haben, und hätten sich die Schaufeln eben so gut füllen können, und das Wasserrad hätte eben diese Kraft erhalten. Da nun einfaches Zeug sich nicht mit Vorgelege schleppen darf, so würde diese Mühle noch bessere Dienste gethan haben, als das Vorgelege,

lege, und hätte man noch dazu die Baukosten ersparen können.

Der andere Fall. Ist aber das einfache Zeug so beschaffen, daß es seine gehörigen Umgänge hat, und man bauet selbiges mit Vorgelege, doch so, daß es eben so viel Umgänge behält, als das einfache Zeug, so wird dieses Vorgelege nicht völlig so viele Dienste verrichten, als das einfache Zeug, denn der Mühlstein hat bey diesem wie bey jenem seine gehörigen Umgänge, und das Wasserrad hat bei diesem wie bey jenem einerley Bewegung und gehet nicht schneller noch langsamer. Weil nun auf diese Art das Wasserrad mit Vorgelege nicht mehr Kraft bekommen kann, als es bey einfachem Zeuge hat, und doch selbiges das Vorgelege mit in Bewegung setzen muß, so bekommt der Mühlstein bey dem Vorgelege nicht völlig so viel Kraft, als bey einfachem Zeuge, sondern es gehet so viel Kraft an dem Mühlsteine verlohren, als zur Bewegung des Vorgeleges angewendet werden muß.

Der dritte Fall. Ist das einfache Zeug eben so beschaffen, daß es seine gehörigen Umgänge hat, und man leget selbiges mit Vorgelege an, doch so, daß man dem Mühlsteine mehr Umgänge verschafft, als er wirklich haben soll und vertragen kann, so ist das Uebel noch größer; denn wenn der Mühlstein schneller geht als sein angemessener Gang ist, so kommt alles Zeug aus seiner gehörigen Bewegung und wird niemahls einen guten Gang bekommen und seine Dienste gehörig verrichten.

Nachstehendes Beyspiel wird dieses in ein noch helleres Licht setzen.

Bey einem 4 Ellen hohen oberschlächtigen Wasserrade muß der Mühlstein (welcher hier 1 Elle 15 Zoll im Durchmesser angenommen wird) wenigstens

nigstens 10 mahl herumkommen, ehe das Wasserrad seinen Lauf einmahl vollendet, und dieses geschieht, wenn das Kammrad 60 Kämme (die Theilung kann 4¼ Zoll seyn) und das Getriebe 6 Stecken hat.

Das Kammrad hat Kämme 6~~0~~ | 10 mahl gehet
das Getriebe Stecken 6 |
der Mühlstein bey einem Umlaufe des Wasserrades herum.

Der Radius ab des Wasserrades Fig. 5636 ist 48 Zoll, der Radius des Kammrades cd ist beynahe 40 Zoll, und der Radius e des Getriebes ist bis zu äußerst der Stecken 5½ Zoll. Nun wollen wir die Kraft des Wasserrades 10 Centner setzen, und sehen, wie sich solche an dem Kammrade verhalte; demnach sagt man: 40 gibt 48, was 10 Centner?

40 — 48 — 10?
10
———
480

48~~0~~ | 12 Centner Gewalt übet das Kammrad
4~~00~~ | d an dem Getriebe e aus.
4 |

Der Radius des Getriebes e verhält sich beynahe zu dem Radius des Steins fg wie 7 zu 2; denn wenn man den Radius des Getriebes e in 2 gleiche Theile theilet, so läßt sich ein dergleichen Theil beynahe 7 mahl über den Halbmesser des Steins fg tragen; demnach sagt man: 7 gibt 2, was 12 Centner?

7 — 2 — 12$\frac{2}{7}$
2
24

(3
24 | 3$\frac{3}{7}$ Centner Gewalt an dem Mühlsteine
7 | bey g.

Weil die Räder als Hebel betrachtet werden und sich auch also verhalten, und hier der kurze Hebel e als Radius des Getriebes den langen Hebel f g als Radius des Mühlsteins bewältigen muß, so geht dadurch viele Kraft verlohren; denn das Kammrad bekommt von dem Wasserrade bey den angenommenen 10 Centnern Kraft, 12 Centner Gewalt; diese 12 Centner Gewalt können dem Mühlsteine an der äußersten Peripherie nicht mehr als 3$\frac{3}{7}$ Centner Kraft mittheilen, und wenn man diese Mühle, wenn selbige ohne Arbeit ginge, an der Peripherie des Mühlsteins aufhalten wollte, so müßten dazu 3$\frac{3}{7}$ Centner Kraft angewendet werden. Nun lege man dieses 4 Ellen hohe Wasserrad mit Vorgelege an, behalte die 10 Centner Kraft des Wasserrades, und gebe dem Mühlstein 10 Umgänge bey einem Umlaufe des Wasserrades, wie oben bey dem einfachen Zeuge angenommen worden ist, berechne sodann die Halbmesser gegen einander, so wird sichs zeigen, daß man eben nicht mehr Kraft gewinnt, als bey einfachem Zeuge.

Wenn man nun dem Stirnrade b Fig. 5637 44 Kämme mit 4$\frac{1}{4}$ Zoll Theilung gibt, so ist dessen Radius beynahe 30 Zoll; dem Drehlinge c 32 Stecken, dessen Radius ist bis zu äußerst der Stecken 22$\frac{1}{2}$ oder 45 halbe Zoll; dem Kammrade d 44 Kämme mit 4$\frac{1}{4}$ Zoll Theilung, dessen Radius ist 30 Zoll; dem Getriebe e 6 Stecken, dieser Radius ist bis ans Ende der Stecken 5$\frac{1}{2}$ Z.

Der

Der Mühlstein ist 1 Elle 15 Zoll im Durchmesser.

Berechnet man dieses Radewerk seinen Umgängen nach, so wird der Mühlstein bey einem Umlaufe des Wasserrades $10\frac{1}{12}$ mahl herum kommen.

Beyspiel.

	(12	(4	
Stirnrad	44	$1\frac{1}{3}\frac{2}{2}$	$\frac{3}{8}$ oder $\frac{11}{8}$
Drehling	32		

	(2	(2	
Kammrad	44	$7\frac{2}{6}$	$\frac{1}{3}$ oder $\frac{22}{3}$
Getriebe	6		

$$\begin{array}{r} 22 \\ 11 \\ \hline 22 \\ 22 \\ \hline 242 \end{array} \qquad \begin{array}{r} 8 \\ 3 \\ \hline 24 \end{array}$$

$$\begin{array}{r|l} 24(2 & \\ 24\ 4 & 10\frac{1}{12} \\ 1 & \end{array}$$ mahl gehet der Mühlstein bey diesem Radewerke herum, und also $\frac{1}{12}$ mahl mehr als bey obigem einfachen Zeuge, und ist dieser Bruch bey dergleichen Maschinen für nichts zu achten.

Berechnet man dieses Radewerk seinen Halbmessern nach, so wird das Kammrad von dem Wasserrade nicht mehr als 12 Centner Gewalt bekommen und solche dem Getriebe mittheilen. Das Getriebe verhält sich nun zu dem Mühlsteine wie 7 zu 2, folglich bekommt der Mühlstein zu äußerst seiner Peripherie nicht mehr als $3\frac{3}{7}$ Centner Gewalt.

Beyspiel

Beyspiel.

der Radius des Wasserrades a ist 48 Zoll,
der Radius des Stirnrades b ist 30 Zoll.

30 — 48 — 10 Centner?

10

480

1
48ø| 16 Centner Gewalt bekommt das Stirnrad b.
3øø|
3

Diese 16 Centner Gewalt theilt das Stirnrad b dem Drehlinge c mit,

der Radius des Drehlings ist $22\frac{1}{2}$ Zoll, oder 45 halbe Zolle,

der Radius des Kammrades 30 Zoll, oder 60 halbe Zolle,

60 — 45 — 16 Centner?

16

270

45

720

1
72ø| 12 Centner Gewalt bekommt das Kammrad d.
6øø|
6

Diese 12 Centner Gewalt theilet das Kammrad d dem Getriebe e mit,

der Radius des Getriebes e verhält sich zu dem Radio fg des Steins wie 7 zu 2.

7 — 2 — 12 Centner?

2

24

(3
24| $3\frac{3}{7}$ Centner Gewalt an der Peripherie des Mühlsteins bey g.
7|

Und

Und hieraus siehet man, daß mit Vorgelege nicht mehr Kraft gewonnen wird, als mit einfachem Zeuge, und weil das Vorgelege mit in Bewegung gesetzt werden muß, und dazu auch etwas Kraft erfordert wird, ob es gleich etwas weniges ist, so bekommt der Mühlstein beym Vorgelege doch nicht völlig so viel Kraft, als bey einfachem Zeuge, sondern es gehet so viel Kraft an dem Mühlsteine verlohren, als zu Bewegung des Vorgeleges angewendet werden muß.

Der Deutlichkeit wegen wollen wir noch ein Beyspiel mit einem 8 Ellen hohen oberschlächtigen Wasserrade geben, und erst das einfache Zeug und hernach das Vorgelege berechnen.

Wir wollen setzen, der Mühlstein habe eine Elle 15 Zoll im Durchmesser, und komme bey einem Umlaufe dieses 8 Ellen hohen Wasserrades a 20 mahl herum, Fig. 5638 und dieses geschiehet, wenn das Kammrad b 120 Kämme (die Theilung kann $4\frac{1}{4}$ Zoll seyn) und das Getriebe 6 Stecken hat.

Das Kammrad hat Kämme 120 |
das Getriebe Stecken 6 | 20 mahl geht der Mühlstein bey einem Umlaufe des Wasserrades herum,

der Radius des Wasserrades a ist 96 Zoll,

der Radius des Kammrades b beynahe 80 Zoll,

der Radius des Getriebes bis zu äußerst der Stecken $5\frac{1}{2}$ Zoll.

Nun wollen wir die Kraft des Wasserrades a 15 Centner setzen, und sehen, wie sich solche gegen das Kammrad und zu der Peripherie des Mühlsteins verhalte.

Demnach sagt man: 80 geben 96, was 15 Centner?

80 — 96 — 15
15
480
96
1440

~~6~~	
~~1440~~	18 Centner Gewalt bekommt das Kammrad b.
~~800~~	
8	

Diese 18 Centner Gewalt theilt das Kammrad b dem Getriebe c mit.

Der Radius des Getriebes c verhält sich zu dem Radio d e des Mühlsteins wie 7 zu 2, demnach spricht man: 7 gibt 2, was 18 Centner?

7 — 2 — 18?
2
36

(1	
~~36~~	$5\frac{1}{7}$ Centner Gewalt der Mühlstein bey e,
~~7~~	

Demnach bekommt bey diesem einfachen Zeuge der Mühlstein an seiner Peripherie $4\frac{1}{7}$ Centner Kraft.

Nun lege man dieses 8 Ellen hohe oberschlächtige Wasserrad mit Vorgelege an, Fig. 5639, behalte die 15 Centner Kraft des Wasserrads, und gebe dem Mühlsteine 20 Umgänge bey einem Umlaufe des Wasserrades, wie oben bey dem einfachen Zeuge angenommen worden ist, berechne sodann die Halbmesser gegen einander, so wird sichs abermahls zeigen, daß man mit Vorgelege eben nicht mehr Kraft gewinnt, als mit einfachem Zeuge.

Wenn man nun dem Stirnrade b 64 Kämme mit $4\frac{1}{4}$ Zoll Theilung gibt, so ist dessen Radius beynahe 44 Zoll; dem Drehlinge c 32

Stecken, dieser Radius ist bis zu äußerst der Stecken $22\frac{1}{2}$ Zoll; dem Kammrade d 60 Kämme mit $4\frac{1}{4}$ Zoll Theilung, dessen Radius ist beynahe 41 Zoll; dem Getriebe e 6 Stecken, dieser Radius ist bis zu äußerst der Stecken $5\frac{1}{2}$ Zoll.

Berechnet man dieses Radewerk seinen Umgängen nach, so wird der Mühlstein bey einem Umlaufe des Wasserrades 20 mahl herumkommen.

Beyspiel.

Stirnrad	64	2
Drehling	32	
Kammrad	60	10
Getriebe	66	2
		20

20 mahl geht der Mühlstein bey diesem Radewerke herum, wie bey obigem einfachen Zeuge.

Berechnet man dieses Radewerk seinen Halbmessern nach, so wird das Kammrad von dem Wasserrade eben nicht mehr als 18 Centner Gewalt bekommen und dem Getriebe mittheilen. Das Getriebe verhält sich gegen den Mühlstein ebenfalls wie 7 zu 2; folglich bekommt der Mühlstein zu äußerst seiner Peripherie nicht mehr Gewalt, als bey einfachem Zeuge, nähmlich $5\frac{1}{7}$ Centner.

Beyspiel.

Der Radius des Wasserrades a ist 96 Zoll, der Radius des Stirnrades b 44 Zoll,

44 — 96 — 15?

$$\begin{array}{r} 15 \\ \hline 480 \\ 96 \\ \hline 1440 \end{array}$$

(3

(3
~~14~~
~~22~~(2
~~1440~~ | $32\frac{32}{44}$ Centner Gewalt bekommt das Stirnrad b.
~~444~~
4

Weil der Radius dieses Stirnrades nicht ganz 44 Zoll hoch ist, denn es ist selbiger nur $43\frac{3}{11}$ Zoll, so kann man den Bruch $\frac{32}{44}$ für ein Ganzes annehmen, mithin bekommt das Stirnrad b 33 Centner Gewalt.

Diese 33 Centner Gewalt theilet das Stirnrad b dem Drehlinge c mit.

Der Radius des Drehlings ist bis zu äußerst der Stecken $22\frac{1}{2}$ oder 45 halbe Zoll, und der Radius des Kammrades d 41 Zoll oder 82 halbe Zoll. Man sagt: 82 halbe Zoll geben 45 halbe Zolle, was 33 Centner?

82 — 45 — 33 Centner?

```
    45
   ----
   165
  132
  ----
  1485
```

2
~~66~~(9
~~1485~~ | 18 Centner Gewalt bekommt das Kammrad d.
~~822~~
8

Weil die Halbmesser nicht ganz völlig einschlagen, wie sie bey der Rechnung angenommen worden sind, so ist auch der Bruch $\frac{9}{82}$ für nichts zu achten, und kann füglich weggelassen werden.

Wollte man aber diese Halbmesser nach den allerkleinsten Theilen ansetzen, so würde diese Rechnung zu groß und manchem unbegreiflich werden.

Diese 18 Centner Gewalt theilet das Kammrad d dem Getriebe e mit.

Der Halbmesser des Getriebes verhält sich zu dem Halbmesser fg des Steins wie 7 zu 2.

$$7 \;—\; 2 \;—\; 18?$$
$$\underline{\quad 2 \quad}$$
$$36$$

(1 |
~~36~~ | $5\frac{1}{7}$ Centner Gewalt an der Peripherie des Mühlsteins bey g.
~~7~~ |

Und hieraus sieht man abermahls deutlich, daß bey den Mahlmühlen durch Vorgelege nicht mehr Kraft verschafft wird.

Es fragt sich aber: ist es denn nicht möglich, daß man das Radewerk bey dem Vorgelege so einrichten könnte, daß der Mühlstein mehr Kraft bekäme?

Dies ist zwar zu bewerkstelligen; allein es würde bey dieser Einrichtung die Mühle zu wenig Umgänge bekommen, und das ganze Werk würde dadurch unbrauchbar werden, welches in der Folge bewiesen werden wird.

Wir wollen das 8 Ellen hohe oberschlächtige Wasserrad mit seinen 15 Centnern Kraft noch einmahl annehmen, auch die Größe des Steins 1 Elle 15 Zoll beybehalten, und solches unter Fig. 5640 vorstellen, und das Radewerk auf folgende Art proportioniren:

der Halbmesser des Wasserrades ist 96 Zoll,
das Stirnrad b soll haben 48 Kämme mit $4\frac{1}{4}$ Zoll Theilung, dieser Halbmesser ist 32 Zoll,
der Drehling c 32 Stecken, der Halbmesser ist $22\frac{1}{2}$ Zoll,
das Kammrad d 48 Kämme mit $4\frac{1}{4}$ Zoll Theilung, der Halbmesser ist 32 Zoll,

das

das Getriebe c 6 Stecken, der Halbmesser ist $5\frac{1}{2}$ Zoll.

Man sagt: 32 Zoll geben 96, was 15 Cent.?

$$
\begin{array}{r}
32 \;—\; 96 \;—\; 15? \\
15 \\
\hline
480 \\
96 \\
\hline
1440
\end{array}
$$

11
16
1440 | 45 Centner bekommt das Stirnrad d.
322
3

Diese 45 Centner Gewalt theilet das Stirnrad dem Drehlinge c mit.

der Halbmesser des Drehlings ist $22\frac{1}{2}$ Zoll oder 45 halbe Zoll,

der Halbmesser des Kammrades 32 Zoll oder 64 halbe Zoll,

$$
\begin{array}{r}
64 \;—\; 45 \;—\; 45 \text{ Centner?} \\
45 \\
\hline
225 \\
180 \\
\hline
2025
\end{array}
$$

1(4
10(1
2025 | $31\frac{41}{64}$ oder 32 Centner Gewalt des Kammrades.
644
6

Dieser Bruch ist hier für voll angenommen.

Diese 32 Centner Gewalt theilet das Kammrad d dem Getriebe e mit.

Der Halbmesser des Getriebes e verhält sich zu dem Halbmesser fg des Steins wie 7 zu 2.

7 — 2 — 32$\frac{1}{\cdot}$

2

64

(1
64 | $9\frac{1}{7}$ Centner Gewalt an der Peripherie des
7 | Mühlsteins bey g.

Hier bekommt der Stein $9\frac{1}{7}$ Centner Gewalt, und bey obigem Vorgelege bekam selbiger nur $5\frac{1}{7}$ Centner, und also hier 4 Centner Gewalt mehr.

Wenn man aber dieses Radewerk seinen Umgängen nach berechnet, so wird der Mühlstein bey einem Umlaufe des Wasserrades nur 12mahl herumkommen, da selbiger doch 20mahl herum gehen muß, wenn diese Mühle gute Dienste thun soll.

Beyspiel.

(16
das Stirnrad 48 | $1\frac{1}{2}$ oder $\frac{3}{2}$
der Drehling 32 |

das Kammrad 48 | 8
das Getriebe 6 |

8

3

24

24 | 12mahl geht der Mühlstein bey die-
22 | sem Radewerke herum.

Hier kommt der Mühlstein 12mahl herum, da nun selbiger 22mahl herumkommen muß, so geht er 8mahl zu wenig herum. Ob nun gleich bey diesem Radewerke der Stein 4 Centner Gewalt mehr bekommt, so würde doch diese Mühle nicht brauchbar seyn; denn sobald ein Mühlstein zu langsam geht, und das Getreide hat etwas zu viel Feuchtigkeit bey sich, welches zum öftern geschieht, so verkleistern und verschmieren sich die Steine und werden

werden zum Mahlen unbrauchbar, welches auch schon den angehenden Müllern bekannt ist.

Und hieraus sieht man, daß auf keinerley Weise bey den Mahlmühlen das Vorgelege mehr ausrichtet als das einfache Zeug.

S. Melzer's verbesserte Mühlenbaukunst. I Th. S. 48 ff. II Th. S. 109 ff. III Th. S. 65 ff. Behrens praktische Mühlenbaukunst. S. 199 ff. Beyer's Schauplatz der Mühlenbaukunst. Th. I. S. 67. Cap. IX. und Weinhold's Anmerkungen zu diesem Werke, S. 83 ff.

Von dem Vorgelege bey Panstermühlen sehe man in dem gleich folgenden Abschnitte das übrige.

Was die Mühlensteine betrifft, so wird davon, wenn alle Arten der Mahlmühlen abgehandelt sind, ein eigner Abschnitt vorkommen.

G. Von dem Mahlgerüste und dem Mahlgange.

Nachdem wir nun die einzelnen Theile einer Wassermühle beschrieben haben, so wollen wir die Zusammensetzung der ganzen Maschine betrachten, und von dem **Mahlgerüste** und dem **Mahlgange** reden *).

Das **Mahl- oder Mühlengerüste** muß, wenn es kein Pansterzeug hat, $7\frac{1}{2}$ bis 8 Ellen lang und $3\frac{1}{2}$ bis 4 Ellen breit seyn. Figur 5641. Es gehören folgende Stücke dazu.

Die **Grundmauer**, A worauf das Mahlgerüste ruhet.

Die **Schwellen** B. Zu jedem Mahlgange werden zwey Schwellen, jede von 9 bis 10 Zoll stark, in die Quere auf die Grundmauer A gelegt.

*) S. Stieglitz's Encyklopädie der bürgerlichen Baukunst. 3 Th. S. 735 ff.

Die Hausbänke C sind zwey andere starke Schwellen, jede von 12 Zoll stark, welche nach der Länge des Mahlgerüstes die eine vorn, die zweyte hinten, mit ihren Enden auf den Schwellen B ruhen.

Die Docken D sind vier auf den Hausbäumen aufrecht stehende Säulen, von denen zwey an der vordern, und zwey an der hintern Seite des Mahlgerüstes stehen. Jede dieser Docken ist 16 Zoll breit und 10 Zoll stark, und ihre Länge ist gemeiniglich 8 bis 9 Fuß. In einer der vordern Docken muß ein Schlitz, zur Tragebank I befindlich seyn. Dieser Schlitz hat seinen Anfang 1 Elle über dem Hausbaum, und muß 1 Elle lang und 5 Zoll breit seyn.

Die Balken E die insgemein Launen genannt werden, liegen auf den Docken D quer über. Sie sind so lang als das Mühlgerüste breit ist, und 10 Zoll stark. Die eine Laune aber, worauf das Hebezeug vorhanden ist, muß 18 Zoll vor der Docke hervorragen, und wird vorn mit Simsgliedern verziert.

Die Bänder F verbinden die Docken D und die darauf liegenden Balken E an beyden Giebelseiten mit einander, um das Mahlgerüste desto besser zu befestigen. Jedes Band ist gemeiniglich $1\frac{1}{2}$ Elle lang und 8 Zoll breit.

Die Klobensäule Figur 5642 G ist eine zwischen den beyden vordersten Docken 1 Elle von dem Achsstrich der Kammradswelle stehende 8 Zoll dicke Säule, und ist oben mit zwey Armen H versehn, deren jeder 12 Zoll lang und 6 Zoll breit ist.

Die Tragebänke I sind $4\frac{1}{2}$ Zoll starke und 10 Zoll breite von einer vordern Docke bis zur andern hintern quer über liegende Hölzer. Die eine

eine davon ist in den Docken eingezapft und liegt fest, die andere aber ist beweglich, und gehet durch einen in der vordern Docke vorhandenen Schlitz D 1 hindurch. Der vor der Docke vorragende Theil ist 16 Zoll lang und 10 Zoll dick. Durch diese und durch den vorragenden Theil der Laune 2 gehet ein Eisen in die Höhe, welches die Hebeschiene L genannt wird, und oben auf dem vorragenden Theil der Laune liegt ein kleiner Hebel von Holz, welcher der Hebearm M heißt, weil mittelst desselben der oberste Mühlstein, oder Läufer hoch und niedrig gestellt wird. Dieser Arm ist gewöhnlich 1 Elle 6 Zoll lang.

Der Steg K ist ein von einer Tragebank zur andern quer über und mit dem Kammrade parallel liegendes 12 Zoll breites und 7 Zoll starkes Holz, worauf das Mühleisen und der oberste Mühlstein ruhet.

Die Pfanne N worin das Mühleisen steckt, liegt in der Mitte auf dem Stege. Sie besteht aus Eisen und ist inwendig verstählt. Sie ist im Lichten 5 Zoll lang, 3 Zoll weit und auswendig 3 Zoll hoch. In der Mitte dieser Pfanne befindet sich eine kleine Warze, oder ein hervorragender kleiner niedriger Cylinder, von Stahl, der die Spuhr genannt wird.

Oben auf dem Mahlgerüste, auf den Launen E liegt die Decke oder der Boden O des Mahlgerüstes. Diese Decke besteht aus 4 Zoll dicken, nach der Länge des Mahlgerüstes neben einander liegenden Bohlen.

Das Steinlager P besteht aus einem von 6 Zoll starkem eichenen Holze zusammengesetzten und auf starken Bohlen liegenden viereckigen Rahmen, um dem untern Mühlstein ein recht festes Lager zu verschaffen

Der **Mehlbaum**, oder die **Mehlbank** Q ist ein auf der vordern Seite des Mahlgerüstes längst demselben mit beyden Enden auf den Launen liegendes, 20 bis 24 Zoll hohes und 8 bis 10 Zoll starkes Stück Holz, welches gemeiniglich an der Vorderseite oberwärts mit einem Gesimse verziert wird, und in der Mitte mit einem 6 Zoll hohen und 4 Zoll breiten Loche versehen ist, welches das **Mehlloch** heißt.

Auf diesem Mehlloche stehen die Stelzen R. Dieses sind $1\frac{3}{4}$ bis 2 Ellen lange, 16 Zoll breite und 6 Zoll dicke Säulen, die mit einem Querriegel verbunden sind, worauf die Rumpfleiter ruhet.

Hinter dem Steinlager P stehet die Drehstelze S. Dieses ist eine auf dem Boden des Mahlgerüstes aufrechts stehende bis unter die Balken gehende und mit einem Querriegel versehene, 7 Zoll starke bewegliche Säule, worauf der hinterste Theil der Rumpfleiter ruhet,

Unten auf dem Fußboden der Mühle, neben dem vordersten Hausbaume ist das **Angerweihe**, oder **Angewäge** T nebst dem Zapfenlager, worauf der Zapfen der Welle ruht, auf welcher das Wasserrad und das Kranzrad steckt.

Die **Kammkuhle** U ist eine unter dem Kammrade befindliche Vertiefung, worin gemeiniglich ein ausgehauener oder von Bretern zusammen gesetzter Trog steht, welcher der **Kammtrog** heißt.

Der **Mahlgang**, oder das **gangbare Zeug**, Figur 5642 besteht aus folgenden Theilen.

An der Welle des Wasserrades a Figur 5641 ist das **Kammrad** b Figur 5642 befestigt, welches mit seinen Kämmen oder Zähnen in das Getriebe, oder den **Quirl** c eingreift. Diese Einrichtung ist bey oberschlächtigen und unterschlächtigen Mühlen einerley, nur bey den Mühlen, die

Vor-

Vorgelege haben, und wo ein Wasserrad zwey Gänge treibt, wie bey den Panstermühlen, Figur 5643 ist an der Welle des Wasserrades ein Stirnrad b befestigt, welches auf beyden Seiten in Drehlinge d eingreift, die an einer besondern Welle befindlich sind, an welcher vorn das Kammrad c hängt, das einen Quirl über sich hat, in den es eingreift. Durch den Quirl c Figur 5642 geht das Mühleisen d hindurch, welches die Welle des Quirls ausmacht, und oben die Haue e hat, die den obersten Mühlstein g trägt und herumdreht. In diesem obersten Mühlsteine, der wegen seiner beständigen Umdrehung, der Läufer heißt, ist in der Mitte ein Loch, in welches das Getreide einläuft. Das Loch ist mit einem eisernen Ringe k eingefaßt, der einen kleinen Absatz, oder eine Warze hat, weswegen er auch der Warzenring heißt. Der untere Mühlstein f heißt der Bodenstein. In diesem befindet sich in der Mitte ein Loch, welches mit einem runden Stücke Holz ausgefüllt ist, und das Mühleisen d umschließt, und die Büchse h genannt wird. Der Läufer ist gemeiniglich 1½ Elle im Durchmesser breit und 1 Elle hoch, und der Bodenstein hat eben die Breite, ist aber nur 8 bis 12 Zoll hoch. Die Mühlsteine werden von dem Rande oder Laufte l umgeben. der ein hölzerner Kasten, in der Form eines Fasses und auch von Faßstäben zusammen gesetzt, und mit hölzernen Reifen umgeben ist. Dieser Lauft muß recht rund und 2 Fuß hoch seyn. Oben darf er nicht weiter als höchstens 1 bis 1½ Zoll von dem Läufer abstehn, unten aber kann er etwas weniges weiter seyn, weil sonst das Mehl zu sehr verstiebt.

Oben befindet sich der Rumpf m, in welchen das Getreide eingeschüttet wird. Unter dem Rumpfe ist der Schuh n, der an der Rumpfleiter o hängt,

hängt, und vermittelst der Winde r, nachdem viel oder wenig Getreide in den Mühlstein einlaufen soll, in die Höhe gehoben und wieder nieder gelassen werden kann. An dem Schuh ist der Rührstock oder Rührnagel p befestiget, der in das Loch des Läufers geht, und beym Umlaufe des Mühlsteines in eine beständig zitternde Bewegung gesetzt wird, wodurch das in dem Rumpf befindliche und auf dem Schuhe liegende Getreide herausgerüttelt wird. Der Rumpf muß an der schmahlen Seite oben 1 Elle 9 Zoll, und unten 12 Zoll, an der breiten Seite aber oben $1\frac{1}{2}$ Elle und unten 18 Zoll weit, und 3 Fuß hoch seyn. Der Schuh wird nach der untersten Schräge des Rumpfes gemacht, er muß aber ringsherum an jeder Seite $\frac{1}{4}$ Zoll Spielraum haben. Die Rumpfleiter muß 3 Ellen 18 Zoll lang und 18 Zoll breit seyn. Der Spielraum der beyden Querriegel, worauf der Rumpf ruhet, muß 1 Elle 3 Zoll seyn. Die Stärke des Holzes zu der Rumpfleiter ist gemeiniglich 3 Zoll.

Die **Setzwelle** q ist eine neben dem Quirl auf dem Kloben stehende 5 Zoll starke Welle, die vermittelst des **Anschlags** r mit dem Quirl in Verbindung gebracht ist, und durch den herumlaufenden Quirl in eine beständige zitternde Bewegung gesetzt wird. An dieser Welle befindet sich noch der **Vorschlag** s, und mit ihm ist ferner die **Räde- oder Beutelwelle** t, nebst der **Rädeschere** v und den **Rädearmen** x verbunden, welche den Mehlbeutel in eine gleichmäßige zitternde Bewegung setzen. Die Rädewelle ist gemeiniglich 2 Ellen 18 Zoll lang, und an dem einen Ende 5 Zoll, an dem andern aber 4 Zoll dick. Die Rädeschere ist 5 Zoll stark, die beyden Rädearme sind jeder 1 Elle lang. An den Rädearmen hängt der Mehlbeutel

beutel y, an den ledernen Henkeln oder Ohren 2. Dieser Mehlbeutel ist oben an den Mehlbaum Q befestigt, der daselbst ein Loch hat, durch welches das gemahlne Getreide in den Beutel läuft, und von da geht der Mehlbeutel durch den **Beutelkasten** z hindurch. Die Höhe des Mehl- oder Beutelkastens ist überhaupt, mit Inbegriff der Füße, der Höhe des Mahlgerüstes, bis über das Mehlloch gleich, welches gemeiniglich 4 bis $4\frac{1}{2}$ Elle beträgt. Der Kasten selbst ist $2\frac{1}{2}$ bis 3 Ellen hoch, 2 Ellen 18 Zoll bis 3 Ellen lang, 1 Elle 18 Zoll breit. An beyden Seiten muß eine große Oeffnung $1\frac{1}{2}$ Elle im Lichten lang und 1 Elle 6 Zoll hoch, und an der einen Seite, dicht an dem untersten Boden, noch eine kleine Oeffnung mit einem Schieber 12 Zoll lang und 6 Zoll hoch seyn, um das Mehl aus dem Beutelkasten herausziehen zu können. Unten an dem Quirl c sind drey in gleicher Weise eingesetzte Stäbe oder Daumen 3 angebracht, welche bey dem Umlaufe des Quirls den Anschlag r bewegen und fortstoßen, wodurch das Schütteln des Beutels hervorgebracht wird, um das Mehl von den Kleyen abzusondern.

Bey den Panstermühlen kommt das **Panster-** oder **Ziehzeug** vor, welches, wie wir oben, S. 254, schon erwähnt haben, dazu dient, um die Wasserräder, je nachdem das Wasser klein oder groß ist, herablassen oder aufziehen zu können. Ein solches Pansterzeug mit dem verbundenen vorgelegten **Zeuge** besteht aus folgenden Theilen, Fig. 5565.

An der Welle des Wasserrades ist ein Stirnrad a, welches auf jeder Seite in einen Drehling b eingreift, der an einer besondern Welle steckt, woran vorn das **Kammrad** d befindlich ist, das, wie bey dem im Vorhergehenden beschriebenen Mühlgange, Fig. 5642, einen Quirl und den darüber liegenden

liegenden Mühlstein in Bewegung setzt. Zu dem Pansterzeuge gehört die Ziehscheibe e mit ihrer Welle und dem daran befindlichen Getriebe oder Kumpf f. Diese Ziehscheibe ist gemeiniglich $4\frac{1}{2}$ Elle hoch und hat 36 Sprossen, und der an der Welle befindliche Kumpf hat 6 Stecken. Ferner das Ziehrad g, nebst der Ziehwelle h, dem Ziehgatter k und den Pansterketten , wodurch das Wasserrad m, und das an dieser Welle befindliche Stirnrad a aufgezogen und niedergelassen werden kann. Die Höhe des Ziehrades ist gemeiniglich 5 Ellen und hat 80 Kämme, zu $4\frac{1}{4}$ Zoll Theilung. Das Ziehgatter besteht aus zwey Seitenstücken (s. Fig. 5560 R) jedes 3 Ellen 6 Zoll lang und 6 und 7 Zoll stark, und aus zwey Querriegeln, jeder von 9 Zoll ins Gevierte stark. Die Pansterketten sind gemeiniglich 7 Ellen lang, und jedes Glied derselben ist 1 Zoll stark, dabey aber, um besserer Haltung willen, so kurz als möglich.

Wenn Panstermühlen ohne Ziehzeug erbaut werden, so wird es Stockpanster genannt. Hierbey werden an jedem Ende der Wasserwelle zwey Säulen aufgesetzt, welche ausgefalzt werden. In dem Falze liegt ein Riegel, worauf die Welle ruht, und dieser Riegel mit sammt der Welle kann auf und nieder gebracht werden.

H. Berechnung der Wassermühlen in Ansehung ihrer Kraft und Last.

Die gewöhnliche von Belidor, und den meisten Schriftstellern über die Maschinenlehre befolgte Methode zur Berechnung der Kraft an den unterschlächtigen Wasserrädern beruht, nach der Darstellung des Hrn. Prof. Schmidt's in Gießen, welche

welche ich aus seinem unten genannten Werke entlehne, kürzlich auf folgenden Gründen *).

Wenn das Wasser in dem Mahlgerinne Fig. 5644 wider die ruhende Schaufel b e, mit einer Geschwindigkeit = C, die der Druckhöhe O C zugehöret, senkrecht stößt, so weicht die Schaufel mit einer gewissen Geschwindigkeit aus, und dafür kommt h g an ihre Stelle, die nun ebenfalls einen Stoß empfängt, und so fort wird das Rad aufs neue beschleunigt, bis die Geschwindigkeit des Stoßpunktes der Schaufeln, wofür man ohne merklichen Fehler ihren Schwerpunkt setzen kann, so groß geworden ist, daß sie ohne Nachtheil der Wirkung der Kraft nicht mehr zunehmen kann. Die Geschwindigkeit des Rades oder der Schaufeln heiße = c, so ist C — c die relative Geschwindigkeit, welche die Größe des Stoßes bestimmt. Die Stöße des Wassers verhalten sich nach den Grundsätzen der Hydraulik wie die Quadrate der Geschwindigkeiten multipliciret in die Stoßflächen. Heißt daher die Fläche der Schaufel B, so druckt $B(C - c)^2$ das Verhältniß der Größe des Wasserstoßes gegen die Schaufel aus; und da die Kraft multipliciret in ihre Geschwindigkeit das mechanische Moment bestimmt, so kann man hier $B(C - c)^2 c$ dafür schreiben. Dieß Produkt wird, wie die Differentialrechnung lehret, am größten, wenn $c = \frac{1}{3} C$ ist, oder die Geschwindigkeit der Schaufeln $= \frac{1}{3}$ von der Geschwindigkeit beträgt, welche das Wasser im Mahlgerinne annehmen würde, wenn ihm nichts entgegenwirkte. Hat man c aus C durch Beobachtung oder Rechnung gefunden, so erhält

*) S. des Herrn Prof. Geo. Gottl. Schmidt's Anfangsgründe der Mathematik. II Th. 1ste Abth. Frankfurt a. M. bey Varrentrapp und Wenner 1799. 8. S. 158 fl.

erhält man die Kraft des Stoßes, wenn man die zur relativen Geschwindigkeit gehörige Druckhöhe mit der Fläche der Schaufel multipliciret, und das Produkt, als den kubischen Inhalt einer auf der Schaufel als Grundfläche ruhenden Wassersäule betrachtet, deren Gewicht der bewegenden Kraft gleich ist.

Beyspiel. Es sey die gesammte, zur Geschwindigkeit des Wassers bis an die Stoßschaufel gehörige Höhe = 4 par. Fuß, oder die Geschwindigkeit $2\sqrt{15{,}1 \cdot 4} = 15{,}5$ par. Fuß, hiervon $\frac{1}{3}$ für die Geschwindigkeit der Schaufeln = 5,16 Fuß abgerechnet, gibt die zum Stoß gehörige Geschwindigkeit = 10,44 Fuß
Höhe = 1, 8
betrüge die Stoßfläche der Schaufel = 1,3 □ Fuß, so gäbe dieß für die bewegende Kraft $1{,}3 \cdot 1{,}8 \cdot 70$ Pf. = 164 Pf.

Die eben vorgetragene Theorie der unterschlächtigen Wasserräder setzt voraus, daß die Geschwindigkeit des Wassers in der Schützöffnung und dem Mahlgerinne gar keine Verminderung leide, ferner, daß der schiefe Stoß des Wassers gegen die Schaufel h g, senkrecht auf den Halbmesser des Rades reduciret ein eben so großes Moment gebe, als der durch die Schaufel h g aufgefangene senkrechte Stoß auf den Theil b i, der Schaufel b e, und endlich, daß das Wasser, welches einmahl gegen die Schaufeln angestoßen hat, frey abfließe, und weiter nicht in die Schaufeln wirke. Keine der genannten Voraussetzungen trifft in aller Strenge ein, und insbesondere die letztere widerspricht, bey der Art, wie in Deutschland die Mahlgerinne angelegt zu werden pflegen, der Erfahrung völlig.

Denn es erhellet, daß das Wasser in einem nach der Krümmung des Rades gekröpften Mahlgerinne

gerinne, welches neben und unter dem Rade nur wenige Zolle Spielraum hat, indem es den Schaufeln des Rades folgt, keine andere Geschwindigkeit, als die Geschwindigkeit der Schaufeln selbst annehmen kann. Da nun diese stets kleiner, als die zum Gefälle des Wassers gehörige Geschwindigkeit bleibt, so erhellet, daß das Wasser auf die Schaufeln eines unterschlächtigen Rades nicht sowohl stoßweise augenblicklich, als durch fortwährenden Druck wirkt. Daher stimmen die über unterschlächtige Mühlen angestellten Erfahrungen so wenig mit der Theorie überein, welche den Stoß des Wassers auf die unterschlächtigen Räder meistens zu klein gibt.

Bossút fand den Stoß des Wassers in Mahlgerinnen beynahe doppelt so groß, als ihn die gewöhnliche Theorie gab, und Schmidt zeigt in seinem angeführten Werke durch Beobachtungen über unterschlächtige Mühlen, daß selbst die von Bossút angenommene Berechnung des Stoßes in manchen Fällen noch eine zu geringe Wirkung der Kraft giebt.

Die in dem nachstehenden enthaltene Klügelische Theorie der unterschlächtigen Wasserräder, scheint daher nach den bisherigen Erfahrungen, welche besonders der Herr Professor Schmidt deshalb gemacht hat, die Natur der Wirkung des Wassers bey unterschlächtigen Rädern am befriedigendsten darzustellen.

Wenn die Schaufel II des Rades Fig. 5645 zuerst von dem Wasser getroffen wird, so leidet sie einen Stoß, in dem die größere Geschwindigkeit des Wassers der Geschwindigkeit der Schaufel gleich wird, und hierauf einen fortwährenden Druck, bis sie die tiefste Stelle d vorbey gekommen ist, wo das Wasser wieder frey hinweg zu fließen anfängt.

Es kommt darauf an, die Größe des gesammten Drucks zu bestimmen.

Ruhete das Rad und verlöre das Wasser durch den Widerstand der Schaufeln seine ganze Geschwindigkeit: so ist wohl keinem Zweifel unterworfen, daß der ganze Druck auf die Schaufeln des Rades dem Gewichte einer Wassersäule gleich sey, welche die Fläche der Schaufel d zur Grundfläche, und das Gefälle as zur Höhe hätte. Weicht nun das Rad mit einer Geschwindigkeit $= c$ aus, so geht von jenem Drucke so viel verlohren, als zur Erzeugung der Geschwindigkeit c erforderlich ist. Man nenne daher die gesammte Druckhöhe $as = H$, die zur Geschwindigkeit der Schaufeln c gehörige Höhe $= h$, die Stoßfläche der Schaufeln $= B$, so erhält man die Kraft des Druckes $= (H - h) B$, und das mechanische Moment desselben $= (H - h) Bc$.

Da man nach hydraulischen Grundsätzen für $c = 2\sqrt{gh}$ schreiben kann, so erhält man für das mechanische Moment der Kraft

$$(H - h) B 2 . \sqrt{gh} = 2B\sqrt{g} . (H - h)\sqrt{h}$$

Der erste Factor ist für einerley Wasserrad eine beständige Größe, und der andere erhält seinen größten Werth, wenn man $h = \frac{1}{3} H$ setzt, woraus sich die vortheilhafte Geschwindigkeit des Rades $c = 2\sqrt{g \frac{1}{3} H}$ bestimmt.

Beyspiel. $H = 4$ par Fuß giebt $h = \frac{3}{4}$ Fuß, und $c = 8{,}86$ Fuß die gewöhnliche Theorie gab nur 5,16 Fuß.

Die für H angenommene Größe gründet sich auf eine Beobachtung, die der Hr. Professor Schmidt an einer an der Modaubach bey Eberstatt in der Bergstraße stehenden unterschlächtigen Mühle angestellt hat, von deren vortheilhaften Einrichtungen er sich durch Vergleichung mit andern an größern und kleinern Flüssen stehenden Mühlen überzeugt hat. Die einzelnen Data der Beobachtung sollen unten folgen, hier ist nur zu bemerken, daß die Geschwindigkeit des Stoßpunktes der Schaufeln in 1 Secunde = 7,78 paris. Fuß näher mit der Klügelischen, als der gewöhnlichen Rechnung übereistimmend gefunden wurde. An einer der Gießenschen an der Lahn stehenden Mühlen mit 3 par. Fuß breiten Staberrädern fand er die Geschwindigkeit der Schaufeln in einer Secunde = 12 par Fuß. Die gesammte Druckhöhe betrug 4,5 Fuß, folglich würde die gewöhnliche Theorie hier nur 5,4 Fuß, die Klügelische 9,5 Fuß, für die vortheilhafteste Geschwindigkeit des Rades geben.

Man hat die Frage aufgeworfen, welches die vortheilhafteste Anzahl Schaufeln sey, die man einem unterschlächtigen Rade von bestimmtem Durchmesser geben soll? Vorausgesetzt, daß das Wasser bloß durch den Stoß auf die Schaufeln wirke, sey ab Fig. 5646 die Schaufel, welche den Wasserstoß senkrecht, ef die, welche ihn schief auffangt. Der Winkel efd heiße = n, der senkrechte Stoß auf ad, welcher durch den schiefen Stoß auf ef verlohren geht, heiße = S, der schiefe Stoß auf ef = S', so hat man nach den in der Hydraulik näher erklärten Gesetzen des Stoßes

$$S' : S = ef . Sin. n^2 : ad . 1^2.$$

Nun ist $ad = ef\ Sin. n$, folglich

$$S' : S = Sin. n : Sin. n^2 = 1 : Sin. n$$

oder der durch den schiefen Stoß verlohren gehende senkrechte Stoß ist in dem Verhältnisse von 1 : Sin. n größer als der senkrechte. Hieraus würde folgen, daß man, um den vortheilhaftesten Effekt des Stoßes zu erhalten, die Weite der Schaufeln so wählen müsse, daß wenn die unterste ab den Stoß senkrecht empfängt, die nächste hg den Wasserstrahl eben berühre. Heißt der Neigungswinkel der Schaufeln ace = N der Halbmesser des Rades bis ans Ende der Schaufeln R, die Höhe der Schaufeln = a, so erhält man

$$ac = R - a = R\ cosin. N,$$

folglich $\cos. N = \frac{R - a}{R}$, woraus der Winkel, welchen zwey nächste Schaufeln mit einander machen müßten, leicht berechnet werden könnte. Die Erfahrung bestätiget aber diese Theorie, welche viel zu wenig Schaufeln geben würde, keinesweges, und dies scheint ein neuer Beweis zu seyn, daß das Wasser auf die unterschlächtigen Räder nicht sowohl durch Stoß, als durch Druck und Stoß vereint wirke.

Denn im letzten Falle wird, da sich die Größe des Drucks nicht nach der Stellung der Schaufel ef, sondern bloß nach ihrer Größe und der Tiefe ihres Schwerpunktes richtet, die vortheilhafteste Weite der Schaufeln dadurch bestimmt werden, daß die Summe der Produkte aus den Flächen der von dem Wasser getroffenen Schaufeln multipliciret, in die Tiefen ihrer Schwerpunkte ein Größtes werde. Hierzu wird erfordert, daß die dem Wasserstrohm sich zuerst darbietenden Schaufeln ef so viel möglich ungehindert von demselben getroffen werden.

Dies geschieht, wenn die Richtung der Oberfläche des Strohms in die Diagonale des von den Schaufeln hgef gebildeten Trapezoids fällt. Vorausgesetzt, daß die Richtung des Strohmes he sehr nahe horizontal sey, so hat man wegen der Aehnlichkeit der Dreyecke hef

und cea, $ef : hf = ca : ae$

oder, wenn $\angle ace = n$; $\sin. n : \cos. n$, wie die Höhe der Schaufeln zu ihrer Weite am äußern Umfange des Rades. Der Werth des $\angle n$ ist nach der Erfahrung $40° - 45°$, und bestimmt sich aus dem Gefälle und dem Halbmesser des Rades.

Nach dem vorhergehenden, S. 370, gehöret die vortheilhafteste Geschwindigkeit der Schaufeln

zu

zu $\frac{1}{3}$ H; da nun die Geschwindigkeit des anstoßenden Wassers noch größer seyn muß, als die Geschwindigkeit der Schaufeln, so darf die Erhebung des Schwerpunktes der Schaufel c f über den Schwerpunkt der tiefsten Schaufel höchstens $= \frac{1}{2}$ H seyn.

Nennt man daher den Halbmesser des Wasserrades bis an den Schwerpunkt der Schaufeln $= r$, die Höhe der Schaufeln $= a$, so ist, wie oben $\cos. n = \frac{r-a}{r}$, folglich die Weite der Schaufeln, und aus dieser und dem Umfange des Rades ihre Anzahl gegeben.

Beyspiel. In der S. 370 angeführten Beobachtung betrug $\frac{1}{2}$ H $= 2$ paris. Fuß, r $= 7,1$ par. Fuß, folglich n $= 44° 5'$, und sin. n : cos. n $= 69 : 72$ die Höhe der Schaufeln a $= 1,11$ par. Fuß, ihre Weite $= 1,16$, der äußere Umfang des Wasserrades $= 46,16$ par. Fuß, folglich die Zahl der Schaufeln $= \frac{4616}{116} = 40$.

Die Erfahrung hat 42 als die vortheilhafteste Anzahl bestimmt. Die zuerst vorgetragene Rechnung würde nur 17 Schaufeln geben, viel zu wenig.

Die Größe des Durchmessers der unterschlächtigen Wasserräder wird am sichersten durch die Erfahrung bestimmt. Große Räder vermehren zwar das statische Moment der Kraft, vergrößern aber die Reibung und vermindern die Geschwindigkeit, da sie langsamer umlaufen. Folglich wird das mechanische Moment der Kraft und der Effekt der Maschine nicht immer durch Vergrößerung des Wasserrades vermehret. Hierzu kommt noch, daß die Baukosten bey großen Rädern beträchtlicher werden. Man macht die unterschlächtigen Wasserräder nicht leicht kleiner als 10, und nicht leicht größer als 16—18 pariser Fuß im Durchmesser.

Die zu einem unterschlächtigen Rade nöthige Wassermenge erhält man, wenn man die Fläche einer der Schaufeln mit ihrer Geschwindigkeit multipliciret, und für das neben und unter den Schaufeln vorbey fließende Wasser noch etwas zusetzt. Hieraus läßt sich, wenn die Wassermenge des Flusses nach hydraulischen Grundsätzen bestimmt worden ist, beurtheilen, ob man einen oder mehrere Mahlgänge neben einander anlegen könne. Hat man zu zwey oder mehreren Mahlgängen nicht Wasser genug, hingegen ein hinlänglich großes Gefälle, so kann man auch zwey oder mehrere unterschlächtige Wasserräder hinter einander in denselben Mahlgang legen. Doch ist hierbey zu bedenken, daß die hinteren, wegen der durch den Widerstand in dem Gerinne verlohren gehenden Geschwindigkeit, weniger bewegende Kraft, als die vordern erhalten. Ist die Wassermenge gering, hingegen das Gefälle 10—12 und mehrere Fuße, so wählet man besser oberschlächtige Wasserräder.

Ein oberschlächtiges Wasserrad zu construiren *). A E D B Fig. 5647 bezeichne einen Radkranz, dessen Höhe oder Breite = A a sey. Man theile die Höhe in drey gleiche Theile, und mache a b = $\frac{1}{3}$ A a. Mit C b ziehe man auf der Fläche des Kranzes einen Kreis, den Theilriß, und theile denselben in so viel gleiche Theile als das Rad Schaufeln erhalten soll. Zieht man aus dem Mittelpunkte nach den Theilungspunkten die geraden Linien a b, f g u. s. w., so erhält man die Lage der sogenannten Kropfschaufeln. Um die Lage der

*) S. Schmidt a. a. O. S. 164 ff.

der Stoßschaufeln e d, A f zu bestimmen, ziehe man von d nach dem zweytfolgenden Theilungspunkte c die gerade Linie c b, und verlängere dieselbe nach b e, so wird dadurch, wenn man bey den übrigen Theilungspunkten eben so verfährt, die Lage der Stoßschaufeln bestimmt. Theilet man einen zweyten Radkranz auf ähnliche Art ein, und befestiget beyde in verticalen parallelen Ebenen an einer gemeinschaftlichen Welle C, so kann man zwischen den Kränzen nach den gezogenen Linien die Schaufeln einsetzen, und hierauf den inwendigen Boden des Rades mit Bretern zuschlagen, wodurch das oberschlächtige Rad mit seinen Wasserkästen e b a g f A u. s. w. vollendet wird.

Das Wasser auf ein oberschlächtiges Rad zu leiten. Nachdem man die Stelle, wo das Wehr hingelegt werden kann, aus der Höhe des Wasserrades und dem natürlichen Gefälle des Flusses vermittelst der gleichfolgenden Bestimmungen beurtheilet hat, so führe man von da aus an den Ort, wo das Rad hingelegt werden soll, einen geradlinigen Mühlengraben, und gebe ihm nicht mehr Fall, als zum Abfluß des Wassers erforderlich ist; 1 Zoll auf 100 Fuß ist hinlänglich. (In bergigen Gegenden führt man den Mühlgraben so viel möglich auf dem hohen Lande nach dem oberschlächtigen Rade hin, welches an einer tieferen Stelle in dem Thale zu liegen kommt. Können bey Führung des Mühlgrabens tiefe Gegenden nicht vermieden werden, so muß man das Wasser in einem frey auf Jochen liegenden hölzernen Gerinne über diese Stellen hinweg, oben nach dem Rade hinführen.) Kurz vor dem Rade faßt man den Mühlengraben in ein hölzernes Gerinne F F Fig. 5647, welches sich wenigstens über dem Rade in zwey Arme, das Mahl- und wüste Gerinne, die mit

Schützen versehen sind, theilet. Man nennt dieses Gerinne das Schutzgerinne, und die Oeffnung F desselben, durch welche sich das Wasser in das Rad G ergießet, den Einschuß.

Er wird nicht gerade über den höchsten Punkt des Rades gelegt, damit nicht der Stoß des Wassers der Bewegung des Rades nach A G entgegen wirke, sondern über die zweyte oder dritte Schaufel jenseits des höchsten Punktes des Rades. Zwischen dem Rad A, und dem Schutzgerinne F F muß ein kleiner Raum = b (etwa 5 Zoll) bleiben, desgleichen unter dem tiefsten Punkt des Rades B, und dem Mühlengraben ein anderer = C (etwa 12 Zoll). Rechnet man hierzu die Höhe des Wassers f A im Gerinne = h (6 Zoll sind hinreichend, weil man dem Wasser die nöthige Geschwindigkeit durch eine stärkere Neigung des Schutzgerinnes etwa 1 Zoll auf 10 – 12 Fuß geben kann), das Gefäll vom Wehr bis zum Einschuß = a, und endlich das Gefäll des Mühlengrabens unter dem Rad = d, und zieht diese von dem gesammten Gefälle ab, so bleibt der Durchmesser des Wasserrades = D übrig.

Beyspiel. Das gesammte Gefälle betrage 20 Fuß, die Länge des Mühlgrabens oberhalb des Rades = 1000 Fuß, unterhalb = 600 Fuß, die Länge des Schutzgerinnes 20 Fuß, so hat man

a = 12 Zoll
h = 6
b = 5
c = 12
d = 6

Summe 3 Fuß 5 Zoll
gibt den Durchmesser des Rades 16 Fuß 7 Zoll.

Die

Die Frage, ob es vortheilhafter sey, den Durchmesser des Rades kleiner und dagegen die Geschwindigkeit des einschießenden Wasserstrahles F G größer zu machen, wird die nähere Betrachtung über die Wirkung der Kraft am oberschlächtigen Wasserrade beantworten.

Wenn die Schaufel bey G Fig. 5647 mit Wasser gefüllt ist, so sinkt sie vermöge ihres Gewichtes hinab, und es kommt eine andere A an ihre Stelle, welcher es eben so ergeht. Hieraus erhellet, daß nach und nach die Schaufeln oder Kästen des Rades G, A, e u. s. w. mit Wasser gefüllt werden, indem sich zugleich das Rad nach der Richtung G, E H umdreht. Endlich wenn die Schaufel G nach H so weit von dem untersten Punkt B als sie beym Einguß von A entfernt war, kommt, gießet sie ihr Wasser wieder aus, indeß sich bey G eine neue füllt. Bey einer vortheilhaften Einrichtung des Rades beträgt der mit Wasser stets gefüllte Bogen GH etwa $\frac{2}{3}$ des halben Umfangs HEB. Das in dem Raum GEH enthaltene Wasser wirkt wie ein Gewicht auf die Umdrehung des Rades, und es kommt bloß darauf an, dessen statisches Moment zu bestimmen. Ist die Wassermenge gegeben, welche eine Schaufel fasset (und man findet sie, wenn man die während eines Umlaufs des Rades durch das Gerinne fliessende Wassermenge mit der Zahl der Schaufeln dividiret), so multiplicire man ihr Gewicht mit dem wagrechten Abstand des Schwerpunktes der Schaufel von dem verticalen Durchmesser des Rades AB, dieß gibt das Moment der Schwere der Schaufel, und die Summe aller so gefundenen einzelnen Momenten von G bis H, das Moment des ganzen Rades. Kürzer, und für die Ausübung hinlänglich genau erhält man dasselbe, wenn man das in den Schaufeln enthaltene Wasser als einen cylindrischen Ring ansieht, welcher sich von G bis H an dem Umfang des Rades anlegt. g a h Fig. 5648 bezeichne den mit Wasser gefüllten Ring; man findet seinen Inhalt, wenn man die Grundfläche a a mit der Länge des mittlern Bogens g h (wofür man den Bogen des Theilrisses nehmen kann) multipliciret, oder auch aus der während eines Umlaufs des Rades durch das Gerinne fließenden Wassermenge, und dem bekannten Verhältniß des Bogens g h zum ganzen Umfang. Man denke sich über der Grundfläche a a einen senkrechten Wassercylinder von der Höhe c d, so presset derselbe nach hydrostatischen Grundsätzen die Grundfläche a a senkrecht eben so stark als die nach dem Umfang des Rades gekrümmte Wassersäule G a und bloß der senkrechte Druck auf a a kommt bey der Umdrehung des Rades in Betracht, weil die auf den Bogen G a senkrechten Pressungen bloß Druck auf die Axe c veranlassen. Da nun die Wirkung des Wassers in a h auf das Rad eben so groß als die von a g ist, so erhält man das gesammte Moment der Kraft, wenn man das Gewicht eines Wassercylinders über der Grundfläche a a von der Höhe c d mit dem Halbmesser des Rades R bis an den Theilriß multipliciret. Wollte man statt des Gewichtes des nur genannten Wassercylinders das ganze Gewicht des in G h enthaltenen Wassers in Rechnung bringen, so muß man den Halbmesser des Rades R im Verhältniß von g a : c d vermindern, um die Entfernung des Schwerpunkts des ganzen Wasserkörpers von dem lothrechten Durchmesser zu erhalten. P bezeichne das Gewicht des Wasserkörpers, so hat man sein statisches Moment $\frac{cd}{ga}$ R. P.

Beyspiel.

Beyspiel. An einer oberschlächtigen Mühle bey Seeheim in der Bergstraße beobachtete der Herr Professor Schmidt den Durchmesser des Wasserrades = 10 Fuß (Darmst. Maß), das Gefälle vom Einschuß des Gerinnes bis zum tiefsten Punkt des Rades betrug 10 Fuß 3 Zoll, die Geschwindigkeit des Wassers im Gerinne 4 Fuß in einer Secunde, die Weite des Gerinnes 2 Fuß, die Höhe des Wassers 0, 3 Fuß, folglich die Wassermenge in einer Secunde 2,4 Cub. Fuß. Das Wasserrad machte in einer Minute 13 Umgänge, und von den 32 Schaufeln desselben war der dritte Theil stets mit Wasser gefüllt. Folglich kommen auf einen Umlauf des Rades 4,61 See. auf $\frac{1}{3}$ Umlauf 1,54 Secunden, und während der Zeit gibt das Gerinne 3,7 Cub. Fuß Wasser. Das Gewicht der Wassermasse als bewegende Kraft ist 3,7 · 50 ℔. = 165 ℔.

Der reducirte Halbmesser ist $= 5$ Fuß $\cdot \frac{\text{sin. } 60^\circ}{\text{Bg. } 60^\circ}$

$= \frac{0{,}866}{1{,}046} \cdot 5 = 0{,}828 \cdot 5 = 4{,}14$ Fuß, folglich das Moment der bewegenden Kraft = 683,1 ℔.

Diese Rechnung setzt voraus, daß das Wasser mit seiner ganzen Schwerkraft in den Umfang des Rades wirke. Dieß geschieht alsdann, wenn die Schaufeln des Rades, mit dem bey G einstürzenden Wasser gleiche Geschwindigkeit haben, denn in diesem Fall kann man Schaufeln und Wasser als ruhend, und die Schwere als die bewegende Kraft ansehen. Ist die Geschwindigkeit der Schaufeln größer, als die Geschwindigkeit des Wassers, so muß ein Theil der Schwere des letztern auf die Erzeugung der größern Geschwindigkeit verwendet werden, und geht daher für die bewegende Kraft verlohren

verlohren. Nun wächst zwar das mechanische Moment der Kraft mit der Geschwindigkeit, was aber hierdurch gewonnen wird, ersetzt den Verlust nicht. Denn wenn z. B. das Rad oder seine Schaufeln noch einmahl so geschwind umlaufen sollte, als das Wasser bey G einschießt, so erhalten die Schaufeln nur halb so viel Wasser, und hierdurch geht schon die durch die größere Geschwindigkeit gewonnene Kraft wieder verlohren, folglich bleibt der Verlust an der Schwere des in den Schaufeln drückenden Wassers unersetzt.

Ist die Geschwindigkeit der Schaufeln kleiner, als die Geschwindigkeit des Wassers, so wird zwar das Moment der Kraft durch den hinzukommenden Stoß des Wassers auf die obere Schaufel bey G vermehret, aber wegen des schiefen Anstoßes des Wassers gegen die Schaufel bey G, und dem kleinen Hebelarm des Stoßes ist zu besorgen, daß durch die mit einem langsamen Gang verknüpften Ungleichförmigkeiten der Bewegung mehr verlohren als gewonnen wird. Man stellt daher den Grundsatz auf, daß die Geschwindigkeit der Schaufeln beym oberschlächtigen Wasserrad gleich, oder nur wenig geringer seyn solle, als die Geschwindigkeit des einfließenden Wassers.

Hieraus folgt, daß es vortheilhafter für die bewegende Kraft ist, hohe und langsamgehende, als niedrige und schnelllaufende oberschlächtige Wasserräder anzulegen. Man macht daher den Durchmesser des Rades A B so groß, als es das Gefäll erlaubt. Der Höhe des Kranzes A a giebt man auch bey den größten oberschlächtigen Rädern, nicht leicht über 8 — 12 Zoll, damit der Halbmesser c a wegen des Momentes der Kraft möglichst groß bleibe. Den nöthigen Raum der Schaufeln, welcher, damit sie nicht zu frühe ausgießen,

gießen, wenigstens noch einmahl so groß, als die zu fassende Wassermenge seyn muß, erhält man durch die nach den Umständen zu vermehrende Breite des Rades. Die Anzahl der Schaufeln bestimmt man am besten so, daß ihre Weite in der Mitte des Kranzes, oder auch auf dem Theilriß bey f c gemessen der Dicke des einschießenden Wasserstrahles bey f A gleich, oder nicht viel größer sey. Beträgt das gesammte Gefälle weniger als 10 Fuß, so leitet man das Wasser am besten von der Seite I K etwas oberhalb der Mitte des Rades in die Schaufeln. Hier gehen zwar die über E liegenden Schaufeln leer: allein man gewinnt diesen Verlust wieder durch die Vergrößerung des Durchmessers des Rades und der Schaufeln, welche sich, da sie langsamer umlaufen, weiter voll Wasser füllen. Man nennt die Räder von der zuletzt beschriebenen Einrichtung halb-oberschlächtige. Die bey dem Bergbau üblichen **Kehrräder** erhält man, wenn man in die Kränze der oberschlächtigen Räder eine doppelte Reihe von Schaufeln nach entgegengesetzten Richtungen einsetzt, in deren jede durch einen besondern Einschuß Wasser geleitet werden kann, je nachdem das Rad vor oder rückwärts laufen soll.

Im ganzen genommen sind oberschlächtige Räder, besonders bey Maschinen, welche keinen sehr schnellen Gang erfordern, vortheilhafter als unterschlächtige, indem sie bey einer geringern Kraft, die aber länger auf den Umlauf des Rades wirkt, eben so viel, als die unterschlächtigen mit größerer Kraft leisten. So gab z. B. die oben, S. 379. angeführte oberschlächtige Mühle in 24 Stunden 7 Malter dreymahl durchgemahlnes feines Weißmehl, der Malter zu 175 ℔. gerechnet, die oben, S. 370. angeführte unterschlächtige Mühle 7—8 Malter. Jene Mühle hatte einen Wasserzufluß in einer

einer Secunde von 2,4 D. C. F. = 2,1 par. C. F. und ein Gefäll = 9, par. Fuß. Diese einen Wasserfluß = 6,6 Cub. Fuß.

Gefäll = 4 Fuß.

Daher verhält sich die bewegende Kraft von der oberschlächtigen zur bewegenden Kraft von der unterschlächtigen Mühle = 18,9 : 26,4 indeß die Effecte sehr nahe gleich waren.

Eine allgemeine Vergleichung zwischen dem mechanischen Effect der ober- und unterschlächtigen Räder läßt sich folgendermaßen anstellen *).

Die bewegende Kraft sowohl bey ober- als unterschlächtigen Wasserrädern ist dem Produkt der Wassermenge in das Gefäll proportional, die Wassermenge kann auch durch die Geschwindigkeit des Wassers dargestellt werden, wenn man bey einem ober- und unterschlächtigen Rade gleichen Querschnitt der Schaufeln und der Gerinne voraussetzt. hH bezeichnen die Gefälle, cC die Geschwindigkeiten bey einem unter- und oberschlächrigen Wasserrade, so hat man

$$hC = Hc \text{ gesetzt}$$

den mechanischen Effekt des unterschlächtigen Wasserrades $= \frac{2}{3} h \cdot C'$, wo C' die Geschwindigkeit des Wasserrades bezeichnet, nun ist aber

$$C : C' = \sqrt{h} : \sqrt{\tfrac{1}{3}h} = 1 : \sqrt{\tfrac{1}{3}}$$

folglich der mechanische Effekt des unterschlächtigen Wasserrades $= \frac{2}{3} h \cdot C \cdot \sqrt{\tfrac{1}{3}}$.

Die Höhe der Wassersäule, deren Gewicht das oberschlächtige Wasserrad bewegt, kann = sin. 60°. Durchmesser des Rades = sin. 60° . H = 0,866 H gesetzt werden, die Geschwindigkeit des oberschlächtigen

*) S. Schmidt a. a. O. S. 170.

tigen Rades ist $= c$, folglich dessen mechanischer Effekt $= 0{,}866\ H . c$.

Da nun $Hc = hC$, so hat man die mechanischen Effekte des ober- und unterschlächtigen Wasserrades für gleiche bewegende Kräfte

$$= 0{,}866 : 0{,}666 \sqrt{\tfrac{1}{3}} = 0{,}866 : 0{,}385.$$

Die vortheilhafteste Einrichtung und den Effekt einer Mahlmühle anzugeben, müßte nun sowohl der Widerstand des Getreides, als auch die vortheilhafteste Geschwindigkeit der Last durch Erfahrung gegeben seyn *). Gewöhnlich setzt man jenen nach Belidor $\frac{1}{37}$ des Gewichtes des Läufers gleich, wobey angenommen wird, daß der gesammte Widerstand in einer Entfernung von $\frac{2}{3}$ des Halbmessers des Läufers von der Axe desselben vereinigt sey. Schmidt setzt dafür allgemein $= \frac{1}{n} P$, wenn P das Gewicht des Läufers bezeichnet, die Geschwindigkeit des Umgangs des Wasserrades heiße $= a$, der Last $= b$, die Kraft $= V$, die auf den Umfang des Wasserrades reducirte Hindernißlast $= F$, so hat man die allgemeine Gleichung $(V - F) a = \frac{1}{n} Pb$. V berechnet man je nachdem die Mühle durch ein ober- oder unterschlächtiges Rad betrieben werden soll, nach S. 370 oder S. 379. Die Größe der Hindernißlast F, welche, da der Widerstand der Luft bey Wassermühlen nicht in Betracht kommt, aus der Reibung besteht, zu bestimmen, bedenke man, daß das Wasserrad mit seiner Welle und dem Kammrade, als ein horizontaler Haspel, der Läufer mit Trilling, Mühleisen und Zubehör aber als eine Winde angesehen werden kann.

Nennt

*) S. Schmidt's Mathemat. rc. S. 177. ff.

Nennt man das Gewicht des Wasserrades mit Welle und Kammrad $=\pi$, des Läufers, Mühleisens, Trillings $=P+p$, den Halbmesser des Wasserrades $=R$, des Kammrades $=r$, des Trillings $=\varrho$, der Axen oder Zapfen des Mühlrades $=\alpha$, des Mühleisens β, f den Reibungs-Quotienten, so erhält man für die Reibung an den Zapfen des Wasserrades $=f\pi.\alpha$, an den Zapfen des Mühleisens $=f(P+p)\frac{2}{3}\beta$, beyde auf den Umfang des Wasserrades nach statischen Gesetzen reducirt, geben $\frac{f\pi\alpha}{R}+f(P+p)\frac{\frac{2}{3}\beta}{\varrho}.\frac{r}{R}$. Hierzu kommt noch die von dem Drucke zwischen Zahn und Getriebe herrührende Reibung, wofür man nach Belidor $\frac{1}{18}$ des Drucks rechnen kann. Da nun dieser Druck am Umfange des Wasserrades $V-\frac{f\pi\alpha}{R}$ beträgt, so erhält man für die davon herrührende Reibung $\frac{1}{18}\left(V-\frac{f\pi\alpha}{R}\right)$; folglich für den gesammten Werth von

$$F=\frac{1}{18}V+\frac{17}{18}\frac{f\pi\alpha}{R}+f(P+p)\frac{\frac{2}{3}\beta}{\varrho}.\frac{r}{R}.$$

Die Rechnung ist nicht schwer, aber weitläuftig, wie es aus dem obigen, S. 173 fl., zu ersehen, weil man das Gewicht jedes einzelnen Theiles der Maschine aus seinen Dimensionen und dem specifischen Gewicht des Materials berechnen muß. Viel kürzer kommt man weg, da doch der Reibungs-Quotient f durch Erfahrung gegeben seyn muß, wenn man die gesammte Reibung F an Mühlwerken durch Erfahrung zu bestimmen sucht.

Wenn nun in der allgemeinen Gleichung die Größen V, a, b F gegeben sind, so findet man daraus den Widerstand $= \frac{1}{n} P$ und aus dem bekannten Coefficienten $= \frac{1}{n}$ auch P, oder das Gewicht des Läufers, woraus sich dessen Dimensionen ergeben. Die Einrichtung zwischen Kammrad und Getriebe vortheilhaft anzuordnen, dividire man die Geschwindigkeit der Last in den Umfang, oder den Halbmesser des Trillings, die Geschwindigkeit der Kraft in den Umfang oder den Halbmesser des Wasserrades. Die Quotienten geben das Verhältniß der Umlaufszeiten von Läufer und Wasserrad; beyde in einander dividirt geben, wie viel Umläufe des Läufers auf einen Umlauf des Wasserrades kommen, und hieraus bestimmt sich ferner die Zahl der Zähne des Kammrades aus der Zahl der Triebstecken des Getriebes. Ist die Größe des Kammrades gegeben, so ziehe man mit dem Halbmesser des Rades, oder seines Theilrisses, welcher auf die Mitte des Kranzes kommt, einen Kreis, theile selbigen in so viel gleiche Theile, als das Rad Zähne erhalten soll; einen solchen Theil theile man abermahls in 7 gleiche Theile, und nehme 3 Theile für die Dicke der Zähne oder Kämme, 4 für die Zwischenräume. Die Weite und Dicke der Zähne des Getriebes werden eben so groß.

Das Verhältniß der Stärke der einzelnen Theile der Maschine entlehnt man am sichersten von stehenden Mühlen, deren vortheilhafter Effekt sich durch die Erfahrung bewähret hat. Hier folgen zu dieser Absicht einige Beobachtungen des Herrn Prof. Schmidt über gut eingerichtete unter- und oberschlächtige Mühlen, wobey indeß zu merken, daß auf die von Herrn Bergrath Eiselen angegebenen und wie es aus dem obigen

S. 212 ff. zu ersehen, mit dem glücklichsten Erfolg angewendeten Verbesserungen der Gerinne ꝛc. noch keine Rücksicht genommen ist, welches den Mühlenbauern noch einen weiten Spielraum zu vortheilhaften Abänderungen übrig läßt.

Erste Beobachtung über die S. 370 erwähnte unterschlächtige Mühle.

Die Mühle hatte zwey Mahlgerinne, und ein wüstes Gerinne. Während der Beobachtung ging nur ein Mahlgang, auf welchen sich die nachstehenden Angaben beziehen. Durchmesser des Strauberrades bis ans Ende der Schaufeln

	14,7	par. Fuß
Höhe der Schaufeln	1,11	— —
Breite	1,18	— —
Anzahl derselben	42	— —

Der Umfang des Mahlgerinnes war nach dem Umfange des Rades gekröpft, die Höhe des Wasserstandes über dem Fachbaum der Schutzöffnung betrug

nung betrug	1,3	par. Fuß
das lebendige Gefälle	2,66	— —
folglich das gesammte Gefälle	3,96	— —
die Höhe der Schutzöffnung	0,48	— —
die Breite	2,26	— —

Bey diesem Wasserstande und Schutzöffnung machte das Wasserrad 6 Umläufe in 35 Sekunden. Das Kammrad hatte 102 Zähne, der Trilling 6, folglich kommen auf einen Umlauf des Wasserrades 17 Umgänge des Läufers.

Der Kranz des Wasserrades war 0,44 par. Fuß dick. und wurde von 6 Armen von gleicher Stärke unterstützt.

De

Die Welle des Wasserrades lang	18	paris.	Fuß
dick	1,33	—	—
Die Zapfen der Mühlwelle sind dick	0,3	—	—
lang	1,48	—	—
Durchmesser des Kammrades	8	—	—
Der Kranz des Kammrades hoch	0,5	—	—
dick	0,4	—	—
hat 6 Arme, deren Breite	1,0	—	—
Dicke	0,22	—	—

Das Mühleisen hat 2 Zoll ins Gevierte und ist 4 par. Fuß hoch; die Mühlsteine oder Läufer haben 3,4, zuweilen 3,55, also im Durchschnitt 3,5 par. Fuß im Durchmesser. Ihre Höhe beträgt, wenn sie aufgelegt werden,

am Rande	0,74	par.	Fuß
in der Mitte	1,48	—	—

Man läßt sie bis auf Höhe am Rande ablaufen.	0,3	par.	Fuß
Der Durchmesser der Oeffnung oder des Läuferauges beträgt	0,6	—	—
Das specifische Gewicht der Mühlsteine ist	2,404	—	—

Effect der Mühle.

Bey den angegebenen Maßen des Wasserstandes und der Schützöffnung mahlte die Mühle in 24 Stunden 7 – 8 Malter feines Weißmehl, das Malter zu 175 Pf. gerechnet. Bey vollem Wasser, wo die Höhe der Schützöffnung 0,68 par. Fuß beträgt, giebt die Mühle 9 – 10 Malter. Dabey wird die Frucht dreymahl bis viermahl aufgeschüttet.

Die Größe der Reibung zu bestimmen, dienet folgende Beobachtung: Die Schütze des stillstehenden Mahlganges wurde 0,186 par Fuß hoch aufge-

aufgezogen, die Breite der Schützöffnung betrug 1,9 par. Fuß. Die durch diese Oeffnung treibende Wassermasse war hinreichend den leeren Mahlgang, welcher übrigens mit dem vorher beobachteten einerley Einrichtung hatte, eine Geschwindigkeit mitzutheilen, wobey das Wasserrad 5 Umgänge in 43 Secunden machte.

Zweyte Beobachtung über eine oberschlächtige Mühle. S. oben, S. 379. Außer den am angeführten Ort gegebenen Bestimmungen sind noch folgende zu bemerken: Das Kammrad hatte 72 Zähne, der Trieb 6, die Schrift oder die Entfernung des Mittelpunkts eines Zahns bis zum nächsten betrug $3\frac{1}{2}$ Zoll, folglich der Umfang des Kammrades auf dem Theilriß 21 Fuß,
sein Durchmesser = 6,7 Fuß.
Der Durchmesser des Läufers betrug 3 Fuß 11 Zoll, des Läuferauges 8 Zoll, die Höhe des frischen Steines 12 Zoll (alles darmst. Maß), welches sich durch das Verhältniß 8 : 9 in par. Maß reduciren läßt.

Aus der ersten Beobachtung oben, S. 386. berechnet der Herr Prof. Schmidt folgende Größen: Die in einer Secunde durch die Schützöffnung fließende Wassermenge war = 6,6 par, Cub. Fuß. Die Geschwindigkeit des Schwerpunktes der Schaufeln oder des von der Kraft angegriffenen Punktes in 1 Secunde = 7,7 Fuß, die hierzu gehörige Höhe = 0,98 par. Fuß, folglich die zur bewegenden Kraft gehörige Höhe = 3 par. Fuß, der Quadratinhalt einer Schaufel = 1,3 Fuß, die bewegende Kraft am Wasserrad 3,9 Cub. Fuß. = 273 Pf.

Gewicht des Wasserrades mit Welle und Kammrad 3040 Pf. Gewicht eines neuen Läufers

1680 Pf. eines abgenutzten 920 Pf. Zahl der Umläufe des Läufers in 1 Minute = 175.

Reduciret man die Last auf $\frac{2}{3}$ des Halbmessers des Läufers, so erhält man für die Geschwindigkeit derselben in 1 Sec. 20,9 par. Fuß. Diese Geschwindigkeit darf sich, wenn die Mühle gutes Mehl geben soll, vermöge der Erfahrung nicht merklich ändern: denn wenn der Läufer abgelaufen, und der Widerstand der Last dadurch geringer geworden ist, so muß die Schützöffnung und der Wasserstrohm darnach eingerichtet werden.

Die den leeren Mahlgang umtreibende Wassermenge in 1 Secunde betrug 2,72 par. Cub. F. Da sich die bewegenden Kräfte bey einerley Gefälle wie die Wassermengen verhalten, so erhält man die auf die Reibung der Maschine verwendete Kraft $= \frac{2,72}{6,6} = 0,412$ der bewegenden Kraft.

Berechnet man die Reibung aus dem Gewicht der Maschine nach S. 384, und setzt den Reibungsquotienten $= \frac{1}{3}$, so erhält man F = 169 Pf. = 0,62 der bewegenden Kraft, größer als die unmittelbare Beobachtung giebt. Dieß zeigt, daß bey einer gut eingerichteten Mühle f kleiner als $\frac{1}{3}$ zwischen $\frac{1}{4}$ und $\frac{1}{5}$ ist. Zwar hatte der leere Mahlgang nicht völlig gleiche Geschwindigkeit mit dem mahlenden, da aber die Reibung in den Zapfen der Mühlräder mit der vermehrten Geschwindigkeit eher ab- als zunimmt, so gibt die Beobachtung die Hindernißlast an der Mühle nicht zu klein an, und man wird sicher ausreichen, wenn man höchstens die Hälfte der bewegenden Kraft auf die Hindernißlast bey Getreidemühlen rechnet.

Aus der zweyten Beobachtung, S. 388. ergibt sich die Zahl der Umläufe des Läufers, dessen

sen Durchmesser genau = 3,5 par. Fuß war, 156 in einer Secunde. Bey einer andern oberschlächtigen Mühle, welche ein 26 Fuß hohes Wasserrad, und halb so hohes Kammrad hatte, fand Schmidt die Zahl der Umgänge des Läufers (dessen Durchmesser 3,4 par. Fuß) in 1 Minute = 144. Bey einer andern unterschlächtigen an der Lahn bey Gießen stehenden Mühle 180.

Hieraus kann man die Regel ziehen, daß ein Läufer, dessen Durchmesser $3\frac{1}{2}$ par. Fuß beträgt, wenn die Mühle unterschlächtig ist, 175 — 180, wenn sie oberschlächtig 150 Umläufe in 1 Minute machen müsse. Soll bey einem andern Durchmesser des Läufers doch eine gleiche Geschwindigkeit der Last erhalten werden, so müssen die Zahlen der Umläufe im umgekehrten Verhältniß der Durchmesser stehen. Dieß gäbe für

Durchmesser des Läufers		unterschlächtige Mühlen Zahl der Umläufe		oberschlächtige Mühlen Zahl der Umläufe in 1 Min.
3 par. Fuß.		209	—	190
$3\frac{1}{2}$	—	178	—	150
4	—	133	—	112
5	—	107	—	90
6	—	89	—	75

Belidor forderte für 6 Fuß Durchmesser nur 60 Umgänge bey unterschlächtigen Mühlen. Gewiß zu wenig!

Berechnet man aus der bewegenden Kraft nach Abzug der Reibung den auf $\frac{2}{3}$ vom Halbmesser des Läufers reducirten Widerstand, so erhält man aus der ersten Beobachtung 41,24 Pf. = $\frac{1}{41}$ vom Gewicht des neuen und = $\frac{1}{22}$ vom Gewicht des abgenutzten Läufers.

Hiernach

Hiernach wäre die zu bewegende Last sehr veränderlich, und man sollte daraus vermuthen, daß sich der Effekt einer Mühle mit der Abnutzung des Läufers in gleichem Verhältniß vermindere. Dieß widerspricht aber der Erfahrung völlig, und erläutert sich aus folgenden Gründen. Der Widerstand, welchen das zu zermahlende Getreide dem Mühlstein entgegen setzt, wird nicht unmittelbar durch die an dem Wasserrad angebrachte Kraft, sondern durch die dem Läufer von der Kraft mitgetheilte Schwungbewegung überwunden, welche in dem directen Verhältniß des Momentes der Trägheit, oder dem zusammengesetzten der Masse und des Quadrates der Geschwindigkeit des Läufers steht. Die Schwungbewegung des Läufers wird durch den Widerstand des Getreides in jedem Augenblick gehemmt, und der Einfluß, welchen diese Hemmungen auf die Umlaufsgeschwindigkeit des Läufers haben, ist desto größer, je kleiner die Masse des Läufers ist. Die zur Ersetzung des Verlustes an Bewegung erforderliche Kraft am Wasserrad wird daher beym abgelaufenen Mühlstein sehr nahe, eben so groß, als beym neuen seyn, da beyde gleichen Verlust an Bewegung wiewohl ungleichen Verlust an Geschwindigkeit erleiden.

Um die von den Hemmungen herrührende Ungleichförmigkeit in der Bewegung zu vermindern, macht man den Steg (oder Balken worauf das Mühleisen mit dem Läufer ruht) bey einer Länge von 12 Fuß nicht über 6 Zoll ins Gevierte, das ist, so schwank, daß er vermöge seiner Elasticität durch die Erschütterungen der Mühle in eine schwingende Bewegung geräth, und eben dadurch den Läufer bald erhebt, bald niedersinken und stärker auf das Getreide drucken lässet.

Dieß unaufhörliche Heben und Sinken des Läufers wird mit seinem abnehmenden Gewicht immer stärker, und so rollt er leichter über die ihm vorkommenden Hindernisse weg. Daher rühret es, daß ein abgenutzter Läufer noch eben so viel Mehl, als einer, welcher sein volles Gewicht hat, geben kann, er giebt aber schlechteres Mehl. Es würde daher allerdings für den ökonomischen Effekt der Kornmühlen vortheilhaft seyn, wenn man das durch die Abnutzung verlohren gehende Gewicht des Läufers durch einen Aufguß von einem schnell erhärtenden Steinmörtel wieder zu ersetzen suchte. Auch sind hohe Läufer von kleinerm Durchmesser vortheilhafter, als niedrige von großem Durchmesser, wenn gleich beyde einerley Gewicht hätten: denn 1) sind die Geschwindigkeiten der einzelnen Punkte der Grundfläche eines Läufers von großem Durchmesser sehr ungleich, und 2) nutzen sich die Läufer im Verhältniß der Größen ihrer Grundflächen schneller ab. Doch dürfen die Durchmesser der Mühlsteine nicht allzu klein seyn, weil sich sonst das zu zermahlende Getreide zu kurze Zeit zwischen ihnen aufhält. In Deutschland trifft man Mühlsteine von 3 — 5 Fuß im Durchmesser bey einer Höhe von 10 — 24 Zoll, in Frankreich 18 Zoll hohe von 5 — 7 Fuß im Durchmesser an.

Aus den angeführten Erfahrungssätzen lassen sich leicht einige Vorschriften zur vortheilhaften Anordnung einer Mahlmühle herleiten, wenn man bedenkt, daß sich 1) die bewegenden Kräfte zweyer Mühlen wie die Produkte aus den Gefällen in die Wassermengen verhalten; 2) die Massen der Mühlsteine im Verhältniß der bewegenden Kräfte stehen; 3) die Geschwindigkeiten der Wasserräder sich wie die Quadratwurzeln der Gefälle, und die Größe der Schaufeln wie die Wassermengen verhalten;

4) die Einrichtung von Kammrad und Getriebe aus der Geschwindigkeit des Wasserrades und der Zahl der Umgänge des Läufers gegeben ist.

Man bestimme bey einer anzulegenden Mühle das Gefälle und die Wassermenge, und proportionire alle einzelnen Theile der zu erbauenden Mühle vermittelst der vorstehenden Sätze, nach den ähnlichen Theilen einer bereits erbauten gut eingerichteten Mühle.

Beyspiel, für eine unterschlächtige Mühle, deren Gefälle 6 Fuß, Wassermenge in einer Secunde 5 Cub. Fuß beträgt. Das Produkt aus beyden ist = 30, nach der 1ten Beob. (s. oben, S. 386.) betrug es nur 4 . 6,6 = 26,4; die Effekte und Gewichte der Mühlsteine können daher sehr nahe in dem Verhältniß von 9 : 10 stehen; man gebe der Höhe des Mühlsteines der neuanzulegenden Mühle 13 — 14 Zoll, wenn die Höhe des S. 388 erwähnten = 12 Zoll gesetzt wird, und die Durchmesser gleich angenommen werden.

Die Geschwindigkeiten der Wasserräder verhalten sich = $\sqrt{4} : \sqrt{6}$. Sollen beyde doch eine Zahl von Umläufen in einer Minute machen, so müssen ihre Durchmesser in dem genannten Verhältniß stehen, das Wasserrad der zu erbauenden Mühle erhielte einen Durchmesser von 18,5 par. Fuß, übrigens bliebe die Einrichtung von Kammrad und Getrieb wie oben, S. 388. angegeben ist. Die Höhe der Schaufeln betrüge 0,85 par. Fuß, wenn ihre Breite 1,18 bleiben soll, die Anzahl der Schaufeln würde, im Verhältniß der Durchmesser der Wasserräder vermehret, hier 51 — 52 seyn.

Wollte man hingegen den Durchmesser des Wasserrades nicht größer als 14,7 Fuß machen, so würden 12,6 Umgänge des Rades auf eine Minute kommen, folglich würde das Kammrad, wenn der Läufer 175mahl herum kommen soll, 84 und der Trieb 6 Zähne erhalten.

Aus den oben, S. 391. angeführten Gründen theils, theils weil die Reibung der ganzen Maschine mit dem vermehrten Gewicht des Läufers wächset, ist gar nicht zu erwarten, daß der ökonomische Effekt zweyer Getreidemühlen genau in dem Verhältnisse ihrer bewegenden Kräfte stehe, sondern man wird mehr als die doppelte Kraft für den doppelten Effekt rechnen müssen.

Die Reibung bey Mühlwerken so viel möglich zu vermindern, befolge man die nachstehenden Grundsätze:

1) Man vermeide allzu große und schwere Räder, und vermindere den Durchmesser ihrer Wellenzapfen so viel, als es die zu tragende Last erlaubt.

2) Man lasse die eisernen Zapfen der Räder und Triebwellen nicht in hölzernen, sondern in steinernen oder metallenen Pfannen laufen. (Hartes Glockenmetall schickt sich am besten dazu.)

3) Man verringere den Druck zwischen den Zähnen von Rad und Getriebe, daß man die Tiefe ihrer Eingreifung vermindert. Dies geschieht am besten dadurch, daß man den Halbmesser und die Zahl der Zähne des Getriebes, so viel die Einrichtung der Mühle und die Regel 1) erlaubt, vergrößert. Man erhält damit noch den Vortheil, daß mehrere Zähne des Getriebes zugleich in das Rad eingreifen, die Last über dieselbe vertheilet, und die Bewegung gleichförmiger wird. Diesen Endzweck erreicht man auch, wenn man sowohl dem Kammrade als Triebe eine doppelte über einander stehende Reihe von Zähnen und Stecken gibt, die so geordnet sind, daß die Zähne der obern

Reihe

Reihe über die Zwischenräume der untern zu stehen kommen. Jeder Zahn des Rades schiebt nun seinen Triebstock nur halb so weit fort, als er es bey der gewöhnlichen Einrichtung thun müßte.

Soll der Druck zwischen den Zähnen von Rad und Getriebe an jedem Punkte ihrer Eingreifung gleich groß bleiben, so dürfen auch nach Hrn. Prof. Schmidt's Anweisung die Eingreifungen der Zähne nicht (wie es gewöhnlich geschieht) kreisförmig abgerundet seyn, sondern sie müssen nach den Bögen einer krummen Linie geformt seyn, welche unter das Geschlecht der Cycloiden gehört, wovon oben, S. 317 ff. das nöthige schon angeführt ist.

Weil die genaue Construction der krummen Linie von den Mühlärzten (den Handwerkern, welche die Mühlenräder zu bauen pflegen) indeß nicht zu erwarten steht, so bleibt man in der Ausübung bey der leichter zu verzeichnenden Kreisrundung, und überläßt es dem Gange der Mühle, den Zähnen durch die wechselseitige Abreibung ihre richtige Gestalt zu geben. Dies zu befördern, hat man, wie oben S. 320 ff. bemerkt worden, vorgeschlagen, die Zahl der Zähne des Triebes in der Zahl der Zähne des Rades nicht aufgehen zu lassen, damit jeder Zahn des Triebes, wo nicht in alle, doch in viele Zähne des Rades nach einander eingreife. Aber nicht zu gedenken, daß die Theilung nach ungeraden und Primzahlen mehr Schwierigkeiten veranlaßt, so erinnert Hr. Langsdorf hiergegen auch noch, daß wenige Zähne von Rad und Getriebe, die in einander greifen, sich schneller und vollkommner abschleifen, als wenn ein Zahn des Triebes für alle Zähne des Rades passen soll.

Ausführlichere Berechnungen über die Anordnung der Mühlen findet man in des Herrn Fabre's Versuch über die vortheilhafteste Bauart hy-

draul-

draulischer Maschinen und insbesondere der Getreidemühlen. Aus dem Französischen übersetzt und mit Anmerkungen versehen von M. Aug. Fr. Lüdicke. Leipzig bey Schwickert 1786. 8. Seite 236. 276. 330. 492. 508. 527. 535. Auch in Weinhold's Anmerkungen zu Beyer's Schauplatz der Mühlenbaukunst S. 97 ff.

I. Beschreibung einiger gut eingerichteten Wassermühlen.

Obgleich im vorhergehenden bey Erwähnung der einzelen Theile der Mühlen schon das mehrste, was zum Bau einer vollkommenen Mühle gehört, vorgekommen ist, so wird es doch noch nöthig seyn, hier von allen Arten der Wassermühlen eine oder einige im Zusammenhange zu beschreiben, damit man sich eine desto deutlichere Vorstellung davon machen könne. Nur ist gleich zu erinnern, daß man bisher noch keine Wassermühlen hat, bey welchen alle jetzt bekannten Vortheile angewendet sind, besonders wenn man hierher die oben, S. 212 ff. erwähnten Eiselenschen Verbesserungen rechnet. Ueberdem läßt sich auch nicht leicht von dem Risse irgend einer Mühle an einem andern Orte eine genaue Anwendung machen, weil die Verschiedenheit des Gefälles, der Wassermenge und anderer Umstände eine Abänderung verlangen, die der einsichtsvolle Baumeister zu beurtheilen und anzugeben wissen muß.

1. Beschreibung einer Stabermühle.

Ich will hier die Beschreibung und Abbildung einer Stabermühle liefern, so wie sie Adam Melzer in seiner neu verbesserten Mühlenbaukunst *) angibt.

Melzer

*) 2 Thl. 2te Auflage, S. 51 ff.

Melzer nimmt an, daß man ein Gefälle von 1 Elle 22 Zoll habe. Davon bekommt nach seiner Eintheilung, (die indessen, wie es aus dem was oben, S. 212 fl. nach Herrn Eiselen's Bemerkungen beygebracht worden, nicht ganz zu billigen ist, die man indessen bey den allermehrsten bisherigen Mühlen wenigstens der Hauptsache nach angewendet findet) der Graben 4 Zoll, das Standwasser beträgt 1 Elle 6 Zoll, und die eigentliche Kröpfung des Gerinnes bekommt 12 Zoll. Dabey setzt er voraus, daß der Fluß zu einem 2 Ellen weiten Gerinne hinlängliches Wasser schütte.

Wenn man nun ein solches Gefälle hat, so ist dazu nach seiner Angabe ein Staberrad von 8 Ellen Höhe am paßlichsten und vortheilhaftesten. Zu diesem macht man ein Kammrad von 72 Kämmen, mit $4\frac{1}{4}$ Zoll Theilung, und ein sechsstöckiges Getriebe, so geht der Mühlstein bey einem Umlaufe des Wasserrades 12 mahl herum, und eine so eingerichtete Mühle thut gute Dienste. (Wie man zu höhern oder niedrigern Wasserrädern die Kammräder finden soll, ist im vorhergehenden gezeigt.)

Weil nun das Wasserrad 8 Ellen hoch bestimmt ist, und das Ufer, wo man die Stabermühle bauen will, nebst dem Uebertreten des Wassers, nach Melzer's Voraussetzung, 1 Elle 6 Zoll hoch befunden worden, so muß man die Schwellen des Mahlgerüstes oder die sogenannten Hausbäume O Fig. 5652 mit ihren Oberflächen noch 2 Ellen höher legen; nun legt man das Mittel der Welle r noch 18 Zoll über die Hausbäume, welches zusammen gerechnet 4 Ellen beträgt, und es ist also die Lage der Hausbäume zu einem achtelligen Rade bestimmt. Hieraus sieht man, daß die Höhe des Wasserrades nicht aus der Höhe des Ufers hergeleitet werden kann, sondern man richtet sich dabey

bey nach dem Gefälle und der Menge des Wassers, indem ein hohes Rad, eben so wie ein langer Hebel, mehr Kraft hat, als ein niedriges, wobey es aber langsamer geht, als letzteres.

Weil nun die Höhe des Wasser- und Kammrades bestimmt ist, so kann man sich zu der Aufreißung wenden. Es gehören aber zu einer Mühle, wenn man alles deutlich vorstellen will, eigentlich viererley Risse. Als 1) der Grundriß Figur 5649, in welchem die Lage des Zeuges, ingleichen die Dicke der Mauern mit ihren Eröffnungen, als Thüren und Fenster, und folglich die Eintheilung des ganzen Platzes vorgestellt wird; 2) das Profil nach der Linie AB, in welchem das Grieswerk seiner Höhe nach nebst dem Mahlgerüste seitwärts zu sehen ist, Fig. 5650; 3) das Profil eines Gerinnes, nach der Linie ED, nebst dem Aufrisse des Mühlgebäudes, Fig. 5651 und 4) das Profil vom Mühlgerüste nach der Linie FG, wie solches von Q anzusehen ist, Fig. 5652. Nun spannt man das Papier auf das Reißbret, und macht sich einen verjüngten Maßstab; dessen Größe ist willkührlich, denn man kann einen viertel, halben, drey viertel, auch wohl einen ganzen Zoll, nachdem der Riß klein oder groß werden soll, zur Einheit annehmen. Nach dergleichen Maßstäben werden die Breiten und Längen aufgetragen, und es wird beym Grundrisse der Anfang gemacht.

Zu Legung des Fachbaums und den darauf stehenden Griessäulen trägt man auf die Linie ab Fig. 5649 das Maß, wie folget:

Ellen

Ellen	Zoll	
3	—	von a in b, so weit der Fachbaum in das Ufer gehen soll
—	15	für die Griessäule c
3	12	zum wüsten Gerinne cd
—	15	für die Griessäule d.
—	8	für die Wasserbank ff
2	—	zur Weite des Gerinnes fg
—	8	für die Wasserbank gg
—	15	für die Griessäule e
2	—	für die Vorragung des Fachbaums bey h
13 Ellen	1 Zoll	ganze Länge des Fachbaums ah.

Aus dem Mittel des Fachbaums trägt man in i 12 Zoll und in K 12 Zoll für die Stärke des Fachbaums. Zwischen die Griessäulen c, d, e zeichnet man den Spannriegel 8 Zoll stark, und zwischen die beyden Griessäulen c und d wird die Setzpfoste 8 Zoll bey 9 gezeichnet, und so ist der Grundriß des Fachbaums mit dem darauf stehenden Grieswerke fertig.

Hinter die Griessäulen c, d, e werden die Weidebänke H 12 Zoll breit, und die Wasserbänke fg 8 Zoll breit, und so lang, als man sie nöthig erachtet, anfänglich nur mit zarten Bleylinien bemerket, damit die Linien der Dinge, die über den Weidebänken liegen, als die Welle L M und die Streckhölzer N N jene nicht durchschneiden, und überhaupt muß der ganze Riß anfangs mit englischem Bleystift aufgetragen werden.

Zwischen die Wasserbänke fg zeichnet man das Wasserrad R 8 Ellen hoch oder lang, und 2 Ellen breit. Weil nun beym Staberzeuge nicht nöthig ist, eine Eisbrücke vor das Rad zu legen, so kann man das Rad ganz nahe an den Fachbaum legen, und braucht alsdann keine Schwelle

in

in dem Gerinne zwischen dem Fachbaume und der Kropfschwelle zu legen, und ist hier von dem Fachbaume bis zu dem Wasserrade 12 Zoll Raum gelassen.

Ferner zieht man durch das Mittel des Wasserrades R rechtwinklig eine blinde Linie L M, auf diese werden die Breiten, über welche die Welle geht, ausgetheilet, wie folgt:

Elle	Zoll	
—	15	von L bis m für den Hals der Welle
1	—	von m bis an das Wasserrad R
2	—	das Wasserrad R
1	14	vom Wasserrade bis zu äußerst an die Mauer n
1	6	für die Mauer n
—	6	von innen der Mauer bis an den Hausbaum o
—	14	für den Hausbaum o
1	—	von innen des Hausbaums bis an das Kammrad r
—	12	für das Kammrad r
—	15	vom Kammrade bis an den Hals der Welle q
—	15	für den Hals der Welle q
10 Ellen	1 Zoll	Länge der Wellen

Weil nun dem Kammrade 72 Kämme mit $4\frac{1}{2}$ Zoll Theilung zugeeignet sind, so beträgt der Radius des Theilzirkels 2 Ellen $\frac{1}{2}\frac{5}{2}$ Zoll, zu diesen rechnet man 5 Zoll für die halbe Felgenbreite, so beträgt die halbe Höhe des Kammrades 2 Ellen $5\frac{1}{2}\frac{5}{2}$ Zoll. Diese träget man aus r nach p und s zur Höhe des Kammrads, und ziehet die Linien, wie die Figur zeiget.

Von dem Ende der Welle bey q träget man für die Breite des Hausbaums t 10 Zoll nach M und

und 4 Zoll nach q, durch diese Punkte wird besagter Hausbaum mit Bleylinien gezogen. Auf gleiche Art wird auch der Hausbaum o gezogen.

Die Docken (1) werden gemeiniglich nur so weit als das Kammrad hoch ist, aus einander gesetzt. Welches nach der Höhe dieses Kammrads 4 Ellen $11\frac{4}{11}$ Zoll beträgt. Man kann aber die Stegkeile (2) besser aus- und einschlagen, wenn die Mühle nach der Lehre gekeilet wird, wenn die Docken etwas weiter, als das Kammrad hoch ist, auseinander stehen, und selbige an jedem Ende des Kammrads p und s 2 Zoll abgerücket, daß sie im Lichten 4 Ellen $15\frac{4}{11}$ Zoll, und also 4 Zoll weiter, als das Kammrad hoch ist, auseinander zu stehen kommen. Ueber diese Weite werden erwähnte Docken 16 Zoll breit und 10 Zoll stark, in der Mitte mit einem Falze, welche 5 Zoll weit und 4 Zoll tief seyn kann, gezeichnet.

Für das Mittel des Kammrads ps wird das Getriebe x über dem Diameter 11 Zoll mit 6 Stecken gezeichnet, aus dem Mittelpunkte desselben beschreibet man die Peripherie des Mühlsteins, dessen Diameter ist 1 Elle 15 Zoll. Unter dem Getriebe wird der Steg (7) 10 Zoll breit, und so lang bis zu äußerst der Docken (1) gezeichnet. Unter dem Steg von einer Docke zur andern, die Tragebänke y $4\frac{1}{2}$ Zoll stark; die eine Tragebank wird durch die Docke durchgezogen, und vorne der Kopf T 16 Zoll lang und 10 Zoll breit gezeichnet.

Von der blindgezogenen Linie L M träget man die halbe Wellenstärke gegen (3) und (4), und zeichnet sie mit ihren Zapfen und Ringen, wie die Figur zeiget. Auf dem Hausbaume t zeichnet man die Klobensäule 8 Zoll stark, und setzet sie 1 Elle von dem Mittel der Welle ab. Zwischen der Klobensäule und der einen Docke wird das Angewäge (6) gezeichnet. An dem andern Ende der Welle wird das Angewäge 10 Zoll stark und 2 Ellen lang, und unter diesem die Streckhölzer N gezeichnet. Ferner zeichnet man den Beutelkasten M, welcher $1\frac{1}{4}$ Ellen weit und $2\frac{3}{4}$ Ellen lang seyn kann. Neben diesem wird auch die Treppe angemerket.

Die Breite und Länge des Mühlhauses wird berechnet, wie folget:

Ellen	Zoll	
2	$5\frac{15}{22}$	für die Höhe des halben Kammrades r p
—	2	Abstand der Docke 1
—	16	für die Docke 1
—	18	von der Docke bis an die Mauer
1	—	die Mauer
4 Ell.	$17\frac{15}{22}$	Zoll halbe Weite des Mühlhauses incl. der Mauer.
4	$17\frac{15}{22}$	
9 Ell.	$11\frac{4}{11}$	Zoll die ganze Breite des Mühlhauses.

Für die Länge.

Ellen	Zoll	
1	6	für die Wassermauer n
—	6	von der Mauer bis an den Hausbaum o
3	20	Breite des Mühlgerüstes vom Hausbaume o bis an den Beutelkasten M
2	18	Länge des Beutelkastens M
3	—	von dem Beutelkasten, bis an die Mauer Q
1	—	für die Mauer Q.
12 Ell.	2 Zoll.	

Die

Die halbe Breite träget man von der Linie M L nach F und G und ferner aus diesem Punkte rückwärts gegen t und t 1 Elle für die Stärke der Mauern, und ziehet durch diese Punkte blinde Linien. Die äußerste Linie der Wassermauer n wird nach obigem angenommenen Maße 1 Elle 14 Zoll von dem Wasserrade R bis an die auswendigen Linien V u und W Z der Seitenmauern gezogen. Aus Z in W träget man 12 Ellen 2 Zoll, so lang das Mühlhaus werden soll, und ziehet die äußerste Linie V W. In der Mitte solcher zeichnet man die Thür Q, und theilet die Fenster (8) ein, so viel als man nöthig zu haben glaubt, und zeichnet solche, wie die Figur zeiget, und hiermit ist alsdann der Grundriß aufgetragen. Nun ziehet man alle Linien mit Tusche vermittelst der Reißfeder aus, und reibet die Bleylinien ab, so ist der Grundriß bis zur Ausschattirung fertig.

Fig. 5650 ist der Durchschnitt oder das Profil nach der in der Fig. 5649 befindlichen Linie A B. Denn, was die Linie A B in dem Grundrisse ab- oder durchschneidet, das muß auch in dem Profilrisse der zunächst gelegenen Sachen den Höhen nach aufgerissen werden; weil nun die Linie A B Fig. 5649 die Mauer A u abschneidet, so muß auch das Profil so vorgestellet werden, als wenn die Vordermauer oder Wand weggerissen wäre. Welches einmahl für allemahl zu merken. Man ziehet demnach Fig. 5650 zuerst die Horizontallinie A B und 12 Zoll darüber (so viel das Gerinne Gefälle bekommen soll) für die Oberfläche des Fachbaums die Linie c d. Auf diese werden die Punkte n für die Grießsäulen E nach dem Maße, welches bey dem Grundrisse zur Länge des Fachbaums gebraucht worden, aufgetragen, wenn N B der Grundriß auf einen Plan, und der

Profilriß auf einen andern Plan gemacht wird. Wenn aber der Grundriß, nebst dem Profil und Aufrisse, auf einen Plan, wie hier Fig. 5949, 50 und 51 zeiget, gemacht wird, so kann man alle Theile aus dem Grundrisse in den Profil- und Aufriß mit der Reißschinne hinaufwinkeln, wie die punktirten Linien n in dem Grundrisse Fig. 5649 und in dem Profilrisse Fig. 5650 zeigen. Dieses erleichtert die Arbeit, und man darf nur das Maß den Höhen nach auftragen. Ferner wird auf die Griessäulen E, ohngefähr 6 Ellen hoch, der Spannrehm F gezeichnet, und die Grießsäulen, nebst dem Spannrehm, der Baukunst gemäß verzieret. (Man kann auch den Spannrehm ganz weglassen, und die Griessäulen nach Pyramidenart ausarbeiten). Den Spannriegel g zeichnet man 3 Ellen hoch über der Linie c d, und 10 stark, vor diesen die Setzpfosten (9).

Vom Horizont A B, welcher die niedrigste Fläche des Gerinnes unter dem Rade anzeiget, wird das Wasserrad R 8 Ellen hoch, und 2 Ellen weit, wie beym Grundrisse geschehen, gezeichnet. Durch die Mitte desselben, wird mit dem Horizont parallel eine blinde Linie D G gezogen, auf diese träget man die Theile, über welche die Welle gehet, nach dem oben, S. 400. angenommenen Maß auf, als 1 Elle 14 Zoll, vom Wasserrade R bis an die Mauer H, 1 Elle 6 Zoll Stärke der Mauer, und so weiter. Oder man winkelt gleich von dem Grundrisse, wie oben gesagt worden ist, hinauf.

Weil nun das Mittel der Welle D G 18 Z. über den Hausbäumen angenommen worden ist, so zeichnet man die Hausbäume t und c Figur 5650 mit ihren Oberflächen 18 Zoll tiefer, als das Mittel der Welle ist. Und unter diesen die Queerschwellen r, und endlich von dieser bis auf den

den Horizont die Grundmauern 18 Zoll stark. Zwischen diesen wird unter dem Kammrade K die so genannte Kammgrube ausgepflastert oder gedielet.

Nun ist noch die Höhe der Tocken des Mühlgerüstes zu bestimmen, welches so berechnet wird:

Ellen	Zoll	
—	18	von t bis G für die Erhöhung der Welle, über den Hausbaum
2	$5\frac{15}{22}$	das halbe Kammrad K
1	—	Raum vom Kammrade K bis an die Pfosten des Mahlgerüstes bey b

3 Ellen $23\frac{15}{22}$ Zoll Höhe des Mühlgerüstes.

Auf die Hausbäume t o werden die Tocken à 3 Ellen $23\frac{15}{22}$ Zoll hoch und 10 Zoll stark gezeichnet, diese Stärke bekommt auch der Balken b oder die so genannte Laune. In jeden Winkel, welchen die Laune mit den Tocken macht, werden Bänder f $1\frac{1}{2}$ Elle lang und 8 Zoll breit eingelegt. 18 Zoll über der Welle wird die Tragebank h 10 Zoll breit gezogen. Auf diese kommt der Steg i zu liegen. Die Tragebank h raget 16 Zoll, und die Laune b 18 Zoll über die Tocke bey G und e hervor, durch beyde gehet die Hebeschinne e, an welcher oben der Hebebaum ſ gezeichnet ist. Vermittelst dieses Arms, der Tragebank h und des Steges i, wird der Mühlstein hoch und niedrig gestellt. Das Kammrad K wird, wie bey dem Grundrisse geschehen, aufgerissen, imgleichen auch die Welle. An dem Aeußersten der Welle bey D wird das Angewäge mit dem Zapfenlager gezeichnet. Für das Kammrad zeichnet man das Getriebe k, nebst dem Mühleisen, welches auf dem Steg in der Pfanne gehet.

Die Mehlbank m wird über die Tocken 1 Elle 6 Zoll hoch, und 8 Zoll stark, oben mit einem Gesimse, gezeichnet. Hinter dieser werden die gespündeten Pfosten n, mit welchen das Mühlgerüste beleget wird, 4 Zoll stark, gezeichnet. Auf die Mehlbank m kommt eine Stelze p 2 Ellen lang 6 Zoll stark zu stehen. In der Weite $2\frac{1}{4}$ Elle, von der Mehlbankstelze, wird die Drehstelze q bis an die Balken des Dachwerks gezeichnet. Ein Stirnriegel s wird 6 Zoll stark bis an die Drehstelze angemerket. Auf diesen der Lauft u, so den Mühlstein v umgibt. Von einer Stelze bis zur andern ziehet man schief einen Baum der Rumpfleiter x, imgleichen den Rumpf w und den Schuh y, und zeichnet es, wie Fig. 5650 zeiget. Bey M wird der Beutelkasten vorgestellt, und hiermit ist das Profil nach der Linie A B fertig.

Fig. 5651 wird der Aufriß des Mühlgebäudes und der Durchschnitt des Gerinnes, nach der Linie E D Fig. 5649 vorgestellet. Erstlich ziehet man die Horizontallinie A B Fig. 5651 welche gleichfalls die niedrigste Fläche des Gerinnes unter dem Rade anzeiget, und 12 Zoll über dieser (nähmlich so viel, als das Rad Gefälle haben soll) wird das Haupt des Fachbaums c eine Elle stark und breit aufgerissen. Weil nun der Radius des Wasserrads 4 Ellen beträgt, und von dem Fachbaume bis zu dem Wasserrade 12 Zoll Raum gelassen ist, (s. oben, S. 400.) so kommt das Mittel der Kreuzschwelle d 4 Ellen 12 Zoll hinter dem Fachbaume e zu liegen. Ferner wird vom Mittel der Kreuzschwelle d auf besagte Horizontallinie eine Perpendicularlinie nach d f aufgerichtet, und auf solche von d bis e der Radius des Wasserrades getragen; und ist bey e der Mittelpunkt der Welle, aus diesem wird die Peripherie der Welle, und

auch

auch das Wasserrad m beschrieben. Nun zeichnet man das Rad mit seinen Schaufeln und Armen gehörig aus, wie die Figur zeiget.

Die Kröpfung des Gerinnes wird nach Melzer's Angabe auf gleiche Art gemacht, wie bey einem Panstergerinne *), nähmlich es kommt die Kropfschwelle g eine Elle von der Peripherie des Rades m hinein oder zurück zu liegen; weil nun dem Gerinne 12 Zoll Gefälle zugeeignet ist, so theilet man dieses in 3 Theile, und ist der dritte Theil 4 Zoll. Zwey Theile, als 8 Zoll, bekommt der Kropf, und wird also die Kropfschwelle g 8 Zoll höher als die Kreuzschwelle d geleget; weil nun hier der Fachbaum nahe an dem Rade lieget, und man keine Schwelle zwischen der Kropfschwelle und dem Fachbaume nöthig hat, so wird der dritte Theil, welcher 4 Zoll beträgt, von dem Fachbaume bis zur Kropfschwelle gegeben. Hinter dem Rade führt man das Gerinne horizontal hinaus. Sind aber mehr Staberräder in einem Gerinne, so wird das Gefälle eingetheilt, wie es bey dem Panstergerinne gezeigt werden soll; und wie die übrigen Schwellen und Pfähle eingetheilet worden, zeiget die Figur. Den Aufriß des Mühlgebäudes kann man aus der Zeichnung ersehen.

Fig. 5652 ist das Profil nach der Linie FG. wie solches dem Auge von Q erscheinet. In diesem siehet man den Hausbaum O das Angewäge a den Steg b worauf das Getriebe c mit dem Mühleisen stehet. Ferner das Kammrad d die Docken e die Kolbensäule f, die Treppe g auf das Mühlgerüste, das Mehlloch i welches 5 Zoll weit und 7 Zoll hoch seyn kann, die Stelzen p mit

*) Man sehe aber das oben, S. 212 ff. bemerkte, worauf ich bey dieser Materie nicht oft genug zurückweisen kann.

mit dem Rumpfzeuge, Lauft, Stein und sämmtlichem Zubehör.

Damit man sich aber einen deutlichen Begriff von der innern Beschaffenheit des Mühlsteins und Beutelwerks machen kann, so ist Fig. 5653 ein Durchschnitt des Mühlsteins und des Rumpfs und Beutelkastens vorgestellt, welches alle Mehlmühlen mit einander gemein haben. Es ist a der untere Mühl- oder Bodenstein, welcher in der Mitte mit dem Buxe b ausgefüllet ist, durch diesen geht das Mühleisen c, an dem das Getriebe d ist. und das den obern Mühlstein E oder Läufer vermittelst der Haue f trägt, welche unten quer über das Loch des obern Mühlsteins E eingelassen ist. Ueber diesem befindet sich ein schiefes Gestelle g, welches die Rumpfleiter heißt; von derselben wird der Rumpf h getragen, unter diesem ist der Schuh K, ganz frey schwebend, an Stricken angehängt, welchen man durch die Winde i in die Höhe ziehen und niederlassen kann, nachdem viel oder wenig Korn in das Loch des Mühlsteins fallen soll. Unten an den Schuh geht der sogenannte Rührnagel in des Mühlsteins Loch bey e, und oben in dem Loche liegt ein eiserner Ring, der Warzenring genannt (welcher bey A besonders zu sehen ist), dadurch wird der Rührnagel e angestoßen, und der Schuh beständig geschüttelt. Das Beuteln geschieht auf folgende Art. Um den Mühlstein herum geht ein hölzerner Kranz von Böttgerarbeit, welcher der Lauft heißt, in welchem die zu zermalmende Frucht beysammen erhalten wird, durch das Lauft- und Mehlloch x geht das gemahlene Getreide in den Beutel R, da denn solcher durch die Daumen m bewegt wird, die unten am Getriebe stehen, und bey dem Umlaufe den Anschlag n anstoßen, welcher bey o die Setzwelle und an solcher Welle den Vorschlag p bewegt, dieser bringt ferner vermittelst der Radeschinne r die Radeschere s (Radekopf) in zitternde Bewegung, und mit ihr die Radewelle t nebst den Radearmen u. Weil nun der Beutel bey u an die Arme angehängt ist, so wird er durch diese geschüttelt, und siebet oder beutelt also das Mehl durch, welches in den Beutelkasten v fällt, und was noch grob ist, fällt auf den Fußboden w, welches wieder aufgeschüttet, und so lange damit fortgefahren wird, bis es gehörig ausgemahlen ist, da alsdann bey w weiter nicht übrig bleibt, als die Kleyen. Fig. 5654 ist das ganze Beutelwerk in etwas kleinerer Form besonders zu sehen, und auch mit diesen Lettern bemerket, wie in Figur 5653. m sind die Daumen, n der Anschlag, o die Setzwelle, p der Vorschlag, r die Radeschinne, s der Radekopf, t die Radewelle, u der Radearm, R der Beutel.

Von den Stabermühlen handelt Beyer in seinem Schauplatze der Mühlenbaukunst, im 5ten Cap. und es gehören dazu die Kupfertafeln VII. VIII. IX. X. und XI., womit Weinhold's Anmerkungen zu diesem Werke S. 61 ff. zu vergleichen sind. Auf der XIten Tafel stellt Beyer auch eine Stabermühle mit 4 Rädern vor, von denen in jedem Gerinne 2 befindlich sind.

2. Von Erbauung einer Straubermühle mit zwey Gängen *).

Staubermühlen legt man an, wo nicht allzu viel Wasser, und das Gefälle zu einem oberschlächtigen Rade zu niedrig ist. Es haben aber die Strauberräder a Figur 5655 und 5656, wie es schon erklärt worden ist, nur einen Reif, und die

*) S. Melzer's neu verbesserte Mühlenbaukunst. II Th. 2te Auflage. Merseburg 1800. S. 72 ff.

Schaufeln stehen auf der Peripherie des Rades. Auch sind die Straubermühlen von den Stabermühlen in Ansehung der Gerinne unterschieden, denn das Stabergerinne, Figur 5651, hat, nach Melzer's Angabe, einen flachen Kropf; hingegen hat das Straubergerinne b Fig. 5656 einen hohen Kropf, welcher nach der Peripherie des Rades eingerichtet seyn muß. Auch muß der Mühlstein etwas mehr Umgänge als bey einer Stabermühle haben.

Wenn man dergleichen Mühle bauen will, so muß erstlich das Gefälle nebst dem Stande des Wassers bekannt seyn. Wir wollen z. B. setzen, man hätte das Wasser, woran diese Mühle gebaut werden sollte, abgewogen, und excl. des Zuflusses über der Mühle und des Abflusses unter der Mühle 1 Elle 22 Zoll Gefälle gefunden, so würde es auf folgende Art einzutheilen seyn.

Zoll	
18	von c bis d für das Standwasser auf dem Fachbaume.
4	von d bis e zum Risch des Gerinnes.
4	von e bis f, allda wird die Ecke, wo sich der Kropf bey f anfängt, nach e zu eine halbe Elle verbrochen, und bekommt 4 Zoll Fall, damit das Wasser nicht über die Schaufeln springen, sondern in den Kropf b gehörig einschießen kann, dieses wird die Duckung genannt.
20	von f bis an die Kreutzschwelle g vor dem Kropfe von g bis h wird das Gerinne horizontal hinaus geführt.
1 Elle 22 Zoll.	

Und

Und auf solche Art wäre das Gefälle eingetheilet *).

Was die Befestigung dieses Gerines anlanget, so werden die Pfosten des Bodens von d bis e nach der Länge des Gerinnes auf Schwellen gelegt und mit Nägeln verwahret; von e bis g, wo der Kropf nach der Rundung des Rades eingerichtet wird, leget man an beyden Seiten der Pfähle des Gerinnes zwischen die daselbst befindlichen 3 Schwellen, zwey Hölzer, die wie die punktirte Linie bey g zeiget, ausgearbeitet sind, so auch einen Zirkelbogen, dessen Radius zwey Zoll größer als der Radius des Rades ist, auf diesen wird der Kropf querüber mit zwey zolligen Pfosten getheilet, und bekommt die Rundung des Rades; von g nach h werden die Pfosten nach der Länge auf die Schwellen gelegt. Das zweyte Gerinne, worin das Rad K Fig. 5656 gehet, wird auf gleiche Art eingetheilet. Im übrigen wird in allem so verfahren, wie bey den Stabermühlen gezeiget worden. Denn es ist hier bey der Straubermühle Figur 5655 der Grundriß und Fig. 5656 der Durchschnitt des einen Gerinnes, nebst einem Stück des Aufrisses vom Mühlgebäude vorgestellet. Wenn man aber sowohl das Innere als Aeußere deutlich machen will, so werden diese Risse auf gleiche Art verfertiget, wie bey der Stabermühle geschehen.

Schüttet nun der Bach zu einem Gerinne, welches 1 Elle 12 Zoll weit ist, hinlängliches Wasser, und hat obiges zugeeignetes Standwasser, so wird ein 8 Ellen hohes Strauberrad hinlängliche Dienste verrichten; zu diesem setzt man ein Kammrad von 80 Kämmen mit $3\frac{1}{4}$ bis 4 Zoll Theilung, und ein sechsstöckiges Getriebe, so kommt der

*) Man sehe indessen das oben, S. 212 ff., gesagte.

der Mühlstein, welcher 1 Elle 15 Zoll seyn kann, $13\frac{2}{3}$ mahl herum, ehe das Wasserrad seinen Umlauf einmahl vollendet. Ist aber etwas Mangel des Wassers, so setzt man zu dem 8 Ellen hohen Wasserrade ein Kammrad mit 84 Kämmen, so kommt der Mühlstein 14 mahl herum.

Bey der im vorhergehen S. 397. beschriebenen Stabermühle kommt der Mühlstein bey einem 8 Ellen hohen Wasserrade 12 mahl herum, und bey der Straubermühle 14 mahl. Diese Differenz rühret von der Kröpfung der Gerinne her, denn das Stabergerinne hat einen flachen Kropf, und es wird das Wasserrad durch den Stoß des Wassers getrieben, hat nun der Mühlstein die oben angezeigten Umgänge, so kommt das Wasserrad in einen etwas langsamern Gang, als die Schnelligkeit des Wassers, und kann alsdenn das Wasser seine Stärke an den Schaufeln gehörig ausüben.

Das Strauberrgerinne hat hingegen einen hohen Kropf f g. Fig. 5656. Dieses Rad wird theils durch den Stoß, mehrentheils aber durch den Druck des Wassers getrieben; denn, wenn das Wasser bey f anstößet, so druckt es auch zugleich an allen Schaufeln von f nach b zu, nach Art der oberschlächtigen Wasserräder. Da nun der Mühlstein mehr Umgänge hat, so wird ihm so viel Arbeit gegeben, daß er auch nicht schneller gehet, als bey der Stabermühle, und dadurch kommt das Wasserrad in einen noch langsamern Gang, als das Staberrad, und kann sich das Wasser von f nach b auf die Schaufeln legen, und seinen Druck besser verrichten.

Von Straubermühlen handelt Beyer in 6ten Cap. seines Mühlenschauplatzes, womit Weinhold's Anmerkungen zu diesem Werke, S. 68 zu vergleichen sind.

3.

3. Von Erbauung einer Panstermühle mit vier Gängen *).

Für erste muß das Gefälle, 2) der Wasserstand, und 3) die Quantität des Wassers bekannt seyn. Wir wollen z. B. sezen, der Fluß, daran die Mühle gebauet werden soll, schütte zu einem 5 Ellen weiten Gerinne, incl. der Wasserbänke, daß also das Rad 4 Ellen breit sey, hinlänglich Wasser, und man hätte auf dem Fachbaume à $\frac{5}{4}$ Elle oder 30 Zoll Standwasser, so würde man eine gute Panstermühle mit 4 Gängen bauen können, wenn das Gerinne 18 bis 20 Zoll Gefälle hätte.

Wir wollen aber annehmen, daß das lebendige Gefälle von der Oberfläche des Fachbaums a Fig. 5657 bis zur Horizontallinie b, welche die Höhe des Wassers hinten bey c anzeiget, 30 Zoll beträget, und auch 30 Zoll Standwasser vorhanden ist; so theilet man das Gefälle in 5 gleiche Theile. Das obere Rad A bekommt $\frac{3}{5}$ oder 18 Zoll, das untere Rad B bekommt $\frac{2}{5}$ oder 12 Zoll, und kommt demnach bey dem obern Rade A die Kreuzschwelle d. incl. der Pfostenstärke 18 Zoll tiefer als der Fachbaum a zu liegen. Diese 18 Zoll Gefälle theilet man wieder in 3 Theile, und ist der dritte Theil 6 Zoll, zwey Theile als 12 Z. wird die Kropfschwelle e höher als die Kreuzschwelle d geleget, die übrigen 6 Zoll bleiben von dem Fachbaum a bis zur Kreuzschwelle für den Risch, weil der Fachbaum hier nahe an der Kreuzschwelle lieget.

Die Kropfschwelle kommt bey dem obern Rade 1 Elle von der Peripherie des Rades hinein zu liegen, wie die punktirte Linie bey f zeiget

Das

*) S. Melzer a. a. O. S. 77 ff.

Das zweyte Rad B bekommt 12 Zoll Gefälle, und kommt die Kreuzschwelle g 12 Zoll tiefer als die Kreuzschwelle d zu liegen.

Diese 12 Zoll theilet man ebenfalls wieder in 3 Theile, zwey Theile, also 8 Zoll, bekommt der Kropf, und wird also die Kropfschwelle n 8 Zoll höher als die Kreutzschwelle g gelegt, der dritte Theil, also 4 Zoll, wird von der Kropfschwelle n bis zur nächsten Schwelle m zum Risch gegeben, und von der Schwelle m bis zu der Kreutzschwelle d wird das Gerinne horizontal fortgeführt, ingleichen von der Kreutzschwelle g nach c wird gleichfalls das Gerinne horizontal hinaus geführt.

Die halbe Höhe des Rades B theilet man in 3 Theile, bey dem ersten Theile kommt die Kropfschwelle n zu liegen, wie die punktirte Linie bey K weiset.

Bey diesem Gerinne und Gefälle werden auch vier Panstergänge gute Dienste thun, wenn bey trockenen Zeiten Wassermangel ist, und man nur 18 bis 20 Zoll Standwasser auf dem Fachbaume hat. Es müssen aber die Höhen der Wasserräder schon bestimmt seyn, wenn man das Gerinne eintheilen will.

Es nehmen aber die Mühlenbaumeister ebenfalls, wie oben bey der Stabermühle, die Höhe des obern Wasserrades bey Panstermühlen von der Höhe des Ufers ab, indem sie setzen, daß d i Fig. 5637 die Höhe des Ufers und der Punkt i so gelegen, daß er bey anwachsendem Wasser annoch 1 oder wenigstens $\frac{3}{4}$ Elle über das Wasser vorrage. Wenn nun dieses so befunden wird, (wornach sich der Baumeister, wenn er den Ort zu der Zeit, da das Wasser sehr groß gewesen, nicht selbst gesehen hat, allemahl erkundigen muß), so giebt d i den Halbmesser des Wasserrades A, welches hier 3 Ellen

18

18 Zoll beträgt, und der Punkt i zeiget die Höhe des Fußbodens. Wenn sich nun die Ueberschwemmung so befindet, wie oben gesetzt, so könnte man die Höhe des obern Wasserrades von der Höhe des Ufers und der Darübertretung abmessen, dann würde hier das obere Rad A 7 Ellen 12 Zoll, welche Höhe angegeben wird, und hier auch angenommen ist.

Wenn aber das Wasser nur wenigstens eine Elle höher stände, (welches bey den mehresten großen Ströhmen geschieht) und man wollte die Höhe des Wasserrades von der Höhe des Ufers und der Darüberschwemmung abmessen, so müßte das obere Rad 9 Ellen 12 Zoll hoch werden.

Weil nun bey Panstermühlen öfters 2, 3 bis 4 Wasserräder in einem Gerinne sind, und immer eines tiefer als das andere hangen muß, die Wasserradswellen aber doch beynahe horizontal liegen müssen, wenn der Bau regelmäßig werden soll, so müssen die untersten Wasserräder nach Proportion des Gefälles noch viel höher als 9½ Ellen werden.

Weil nun dergleichen Wasserräder (wie schon bey der Stabermühle gezeigt worden) viel zu hoch werden würden, so ist hieraus offenbar, daß man die Höhen der Wasserräder, wo sich das Wasser so ergießt, wie oben gesagt, nicht aus der Höhe des Ufers bestimmen kann, sondern man muß andere Hülfsmittel brauchen, damit das innere gangbare Zeug nebst dem Fußboden in eine trockene Lage gebracht wird, und dennoch keine außerordentlich hohen Wasserräder angenommen werden dürfen.

Weil nun die Höhe des ersten Rads A bestimmt und 7 Ellen 12 Zoll hoch ist, so läßt sich die Höhe des zweyten Rades B aus dem Gefälle des Gerinnes herleiten, welches, wie erwähnet, 12 Zoll beträgt. Da nun der Halbmesser des ersten

Rades

Rades A 3 Ellen 18 Zoll ist, und man die 12 Zoll Gefälle addiren muß, welches das Rad B hat, so wird der Halbmesser des Rades B 4 Ellen 6 Zoll, und folglich die Höhe des Rades 8 Ellen 12 Zoll, und liegen mithin die Wellen i und o horizontal.

Aus der Höhe des Wasserrades werden die Kämme und Stecken eines jeden Rades bestimmt.

Man setzet sich demnach ein gutes Verhältniß der Umgänge des Mühlsteines gegen den Umlauf des Wasserrades zum Grunde. Es wird aber eine gute Proportion gefunden, wenn bey einem 15 Fuß oder 7 Ellen 12 Zoll hohen Wasserrade A. Fig. 5658 der Mühlstein $13\frac{1}{3}$ mahl herumkommt, und dieses geschiehet, wenn das Stirnrad C 60 Kämme, die Drehlinge D 36 Stecken, die Kammräder E 56 Kämme, und die Getriebe 7 Stecken bekommen. Will man nun zu dem Wasserrade B, welches 8 Ellen 12 Zoll hoch ist, eines jeden Rades Anzahl der Kämme und Stecken finden, so suchet man erst die Umgänge des Mühlsteins, und spricht nach der Regel De Tri. Ein 7 Ellen 12 Zoll hohes Wasserrad bringet den Mühlstein $13\frac{1}{3}$ mahl herum, wie viel mahl wird er bey einem 8 Ellen 12 Zoll hohen Wasserrade herumkommen? Welches ein wenig über 15mahl beträgt. Weil man nun die Umgänge weiß, so gibt oder eignet man den Rädern eine Anzahl Kämme zu, berechnet selbige, und probiret mit Zusetzen oder Abnehmen der Kämme, bis bey Berechnung derselben die Umgänge beynahe herauskommen.

Z. B. Wir wollen dem Stirnrade F 64 Kämme, den Drehlingen G 36 Stecken, den Kammrädern H 60 Kämme, dem Getriebe 7 Stecken geben. Berechnet man nun diese Zahlen, und die Um-

Umgänge kommen heraus, so sind die Kämme und Stecken gehörig ausgetheilet.

Beyspiel:

```
                        (2
                        3(8
das Stirnrad F          64 | 1 28/36 (1 7/9) oder 16/9
der Drehling G          36 |
-----------------------------
                        2
das Kammrad H           60 | 8 4/7 oder 60/7
das Getriebe             7 |

                  16
                  60
          ------------
          63)    960 | 15 15/63 Umgänge.
                 33(5 |
                 (1
```

Also kommt der Mühlstein nach dem oben angesetzten Radewerk bey dem Wasserrade B $15\frac{15}{63}$ mahl herum, und sind hiermit den Rädern ihre gehörigen Kämme und Stecken zugeeignet, denn ein Bruch ist bey solchen großen Maschinen nicht zu achten.

Weil man nun die Anzahl von eines jeden Rades Kämmen und Stecken weiß, so muß man jedem Rade seine Theilung zueignen, und dessen Höhe berechnen. Das erste Stirnrad C bekommt 60 Kämme; eignet man diesen 5 Zoll Theilung zu (wie man gemeiniglich diesen Rädern gibt), so ist der Radius oder Radezirkel 1 Elle $23\frac{8}{11}$ Zoll. Das Stirnrad F bekommt 64 Kämme mit obiger Theilung, der Radius ist 2 Ellen $2\frac{10}{11}$ Zoll. Die Drehlinge D und G bekommen 36 Stecken, bey Ausrechnung ihrer Höhe wird erstlich die Theilung auf den Kämmen des Stirnrades, in welche es

Dd eingreifen

eingreifen soll, abgemessen. Der Radius dieser Drehlinge ist 1 Elle $5\frac{5}{8}$ Zoll.

Die ersten zwey Kammräder E bekommen 56 Kämme mit $4\frac{1}{2}$ Zoll Theilung. Der Radius zum Theilzirkel ist 1 Elle $16\frac{1}{11}$ Zoll; machet man nun die Felgen 10 Zoll breit, so ist der Radezirkel zu Beschreibung der äußersten Peripherie 1 Elle $21\frac{1}{11}$ Zoll. Die andern zwey Kammräder H haben 60 Kämme mit obiger Theilung, der Theilzirkel ist 1 Elle $18\frac{21}{22}$ Zoll, und bis zu äußerst der Peripherie 1 Elle $23\frac{21}{22}$ Zoll. Die Getriebe bekommen alle viere 7 Stecken und $4\frac{1}{2}$ Zoll Theilung. Wie die Kammräder, und wie die Theilrisse zu den Getriebescheiben gesuchet werden, ist im obigen gezeigt worden.

Das Aufziehzeug Fig. 5659 und 5660 wird bey Panstermühlen zu dem Ende angelegt, daß man die Wasserräder A nach hohem und niedrigem Wasser stellen kann. Es bestehet aber 1) aus dem Ziehstirnrade L, 2) aus der Ziehscheibe M, und 3) aus der Kumpftwelle N. Dem Stirnrad giebet man gemeiniglich 80 Kämme mit $4\frac{3}{4}$ bis 5 Z. Theilung. Hier sind ihm $4\frac{3}{4}$ Zoll Theilung zugeeignet, also ist der Radezirkel 2 Ellen $12\frac{5}{11}$ Zoll, und folglich die ganze Höhe 5 Ellen $\frac{10}{11}$ Zoll. Die Ziehscheibe M ist $4\frac{1}{2}$ Elle hoch, und hat 36 Sprossen.

Die Kumpftwelle N, woran die Ziehscheibe M hänget, bekommt 6 Stecken, deren Diameter ist, wenn man den Ausschritt gehörig suchet, beynahe bis zu äußerst der Stecken $12\frac{5}{8}$ Zoll.

Die Ziehwelle Q, worauf sich die Pansterkette aufwickelt, ist 16 bis 18 Zoll, hier sind selbiger 17 Zoll zugeeignet, denn je schwächer die Welle, und je höher das Stirnrad und Ziehscheibe ist, desto leichter ziehet es sich auf.

Dieses

Dies bestimmte Radewerk trägt man zusammen in eine Tabelle, damit man selbiges bey Auftragung des Risses vor das Reißbret legen, und alle Höhen des Radewerks gehörig auftragen kann.

Die Längen der Panster- und Aufziehwellen werden von dem äußersten Ziehgatter a bis an den innern p Fig. 5658 ausgerechnet, wie folgt:

Ellen	Zoll	
—	18	von a bis b für den Hals der Welle
—	10	von b bis an das Wasserrad c
4	—	für die Breite des Wasserrades cd
—	12	von d bis e für die Wasserbank
—	12	von c bis f für die Weidebank
—	12	von f bis g für den Raum zwischen der Weidebank und der Mauer
1	12	von g bis h für die Mauer
—	12	von der Mauer h bis an die Drehlingswelle i
—	16	von i bis k für den Hals der Drehlingswelle
—	10	von k bis an den Drehling bey l
—	9	von l bis an das Stirnrad bey m
—	14	von m bis n für das Stirnrad
—	9	von n bis an den innern Hals der Welle bey o
—	18	von o bis p für den innern Hals der Welle.
11 Ellen	20 Zoll	Länge einer Pansterwelle.

Diese Längen bekommen sie alle beyde, und ihre Stärke ist 1 Elle.

Die Aufziehwellen Q Fig. 5659, die über den Pansterwellen auf den Gattersäulen liegen, werden um die Ziehgatterstärke t und u, welches zusammen 12 Zoll beträgt, länger als die Pansterwellen, und weil sie hölzerne Zapfen bekommen, und auf jeden Zapfen 12 Zoll gerechnet wird, so werden sie 1 Elle 12 Zoll länger als die Pansterwelle und also 13 Ellen 8 Zoll.

Die Längen der Drehlingswellen werden ebenfalls nach den Theilen, über und neben welche sie von den Rückscheren q bis zu dem Angewäge x zu liegen kommen, berechnet, Fig. 5658.

Ellen	Zoll	
—	16	von der Rückschere q bis r für den Hals der Welle
—	12	von r bis an den Drehling bey s
1	8	von s bis t für den Drehling
—	13	von t bis an den Ziehgatter bey u
—	18	von u bis v für die Gattersäulen und Ziehgatter
2	8	von v bis an das Kammrad w
—	14	für das Kammrad w
—	14	von dem Kammrade bis an den Hals der Welle
—	16	für den Hals der Welle bis an das Angewäge bey x

7 Ellen 23 Zoll Länge einer Drehlingswelle, und so lang werden auch die übrigen, die Stärke kann 18 bis 20 Zoll seyn.

Die Kumpftwellen N werden excl. der Zapfen 4 Ellen 6 Zoll lang, der Diameter des Kumpfts aber beträgt 12⅝ Zoll.

Die Weite der Drehlingswellen KK und Eintheilung der Docken PP und RR nach der Länge des ganzen Werks Fig. 5658 wird folgendergestalt berechnet.

Das Stirnrad C ist hoch	3 Ellen	$23\frac{1}{11}$	Zoll
Die halben Drehlinge D bis zu äußerst der Stecken	1 —	$7\frac{1}{2}$	—
Der andere halbe Drehling D	1 —	$7\frac{3}{4}$	—
	6 Ellen	$23\frac{15}{44}$	Zoll,

als die Weite der ersten zwey Wellen KK von einem Mittel zum andern. Die Weite der andern zwey Wellen LL wird auf gleiche Art nach der Höhe ihres Raderwerks gefunden, und müssen selbige 6 Ellen $20\frac{3}{44}$ Zoll weit von einem Mittelpunkt bis zum andern gelegt werden.

Ferner wird die Weite der äußersten zwey Docken PP, die allemahl bey zwey Mahlgängen den erforderten Raum anzeigen, also berechnet:

	Ellen	Zoll
Die Weite der Wellen KK ist	6	$13\frac{15}{44}$
Die beyden halben Kammräder EE sind	1	$21\frac{1}{11}$
Die Felgen zu 10 Zoll gerechnet	1	$21\frac{1}{11}$
Von beyden Kammrädern bis an die Docken bey I und I ist		4
Die Docken P		18
und — P		18
	11	$23\frac{32}{44}$

Weite der äußersten zwey Docken PP zu den obern Gängen. Die andern, welche auf eben diese Art berechnet werden können, kommen 12 Ellen $11\frac{4}{44}$ Zoll aus einander zu stehen.

Die Docken P und R, welche die Gänge zwey und zwey von einander unterscheiden, werden $1\frac{1}{2}$ Ellen aus einander gesetzt, damit man bequem dazwischen durch nach der Thür Z und auf die Eisbrücke T kommen kann. Desgleichen geschieht auch

auch mit den obern und untern Docken P R, die wenigstens $\frac{1}{2}$ Elle von den Mauern abzustehen kommen müssen, damit man dahinter weggehen kann. Diese Größen und Längen werden summiret, so erhält man die Länge des Mühlhauses.

Ellen	Zoll	
—	12	von der Mauer bis an die erste Docke P
11	$23\frac{32}{44}$	Länge der ersten zwey Gänge von P bis P
1	12	Durchgang zwischen den Docken P und R
12	$11\frac{41}{44}$	Länge der andern zwey Gänge von R bis R
—	12	von der letzten Docke R bis an die Mauer.

26 Ell. $23\frac{12}{22}$ Zoll, Länge des Mühlhauses im Lichten.

Für diesen Bruch nimmt man ein Ganzes an, so wird das Mühlhaus 27 Ellen im Lichten lang.

Damit man aber die Wasserräder A und B sammt ihren Wellen und Stirnrädern aufziehen kann, so kommen bey (2) inwendig und bey (3) auswendig Säulen zu stehen, welche Gatterscheiden genannt werden. Damit man aber ihre richtigen Stellen finde, daß die Wellen nicht zu weit herein, und auch nicht zu weit hinaus zu liegen kommen, so rechnet man von x an der Drehlingswelle L die Maße Fig. 5658, welche bey Berechnung ihrer Länge gebraucht worden sind, bis v zusammen, wie folget:

Ellen

Ellen	Zoll	
—	16	für den Hals der Welle
—	14	bis an das Kammrad w
—	14	das Kammrad w
2	8	vom Kammrade w bis v

4 Ellen 4 Zoll. Diese 4 Ellen 4 Zoll misset man von der innern Seite x der Drehlingswelle L ab, und sie nehmen, wie die punktirte Linie bey v zeiget, allda ihren Anfang, und kommen 1 Elle 18 Zoll weit aus einander zu stehen, ihre Stärke ist 12 Zoll. Nun rechnet man diese Maße, wie folget, zusammen.

Ellen	Zoll	
—	12	für die Gatterscheiden z
—	6	für das Gatter y
11	20	Länge der Pansterwellen
—	6	das Gatter (3)
—	12	die Gatterscheiden bey (3)

13 Ell. 8 Zoll können die Gatterscheiden incl. der Säulenstärke aus einander stehen.

Die äußersten Gatterscheiden r Fig. 5659 werden mit Balken in der Wassermauer B befestiget, und ein Dach C darauf gemacht, damit die Ziehwelle Q vor dem Wetter verwahret werde. Die innern Gatterscheiden r und r Fig. 5660 werden oben in die Rahmstücke f, die unter dem Balken des Dachwerkes liegen, eingezapfet, und wenn man mit der Höhe des Stirnrades L nicht auskommen kann, so wird aus den Balken e, die dem Stirnrade zu nahe liegen, etwas herausgeschnitten, und Stichbalken eingelegt, damit das Stirnrad L dazwischen gehen kann. Es ist aber das Ziehzeug Fig. 5660 gezeichnet, wie es dem Auge von D anzusehen erscheinet, und ist Figur

5659 und 5660 mit einerley Buchstaben bemerket worden. Das Aufziehen aber wird auf folgende Art verrichtet.

Wenn man die Ziehscheibe M niederziehet, so hebet die Kumpfstwelle N das Ziehestirnrad nebst der Welle Q in die Höhe, und wickeln sich alsdenn die Ketten über gedachte Welle auf. Weil nun die Ketten an den Gattern u und t befestiget sind, und die Welle mit ihren Zapfen in gedachten Gattern lieget, so wird die Welle nebst dem Wasserrade A und Stirnrade E in die Höhe gezogen, und kann alsdenn das Wasserrad A nebst dem Stirnrade E nach dem Steigen und Fallen des Wassers gestellet werden. Von diesen Gattern ist zu merken, daß sie mit ihren Riegeln 3 Zoll zwischen die Scheiden hineingehen müssen, damit selbige bey dem Aufziehen auf keine Seite ausweichen können, sondern sich perpendiculair in die Höhe heben lassen, welches Fig. 5658 bey (2) und (3) zu sehen ist.

Die sogenannten Rückscheeren q. Fig. 5658 worauf die Drehlingswellen mit ihren Zapfen liegen, sind beweglich, und können durch die Rückstangen g. Fig. 5660 die Drehlinge G aus dem Stirnrade gerücket werden, wenn nur Eine Mühle an jedem Wasserrade gehen soll.

Die Wellenhöhe Fig. 5659 wird folgendergestalt abgemessen. Es ist a die Horizontallinie, die den niedrigsten Ort des Bodens im Gerinne für das Rad A anzeiget; weil nun der Radius dieses Rades 3 Ellen 18 Zoll ist, so trägt man diese 3 Ellen 18 Zoll aus a nach n, und so hat man die Höhe, in welcher die Welle n bey ihrer tiefsten Erniedrigung mit ihrem Mittelpunkte liegen muß.

Die

Die Drehlingswelle m muß wenigstens 18 Zoll höher, als die Pansterwelle zu liegen kommen, denn wenn man diese mit jener in gleiche Höhe leget, so folget, daß, wenn das Rad A nebst der Welle n und dem Stirnrade E etwa eine Elle ausgezogen ist, daß man die Drehlinge G nicht wohl einrücken kann, weil das Stirnrad in Ansehung der Drehlinge zu hoch zu hangen kommt.

Wenn aber hingegen die Drehlingswellen bey der größten Tiefe der Pansterwellen so gelegt werden, wie die Fig. 5659 u. 60 zeigen, so kann das Wasserrad ganz wohl 1 Elle 12 Zoll nach hohem Wasser gestellt werden, und kommt sodann das Stirnrad E in dieser Gegend über die Drehlinge G zu liegen, in welcher es jetzt unter denselben lieget, da das Rad am tiefsten hänget.

Die Hausbäume b kommen mit ihren Oberflächen, imgleichen der Fußboden D 18 Zoll unter das Mittel der Drehlingswelle m zu liegen. Auch muß der Absatz w an der Mauer, wo die Rückscheeren q darauf liegen, um die Rückscheerenhöhe tiefer gemacht werden, als gedachte Drehlingswelle.

Die Höhe und Weite des Mühlgerüstes wird berechnet, wie folget:

Ellen	Zoll	
—	18	für die Erhöhung der Welle m über die Hausbäume b
1	$21\frac{1}{11}$	für das halbe Kammrad d
1	—	Zwischenraum vom Kammrad d bis zu den Pfosten des Mühlgerüstes e

3 Ellen $15\frac{1}{11}$ Zoll werden die Docken f. excl. der Zapfen lang, und können 10 Zoll stark und 18 Zoll breit seyn. Die Weite des Mühlgerüstes ist im Lichten von einer Docke zur andern gemeiniglich 3 Ellen.

Hier ist 3 Ellen 6 Zoll angenommen, damit man bequem um das Kammrad gehen kann. Nun kann man die Länge der Querbalken oder Launen e ganz füglich finden; wenn man 10 Zoll für jede Docke, wo sie bey g übergehet, und 21 Zoll, wo die Hebeschinne h aufliegt, rechnet, so beträgt ihre Länge 5 Ellen 11 Zoll.

Der Ziehboden i wird um die Balkenstärke höher geleget, und bey i ein langes Loch gelassen, damit man dadurch sehen kann, ob das Räderwerk zu scharf oder zu wenig in einander greifet oder kämmet. Die Ziehscheibe M muß an die Seite dieses Loches i gebracht werden, damit bey großem Wasser und Eisfahrten das Wasserrad A bis Q in die Höhe gezogen, und das Stirnrad E durch das lange Loch i und vor der Ziehscheibe M vorbey gehen kann. Denn wenn die Ziehscheibe M beynahe über das Stirnrad E gebracht ist, so folget, daß wenn das Wasserrad A bey großem Wasser sehr hoch ausgezogen werden soll, daß das Stirnrad E an die Ziehscheibe M anstößet, und das Wasserrad A nicht hinlänglich aus dem Wasser gebracht werden kann; da denn bey Eisfahrten die Wasserräder sehr ruinirt werden, welches bey den mehresten jetzt gewöhnlichen Pansterstühlen eine sehr verderbliche Sache ist.

Die Kraft des Ziehzeuges verhält sich aber also:

Die Ziehscheibe ist nach dem oben, S. 417. $4\frac{1}{2}$ Elle bis zu äußerst der Peripherie.

Rechnet man nun 9 Zoll für die Felgenbreite, so ist dessen Höhe bis zum Theilrisse 4 Ellen 3 Zoll.

Die Kumpftwelle N wird, wenn man den Ausschritt gehörig darzu suchet, bis zu äußerst der Stecken, $12\frac{2}{3}$ Zoll, und also verhält sich der Radius

dius der Ziehscheibe M zum Radio der Kumpftwelle N beynahe wie 1 zu 8, oder, welches einerley ist, die Ziehscheibe ist bis zu ihrem Theilrisse beynahe 8 mahl so groß, als die Kumpftwelle dick ist; folglich kann auch ein Mensch, der ordentlicherweise einen Centner bewältigen kann, mit der Ziehscheibe und Kumpftwelle dem Stirnrade L 8 Centner Kraft mittheilen. Ferner das Stirnrad ist 5 Ellen $\frac{10}{11}$ Zoll, die Ziehwelle 17 Zoll, hier verhält sich beynahe das Stirnrad L zu der Welle Q wie 1 zu 7, oder der Radius des Stirnrades ist beynahe 7 mahl größer, als der Radius der Welle Q. Weil nun das Stirnrad 8 Centner Kraft bekommt, so übet dasselbe 7 mahl 8 Centner Gewalt an der Welle Q aus, das ist 56 Centner excl. der Friction, und aus diesem Grunde läßt sich die Macht der Räder berechnen. Man thut demnach wohl, wenn man die Ziehscheiben bis 5 Ellen hoch macht, und diese Stirnräder bis 6 Ellen, und läßt sie bey e durch Stichbalken unter das Dach gehen. Denn je höher diese Räder gegen ihre Wellen sind, desto leichter ziehet es sich auf. Es machen aber die mehresten Mühlenbauer ihre Ziehzeuge ohne einen Grund davon zu haben; der eine macht ein großes Stirnrad, der andere reißt es wieder heraus und macht ein kleineres, ohne daß sie davon ein Verhältniß angeben können, wodurch öfters dergleichen Leute den Bauherrn unnöthige Kosten verursachen.

Wenn sich demnach die Höhe des anwachsenden Wassers so befindet, wie es nach S. 414. angenommen worden ist, so werden bey dieser Panstermühle der Fußboden D und die in dem Mahlhause befindlichen Stuben und andern Behältnisse von der Ueberschwemmung des Wassers befreyet, welches eine Hauptsache bey einer Mühle ist.

Wenn aber bey großen Wassern das Wasser öfters beynahe 1 Elle höher stände, und man wollte mit dem Fußboden dem großen Wasser ausweichen, so darf man keinesweges das Wasserrad A höher machen, sondern man bedient sich folgenden Hülfsmittels. Man läßt das Zeug, wie es hier ist, in seiner Lage, wenn das Wasser am kleinsten ist, und das Wasserrad A, wie hier vorgestellet, am niedrigsten hänget. Wenn nun das Wasser sehr hoch ansteiget, und das Wasserrad A in eine solche Höhe gezogen wird, daß man mit den Drehlingen G nicht mehr in das Stirnrad E kommen kann, so macht man eine Unterlage, wie Figur 5661 und bringt selbige unter die Rückscheeren q. Fig. 5659 und kann man die Drehlinge G, nebst dem Kammrade d, wenigstens 1 Elle hoch bringen.

Nun kann man auch den Fußboden, wie die punktirte Linie bey D zeiget, 1 Elle höher legen, es muß aber sogleich das Mühlgerüste etwas höher gemacht werden, damit man mit dem Kammrade d hinlänglich in die Höhe kommen kann.

Weil nun das Wasserrad A nach dem obigen (S. 424.) 1 Elle 12 Zoll hoch gestellet werden kann, und mit diesem Hülfsmittel noch eine Elle, so kann das Wasserrad A 2 Ellen 12 Zoll in die Höhe gezogen werden, und der Fußboden kann trocken, und das Zeug in seinem gehörigen Gange bleiben.

Weil aber das Wasser, wenn es so hoch angewachsen, keinen schnellen Zug in dem Gerinne, und der Mühlstein seine Schnelligkeit nicht mehr erhalten kann, so bedienet man sich bey dergleichen Mühlen zweymahl gebohrter Drehlinge wie die Fig. 5662 zeiget, denn es lassen sich in ein Viertel 9 und 7, oder 8, und 6 Stecken bringen. Schläget man nun die äußersten Stecken heraus, und läßt das

Stirn-

Stirnrad in die innersten eingreifen, und stößt anstatt eines siebensteckigen Getriebes ein sechssteckiges vor, so gewinnt der Mühlstein mehr Umgänge, und thut eine auf diese Art angelegte Mühle bey großem Wasser immer noch einige Dienste.

Auch müssen bey dergleichen Mühlen die Weidebänke der Gerinne etwas höher als gewöhnlich angelegt und das Gerinne hinter dem untersten Rade 10 bis 12 Ellen heraus geführt werden, damit des Stauchwasser nicht so leicht in das Gerinne eintreten kann. Auch kann man die Ebene, worauf die Mühle und Wohnhaus, imgleichen Ställe und andere Gebäude gebant werden sollen, erhöhen, und alle Behältnisse vor dem großen Wasser in Sicherheit bringen.

Sollten aber wider Verhoffen diese Mittel nicht hinreichend seyn, daß man das Mühlhaus ins Trockne bringen könnte, so ist kein besserer Weg als dieser übrig, wie Fig. 5663. zeiget, da denn a die Wasserradswelle, b das Stirnrad, c der Drehling ist. Wäre nun d das Kammrad, so wäre, wie gewöhnlich, e der Fußboden; hier macht man aber anstatt des Kammrades d ein Stirnrad, auf dieses leget man den Drehling f, an die Drehlingswelle bringt man das Kammrad g, welches in das Getriebe h greifet, und alsdenn kommt der Fußboden bey i, da er im ersten Falle bey e ist, und dadurch kann man bey den allerstärksten anwachsenden Ströhmen das Mühlhaus in das Trockne bringen. Weil aber hier überflüssig Zeug angebracht wird, so thut man wohl, man bedient sich des Hülfsmittels, wie oben, S. 428. gesagt worden ist. Denn wenn das Wasser außerordentlich groß ist, so kann das Mühlwerk ohnedies nicht gebraucht werden, und überhaupt hat das große Wasser gewöhnlich nicht lange Bestand.

An sehr großen Ströhmen findet man übrigens öfters wenig, vielmahl auch gar kein lebendiges Gefälle, so daß, wenn der Schutz vor das Gerinne gesetzt wird, der todte Waag bis auf den Fachbaum zu stehen kommt. Man kann aber auch diese Gerinne 6 bis 7 Ellen weit machen, und öfters 7 Viertel bis über 2 Ellen Wasserstand geben. Es werden die Boden dieser Gerinne nach gerader Linie, jedoch etwas abhangend, gelegt, welches man Schnurgerinne nennt. Denn, so viel Standwasser, als man hat, eben so viel Unterwasser oder todten Waag schlägt es hinaus, wenn es ohne Umtreibung eines Rades durch ein Gerinne schießet.

An manchen Ströhmen vertrocknet zu Sommerszeiten das Wasser sehr, daß man den Schutz vor das Gerinne setzen muß, bis wieder hinlänglich Wasser da ist, da man öfters den Schutz so lange stehen läßt, bis es über selbigen fallen will.

Bey dergleichen Mühlen ist wohlgethan, wenn man das Grieswerk a. Fig. 5664 nahe an das Wasserrad legt, denn wenn das Wasser bis b stehet, und man zieht den Schutz bis c, so drückt das Wasser b auf das Wasser c, und fährt mit viel größerer Gewalt in das Rad, als es fahren würde, wenn kein Druckwasser da wäre. Und dieses heißt man mit Drucke mahlen.

Wenn man Panstermühlen baut, wo hohe Gefälle sind, so werden die Kröpfe nach der Peripherie der Räder gelegt, nach Art der Strauber-gerinne. Auch ist diese hier angegebene Panstermühle nach etwas kleinem Wasser vorgestellt, und kann man, wo kein Wassermangel ist, den Mühlsteinen nach Proportion der Höhen der Wasserräder 1 bis 1½ Umgang weniger geben.

Von den Panstermühlen handelt Beyer in dem Schauplatze der Mühlenbaukunst. Cap VII, S. 44 ff. und Weinhold in seinen Anmerkungen S. 70 ff.

4. Beschreibung einer Wassermühle, welche alle Mahlarbeiten selbst verrichtet *).

In Virginien in Amerika hat man am Okkoquamflusse eine Getreidemühle gebauet, welche, durchs Wasser bewegt, alle Mahlarbeiten selbst verrichtet, und nur wenig Händearbeit bey der Mahloperation übrig läßt. In dieser Mühle, welche 3 Wasserräder und 6 Paar Steine hat, trägt man das Getreide nicht erst die Treppen hinauf, um es in den Rumpf zu schütten: die Mühle schafft es durch ganz einfache Maschinerie selbst hinauf, zieht es hinauf bis auf den obersten Boden, und bringt es dort in die Speicher, wo es entweder aufbewahrt, oder auf die Mühlsteine geleitet wird. Hier siebt und schwingt man das Getreide nicht mit der Hand, eine Arbeit, welche sehr ermüdend ist: die Mühle selbst fegt und fochert ihr Getreide so rein als nur möglich, bevor sie es sich aufschüttet. Das Mehl wird hier ganz gleich, denn die Steine laufen nie leer, nie überladen; und die Mühle selbst bringt das Mehl, nachdem sie für dessen Verkühlung gesorgt hat, an den Ort, wo die Mehlfässer stehen und schüttet es in die Mehlfässer selbst hinein. Das Mahlen geht so ununterbrochen Tag und Nacht fort, und die Mühle ist daher im Stande, in kurzer Zeit eine sehr große Menge gutes reines Mehl ohne viele menschliche Beyhülfe zu liefern, ein Umstand, der bey Versorgung der Schiffe, der Garnisonen

*) S. Neue Virginische Getreidemühle. Ein Aufsatz von Herrn Buschendorf in Leipzig. Steht in dem Journal für Fabrik, Manufactur rc. Novemb. 1797 S. 363 ff. mit dazu gehörigem Kupfer.

sonen und Magazine von sehr großem Nutzen und sehr großen Vortheilen ist. Die Mühle stäubt auch wenig, und man rechnet die Ersparung des Staubmehls auf 3 Pfund am Englichen Scheffel, welches auf den sächsischen Scheffel gegen 8 Pf. beträgt. Nimmt man hierzu noch, daß in den Mühlen nach alter Art viele Körner, theils durch das Umsacken, theils durch die Löcher schadhafter Säcke verlohren gehen, daß vieles Getreide zertreten, vi.les durch Tauben, Hühner ꝛc. weggefressen wird: so sieht man, daß diese Mühle, nächst der Ersparung an menschlichen Händen, auch viel am Materiale, das sie verarbeitet, erspart, und daß daher ihre Vorzüge sehr beträchtlich sind.

Fig. 5665 ist diese neue Mühle mit ihren vorzüglichsten eigenen Maschinerien und Einrichtungen im Durchschnitte dargestellt, aus welcher Zeichnung man denn den ganzen Mahlproceß ersehen kann. Kommt das Getreide zu Wasser im Schiffe Z, so wird es in den Trichter A außerhalb der Mühle eingemessen, und aus diesem Trichter geht es durch Maschinerie selbst auf den Boden der Mühle hinauf. Dieses geschieht vermittelst des Abführers oder Leiters B, welches eine doppelgängige endlose Schraube ist, die sich in einem Troge drehet, und das Getreide immer darin fortschraubt oder vorwärts schiebt — der das Gekörn bis nach C bringt, wo es der Heber C empor hebt, und oben in den zweyten Leiter D E schüttet. Der zweyte Leiter D E leitet das Gekörn unter dem Balkenwerke des zweyten Gadens bis nahe an die andere Mauer hin, und schüttet es da in den schüttelnden Trichter E, der es auf einen dritten kurzen Leiter schüttet, welcher es dem Hauptheber F G zubringt. Der Hauptheber F G hebt das Getreide bis hinauf auf den obersten Dachboden, und schüttet es dort in die

Rollsege

Rollfelge G, die sich schnell umdreht, wo es gefegt oder gesiebt und von allem Staube gereinigt wird. Aus der hohlen cylindrischen, etwas unter die Horizontal-Linie geneigten Rollfege fällt das gereinigte Getreide in den Trichter H, und durch diesen läuft es auf den kurzen schief liegenden Heber I, welcher es auf die Fochermaschine J leitet, welche Wedelmaschine vollends allen Staub heraus bläset. Von hier läuft es auf den vierten Leiter K, der in der Mitte bey K getheilt ist, und dessen Schraubengänge auf beyden Enden einander entgegen laufen, welcher es dann auf beyden Seiten hinaus schraubt, und in die Speicher LLLLL vertheilt und aufschüttet. Unter diesen Speichern befinden sich die Steine MMMMMM, auf welche dann das Getreide vermittelst der Trichter geleitet wird, um gemahlen zu werden. Jeder Speicher enthält oder fasset 2000 Englische Scheffel *), und in allen 6 Speichern können also 12,000 Englische Scheffel gereinigtes Getreide aufgeschüttet seyn, welche denn die Mühle ohne weitere menschliche Beyhülfe in einem Gange fort verarbeitet und zu Mehle macht.

So wie das Getreide zwischen den Steinen MMMMMM zermalmet ist, fällt das unausgebeutelte Mehl oder das Schrot in den Schrotleiter bey NNNNN, und wird durch diesen dem allgemeinen Mehlheber O zugeführt, welcher es dann wieder auf den obersten Boden nach P empor hebt, wo es in eine trichterförmige Röhre PQ fällt, welche es bey Q ausschüttet, wo es dann zur Verkühlung in einem Kreise von 10 bis 15 Fuß Durchmesser ausgebreitet wird. Von hier läuft es bey R in die Beutelmaschine, durch deren schnellen Um-

*) 74 Englische Scheffel sind 25 sächsische.

Umschwung das feinste Mehl heraus gesiebt wird, welches letztere dann in der Beutelkammer zu Boden, und in den Trog des Mehlleiters S fällt, der es durch die Löcher T im Boden dieser Kammer, in die darunter befindliche Mehlkammer T leitet, aus welcher es bey U in die Fässer gekrückt oder gezogen, bey V auf der Federwage gewogen, bey W durch die Stampfmaschine fest gestampft wird. Nachdem die Fässer bey X zugespündet worden, kollert man sie bey Y durch eine Thür, wo sie durch eine Winde oder einen Kran in das anliegende Schiff Z hinab gelassen und nun verführt werden. Dasselbe Schiff, das eine Ladung Getreide brachte, kann in weniger Zeit das daraus gemahlene Mehl wieder mit zurück nehmen; und will es nicht warten, so erhält es schon während des Ausladens des Getreides eine Ladung Mehl, die es für sein gebrachtes Getreide erwarten und fordern kann.

Kommt das Getreide zu Lande auf dem Wagen 7, so wird es in eine Schuttrinne, die in der Mauer angebracht ist, geschüttet, bey 8 in der Federwage, die groß genug ist, eine ganze Wagenladung zu fassen, gewogen; und nachdem es gewogen, durch eine aufgezogene Thür im Boden des Wagkastens in den Trichter E, welcher es auf den kleinen Leiter F schüttet, gelassen. Dieser kleine Leiter F führt es zum Hauptheber F G; und es macht hier dieselbe Wanderung, als das aus dem Schiffe bey A eingeschüttete Getreide, welches durch den langen Leiter D E in den Trichter E gebracht ward.

Das Grobe, was in dem feinsten Rollbeutel 37 zurück bleibt, fällt am niedrigen Ende dieser Rolle heraus, und in den kurzen Kleyenheber 38, welcher es empor hebt, und in die zweyte gröbere Beutel-

Beutelrolle 39 schüttet, die es dann aufs Neue beutelt, damit endlich alles Mehl von den Kleyen, an welchen es bey warmen Tagen besonders fest hängt, abgesondert werde. Das hier ausgesonderte Mehl fällt in den Leiter 40, der es an den zweyten Mehlheber 41 bringt; welcher es empor hebt, bey K zu dem Schrote, das unter dem Kühlrechen R sich sammelt, schüttet, wo es dann ein Mahl mit durch die erste Beutelrolle 37 gehet.

Die zwey Mahl gebeutelten Kleyen fallen am niedrigen Ende der zweyten Beutelwalze 39 aus der Rolle heraus in einen Trichter, der sie in die dritte Beutelrolle 42, die zum Aussieben des Mittelmehls bestimmt ist, leitet, und aus dieser Rolle fallen die ganz rein gebeutelten Kleyen in einen weiten Raum des untern Stockes, wo man sie nach Belieben aufbewahren oder wegnehmen kann.

Auf diese Art arbeitet diese sinnreich eingerichtete Mühle in einem fort, ohne weitere menschliche Beyhülfe, als das Aufziehen der Schiebthüren in den Beutelrollen; und sie bereitet in einer Operation und in einem Ausschutte das feinste beste Mehl, wie es die Mahlregel oder das Mahlgesetz verlangt. Es ist nöthig, die neuen Maschinerien dieser Mühle noch besonders etwas deutlicher zu beschreiben, als es im Laufe der Operations-Erzählung geschehen konnte.

Die Leiter sind, wie schon gesagt worden, zweygängige endlose Schrauben, die sich in einem nach ihrem Kreisbogen ausgehöhlten Troge drehen. Der Schaft dieser Leiter ist rund, und die Gänge werden von starkem Eisenbleche darauf genagelt, oder in spiralförmige Sägenschnitte eingesetzt. Diese Gänge müssen durchaus immer einerley Höhe haben, müssen mit ihren äußern Rändern den hohlrunden Trog vollkommen ausfüllen und beständig

 berüh-

berühren, denn sonst würde die Schraube ihre Wirkung nicht stetig und vollkommen leisten können. Schlägt man in diese Bleche kleine Löcher nach Art eines Reibeeisens, und thut man das auch bey dem Leitertroge, der zu diesem Ende ebenfalls mit Eisenblech gefüttert seyn kann, so erhält man zugleich eine vortrefliche Reinigungsmaschine, welche das durchgehende Getreide von allem anklebenden Staube, Schmutze, Kothe, Schimmel rc. vollkommen reiniget und scheuert, und eine andere besondere Reinigungsmaschine fast entbehrlich macht. Läßt man die Spiralgänge der Leiter in einem fort gehen, so schieben sie das an einem Ende eingeschüttete Getreide bis ans andere fort; gibt man ihnen aber an irgend einer Stelle eine entgegen gehende Richtung, so bringen sie das Getreide von beyden Enden zusammen, und häufen es da, wo die Gänge einander entgegen stoßen, auf, oder sie treiben es auch von dieser Stelle nach den entgegen gesetzten Enden, wenn der Leiter selbst eine entgegen gesetzte Drehung hat, oder die Spiralblätter in entgegen gesetzter Richtung eingesetzt sind.

Die Heber sind endlose über zwey Rollen nach Art der Paternoster-Werke gezogene Schnuren oder vielmehr Riemen, mit lauter kleinen gleich großen Körbchen oder Eimerchen besetzt, welche unten das Getreide oder Mehl einschöpfen, und es oben beym Umstürzen über die oberste Rolle wieder ausschütten. Diese Eimerchen können von Holz, Eisenblech, oder auch von Leder seyn, und sie werden, um das Verschütten und Verstreuen des Materials zu verhüten, in einen breternen Schacht eingeschlossen, welcher auch zugleich die Rollen mit umgibt, damit alles verschüttete Getreide oder Mehl an denselben Ort, wo es eingeschöpft ward, wieder zurück fallen müsse. Oben bey H ist diese Vorrichtung

richtung sehr deutlich zu sehen. Daß die Rollen, um das beeimerte Band in Bewegung zu setzen, durchs Mühlwerk gedrehet werden, erinnert sich von selbst.

Der **Mehlleiter** besteht aus einem achtseitigen Schafte, welcher auf allen Seiten mit Bretterchen in schiefer Richtung nach der Spirallinie besetzt ist, welche denn das Mehl von einem Ende des Troges zum andern fortschieben, wie das die Gekörnleiter mit dem Getreide thun. Diese Bretterchen, die man Flügel nennen könnte, schneiden mit ihrer Fläche die Spirallinie, auf welcher sie stehen, und sie wirken daher beym Umdrehen des Schaftes gleichsam wie Pflüge, welches besser ist, als wenn sie mit der Spirale in einerley Richtung ständen; denn bey dieser Vorrichtung würde sich das Mehl zusammen packen, und zwischen den Gängen stecken bleiben. Bey der kreuzenden Stellung der Flügel muß der Schaft eine andere Drehung haben als da, wo die Spirale eine fortgehende und zusammenhangende Fläche ist, nähmlich eine entgegengesetzte. Die Durchpflügung des Mehles mittelst der kreuzenden Flügel dient auch sehr gut zur Abkühlung des Mehles, welches, wie bekannt, ziemlich warm unter den Steinen hervor kommt, und das besonders, wenn der Mehlleiter etwas lang ist. Indessen läßt sich eine Verkühlungskammer und ein Verkühlungsrechen doch nicht ganz dadurch entbehrlich machen; und es ist immer besser, daß man die letztere, wenn es nur der Raum gestattet, bey einer solchen Mühle zugleich mit anlegt.

Der **Verkühlungsrechen** besteht in einer vertikalen, sich langsam umdrehenden Welle, — sie kommt in einer Minute ungefähr viermahl herum — welche zugleich ein horizontales, auf der untern

Seite mit inclinirenden Breterchen besetztes Stück, das man den Kreutzarm nennen kann, mit umdrehet. Nachdem dieser Rechen das Mehl vom Mittelpunkte nach dem Umkreise hinaus, oder vom Umkreise nach dem Mittelpunkte herein, allmählig treiben soll, nachdem werden auch die inclinirenden Breterchen gesetzt; und da, wo das Mehl nicht weiter soll, steht ein Bret mit der breiten Seite dem Arme parallel, welches dann das Mehl vor sich hertreibt, und es in den Trichter, der es der Beutelrolle zuleitet, streicht. Hier fällt das ungebeutelte Mehl an das äußerste Ende des Armes, und der Arm treibt es im Kreise herum, in einer einwärts laufenden Schneckenlinie, immer allmählig dem Mittelpunkte zu. Die dem Arme parallelen Breter heißen die Kehrbreter; sie sind auf der hintern Seite des Armes angeschraubt, und lassen sich nach Gefallen erhöhen und erniedrigen. Sie verbreiten das zugeschüttete Gemähle in einen ebenen Kreis; und die schief stehenden Flügelchen treiben es dann nach der Gegend zu, nach der es kommen soll. Durch diese Verbreitung, Durchpflügung und spirale Fortschiebung wird das Mehl vollkommen abgekühlt, daß es nun sicher in die Beutelrollen kommen kann. Der Flügelarm des Kühlrechens ist an der Welle beweglich, und läßt sich an ihr auf- und abschieben, damit er sich nach der Menge des aufgeschütteten Gemähles selbst erhöhen und erniedrigen könne, in welcher Absicht auch seine vordere untere Ecke abgeschrägt ist. Damit er aber immer gegen die Welle den rechten Winkel behalte, ist er mit einem eisernen Hohlkreise, durch dessen Scheitelgegend die Welle ebenfalls durchgeht, verbunden. Seine Bewegung erhält er durch einen in der Höhe angebrachten unbeweglichen Kreutzarm, dessen Enden mit den Enden des Flügelarmes durch

durch Stricke verbunden sind. Ein Gegengewicht erleichtert das Aufsteigen des Rechens, wenn vieles Schrot aufgehäuft seyn sollte.

Die Beutelrollen sind hohle, von Draht geflochtene Cylinder, welche mit Beuteltuche überzogen sind, und an einer Welle stecken. Diese Siebwalzen sind etwas unter den Horizont geneigt, und sie haben einen schnellen Umschwung. Am höhern Ende läuft das gemahlne Getreide hinein, und am niedrigen Ende kommen die Hülsen und das Grobe, was nicht durchs Tuch ging, wieder heraus.

Diese Rohrbeutel sind eine amerikanische Erfindung und Mühlenverbesserung, und sie schreiben sich von einem gewissen Olivier Evans in Philadelphia her, der auch über diese Erfindung ein Patent erhalten hat. Diese Rollbeutel sind dem Zerreißen nicht so leicht ausgesetzt, als die gewöhnlichen Schüttelbeutel; ihre Bewegung ist leichter; und Mühlen mit solchen Vorrichtungen machen kein so betäubendes Geklapper, als unsere gewöhnlichen deutschen Mühlen, und haben auch nicht so viel Friction. Die Abkühlung des zermalmten Getreides vor der Beutelung ist eine beträchtliche Verbesserung der Mahloperation, welche überdies auch durch das einmahlige Aufschütten sehr verkürzt, und noch dadurch vorzüglich wird, daß weniger Steinstaub unter das Mehl kommt. Der Erbauer der hier vorgelegten Mühle heißt Thomas Ellikott, und ist Mühlenmeister in Virginien.

5. Beschreibung einer Schiffmühle.

Die Schiffmühlen werden, wie bekannt, auf Prahmen oder Böten gebauet. Auf dem Hauptschiffe lieget die Mühle, und auf dem Nebenschiffe das äußere Wellenlager. Beyde Schiffe werden durch Unterbalken in einer gewissen Entfernung von einander gehalten und verbunden, damit sie nicht von einander weichen können; auch werden sie mit Seilen an Pfählen oder Bäumen befestigt, damit sie ihre Stelle behalten. Sie werden auf solchen Flüssen angelegt, deren Wasser schnell fließt, wie z. B. auf dem Rheine, der Elbe, Oder und andern großen Flüssen. Sie pflegen ihre Stelle oder Stand gemeiniglich hinter einer Buhne zu haben, wo das Wasser allemahl sehr schnell an wegstreicht, und da sie mit dem Flusse steigen und fallen, so kann es ihnen nie an Wasser fehlen. Zur Winterszeit müssen sie in einen bequemen und sicheren Hafen gebracht werden, damit sie der Eisgang nicht beschädige. Sie sind bequem, und man kann sie hinbringen wo man will, nur müssen sie einen solchen Ort haben, wo der Strohm mächtig genug ist, sie zu treiben. Indessen finden sich mit der Zeit viele Flickereyen an den Schiffen, wenn sie alt werden. Die längste Dauer der Schiffe ist einige 30 Jahre; dann müssen sie wieder neu gebauet werden. Nachfolgende Schiffmühle findet man in Behrens praktischer Mühlenbaukunst beschrieben *).

Fig. 5666 zeiget den Grundriß der Schiffmühle. Lit. a das Hauptschiff; b die Wasserwelle; c das Wasserrad, 14 Mecklenburgische Fuß im Diameter, die Schaufeln sind 10 bis 12 Fuß lang, 2 Fuß breit; d das Stirnrad mit einer Theilung von 4^{1} Zoll und 72 Kämmen; e die Nebenwelle; f das Kammrad mit $4\frac{1}{8}$ zölliger Theilung und 64 Kämme; g der Drehling mit $4\frac{1}{2}$ zölliger Theilung und 29 Stöcken; h das Getriebe mit 7 Stöcken und

*) S. daselbst S. 203 ff.

und $4\frac{1}{8}$ zölliger Theilung; i Treppe zum Mühlenbette; k das Nebenschiff zum Wellenlager; l die Brücke, um nach dem Nebenschiff zu kommen; m das Tau und n die Kette, womit das Schiff am Ufer des Flusses befestiget wird. Um diese Mühle nun zum Stehen zu bringen, hat man zweyerley Mittel, welche aber in der Zeichnung nicht angemerkt sind. Man verfertiget hinter dem Stirnrade ein ordentliches Rad, aber ohne alle Kämme, und legt darauf eine Presse oder Paß, wie auf den Windmühlen: so kann dadurch die Mühle zum Stehen gebracht werden. Oder man bringet vor dem Wasserrade ein ordentliches Geschütt an, und hemmet dadurch den starken Zuschuß des Wassers; wobey aber zugleich die Mühlensteine zusammen gelassen werden müssen, weil sonst die Mühle sich, ohnerachtet des Geschüttes, noch etwas herum beweget.

Fig. 5667 stellt den Durchschnitt in der Länge vor. Lit. o das Dachwerk; p das Stirnrad; q das Kammrad; r das Getriebe; ſ die Bütte; t der Rumpf. Die Mühlensteine sind 3 Fuß 6 Zoll im Diameter. Fig. 5668 zeiget den Durchschnitt der Mühle in der Breite. Lit. a das Wasserrad; b das Nebenschiff zum Wellenlager; c der Drehling; d das Kammrad; e das Getriebe; f die Bütte um den Stein; g der Rumpf; h die Beutelkiste.

Eine Schiffmühle von etwas andern Verhältnissen *).

Diese Mühle ist Fig. 5669 im Grundrisse vorgestellt, und Fig. 5670 ist das Profil des Hau-

 ses,

*) S. Beyer's Schauplatz der Mühlenbaukunst, S. 71 ff.

ses, welches auf dem Schiffe a b c d oder dem so genannten Hausschiff erbauet wird, nach der Länge d b aufgerissen. Fig. 5671 stellet den Durchschnitt des ganzen Werkes, nach der im Grundrisse Figur 5669 befindlichen Linie e f vor.

Das Wellschiff f g Fig. 5669 wird deshalb so genannt, weil auf demselben die Welle h bey i aufliegет. Dieses sowohl, als das Hausschiff a b c d wird von 3 Zoll starken eichenen Pfosten erbauet, welche an den Prangen oder Frangen m Fig. 5671, wenn sie zuvor wohl zusammen gefüget sind, mit hölzernen Nägeln befestiget werden; auch wird zwischen die Fugen Mos getrieben, und darüber Leisten mit Senkelklammern geschlagen, so dann aber das ganze Schiff über und über mit Theer bestrichen, welche Art zu bauen den Schiffbauern zur Genüge bekannt ist. Zu den Prangen m werden krumm gewachsene eichene Hölzer genommen, die nach dem Winkel, welchen der Boden des Schiffes mit den Porten desselben macht, ausgearbeitet sind.

Das Wasserrad k ist 6½ Elle in Durchmesser hoch, die Schaufeln, deren in dem ganzen Rade 12 befindlich sind, müssen 9 Ellen lang, und 1 Elle breit seyn. Was aber die Struktur eines solchen Rades betrifft, so wird es nicht, wie die Panster-, Staber- und oberschlächtigen Wasserräder, von Reifen zusammen gesetzet, sondern nur aus Armen l Fig. 5670. Diese sind in der Welle h mit einem schwalbengeschwänzten Zapfen 4 Zoll tief eingepasset, ihre Stärke ist 3½ Zoll, die Breite 5 Zoll, die Länge richtet sich nach der Höhe des Rades. Jede Schaufel m Fig. 5669 und 71 bekommt 4 solche Arme l, auf diesen werden gedachte Schaufeln an den Enden derselben mit zwey Nägeln befestiget, und zwischen den Armen mit Sparrstöcken o Fig. 5669 — 71 oder Riegeln, die von einer Schaufel bis zu der andern reichen, verwahret, damit sie dem Druck des Wassers fest und unbeweglich widerstehen können.

Vorn bey k Fig. 5969 wird eine Schütze oder Schutzbret angebracht, damit man, wenn die Mühle stehen soll, das Wasser etwas aufhalten könne. Es wird zwar eine solche Mühle nicht gänzlich, obschon das Schutzbret vorgesetzt ist, zum Stehen gebracht, doch aber ihr dadurch die meiste Kraft benommen, daß sie hernach an dem innern Radewerk leicht vollends eingesperret oder gehemmt, und in gänzliche Ruhe gebracht werden kann.

Das innere Radewerk wird, wie bey den vorhergehenden Mühlen gezeiget worden, erbauet, ausgenommen der Drehling p Fig. 5669. Dieser ist, weil er nur niedrig zu seyn braucht, von ganzen Scheiben Fig. 5672 zusammen gesetzt, und anstatt der Arme, woran gewöhnlich das Radewerk hänget, und an den Wellen befestiget ist, wird ein viereckiges Loch q in die Mitte beyder Scheiben geschnitten, hernach aber die Welle r Fig. 5669 auf der Stelle, wo der Drehling p daran gesteckt, und fest gekeilet ist, nach der Größe des bemerkten Loches viereckig gemacht, damit er sich nicht lösen und umdrehen könne. Die Stecken s Fig. 5672 bekommen an beyden Enden viereckige Zapfen, mit welchen sie in den Scheiben, wie Fig. 5672 verzeichnet liegen, und sich nicht umdrehen können; damit selbige aber bey dem Umtriebe von den Kämmen des Stirnrades nicht heraus gezogen werden, so wird jede Scheibe, nebst den Stecken, auf der Stelle wo letztere in der Scheibe liegen, mit einem eisernen Ringe umgeben. Alles übrige, als das Mühlgerüste t t Fig. 5669 der Beutelkasten u und wie die Stücke, so zu einer Mühle gehören, weiter

heißen

heissen, werden, wie bey den Stabermühlen gezeiget worden, verfertiget; nur ist zu erinnern, daß das Holz zum Mühlgerüste t t ein Viertheil oder Drittheil schwächer, als es bey den Stabermühlen beschrieben wurde, seyn kann. Der Mühlstein v ist bey vollkommener Höhe gemeiniglich nur 16 Zoll, denn die Häuser der meisten Schiffmühlen sind nicht sonderlich hoch, sondern so niedrig, als es sich immer thun lassen will, angeleget. Hier in diesem Risse ist das Gebäude nach der höhesten Art, welche man findet, vorgestellet, und man kann da den Mühlstein auch etwas höher führen. Die Länge oder Breite des Mühlsteins ist im Durchmesser 1 Elle 15 Zoll.

Das Stirnrad w bekommt 72 Kämme, und wird 4 Ellen $12\frac{2}{3}$ Zoll hoch; die Theilung ist $4\frac{3}{4}$ Zoll. Der Drehling p hat 24 Stecken mit $4\frac{7}{8}$ Z. Theilung, und daher beträgt der Radius, womit der Theilriß beschrieben wird, $18\frac{5}{8}$ Zoll. Bis zu äußerst der Stecken hält die ganze Höhe dieses Drehlings 1 Elle 16 Zoll. Das Kammrad x hat 60 Kämme, mit $4\frac{1}{4}$ Zoll Theilung. Der Diameter zum Theilzirkel ist 1 Elle 17 Zoll, das ganze Rad wird 3 Ellen 19 Zoll hoch. Das Getriebe wird von 7 Stecken, welche $4\frac{1}{4}$ Zoll Theilung haben, zusammen gesetzt. Der Mühlstein v gehet bey diesem Radewerk $25\frac{5}{7}$ mahl herum, indem das Wasserrad einmahl umläuft.

Das Wasserrad an einer Schiffmühle gehet überhaupt aber viel langsamer, als die Wasserräder bey andern Mühlen, weil die eigenthümliche Schnelligkeit der mehrsten Flüsse gewöhnlich nicht über 5 bis 6 Fuß in einer Secunde beträgt. Der Baumeister einer Schiffmühle muß hierauf daher vor allen Dingen Rücksicht nehmen, wenn er seine Absicht erreichen will. Denn fließet das Wasser

geschwin-

geschwinde, so läuft auch das Rad, welches es treibet, schnell herum, geht es aber langsam, so erfordert der Umlauf des Rades mehr Zeit; da aber die Mühlsteine gleiche Schnelligkeit, die Wasserräder mögen hurtig oder langsam gehen, haben müssen, so folgt, daß ein Baumeister das innere Räderwerk so einzurichten hat, daß dieser Zweck erreicht werde.

Wie langsam übrigens das Wasserrad einer Schiffmühle sich bewegen werde, ergibt sich daraus, daß Parent schon 1704 die Regel erfunden hat, daß ein unterschlächtiges Rad nur den 3ten Theil der Geschwindigkeit des bewegenden Wassers erhalten müsse, wenn es am vortheilhaftesten wirken soll. Kennt man nun die Geschwindigkeit des Flusses auf der Stelle, wo die Schiffmühle zu stehen kommen soll, so läßt sich das übrige leicht berechnen.

Man findet auch Schiffmühlen mit zwey Gängen, wo ein jeder aber sein eigenes Wasserrad hat, wie Fig. 5673 zu sehen. Weil aber bey jetzigen Zeiten von Tage zu Tage ein stärkerer Holzmangel, als ehedem, sich zeigt, so daß man nicht aller Orten solche lange Wellen, wie bey dergleichen erfordert werden, haben kann, indem die Räder y und z nicht hinter einander gehen können, weil in diesem Falle das erste dem letzten die Kraft des Strohms benähme: so muß das andere erst da, wo das erstere sich endiget, seinen Anfang nehmen, welches verursachet, daß die Wellen desselben 8 bis 9 Ellen länger, als bey einer solchen Mühle, die nur einen Gang hat, seyn müssen.

Zwar möchte man sagen, man könnte ja die Mühle so einrichten, daß das Hausschiff in der Mitte, und auf beyden Seiten desselben ein Wellschiff zu stehen käme, wo alsdenn die Wellen nur

die

die gewöhnliche Länge haben dürften. Allein zu geschweigen, daß das Hausschiff dadurch eine weit größere Breite erhalten müßte, so würde die Hauptschwierigkeit auch darin bestehen, daß es schwer halten würde, beyde Räder mit gleicher Geschwindigkeit zu bewegen, weil der Strohm nie gleiche Geschwindigkeit nach der Breite seines Bettes hat, und selbige nur gegen seine Mitte in einem beträchtlichen Raume beständig ist, wo man aber nicht gut Schiffmühlen anlegen kann.

6. Beschreibung einer oberschlächtigen Mühle.

Fig. 5674 stellt eine oberschlächtige Mühle mit drey Gängen im Grundrisse vor, so wie sie Melzer in seiner Mühlenbaukunst 2 Th. S. 105 ff. beschreibt; Fig. 5675 ist der Aufriß, in diesem werden die Wasserräder a nach besagtem Grundrisse, wie sie unter dem Wasserbette b zu hangen kommen, nebst dem Säulwerke c, welches das Wasserbett b trägt, vorgestellt. Fig. 5676 wird der Durchschnitt oder Profil des ganzen Werks, nach der im Grundriß, Fig. 5674, befindlichen Linie d e gezeigt, und die Hauptstücke, die man bey Anlegung einer solchen Mühle zu beobachten hat, sind folgende: 1) die Bestimmung der Höhe der Wasserräder, 2) wie viel Wasser zur gegebenen Größe eines Rades erfordert wird, und 3) die Verhältnisse der Räder und Getriebe.

Die Höhe des Wasserrades wird gefunden, wenn man von dem ganzen Gefälle abziehet 1) das Gefälle des Mühlgrabens, oder den Risch von dem Wehre an bis zum Wasserbette, welches gemeiniglich einen Zoll auf 100 Fuß beträgt, 2) die Höhe des Wassers auf dem Wasserbette, 3) das Gefälle

Gefälle des Wasserbettes selbst, 4) die Dicke des Bodens des Wasserbettes, sammt dem Freyhangen der Räder, 5) das Gefälle des Wassers unter der Mühle: so bleibt die Höhe der Räder übrig; z. B. der Mühlgraben wäre 2000 Fuß lang abgeleitet worden, und hätte 5 Ellen 16 Zoll Gefälle, so wird von diesen abgezogen, wie folget.

Ellen	Zoll	
—	14	auf 1400 Fuß für den Risch des Grabens zum Zufluß des Wassers, vom Wehre an bis auf das Wasserbett b Fig. 5675.
—	6	Wasserstand auf dem Wasserbette von b bis f.
—	3	Gefälle des Wasserbettes von b bis b.
—	5	von f bis g für den Boden des Wasserbettes und für das Freyhangen der Räder unter dem Wasserbette.
—	6	von a bis h für das Freyhangen der Räder unter dem Wasser.
—	6	Risch auf 600 Fuß für den Abfluß des Wassers in den Mühlgraben unter der Mühle.
1 Elle	16 Zoll	Abzug
5 Ellen	16 Zoll	ganzes Gefälle
4 Ellen	—	Höhe der Wasserräder a Fig. 5675.

Wie die Quantität des Wassers zu verschiedenen Höhen der Wasserräder oberschlächtiger Mühlen berechnet wird, ist oben, S. 240 fl. zu finden. Zu einem 4 Ellen hohen Rade werden nach Melzer 198 Quadratzoll Aufschlagewasser erfordert, wenn die Mühle gute Dienste thun soll. Weil nun 6 Zoll Wasser auf dem Wasserbette stehet, so werden die Schlunglöcher i Fig. 5675 und 77 33 Zoll weit. Denn wenn man mit 6 Zoll Höhe 33 Zoll Weite multipliciret, so kommen 198 Quadratzoll heraus.

Die Kammräder k Fig. 5674 bekommen 60 Kämme mit 4 bis $4\frac{1}{4}$ Zoll Theilung. Die Getriebe 6 Stecken, und daher gehet der Mühlstein bey einem 4 Ellen hohen Wasserrade 10mahl herum, indem das Wasserrad einmahl herumkommt.

Damit aber das Wasser nicht unter dem Wasserbette durchbrechen, und untenhin laufen kann, so wird quer vor die Radestube lmno Fig. 5674 eine Stirnmauer (oder Brustmaner) lm bis unter die erste Schwelle des Wasserbettes, welche bey pp Fig. 5676 auf der Mauer pqr zu sehen, aufgeführet. Es ist aber diese Brustmauer abgebrochen vorgestellet, damit man die Lage des Zeuges sehen kann. Ferner wird alles von unten bis oben mit wasserhaltender Erde wohl ausgerammelt, da denn hernach kein Durchbruch zu besorgen ist.

Weil aber die Schwelle pp auf den Steinen nicht allenthalben genau aufgepäßt werden kann, so leget man vor dieselbe noch etliche Schwellen auf schwache Pfähle.

Vor die vorderste kommen zwey oder drey Pfosten zu stehen, welche mit Thon wohl verrammelt werden müssen. Ferner werden auch alle übrigen Schwellen mit Lehm oder Thon ausgestoßen, und mit zwey Zoll starken Pfosten belegt. Endlich werden vor den Griessäulen ss beyde Ufer, so lang als der Boden gelegt worden, mit Lehrwänden eingefaßt, da denn hernach fast kein Tropfen Wasser vorbeygehen kann.

Bey Zulegung des Wasserbettes ist auf die Eintheilung der Balken tt die ganz querüber gehen, zu sehen, diese kommen auf den Rahmstücken u Fig. 5675 also zu liegen, daß die Räder a ganz frey dazwischen gehen können.

Die

Die übrigen Balken v Fig. 5677 werden, weil sie wegen der Räder nicht ganz durchgehen dürfen, bey w in Spannriegel eingezapfet. Die Rinnporte b Fig. 5675 kann 1 Elle bis 5/4 hoch seyn. Dieses Wasserbette kommt an der Mauer Fig. 5674 auf Kragsteine x, und an der äußersten Seite auf eine abgebundene Wand c Figur 5675 zu liegen. Man kann auch anstatt der Kragsteine Löcher in die Mauer machen, und die Balken in selbige einschieben. Hinten bey Z wird das Wasserbette mit Schutzbretern versehen, die man, wenn überflüssig Wasser ist, aufziehet, und so das es überfallen läßt. Die inwendige Einrichtung dieser Mühlen kommt mit dem Staber- und Strauberzeuge überein, und hat also keine fernere Erklärung nöthig.

Wenn bey diesen Mühlen die Gebäude tief in die Erde zu stehen kommen, welches aus Fig. 5676 zu ersehen, und das Wasser also leicht in dieselben eintreten kann, so bauet man öfters Vorgelege, und bringt den Drehling über das Stirnrad, so kommt man mit dem Fußboden in eine ziemliche Höhe.

Eine einfache oberschlächtige Mühle, nach der Angabe des Herrn Claußen *).

Bey einem Bache, wo das Wasser 8 bis 9 Fuß Fall bekommen kann, und so ergiebig ist, daß es beständig durch eine Oeffnung von 100 Quadratzoll fließt, ist eine Mühle mit Vortheil anzulegen, weil sie sodann in 24 Stunden 12 Stunden gebraucht werden kann.

Ein

*) S. Praktische Anweisung zum Mühlenbau; von Lorenz Claußen. Eine belohnte Preisschrift. Leipzig 1792. 4. S. 55 ff. und Tab. 6 daselbst.

Ein Wasserrad, welches im Durchmesser 8 Fuß hält, und einen Mehlstein von 5 Fuß 3 Zoll treiben soll, muß ungefähr 4 Fuß Breite haben. Der Siehl wird 36 Zoll breit gemacht.

Das Wasser läuft in erwähntem Siehl zu Mehlmahlung ungefähr $5\frac{1}{2}$ Zoll dick. Hierbey kann es jedoch nicht so genau bestimmt werden; denn wenn das Wasser 5 Fuß hoch vor dem Schutz des Siehls stehet, so läuft es schneller durch den Siehl, und hat also mehr Kraft, als wenn es nur 2 Fuß Höhe über den Schutz des Siehls hat. Die vorbenannte Dicke des Wassers in dem Siehl ist nach 3 Fuß Höhe vom Wasser über beregten Siehl berechnet.

Ein Wasserrad von 8 Fuß im Durchmesser hat eine Peripherie von 25 Fuß, und nach dem vortheilhaftesten Laufe eines oberschlächtigen Wasserrades zum Mehlmahlen muß selbiges in 5 Sekunden herum laufen.

Ein Mehlstein von 5 Fuß 3 Zoll soll in einer Wassermühle seinen Zirkel in jeder Sekunde beschließen; folglich muß ein solcher Mehlstein in der nähmlichen Zeit 5 mahl herum laufen, in welcher ein oberschlächtiges Wasserrad von 8 Fuß im Durchmesser seinen Zirkel beschließt.

In einer Wassermehlmühle, die ein Wasserrad von 8 Fuß Höhe, und einen Mehlstein von 5 Fuß 3 Zoll im Durchmesser führt, wird um die Walze des Wasserrades ein Kammrad von 56 Kämmen, 5 Zoll Abtheilung, und unter dem Mehlsteine ein Getriebe von 11 Stecken gesetzt.

Eine solche Wassermehlmühle mit einem Wasserrade von 8 Fuß im Durchmesser ist Fig. 5678 und 5679 gezeichnet, und zwar ist davon folgendes zu bemerken.

Fig. 5678 stellt diese Mühle von der Seite vor. Daselbst ist

a. Die Wasserkumme.
b. Das Wasserrad.
c. Die Walze.
d. Das Kammrad.
e. Das Getriebe des Steins.
f. Der Kübel, worin der Mehlstein liegt.
g. Der Schuh.
h. Der Rumpf.
i. Der Leichter oder Heber des Steins.
k. Der Mehlhut.

Fig. 5679. Dieselbe Mühle vom Ende des Hauses zu sehen.

a. Das Kammrad.
b. Der Mehlsteinkübel.
c. Der Kornrumpf.
d. Der Leichter oder Heber.

Eine solche Mühle kostete nach des Herrn Claußen Anschlag 1792 in Holstein folgendes zu bauen.

1) Das Haus.

		Rthr.	Mk.	ß.
100 Ellen gehauene Steine, à Elle 1 Mark = =		33	1	—
Die unterste Etage 4 Ellen hoch, $1\frac{1}{2}$ Stein dick:				
Beyde Seiten 92 Ellen in Quadrat, à 75 Stück	6900 St.			
Die Enden 88 Ellen	6600 St.			
Die oberste Etage $4\frac{1}{2}$ Ellen hoch, 1 Stein dick:				
Beyde Seiten 103 Ellen in Quadrat, à 50 Stück	5150 St.			
Die Enden 99 Ellen	4950 St.			
Mauersteine	23600 St.			
à Tausend 14 Mk. = =		110	—	6
4 Stück 10ellige Balken, in Quadr. 10 Zoll, 40 Ellen, à 1 Mk. 8 ß.		20	—	—
Latus		163	1	6

	Rthlr.	Mk.	ß.
Transport	163	1	6
4 Stück 10ellige dito, in Quadrat 8 Zoll, à Stück 7 Mk. 8 ß.	10	—	—
12 Stück 9ellige Sparren, à Stück 1 Mk. 10 ß.	6	1	8
50 Stück große Steinlatten	4	1	8
300 Stück große Lattnägel	1	—	—
1500 Dachsteine, à 1000 10 Rthlr.	15	—	—
12 Tonnen Kalk, à Tonne 7 Mk.	28	—	—
Für Lehm und Sand	13	—	—
4 Stück 12ellige Riemen à 1 Rthlr.	4	—	—
Mauerlohn	58	—	—
das Haus also	303	1	6

2) Breter.

	Rthlr.	Mk.	ß.
Zum Boden 6 Zwölfter 6ellige Breter, à 10 Mk 8 ß	21	—	—
Zum Rumpf, Schuh und Küp des Steins 2 Zwölfter	7	—	—
Für Breter also	28	—	—

3) Zimmer.

	Rthlr.	Mk.	ß.
Die Kümme übers Wasserrad	70	—	—
Das Wasserrad von Eichenholz	25	—	—
Die Walze von Eichenholz, 13 Fuß lang, in Quadrat 15 Zoll	20	—	—
Das Kammrad von Eichenholz	30	—	—
Das Getriebe	3	—	—
24 Ellen gute föhrene Balken, in Quadrat 12 Zoll, à Elle 1 Mk. 10 ß.	14	—	—
24 Ellen dito, 10zollige, à 1 Mk. 8 ß.	12	—	—
Für Zimmer also	174	—	—

4) Eisenzeug.

	Rthlr.	Mk.	ß.
Die eiserne Spille, 9 Lpf à 7 Mk.	21	—	—
Die beyden Zapfen der Welle, mit Ringen, 10 Lpf. à 7 Mk.	23	1	—
Der Rien	10	—	—
Für Anker, Bolten und Nägel	27	2	—
Für Eisenzeug also	82	—	—

1) Das

	Rthr.	Mk.	ß.
1) Das Haus	303	1	6
2) Breter	28	—	—
3) Zimmer	174	—	—
4) Eisenzeug	82	—	—
Ueberdem 2 Stück rheinische 18ner Mehlsteine = =	220	—	—
Zimmerlohn mit Kostgeld =	60	—	—
Für Transportirung der Materialien	20	—	—
Summa	887	1	6

Zu dieser Summe kommen noch die Kosten der Dämmung, der Schleuse und des Siehls, bey einer neuen Anlage; weil aber selbige nach der Beschaffenheit jeden Orts mehr oder weniger ausmachen, so sind sie hier nicht in Anschlag gebracht.

Ein oberschlächtiges Gerinne von ganz anderer Einrichtung ist oben, S. 242 schon beschrieben worden.

Daß man oberschlächtige Wasserräder, welche etwa nur 6 Fuß im Durchmesser haben, **Walzenräder** nenne, weil sie verhältnißmäßig sehr breit seyn müssen, ist oben, S. 255 und 285 schon bemerkt worden. Man zieht ihnen gemeinhin aber die **Sackräder** vor, von welchen gleich mehr folgen wird.

Von oberschlächtigen Mühlen handelt Beyer in dem Schauplatze der Mühlenbaukunst Cap. VIII. S. 63 ff.

7. Mühlen mit halboberschlächtigen, halbunterschlächtigen, mittelschlächtigen oder sogenanntn Sackrädern.

Daß die Sackräder, von welchen man so viel Rühmens machte, und die unter gewissen Umständen auch mehr Dienste leisteten, als manche anders eingerichtete Mühlen, ganz entbehrt werden können, wenn man nur die von Herrn Bergrath Eiselen angegebene Art der Verschaufelung und Kröpfung anwenden

anwenden will, ist oben, S. 232 schon gezeigt worden. Da die Mühlen mit Sackrädern indessen hier und da gefunden werden, so ist es nöthig, auch von ihnen noch etwas hinzuzufügen, womit das oben, S. 253, 255 und 270 ff. gesagte zu vergleichen ist.

Weinhold sagt in seinen Anmerkungen zu Beyers Schauplatze S. 81.: es gehört überhaupt ein sehr geschickter Werkmeister zur Erbauung, einer Mühle mit Sackrädern welcher alle und jede Umstände, so dabey vorkommen, vorher weislich überlegt, und alsdenn seine Anlage und Arbeit darnach einrichtet. Er hat Beyspiele gesehen, wo man, bey wenigem Wasser, und welches eine sogenannte Walze, nur kümmerlich bedient hatte, dennoch den Unsinn beging, und ein 6eiligtes Mittelschlächtig- oder Sackrad dafür einhing; alles übrige gehende Zeug aber lies, wie es bey der Walze gewesen war. Das neue Rad bewegte sich aber gar nicht. Nun vermehrte man den Unsinn noch, und machte ein Vorgelege. Doch die Natur behauptete ihr Recht, es war und blieb ein unbrauchbares Werk.

Um aber doch denjenigen, welche etwa dergleichen Werke anlegen wollen, einige Regeln zu geben, wonach sie sich richten können; so wollen wir die Silberschlagischen *) hier kürzlich zusammen ziehen, und einige Erfahrungen dazu fügen.

1) Mittelschlächtige oder Sackräder, müssen zwischen 5 bis 7 Fuß Gefälle haben.

2) Sie müssen genug Aufschlagewasser, 12 bis 16 Kubikfuß in einer Secunde haben.

3) Der Boden des Wasserrades, muß unter den Satz- oder Riegelschaufeln durchbohrt werden, oder

*) S. dessen Hydrotechnik II Th. S. 205 ff.

oder noch besser, man läßt von jeder Satzschaufel an, nach der folgenden zu, 1" breit offen, in Fig. 5680 ist dieses bey d zu sehen.

4) Damit das Wasser zwischen dem Rade und dem krummen Gerinne B, nicht ohne die Schaufeln zu berühren, und also ohne Nutzen wegfließet, so müssen die Räder in solchen Gerinnen, so genau an den Boden des Gerinnes anschließen, als es nur möglich, und ohne Friction thunlich.

5) Das obere Gerinne A, muß vor dem Rade oberwärts in b eingeschlossen seyn, und in c ein Sturzbret bekommen, welches nach der Schräge der Schaufeln gerichtet ist, und also das Aufschlagewasser durch einen schrägen Schlund in die Schaufeln, und nicht unmittelbar in das krumme Gerinne stürzt. Dieser Schlund muß aber

6) volles Druckwasser haben; und dieses muß über den Schlund so hoch stehen, daß es 3 mahl schneller durchfließt, als das Rad sich bewegt. Aus dieser Ursache, muß auch der Mund des Schlundes nur $\frac{1}{3}$ von der Breite der Wangenöffnung des Rades besitzen, damit die Schaufeln sich schnell genug füllen, schnell den Stoß des Wassers bekommen, und doch auch nicht zu viel Wasser verschwenden.

7) Muß das Wasser zunächst unter oder über der Mitte des Rades in die Schaufeln stürzen. Die größte Entfernung von der Axe des Rades, darf nie über 1 Fuß seyn. Es muß aber

8) auch der Spielraum in der krummen Rinne, so viel wie möglich verkleinert, und daher die Stirne des Rades nicht sehr breit gemacht werden. Jedoch aus eben dieser Ursache müssen

9) die Felgen desto breiter, und nie unter 1" breit werden.

10) Die Höhe des Wasserrades richtet sich nach dem Gefälle, und, da das Aufschlagewasser entweder 1 Fuß über oder unter der Axe in die Schaufeln stürzen muß: so läßt sich die Höhe des Rades nach dem gegebenen Gefälle leicht bestimmen, wenn man von dem Punkt C an, eine wagerechte Linie fortzieht, welche der Durchmesser des Rades ist, hierauf für die letzte Kropfschwelle F eine proportionirliche Höhe bestimmt, daß die untere Räusche dadurch zugleich befördert wird, und aus der übrigen Höhe bis an den Mittelpunkt der Welle, die Höhe des Halbmessers des Rades abmißt. Z. B. Das ganze Gefälle sey hier von C an, senkrecht 6′, hiervon $1\frac{1}{2}$′ zur Kropfschwelle, Stärke der Bohlen des krummen Gerinnes, und der untern Räusche abgezogen, bleiben noch $4\frac{1}{2}$′ für den Halbmesser des Rades, also 9′ für die ganze Höhe des Rades. Um nun die Anzahl der Schaufeln zu finden, die diesem Rade zuträglich wären, so finde man den Umkreis des Rades in Zollen, und dividire mit der Breite der Felgen darein, so gibt der Quotient die Anzahl der Schaufeln. Z. B. Hier 9′ die Höhe des Rades gibt mit 12 zu Zollen gemacht 108″, zu diesen die Peripherie gesucht:

7 : 22. 108
22
———
216
216
———
7) 2376 | $339\frac{3}{7}$'' dies mit Weglassung der $\frac{3}{7}$ mit 12'', als der Felgenbreite, dividirt, kommt 28 zum Quotienten, als die Anzahl der Schaufeln.
21
———
27
21
———
66
63
———
3

Nimmt man nun das Verhältniß der oberschlächtigen Wasserräder zu ihren Kammrädern, wie 3:2 an; so läßt sich das übrige leicht darnach proportioniren. Man kann auch die Proportion von Stauberkammrädern unter gewissen Umständen annehmen.

Beschreibung einer im Jahr 1794 von einem Engländer zu Kopenhagen angelegten Mühle mit einem Sackrade *).

1) Das Wasserrad dieser Mühle, ein sogenanntes Griechisches oder Sackrad mit gebrochenen Schaufeln, ist schon Fig. 5606 abgebildet worden.

2) In dieser Mühle treibt jedes Wasserrad, ob es gleich nur 6 Schuh Fall hat, 3 Gänge und zwar, nach der am angeführten Orte davon gegebenen Beschreibung, so leicht, als wenn es nur einen Gang in Bewegung zu setzen hätte. Die gedachten 3 Mahlgänge sind oben bey dem großen Kammrade, b Fig. 5681 in der Rundung angebracht. Sie

*) S. Journal für Fabrik ꝛc. May 1801 S. 412 ff.

Sie gehen unglaublich geschwinde, und richten in 24 Stunden noch einmahl so viel aus, als ein Deutscher Gang, der für sich allein ein Wasserrad hat.

3) Das Kammrad a ist hier viel kleiner als gewöhnlich, treibt aber oberhalb des Trichters ein größeres Kammrad b. In dieser Struktur liegt die verdoppelte Geschwindigkeit des laufenden Mühlsteins.

4) Dieser wird nicht von unten, sondern von obenher in Bewegung gesetzt, indem neben dem Trichter eine eiserne Stange herabläuft, die oben ein Getriebe hat, und unten im laufenden Mühlsteine befestiget ist.

5) Der Mühlbeutel d wird hier nicht auf und nieder geschwungen, wodurch er so bald zerrissen wird, sondern er läuft wie eine Spule herum. Zugleich hat er das Eigenthümliche, daß er aus Seidenflor besteht. Hierdurch wird die Feinheit des Mehls ungemein befördert. Seine Dauer ist viel größer, als die aus Linnengarn.

6) Das ganze Mühlwerk ist bey weitem nicht so zerbrechlich, als das Deutsche, und erfordert auch in der Anlage nur einen mäßigen Aufwand, welcher von den Vortheilen, die es gewährt, überwogen wird.

Nun noch einige allgemeine Bemerkungen über oberschlächtige und mittelschlächtige oder Sackräder.

1) Wo man nicht 5' Gefälle hat, lege man keine oberschlächtige oder mittelschlächtige, sondern Strauberräder an.

2) Die Höhe der oberschlächtigen Wasserräder soll der Höhe ihres Gefälles so nahe wie möglich

lich kommen. Dies wird leider wenig beobachtet.

3) Die Breite der Felgen, muß nie unter 10″ seyn.

4) Man wähle, wo es die Umstände nicht besonders verlangen, anstatt der mittelschlächtigen oder Sackräder, lieber oberschlächtige, oder unterschlächtige mit der von Eiselen angegebenen Verschaufelung.

5) Im Durchschnitt kann ein oberschlächtiges oder Sackgeschirre, wenn es zweckmäßig angelegt ist, 15 Dresdner oder 30 Berliner Scheffel Mehl, zu 6mahligem Aufschütten gerechnet, in 24 Stunden abmahlen.

6) Je höher das Gefälle, desto weniger Aufschlagewasser braucht man. Es gibt Räder von 15 Ellen Höhe. Man nehme hierbey wohl in Acht, daß das Gewicht des Wassers in jeder Schaufel, nicht der Größe und dem Raume der Schaufel gemäß, sondern nur $\frac{7}{6}$ dieses Gewichtes ist. Die Ursache ist, weil der obere Quadrant des Rades nur die Hälfte, der untere aber nur $\frac{2}{3}$ von diesem Wassergewicht, also $\frac{7}{6}$ zusammen behalten, das übrige aber von Schaufel zu Schaufel sich wieder ausgießet.

7) Bey den oberschlächtigen Gerinnen ist noch zu erinnern: a) Bleibt über dem Rade kein Gefälle übrig, so läßt man das Wasser, wie es kommt, in die Schaufeln schießen. b) Ist aber noch Gefälle über dem Rade da, und der Zuschuß des Wassers ergiebig genug, so macht man einen der Schräge der Schaufeln gemäßen Schlund, damit die Bewegung durch einen desto schnellern Stoß geschehe. Dieses geschieht bey den Kunsträdern auf Bergwerken, mit vielem Vortheil.

8) Da ihre Bewegung allemahl gleichförmiger ist, als der unterschlächtigen, so gibt auch die

Erfah-

Erfahrung, daß sie feiner Mehl als diese liefern, und ihr Effekt ist bey einer vollkommenen guten Einrichtung beynahe 3mahl so groß, als bey den unterschlächtigen.

9) Will man bey oberschlächtigem Zeuge, wo hohes Gefälle und kleine Bäche sind, Vorgelege gebrauchen, so wird bey einem 8elligen Wasserrade, ein Stirnrad von 80 Kämmen, ein Drehling von 36 Stecken, ein Kammrad von 64 Kämmen, und ein Getriebe von 6 Stecken, ein gutes Verhältniß seyn: So wie, wenn man ein 7steckiges Getriebe erwählte, das Stirnrad 80, das Kammrad 68 Kämme, und der Drehling 32 Stecken haben muß. Bey erstern kommt der Mühlstein $23\frac{1}{2}\frac{2}{7}$ mahl, bey letzterm aber $24\frac{2}{7}$ mahl herum, ehe das Wasserrad einen Umgang verrichtet.

8. Mühlen mit horizontal stehenden Wasserrädern. Davon sehe man oben, S. 286 ff.

9. Fluthmühlen. S. oben, S. 298 ff.

10. Wassermühlen ohne fliessendes Wasser.

Da die Hauptsache bey diesen Mühlen, die man auch *trockne Wassermühlen* nennt, darin besteht, daß das Wasserrad, welches nach Art der oberschlächtigen Mühlen eingerichtet ist, von Wasser in Bewegung gesetzt wird, welches die Mühle selbst aufpumpet: so muß man mit Recht mißtrauisch gegen solche Maschinen seyn, da man von ihnen mehr Kraft verlangt als man ihnen gibt. Denn an sich betrachtet kann nach mechanischen Gesetzen ja eine bestimmte Menge Wasser, man richte die Maschine auch noch so künstlich ein, nicht mehr bewirken, als eben eine solche Menge, wenn keine Friction und kein Widerstand der Luft zu überwinden wäre, wieder eben so hoch zu heben, als

als die vorige sich herunter senkte. Wo soll nun der Ueberfluß herkommen, die Friction zu überwinden, und gar die ganze Maschine in Bewegung zu setzen? Das was man an Raum gewinnt, verliert man wieder an Zeit, und umgekehrt. Hierüber werde ich mich im Art. Perpetuum Mobile weiter zu erklären Gelegenheit haben.

Gleichwohl hat man verschiedene Mühlen der Art nicht nur ein Vorschlag gebracht, sondern zum Theil wirklich ausgeführt, welche nach dem Urtheil sachverständiger Männer gute Dienste leisten sollen. Zwar ist bis jetzt noch keine derselben in beständigem Gange geblieben, welches zufälligen Umständen beygelegt wird; da sie indeß, in so fern sie wirklich ausführbar seyn sollten, viele Aufmerksamkeit verdienen, so will ich hier wenigstens einige Nachrichten von ihnen hinzufügen.

Nachricht von einer Wassermühle, die ohne an einem Bach oder Flüßchen zu stehn, immer mahlen kann *)

In dem Städtchen Lemsal des zur rigischen Statthalterschaft gehörenden wolmarschen Kreises, unterhielt vormahls der Schmiedemeister Heine eine ziemlich einträgliche Roßmühle zum Kornmahlen, mußte sie aber eingehen lassen, nachdem er an einer Seuche seine Pferde verlohr, welche er wieder anzuschaffen sich nicht im Stande sahe. Er verfiel auf den Anschlag, anstatt derselben eine Wassermühle anzulegen, die keines fliessenden Gewässers

wässers

*) S. Hupel's neue nordische Miscellaneen. 1 und 2tes Stück. Riga 1792. S. 508 ff. Diese Nachricht rührt vom Herrn Kreisrichter, Grafen Mellin, Erbherrn auf Kolzen in Lettland her, womit auch andere mir zu Gesicht gekommenen Beschreibungen übereinstimmen.

wässers Bedarf, und brachte auch wirklich eine solche zu Stande; welche Erfindung ihm um so viel mehr Ehre macht, weil seine Mühle nicht nur sehr einfach ist, sondern auch vor allen Wasser- und Windmühlen den beträchtlichen Vorzug hat, daß sie ohne von Umständen und Zufällen, von Wind, von Ab- oder Zufluß des Wassers, von Witterung und Jahreszeit abzuhangen, auch ohne eines fliessenden Gewässers oder kostbarer Dämme, Stauungen und Schleusen zu bedürfen, zu jederzeit mahlen kann. Sie taugt demnach für jede Gegend, nur nicht für eine völlig wasserlose der es so gar an Brunnen fehlt.

Das ganze Mühlenwerk nimmt bloß die Hälfte eines kleinen Gebäudes ein, welches etwa 4 Klaftern lang und 3 Klaftern breit seyn mag: die zweyte Hälfte des Gebäudes ist zum Raum für den Mehl- und Beutelkasten, für Kornsäcke rc. bestimmt. Die Mühle besteht in einem großen Wasserrade, wie es bey gewöhnlichen Wassermühlen gebräuchlich ist. Ueber demselben ist ein breternes, wohl verwahrtes und ausgetheertes, aber mit einer kleinen Schleuse versehenes, Wasserbehältniß oder Bassin angebracht, welches 8 bis 10 Tonnen fassen möchte. Wenn man die Schleuse aufzieht, so fällt das Wasser auf das vorher benannte Rad, und setzt es in Bewegung; sammelt sich aber unter dem Rade wieder in einem andern Wasserbecken. Die Bewegung dieses Rades treibt nicht nur wie bey andern Mühlen das Kammrad, und vermittelst desselben die Mühlsteine und den Beutel; sondern da die eiserne Achse dieses großen Wasserrades auf beyden Seiten als ein Zickzack ausgebogen ist, so setzt es zugleich nach einem sehr bekannten Mechanismus auch noch ein Paar Pumpen in Bewegung, welche das herabgefallene Waster aus dem untern Becken wieder in die Höhe treiben, und in das obere Bassin zurück gießen. Soll die Mühle still stehen, so schiebt man die obere kleine Schleuse wieder zu.

Man kann also diese Mühle in gewisser Rücksicht als eine Art von pepetuum Mobile betrachten, wo man bloß die Mühe hat von Zeit zu Zeit ein Paar Eimer Wasser zuzugießen, um den Abgang zu ersetzen, welcher durch die natürliche Ausdünstung u. dgl. verursacht wird. — Wer diese Mühle in Augenschein nimmt, der übersieht und begreift sogleich den ganzen Mechanismus, weil er äußerst einfach und eben deswegen um so gemeinnütziger ist. Sie war eine Zeitlang in vollem Gange und leistete alles, was man von einer solchen Mühle erwartet; weil aber die Pumpenröhren durch die Nässe anquollen, so zersprengten sie endlich nicht nur die eisernen Bänder und Reife, sondern der Druck des Wassers war auch so stark, daß es die Pumpen aus ihren eisernen Schrauben und Verbindungen heraus stieß. Obgleich diese eisernen Befestigungen nochmahls aufs beste und stärkste wieder hergestellt und ergänzt wurden: so zeigte doch die Erfahrung, daß das Eisen zu diesem Endzweck nicht stark genug sey, und daß dazu nothwendig Messing oder ein anderes Metall angewandt werden müsse. Dieses aber anzuschaffen, möchte eine Auslage von 100 oder mehreren Thalern erfordern, die gleichwohl der Erfinder darauf zu verwenden außer Stande ist. Aus dieser Ursache steht jetzt die Mühle so lange still, bis er einst so viel Geld gesammelt und entübrigt haben wird.

Da die Erfindung auch bey anderen Treibwerken angebracht werden kann, die man sonst durch Pferde oder kostbare Schleusen oder Windmühlen

mit

mit großem Aufwande im Gange erhalten muß, und doch dabey von mancherley Zufällen und Abwechselungen abhangen: so wäre zu wünschen, daß die Sache mehr vom Publikum gekannt und unterstützt, auch daß der bescheidene Erfinder, der bereits nahmhaft gemachte Schmiedemeister Heine in Lemsal, von höherm Orte aufgemuntert und belohnt würde, indem er bey aller Rechtschaffenheit, Anstrengung und Emsigkeit dennoch nur ein kümmerliches Auskommen hat. — Viele Personen haben dieses Mühlenwerk besehen und ihren Beyfall bezeigt: unter denselben befand sich auch Se. Excellenz der Herr Gouverneur von Bekleschof, welcher zum Beweise seines Wohlgefallens dem Erfinder ein Geschenk von 50 Rubeln machte.

Die hydraulische Maschine des Bürgers Lacaze.

Unter allen Erfindungen unsers Zeitalters und der Franzosen gebührt, französischen Blättern zu Folge, der hydraulischen Maschine des Bürgers Lacaze der erste Rang. Diese wunderbare Maschine, die bisher von Einigen für unmöglich gehalten wurde, ist, wie der Künstler versichert, kein Produkt des Zufalls, sondern das glückliche Resultat von großem Aufwande, vieler Mühe und seiner Beharrlichkeit in Verfolgung einer Erfindung, deren Möglichkeit ihm zwar dunkel vorschwebte, die aber noch hinter einer Menge von Schwierigkeiten verborgen lag, die er zuvor überwinden mußte.

Die Bürger Brall und Dümas haben, auf Befehl des Ministers vom Innern, diese Maschine mit der sorgfältigsten Aufmerksamkeit untersucht, und der Bericht dieser geschickten Mechaniker bezeugt den nicht zu berechnenden Nutzen derselben.

Sie

Sie wurde 14 Tage lang unter Siegel genommen, und ging ununterbrochen bis zum dritten Tage fort, wo sie vermuthlich durch einen zufälligen Umstand still stand. Allein sie setzte sich von selbst wieder in Bewegung, und ging nun 12 Tage ununterbrochen, und zwar mit einer beträchtlich vermehrten Geschwindigkeit fort, welches wahrscheinlich davon herrührte, weil der Hülfsbeweger bey Wegnahme der Siegel zerbrochen war. Der Bericht versichert, daß die Maschine keine Communication von außen habe, und die bewegende Kraft in der Pumpe liege; daß sie ferner während der 14 Tage, als sie probirt wurde, immer etwas überflüssiges Wasser schöpfte, welches gleichfalls etwas zu der vermehrten Geschwindigkeit des Rades beytragen mußte.

Der Bürger Lacaze ersuchte die Commissarien, noch mehrere Versuche anzustellen, um die Kraft seiner Maschine zu bestätigen; aber da sie sogar überflüssiges Wasser schöpfte, so hielten sie dies für unnöthig. Man muß noch bemerken, daß Dümas vorher gegen die Maschine eingenommen war, und sie also mit der skrupulösesten Aufmerksamkeit untersuchte, wodurch sein gutes Zeugniß desto glaubwürdiger wird.

Der Minister des Innern, der als ein Beförderer der Künste und Wissenschaften bekannt ist, hat dem Künstler den Auftrag gegeben, eine solche Maschine im Großen zu erbauen, wodurch zwey Mühlen zum Getreidemahlen in Bewegung gesetzt werden können; und ersterer hat sich dieses Auftrags unterzogen.

Seit 1799, wo man diese Anzeige las, ist meines Wissens über diese Erfindung und ihre Anwendung indessen weiter nichts bekannt geworden.

Des Herrn Conducteurs Lange neue Trockenmühle.

Der sächsische Hof-Conducteur Herr Lange hat eine neue Wasser- oder sogenannte Trockenmühle erfunden, welche der davon gemachten Ankündigung zu Folge durch einen sehr leichten einfachen Mechanismus in Bewegung gesetzt wird, und ohne an einem Teiche oder Flusse stehen zu dürfen, zu jeder Jahrszeit mahlen kann. Durch einen veränderten Mechanismus kann diese Mühle auch auf Oehl-, Stampf- und Hexelmaschinen angewendet, so wie in Fabriken mit größtem Vortheile gebraucht werden. Der ganze Bau dieser Mühle, mit Haus und allem Zubehör, wird, nach einem vom Erfinder selbst gemachten Ueberschlage, nicht höher als 500 Rthlr. kommen. Die Beschreibung dieser Mühle *) ist 1801 bey Reinicke und Hinrichs in Leipzig erschienen und kostet 1 Rthlr. 8 gr. Daraus sieht man, daß die Mühle durch Wasser in Bewegung gesetzt werden soll, das sie selbst in die Höhe pumpet.

Ob sie das Urtheil verdiene, welches ein Recensent in einem angesehenen kritischen Blatte aus dieser letzten Ursache über sie fällete, der sie gerade zu für ein Unding erklärte, mögen diejenigen entscheiden, die ein Modell dieser Mühle und die im obigen erwähnten ähnlichen Maschinen zu untersuchen Gelegenheit haben.

* * *

Von verschiedenen andern, bey Wassermühlen sonst noch vorkommenden Umständen, und was beobachtet werden muß, sie in gutem Gange zu erhalten,

*) 2 Bogen Text mit 6 Kupfern, welche 1 Bogen ausmachen.

halten, wird in der zweyten Abtheilung die Rede seyn, wo von dem Mahlen selbst und den Geschäften eines Müllers die Rede seyn wird.

Uebrigens will ich hier der bessern Uebersicht wegen noch die vorzüglichsten Werke über den Bau der Wassermühlen nennen, obgleich verschiedene von ihnen im vorstehenden schon angeführet worden sind.

Theatrum machinarum molarium, oder Schauplatz der Mühlenbaukunst, von J. M. Beyer'n und Consorten ausgefertiget, med. Fol. Leipzig 735. 4 Alph. 13 B. Kupf.

J. M. Beyer's Theatrum machinarum molarium, oder Schauplatz der Mühlenbaukunst, fortgesetzt und erweitert, als dessen dritter Theil, von J. K. Weinhold. Mit XI Kupft. Dresden 1788. Fol. 1 Alph. 10 Bog. A. L. Z. 1791. Aug. S. 375.

Praktische Anweisung zur Mühlenbaukunst. Nebst einer Beschreibung zweyer Maschinen zur Reinigung des Korns, von L. Claußen, 4. 104 S. 10 K. Leipz. 1792. Neue A. D. B. V B. 519.

Dresemann's (J.) Tractat von der Mühlenkunst, 8.

Eberhards (J. P.) Beyträge zur mathesi applicata; hauptsächlich zum Mühlenbau, zu den Bergwerksmaschinen, zur Optik und Gnomonik, 8. Halle 757. 10 Bog. 3 B. Kupf.

Ebend. neue Beyträge zur Mathesi applicata, Halle 1773. 1 Alph. 2 B. Scheibel's mathem. B. K. 1 B. S. 557.

Euler (Io. A) enodatio quaestionis, quomodo via aquae aliusve fluidi cum maximo lucro ad molas circumagendas aliave opera perficienda impendi possit? med. 4. Goettingae, 754. 9½ B. 4 B. K.

Fabre's Versuch über die vortheilhafteste Bauart hydraulischer Maschinen, und insbesondere der Getreidemühlen. Aus dem Franz. mit Anm. von M. A. H. Lüdecke. Leipzig 1786. 584 S. in 8. mit Kupf. A. D. B. LXXIV. B. 460 S.

Huth's (Joh. Chr.) nöthige Kenntniß zu Anlegung, Beurtheilung und Berechnung der Wassermühlen. Halle 1787. 8. S. 140. 15 Kupf. A. D. B. Anh. LIII — LXXXVI. 569.

Van den Mühlen. Kirchhofs Beschreibung verschiedener nützlichen Maschinen. Berlin 1781. S. 28.

Mathematische Abhandl. von Wasserwerken; im 4ten Bande der Schwed. Abh. S. 92.

Behren's praktische Mühlenbaukunst. Schwerin 1789. 4. 33 B. in 4. mit 31 Kupft

Halle's Werkstäte der heutigen Künste. IIIter Theil S. 44 fl. VIter Theil S. 157 fl.

Melzer's neue verbesserte Mühlenbaukunst, mit Kupf. 3 Bände. 8. Merseburg 1779—1788. 2te Aufl. 1800.

Polly (I.) Groot volcomen Moolen Boeck of navu Keurig Ontwerp van allerhande de tot nog toe behende foorten van Moolens dor Leendert van Natrus, Iac Polly en Cornelius van Vuuren. In Kupfer gebracht durch J. Punt, 2 Theile, Landkartenform, 1734.

Scopp's (J. G.) Schauplatz des mechanischen Mühlenbaues. 1 Theil. Frankf. und Leipzig 1766. 4. A. D. B. II B. 1 St. 291.

Sturm's (L. Chr.) vollständige Mühlenbaukunst. Fol. Augsb. 718. 10½ Bogen, 25¼ B. K.

Von den Maschinen, die durch Wasser beweget werden. S. 548 VII. Band der Steinwehrschen Uebersetz. der Abhandl. der Pariser Akademie.

Zyl (J. v.) Theatrum machinarum universale, of groot algemen Moolen Boek. In Kupfer gebracht von J. Schink, 2 Theile, Landchartenformat. Amsterdam 1761. Fäsch hat die deutsche Beschreibung dazu heraus gegeben.

Wencesl. Joh Gustav Karsten's Lehrbegriff der gesammten Mathematik. Vter Theil. Die Hydraulik Greifswald 1770. 8.

G. G. Schmidt's Anfangsgründe der Mathematik 2ter Theil 2te Abth. Frankf. und Leipzig 1799. welche die Hydraulik und Maschinenlehre enthält.

Herrn Du Buat's Grundlehren der Hydraulik. Aus dem Franz. übersetzt. von Kosmann. Berlin 1796. 8.

Mönnich's Anleitung zur Anordnung und Berechnung der gebräuchlichsten Maschinen. Augsburg 1778. 8. die erste Abtheilung enthält die Mühlenwerke.

Dessel-

Desselben Lehrbuch der M[illegible]hematik. Fortgesetzt von Kosmann 2ter Theil 2te Abtheilung, welcher die Hydraulik enthält.

Langsdorf's Lehrbuch der Hydraulik.

Von unterschlächtigen und oberschlächtigen Rädern, desgleichen von der Proportionirung des Wasserrades ge[illegible] das Kammrad, von Silberschlog. St[illegible] im 12ten Bande der ökonomischen Nachrichten, und auch in Weinhold's Fortsetzung von Beyer's Mühlenschauplatz.

Silberschlag's Hydrotechnik.

Stieglitz's Encyklopädie der bürgerlichen Baukunst. Art. Mühle im 3ten Theile. Leipzig 1796.

Kunze's Schauplatz der gemeinnützigsten Maschinen. I B. Hamburg 1796. 8. S. 213 ff.

Klügel's Encyklopädie IIIter Theil.

John Banks Abhandlung über die Mühlenwerke. Aus dem Engl. übersetzt von C. G. Zimmermann. Berlin 1800. 8. 3te und 4te Abtheilung.

Joh. Chr Eiselen's Beytrag zur Anwendung des Wassers auf unterschlächtige sogenannte Kropfräder, und deren besseren Einrichtung selbst. Berlin 1800. 2tes Heft 1801 8.

Heinrich Ernst's Anweisung zum praktischen Mühlenbau, oder gründliche Abhandlung zur Verfertigung des gesammten Raderwerks. Für Müller und Zimmerleute ausgearbeitet. I Th. mit 16 Kupft. Leipzig 1802 8.

Poppe's Encyklopädie des ganzen Maschinenwesens. (Von diesem alphabetischen Werke ist 1803 der erste Theil in Leipzig erschienen. Derjenigen Theil welcher die Wassermahlmühlen enthält, ist noch nicht heraus).

II. Von den Windmühlen.

A. Von der Einrichtung der senkrechtstehenden Windmühlenflügel, und der Wirkung des Windes auf dieselben.

Das erste, was bey den Windmühlen in Betrachtung kommt, ist die Kraft die sie treibt,

 und

und wie diese Kraft auf die Flügel der Mühle wirkt, damit man darnach die ganze übrige Einrichtung berechnen und anordnen könne. Man muß also Untersuchungen über die Wirkungen des Windes anstellen. Bey Anstellung der Versuche über diesen Gegenstand ist aber der Wind selbst für sich zu unsicher, um der Absicht zu entsprechen. Es ist daher nöthig zu einem künstlichen Winde seine Zuflucht zu nehmen.

Dieses kann nach Smeaton's Angabe *) auf zweyerley Art geschehen, entweder daß man die Luft sich gegen die Maschine bewegen läßt, oder daß sie die Maschine gegen die Luft bewegt. Zu machen, daß die Luft sich gegen die Maschine hinreichend stark, gleichförmig, und mit der erforderlichen Geschwindigkeit bewege, ist schwer auszuführen, so wie denn um die Maschine in gerader Linie gegen die Luft vorwärts zu treiben, dies einen allzu großen Raum erfordern würde. Das was Smeaton in dieser Rücksicht als vorzüglich anwendbar gefunden hat, war, die Welle zu treiben, woran die Flügel befestiget waren, und sie so allmählig in dem Umkreise eines großen Zirkels herum zu führen; hierauf gründet sich denn auch die Bauart der folgenden Maschine **).

Fig.

*) S. Versuche über die natürlichen Kräfte des Wassers und des Windes, um Mühlen und andere Maschinen zu treiben, die auf einer kreisförmigen Bewegung beruhen, von J. Smeaton. Aus den Philos. Transact. Vol. LI. P. I. übersetzt in Geißler's Beschreibung und Geschichte der neuesten und vorzüglichsten Instrumente und Kunstwerke 2c. IV Th. Zittau und Leipzig 1795. S. 98 ff. woraus ich hier das nachfolgende mittheile.

**) Vor nicht vielen Jahren unternahm Herr Rouse die Veranstaltung von Versuchen über die Geschwindigkeit des Windes, und über die Stärke desselben auf flache Oberflächen und Windmühlflügel; um eben diese Zeit erfand auch Herr Ellicote eine Maschine zum Gebrauche des verstorbenen Herrn Robbin's, um den Widerstand flacher

Fig. 5682 ABC ist ein pyramidenförmiger Rahmen, welcher die beweglichen Theile trägt. DE ist eine aufrechtstehende Welle, womit der Arm FG verbunden ist, welcher die Windmühlenflügel in gehöriger Entfernung von dem Mittelpunkte der aufrechtstehenden Welle trägt. H ist eine Trommel an der aufrechtstehenden Welle, um welche eine Schnure gewunden wird, welche, da sie mit der Hand gezogen wird, der Welle und dem Arme FG eine kreisförmige Bewegung gibt, so daß auf diese [illegible] die Welle der Flügel in dem Umkreise eines Zirkels herumgeführt werde, dessen Halbmesser DI ist, und solchemnach die Flügel gegen die Luft stoßen, daß sie sich um ihre eigene Welle bewegen. Bey L ist das Ende mit einer schwachen Schnur befestiget, welche über die Rollen M, N, O geht, sich um eine Trommel an der Welle der Windmühlenflügel schlägt, und indem sie sich daselbst aufwindet, die Schale P hebt, wo die Gewichte liegen, um die Kraft der Flügel zu prüfen. Diese Schale, welche sich auf- und niederwärts in der Richtung der aufrechtstehenden Welle bewegt, erhält von der Kreisbewegung keine Störung. QR sind zwey parallele Pfeiler, welche auf dem Arme

flacher Oberflächen zu untersuchen, die sich durch die Luft bewegen. Beyde Maschinen sind einander sehr ähnlich, ohne daß beyde Künstler sich mit einander besprachen, welches oft der Fall ist, wenn zwey Personen mit Fleiß einerley Gegenstand bearbeiten. Auch war diese Maschine nach einerley Idee wie die vorige gebaut, und nur darin verschieden, daß die Hauptbewegung mit der Hand geschahe, und zur Regulirung ein Pendulum statt des Gewichts wie bey der ersten hatte, um solchemnach den Antrieb des Windes, oder den Widerstand der Flächen besser abmessen zu können: indessen ist letztere für Versuche an Windmühlenflügel anwendbar, weil jede Abänderung in der Lage von einerley Flügel verursachen wird, daß sie auf die Luft mit verschiedener Geschwindigkeit bey einerley Gewicht stoßen können.

FG stehen, und so die Schale P tragen, und damit diese keine Schwungkraft erhalte, dienen die beyden schwachen Ketten, die locker um diese Pfeiler liegen. W ist ein Gewicht, um den Mittelpunkt der Schwere des beweglichen Theils der Maschine in den Mittelpunkt der Bewegung der Welle DE zu bringen, VX ist ein Pendulum, welches aus zwey Bleykugeln besteht, die an einem hölzernen Stabe beweglich sind, und hierdurch so gestellt werden können, daß sie in irgend einer verlangten Zeit vibriren. Dieses Pendulum hängt an einem Drahte, um welchen es die Vibration wie an einer Welle macht. Y ist eine durchbrochene Tafel, in welche die Welle des Pendulum eingehangen ist.

Wird das Pendulum so gestellt, daß es zwey Vibration während der Zeit macht, als der Arm GH einen Umgang macht, und wird das Pendulum in Vibration gesetzt, so zieht man an der Schnure Z so, daß jede halbe Revolution des Arms einer Vibration entspricht, welches man soviel als möglich während dem der Versuch fortgesetzt wird, beobachten muß. Einige Uebung wird bald in Stand setzen, diese Bewegung so regelmäßig zu machen, als es hierzu erforderlich ist.

Versuche.

Halbmesser der Flügel	:	:	21	Zoll
Länge derselben im Tuche	:	:	18	—
Breite derselben	:	:	5,6	—
Winkel am Ende *)	:	:	10	Grad.
Winkel an der größten Neigung *)			25	—

20

*) In allen folgenden Versuchen ist der Winkel der Flügel von der Fläche ihrer Bewegung gerechnet; d. i. wenn sie unter rechten Winkeln mit der Welle stehen, so ist ihr Winkel bemerkt; diese Angabe zufolge der Sprache der Künstler heißt das Wetter der Windmühlenflügel, und ist größer oder geringer, je nachdem dieser Winkel, welchen die Flügel machen, größer oder geringer ist.

20 Umgänge der Flügel heben das Gewicht 11,3 Zoll.
Geschwindigkeit des Mittelpunkts der Flügel in dem Umkreise des großen Zirkels in 1 Sekunde = = 6 Fuß.
Fortsetzung des Versuchs = = 52 Sek.

No.	Gew. in der Schale.	Umdreh.	Produkt.	
1	0 Pf.	108	0	
2	6	85	510	
3	$6\frac{1}{2}$	81	$526\frac{1}{2}$	
4	7	78	546	
5	$7\frac{1}{2}$	73	$547\frac{1}{2}$	Max.
6	8	65	520	
7	9	0	0	

Das Gewicht der Schale und der Rolle war 3 Unz.; ein Gewicht von 1 Unz. an einem Halbmesser um $12\frac{1}{2}$ Zoll vom Mittelpunkte der Welle aufgehangen, hob genau Anreibung, Schale und Last von $7\frac{1}{2}$ Pf. und um $14\frac{2}{10}$ Zoll den nähmlichen Widerstand mit 9 Pf. in der Schale.

Reduktion des vorhergehenden Versuches

No. 5 als das Maximum, das Gewicht in der Schale war 7 Pf. 8 Unz. mit dem Gewichte der Schale und der Rolle 3 Unz. macht 7 Pf. 11 Unz. gleich 123 Unz.; dies addirt zur Friktion der Maschine gibt zur Summe den ganzen Widerstand *). Diese Anreibung der Maschine wird folgendermaßen hergeleitet. Da 20 Umgänge der Flügel das Gewicht 11,3 Zoll mit einer doppelten Schnur hoben, so wird der Halbmesser der Walze seyn: 1,8 eines Zolls; allein wäre das Gewicht vermittelst einer einfachen Schnur gehoben

 worden,

*) Der Widerstand der Luft wird nicht mit in Rechnung des Widerstandes genommen, weil er von der Anwendung der Kraft unzertrennlich ist.

worden, und der Radius der Walze wäre die Hälfte des erstern, nähmlich 0,9, so würde der Widerstand der nähmliche gewesen seyn; wir werden daher diese Analogie haben: wie der halbe Radius der Walze ist zur Länge des Arms, wo das kleine Gewicht angebracht war, so ist das Gewicht, welches an dem Arme angebracht wird, zu einem vierten Gewichte, welches gleich der Summe des ganzen Widerstandes zusammen genommen ist; d. i. 09 : 12,5 = 1 Unz. : 13,9 Unz. Dies übersteigt 123 Unzen das Gewicht in der Schale um 16 Unzen oder 1 Pf., welches gleich der Anreibung ist; und dieses addirt zu obigem Gewichte 7 Pf. 11 Unz. macht 8 Pf. 11 Unz. = 8,69 Pf., als die Summe des ganzen Widerstandes; und diese multiplicirt durch 73 Umgänge gibt ein Produkt 634, als die hervorgebrachte Wirkung.

Auf gleiche Art, wenn das Gewicht 9 Pf., welches verursachte, daß die Flügel standen, nachdem sie in Bewegung gesetzt wurden, durch das Gewicht der Schale und dessen verhältnißmäßige Anreibung vermehrt wird, so wird es 10, 37 Pf. Das Resultat dieses Versuchs steht No. 12 auf der anliegenden Tabelle D., so wie die Resultate aller übrigen aufgestellten Versuche, die sich daselbst befinden, und auf gleiche Art reducirt sind.

Beobachtungen und Folgerungen aus dem vorhergehenden Versuchen.

I. Von der besten Gestalt und Lage der Windmühlflügel.

In der Tabelle D. No. 1. ist das Resultat einer Reihe von Versuchen an Flügeln unter einem Winkel, welchen der berühmte Herr Parent und die folgenden Geometer seit verschiedenen Jahren für

Tabe

Von 19 Versuchen über Windmühlflüge
Größe der

Art der gebrauchten Flügel	No.	Winkel am Ende	Größter Winkel	Umdrehungen der Flügel ohne Last	Umdrehungen der Flügel als Maximum	
Flache Flügel unter einem Winkel von 55°	1	35°	35°	66	42	7,
Flache Flügel auf gewöhnliche Art gestellt.	2	12	12		70	6,
	3	15	15	105	69	6,
	4	18	18	96	66	7,
Gestellt nach Maclaurins Theorie	5	9	26½		66	7,
	6	12	29½		70½	7,
	7	15	32½		63½	8,
Gestellt nach holländischer Art unter verschiedenen Lagen versucht.	8	0	15	120	93	4,
	9	3	18	120	79	7,
	10	5	20		78	7,
	11	7½	22½	113	77	8,
	12	10	25	108	73	8,
	13	12	27	100	66	8,
Gestellt nach holländischer Art, aber gegen das Ende vergrößert.	14	7½	22½	123	75	10,
	15	10	25	117	74	11,
	16	12	27	114	66	12,
	17	15	30	96	63	12,
8 Flügel als Sektoren von Ellipsen in ihrem besten Lager.	18	12	22	105	64½	16,
	19	12	22	99	64½	18,
	1.	2.	3.	4.	5.	6

Zu Seite 474

D.

ebener Bauart, Stellung und

Produkt	Größe der Oberfläche	Verhältniß der größten Geschwindigkeit zur Geschwindigkeit als Maximum	Verhältniß der größten Last zur Last als Maximum	Verhältniß der Oberfläche zum Produkt
	Q. F.			
318	404	10:7,	10:6,	10: 7, 0
441	404		10:8,3	10:10, 1
464	404	10:6,6	10:8,3	10:10,15
462	404	10:7,	10:7,1	10:10,15
462	404			10:11, 4
518	404			10:12, 8
527	404			10:13,
442	404	10:7,7	10:8,9	10:11,
553	404	10:6,6	10:8,6	10:13, 7
585	404		10:9,2	10:14, 5
639	404	10:6,8	10:8,5	10:15, 8
634	404	10:6,8	10:8,4	10:15, 7
580	404	10:6,6	10:7,7	10:14, 4
799	505	10:6,1	10:8,5	10:15, 8
820	505	10:6,3	10:8,1	10:16, 2
799	505	10:5,8	10:8,4	10:15, 8
762	505	10:6,6	10:8,2	10:15, 1
1059	854	10:6,1	10:5,9	10:12, 4
1165	1146	10:5,9		10:10, 1
8.	9.	10.	11.	12.

für den besten gehalten haben, nähmlich solche, deren Flächen einen Winkel von 55° beynahe mit der Welle machen; das Complement davon, oder der Winkel, welchen die Fläche des Flügels mit der Fläche ihrer Bewegung macht, wird also seyn 35°, wie in der 2. und 3. Colonne. Multiplicirt man nun ihre Anzahl von Umgängen durch die Last, die sie haben, wenn sie mit dem größten Vortheile arbeiteten, wie in der 5. und 6. Colonne, und vergleicht man dieses Produkt (8. Colonne) mit den andern Produkten, die in eben dieser Colonne enthalten sind, anstatt das größte zu seyn, so erhält man das geringste aller übrigen. Allein setzen wir den Winkel der nähmlichen Flächen etwas geringer als die Hälfte des erstern, oder unter einem Winkel von 15° bis 18°, wie No. 3 und 4, d. i. von 72° bis 75° mit der Welle, so wird das Produkt in dem Verhältnisse 31:45 vermehrt werden, welches der gewöhnlichste Winkel ist, dessen man sich bedient, wenn die Oberflächen der Flügel flach sind.

Wenn man nichts mehr Willens ist, als den wirksamsten Winkel zu bestimmen, um zu machen, daß eine Mühle die Bewegung von dem Stande der Ruhe erhalte, oder zu verhindern, daß sie von dem Zustande der Bewegung in Ruhe übergehe, so wird man finden, daß die Stellung von No. 1 die beste ist; denn nach der 7. Colonne, welche die geringsten Gewichte enthält, welche machen, daß die Flügel aus der Bewegung in Ruhe übergehen, werden wir finden, daß No. 1. (verhältnißmäßig nach der Größe des Tuchs) am größten ist. Allein wenn die Flügel die Absicht haben, bey gegebenen Dimensionen die größte mögliche Wirkung in einer gegebenen Zeit hervorzubringen, so müssen wir diejenigen No. 1. ganz bey Seite legen, und

sind

sind wir genöthiget, Flächen anzuwenden, einen Winkel zwischen No. 3. und 4. gebrauchen, d. i. nicht geringer als 72° oder größer als 75° mit der Axe.

Der verstorbene Maclaurin hat sehr sinnreich einen Unterschied zwischen der Wirkung des Windes auf einen Flügel in Ruhe, und auf einen in Bewegung gemacht, und zu Folge als die Bewegung nahe am Ende schneller ist, als gegen den Mittelpunkt, so müsse der Winkel der verschiedenen Theile des Flügels, so wie sie vom Mittelpunkte abgehen, verändert werden. In dieser Rücksicht hat er folgendes Theorem gegeben *). Es sey die Geschwindigkeit des Winkels a, und die Geschwindigkeit eines gegebenen Theils des Flügels sey c, so wird die Wirkung des Windes auf diesen Theil des Flügels die größte seyn, wenn der Tangent des Winkels, unter welchem der Wind antrifft, ist zum Radius wie $\sqrt{(2 + \frac{9cc}{4aa}} + \frac{3c}{2a}$ zu 1." Dieses Theorem bestimmt das Gesetz, nach welchem der Winkel zu Folge der Geschwindigkeit eines jeden Theils des Flügels gegen den Wind verändert werden muß; allein da es unbestimmt gelassen ist, welche Geschwindigkeit irgend ein gegebener Theil des Flügels in Rücksicht gegen den Wind haben muß, so ist auch der Winkel, welchen irgend ein Theil des Flügels haben muß, unbestimmt gelassen, so daß wir in Rücksicht der gehörigen Data ungewiß sind, um das Theorem anzuwenden. Indessen um sich dessen zu versichern, und in Rücksicht, daß ein Winkel von 15° zu 18° sich am besten für eine Fläche schickte, und folglich den besten Winkel machte,

*) Maclaurins account of I. Newton's philosophical discoveries S. 176, Art. 29.

te, so ließ Smeaton den Flügel in der mittlern Distanz zwischen dem Mittelpunkte und dem Ende unter einem Winkel von 15° 41′ mit der Fläche der Bewegung seyn; in welchem Falle denn die Geschwindigkeit dieses Theils des Flügels, wenn er bis zum Maximum belastet war, derjenigen des Windes gleich wäre, oder c = a. Nachdem dieses bestimmt war, so erhielt alles übrige nach dem Theorem folgende Neigung.

Theile des Radius v. Mittelpunkte		Wink. mit der Axe	Winkel der Stellung	
$\frac{1}{6}$	— c = $\frac{1}{2}$ a	— 63° 26′	— 26° 34′	
$\frac{2}{6}$	— c = $\frac{2}{3}$ a	— 69 54	— 20 6	
$\frac{1}{2}$	— c = a	— 74 19	— 15 21	Mittel
$\frac{2}{3}$	— c = $1\frac{1}{3}$ a	— 77 20	— 12 40	
$\frac{5}{6}$	— c = $1\frac{2}{3}$ a	— 79 27	— 10 33	
1	— c = 2 a	— 81 0	— 9 0	Aeußerst.

Das Resultat hiervon war zu Folge No. 5. und beynahe einerley wie die flachen Flügel in der besten Stellung; allein als sie um ihre Röhren gewendet wurden, so daß jeder Theil eines jeden Flügels unter einem Winkel von 3° und nachher von 6° größer als vorher stand, d. i. wurde ihr Ende gewendet von 9° zu 12° und 15°, so wuchsen die Produkte zu 518 und 527. So können wir nunmehr von dem kleinen Unterschiede zwischen diesen zwey Produkten schließen, daß sie nach No. 7, oder nach irgend einem Winkel zwischen diesem und No. 6 beynahe in ihrer besten Stellung waren; indessen läßt sich von diesen sowohl als den flachen und andern Flügeln gleichfalls folgern, daß eine Veränderung des Winkels von einem Grade oder zwey Grade wenig Unterschied in der Wirkung machen, wenn der Winkel sich dem besten Stande beynahe nähert.

Smea-

Smeaton merkt hier noch an, daß ein vermöge der vorhergehenden Regel geneigter Flügel gegen den Wind eine konvexe Oberfläche darbieten wird; dahingegen der holländische und alle übrigen neuen Mühlenbauer, ob sie schon den Winkel vermindern lassen, so daß er vom Mittelpunkte gegen das Ende zu abnimmt, es doch immer auf solche Art thun, daß die Oberfläche des Flügels gegen den Wind konkav wird. Auf diese Art waren die Flügel, deren man sich No. 8, 9, 10, 11, 12 und 13 bedient hat, eingerichtet; die Mitte des Flügels machte einen Winkel mit der äußern Stange von 12°; und der größte Winkel (welcher ungefähr $\frac{1}{3}$ des Radius vom Mittelpunkte war) von 15° damit. Diese Flügel sind in verschiedenen Stellungen versucht worden, unter denen die vortheilhafteste diejenige von No. 11 schien, wo die Enden einen Winkel von $7\frac{1}{2}$° mit der Fläche der Bewegung standen, und das Produkt 639 war; größer als derjenige, welcher nach dem Theorem in dem Verhältnisse 9:11 gemacht worden, und doppelt demjenigen von No. 1, so wie denn dies das größte Produkt war, welches ohne Vermehrung der Oberfläche erhalten werden konnte. Hieraus sieht man, daß wenn der Wind auf eine konkave Oberfläche fällt, es zum Vortheile der Kraft des Ganzen geschieht, obschon jeder Theil besonders genommen nicht auf das vortheilhafteste eingerichtet seyn dürfte *).

Nachdem man solchergestalt die beste Lage der Flügel, oder die Art sie zu stellen, erhalten, wie man

*) Vermöge verschiedener Versuche im Großen hat Smeaton folgende Winkel gefunden, daß sie so gut als andere entsprechen. Der Radius ist in 6 Theile und $\frac{1}{6}$ getheilt angenommen, vom Mittelpunkte gerechnet, der mit 1 und das Ende mit 6 bezeichnet wird.

man es insgemein nennt, so war nun das nächste zu versuchen, welcher Vortheil von einer vermehrten Oberfläche auf den nähmlichen Radius erhalten werden dürfte. Zu dieser Absicht erhielten die Flügel, deren man sich bediente, die Stellung, wie diejenigen No. 8 bis 13 mit einem Zusatze von einem dreyeckigen Tuche zur Seite, dessen Höhe gleich der Höhe des Flügels, und dessen Grundfläche gleich der halben Breite war: folglich war die Vermehrung der Oberfläche im Ganzen genommen ein Viertheil oder wie 4 : 5. Diese Flügel wurden rund herum bewegt, und in vier verschiedenen Stellungen untersucht, die No. 14, 15, 16 und 17 angegeben worden sind, und woraus sich denn ergab, daß die beste Lage diejenige war, wenn jeder Theil des Flügels mit der Fläche der Bewegung einen um $2\frac{1}{2}°$ größern Winkel machte, als solche ohne Zusatz, wie man bey No. 15 sieht, und das Produkt 820 war, folglich 639 in einem größern Verhältnisse als von 4 : 5 oder als die Vermehrung des Tuchs, überstieg. Hieraus sieht man, daß ein breiterer Flügel einen größern Winkel erfordert; und daß wenn der Flügel am Ende breiter ist, als nahe am Mittelpunkte, diese Gestalt vortheilhafter ist, als diejenige eines Parallelograms *).

Ver-

No.	Winkel mit der Axe.	Winkel mit der Fläche der Bewegung.
1	72°	18°
2	71	19
3	72	18 Mittel
4	74	16
5	77½	12½
6	8	7 Aeußerstes.

*) Die Figur und das Verhältuiß der vergrößerten Flügel, die Smeaton gefunden, daß sie im Großen am besten entsprechen, sind Fig. 5082 vorgestellt; wo die äußere Stange ein Drittheil des Radius, (oder die Wippe, wie sie insgemein genannt wird) und von der Wippe in dem Verhältnisse 3 zu 5 getheilt wird. Der dreyeckige Flügel wird mit einem Brette von dem Punkte unterhalb ⅓ sei-

ner

Verschiedene haben geglaubt, daß je größer der Flügel, desto größer der Vortheil sey, weswegen sie denn vorgeschlagen haben, das ganze Feld auszufüllen: sie machten daher jeden Flügel zu einem Sektor einer Ellipse wie Herr Parent, der den ganzen Cylinder von Wind aufnahm, um hierdurch die größte mögliche Wirkung zu erhalten.

Aus diesem Grunde fuhr Smeaton denn auch weiter fort zu untersuchen, in wie weit die Wirkung durch eine fernere Vergrößerung der Oberfläche auf den nähmlichen Radius vermehrt werden könnte, wovon No. 18 und 19 Proben sind; auch wurden die Oberflächen nicht flach gemacht, sondern nach Herrn Parents Vorschlage unter einem Winkel von 35° gesetzt, weil nach No. 1 zu sehen, daß diese Lage nicht entspricht, wenn sie mit dem größten Vortheile wirken soll. Smeaton gab ihnen daher einen solchen Winkel, als die vorhergehenden Versuche für solche Arten von Flügeln bestimmte, nähmlich 12° am Ende, und 22° für die größte Stellung. Vermöge No. 18 haben wird das Produkt 1059 größer als No. 15. in dem Verhältnisse von 7:9; allein alsdenn ist die Vermehrung des Tuchs beynahe 7:12. Vermöge No. 19 haben wir das Produkt 1165, welches größer ist als No. 15 wie 7:10; allein die Vergrößerung des Tuchs ist beynahe wie 7:16; folglich wäre die nähmliche Größe des Tuchs wie in No. 18 in einer ähnlichen Figur zu derjenigen von No. 15 eingerichtet worden, so würden wir statt des Produktes 1059 das Produkt 1386 erhalten

ner-Höhe gedeckt, der übrige Theil mit Tuche wie gewöhnlich. Die Winkel der Stellung in der vorhergehenden Bemerkung sind auch die besten für vergrößerte Flügel; denn in der Praxis findet man, daß Flügel besser thaten, wenn sie zu wenig als zu viel Stellung hatten.

halten haben, wie man aus den fernern Folgerungen finden wird. Man sieht also hieraus, daß über einen gewissen Grad, um jemehr die Fläche ausgefüllt wird, desto weniger Wirkung in Verhältniß zur Oberfläche erzeugt werde: als Smeaton die Versuche noch weiter verfolgte, so fand er, daß obschon bey No. 19 die Oberfläche aller Flügel zusammen nicht mehr als $\frac{7}{8}$ der kreisförmigen Fläche war, die sie enthielt, doch ein fernerer Zusatz die Wirkung vielmehr verminderte als vermehrte. So daß wenn der ganze Windcylinder gebraucht wird, alsdann aus Mängel an gehörigen Zwischenräumen, durch welche er sich verliehren kann, die größte Wirkung nicht erzeugt werde.

Es ist sehr zu wünschen, daß die Flügel der Windmühlen so kurz als möglich gemacht werden; allein zu gleicher Zeit ist es eben auch so erforderlich, daß die Menge des Tuchs so geringe als möglich sey, um bey plötzlichen Windstößen Schaden zu verhüten. Die beste Bauart für große Mühlen ist also diejenige, wo die Menge des Tuchs in einem gegebenen Zirkel die größte mögliche sey, weil die Wirkung nach Verhältniß der Menge des Tuchs ist; denn außerdem kann die Wirkung nach einem gegebenen Grade durch eine geringere Vermehrung des Tuchs auf einen größern Radius vermehrt werden, als erforderlich wäre, wenn das Tuch auf den nähmlichen Radius vermehrt würde. Die vortheilhafteste Gestalt ist daher diejenige No. 9 oder 10, wie an verschiedenen Mühlen im Großen ist versucht worden.

Tabelle.

Resultat von 6 Versuchen zu Bestimmung des Unterschiedes der Wirkungen nach der Geschwindigkeit des Windes. Die Flügel waren von einerley Größe und Art wie No. 10, 11 und 12. Tabelle D. oben, bey S. 474. Fortsetzung des Versuchs 1 Min.

1.	No.	1	2	3	4	5	6
2.	Winkel am Ende	5¼	5	7½	7½	10	10
3.	Geschwindigkeit des Windes in 1 Sekunde (F. M.)	4 4½	8 9	4 4½	8 9	4 4½	8 9
4.	Umdrehungen der Flügel unbelastet	95	207	—	—	91	178
5.	Umdrehungen der Flügel als Maximum	66	122	65	130	61	110
6.	Last als Maximum (Pf.)	4,47	16,42	4,62	17,52	5,03	18,61
7.	Größte Last (Pf.)	5,37	18,00	—	—	5,37	21,34
8.	Produkt	295	2003	300	2278	307	2047
9.	Größte Last für die halbe Geschwindigkeit	—	4,47	—	4,62	—	5,03
10.	Umdrehungen der Flügel damit	—	180	—	180	—	158
11.	Prod. d. geringern Last u. größern Geschwind.	—	805	—	832	—	795
12.	Verhältniß der zwey Produkte	—	10:27,3	—	10:27,8	—	10:26,
13.	Verhältniß der größten Geschw. zur Geschwind. als Maximum	10:6,9	10:5,9	—	—	10:6,7	10:6,2
14.	Verhältniß der größten Last zur Last als Maximum	10:8,3	10:9,1	—	—	10:8,5	10:8,7

II. Von

II. Von dem Verhältnisse zwischen der Geschwindigkeit der Windmühlenflügel unbelastet, und ihrer Geschwindigkeit bey der größten Last.

Diese Verhältnisse, wie sie sich in Versuchen auf verschiedene Arten von Flügeln und bey verschiedenen Neigungen ergaben (indeß die Geschwindigkeit des Windes einerley blieb) sind in der 10 Kolonne Tabelle D. oben, bey S. 474. enthalten, wo die äußern Glieder von dem Verhältnisse 10:7,7 bis zu demjenigen 10:5,8 verschieden sind; allein das gewöhnlichste Verhältniß im Ganzen wird beynahe seyn wie 3:2. Dieses Verhältniß stimmt auch hinreichend nahe mit den Versuchen überein, wo die Geschwindigkeit des Windes so wie in denjenigen der Tabelle, S. 482. Kolonne 13 verschieden war, wo die Verhältnisse von 10:6,9 bis zu 10:5,9 abweichen. Indessen sieht man im Allgemeinen, daß wo die Kraft größer ist, es sey nun durch Vergrößerung der Oberfläche, oder durch eine größere Geschwindigkeit des Windes, das zweyte Glied des Verhältnisses geringer ist.

III. Von dem Verhältnisse zwischen der größten Last, die die Flügel ertragen, ohne stille zu stehen, oder welches beynahe einerley ist, zwischen der geringsten Last welche die Flügel aufhält und der größten Last.

Diese Verhältnisse für verschiedene Arten von Flügeln und Neigungen, finden sich in der 11. Kolonne der Tabelle D bey S. 474. wo die äußern Glieder von dem Verhältnisse 10:6 zu demjenigen 10:9,2 verschieden sind; allein nimmt man bey diesen Versuchen blos, wo die Flügel am besten entsprechen, so werden die Verhältnisse seyn zwischen 10:8 zu 10:9. und ins Mittel ohngefähr

 10:8,3

10:8,3 und 6:5. Dieses Verhältniß stimmt auch sehr nahe mit denjenigen in der 14. Kol. der Tabelle S. 482. überein. Indessen sieht man im Ganzen, daß in denjenigen Beyspielen, wo der Winkel der Flügel oder die Menge des Tuches am grössten war, das zweyte Glied des Verhältnisses geringer war.

IV. Von den Wirkungen der Flügel nach der verschiedenen Geschwindigkeit des Windes.

1. Grundsatz. Die Geschwindigkeit der Windmühlflügel, es sey unbelastet oder belastet, um ein Maximum zu erzeugen, ist beynahe wie die Geschwindigkeit des Windes, wenn ihre Gestalt und Lage einerley ist.

Dies sieht man, wenn man mit einander die gehörigen Zahlen der Kolonnen 4 und 5 der Tabelle S. 482. vergleicht, wo die Zahlen 2, 4 und 6 doppelt die Zahlen 1, 3 und 5 seyn müssen; allein da die Abweichung nirgends grösser ist, als wo sie der mindern Genauigkeit der Versuche selbst zugeschrieben werden kann, und sich genau bey den Zahlen 3 und 4 findet, welche von dem Mittel einer Menge Versuche hergeleitet wurden, die den nähmlichen Tag sorgfältig wiederhohlt worden, und worauf man sich dieserwegen vollkommen verlassen kann, so läßt sich schließen, daß der Grundsatz richtig sey.

2. Grundsatz. Die Last als Maximum ist beynahe, oder etwas geringer, als das Quadrat der Geschwindigkeit des Windes, wenn Gestalt und Lage der Flügel einerley sind.

Dies findet man, wenn man die Zahlen in der 6 Kolonne der Tabelle S. 482. mit einander ver-

vergleicht, wo die Zahlen 2, 4 und 6 (da die Geschwindigkeit doppelt ist) das Vierfache der Zahlen 1, 3 und 5 seyn müssen; statt dessen sind sie kleiner, No. 2 um $\frac{1}{14}$, No. 4 um $\frac{1}{19}$ und N. 6 um $\frac{1}{13}$ des Ganzen. Die größte dieser Abweichungen ist nicht beträchtlicher, als etwa Fehlern zugeschrieben werden kann, die bey Anstellung dieser Versuche unvermeidlich sind: allein da diese Versuche sowohl als diejenigen der größten Last alle auf gleiche Art abweichen, und auch mit einigen übereinstimmen, die Herr Rouse Herrn Smeaton über den Widerstand der Flächen mitgetheilt hat, so kann man eine kleine Abweichung voraussetzen, wodurch die Last geringer wird als das Quadrat der Geschwindigkeit; und da man sich auf die Versuche No. 3 und 4 am meisten verlassen kann, so müssen wir schließen, daß wenn die Geschwindigkeit doppelt ist, die Last um $\frac{1}{19}$ oder in der runden Zahl um $\frac{1}{20}$ des Ganzen ihres gehörigen Verhältnisses geringer wird.

3. **Grundsatz. Die Wirkungen von einerley Flügeln als ein Maximum sind beynahe, oder etwas geringer, als die Würfel der Geschwindigkeit des Windes.**

Es ist bereits vermöge des 1. Grundsatzes bewiesen worden, daß die Geschwindigkeit der Flügel als Maximum beynahe ist, wie die Geschwindigkeit des Windes; und vermöge des 2. Grundsatzes, daß die Last als Maximum beynahe sey wie das Quadrat der nähmlichen Geschwindigkeit: wären nun diese zwey Maxima genau richtig, so würde folgen, daß die Wirkung in einem dreyfachen Verhältnisse damit stehen würde: in wiefern dies mit dem Versuche übereinstimmt, wird man finden, wenn die Produkte in der 8 Kol. der Tabelle S. 482. mit

 einander

einander vergleicht, wo diejenigen N. 2, 4 und 6 (wo die Geschwindigkeit des Windes doppelt ist) achtfach derjenigen No. 1, 3 und 5 seyn sollen, statt dessen sind No. 2 um $\frac{1}{7}$, No. 4 um $\frac{1}{2}$, und No. 6 um $\frac{1}{3}$ des Ganzen weniger. Rechnet man nun auf No. 3 und 4, da die Umgänge der Flügel sind, wie die Geschwindigkeit des Windes, und da die Last als Maximum um $\frac{1}{20}$ des Ganzen geringer ist als das Quadrat der Geschwindigkeit: so muß das Produkt vermittelst der Multiplication der Umgänge in die Last gleichfalls um $\frac{1}{20}$ des ganzen Produktes geringer seyn als das dreyfache Verhältniß.

4. Grundsatz. Die Last voneinerley Flügel als Maximum ist beynahe wie die Quadrate, und ihre Wirkung wie die Würfel ihrer Zahl von Umgängen in einer gegebenen Zeit.

Das Maximum kann als eine Folge der drey vorhergehenden geschätzt werden; denn wenn die Umgänge der Flügel sind, wie die Geschwindigkeit des Windes, so werden, welche Größen auch in irgend einem gegebenen Verhältnisse der Geschwindigkeit des Windes sind, sie in dem nähmlichen gegebenen Verhältnisse der Umgänge der Flügel seyn: daher denn, wenn die Last als Maximum ist wie das Quadrat, oder die Wirkung wie der Würfel der Geschwindigkeit des Windes weniger $\frac{1}{20}$, wenn die Geschwindigket doppelt ist, so wird die Last als Maximum gleichfalls wie das Quadrat, und die Wirkung wie der Kubus der Zahl der Umgänge der Flügel in einer gegebenen Zeitseyn, weniger $\frac{1}{20}$, wenn die Zahl der Umgänge in der nähmlichen Zeit doppelt ist. Im gegenwärtigen Falle werden, wenn wir die Last als Maximum 6 Kol. mit den

Quadra-

Quadraten der Zahl der Umgänge 5 Kol. No. 1 und 2, 5 und 6, oder die Produkte der nähmlichen Zahlen 8 Kol. mit den Würfeln der Zahl der Umgänge 5 Kol. vergleichen, anstatt geringer zu seyn, wie No. 3 und 4, sie vielmehr diese Verhältnisse übersteigen: allein da die Reihe von Versuchen No. 1 und 2, 5 und 6 mit denjenigen No. 3 und 4, nicht in gleichem Werthe stehen, so kann man weiter darauf nicht rechnen, als in sofern, daß bey Vergleichung der Wirkungen großer Maschinen, das direkte Verhältniß der Quadrate und Würfel ziemlich genau den Wirkungen selbst entspreche; und daß es daher für die praktische Schätzung ohne weitern Ersatz hinreichend ist.

5. Grundsatz. Wenn die Flügel belastet werden, so daß sie ein Maximum bey einer gegebenen Geschwindigkeit hervor bringen, und die Geschwindigkeit des Windes wächst, indeß die Last die nähmliche bleibt, so wird 1) die Vermehrung der Wirkung, wenn der Anwachs der Geschwindigkeit des Windes geringe ist, beynahe seyn wie die Quadrate dieser Geschwindigkeiten: 2) Wenn die Geschwindigkeit des Windes doppelt ist, so werden die Wirkungen seyn beynahe wie 10:27½: allein 3) wenn die Geschwindigkeiten verglichen mehr sind als doppelt derjenigen, wo die gegebene Last ein Maximum erzeugt, so wachsen die Wirkungen beynahe in dem einfachen Verhältnisse der Geschwindigkeit des Windes.

Es ist bereits im 1. und 2. Grundsatze bewiesen worden, daß wenn die Geschwindigkeit des Windes vermehrt wird, die Umgänge der Flügel in dem nähmlichen Verhältnisse wachsen werden, selbst wenn eine Last wie das Quadrat der Geschwindigkeit entgegen wirkt; daher werden, wenn der Vermehrung der Last nichts entgegen ist als das Quadrat der Geschwindigkeit, die Umgänge der Flügel wieder in dem einfachen Verhältnisse der Geschwindigkeit des Windes vermehrt werden; d. i. wenn die Last die nähmliche bleibt, so werden die Umgänge der Flügel in einer gegebenen Zeit seyn, wie das Quadrat der Geschwindigkeit des Windes; und die Wirkung, die in diesem Falle ist wie die Umgänge der Flügel, wird seyn wie das Quadrat der Geschwindigkeit des Windes; allein dies muß blos von dem ersten Anwachs der Geschwindigkeit des Windes verstanden werden: denn

2.) da die Flügel nie über eine gegebene Geschwindigkeit im Verhältniß zu dem Winde erlangen werden, obschon die Last bis auf nichts vermindert wird, so wächst, wenn die Last einerley bleibt, die Geschwindigkeit des Windes um so mehr, (obschon die Wirkung fortfahren wird zu wachsen) erreicht aber um destoweniger das Quadrat der Geschwindigkeit des Windes; so daß wenn die Geschwindigkeit des Windes doppelt ist, die Vermehrung der Wirkung anstatt zu seyn wie 1:4 zufolge der Quadrate, sich vielmehr ergiebt wie 10:27½. In der Tabelle S. 482. Kol. 9 sind die Lasten von No. 2, 4 und 6 gleich den größten Lasten in der 6 Kol. No. 1, 3 und 5. Die Anzahl der Umgänge der Flügel mit diesen Lasten stehet, wenn die Geschwindigkeit des Windes doppelt ist, in der 10 Kol. und die Produkte ihrer Vervielfachung in der 11 Kol.: werden diese mit den Produkten von No. 1, 3 und 5 in der 8 Kol. verglichen, so geben sie die Verhältnisse in der 12 Kol. welche ins Mittel gerechnet (indem man gehörige Rücksicht auf No. 3 und 4 nimmt) seyn werden, beynahe wie 10:27½.

3)

3.) Die Last, wenn sie die nähmliche bleibt, wächst nach und nach unbeträchtlich in Rücksicht der Kraft des Windes, so wie er an Geschwindigkeit zunimmt, so daß die Umgänge der Flügel immer mehr mit ihren Umgängen unbelastet zusammentreffen, d. i. mehr und mehr dem einfachen Verhältnisse der Geschwindigkeit des Windes. Wenn die Geschwindigkeit des Windes doppelt ist; so werden auch die Umgänge der Flügel, wenn sie aufs höchste belastet werden, doppelt seyn; allein unbelastet werden sie nach der zweyten Folgerung mehr als dreyfach seyn, daher denn das Produkt über das Verhältniß 10:30 (anstatt 10:27$\frac{1}{2}$) wachsen konnte, selbst vorausgesetzt, daß die Flügel keine Verzögerung erlitten, wenn sie die höchste Last für die halbe Geschwindigkeit geführt. Hieraus sehen wir, daß wenn die Geschwindigkeit des Windes mehr als doppelt desjenigen ist, wo eine bleibende Last ein Maximum erzeugt, der Anwachs der Wirkung welche dem Anwachse der Geschwindigkeit der Flügel folgt, beynahe seyn wird wie die Geschwindigkeit des Windes, und zuletzt in diesem Verhältnisse genau. Daher sehen wir auch, daß Windmühlen z. B. wie die verschiedenen Arten, um Wasser zu heben u. s. w. viel von ihrer vollen Wirkung verliehren, wenn sie in unveränderlicher Gegenwirkung stehen.

V. Von den Wirkungen der Flügel von verschiedener Größe, wenn Bauart und Lage ähnlich, und die Geschwindigkeit des Windes die nähmliche ist.

6. Grundsatz. Bey Flügeln von ähnlicher Figur und Lage wird die Zahl der Umgänge in einer gegebenen Zeit wechselsweise seyn wie der Radius oder die Länge des Flügels.

Hat die äußere Stange die nähmliche Neigung gegen die Fläche der Bewegung und gegen den Wind, so wird ihre Geschwindigkeit als Maximum stets in einem gegebenen Verhältnisse zur Geschwindigkeit des Windes seyn: daher denn, wie auch der Radius beschaffen ist, die absolute Geschwindigkeit des Endes des Flügels die nähmliche seyn wird: dies findet auch in Rücksicht jeder andern Stange statt, deren Neigung in einer verhältnißmäßigen Entfernung von dem Mittelpunkte einerley ist; es folgt daher, daß das Ende aller ähnlichen Flügel bey einerley Winde, die nähmliche absolute Geschwindigkeit haben, und also einen Zeitraum nehmen wird, um eine Revolution im Verhältniß zum Radius zu vollenden; oder welches einerley ist, die Zahl der Umläufe in der nähmlichen gegebenen Zeit wird wechselsweise seyn wie die Länge des Flügels.

7. Grundsatz. Die Last als Maximum, welche Flügel von ähnlicher Figur und Lage in einer gegebenen Entfernung vom Mittelpunkte der Bewegung überwältigen, werden seyn wie der Würfel des Radius.

Die Geometrie lehrt uns, daß bey ähnlichen Figuren die Oberflächen sind wie die Quadrate ihrer ähnlichen Seiten, folglich wird die Menge Tuch seyn,

seyn wie das Quadrat des Radius; eben so wird in ähnlichen Figuren und Lagen der Antrieb des Windes auf jede ähnliche Sektion des Tuchs seyn im Verhältniß zur Oberfläche dieser Sektion, und folglich der Antrieb des Windes auf das Ganze wie die Oberfläche des Ganzen; allein da die Entfernung jeder ähnlichen Sektion von dem Mittelpunkte der Bewegung ist wie der Radius, so wird die Entfernung des Mittelpunktes der Kraft des Ganzen von dem Mittelpunkte der Bewegung seyn wie der Radius, d. i. der Hebel, wodurch die Kraft wirkt, wird seyn wie der Radius; da nun also der Antrieb des Windes in Rücksicht der Größe des Tuchs ist wie das Quadrat des Radius, und der Hebel, wodurch er wirkt, wie der einfache Radius, so folgt, daß die Last, welche die Flügel in einer gegebenen Entfernung überwältigen werden, seyn wird wie der Würfel des Radius.

8. Grundsatz. Die Wirkung der Flügel von ähnlicher Figur und Lage ist wie das Quadrat des Radius.

Vermöge des 6ten Grundsatzes ist bewiesen worden, daß die Anzahl der Revolutionen, die in einer gegebenen Zeit geschehen, sind wie der Radius umgekehrt. Vermöge des 7ten Grundsatzes sieht man, daß die Länge des Hebels, wodurch die Kraft wirkt, ist wie der Radius; daher heben denn diese gleichen und entgegengesetzten Verhältnisse einander auf; allein da bey ähnlichen Figuren die Größe des Tuchs ist wie das Quadrat des Radius, und die Wirkung des Windes im Verhältnisse zur Menge des Tuchs steht, wie man gleichfalls nach dem 7ten Grundsatze sieht, so folgt, daß die Wirkung ist wie das Quadrat des Radius.

Tuchs

1. Zusatz. Daher folgt, daß wenn man die Länge des Flügels vermehrt, ohne die Größe des Tuchs zu vermehren, die Kraft nicht wächst, weil das, was durch die Länge des Hebels gewonnen wird, wieder durch die langsame Umdrehung verlohren geht.

2. Zusatz. Wenn Flügel in der Länge vermehrt werden, indeß die Breite einerley bleibt, so wird die Wirkung seyn wie der Radius.

IV. Von der Geschwindigkeit des Endes der Windmühlflügel in Rücksicht der Geschwindigkeit des Windes.

9. Grundsatz. Die Geschwindigkeit des Endes der holländischen Flügel sowohl als der vergrößerten in allen ihren gewöhnlichen Lagen ohne Last, und selbst mit Last als Maximum, ist beträchtlich geschwinder als die Geschwindigkeit des Windes.

Die holländischen Flügel ohne Last wie Tabelle D bey S. 484 No. 8. machten 120 Umgänge in 52″, der Durchmesser der Flügel war 3 Fuß 6 Zoll, und die Geschwindigkeit ihres Endes wird seyn 25, 4 Fuß in einer Sekunde; allein da die Geschwindigkeit des Windes, der sie erzeugt, zu gleicher Zeit 6 Fuß ist, so haben wir 6 : 25,4 = 1 : 4, 2; in diesem Falle also war die Geschwindigkeit ihres Endes 4, 2 mahl größer als diejenige des Windes. Auf gleiche Art wird die verhältnißmäßige Geschwindigkeit des Windes an dem Ende der nähmlichen Flügel, wenn ihre Last als Maximum ist, wo sie denn 93 Umgänge in 52″ machen, gefunden, daß sie sind wie 1 : 3, 3, oder 3, 3 mahl geschwinder als diejenige des Windes.

Folgen-

Folgende Tabelle enthält 6 Beyspiele von holländischen Flügeln, und 4 Beyspiele der vergrößerten Flügel in verschiedenen Lagen, allein mit der bleibenden Geschwindigkeit des Windes von 6 Fuß in einer Sekunde aus Tabelle D. bey S. 474, und gleichfalls 6 Beyspiele holländischer Flügel in verschiedenen Lagen mit verschiedenen Geschwindigkeiten des Windes aus Tabelle Seite 482.

Tabelle

Tabelle

Ueber das Verhältniß der Geschwindigkeit des Endes der Windmühlflügel zur Geschwindigkeit des Windes.

No.	No. der Tabellen D. S. 474 und 482.	Winkel am Ende	Geschwindigkeit des Windes in 1 Sekunde	Verhält. der Geschwindigkeit des Windes u. der Enden der Flügel		
				ohne Last	mit Last	
1	8	0°	6 F. 0 Z.	1:4,2	1:3,3	aus Tabelle D. bey S. 474
2	9	3	6 0	1:4,2	1:2,8	
3	10	5	6 0	— —	1:2,75	
4	11	7½	6 0	1:4,	1:2,7	
5	12	10	6 0	1:3,8	1:2,6	
6	13	12	6 0	1:3,5	1:2,3	
7	14	7½	6 0	1:4,	1:2,6	
8	15	10	6 0	1:4,3	1:2,6	
9	16	12	6 0	1:4,	1:2,3	
10	17	15	6 0	1:3,35	1:2,2	
11	1	5	8 4½	1:4,	1:2,8	aus Tab. S. 482
12	2	5	8 9	1:4,3	1:2,6	
13	3	7½	4 4½	— —	1:2,8	
14	4	7½	8 9	— —	1:2,7	
15	5	10	4 4½	1:3,8	1:2,6	
16	6	10	8 9	1:3,4	1:2,3	
1.	2.	3.	4.	5.	6.	

Man

Man sieht aus der verhergehenden Sammlung von Beyspielen, daß wenn das Ende der holländischen Flügel mit der Fläche der Bewegung parallel, oder unter rechten Winkeln gegen den Wind und die Axe ist, wie sie gewöhnlicher Weise in England gemacht werden, ihre Geschwindigkeit ohne Last über 4mahl ist, und mit Last als Maximum über dreymahl größer, als diejenige des Windes: allein daß wenn die holländischen Flügel oder die vergrößerten Flügel in ihrer besten Stellung sind, ihre Geschwindigkeit ohne Last 4mahl, und mit Last als Maximum die holländischen Flügel ins Mittel 2, .7 und die vergrößerten 2, 6mahl größer ist als die Geschwindigkeit des Windes. Hieraus ergiebt sich ein Verfahren die Geschwindigkeit des Windes zu kennen, wenn man die Geschwindigkeit der Windmühlflügel beobachtet: denn weiß man den Radius, und die Anzahl der Umgänge in einer Minute, so werden wir die Geschwindigkeit des Endes haben, diese dividirt durch folgende Divisoren werden die Geschwindigkeit des Windes geben.

Holländ. Flügel in ihrer gewöhnl. Stellung	ohne Last	4, 2
	mit Last	3, 3
Holländ. Flügel in ihrer besten Stellung.	ohne Last	4.0
	mit Last	2.7
Vergrößerte Flügel in ihrer besten Stellung	ohne Last	4.0
	mit Last	2.6

Nimmt man nun den Radius zu 30 Fuß an, welches die gewöhnlichste Länge in diesem Lande ist, und die Mühle hat die höchste Last, wie dies der Fall bey Kornmühlen ist, so wird auf jede drey Umgänge in einer Minute bey holländischen Flügeln nach ihrer gewöhnlichen Stellung der Wind sich um 2 englische Meilen in einer Stunde bewegen; auf jede 5 Umgänge in einer Minute bey

hollän-

holländischen Flügeln in ihrer besten Stellung, bewegt sich der Wind 4 englische Meilen in einer Stunde; und für jede 6 Umgänge in 1 Minute bey vergrößerten Flügeln in ihrer besten Stellung wird der Wind sich 5 englische Meilen in einer Stunde bewegen.

Die folgende Tabelle ist Herrn Smeaton von Herrn Rouse mitgetheilt worden, und scheint mit großer Sorgfalt aufgesetzt worden zu seyn, so wie sie aus einer großen Menge von Versuchen hergeleitet worden; allein Smeaton bemerkt dabey, daß diejenigen Zahlen, wo die Geschwindigkeit des Windes über 50 englische Meilen in 1 Stunde ist, nicht von gleichem Ansehen zu seyn scheinen, als diejenigen von 50 englische Meilen in 1 Stunde und darunter. Auch ist zu bemerken, daß die Zahlen in der 3 Kol. nach dem Quadrate der Geschwindigkeit des Windes berechnet sind, welche bey mäßigen Geschwindigkeiten der Wahrheit sehr nahe kommen wird.

Tabelle

Von der Geschwindigkeit und Stärke des Windes nach gewöhnlicher Benennung

Geschwindigk. des Windes: englische Meilen in 1 Stunde	Geschwindigk. des Windes: Fuß in 1 Sek.	Senkrechte Kraft auf 1 Fuß Fläche in Pf. Averdupois	Gewöhnliche Benennungen der Kraft der Winde
1	1, 47	,005	Kaum merkbar
2	2, 93	,020	Merkbar
3	4, 40	,044	
4	5, 87	,079	Sanft erfrisch. Wind
5	7, 33	,123	
10	14, 67	,492	Erfrisch. kühl. Wind
15	22, 00	1, 107	
20	29, 34	1, 968	Starker kühler Wind
25	36, 67	3, 075	
30	4[illegible], 01	4, 429	Hoher Wind
35	51, 34	6, 027	
40	58, 68	7, 873	Sehr hoher Wind
45	66, 01	9, 963	
50	73, 35	12, 300	Sturm
60	88, 02	17, 715	Großer Sturm
80	117, 36	31, 490	Orkan
100	146, 70	49, 200	Orkan mit Verwüst. an Bäumen, Häusern u. s. f.
1.	2.	3.	

VII. Von der absoluten Wirkung, die eine gegebene Geschwindigkeit des Windes auf Flügel von gegebener Größe und Bauart erzeugt.

Es ist bereits von denjenigen, welche Mühlen bauen, bemerkt worden, daß in Mühlen mit holländischen Flügeln nach gewöhnlicher Stellung, wenn sie ungefähr 13 Umgänge in 1 Minute machen, sie alsdenn nach einer mittlern Schätzung wirken, d. i. nach dem vorhergehenden wenn die Geschwindigkeit des Windes ist $8\frac{2}{3}$ englische Meilen in 1 Stunde, oder $12\frac{2}{3}$ Fuß in 1 Sekunde, welches nach dem gewöhnlichen Ausdrucke ein sanfter erfrischender Wind ist.

Die Versuche in der Tabelle S. 482. No. 4 geschahen mit einem Winde, dessen Geschwindigkeit $8\frac{3}{4}$ Fuß in 1 Sekunde war; wären diese Versuche mit einem Winde geschehen, dessen Geschwindigkeit $12\frac{2}{3}$ Fuß in einer Sekunde gewesen wäre, so würde die Wirkung nach dem 3. Grundsatze dreymahl größer gewesen seyn, weil der Würfel von $12\frac{2}{3}$ dreymahl größer ist, als derjenige von $8\frac{3}{4}$.

Aus der Tabelle S. 482. No 4 finden wir, daß die Flügel, wenn die Geschwindigkeit des Windes $8\frac{3}{4}$ Fuß in 1 Sekunde war, 130 Umgänge in 1 Minute mit einer Last von 17,25 Pf. machte. Nach den Maßen der Maschine, welche der Reihe von Versuchen vorherstehen, finden wir, daß 20 Umgänge der Flügel die Schale und das Gewicht 11,3 Zoll heben. 130 Revolutionen werden daher die Schale 73,45 Zoll heben, welche multiplicirt durch 17,52 Pf. zum Produkt 1287 geben, als die Wirkung der holländischen Flügel in ihrer besten Stellung, d. i. wenn die Geschwindigkeit des Windes $8\frac{3}{4}$ Fuß in 1 Sekunde ist, so wird, wenn dieses Produkt durch 3 multiplicirt wird, zur Wirkung

Wirkung der nähmlichen Flügel 3861 geben, wenn die Geschwindigkeit des Windes 12⅔ Fuß in 1 Sekunde ist.

Desaguliers sagt, die äußerste Kraft eines Mannes, welche er einige Stunden aushalten kann, sey, daß er ein Hogshead Wasser 10 Fuß hoch in 1 Minute hebe. Nun enthält ein Hogshead 63 Ale Gallons, nachdem sie in Pfunde Averdupois und die Höhe in Zolle reducirt worden; das Produkt durch Multiplicirung dieser zwey Zahlen wird seyn 76800; welches 19mahl größer ist als das Produkt der letzt erwähnten Flügel zu 12½ Fuß in 1 Sekunde: daher werden wir nach dem 8. Grundsatze, wenn wir die Quadratwurzel von 19 multipliziren, d. i. 4,46 durch 21 Zoll, als die Länge des Flügels, welche die Wirkung 3861 erzeugt, 93,66 Zoll, oder 7 Fuß 9⅔ Zoll für den Radius eines holländischen Flügels in seiner besten Stellung haben, dessen mittlere Kraft gleich derjenigen eines Mannes seyn wird: allein sind sie in gewöhnlicher Stellung, so muß ihre Länge in dem Verhältnisse der Quadratwurzel von 442 zu demjenigen 639 vermehrt werden.

Das Verhältniß der höchsten Produkte von No. 8 und 11 der Tabelle D S. 474. ist wie 442:649; allein nach dem 8. Grundsatze sind die Wirkungen der Flügel von verschiedenen Halbmessern wie das Quadrat der Halbmesser; folglich sind die Quadratwurzeln der Produkte oder Wirkungen wie die Halbmesser einfach; und daher, so wie die Quadratwurzel von 442 zu derjenigen von 639, so ist 93,66 zu 112,66, oder 9 Fuß 4⅔ Zoll.

Sind die Flügel von vergrößerter Art, so werden wir nach der Tabelle D. S. 474. No. 11 und 15 die Quadratwurzel von 820 derjenigen 639 = 93,66: 82,8 Zoll, oder 6 Fuß 10¼ Zoll haben: so daß wir in runden Zahlen den Radius eines Flügels von ähnlicher Figur zu ihren gehörigen Modellen haben, deren mittlere Kraft gleich derjenigen eines Mannes seyn wird.

Die holländisch. Flügel in ihrer gewöhnl. Stellung $9\frac{1}{2}$ Fuß

Die holländischen Flügel in ihrer besten Stellung 8

Die vergrößerten Flügel in ihrer besten Stellung 7

Wir wollen annehmen, der Radius eines Flügels sey 30 Fuß, und werde nach dem Modell der vergrößerten Flügel gebauet, so werden wir No. 14 oder 15, der Tabelle D. S. 474. 30 dividirt durch 7, haben 4, 28, dessen Quadrat ist 18, 3; und dies zufolge des 7. Grundsatzes wird seyn die relative Kraft eines Flügels von 30 Fuß zu einem von 7 Fuß, d. i. unter mittlerer Schätzung, der Flügel von 30 Fuß wird der Kraft von 18, 3 Menschen, oder von $3\frac{2}{3}$ Pferden gleich seyn, indem man 5 Menschen auf ein Pferd rechnet: dahingegen die Wirkung der gewöhnlichen holländischen Segel von gleicher Länge, als geringer in dem Verhältnisse 820:442 kaum gleich seyn wird der Kraft von 10 Menschen oder 2 Pferden.

Daß diese Berechnungen nicht bloß spekulativ sind, sondern bey Werken im Großen statt finden, hat Smeaton Gelegenheit gehabt zu bemerken: denn bey einer Mühle mit vergrößerten Flügeln von 30 Fuß, zum Quetschen des Rübsensamens vermittelst zwey Läufer auf dem Rande, um Oehl zu machen, angebracht, beobachtete er, daß wenn die Flügel 11 Umgänge in einer Minute machten, in welchem Falle die Geschwindigkeit des Windes ohngefähr 13 Fuß in einer Sekunde nach dem 6.

Satze

Sätze war, die Läufer 7 Umgänge in 1 Minute machten: dahingegen zwey Pferde an den nähmlichen zwey Läufern in der nähmlichen Zeit ihnen kaum 3½ Umgänge gaben. Endlich hat man in Rücksicht der wirklichen Vorzüge der vergrößerten Flügel gegen die gewöhnlichen holländischen Flügel, deren hinreichend nicht nur in den Fällen gesehen, wo sie auf neue Mühlen angewandt worden, sondern auch wo man sie statt anderer angebracht hat.

VIII. Von den horizontalen Windmühlen und Wasserrädern mit schiefen Schaufeln.

Bemerkungen über die Wirkungen gewöhnlicher Windmühlen mit schiefen Schaufeln, haben Smeaton vermuthen lassen, daß wenn die Schaufeln dahin gebracht werden könnten, den Trieb in gerader Richtung anzunehmen, so wie ein Schiff, welches vor dem Winde segelt, eine große Verbesserung in Rücksicht der Kraft erhalten werden dürfte: indeß andere, welche auf die außerordentlichen und unerwarteten Wirkungen schiefer Schaufeln Obacht hatten, verleitet worden sind zu glauben, daß schiefe Schaufeln an Wasserrädern angebracht, so viele Vorzüge vor gewöhnlichen Wasserrädern haben dürften, als bey vertikalen Windmühlen gefunden worden, daß sie alle Unternehmungen gegen eine horizontale übertroffen haben. Beydes, besonders das erste hat ein so viel versprechendes Ansehen, daß in vorigen Jahren sich Männer gefunden, welche sich eifrig bemühet haben, diese Art anzuwenden: es dürfte daher denn auch nicht am unrechten Orte seyn, diese Materie in ein helleres Licht zu setzen.

Fig. 5683 sey AB der Durchschnitt einer Fläche, auf welche der Wind in der Richtung CD mit einer solchen Geschwindigkeit wehe, daß er einen gegebenen Raum BE in einer gegebenen Zeit (z. B. in 1 Sekunde) beschreibe; und AB werde parallel mit sich selbst in der Richtung CD bewegt. Bewegt sich nun die Fläche AB mit der nähmlichen Geschwindigkeit wie der Wind; d. i. wenn der Punkt B sich durch den Raum BE in der nähmlichen Zeit bewegt, als ein Luftpartikelchen sich durch den nähmlichen Raum bewegen würde; so sieht man, daß in diesem Falle kein Druck oder Trieb des Windes auf die Fläche statt haben könne: allein wenn die Fläche sich langsamer bewegt als der Wind in der nähmlichen Richtung, so daß der Punkt B sich nach F bewegen könne, indeß ein Luftpartikelchen, welches von B zu der nähmlichen Zeit ausgeht, sich nach E bewegen würde, so wird BF die Geschwindigkeit der Fläche ausdrücken, und die relative Geschwindigkeit des Windes und der Fläche wird durch die Linie FE ausgedrückt werden. Es sey das Verhältniß von FE zu BE gegeben (z. B. 2:3); es stelle die Linie AB den Antrieb des Windes auf die Fläche AB vor, wenn er mit der ganzen Geschwindigkeit BE wirkt, allein wenn er mit dessen relativen Geschwindigkeit FE wirkt, so werde dessen Trieb durch irgend einen Theil von AB z. B. $\frac{4}{9}$ AB bezeichnet: alsdenn wird $\frac{4}{9}$ des Parallelograms AF die mechanische Kraft der Fläche vorstellen, d. i. $\frac{4}{9}$ AB + $\frac{1}{3}$ BE.

2.) Es sey IN der Durchschnitt einer Fläche, die auf eine solche Art geneigt ist, daß die Grundfläche IK des rechtwinklichten Dreyecks IKN gleich sey AB, und die senkrechte NK = BE; auf die Fläche IN falle der Wind in der Richtung LM senkrecht auf IK: so wird zufolge der bekannten

ten Regeln von schiefen Kräften der Antrieb des Windes auf die Fläche IN, der sie nach der Richtung L M oder N K zu bewegen sucht, durch die Grundfläche IK ausgedrückt werden; und derjenige Theil des Antriebes, welcher sich nach der Richtung IK zu bewegen strebt, wird durch die senkrechte Fläche N K bestimmt. Es sey die Fläche IN bloß in der Richtung IK beweglich d. i. der Punkt I in der Richtung IK, und der Punkt N in der Richtung NQ, parallel damit. Nun sieht man, daß wenn der Punkt I sich durch die Linie IK bewegt, indeß ein Luftpartikelchen, welches zu der nähmlichen Zeit von dem Punkte N vorwärts geht, sich durch die Linie NK bewegt, sie beyde an den Punkt K zu gleicher Zeit gelangen werden; und folglich kann auch in diesem Falle kein Druck oder Antrieb des Luftpartikelchen auf die Fläche IN statt finden. Nun sey IO zu IK wie BF zu BE; und es bewege sich die Fläche IN solchergestalt, daß der Punkt I an O gelange, und die Lage IQ erhalte, in der nähmlichen Zeit als ein Windpartikelchen sich durch den Raum NK bewege; da OQ parallel mit IN ist, so wird (vermöge der Eigenschaften ähnlicher Dreyecke) es NK in dem Punkte P auf solche Art schneiden, daß NP = BF, und PK = FE ist: daher sieht man denn, daß die Fläche IN, indem sie die Lage OQ erhält, sich selbst von der Wirkung des Windes um den nähmlichen Raum NP entzieht, als die Fläche AB, indem sie die Lage FG erhält; und folglich wird vermöge der Gleichheit von PK zu FE der relative Antrieb des Windes PK auf die Fläche OQ, dem relativen Antriebe des Windes FE auf die Fläche FG gleich seyn: und da der Antrieb des Windes auf AB mit der relativen Geschwindigkeit FE in der Richtung BE durch

$\frac{4}{9}$ AB vorgestellt wird, so wird der relative Antrieb des Windes auf die Fläche IN in der Richtung NK auf gleiche Art durch $\frac{4}{9}$ IK vorgestellt werden, und folglich wird die mechanische Kraft der Fläche IN in der Richtung IK $\frac{4}{9}$ des Parallelogram IQ seyn; d. i. $\frac{4}{9}$ IK × $\frac{4}{9}$ NK: d. i. vermöge der Gleichheit von IK = AB und NK = BE werden wir haben $\frac{4}{9}$ IQ = $\frac{2}{3}$ AB × $\frac{2}{3}$ BE = $\frac{4}{9}$ AB × $\frac{1}{3}$ BE = $\frac{4}{9}$ der Fläche des Parallelogram AF. Daher folgender

Allgemeiner Satz,

daß alle Flächen, wie sie auch gelegen sind, die eine Sektion Wind aufnehmen, und einerley relative Geschwindigkeit in Rücksicht des Windes haben, wenn er in einerley Richtung geht, gleiche Kräfte haben, um mechanische Wirkungen zu erzeugen.

Denn was vermöge der Schiefe des Antriebs verlohren geht, wird vermöge der Geschwindigkeit der Bewegung gewonnen. Daher sieht man, daß ein schiefer Flügel in Rücksicht der Kraft Vortheile hat, verglichen gegen einen geraden, ausgenommen was von einer Verminderung der Breite in Rücksicht der Sektion des Windes erfolgt; die Breite IN wird vermöge der Schiefe zu IK reducirt.

Der mindere Vortheil der Windmühlen besteht daher nicht darin, daß jeder Flügel, wenn er gerade dem Winde ausgesetzt wird, einer geringern Kraft fähig ist, als ein schiefer von den nähmlichen Dimensionen, sondern daß bey einer horizontalen Windmühle wenig mehr als ein Flügel auf einmahl wirken kann; dahingegen bey den gewöhnlichen Windmühlen alle viere zugleich wirken: nimmt man daher jede Schaufel einer horizontalen Windmühle

mühle von einerley Dimension als jede Schaufel der vertikalen, so ist offenbar, daß die Kraft einer vertikalen Mühle mit vier Schaufeln viermahl größer seyn wird, als die Kraft einer horizontalen, die Anzahl der Schaufeln sey auch, welche sie wolle; dieser mindere Vortheil entspringt von der Natur der Sache, allein wenn wir den weniger günstigen Umstand weiter betrachten, welcher von der Schwierigkeit entsteht, die Flügel wieder gegen den Wind u. s. f. zurück zu bringen, so dürfen wir uns eben nicht wundern, wenn diese Art von Mühlen nicht über $\frac{1}{8}$ oder $\frac{1}{10}$ der Kraft der gewöhnlichen Art besitzt, wie man aus einigen Versuchen dieser Art gefunden hat.

Auf gleiche Art ist eben so wenig Vervollkommnung von Wassermühlen mit schiefen Schaufeln zu erwarten: denn die Kraft von der nähmlichen Sektion eines Wasserstrohms ist nicht größer, wenn er auf eine schiefe Schaufel wirkt, als auf eine gerade; und irgend ein Vortheil, welcher durch eine größere Sektion erhalten werden kann, wie dies zuweilen im Falle eines offenen Flusses möglich ist, wird von dem größern Widerstande aufgehoben, den solche Schaufeln finden, wenn sie sich unter rechten Winkeln mit dem Strohme bewegen; dahingegen die gewöhnlichen Schaufeln sich stets mit dem Wasser in einerley Richtung bewegen.

Hier entsteht noch die Frage, da dieser geometrische Beweis allgemein ist, und ein Winkel der Schiefe so gut als der andere ist, warum nach diesen Versuchen ein gewisser Winkel vor allen übrigen den Vorzug habe? Hier ist zu bemerken, daß wenn die Breite des Flügels IN gegeben ist, je größer der Winkel KIN ist, desto geringer die Grundfläche IK seyn werde, d. i. die Sektion des Windes wird geringer seyn: hingegen je spitziger der

der Winkel KIN ist, desto geringer wird die senkrechte Fläche KN seyn, d. i. der Antrieb des Windes ist in der Richtung IK geringer, und die Geschwindigkeit des Flügels größer; der Widerstand des Medium wird also auch größer seyn. Daher giebt es denn also, da eine Verminderung der Sektion des Windes auf einer Seite, und ein Anwachs des Widerstandes auf der andern statt findet, einen Winkel, wo der mindere Vortheil, der von diesen Ursachen auf das Ganze entspringt, der geringste von allen ist; allein da der mindere Vortheil, welcher von dem Widerstande entsteht, mehr auf physikalische als geometrische Seite fällt, so wird der wahre Winkel am besten aus Versuchen gefunden.

Bey Anstellung der Versuche in der Tabelle D. bey S. 474 und der Tabelle S. 482 wird die verschiedene specifische Schwere der Luft, welche ohne Zweifel zu verschiedenen Zeiten verschieden ist, eine Verschiedenheit in der Last verursachen, die der Differenz ihrer specifischen Schwere verhältnißmäßig ist, obschon ihre Geschwindigkeit die nähmliche bleibt, und eine Veränderung der specifischen Schwere kann nicht nur von einer Veränderung in dem Gewichte der ganzen Säule entstehen, sondern auch vermöge des Unterschiedes der Luft während des Versuchs, und so von andern Ursachen; indessen wurden die Unregelmäßigkeiten, die von einer Differenz der specifischen Schwere entstehen konnten, für zu gering gehalten, bis eigentliche Versuche gemacht, und ihre Wirkungen verglichen wurden. Hieraus sowohl als aus den nachfolgenden Versuchen fand man diese Veränderungen für hinreichend, eine merkliche, obschon nicht beträchtliche Wirkung zu erzeugen; indessen da alle Versuche im Sommer am Tage und im Schatten geschahen, so können wir annehmen, daß die Hauptursache des

des Fehlers von einer verschiedenen Schwere der Säule der Atmosphäre zu verschiedenen Zeiten entstehen dürfte; allein da diese selten über $\frac{1}{15}$ des Ganzen abweicht, so kann man dessen ungeachtet, obschon viele Unregelmäßigkeiten, die in den Versuchen enthalten sind, und worauf oben Bezug genommen worden, von dieser Ursache entstehen dürften, annehmen, da alle Hauptfolgerungen aus einem Mittel einer beträchtlichen Anzahl gezogen worden, davon verschiedene zu verschiedenen Zeiten geschehen, daß sie der Wahrheit sehr nahe kommen werden, und hinreichend seyn werden, um den Bau dieser Art von Maschinen zu reguliren.

Die Klügelsche Theorie der Wirkung des Windes auf die Windmühlenflügel.

(S. Stieglitz's Encyklopädie. III. Th. S. 742.)

Um die Art, wie der Wind auf die Flügel der Windmühlen wirkt, auch nach den Vorstellungen anderer kennen zu lernen, wollen wir hier auch das beybringen, was Klügel in der praktischen Mechanik, in dem dritten Theile seiner Encyklopädie, davon sagt. Die Linie ab Figur 5684 stelle die Mittellinie der Welle vor, cd die Mittellinie des Flügels, dessen Fläche efrs hier als ein ebenes Rechteck vorgestellt ist, ob sie gleich immer eine gebogene Fläche ist. Die Ebene des Flügels verlängere man bis an die Achse der Welle und ziehe in dieser Ebene die Linie gch senkrecht auf cd, so ist ach der Winkel, welchen der Flügel mit der Welle macht. Der Wind stößt parallel mit der Mühlwelle ab auf die Flügel und schiebt sie zur Seite; daher auch die Flügel an jeder Windruthe unter entgegen gesetzten Winkeln gestellt sind, weil sie nach entgegen gesetzten Seiten ausweichen müssen. Je größer ach ist, desto größer ist der

Stoß

Stoß des Windes, und desto mehr Luft fängt auch der Flügel auf. Aber das Vermögen, den Flügel zur Seite zu schieben, oder ihn um ab zu drehen, nimmt ab, jemehr sich ach von 45 Grad entfernt. Daher muß man beyde Kräfte so gegen einander abmessen, daß die Wirkungen möglichst groß werden.

Auf der Ebene des Flügels ziehe man irgend eine Linie ik parallel mit gh, womit auch der untere Rand, er und der obere sf parallel sind. Diese Linie stelle uns einen Streifen des Flügels vor, worauf der Wind nach der Richtung ml parallel mit ab stößt. In der Ebene, die durch ik und lm geht, wollen wir die Zerfällung der Kraft des Windes nach den Richtungen vornehmen, in welchen sie entweder ganz unwirksam gemacht wird, oder völlig wirken kann.

Diese Ebene ist in der Figur 5685 besonders gezeichnet. Die Linien ik und lm bedeuten dasselbe, was sie in der vorhergehenden Figur anzeigen. In dem Punkte l stellen wir uns den Stoß des Windes, auf den ganzen Streifen vereinigt vor. Die willkührliche Länge lm bilde die Kraft ab, womit der Wind auf eine ruhende, ihm senkrecht entgegen gesetzte Ebene, von gleicher Größe mit dem Flügel, wirken würde. Man zeichne das Parallelogram lnmo, worin nm mit ik parallel, und nl wie mo senkrecht darauf sind; so stellt nl die Kraft des Windes nach der senkrechten Richtung dar, und mn die Kraft, nach einer mit der Fläche des Flügels parallelen Richtung, welche gar nichts wirkt, weil der Wind nach derselben nur längst den Flügeln hingleitet.

Die Kraft nach ln zerfälle man aufs neue in zwey Kräfte, eine nach np parallel mit ml, die andere nach nq senkrecht auf ml. Die Kraft np ist unwirksam, weil sie die Linie cl Fig. 5684, in ln der Ebene aclb nach b hinzudrehen sucht, welches ohne Zerbrechung der Windruthe nicht angeht. Aber die Kraft nach nq oder pl, Figur 5685, sucht cl, Figur 5684, in einer Ebene, die auf ab senkrecht ist, nach einer auf cl senkrechten Richtung zu drehen, und wirkt daher einzig und unvermindert.

Die Kraft pl ist zwar am größten, wenn mlk oder ach = 45 Grad ist, aber es kommt hier auch auf die Menge der Lufttheilchen an, welche der Flügel auffangen kann; diese ist dem Sinus von mlk, oder der Linie nl proportional. Daher muß das Produkt von pl mahl ln, so groß als möglich seyn. Es ist am größten, wenn mlk = 54° 44′ ist.

Dieser Winkel ist aber nur der vortheilhafteste im Anfange der Bewegung. Wenn der Flügel durch seine erhaltene Bewegung dem Winde ausweicht, so muß der Winkel größer seyn, z. B. wenn die Geschwindigkeit des Streifens ik, nach der Richtung pl, ein Drittel der Geschwindigkeit des Windes ist, so muß mlk, oder ach, = 63° 26′ seyn. Die Streifen des Flügels aber haben jeder seine besondere Geschwindigkeit, der am äußersten Ende fs die größte, der am entgegen gesetzten Ende er die kleinste. Darum muß der Winkel der Streifen, mit der Richtung des Windes nach dem äußern Ende hin immer zunehmen, oder der Flügel wird windschief gebogen.

Des Herrn Crelle's Theorie des Windstoßes.

Die neuesten Untersuchungen über diesen Gegenstand hat der Königl. Preußl. Bau-Conducteur, Herr Aug. Leop. Crelle angestellt, und in einer

ner mit vielem Beyfalle aufgenommenen Schrift *) dargelegt. Da seine Resultate zum Theil von den sonst angenommenen etwas abweichend sind: so halte ich es für nöthig dieselben hier noch durch Mittheilung einiger Paragraphen aus der eben genannten Schrift besonders anzuführen, wobey ich in Ansehung der übrigen Anwendung derselben aber auf die Schrift selbst verweisen muß, welche überhaupt in den Händen eines jeden Liebhabers dieses Faches zu seyn verdient. Der Herr Crelle sagt S. 5 fl.

§. 2. Wenn der Wind senkrecht auf eine ruhende Fläche stößt, so muß der Stoß um so größer seyn, je größer die Geschwindigkeit des Windes ist. Es stoßen aber bey n facher Geschwindigkeit n mahl mehr Theile, jedes mit n mahl so großer Geschwindigkeit an, folglich verhält sich der Stoß allgemein wie das Quadrat der Geschwindigkeit.

Gesetzt, der Wind stößt senkrecht mit der Geschwindigkeit α auf eine ruhende Fläche von 1 rheinl. Quadrat-Fuß groß, so ist die Menge Luft, die in m Secunden zum Stoß gelangt $= m\alpha$ kub. Fuß. Heißt nun das Gewicht eines Kubikfußes Luft $= \psi$, so ist das Gewicht der stoßenden Masse $= m\alpha\psi$. Der Stoß dieser Masse, welche sich mit der Geschwindigkeit α gegen die Fläche bewegt, wird so groß seyn, als die Kraft, die nöthig ist, dieser Masse die Geschwindigkeit α beyzubringen, indem das Hinderniß diese Kraft gänzlich aufhebt und folglich ihr gleich seyn muß. Die Schwere bringt in jeder Masse, in jenen m Secunden, die Geschwindigkeit 2gm hervor, wo $g = 15{,}625$ Fuß ist. Die beschleunigende Kraft des Stoßes wird sich also zur Schwere verhalten wie $\alpha : 2gm$. Sie ist folglich $= \frac{\alpha}{2gm}$ und

*) S. Theorie des Windstoßes, welche in der Anwendung auf Windflügel und die von denselben getriebenen Maschinen, durch eine völlige Uebereinstimmung mit der Erfahrung begründet wird. Von A. L. Crelle, Königl. Preußl. Bau-Conducteur. Berlin, in der Buchhandlung der Realschule. 1802. 4. mit 1 Kupfer.

und mithin die bewegende Kraft des Stoßes

$$=\frac{\alpha}{2gm}.m\alpha\psi=\frac{\alpha^2}{2g}.\psi.$$

Nennt man die der Geschwindigkeit α zugehörige freye Fallhöhe $=\beta$, so ist $\beta=\frac{\alpha^2}{4g}$ und folglich der Stoß $=2\beta\psi$, wobey ψ, als das Gewicht eines Kubikfußes Luft bey mittler Temperatur $=0{,}08242$ ℔ ist.

Diese einfache a priori aufgestellte Formel stimmt aber, wegen physischer Umstände, welche die Theorie bis jetzt noch nicht zu betrachten vermag, mit der Erfahrung nicht. Die Woltmannschen Versuche haben gewiesen, daß der Luftstoß nicht $=2\beta\psi$, sondern nur $=\frac{4}{3}\beta\psi=\frac{4}{3}.\frac{\alpha^2}{4g}.\psi$ anzunehmen sey.

Man hat daher allgemein den senkrechten Luftstoß auf eine Fläche von F Quadrat-Fußen

$$=0{,}0017583.F.\alpha^2 \text{ ℔}$$

wo sich die Größen auf Berliner Fuße und Pfunde beziehen.

§. 3. Stößt nun eine unbegränzte flüssige Masse, mit einer gewissen Geschwindigkeit α, nach ab Fig. 5686 gegen eine, gegen ihrer Richtung unter dem Winkel ebc $=\mu$ geneigten Fläche ek, und diese weicht nach bc mit der Geschwindigkeit ν aus, so ist die Geschwindigkeit, mit der diese Fläche nach der Richtung des Windes ab ausweicht $=\nu\,\text{tang.}\,\mu$. Denn: gesetzt, es ist ee' $=\nu$, oder ee' der von der Fläche in einer Secunde nach bc durchlaufene Raum, so ist in dieser Zeit der Punkt b, welcher im Anfange der Sekunde sich den Lufttheilchen widersetzte, am Ende der Sekunde nach b' gekommen, und den nach ab strömenden Lufttheilchen widersetzt sich nur der Punkt b'', welcher von b um bb'' $=\nu\,\text{tang.}\,\mu$ entfernt liegt. So viel ist daher derselbe dem Winde nach ab ausgewichen. Es ist folglich eben so, als wenn die Fläche ruht, und der Wind stößt gegen sie mit der Geschwindigkeit $\alpha-\nu\,\text{tang}\,\mu$.

§. 4. Nennt man nun den Winkel Fig. 5687 ebc $=$ nbk $=\mu$, und den senkrechten Stoß der nach pb mit der Geschwindigkeit α auf die Fläche ek $=$ F erfolgen würde P, wo also $P=F\alpha^2 0{,}0017583$ ℔, so hat man den Stoß eines nach ab gegen die Fläche

ek

ek stoßenden Luftstrohms von der Breite ke''

$$= P \cos \mu = Q$$

indem ek:e''k = 1:cos μ.

Stellt qb diese Kraft vor, und man zerlegt sie nach mb und qm, so thut der Theil qm der Fläche ke nichts, da seine Richtung mit ihr parallel ist; der Theil mb hingegen senkrecht auf ihr, trifft sie ganz. Er ist, weil mb = qb cos μ

$$= P \cos \mu \cos \mu = Q \cos \mu.$$

Von diesem Stoße, wenn man ihn nach mn und nb zerlegt, ist nb derjenige Theil, den die Fläche nach der Richtung bc und mn derjenige, den sie nach ab leidet. Es ist

$$mn = mb \cos \mu, \text{ und } nb = \sin \mu . mb$$

folglich der Parallel-Stoß nach ab $= Q \cos \mu^2$

und der Stoß nach bc auf den vorigen senkrecht $= Q \cos \mu \sin \mu$

wobey Q = P cos μ.

§. 5. Es stimmen aber diese Formeln ebenfalls, wegen Umstände, die bis jetzt noch unerwogen sind, mit der Erfahrung nicht. Die Schoberschen und Woltmannschen Versuche geben den Parallel-Stoß viel größer als obige Formel, und Hr Langsdorff abstrahirt im Lehrbuche der Hydraulik §. 238 und 239. aus einer Zusammenstellung der Schoberschen Versuche die Formel $P \cos \mu^{\frac{3}{2}}$ für den Parallel-Stoß. Diese Formel paßt aber nur mit den Schoberschen Versuchen, mit den Woltmannschen hingegen fast gar nicht, und diese sind doch so oft wiederhohlt, und bey jedem aus 41 Versuchen das Mittel genommen.

Ich sollte auch glauben, daß bey der ersten Reduction des Stoßes P auf Q, oder vielmehr der Fläche F auf den Querschnitt des Luftstrohms unmöglich mit $\cos^{\frac{1}{2}} \mu$ statt mit cos μ multiplicirt werden könne. Bey den folgenden beyden Zerlegungen aber mit $\cos^{\frac{1}{2}} \mu$ statt mit cos μ multiplicirt, würde der Parallel-Stoß

$$= Q \cos^{\frac{1}{2}} \mu . \cos^{\frac{1}{2}} \mu = Q \cos \mu = P \cos^2 \mu \text{ geben.}$$

Dieser Ausdruck entspricht in der That den Woltmannschen Versuchen sehr gut, und in dieser Hinsicht, und weil Versuche bey sehr spitzen Winkeln der Stoßfläche gegen die Richtung des Windes, welche

che hier überdem nicht vorkommen, immer sehr unsicher bleiben, will ich sie zum Grunde legen, da, wie oben gesagt, nichts anders übrig bleibt, als diejenige Formel, welche den besten Versuchen am nächsten tritt, und sich übrigens mit unverwerflichen Schlüssen verträgt, in Ermangelung mathematisch-evidenter Lehren, vor allen zu wählen.

§. 6. Bey dem Stoß nach bc senkrecht auf diesen aber würde man die Abänderung mit der Wurzel des Sinus, statt mit diesem selbst zu multipliciren, keinesweges anbringen können, indem noch keine Versuche solches vorschreiben; vielmehr wird sich dieser Stoß aus dem Verhältnisse zum Parallel-Stoß ergeben. Dieses ist wie nb:mn oder $\sin\mu:\cos\mu$. Der Stoß nach bc wird also $= P\cos^2\mu . \frac{\sin\mu}{\cos\mu}$

$$= P\sin\mu.\cos = \mu\,\tfrac{4}{3}.\frac{\alpha^2}{4g}.+F\sin\mu.\cos\mu.$$

§. 7. Weicht nun die Fläche ek nach bc mit der Geschwindigkeit v aus, so weicht sie gemäß (3.) dem Winde nach ab mit der Geschwindigkeit $v\,\text{tang}\,\mu$ aus; dessen relative Geschwindigkeit ist folglich $= \alpha - v\,\text{tang}\,\mu$. Es kommen aber auch nur $\alpha - v\,\text{tang}\,\mu$ Lufttheilchen in der Sekunde zum Stoß, deren jedes mit der Geschwindigkeit $\alpha - v.\text{tang}\,\mu$ wirkt, welches sogleich daraus klar ist, weil nur dann alle Lufttheilchen zum Stoß kommen könnten, wenn die Fläche an derselben Stelle bliebe, oder stetig durch eine neue ersetzt würde. Man hat daher, wenn man $\alpha - v.\text{tang}\,\mu$ statt α setzt, den Stoß nach bc

$$= \tfrac{4}{3}.\frac{(\alpha - v\,\text{tang}\,\mu)^2}{4g}.+.F\sin\mu\cos\mu.$$

§. 8. Einen, diesem in Hinsicht auf die Einführung der Geschwindigkeit gleichen Ausdruck, pflegt man nun gemeiniglich, zur Berechnung des Stoßes auf eine ausweichende schiefgestellte Fläche zum Grunde zu legen; allein hier kommt noch der Umstand hinzu, daß der Windflügel, welcher eine solche Fläche ist, bey seiner Bewegung immer mit seiner hintern Fläche vor Lufttheilchen tritt, die sich mit der Geschwindigkeit α bewegen, und das muß eine merkliche Vergrößerung des Stoßes hervorbringen. Ich stelle mir die Sache so vor:

I. Wird eine Fläche abcd Figur 5688 in ruhiger Luft ruhig gehalten, so drückt die Luft sowohl ihre vordere Fläche ab als die hintere cd gleich stark, mit einer Kraft, die dem Druck einer Wassersäule, von etwa 32 Fuß hoch gleich ist. Heißt die Fläche $= F$, und nimmt man an, daß die Luft 900 mahl leichter als Wasser sey, so ist dieser Druck $= 32 . 900 . F\gamma$, und wenn $32 . 900 = 28800 = H$, $= HF\gamma$. Durch diesen gleichen Druck entsteht ein völliges Gleichgewicht, und die Fläche muß ruhen.

II. Bewegt sich nun die Luft von e nach h, und die Fläche von g nach h, beyde mit gleicher Geschwindigkeit, so empfindet die Fläche zwar keinen Stoß, aber es ist auch unleugbar, daß dadurch der auf der obern und hintern Fläche statt findende hydrostatische Druck $= HF\gamma$ nicht aufgehoben werden könne.

III. Könnte man sich hingegen vorstellen, daß sich die Lufttheilchen von der hintern Fläche cd alle mit der Geschwindigkeit α entfernen, während die vordern ruhen, so muß nothwendig ein Uebergewicht des hydrostatischen Drucks entstehen, welches daraus klar ist, daß, wenn man jetzt in der Fläche eine Oeffnung machte, die vordere ruhige Luft durch diese Oeffnung mit der Geschwindigkeit α nachströhmen müßte. Das Entströhmen der Lufttheilchen von der hintern Fläche hält also einen Theil des hydrostatischen Drucks auf selbiger gleichsam ab. Da nun ein Luftstrohm von der Geschwindigkeit α einer Luftsäule von der Höhe $\frac{4}{3} . \frac{\alpha^2}{4g}$ das Gleichgewicht hält, so ist das Uebergewicht des hydrostatischen Drucks, oder der Druck auf der vordern Fläche $= \frac{4}{3} . \beta\gamma F$.

Es wäre hier einzuwenden, daß der hydrostatische Druck mit dem hydraulischen Druck verwechselt sey, und daß das Uebergewicht nur $\beta\gamma$ statt $\frac{4}{3}\beta\gamma$ seyn müßte, indem nur die Höhe β nöthig wäre, den hintern Lufttheilchen die Geschwindigkeit α beyzubringen. Man weiß aber aus der Erfahrung, das diejenige Druckhöhe, welche nöthig ist einer Flüssigkeit eine gewisse Geschwindigkeit beyzubringen, immer größer ist, als die zu dieser Geschwindigkeit gehörige freye Fallhöhe, und dies beträgt nach Versuchen beym Ausfluß des Wassers mehr als das doppelte. Da nun

nun hierüber meines Wissens bey der Luft noch keine Versuche angestellt sind, so werde ich gewiß der Sache nicht zu viel thun, wenn ich der obigen Vorstellung folge, und das Uebergewicht $= \frac{4}{3} \beta + F$ setze.

IV. Stellt man sich vor; die vordere und hintere Luft ruhe, und die Fläche bewege sich von g nach h mit der Geschwindigkeit α, so geht außer dem Widerstande den die hintere Fläche cd findet, auch noch dadurch, daß sich die vordere Fläche dem Druck der ruhigen Luft entzieht, ein Theil dieses Drucks auf ihr verlohren, und dieser ist offenbar so groß, als das Gewicht einer Luftsäule die nöthig ist die Geschwindigkeit α, mit der die Luft der vordern Fläche nachströhmen wird, hervorzubringen. Das ist nun gemäß III. nichts anders als $\frac{4}{3} . \beta + F$.

V. Bewegt sich die Luft nach ef und gh gleich schnell mit der Geschwindigkeit α, und die Fläche ruht, so empfindet die vordere Seite den Stoß von der Geschwindigkeit α $= \frac{4}{3} F \beta +$,
aber auch zugleich, gemäß (III), das Uebergewicht des hydrostatischen Drucks $= \frac{4}{3} F \beta +$.
Die Gewalt welche die Fläche wirklich leidet, muß also noch einmahl so groß seyn, als der Stoß, wenn man annehmen kann, daß die hintere Luft gh ruht. Das letztere scheint bey allen Versuchen, die man sowohl über den senkrechten als schiefen Stoß der Luft anstellen kann, und durch die man den senkrechten Stoß nur $= \frac{4}{3} F \beta . +$ findet, der Fall zu seyn, indem es sich, so lange die Fläche ruht, oder auch selbst wenn sie ausweicht, und so lange dieß in der Richtung des Windes geschieht, nicht denken läßt, daß sich die Theilchen hinter der Fläche so schnell bewegen als vor derselben; sie müssen entweder ruhen, oder eine wirbelnde Bewegung annehmen, die wohl gar noch einen Stoß oder Gegendruck hervorbringt.

VI. Bewegt sich nun endlich die Luft von e nach h mit der Geschwindigkeit α, und die Fläche auch von g nach h mit einer der Fallhöhe u zugehörigen Geschwindigkeit v, so daß $v <$ als α, so wird zwar durch die sich nach gh mit der Geschwindigkeit α entfernenden Lufttheilchen, gemäß (III), ein Druck $\frac{4}{3} \beta + F$ abgehalten, aber dadurch daß sich die vordere Fläche mit der Geschwindigkeit v dem Luftdruck entzieht, geht ein Theil des entstehenden Uebergewichts $\frac{4}{3} \beta + F$ verlohren. Dieser Theil ist gemäß (IV und V)

 offenbar

offenbar $= \frac{4}{3} u \Psi$; denn: wäre $v = \alpha$, so wäre der verlohren gehende Theil des Uebergewichts $= \frac{4}{3} \beta \Psi F$, folglich kein Uebergewicht da, wie gehörig (II) —, und wäre $v = 0$, so wäre der verlohren gehende Theil des Uebergewichts $= 0$, folglich dieses $= \frac{4}{3} \beta \Psi F$, ebenfalls wie gehörig (V).

§. 9. Da nun der Stoß auf eine mit der Geschwindigkeit v ausweichende Fläche, gemäß (§. 7.), senkrecht $= \frac{4}{3} . \frac{(\alpha - v)^2}{4g} . \Psi F$ ist, so ist die Gewalt, die diese Fläche eigentlich auszuhalten hat, gleich diesem Stoß und dem übrig bleibenden Uebergewcht des hydrostatischen Drucks (§. 8. VI.), also

$$= F . \left(\frac{4}{3} . \frac{(\alpha - v)^2}{4g} . \Psi + \left(\frac{4}{3} \beta \Psi - \frac{4}{3} u \Psi \right) \right)$$

$$\text{oder} = \frac{4}{3} \Psi . \left(\frac{\alpha^2 - 2\alpha v + v^2 + \alpha^2 - v^2}{4g} \right) . F$$

$$= \frac{4}{3} . \frac{\alpha^2 - \alpha v}{2g} . \Psi F.$$

§. 10. Es ist, wie schon gesagt, wahr, daß diese Formel nie auf eine ausweichende Fläche, worauf der Wind stößt, und wenn das Ausweichen nach der Richtung des Windes geschieht, passen kann, indem dann die hintern Lufttheilchen keinesweges mit der Geschwindigkeit der vordern ausweichen. Aber bey den Windflügeln ist dies letztere genau der Fall (§. 8.), und daher muß die Formel bey diesen volle Anwendung finden.

So wenig anerkannt und folglich so gewagt diese Art die Sache zu betrachten seyn mag, so scheinen mir doch die Gründe worauf das Gefundene beruht so einfach und evident, daß ich nicht umhin kann, selbiges der gewöhnlichen Theorie, die bisher noch gar nichts angab, vorzuziehen.

Die Bemerkungen des Hrn. Langsdorff in §. 629. der Hydraulik, veranlaßten mich über die Ursachen der so großen Abweichung nachzudenken, und eben diese Bemerkungen nebst den Ideen bey den Nivellationen des Hrn. Prony in dessen Hydraulik, und andere physische Ereignisse wo das Uebergewicht des hydrostatischn Drucks einer flüssigen Masse bemerkbar wird, brachten mich auf die hier vorgetragenen Gedanken.

§. II.

§. 11. Bey dem Uebergewicht des hydrostatischen Drucks findet eine gleiche Reduction wie beym Stoß statt, weshalb man den eigentlichen Druck auf einen ausweichenden Windflügel zu Umdrehung desselben (gemäß §. 7.)

durch $\frac{4}{3}\frac{(\alpha - \upsilon \operatorname{tang}\mu)^2}{4g}.\Psi.F.\sin\mu.\cos\mu$

$+\frac{4}{3}\left(\frac{\alpha^2}{4g} - \frac{\upsilon^2 \operatorname{tang}\mu^2}{4g}\right).\Psi F \sin\mu \cos\mu$

oder durch $\frac{4}{3}.\frac{(\alpha^2 - \alpha\upsilon \operatorname{tang}\mu)}{2g}.\Psi.F.\sin\mu.\cos\mu$

ausdrücken kann. Es ist $\frac{4}{3}.\frac{1}{4g}.\Psi = 0{,}0017583$ (§.2.), also $\frac{4}{3}.\frac{1}{2g}.\Psi = 0{,}0035166$. Ich will die Zahl 0,0035166 $= n$ setzen, so hat man den Druck des Windes auf F Quadrat-Fläche des Flügels in der Richtung der Umdrehung

$$= n\alpha(\alpha - \upsilon \operatorname{tang}\mu)\sin\mu.\cos\mu.F.$$

Anwendung auf Windflügel.

§. 12. Es sey CAD Fig. 5689 ein Windflügel, und $CA = \varrho$.

	$AP = x$, $pP = dx$.
	$AB = t$,
die Breite des Flügels	$PM = y$,
die Geschwindigkeit des Punkts A	$= q$,
die Geschwindigkeit des Punkts P	$= \upsilon$,
der Winkel, den der Flügel in A mit der Umlaufs-Ebene macht	$= m$,
der ähnliche Winkel in P	$= \mu$,
der ähnliche Winkel in B	$= \eta$,

so hat man, wenn das Element $Pm = F$ ist, $F = \eta dx$, und folglich den Stoß auf dieses Element

$$= \alpha n(\alpha - \upsilon \operatorname{tang}\mu).\sin\mu.\cos\mu.\eta dx$$

und das Moment zur Umdrehung dieses Elements um die Axe C, (wenn man, um Weitläuftigkeiten zu vermeiden, die Geschwindigkeit in allen Punkten des Elements $= \upsilon$ annimmt)

$$n\alpha(\alpha - \upsilon \operatorname{tang}\mu).\upsilon.\sin\mu.\cos\mu.\eta dx.$$

davon das Integral das Umdrehungs-Moment des Flügels geben wird.

Noch hat man für v die unbedingte Gleichung $v = \frac{\varrho + x}{\varrho} . q$, indem $\varrho : \varrho + x = q : v$, wo man q und ϱ als gegebene Größen ansehen kann.

§. 13. Das Integral kann aber nicht eher angegeben werden, als bis die Abhängigkeit der Größen y und μ von x, das heißt, bis die Gestalt des Flügels bestimmt ist. Diese aber soll unstreitig so beschaffen seyn, daß der Wind auf eine gewisse Fläche des Flügels den möglichst größten Effekt hervorbringt.

Allgemein giebt es aber für den Effekt kein Größtes, wie sogleich aus diesen Betrachtungen erhellet. Man setze $\tang \mu = z$, so hat man

$$\sin \mu \cos \mu = \tang \mu \operatorname{cosin} \mu^2 = \frac{z}{1 + z^2},$$

mithin den Effekt auf jedes Element

$$= \frac{n \alpha (\alpha - v z) v z}{1 + z^2} . y d x.$$

Differentiirt man, und nennt die in dz und dv multiplicirten Größen P und Q, so findet sich

$$\left.\begin{aligned} P &= \frac{(\alpha - 2 v z) v}{1 + z^2} - \frac{(\alpha - v z) v z . 2 z}{(1 + z^2)^2} = 0 \\ Q &= \frac{(\alpha - 2 v z) z}{1 + z^2} = 0 \end{aligned}\right\}$$

für ein Größtes oder ein Kleinstes.

Daraus kommt

$$P = \frac{v Q}{z} - \frac{2 (\alpha - v z) v z^2}{(1 + z^2)^2},$$

weil P und Q = o, $\alpha - v z = 0$, und $v = \frac{\alpha}{z}$.

Aber die Gleichung Q = o giebt $\alpha - 2 v z = 0$ also $v = \frac{\alpha}{2 z}$, folglich ist v für ein Größtes unmöglich. Setzte man den Werth $v = \frac{\alpha}{z}$ in die Gleichung Q = o, so käme $\frac{z}{2} \alpha = 0$, folglich müßte für den größten Effekt α gegen die übrigen Größen verschwinden, oder, welches dasselbe ist, v und z unendlich seyn;

seyn; und zwar wäre v unendlich groß, da man

$$\frac{dQ}{dv} = -- \frac{2z^2}{1+z^2}$$

unbedingt vereint hat.

Wollte man daher auch v als wirklich ansehen, das heißt den Gang der Maschine darnach bestimmen, so würde doch hierdurch nie ein Größtes für den Effekt zu erreichen seyn, da dieser nur für $v =$ unendlich statt findet.

Man muß also vielmehr (da v eine unabhängige Bedingung unter sich hat, die aus der Festigkeit des Flügels entsteht, und durch die Gleichung

$$v = \left(1 + \frac{x}{c}\right) q,$$

in welcher q eine gegebene Größe ist, angezeigt wird, mithin v nicht für jede Stelle des Flügels nach Gefallen bestimmt werden kann) als gegeben ansehen, und den Winkel μ bey jedem v für den größten Effekt suchen.

Dieses aber kann auf zweyerley Art geschehen, nähmlich:

Erstens könnte man dem Flügel eine solche Gestalt geben, oder den Winkel μ an jeder Stelle so einrichten, daß mit Hinsicht auf die Geschwindigkeit v der Effekt ein Größtes wird: alsdann ist der Factor $\sin\mu \cos\mu$ gleichgültig, und bestimmt sich nach dem für μ unter der genannten Annahme gefundenen Werth.

Zweytens könnte man auch μ so einrichten, daß der Stoß auf jedes Element ein Größtes wird. Dann ist die Geschwindigkeit v als Factor gleichgültig.

In beyden Fällen wird die Abhängigkeit der Größe μ und v und folglich von x gefunden, nur bleibt die Wahl zwischen zwey Größten des Effekts.

§. 14. I. Für den ersten Fall hat man also aus dem Ausdrucke des Moments

$$n\alpha(\alpha - v\,\text{tang}\,\mu)\, v \sin\mu \cos\mu\, y\, dx$$

die Größe $(\alpha - v\,\text{tang}\,\mu)\,v = \text{max.} = m$, indem die übrigen Größen hier als gegeben anzusehen sind. Das giebt

$$\alpha - v\,\text{tang}\,\mu - \text{tang}\,\mu \,.\, v = \frac{dm}{dv} = 0, \text{ also}$$

$$2v \tan\mu = \alpha, \text{ und } \tan\mu = \frac{\alpha}{2v}.$$

Zum Beweise, daß ein Größtes statt finde, dient, daß $\frac{d^2 m}{dv^2} = -2\tan\mu =$ einer vermeinten Größe ist. Da nun $v = \frac{\varrho + x}{\varrho}.q$, und folglich für $\mu = m$, $v = q$, so hat man

$$\tan m = \frac{\alpha}{2q} \text{ und } \tan\mu = \frac{\alpha\varrho}{2(\varrho + x)q} = \frac{\varrho}{\varrho + x}\tan m.$$

Soll daher in dieser Hinsicht ein Größtes des Effekts statt finden, so muß der erste Winkel m, den der Flügel mit der Umlaufsebene macht, $= \frac{\alpha}{2q}$ seyn, und bey allen übrigen Winkeln μ muß die Tangente verkehrt, wie die Entfernung von der Axe verhalten.

Man hat $\sin\mu\cos\mu = \frac{\tan\mu}{1 + \tan^2\mu} = \frac{2\alpha v}{\alpha^2 + 4v^2}$, folglich das Differential des Moments

$$= n\alpha(\alpha - \tfrac{1}{2}\alpha)v.\frac{2\alpha v}{\alpha^2 + 4v^2}y\,dx,$$

$$= n\alpha^3.\frac{v^2}{\alpha^2 + 4v^2}.y\,dx.$$

II. Für den zweyten Fall hingegen hat man aus dem Ausdruck des Moments die Größe.

$$(\alpha - v\tan\mu)\sin\mu\cos\mu = max: = M,$$

indem die übrigen Größen jetzt indifferent sind. Heißt nun $\tan\mu = z$ so ist

$$\sin\mu\cos\mu = \frac{z}{1 + z^2}, \text{ und folglich}$$

$$M = \frac{(\alpha - vz)z}{1 + z^2}; \text{ das giebt}$$

$$\frac{\alpha - vz}{1 + z^2} - \frac{vz}{1 + z^2} - \frac{(\alpha - vz)z.2z}{(1 + z^2)^2} = \frac{dM}{dz} = 0, \text{ folglich}$$

$(\alpha - 2vz)(1 + z^2) = 2z^2(\alpha - vz)$ woraus man findet

$$z^2 + \frac{2v}{\alpha}.z - 1 = 0, \text{ und } z \text{ oder}$$

$$\tan\mu = \sqrt{\left(1 + \frac{v^2}{\alpha^2}\right)} - \frac{v}{\alpha}.$$

Zum

Zum Beweise, daß ein Größtes statt findet, hat man

$$\frac{ddM}{dz^2} = d\left[\frac{\frac{-\alpha(z^2-1)-zvz}{(1+z^2)^2}}{dz}\right]$$

welches nach gehöriger Rechnung giebt:

$$\frac{d^2M}{dz^2} = \left(1+\frac{v^2}{\alpha^2}\right).(v-\sqrt{}\ v^2+\alpha^2)), -$$

eine Größe, die allemahl vereint seyn muß, weil $\sqrt{(v^2+\alpha^2)} > u$.

Aus $\tan\mu = \sqrt{\left(1+\frac{v^2}{\alpha^2}\right)} - \frac{v}{\alpha}$ findet man;

$$1+\tan\mu^2 = \left(1+\frac{v^2}{\alpha^2} - \frac{v}{\alpha}\sqrt{\left(1+\frac{v^2}{\alpha^2}\right)}\right)$$

$$= 2\sqrt{\left(1+\frac{v^2}{\alpha^2}\right)}\left(\sqrt{\left(1+\frac{v^2}{\alpha^2}\right)} - \frac{v}{\alpha}\right)$$

$$= 2\sqrt{\left(1+\frac{v^2}{\alpha^2}\right)}.\tan\mu;\text{ folglich}$$

$$\frac{2\tan\mu}{1+\tan\mu^2}\text{ od. }2\sin\mu\cos\mu\text{ od. }\sin 2\mu = \frac{1}{\sqrt{\left(1+\frac{v^2}{\alpha^2}\right)}}$$

und $\operatorname{cosec} 2\mu = \sqrt{\left(1+\frac{v^2}{\alpha^2}\right)}$; folglich $\sqrt{}(\cos^2 2\mu - 1)$

oder $\cot{:}2\mu = \frac{v}{\alpha}$, oder $\tan 2\mu = \frac{\alpha}{v} = \frac{\alpha\varrho}{\varrho+x}.\frac{1}{q}$,

mithin auch $\tan 2m = \frac{\alpha}{q}$

und endlich

$$\tan 2\mu = \frac{\varrho}{\varrho+x}.\tan 2m.$$

Wenn daher der Flügel so gestaltet seyn soll, daß der Stoß des Windes auf ihn an jeder Stelle der möglichst größeste ist, so muß $\tan 2m = \frac{\alpha}{q}$ seyn, und die Tangente des doppelten Winkels an jeder Stelle sich verkehrt wie die Entfernung von der Axe verhalten.

Das Differential des Moments findet man für diesen Fall, da

$$\operatorname{tang}\mu = \sqrt{\left(1+\frac{v^2}{\alpha^2}\right)} - \frac{v}{\alpha}$$

$$\text{und } \sin\mu\cos\mu = \frac{1}{2\sqrt{\left(1+\frac{v^2}{\alpha^2}\right)}}$$

$$n\alpha\left\{\alpha - v\left(\sqrt{\left(1+\frac{v^2}{\alpha^2}\right)} - \frac{v}{\alpha}\right)\right\}\frac{v}{2\sqrt{\left(1+\frac{v^2}{\alpha^2}\right)}}\,y\,dx$$

$$= n\alpha\left(\alpha\left(1+\frac{v^2}{\alpha^2}\right) - v\sqrt{\left(1+\frac{v^2}{\alpha^2}\right)}\right)\frac{v}{2\sqrt{\left(1+\frac{v^2}{\alpha^2}\right)}}\,y\,dx$$

$$= \tfrac{1}{2} n\alpha\left[\sqrt{(\alpha^2+v^2)} - v\right] v\,.\,y\,dx$$

§. 15. Was nun von ähnlichen Theilen gilt, das gilt auch von den zugehörigen Ganzen. Dasjenige Differential-Moment, welches von beyden, auf gleiche Flächen Elemente des Flügels bezogen, das größte ist, dessen Integral muß auch den allergrößten Effekt angeben.

Um nun zu entdecken welches von den beyden Momenten (§. 14. I. und II.) größer sey, setze man

$$\tfrac{1}{2} n\alpha\left[\sqrt{(\alpha^2+v^2)} - v\right] v\,y\,dx > n\alpha\,.\,\frac{\alpha^2 v^2}{\alpha^2+4v^2}\,.\,y\,dx \;(\text{§}.14)$$

Nachdem dieses etwas Mögliches oder Unmögliches angiebt, darnach ist das Differential im IIten oder im Isten Fall (§. 14.) das größte. Man erhält

$$\sqrt{(\alpha^2+v^2)} - v > \frac{2\alpha^2 v}{\alpha^2+4v^2}$$

$$\alpha^2+v^2 > v^2\left(\frac{3\alpha^2+4v^2}{\alpha^2+4v^2}\right)^2$$

woraus nach gehöriger Rechnung wird

$$\alpha^6 > 0.$$

So lange daher α eine mögliche Größe ist, ist das Angenommene wahr, und da α immer möglich seyn muß, so folgt, daß das Differential im 2ten Fall unbedingt größer sey, als dasjenige im ersten

Fall,

Fall, und dieserhalb muß auch seyn Integral den allergrößten Effekt angeben.

§. 16. Um daher dieses Integral zu finden, will ich die Breite des Flügels unveränderlich und $=p$ setzen, so kommt weil $\upsilon=\frac{\varrho+x}{\varrho}.q$, und folglich

$$dx=\frac{\varrho}{q}d\upsilon,$$

$$\tfrac{2}{3}np\frac{\varrho}{q}.\alpha\left[\sqrt{(\alpha^2+\upsilon^2)}\,\upsilon d\upsilon-\upsilon^2 d\upsilon\right]$$

Es sey $\alpha^2+\upsilon^2=\omega^2$ so hat man $\upsilon d\upsilon=\omega d\omega$ und

$$\tfrac{2}{3}np\frac{\varrho}{q}.\alpha\left[\omega^2 d\omega-\upsilon^2 d\upsilon\right]$$

Davon ist das Integral

$$=\tfrac{2}{9}.np.\frac{\varrho}{q}.\alpha\left[(\alpha^2+\upsilon^2)^{\frac{3}{2}}-\upsilon^3\right]+\text{Const.}$$

Es verschwindet vor $x=0$ und $\upsilon=q$, folglich ist

$$\text{Const.}=-\tfrac{2}{9}np.\frac{\varrho}{q}.\alpha\left[(\alpha^2+q^2)^{\frac{3}{2}}-q^3\right]$$

und das vollständige Integral

$$=\tfrac{2}{9}.np.\frac{\varrho}{q}.\alpha\left[q^3-\upsilon^3+(\alpha^2+\upsilon^2)^{\frac{3}{2}}-(\alpha^2+q^2)^{\frac{3}{2}}\right]$$

und wenn man solches mit 4 multiplicirt und den ganzen Effekt auf 4 Windflügel E nennt:

$$E=\tfrac{2}{3}np\frac{\varrho}{q}\alpha^4\left[\frac{q^3}{\alpha^3}-\frac{\upsilon^3}{\alpha^3}+\left(1+\frac{\upsilon^2}{\alpha^2}\right)^{\frac{3}{2}}-\left(1+\frac{q^2}{\alpha^2}\right)^{\frac{3}{2}}\right]$$

§. 17. Es war oben in (§. 14. II.)

$$\cot 2\mu=\frac{\upsilon}{\alpha},\ \cot 2m=\frac{q}{\alpha}$$

$$\operatorname{cosec}2\mu=\sqrt{\left(1+\frac{\upsilon^2}{\alpha^2}\right)}\text{ und }\operatorname{cosec}2m\sqrt{\left(1+\frac{q^2}{\alpha^2}\right)}$$

Man kann daher den Effekt auch so ausdrücken

$$E=\tfrac{2}{3}n.p\frac{\varrho}{q}\alpha^4\left[\operatorname{cosec}^3 2\mu-\operatorname{cosec}^3 2m-(\cot^3 2\mu-\cot^3 2m)\right]$$

§. 18.

§. 18. Man nenne die mit der Geschwindigkeit u in der Entfernung f von der Axe zu wältigende Last $=L$, so ist dieser ihr Moment $=Lu$ welches dem Moment der 4 Windflügel gleich seyn muß. Man hat daher den Werth von

$$E = L.u,$$

und es muß nun die Länge und Breite der Flügel so eingerichtet werden, daß der Ausdruck für E (§. 17.) diesen Werth giebt, wobey dann die Flügel die in (§. 14. II.) gefundene Gestalt erhalten.

§. 19. Man setze in (§. 16.) $\frac{q}{\alpha} = n, \frac{v}{\alpha} = y$ und $\frac{E}{\frac{2}{3} n p \frac{e}{q} \alpha^4} = W$ so hat man die Gleichung

$$W = n^3 - y^3 + (1 + y^2)^{\frac{3}{2}} - (1 + n^2)^{\frac{3}{2}};$$ oder wenn $W - n^3 + (1 + n^2)^{\frac{3}{2}} = U$

$$U = y^3\left(1 + \frac{1}{y^2}\right)^{\frac{3}{2}} - y^3.$$

Löset man dieses in eine unendliche Reihe auf, so kommt

$$U = y^3(1 + \tfrac{3}{2} y^{-2} + \tfrac{3}{8} y^{-4} - \tfrac{1}{16} y^{-6} + \tfrac{3}{128} y^{-8} \ldots .) - y^3:$$

also

$$U = \tfrac{3}{2} y + \tfrac{3}{8} y^{-1} - \tfrac{1}{16} y^{-3} + \tfrac{3}{128} y^{-5} - \tfrac{3}{256} y^{-7} \ldots .)$$

Bey Umkehrung der Reihe wird man setzen müssen:

$$y = AU + BU^{-1} + CU^{-3} + DU^{-5} + EU^{-7} \ldots .$$

und man bekommt

$$\begin{aligned} U = {} & \tfrac{3}{2}\left(AU + BU^{-1} + CU^{-3} + DU^{-5} + EU^{-7} \ldots\right) \\ & + \tfrac{3}{8}\left(\frac{1}{A} - \frac{B}{A^2} + \frac{B^2}{A^3} - \frac{B^3}{A^4} \ldots .\right) \\ & \qquad\qquad\qquad - \frac{C}{A^2} + \frac{2BC}{A^3} \\ & \qquad\qquad\qquad\qquad\qquad - \frac{D}{A^2} \end{aligned}$$

$- \frac{1}{16}$

$$-\tfrac{1}{16}\left(\frac{1}{A^3}-\frac{3B}{A^4}+\frac{6B}{A^5}\ldots\right.$$
$$-\frac{3C}{A^4}$$
$$+\tfrac{3}{128}\qquad\frac{1}{A^5}-\frac{5B}{A^6}\ldots\Big)$$
$$-\tfrac{3}{256}\left(\frac{1}{A^7}\ldots\right)$$

welches giebt:

$$\tfrac{3}{2}A=1 \quad . \quad . \quad . \qquad A=\tfrac{2}{3}$$

$$\tfrac{3}{2}B+\frac{3}{8A}=0 \quad . \quad . \qquad B=-\tfrac{3}{8}$$

$$\tfrac{3}{2}C-\frac{3B}{8A^2}-\frac{1}{16A^3}=0 \quad . \qquad C=-\tfrac{28}{256}$$

$$\tfrac{3}{2}D+\frac{3B^2}{8A^2}-\frac{3C}{8A^2}+\frac{3B}{16A^4}+\frac{3}{128A^5}=0 \qquad D=-\tfrac{87}{2048}$$

folglich

$$y=\tfrac{2}{3}U-\tfrac{3}{8}U^{-1}-\tfrac{28}{256}U^{-3}-\tfrac{87}{2048}U^{-5}\ldots\ldots$$

daraus findet man sodann

$$y=\frac{u}{\alpha}=\frac{\varrho+t}{\varrho}\cdot q\cdot\frac{1}{\alpha}$$

also

$$t=\left(\frac{\alpha y}{q}-1\right)\varrho$$

für die Länge des Flügels; wobey

$$U=W-n^3+(1+n^2)^{\frac{3}{2}}=\frac{3E}{2np\frac{\varrho}{q}\alpha^4}+\left(1+\frac{q^2}{\alpha^2}\right)^{\frac{3}{2}}-\frac{q^3}{\alpha^3}$$

§. 20. Die nöthige Länge des Flügels ist hier zwar durch eine unendliche Reihe directe angegeben, aber die Rechnung würde doch, wenn sich die Reihe nicht sehr nähert, unbequem werden; ich würde daher erst einen gewöhnlichen Flügel annehmen, und dessen größten Effekt nach der Formel (in §. 17.) berechnen, sodann aber durch einige wiederhohlte Proben dem nöthigen Effekt der Maschine nahe zu kommen suchen, oder ihn gegen den angenommenen in in ein geometrisches Verhältniß stellen, falls der Unterschied nicht sehr groß wäre.

Ferner bemerke ich hier noch, daß ich, da die Axe der Windflügel bey Maschinen immer etwas gegen den Horizont geneigt ist, unter α, die auf einer mit der Axe der Ruthenwelle parallelen Richtung reducirte Geschwindigkeit des Windes verstehe. Man muß also die wirkliche Geschwindigkeit des Windes, im Fall man annimmt, daß die Bewegung der Luft wagerecht geschiehet, noch mit dem Cosinus des Winkels φ den die Ruthenwelle mit dem Horizont macht, multipliciren.

§. 21. Bey Berechnung der durch den Wind getriebenen Maschinen ist es in den meisten Fällen nöthig, den Parallelstoß des Windes auf die Flügel anzugeben, indem dadurch eine Reibung am Halse der Ruthenwelle entsteht, welche den zu wältigenden Widerstand vermehrt.

Es verhält sich der Parallelstoß zum Umdrehungsstoß wie $\cos\mu : \sin\mu$ (§. 6.) Wenn man also den Umdrehungsstoß auf ein Element $\frac{\sin\mu}{\cos\mu}$ oder mit $\tan\mu$, oder dessen Moment mit $v\tan\mu$ dividirt, so erhält man den Parallelstoß. Es ist aber das Differential des Umdrehungs-Moments (in §. 14. II.)

$$= \tfrac{1}{2} n\alpha \left[\sqrt{(\alpha^2 + v^2)} - v\right] v . y dx,$$

und ebendaselbst

$$v \tan\mu = v \left[\sqrt{\left(1 + \frac{v^2}{\alpha^2}\right)} - \frac{v}{\alpha}\right]$$

$$= \frac{v}{\alpha}\left[\sqrt{(\alpha^2 + v^2)} - v\right],$$

daher der Parallelstoß auf ein Element $y dx$ oder $p dx$
$= \frac{1}{2} n\alpha^2 p dx$ wovon das Integral
$= \frac{1}{2} n\alpha^2 p x + \text{Const.}$ Es verschwindet vor $x = \varrho$ und gibt daher $\text{Const} = -\frac{1}{2} n\alpha^2 p\varrho$.

Das Integral für den ganzen Flügel hat man, wenn $x = \varrho + t$, also ist solches
$= \frac{1}{2} n\alpha^2 p(\varrho + t) - \frac{1}{2} n\alpha^2 p\varrho$
$= \frac{1}{2} n\alpha^2 p t$ und der Parallelstoß auf 4 Flügel
$= 2 n\alpha^2 p t$.

Anmerk.

Anmerk. Da $\frac{1}{2} n = \frac{1}{2} \cdot \frac{4}{3} \cdot \frac{1}{2g} \psi$ (§. 11.) so ist

$$\frac{1}{2} n \alpha^2 = \frac{4}{3} \beta \psi,$$

mithin der Parallel-Stoß so groß, als der senkrechte Stoß auf die ganze Fläche des Flügels pt, in dem Fall, wenn sich die Lufttheilchen nicht von seiner hintern Fläche entfernen.

B. Berechnungen der Schwere des gehenden Zeuges einer holländischen Windmühle, der Größe des Reibens und der Kraft, welche erfordert wird, eine solche Mühle zu treiben, nicht weniger mit wie viel Gewalt der Wind gegen Flügel nach der bisher üblichen Einrichtung der Schiefe derselben wirke *).

Wenn man eine Windmühle zweckmäßig anlegen, und zu dem Ende vorher richtig berechnen will, so ist es nöthig, den ganzen Widerstand zu kennen, den die in der Mühle befindlichen Theile der bewegenden Kraft durch ihre Schwere und Reibung entgegen setzen. Wir wollen diese Berechnungen zu dem Ende mit dem, was wir unten in einer Holländischen Windmühle vorfinden, anfangen, und mit den Ruthen oder Flügeln endigen.

a) Die Last des Mühlensteins mit Zubehör und Eisenwerk auf der Spitze des Mühleneisens zu berechnen.

Das Mühleneisen ist 6 Fuß 4 Zoll lang, die Spitze unten in der Pfanne ist 1, und wo die Vierung angehet 3 Zoll im Durchmesser und 2 F. 4 Zoll lang. Die Vierung in der Mitte, wo das Getriebe sitzet, 1 Fuß 6 Zoll lang, 3 Zoll in allen Kanten. Der Hals 1 Fuß lang, 3 Zoll im Durch-

*) S. Behren's praktische Mühlenbaukunst. S. 99 ff.

Durchmesser. Der Zapfen zum Rihn ist 6 Zoll lang, unten 3 und oben $2\frac{1}{2}$ und $1\frac{1}{3}$ Zoll □. Um nun diese Rechnungen nicht ohne erhebliche Ursachen auszudehnen, so wollen wir die großen Brüche entweder zu $\frac{1}{8}$, $\frac{1}{4}$, $\frac{1}{2}$, oder $\frac{3}{4}$ aufheben, oder nach Befinden gar weglassen; weil die aus diesem etwanigen Mangel entstehende Friction ganz und gar nicht zu bemerken ist; Zweytens wollen wir alle Körper, welche eine pyramidalische Gestalt haben, davon aber die Spitzen abgeschnitten sind, dergestalt berechnen, daß wir das obere mit dem unteren Maß zusammen thun, und die Summe durch 2 dividiren, da wir denn eine Mittellinie (Linea intermedia) oder eine mittlere Zahl zur Berechnung des Körpers erhalten. Nun also:

Die Spitze des Mühleneisens war unten 1
an der Vierung 3

4

2) ——

Mittleres Maß 2 Zoll.

7 — 22 — 2
22

44

7) ——

$6\frac{2}{7}$ Umkreis
2 ganzer Durchmesser

12
$\frac{4}{7}$

$12\frac{4}{7}$

4) ——

$3\frac{1}{7}$ Quadrat
28 Länge der Spitze

84
4

88 Kubik-Inhalt der Spitze.

Der vierkantige Theil ist lang 30 Zoll
breit 3

90
dick 3

270 Kubik-Inhalt des mittlern Theils.

Der Hals ist lang 12 Zoll und 3 Zoll im Durchmesser. Also:

7 — 22 — 3
22

66

7)

$9\frac{3}{7}$ Umkreis
3 ganzer Durchmesser

27
$1\frac{2}{7}$

$28\frac{2}{7}$

4)

$7\frac{1}{14}$ Quadrat
12 Länge

84 Kubik-Inhalt des Halses.

Der Zapfen ist oben im Rhin 3 Zoll breit
unten $1\frac{1}{2}$

$4\frac{1}{2}$

2)

Mittleres Maß $2\frac{1}{4}$ Zoll breit
Auf der andern Seite unten dick $2\frac{1}{2}$
oben 1

$3\frac{1}{2}$

2)

Mittleres Maß $1\frac{3}{4}$ Zoll
von oben $2\frac{1}{4}$

4 Quadrat
6 Länge des Zapf.

24 Kubik-Inhalt des Zapfens.

Hierzu die untere Spitze 88
der vierkantige Theil 270
der Hals 84

366 Kubik-Inhalt des Mühleneisens.

Ferner:

Ferner:

1 Kubikfuß geschmiedetes Eisen

1728 wiegt 472 ℔ wie viel 466 Kubikzolle?

```
        466
      ------
       2832
      2832
     1888
     ------
     219952
1728) ------
```

Summe 127 ℔ 9 Loth beynahe, als die Schwere des Mühleneisens.

Da auf den mehresten Windmühlen Klüfereisen gefunden werden, so kann man derselben Schwere ebenfalls nach der vorhergehenden Rechnung finden. Die Last der Klüfer ruhet auch auf der Spitze des Mühleneisens, deswegen muß man bey Berechnung der Friction dieses Gewichts zuzuthun nicht außer Acht lassen In unserer jetzigen Berechnung haben wir keinen Klüfer, die Kronwelle gehet so weit herunter, daß das Stirnrad unmittelbar ins Getriebe greifet, welches übrigens nicht die beste Einrichtung ist, weil die Kronwelle zu lang wird, und der Zeug nicht gleichförmig ist. Hier thut es indessen nichts zur Sache.

b) Das Getriebe hat 2 eiserne Bänder $19\frac{5}{11}$ Zoll in Diameter, $2\frac{1}{2}$ Zoll breit, Zoll dick. 2 Scheiben von Büchenholze, 19 Zoll im Durchmesser, $2\frac{1}{2}$ Zoll dick. 15 Stöcke, jeder Stock ist 16 Zoll lang, $2\frac{1}{8}$ Zoll in Diameter dick nach der $4\frac{1}{8}$ zölligen Theilung.

Wir setzen also:

$7 — 22 — 19\frac{1}{2}$
22
———
38
38
12
———
430
$7)$ ———
$61\frac{3}{7}$ Umkreis
$2\frac{1}{2}$ Breite
———
$153\frac{4}{7}$ Quadrat
$\frac{3}{8}$ Dicke
———
$57\frac{1}{2}$ Kub. Inh. des einen Bandes
$57\frac{1}{2}$ doppelt
———
115 Inhalt zweyer Bänder.

$\frac{1 \text{ Kubikf.}}{1728}$ Eisen wiegt 472 ℔ wie viel 115 Kubikz.?

115
———
2360
472
472
———
54280
$1728)$ ———
31 ℔ $13\frac{1}{8}$ Loth, als die Schwere zweyer Bänder.

c) Der Diameter der Scheiben war oben 19 Zoll, die Dicke $2\frac{1}{2}$ Zoll. Also:

7 — 22 — 19
22

38
38

418

7) ———

$59\frac{5}{7}$ Umkreis
$4\frac{3}{4}$ viertel Durchmesser

$283\frac{4}{7}$
$2\frac{1}{2}$ Dicke

$425\frac{1}{3}$ beynahe, als den kubischen Inhalt
$425\frac{1}{3}$ doppelt (einer Scheibe.

$850\frac{2}{3}$ Kubik-Inhalt zweyer Bänder.

Wir setzen also:

1 Kubikfuß Haynbüchenholz wiegt
1728 $46\frac{1}{8}$ ℔ wie viel $850\frac{2}{3}$ Kubikzolle?
$850\frac{2}{3}$

39237

1728) ———

22 ℔ 11 Loth beynahe, als die Schwere zweyer Scheiben.

d) Das Getriebe hat 15 Stöcke, 16 Zoll lang, $2\frac{1}{8}$ Zoll dick. Also setzen wir:

7 — 22 — $2\frac{1}{8}$
22
44
$2\frac{3}{4}$
7) $46\frac{3}{4}$
$6\frac{9}{14}$ Umkreis, beynahe
$2\frac{1}{8}$ ganzer Durchmesser
$14\frac{1}{8}$ beynahe
4) $3\frac{1}{2}$ Quadrat
16
48
8
56 Kubik-Inhalt des einen Stocks
15 Zahl der Stöcke
280
56
840 Kubik-Inhalt aller Stöcke.

Ferner:

$\frac{1}{1728}$ Cubikbfuß Haynbüchenholz wiegt 49 Pf. 23 Loth, wie viel 840 Kubz.?

41763 Pf. 24 Loth

1728) 24 Pf. $5\frac{1}{3}$ Loth beynahe, als die Schwere aller Getriebstöcke.

e) Der Rhin ist lang 18 Zoll, der mittlere Theil, wo der Zapfen durchkommt, $3\frac{1}{2}$ Zoll hoch, $4\frac{1}{2}$ Zoll breit, 9 Zoll lang. Die Schwalben sind vorne 5, am Zapfen $3\frac{1}{2}$ Zoll breit. Die Höhe der Schwalben an den Zapfen ist 5 und vorne 1 Zoll hoch. Also:

Der

Der mittlere Theil ist lang 9 Zoll
$3\frac{1}{2}$ hoch
―――
27
$4\frac{1}{2}$
―――
$31\frac{1}{2}$
$4\frac{1}{2}$ dick
―――
Hiervon gehen ab für $141\frac{3}{4}$
das Zapfenloch $28\frac{3}{5}$
―――
bleiben 113 beynahe, als der kubische Inhalt des mittlern Theils.

Ferner:
Die Schwalbung ist vorne 1 Zoll hoch
am Zapfen 3
―――
4
2) ―――
2 hoch

Die Schwalbung ist vorne 5 Zoll
am Zapfen $3\frac{1}{2}$
―――
$8\frac{1}{2}$
2) ―――
$4\frac{1}{4}$ Zoll breit
2
―――
$8\frac{1}{8}$ Quadrat
$2\frac{1}{4}$ halbe Länge
―――
$18\frac{1}{4}$
$18\frac{1}{4}$ doppelt.
―――
$36\frac{1}{2}$ Cub. Inh. zweyer Schw.
Hierzu von oben 113
―――
Also $149\frac{1}{2}$ Cubik-Inhalt des ganzen Rhins.

1 Cubikfuß Eisen wiegt 471 Pf.
1728 wie viel $149\frac{1}{2}$ Cubikzolle?

$$\begin{array}{r} 471 \\ \hline 149 \\ 1043 \\ 596 \\ 235\frac{1}{2} \\ \hline 70414\frac{1}{2} \end{array}$$

1728)

Schwere des ganzen Rihns 40 Pf. $23\frac{1}{3}$ Loth beynahe.

f) Der Warzenring ist auf Windmühlen nicht größer als auf Wassermühlen; wiegt also nach der Berechnung oben. S. 189 ff. 6 Pfund $27\frac{1}{3}$ Loth.

g) Der Mühlenstein soll halten 5 Fuß 6 Z., oder 66 Zoll im Durchmesser und 18 Zoll hoch. Daraus ergibt sich nach genauerer Berechnung, welche ich hier indessen nicht weiter ausführe der cubische Inhalt desselben $61606\frac{2}{7}$ Cubikzoll. Davon gehen ab für das Loch $905\frac{1}{7}$

$60701\frac{1}{7}$ Kubikzoll als den Inhalt des Mühlensteins.

1 Kubikfuß Sandstein wiegt 110 ℔, die $60701\frac{1}{7}$ Kubikzoll wiegen also 3863 ℔ $15\frac{5}{8}$ Loth beynahe.

Wiederhohlung.

a) die Schwere des Mühleneisens	—	127 ℔	9 Lth.
b) — — der Bänder	—	31 —	$13\frac{1}{6}$ —
c) — — der Scheiben	—	22 —	11 —
d) — — der Getriebstöcke	—	24 —	$5\frac{1}{3}$ —
e) — — des Rihns	—	40 —	$23\frac{1}{3}$ —
f) — — des Warzenrings	—	6 —	$27\frac{1}{3}$ —
g) — — des Mühlensteins		3863 —	$15\frac{5}{8}$ —
Summe der Schwere, welcher auf der Spitze des Mühleneisens ruhet — —		4116 ℔	$8\frac{3}{4}$ Loth.

h)

h) Die stehende oder Kronwelle ist lang 50 Fuß, hat 8 Ecken, jede Ecke oder Kante ist 6 Zoll breit. Der halbe Durchmesser ist 7¼ Zoll. Die Grundfläche müssen wir also als 8 Triangel ansehen und berechnen:

Die halbe Breite 3"
ganze Höhe 7¼
―――――
21½ Quadrat eines Triangels
8 Zahl der Triangel od. Seiten
―――――
168 Quadratinhalt aller Triangel
600 Zoll Höhe
―――――
100800
6¼
―――――
100806¼
gehen ab 24 für die Zapfenlöcher
―――――
100782¼ Cubik-Inhalt der Kronwelle.

Wir setzen also:
1 Cubikfuß trocknes Eichenholz wiegt
1728 32 Pf. 14 Lth, wie viel 100782¼ Cubz.?
―――――
3269116 Pf. 7½ Loth
1728) ―――――
Summe 1891 Pf. 25⅓ Loth, Schwere der Kronwelle bloß an Holz.

Ferner:

i) Die beyden Spitzzapfen in der Welle kommen nun in Berechnung. Der untere Zapfen läuft spitzig zu, oben ist er 2½ und unten 1½ Zoll und 5 Zoll lang, wo er in der Pfanne läuft; so weit er aber in der Welle steckt, ist er 18 Zoll lang, am dicken Ende 3 Zoll □. Der obere Zapfen ist im Zapfen 6 Zoll lang, 2½ Zoll im Durchmesser; so weit er aber in der Welle steckt, 18 Zoll lang, 3 Zoll am dicken Ende □. Daraus ergibt sich der Cubikinhalt beyder Zapfen, nach einer genauen Berechnung, welche hier übergangen werden kann auf 148 Cubikzoll, welche beynahe 40 ℔ und 11 Loth schwer sind.

k) Ferner haben wir 4 Bänder, jeder Band ist 15 Zoll in allen Kanten, $2\frac{1}{2}$ Zoll breit, $\frac{3}{8}$ Zoll dick. Das gibt 180 Kubikzoll als den Inhalt aller Bänder, und 49 ℔ 2 Loth, als die Schwere der 4 Bänder.

l) Das Stirnrad unten auf der Kronwelle ist $73\frac{1}{2}$ Zoll, oder 6 Fuß $1\frac{1}{2}$ Zoll im Diameter. Die Bügenfelgen sind 6 Zoll dick, 10 Zoll breit. Jeder der 4 Arme ist 5 Fuß lang, 6 und 10 Zoll □. Die Brust eines Kammes ist $1\frac{3}{4}$, die Dicke $2\frac{3}{4}$ und $2\frac{7}{8}$ Zoll lang. Also:

7 — 22 — $73\frac{1}{2}$
22
146
146
11
1617
7) 231 Umkreis
$18\frac{3}{8}$ viertel Durchmesser
1848
231
$86\frac{5}{8}$ Quadrat des größten Zirkels.

Der inwendige Cirkel ist $53\frac{1}{2}$ Zoll im Diameter, weil auf jeder Seite 10 Zoll, mithin 20 Z. von $73\frac{1}{2}$ Zoll abgehen, und für die Breite der Felgen gerechnet werden.

7 — 22 — $53\frac{1}{2}$

	22	
	106	
	106	
	11	
	1177	
7)	$168\frac{1}{7}$	Umkreis
	$13\frac{3}{8}$	viertel Durchmesser
Hiervon	$4247\frac{1}{2}$	beynahe, Quadr. des kleinst. Zirk.
abgezogen	$4214\frac{5}{8}$	von oben
bleiben	$1002\frac{7}{8}$	als das Quadrat der Bügenfelgen
	6	Dicke
	6012	
	$5\frac{1}{4}$	
	$6017\frac{1}{4}$	Kubik-Inhalt der Bügenfelgen.

Ferner:

Der Durchmesser der Spiegelfelgen ist $73\frac{1}{2}$ Zoll, die Dicke 6 Zoll. Also:

7 — 22 — $73\frac{1}{2}$

	22	
	146	
	146	
	11	
	1617	
7)	231	Umkreis
	$18\frac{3}{4}$	viertel Durchmesser
	1848	
	231	
	$86\frac{5}{8}$	
	$4244\frac{5}{8}$	Quadrat des größten Zirkels.

Die

Die Vierung des Rades ist auf jeder Seite $2\frac{1}{2}$ Fuß. Also:

lang $2\frac{1}{2}$
breit $2\frac{1}{2}$

abgezogen $6\frac{1}{4}$ Quadrat der Vierung
von $4244\frac{5}{8}$

$4238\frac{3}{8}$. Quadrat der Spiegelfelgen
6 Dicke

25428
$2\frac{1}{4}$
hiezu $25430\frac{1}{4}$ Cubik-Inhalt der Spiegelfelgen
v. oben $6017\frac{1}{4}$ den Inhalt der Bügenfelgen

$31447\frac{1}{2}$ Cubik-Inhalt des ganzen Rades an Eichenholz.

Wir setzen also:

$\frac{1}{1728}$ Cubikfuß Eichenholz wiegt 32 Pf. 19 L., wie viel 31447 Cubz.

1020078 Pf. 9 Loth

1728) 590 Pf. $28\frac{7}{8}$ Loth, als die Schwere des Stirnrades bloß an Eichenholz.

m) Die Arme sind lang 5 Fuß oder
breit 60 Zoll
10

600 Quadrat
dick 6

3600 Kubik-Inhalt des einen Arms
4 Zahl der Arme

Davon 14400
gehen ab 520 für den Ueberschnitt und Blätter

bleiben 13880 für den kubischen Inhalt der 4 Arme.

Also:

1 Cubikfuß wiegt 32 Pf. 19 L., wie viel 13880 Cubkz.

1728 450232 Pf. 16 Loth

1728) 260 Pf. 17$\frac{5}{8}$ Loth beynahe, als die Schwere der Arme.

n) Das Stirnrad hat 56 Kämme, die Brust ist lang 2$\frac{7}{8}$ Zoll, breit 2$\frac{2}{3}$ Zoll, und dick 1$\frac{3}{4}$ Zoll Also:

2$\frac{7}{8}$ lang.
2$\frac{2}{3}$ breit.

7$\frac{22}{32}$ Quadrat.
1$\frac{3}{4}$ dick.

13$\frac{3}{4}$ beynahe, als der cubischen Inhalt eines Kammkopfs.
56 Zahl der Kammköpfe.

78
65
42

770 Inhalt aller Kammköpfe.

Man setze also:

1 Cubikfuß Haynbüchenholz wiegt

1728 49 ℔ 23 Loth, wie viel 770 Cubikzoll?

38283 ℔ 4 Loth.

1728) 22 ℔ 22 $\frac{5}{6}$ Loth beynahe, als die Schwere der 56 Kammköpfe.

Die Zapfenlöcher und Zapfen der Kämme sind nicht besonders ausgerechnet worden.

o) Der obere Drehling hat 4 Fuß 10 Zoll, oder 58 Zoll im Durchmesser. Die Theilung ist 5$\frac{1}{2}$ Zoll stark. Hat 33 Stöcke, 18 Zoll lang, 2$\frac{7}{8}$ Zoll im Durchmesser. Die Scheiben sind 57$\frac{1}{2}$ Zoll im Durchmesser, 2$\frac{1}{2}$ Zoll dick. 2 Bänder, 58 Zoll im Durchmesser, 2$\frac{1}{2}$ Zoll breit, $\frac{3}{8}$ Z. dick. Also:

7 — 22 — 58
22
———
116
116
———
1276
7)
———
$179\frac{3}{7}$ Umkreis der Scheibe
$14\frac{1}{2}$ viertel Diameter
———
$2601\frac{1}{7}$ Quadrat der Scheibe
$2601\frac{1}{7}$ doppelt
———
$5203\frac{1}{7}$ Quadrat beyder Scheiben
5 Dicke beyder Scheiben
———
26015
$2\frac{1}{7}$
———
$26017\frac{1}{7}$ Cubikinhalt beyder Scheiben.

Man setze also:
1 Cubikfuß Büchenholz wiegt
$46\frac{1}{8}$ ℔, wie viel $26017\frac{1}{7}$ Cubikzolle?
$46\frac{1}{8}$
———
156102
104068
$3252\frac{1}{8}$
———
$1200034\frac{4}{7}$
1728)
———
Schwere der Scheiben 694 ℔ $14\frac{7}{8}$ Loth.

Ferner:

p) Die Bänder sind 58 Zoll im Diameter. Der Cubikinhalt beyder Bänder beträgt $344\frac{1}{8}$ Cubikzoll, welche wiegen 93 ℔ $14\frac{1}{3}$ Loth.

q) Die Getriebstöcke sind 18 Zoll lang, $2\frac{1}{8}$ Zoll im Durchmesser. Der cubische Inhalt eines Stockes ist also 117 Cubikzoll. Der Inhalt von

von 33 Stöcken ist also 3861 Cubikzoll, welche 112 ℔ 8$\frac{1}{6}$ Loth wiegen.

Wiederhohlung

h)	Schwere der Kronwelle	1891	℔	25$\frac{1}{3}$	Loth.
i)	— der Zapfen	40	—	11	—
k)	— der Bänder	49	—	2	—
l)	— des Stirnrades	590	—	28$\frac{7}{8}$	—
m)	— der Arme	260	—	17$\frac{5}{8}$	—
n)	— der Kämme	22	—	22$\frac{5}{6}$	—
o)	— der Scheiben	694	—	14$\frac{7}{8}$	—
p)	— der Bänder	93	—	14$\frac{1}{3}$	—
q)	— der Stöcke	112	—	8$\frac{1}{6}$	—

Summe der Schwere, welche
auf der Spitze des Kronwellen-
zapfens liegt — — 3755 ℔ 17$\frac{1}{24}$ Lth.

Nun haben wir weiter zu berechnen, die Last der Ruthen, der Welle und des obern Kammrades, welche auf dem Halse der Windwelle ruhet.

r) Die Windwelle ist lang 20 Fuß, auf 17 Fuß ist sie vierkantig und auf 3 Fuß ist sie abgerundet. Vorne, wo die Ruthen durchgehen, ist sie 28 Zoll □, und wo die Rundung angehet, 22 Zoll □. Also:

Die Welle ist vorne 28
Hinten an der Abrundung 22

50

2)

Mittleres Maß 25 Zoll

204 Zoll, oder 17 F. Länge

100

50

5100 Quadrat

25

25500

10200

127500 Cubikinhalt des vierkantigen Theils der Welle.

Die Abrundung ist am dicksten Ende 22 Zoll

am kleinsten 16

38

2)

Mittleres Maß 19 Zoll im Durchmesser.

Nach dem Ansatze 7 : 22 — 19 : — ergibt sich $59\frac{5}{7}$ zum Umkreise; dieser mit dem Durchmesser 19 multiplicirt, gibt $1134\frac{4}{7}$, das mit 4 dividirt, gibt $283\frac{2}{14}$ Quadrat. Multiplicirt man dieses mit 36 als der ganzen Länge, so bekommt man $10211\frac{3}{7}$ als den Kubikinhalt der Abrundung in Cubikzollen. Hierzu von oben 127500, macht 137711 Inhalt. Davon abgezogen 9330 für die Ruthenlöcher, Vertiefung des Halses, Schänen und Zapfenlöcher; bleiben 128381 Cubikzolle für den Inhalt der ganzen Welle.

Wir

Wir setzen also:

$\frac{1}{1728}$ Cubikfuß Eichenholz wiegt 32 ℔ 30 Lth. wie viel 128381 Cubikz.

4164358 Pf. 22 Lth.

1728)

Summe 2409 Pf. 30 Loth. beynahe, als die Schwere der Windwelle bloß an Holz.

f) Die Schraubenbänder sind vorne um die Welle 30 Zoll, in allen Kanten lang 1 Zoll □. Also:

lang 30 Zoll
breit 1
30 Quadrat
dick 1
30 Inh. einer Seite des Schraubenbandes
4 Zahl der Bänder
120 Inhalt eines Schraubenbandes
4 Zahl der Bänder
408 Cubikinhalt der 4 Bänder.

Die Schänen sind lang 16 Zoll, breit 2 Zoll und dick $2\frac{1}{2}$ Zoll. Also:

lang 16 Zoll.
breit 2
32 Quadrat
dick $2\frac{1}{2}$
64
16
80 Cubik-Inhalt einer Schäne
25 Zahl der Schänen
400
160
2000 Cubik-Inhalt aller Schänen.

Die 2 Bänder um die Schänen sind 28 Zoll im Durchmesser, 2 Zoll, breit ⅜ Zoll dick. Man findet also den Cubikinhalt beyder Bänder 132 Cubikzoll.

Auf dem dünnen Ende der abgerundeten Welle liegen 2 Bänder. Der größte Band ist 20 und der kleinste 16 Zoll in Durchmesser, 2 Zoll breit, ⅜ Zoll dick. Das gibt also 47 Cubikzoll beynahe, als den Inhalt des größten Bandes; und 37$\frac{5}{7}$ Cubikinhalt des kleinsten Bandes; welches mit den obigen 47, als dem Inhalte des größten Bandes ausmacht 84$\frac{5}{7}$ Cubikzoll als den Inhalt beyder Bänder.

Der Zapfen ist 2½ Zoll im Durchmesser, 3 Zoll lang. Die Spitze, so weit sie in der Welle steckt, ist lang mit den Haken 18 Zoll, vorne 1¼ Zoll □, und an den Zapfen 2½ Zoll □. Das gibt für den Inhalt des Zapfens 48, und für den Inhalt der Spitze 63, für beyde zusammen also
111 Kubikzoll.

Hierzu ferner vorst.
Berechn. als 480 — der Schraubenbänder
2000 — der Schänen.
132 — der Bänder um die Schänen.
84 — der Bänder um die Welle.

das macht 2807 Cubikzoll als den Inhalt des gesammten Eisenwerkes an der Windwelle; welche nach den bekannten Sätzen wiegen 765 ℔ 3¼ Loth beynahe, als die Schwere des Eisenwerkes an der Windwelle.

t) Das Kammrad ist 10 Fuß in Durchmesser; die Bügenfelgen sind 12 Zoll breit, 6 Zoll dick. Die Spiegelfelgen ebenfalls 6 Zoll dick. Das gibt

gibt 24439⅔ Cubikzoll, als den Inhalt der Bügenfelgen.

Weiter: der Ring der Spiegelfelgen ist 10 Fuß oder 120 Zoll im Durchmesser, 6 Zoll dick; das Quadrat der inwendigen Vierung ist bey diesem Rade 66 Zoll, oder 5 Fuß 6 Zoll in allen Kanten. Also:

Die Vierung ist — 66 Zll.
66

396
396

4356
6 Dicke.

26136 Kubikinhalt des kleinsten Zirkels.

Ferner:

7 — 22 — 120
22
―――
240
240
―――
2640
7) ―――
$377\frac{1}{7}$ Umkreis
30 viertel Durchmesser
―――
11310
$4\frac{2}{7}$
―――
$11314\frac{2}{7}$
6 Dicke
―――
67884
$1\frac{5}{7}$
―――
$67885\frac{5}{7}$ Inhalt des größten Zirkels
abgezogen 26136
―――
$41749\frac{5}{7}$ Inhalt der Spiegelfelgen
hierzu $24439\frac{2}{3}$ den Inh. der Brust- oder Bügenfelgen
―――
66189 Cubikinhalt des ganzen Kammrades.

Ferner:

Die 4 Arme sind 9 Fuß lang, 12 und 6 Zoll □. Also:

Also:

9 Fuß oder 108 Zoll
12

216
108

1296 Quadrat
6 Dicke

7776 Inhalt des einen Arms
4 Zahl der Seiten

30004
gehen ab 5472 für den Ueberschnitt und Blätter
---
bleiben 24532 für den reinen Inhalt der Arme
hierzu v. oben $66189\frac{2}{7}$ Inhalt des Kammrades

$90721\frac{2}{7}$ Cubikinhalt des Kammrades und der Arme.

Wir setzen also:
1 Kubikfuß —— 32 ℔ 14 L. — $90721\frac{2}{7}$ Cubikz.
1728 2942762 ℔ 14 Loth
1728) ——————
1702 ℔ $31\frac{5}{8}$ Loth, Schwere des Kammrades und Arme ohne die Kämme.

Weiter: in dem Rade sind 60 Kämme, jede Brust ist $3\frac{1}{8}$ Zoll lang, 3 Zoll breit, $2\frac{3}{8}$ Zoll dick.
$3\frac{1}{8}$ lang
3 breit

$9\frac{1}{24}$ Quadrat
$2\frac{3}{8}$

$21\frac{1}{2}$ beynahe. Inhalt eines Kammkopfes
60 Zahl der Kämme

1260
30

1290 Cubikinhalt der 60 Kammköpfe.

Da nun 1 Kubikfuß Haynbüchenholz — 49 ℔ 23 Loth wiegt, so wiegen 1290 Cubikzoll

37 ℔ $3\frac{3}{4}$ Loth beynahe, als die Schwere der 60 Kämme.

Hierzu die Schwere des Kammrades	1702 —	$31\frac{5}{8}$ —
Summe	1740 ℔	$3\frac{3}{8}$ Loth, als die Schwere des ganzen Kammrades.

u) Nun haben wir die Ruthen oder Windflügel zu berechnen, mit allen dem, was daran befindlich ist.

Die Bruststücke sind 36 Fuß lang, in der Mitte 12 und 10 Zoll □, und an den Enden 8 und 10 Zoll □.

In der Mitte	12	In der Mitte	10
am Ende	10	am Ende	8
	22		18
2)		2)	
mittleres Maß	11	mittleres Maß	9

11	
9	
99	Quadrat
432	Zoll Länge oder 36 Fuß
3888	
3888	
42768	Cubikinhalt eines Bruststücks
42768	doppelt
85536	Cubikinhalt zweyer Bruststücke.

Die Anschärfer oder Spitzen sind lang 36 Fuß, oben 9 und 10 Zoll □, in der Mitte 8 und 8 Zoll □, am Ende 6 und 6 Zoll □.

Die

Die Spitzen müssen in zwey Theile getheilt werden, die Backen oder Schmiegen müssen erst quadriret werden, und hiernächst die Spitzen selbst.

Die Balken.

```
                      10
              4        8
              8
            ----     ----
             12       18
        2)  ----  2)  ----
Mittl. Maß    6        9 Mittl. Maß.
              9
            ----
             54
            204 Zoll oder 17 Fuß lang.
          ------
            816
           1020
        --------  Cubikinhalt eines Backen.
          11016   Zahl der Backen.
              4
        --------
          44064   Cubikinhalt der 4 Backen.
```

			Die Spitzen
In der Mitte	8		8
am Ende	6		6
	14		14
2)		2)	
mittl. Maß	7		7 mittleres Maß
	7		
	49		
	228	Zoll oder 19 Fuß	
	2052		
	912		
	11172	Cubikinhalt einer Spitze	
	4	Zahl der Spitzen	
	44688	Cubikinhalt aller Spitzen	
Hierzu	44064	als den Inhalt der Backen	
	88752	Cubikinhalt der Ruthen ohne die Hecken.	

Ferner:

An Heckschneiden haben wir in allen 934 Fuß oder 11208 Zoll, sind $2\frac{1}{2}$ Zoll breit, $1\frac{1}{2}$ Zoll dick. Also:

11208	
$2\frac{1}{2}$	
22416	
5604	
28020	Quadrat.
$1\frac{1}{2}$	
28020	
14010	
42030	Kubikinhalt der Heckscheiden.

An

An Windbretern 120 Fuß oder 1440 Zoll, 14 Zoll breit und $1\frac{1}{4}$ Zoll dick. Also:

$$\begin{array}{r} 1440 \\ 14 \\ \hline 5760 \\ 1440 \\ \hline 20160 \text{ Quadrat,} \\ 1\tfrac{1}{4} \\ \hline 20160 \\ 5040 \\ \hline 25200 \text{ Cubikinhalt der Windbreter.} \end{array}$$

Die Knäste, worauf die Windbreter liegen, sind 14 Zoll lang, auf den dicken Ende 6, und auf den dünnen Ende 3 Zoll hoch, $1\frac{1}{4}$ Zoll dick. Also:

```
                6
                3
               ---
                9
          2)
Mittl. Maß     4½
               1¼
              ----
               5⅝  Quadrat.
               14  lang.
              ----
               70
               8¾
              ----
               78¾  Cubikinhalt einen Knastes.
               92   Zahl der Knäste.
              ----
              156
             702
              69
             ----
Hierzu       7245  Cubikinhalt aller Knäste.
von oben    85536  den Inhalt der Bruststücke.
            88752  —   — der Ruthen.
            42030  —   — der Heckscheiden.
            25200  —   — der Windbreter.
           ------
           248763  Kubikinhalt der Flügel an Tan-
                   nenholz.
```

Da nun 1 Cubikfuß Tannenholz wiegt 27 ℔ 13 Loth: so wiegen 248763 Cubikzoll 3945 ℔ 13 Loth beynahe, als die Schwere der Flügel an Tannenholz.

v) Die Ruthen oder Spitzen, Anschärfer, sind durch 12 Schraubbolzen und 12 Schraubenbänder an den Bruststücken befestiget. Also:

```
12 Bolzen à 3 ℔  —   36 ℔
12 Bänder à 6 —  —   72 —
                    -----
                    108 ℔, als die
```

Schwere des Eisenwerkes an den Ruthen.

w)

w) Nun haben wir noch die Segel zu berechnen; Zu jedem Flügel gehören 45 □ Ellen Lein, mithin zu 4 Flügel 180 □ Ellen. Jede □ Elle Lein wiegt netto $9\frac{3}{4}$ Loth; also für 180 □ Ellen 31 Pfund 7 Loth. mit Inbegriff der Linien oder Zugschnüre.

Wiederhohlung.

r)	Die Schwere der Windwelle betrug	2409 ℔	30 Lh.
ſ)	— — des Eisenwerks daran	765 —	$3\frac{1}{4}$ —
t)	— — des Kammrades	1740 —	$3\frac{3}{8}$ —
u)	— — der Ruthen	3945 —	13 —
v)	— — des Eisenwerks daran	108 —	— —
w)	— — der Segel	31 —	7 —
	Summe der ganzen Schwere, welche auf dem Hals der Windwelle liegt — —	8999 ℔	$24\frac{5}{8}$ Lh.

Nun kommen wir endlich dahin, die Friction des ganzen Mühlenwerks zu berechnen. Die Friction der Mühlensteine bey voller Einkörnung beträgt nach gemachten Versuchen (s. oben, S. 193 ff.) 1125 Pfund. Die Last des Läufersteins mit dem Mühleneisen und Getriebe auf der Spitze in der Pfanne beträgt $4116\frac{1}{4}$ Pfund; desgleichen die Last auf der Spitze des Kronwellenzapfens $3755\frac{1}{2}$ Pf., und die Last auf dem Hals der Windwelle $8999\frac{3}{4}$ Pfund. Um nun die Friction zu finden, welche eine jede Last auf ihrem Lager verursacht, so setzen wir nach S. 191:

$$
\begin{array}{r}
50 - 5 - 4116\tfrac{1}{4} \\
5 \\
\hline
20580 \\
1\tfrac{1}{4} \\
\hline
50)\ \overline{20581\tfrac{1}{4}} \\
411
\end{array}
$$

411 beynahe, als die Friction auf der Spitze des Mühleneisens.

Ferner:

$$
\begin{array}{r}
50 - 5 - 3755\tfrac{1}{2} \\
5 \\
\hline
18775 \\
2\tfrac{1}{2} \\
\hline
50)\ \overline{18777\tfrac{1}{2}} \\
375\tfrac{1}{2}
\end{array}
$$

375½ ℔ beynahe, als die Friction auf der Spitze des Kronwellen-Zapfens.

Ferner:

$$
\begin{array}{r}
50 - 6 - 8999\tfrac{1}{4} \\
6 \\
\hline
53994 \\
4\tfrac{1}{2} \\
\hline
50)\ \overline{53998\tfrac{1}{2}} \\
1080
\end{array}
$$

1080 ℔ beynahe, als die Friction auf den Hals der Windwelle.

Jetzt können wir aus allen vorhergehenden die todte Kraft oder das Gleichgewicht für die Windmühle finden, welche nähmlich an der Spitze der Flügel appliciret werden muß, um die Last dergestalt im Gleichgewichte zu erhalten, daß wenn dieses angehängte Gewicht oder Kraft nur noch um etwas vermehret wird, eine Bewegung der Flügel entstehet, und die Mühle anfängt herum zu gehen.

Wir

Wir setzen also:

Die Friction der Mühlensteine betrug 1125 ℔

Hierzu die Friction auf der Spitze des Mühleneisens — — 411 —

Gleichgewicht an der Peripherie des Mühleneisens. — — 1536 ℔

Da nun durch das Getriebe, weil es einen größern Halbmesser als das Mühleneisen hat, die Friction oder der Widerstand leichter überwunden wird; so setzen wir weiter:

$9\frac{1}{2}$ Halbmesser des Getriebes — $\frac{1}{2}$ Halb. des Mühleisens — — 1536 ℔

$\frac{1}{2}$

768

$9\frac{1}{2}$)

Gleichgewicht an der Peripherie des Getriebes — — 81 ℔

Was dieses Gewicht nun für eine Friction an den Kämmen und Stöcken verursache, rechnen wir folgender Gestalt nach S. 191. aus:

50 — $15\frac{5}{16}$ — 81

$15\frac{5}{16}$

405

81

$25\frac{5}{16}$

$1230\frac{5}{16}$

50)

Friction der Kämme und Stöcke an einander $24\frac{1}{2}$ ℔ beynahe.

Nun wollen wir zuerst suchen, wie viel Gewicht an der Peripherie des oberen Drehlings gelegt werden muß, um die Last der Kronwelle mit den Rädern allein zu erhalten; setzen also:

29 Halb-

29 Halbmesser des Drehlings geben $\frac{5}{8}$ Halbmesser des Zapfens, wie viel 3755 ℔

$\frac{5}{8}$

2347 ℔

29)

Gleichgewicht an der Peripherie des obern Drehlings, um die Last der Kronwelle allein zu erhalten 81 ℔

das Gleichgewicht an dem Getriebe 81 —

Friction der Kämme und Stöcke $24\frac{1}{2}$ —

$186\frac{1}{2}$ ℔

Da nun das Getriebe, als ein kleines, das Stirnrad, als ein größeres Rad, treiben muß: so müssen wir das kleine Rad vorne und das große in der Mitte nehmen, welches sonst nicht geschieht, wenn das größere ein kleineres, mit ihm auf einer Welle sitzet, treibet. Also:

29 Halbmesser des Drehlings geben 38 Halbmesser des Stirnrades, wie viel $186\frac{1}{2}$ Pf.

38

1488

558

19

6087

29)

Gleichgewicht an der Peripherie des obern Drehlings 241 Pf.

Nun müssen wir sehen, was dieses Gewicht für eine Friction an den Kämmen und Stöcken oben an der Windwelle verursache; setzen also:

$50 - 15\frac{5}{10} - 241$ Pf.

$$\begin{array}{r} 15\frac{5}{10} \\ \hline 1205 \\ 241 \\ 75\frac{5}{10} \\ \hline 3680 \\ 50)\overline{} \end{array}$$

Friction der Kämme und Stöcke	$73\frac{3}{5}$ Pf.
hierzu von oben	241
	$314\frac{3}{5}$ Pf.

Bevor wir dieses im Ansatze bringen können, müssen wir erst das Gewicht, die Last der Windwelle mit den Ruthen alleine zu erhalten, berechnen; setzen also:

36 Halbmesser der Ruthen geben $1\frac{1}{6}$ Halbmesser der Welle, wie viel geben 1080 Pf.

$$\begin{array}{r} 1\frac{1}{6} \\ \hline 1080 \\ 180 \\ \hline 1260 \\ 36)\overline{} \end{array}$$

Gleichgewicht an der Spitze der Ruthen, die Last der Welle mit Zubehör allein zu erhalten	35 Pf.
hierzu von oben	$314\frac{3}{5}$ —
	349 Pf.

Nun setzen wir:

36 Halbmesser der Ruthen geben $4\frac{1}{2}$ Halbmesser des Kammrades. wie viel geben 349 Pf.

$$\begin{array}{r} 349 \\ 4\frac{1}{2} \\ \hline 1396 \\ 174\frac{1}{2} \\ \hline 1570\frac{1}{2} \\ 36)\overline{\quad\quad} \end{array}$$

Gleichgewicht für das ganze Mühlenwerk, welches an der Spitze der Flügel oder Ruthen appliciret werden muß $43\frac{11}{18}$ Pf.

Da nun dieses Gewicht, nur bloß das Gleichgewicht ausmacht, zu einer wirklichen Bewegung aber eine größere Kraft erfordert wird, welche sich, wie 9 zu 4 verhält; so setzen wir:

4 — 9 — $43\frac{11}{18}$ Pf.

$$\begin{array}{r} 9 \\ \hline 387 \\ 5\frac{1}{2} \\ \hline 392\frac{1}{2} \\ 4)\overline{\quad\quad} \end{array}$$

Summe $98\frac{1}{8}$ Pf. lebendige Kraft, oder das Gewicht, welches an die Spitze der Ruthen appliciret werden muß, wenn die Windmühle die beste Wirkung thun soll.

Um nun zu erfahren, ob der Wind, wenn er am langsamsten wehet, die Mühle treiben und obige Kraft hervorbringen könne, so weiset Behrens, welcher, wie oben bemerkt, diese Berechnungen angestellet hat auf die von ihm berechneten Tabellen

Tabellen *) über die Wirkung des Windes bey verschiedenen Graden der Stärke, wo nähmlich die Flügel in 1 Minute 3 mahl, oder 9 mahl oder 15 mahl herum gehen, zurück und zwar auf diejenige, welche sich auf einen schwachen Wind beziehet, welcher die Windmühlflügel nur 3 mahl in einer Minute umtreibt. Er sucht dann den Grad auf, worin die Flügel stehen, multiplicirt den gefundenen Stoß auf einen Quadrat=Fuß mit dem Quadrat der Flügel: das Produkt zeigt die Stärke des Windstoßes auf die Flügel an. Die Flügel der Windmühlen werden nach ihm gewöhnlich im 15ten Grade auf die Ruthen aesetzet; suchen wir nun diesen Grad in seiner 1sten Tabelle auf: so finden wir den Stoß auf einen Quadrat=Fuß mit 2 Loth. Nun das Quadrat der Flügel berechnet:

Länge der Flügel 30'0" Fuß
Breite 7'8"

24	00	
210	0	
234		Quadrat eines Flügels
4		Zahl der Flügel
936		Quadrat aller Flügel
2		Loth. Stärke des Windstoßes auf ein □ Fuß
1872		Loth

32)

Summe 58 ℔ 16 Loth, als die Stärke des Windstoßes gegen die Flügel, wenn die Windwelle 3mahl in einer Minute herumgeht.

Wir

*) Diese Tabellen habe ich hier nicht weiter berühret, weil die oben mitgetheilten Smeatonschen mit mehrerer Sorgfalt angestellt zu seyn, und in so fern Vorzüge zu verdienen scheinen.

Wir sehen also, daß, da die todte Kraft nach Behrens Berechnung $43\frac{1}{18}$ Pfund, und dagegen die Kraft des langsamsten Windes nach eben denselben, nur 58 Pfund 16 Loth beträgt, die Mühle daher nicht schnell, sondern nur sehr langsam gehen müsse.

Herr Claußen berechnet die Friction einer Windmühle auf folgende Weise *).

Da man die Schwere der Walze und Ruthen eigentlich nicht wissen kann: so läßt sich die Friction, welche eine Walze im Halse hat, auch nicht genau bestimmen. Die Berechnung ist sonst auf folgende Art zu machen:

Gesetzt eine Mühlenruthe wiegt 1000 Pf. also			
beyde Ruthen	—	—	2000 Pf.
deren Walze	—	—	2000 Pf.
das Kammrad	—	—	700 Pf.
die ganze Schwere also			4700 Pf.
Von dieser Schwere liegt auf dem Halse der Walze, der im Durchmesser 2 Fuß hält	—	—	4200 Pf.

Will man nun die Friction mit Gewicht, in einem Strick um die Walze, heben, so wird beynahe die Helfte Schwere, nähmlich 2100 Pf. dazu erfordert; diese hängt man in den Strick, dem Halse so nahe, daß der Zapfen nur 40 Pf. dadurch erschwert wird, als die ganze Last des Zapfens 540 Pf. Der halbe Durchmesser der Walze ist 1 Fuß, und der halbe Durchmesser des Zapfens $1\frac{1}{2}$ Zoll, folglich die Distanz vom hypomochlio = 8.

Es

*) S. Claußen's praktische Anweisung zum Mühlenbau. S. 14 ff.

Es wird also um diese Friction zu heben, an der Peripherie der Walze		6
annoch ein Gewicht von erfordert.	$67\frac{1}{2}$ Pf.	3
Weil die Last aber hierdurch vermehrt wird, erfordert sie wieder		
$\frac{1}{3}$ von dieser Schwere	$22\frac{1}{2}$ Pf.	3
hiervon wieder $\frac{1}{3}$tel	$7\frac{1}{2}$ Pf.	3
hiervon wieder $\frac{1}{3}$tel	$2\frac{1}{2}$ Pf.	3
ebenfalls $\frac{1}{3}$tel.	2) $\frac{5}{6}$ Pf.	5
		17
die Friction des Zapfens zu heben, erfordert	$100\frac{5}{6}$ Pf.	
Vorige halbe Schwere, die auf dem Halse der Walze liegt	2100 Pf	
hiervon gehen ab die der Zapfen trägt.	40 Pf.	
Die Friction des Halses zu heben erfordert demnach	2060 Pf.	
und die Friction des Zapfens	$100\frac{5}{6}$ Pf.	
	$= 2160\frac{5}{6}$ Pf.	
Wenn also die Last durch die Kraft vermehrt, wird an der Peripherie der Walze die Friction zu heben erfordert	$2160\frac{5}{6}$ Pf.	
Da der Wind nicht die Schwere im Halse vermehrt; so wird nur $\frac{1}{3}$ Kraft gegen die Last erfordert, um die Friction zu heben, nähmlich von 4200 Pf. Last $\frac{1}{3}$ Kraft	1400 Pf.	

Da der halbe Durchmesser des Zapfens $1\frac{1}{2}$ Zoll, und der halbe Durchmesser der Walze 12 Zoll, folglich die Distance vom hypomochlio 8 = ist; so ist erforderlich,

die Friction der 500 Pf. die auf dem Zapfen an der Peripherie der Walze liegt, zu heben	$62\frac{1}{2}$ Pf. Kr.
	$= 1462\frac{1}{2}$ Pf. Kr.

Wenn also die Schwere nicht durch die Kraft vermehrt wird, so werden an der Peripherie der Walze um die Friction zu heben, $1462\frac{1}{2}$ Pf. Kraft erfordert. Weil aber der Wind beregte $1462\frac{1}{2}$ Pf. Kraft, mit dem Zapfen gegen den Ochsenkopf drückt, verursacht dies beynahe $731\frac{1}{4}$ Friction. Da sich nun der Durchmesser des Zapfens gegen den Durchmesser der Walze, wie 1 gegen 8 verhält, und folglich an der Peripherie der Walze die Friction zu

heben erforderlich sind	$91\frac{13}{32}$ Pf.
wozu vorerwähnte Kraft der	$1462\frac{1}{2}$ Pf.
	$= 1553\frac{29}{32}$ Pf.

also muß der Wind so stark auf die Ruthen wirken, daß sie bey der Peripherie der Walze, ein Gewicht von $1553\frac{29}{32}$ Pf. heben können, ehe er diese Ruthen in Lauf zu bringen vermögend ist. Die Friction kann aber durch das Schmieren auch viel vermindert werden.

Die Schwere der Walze kann man ebenfalls berechnen, wenn man den Durchmesser der Walze und die Länge der Ruthen genau weiß; denn wenn sich der Durchmesser der Walze gegen die Länge der Ruthen, wie 1 gegen 30 verhält, so ist die Distance vom hypomochlio = 30. Kann nun die Friction mit 140 Pf. Kraft auf den Enden der

Ruthen gehoben werden; so wiegt die Walze mit Ruthen	4200 Pf.
Hierzu kommen annoch was der Zapfen von der Walze trägt, ungefähr	500 Pf.
	$= 4700$ Pf.

Da

Da hiernächst der Durchmesser des Zapfens sich gegen die Länge der Ruthen, wie 1 gegen 240 verhält: so würde um die 500 Pf. welche der Zapfen trägt, an den Enden der Ruthen, um diese Friction zu heben, nicht einmahl 2 Pf. Kraft erfordert.

Wenn also bey den Enden der Ruthen, die Friction mit 142 Pf. gehoben werden kann, haben Walze und Ruthe eine Schwere vou 4700 Pf.

Von Friktion der Räder, nach Herrn Claußen's Berechnung.

Ein Rad, das auf zweyen Zapfen läuft, ist ein gleichseitiger Hebel, und das Centrum, um welches es bewegt wird, ist sein hypomochlium.

Wird in eine mechanische Maschine eine Walze mit zwey Rädern eingesetzet, um entweder Kraft oder Zeit zu gewinnen: so ist der halbe Durchmesser des kleinern Rades, der kürzeste Theil, und der halbe Durchmesser des größesten Rades, der längste Theil des Hebels. Die beyden Räder mit ihrer Walze machen nur einen Hebel aus, dessen hypomochlium das Centrum ist. Soll bey der Maschine Kraft gewonnen werden, muß die Kraft, welche die Maschine treiben soll, bey dem längsten Hebel; ist hingegen Zeit zu gewinnen, muß die Kraft bey dem kleinsten Rade, oder kürzesten Hebel angebracht werden.

Um zu wissen, wie viel Friktion ein Rad hat, welches auf zweyen Zapfen läuft, dient folgender Aufschluß: Gesetzt, daß ein Rad 400 Pf. wiegt, daß die Zapfen im Durchmesser 3 Zoll sind, und das Rad im Durchmesser 6 Fuß: so ist der halbe Durchmesser des Zapfens $1\frac{1}{2}$ Zoll, der kürzeste Theil des Hebels und der halbe Durchmesser des Rades

 der

der längste Theil des Hebels, folglich die Distanze vom hypomochlio = 24. An der Peripherie des Rades ist also, um die Friktion zu heben, $16\frac{2}{3}$ Pf. Kraft erforderlich.

Die Schwere eines Rades kann auch auf nachgedachte Weise berechnet werden, wenn man den Durchmesser des Zapfens und des Rades weiß; denn wenn ein Rad von 8 Fuß im Durchmesser auf Zapfen von 4 Zoll im Durchmesser läuft; so ist die Distanze vom hypomochlio = 24. Kann man also die Friktion an der Peripherie des Rades mit 20 Pf. heben, so wiegt das Rad 480 Pf.

Bey einer aufstehenden Welle mit Sternrad, welches auf einem Zapfen von $1\frac{1}{2}$ Zoll im Durchmesser läuft, muß die Friktion auch auf obige Weise berechnet werden.

C. Nähere Anleitung einige der vorzüglichsten Theile der Windmühlen zu verfertigen *).

1. Von der Mühlenaxe oder Walze.

An einer Mühlenwalze, die 80füßige Ruthen tragen soll, wird der Kopf, worin die Ruthen sitzen, ohngefähr 3 Fuß, und an einer, die 60füßige erfordert, der Kopf etwa 2 Fuß im Quadrat gemacht. Die Länge ist nach einer jeden Mühle verschieden. Eine Mühlenwalze muß, um eben zu laufen, im Halse gedrechselt seyn.

Um eine Mühlenwalze zu drechseln, wird erstlich ein eiserner Zapfen eingehauen, worauf sie hinten laufen soll, und vorne am Ende bey den Ruthenlöchern wird auch, und zwar aus selbigem Holze

*) S. Clausen's praktische Anweisung zum Mühlenbau. Leipzig 1793. 4. S. 8 ff.

Holze, ein Zapfen gemacht; alsdann wird sie mit diesen Zapfen so hingelegt, daß sie rund gedrehet werden kann; hiernächst nimmt man eine lange Schnure, und schlägt selbige 3 mahl um die Walze, wobey einige Leute sie unterdessen rund ziehen, daß der Zimmermann sie im Halse drechselt.

Im Halse der Walze müssen eiserne Sahlingen ohngefähr = 15 Zoll lang und 1 bis 1½ Zoll breit, die längs der Mitte mit Stahl belegt sind, ein Zoll von einander eingehauen, und mit Nägeln und zwey Schraubenbändern befestigt werden

Die Walze wird im Halse so dick gemacht, wie sie nur immer aus dem Holze werden kann, damit, wenn die Sahlingen durchgeschliffen sind, wiederum neue eingehauen werden können.

Der Hals der Walze muß auf einem Stein, den man aus Holland bekommt, oder auf einem Stück Metall 8 bis 10 Zoll breit, und der Zapfen auch auf einem Stein und gegen ein Stück Stahl (Ochsenkopf genannt) laufen.

Man findet in Holstein eine Sorte dunkelblauer Kampfsteine, die hart, compakt und fein ist; diese Sorte kann sehr gut als Halssteine zurechte gemacht werden. Claußen hat einen davon unter seiner Mühlenwalze, der über 30 Jahre gute Dienste gethan.

Die Walze muß vor, zwischen und hinter den Ruthen, mit starken eisernen Splintbändern gebunden werden.

Die Walze der Ruthen legt man gewöhnlich (wenn sie vom Halse bis an den Zapfen 20 Fuß Länge hält) so, daß die Mittellinie des Halses 2 bis 3 Fuß höher, als die Mittellinie des Zapfens, zu ruhen kommt, damit die Walze mit Ruthen nicht so leicht ausläuft, wenn der Wind bey unbeständiger Witterung, Gewittern ꝛc. plötzlich umspringt;

springt; auch muß die Walze im Halse höher liegen, damit eine Mühle ihre rechte Proportion erhalten könne. Denn wollte man eine Walze ganz horizontal legen; so müßte eine Mühle oben und unten gleich dick seyn.

Eine Bockmühle müßte dann auch die Ruthen so kurz haben, daß sie über den Fuß der Mühle laufen könnten: da aber die langen Ruthen vor den kürzern viele Vorzüge haben, weil sie leichter und ebener laufen; so wäre dies auch schädlich.

Da der Wind nichts anders als eine in Bewegung gesesetzte Luft ist, die Luft aber je näher der Erde, desto compakter ist, so äußert sie unten stärker ihre Wirkungen als oben; dieses bestätigt auch die Erfahrung, denn es trifft sich öfters zu, daß die Hecken der untern Ruthen, unter dem Segel, im starken Sturm zerbrechen, da die obern ganz bleiben.

Sollte eine Mühlenwalze so gelegt werden, daß der Wind die Ruthen gleich stark bestriche; so müßte sie gelegt werden, daß die untersten Ruthen vor dem Winde abfielen, und die obersten gegen den Wind zu liefen: allein aus obigen Gründen kann solches nicht geschehen.

Zu Mühlenwalzen ist Eichenholz das beste.

Wie übrigens eine Mühlenwalze gemacht und gestaltet werden soll, ist Fig. 5690 zu sehen.

Diese Figur stellt eine Mühlenwalze auf den Zapfen liegend vor, worauf sie im Halse gedrechselt worden ist. a der Hals mit Sahlingen b b die beyden Schraubenbänder, die die Sahlingen befestigen. d d d d eiserne Splintbänder c das Loch der einen Ruthe. e e e eiserne Ringe den Zapfen zu halten. f eiserne Bolzen durch den Zapfen.

Ist eine Mühlenwalze aus einem Stück Holz zu haben; so ist sie immer stärker, und man thut besser, sie davon anzuschaffen, sollte man sie auch theuer bezahlen, denn die Zusammenfügung von mehrern Stücken erfordert vielmehr Zeit und Arbeitslohn.

beitslohn, daher diese auch theuer genug zu stehen kommen. Wie indessen eine Windmühlenwalze aus vier Stücken in Hinsicht der Dicke zusammengesetzt werden soll, ist aus Fig. 5691 zu sehen.

a ein 4eckter eiserner Ring. bbbb eiserne Splintbänder. dddd eiserne Bolzen mit Splinten. ee 2 Stück hölzerne Schieber, Schwalbenschwänze genannt. ffff eiserne Ringe um den Zapfen.

2. Von Mühlenruthen.

Eine Mühlenruthe von 80 Fuß Länge wird von 3 Stücken Zimmer verfertiget, mit eisernen Splintbändern zusammengesetzt; sie muß in der Mitte ohngefähr 15 bis 16 Zoll, an beyden Enden 5 Zoll im Quadrat halten, hingegen eine Mühlenruthe von 60 Fuß Länge, muß in der Mitte ungefähr 11 bis 12 Zoll und an den Enden 4 Z. im Quadrat halten. Man muß die Ruthen so zusammenfügen, daß die Hecken durch beyde Stücken laufen; auch muß die Fuge (Sarfung) ziemlich lang seyn, um stärker zu halten.

Die Ruthen werden vorne ganz gerade gemacht, und muß folglich alles auf der hintersten Seite, nach dem kleinen Ende zu, abgenommen werden. Die Löcher zu den Hecken werden 1 Fuß von einander, 3 Zoll lang und 1 Zoll breit, in die Ruthen gehauen.

Die beste Art eine Mühlenruthe zu bohren, daß die Hecken den besten Fall oder die Schräge bekommen, die Segel ruhig darauf liegen, und sie auch vom Winde am stärksten getrieben wird, ist, wie Herr Claußen es lehrt, diese, welche in Fig. 5692 gezeichnet worden, wornach ersichtlich, wie viel Fall die Hecken auf eines Fußes Länge haben müssen. Nur ist zu bemerken, daß die Figur nur auf einen halben Fuß eingerichtet ist, und man sich daher alle Maße noch einmahl so lang oder groß denken oder zeichnen müsse. Die Verhältnisse bleiben natürlich aber dieselben.

Von dem kleinsten Ende der Ruthen gerechnet, muß

N. 1.	auf 1 Fußes	Länge	1 Zoll außer Winkel gegen den Wind stehen.
— 3	—	—	muß den rechten Winkel von 90 Gr. halten.
— 7	—	—	fällt 1 Zoll außer Winkel vor dem Winde ab.
— 10	—	—	$1\frac{1}{2}$ Zoll ab — —
— 13	—	—	2 Zoll — — —
— 16	—	—	$2\frac{1}{2}$ Zoll — — —
— 19	—	—	3 Zoll — — —
— 22	—	—	$3\frac{1}{2}$ Zoll — — —
— 25, 26, 27 u. 28			fallen 4 Zoll vor dem Winde ab.

Wenn die erwähnten Nummern gebohret sind, setzet man in jede einen Stock von 3 Quart. Länge, und bindet gleich hoch über die Ruthen, von einer zur andern, eine Schnur, wonach die noch fehlenden Hecken gebohrt werden. Die Ruthen werden so gebohret, daß sie von der linken zur rechten Hand laufen. Wenn man nach den obigen Smeatonschen und andern Versuchen, die Wirkung des Windes zu erforschen, eine andere Schräge der Hecken anzuwenden wünscht, so wird man sich natürlich eine Vorkehrung, um dieses zu erreichen, zu machen und einzurichten haben.

Wenn eine Mühlenruthe fertig gezimmert ist, wird sie ganz genau in der Mitte, auf eine runde eiserne Stange gelegt, um zu sehen, ob beyde Enden gleich schwer sind, wo nicht, muß solches noch mit den Splintbändern gemacht werden.

Je längere Ruthen man einer Mühle geben kann, desto vortheilhafter ist es; denn diese gehen nicht allein leichter, da der Wind als die Kraft einen längern Hebel erhält, sondern die Erfahrung

bestätigt

bestätigt auch, daß die langen Ruthen viel ebener als die kürzern ihren Lauf halten. Doch ist hierüber oben bey Gelegenheit der lehrreichen Smeatonschen Versuche verschiedenes bemerkt worden, was man nicht außer Acht lassen wird.

Zwar müssen die Ruthen nach ihrer Länge die verhältnißmäßige Dicke haben, und werden daher je länger je schwerer. Die Walze, welche die Ruthen tragen soll, muß auch stärker seyn, mithin Walze und Ruthen schwerer. Lange Ruthen haben daher im Halse der Walze mehrere Friction, die jedoch in Hinsicht des Vortheils nicht in Betracht kommen kann.

Die Erfahrung lehrt ferner, daß die Mühlenruthen mit Hecken und Windbretern, nicht über 7 Fuß Breite haben können: denn da der Wind manchmahl so stark wehet, daß man ganze Tage für bloße Hecken, nach abgenommenen Windbretern, pellen kann; so müßte man im starken Winde, würden die Ruthen breiter gemacht, mit der Mühle still halten. Will man bey wenigerem Winde eine größere Fläche auf den Ruthen haben, worauf der Wind wirken kann; so muß es so eingerichtet werden, daß man diese Fläche im Sturm wieder ganz wegnehmen kann.

In Portugal sind Mühlen mit 6 Ruthen, worin keine Hecken sind; sie haben zwischen den Ruthen ein dreyeckiges Segel, (wie ein Schiffsvordersegel) folglich hat der Wind auf diese Art von Mühlen mehrere Fläche, worauf er wirken kann, als auf den unsrigen. Weil aber das Segel zwischen den Ruthen ausgespannt ist; so hat es in der Mitte eine Höhlung, welche auf der einen Seite den Lauf befördert, und auf der andern wieder hindert, deswegen diese Mühlen nicht schnell laufen können. Man könnte zwar auf selbige Art die

die Fläche auf unsern Ruthen vermehren, wenn zwischen den Ruthen ein dreyeckiges Segel ausgespannt würde. Zum langsamen Lauf, als zum Mehlmahlen, müßte es nothwendig bey wenigem Wind vortheilhaft, hingegen zum Pellen dürfte es wohl schwerlich dienlich seyn.

Es ist durch die Smeatonschen Versuche überhaupt aber auch schon erwiesen, daß man nicht zu viele Flächen anbringen dürfe, weil der Wind alsdann nicht Zwischenraum genug behält, fortzuströhmen, und die Windmühle daher nicht die Wirkung thut, die man nach der Größe ihrer dem Winde entgegen gesetzten Fläche glauben sollte.

Auch auf folgende Weise wären die Ruthen der Windmühlen vortheilhaft einzurichten: die Ruthen und Hecken nähmlich müßten, wie vorhin gezeigt, mit allem dahin gehörigen beybehalten werden, ausgenommen, daß man in die Ruthen vier gute starke Hecken setzte, wovon die eine den dritten Platz der gewöhnlichen Hecken von dem obern, die 2te den dritten Platz derselben von dem untern Ende der Ruthen einnähme; und die übrigen beyden müßten so in der Mitte gesetzt werden, daß zwischen allen ein gleich großer Raum existirte. Diese Hecken werden 2 Fuß länger als die sonst gebräuchlichen verfertiget, wesfalls keine davon weder den obersten noch den untersten Platz der gewöhnlichen Hecken einnehmen könne, weil sie, auf den Fall, oben an die Mühlenkappe und unten gegen die Zwickstellung laufen würde. Auf die Seite der Ruthe, wo die Windbreter sitzen sollen, werden alle Hecken bey derselben abgesäget; und so wird eine Walze, die im Durchmesser 5 Zoll hält, und eben so lang als die Segel seyn muß, solchergestalt angebracht, daß selbige circa 1 Zoll von der Ruthe entfernt, und auch 1 Zoll mehr zurück als die

vorderste

vorderste Seite der Ruthe zu stehen kommt, damit die Walze unter den Windbretern umgedrehet werden könne. Im obersten Ende der Walze wird ein eiserner Zapfen von $1\frac{1}{4}$ Zoll, und im untersten Ende ein Zapfen von $1\frac{1}{2}$ Zoll im Durchmesser eingesetzet. Auf dem untersten Zapfen muß ein Rad mit Zacken, worin ein Stopper fallen kann, angebracht werden; auch muß er außen vor das Rad viereckig seyn, damit die Walze dabey vermöge eines Schlüssels umgedrehet werden könne. Längst der Walze wird die eine Kante des Segels in gerader Linie aufgenagelt, so, daß der Segel, wenn die Walze umgedrehet wird, um selbige sich windet; auf der andern Kante des Segels wird eine Leiste $1\frac{1}{2}$ Zoll im Quadrat von Holz angenagelt. Gerade vor die oberwähnten vier Stück langen Hecken, werden um die Leisten Linien (Tauwerk) befestiget, welche auf Rollen, so am äußern Ende der 4 Hecken angebracht sind, laufen, womit der Segel nach Belieben ausgespannt werden kann, und auf jede 2 Ellen der Ruthe aufwärts, werden eiserne Kniee hinten auf derselben so angenagelt, daß die Windbreter darauf befestiget werden können. Die oberste und unterste von diesen Knien werden auch so gemacht, daß die Walze mit ihrem Zapfen bequem darin laufen könne. Auch werden die Windbreter einen guten halben Zoll von der Ruthe entfernt, angenagelt, damit der Segel durch die dadurch bewirkte Oeffnung gehet, wenn selbiges um die Walze gewunden werden soll. Auf diese Weise könnte man den Ruthen, bey wenig Wind, nach Belieben mehr Fläche geben, und also mehr mahlen, und im starken Sturm selbige wieder wegnehmen, folglich macht sie alsdann keine Hinderung. Weil auch die Segel bey dieser Methode oben und unten zugleich vermindert werden können; so müs

se

sen solche Ruthen im starken Winde ebener laufen als die gewöhnlichen, wo man bey heftigem Winde die Segel von den untersten Enden der Ruthen zuerst abnimmt. Und da auch hierbey die Segel um die Walze gewunden werden: so können sie von ganz dichtem Zeuge, als Wachstuch oder gemahltes Leinen, verfertiget werden, worauf der Wind stärker als auf dünnes Leinen, wovon die Segel gewöhnlich sind, wirket. Man erhält sonach bey dieser Methode drey wichtige Vortheile, die man bey der gewöhnlichen Art Ruthen nicht haben kann; nur kommt es noch darauf an, ob sie bey einer jeden Witterung prakticable sey; z. B. ob die Segel bey starkem Froste, wenn sie vom Eise dick sind, sich um die Walze winden lassen, und ob 1 Stück Holz zu einer Walze von der Länge zu haben, welches steif genug wäre, und sich nicht würfe. Tannenholz möchte wohl das tauglichste dazu seyn. Ob sich diese Methode die Segel einzurichten indessen ganz so anwenden lasse, darüber sind noch keine weitere Versuche bekannt geworden.

3. Von den Ruthenhecken.

Die Hecken müssen nicht allzustark gemacht werden, weil der Wind sie nur gerade eindrückt, und ihnen nicht mehr Lauf giebt, als die Kraft des Windes auf die Schräge wirken kann; sie müssen jedoch auch nicht dünner gemacht werden, als daß sie eine Person gut tragen können. Von föhrenem Holze werden sie bey den Ruthen 3 Zoll breit und 1 Zoll dick, und bey dem kleinen Ende 2 Zoll breit und $\frac{3}{4}$ Zoll dick verfertiget, weil sie sich sodann von dem Winde in einen Bogen drücken lassen, und folglich gegen den Wind eine Federkraft äußern, welche sie mehr als die allzustarken Hecken

cken in die Runde setzt. Daher kann auch eine Mühle mit den gedachten Hecken, bey wenigerm Wind, als eine mit starken und dicken Hecken laufen.

4. Von den Windbretern.

Die Windbreter der Ruthen werden unten 15 Zoll und oben 8 Zoll breit verfertiget; sie werden mit der, von der Ruthe entfernteren Seite $4\frac{1}{2}$ Zoll außer Winkel, gegen den Wind gesetzt, damit der Wind desto stärker auf selbige wirken könne; und die untersten 12 bis 14 Fuß derselben, sind zugleich so zu machen, daß sie ausgenommen werden könten. Da also die untersten Windbreter abzunehmen sind: so könnten sie noch breiter, als oben erwähnt worden, gemacht werden, wenn sie im starken Winde zu regieren wären: so aber hat man alsdann mit den von obiger Größe genug zu thun.

Wenn die Ruthen von gleicher Schräge und Breite sind, und nach ihrem Hebel gleiche Friction haben, bewirkt der Wind den Lauf der Ruthen nach ihrer verschiedenen Länge, und verhält sich wie ein jeder deren Cirkel zum andern. Dieses ist so zu verstehen: eine Mühlenruthe hat 30 Pf. Friction und formirt mit ihren äußersten Enden einen Cirkel von 200 Fuß, die sie in vier Secunden durchläuft; eine andere Mühlenruthe hingegen hat 15 Pf. Friktion, und macht einen Cirkel von 100 Fuß. Wenn nun erwähnte beyde Ruthen gleich stark vom Winde getrieben werden; so muß letztere, in der nähmlichen Zeit, ihren Cirzel zweymahl durchlaufen, in welcher erstere ihn nur einmahl durchstreicht.

5. Vom Räderwerk.

Ein Rad, dem die Kämme an der Seite sitzen, wird ein Kamm- oder Kronrad genannt; ein solches Rad wird in den Wind- und Wassermühlen um die Walze gesetzt. In einer Windmühle, die 60füßige Ruthen hat, muß ein Kronrad 8 bis 9 Fuß, und in einer von 80füßigen Ruthen, muß gedachtes Rad 9 bis 10 Fuß im Durchmesser halten. Ersteres wird mit Mondfelgen und Krümmelsen 10 Zoll, und letzteres 12 Z. dick verfertiget, damit der Fang Kraft genug erhält, die Mühle zu halten. In einer Mühle von 60 füßigen Ruthen, und worin die Pellsteine zum Graupenmachen 5 Fuß im Durchmesser halten, müssen die Kämme in dem Kammrad 5 Zoll Abtheilung, und in einer, die 80füßige Ruthen trägt, welche die Pellsteine 6 Fuß im Durchmesser hat, $5\frac{1}{2}$ Zoll Abtheilung haben. Diese Abtheilung der Kämme des Kronrades muß nicht viel größer oder kleiner gemacht werden; denn macht man sie weiter, so werden zwar die Kämme und Stöcke dicker und stärker, aber ihre Zahl weniger, und folglich faßt alsdann das Kronrad weniger Stöcke im Getriebe, und jemehr Stöcke die Kämme fassen, desto ebener schließen sie mit einander; macht man die Abtheilung hingegen kleiner, so verlieren die Kämme der Stärke und Dauer wegen zu viel.

Damit die Stöcke des Getriebes dem Kammrad, der Stärke wegen, ganz nahe laufen mögen, muß etwas von den äußersten Kanten der Kammlöcher einwärts abgenommen werden; wieviel dies seyn soll, ist folgendergestalt zu erfahren:

Auf die Walze wird eine Mittellinie gemacht; wenn dieses geschehen, drehet man die Walze um, nimmt sodann eine feine Schnur, woran ein Gewicht

wicht hängt, und schlägt damit eine perpendiculäre Linie. Nach dem Winkel nun, welchen die beyden Linien formiren, wird der Schradtstock gestellt; sodann nimmt man ein rechtes Winkelmaß von 90 Graden, und setzt selbiges auf das Rad inwendig der Krümmelsen; der Schradtstock wird so gegen den Winkel gehalten und von den Krümmelsen einwärts so viel abgenommen, daß selbige mit dem Schradtstock obigen Winkel halten.

Zu einer Mühle die 60füßige Ruthen hat, wird ein Kronrad mit 61 und 63 Kämmen, und zu einer von 80füßigen Ruthen, ein Kronrad mit 71 oder 73 Kämmen verfertiget. Die Zahl der Kämme nimmt man gern uneben, damit ein Kamm nicht immer dieselben Stöcke im Getriebe fasset, auf daß die Kämme und Stöcke desto gleichförmiger mit einander verbraucht werden können.

Die Kämme zu Kron- und Sternrädern müssen aus hartem festen Holze verfertiget werden. Im Trocknen ist Hagebuchenholz gut; hingegen im Feuchten, bey Wassermühlen, muß man gutes braunes oder spanisches Eichenholz haben. Die Köpfe der Kämme in einem Kammrad, wo die Abtheilung $5\frac{1}{2}$ Zoll ist, müssen 5 Zoll Länge und $3\frac{1}{2}$ Z. Breite haben. Um den Kämmen und Stöcken in Hinsicht der Abtheilung die verhältnißmäßige Dicke zu geben, wird die Abtheilung oder der Stich, in 5 gleiche Theile getheilt, da denn die 2 Theile, die Dicke der Kämme, und die übrigen 3 Theile den Durchmesser der Stöcke zeigen. Auch müssen die Kämme so vom Holze genommen werden, daß sie mit der Spiegelseite gegen die Stöcke des Getriebes fassen.

Von Getrieben.

Ein Getriebe wird ein Rad genannt, welches von einem größern Rade umgetrieben wird, und einigemahle gegen selbiges umläuft. Es hat zwey Scheiben, zwischen welchen die Stöcke sitzen. Die Scheiden desselben werden mit eisernen Bänden so gebunden, daß die Stöcke mit ihren äußersten Kanten an die Peripherie derselben zu stehen kommen, damit die Getriebestöcke (der Stärke wegen) ganz nahe an die Kammräder zu laufen kommen können. Dem Getriebe einer aufstehenden Walze giebt man so viel Stöcke, daß es zweymahl gegen das Kammrad einer Windmühle umläuft.

7. Vom Bunkel.

Ein Bunkel ist ein Getriebe von einer Scheibe, welches man bey der Leuerie (womit man das Korn vor der Mühle aufhitzet) braucht. Claußen sagt, er habe auf der aufstehenden Walze, statt des gewöhnlichen Getriebes, einen Bunkel, und halte dies besser; denn wenn Stöcke im Getriebe entzwey gehen; so muß entweder das Getriebe ausgenommen, oder auch Nothstöcke eingesetzt werden, womit man die Scheiben verdirbt. Einen Nothstock nennt man einen solchen, der an dem einen Ende seine völlige Dicke hat. Er wird durch die oberste Scheibe mit seiner ganzen Dicke durchgeschlagen.

8. Von Sternrädern.

Ein Sternrad nennt man ein Rad, welches die Kämme seiner Peripherie nach geradeaus sitzen hat.

Die Zahl der Kämme ist diese: in einer Mühle, die 60füßige Ruthen führt, werden in ein Sternrad 113 bis 115 Kämme, und in einer mit 80füßigen Ruthen in ein Sternrad 139 bis 141 Kämme eingesetzt.

Die Kämme eines Sternrades zu $3\frac{1}{2}$ Zoll Abtheilung, müssen die Köpfe 3 Zoll lang und

$3\frac{3}{4}$ Zoll

$3\frac{3}{4}$ Zoll breit, und die Kämme in ein Sternrad zu 3 Zoll Abtheilung, müssen die Köpfe $2\frac{1}{2}$ Zoll lang und $2\frac{1}{4}$ Zoll breit haben.

Je breiter die Kämme verfertiget werden, desto mehr Friktion verursachen sie; man muß aber auch dabey auf die Dauer hinsehen, und sonach können sie, der Stärke wegen, nicht schmahler verarbeitet werden.

Die Kämme und Stöcke werden mit zusammengeschmolzenem Pottloth und Talg geschmiert.

Die Räder und Getriebe so auf den Walzen zu stellen, daß des Rades Fläche mit der Walze Mittellinie den rechten Winkel von 90 Graden mache, und daß auch die Mittellinie der Kämme auf allen Seiten gleich weit von der Walze Centrum entfernt sey *).

Ein Rad auf eine Walze, die horizontal liegt, zu stellen, wird so veranstaltet: Erstlich wird die Walze umgedrehet, und man zeichnet im Umdrehen auf jede Ecke der Walze einen Strich, wo das Rad sitzen soll; nach diesem Striche werden die Klötze eingeschlagen, gegen welche das Rad sitzt. Alsdann wird das Rad löslich mit Keilen befestiget. Quer vor dem Rade wird ein gerades Bret solchergestalt fest gemacht, daß man die Entfernung der Seiten des Rades davon sehen könne. Die zwey gerade gegenüberstehenden Seiten des Rades werden zuerst gekeilt, so daß sie beyde gleich weit, im Umdrehen, von dem quer vor dem Rade sitzenden Brete entfernt sind; sodann werden die andern zwey Seiten ebenfalls gekeilt, daß sie mit den ersten

*) S. Claußen a. a. O. S. 19.

sten beyden gleich weit vom Brete entfernt sind. Wenn man dies erlangt hat, muß man, bevor es ganz fest gekeilt wird, zusehen, ob das Rad nicht im Umdrehen an den Seiten schwanke. Dieses zu erfahren, wird auf erwähntes Bret, gerade vor der vordersten Seite des Rades, ein gerader Strich gemacht, alsdann das Rad umgedrehet, wo man denn siehet, ob es mit allen vier Seiten, gleich weit, mit der vordersten Kante vom Striche entfernt sey; wo nicht, so muß es noch mit dem Festkeilen geschehen. Bey dem Festkeilen eines Rades muß es umgedrehet, und jeder Keil gleich stark geschlagen werden, damit es sich nicht wieder verrücken lasse.

Ein Rad oder Getriebe auf einer Walze, die perpendikulair steht, zu keilen, geschieht folgendergestalt: Erst wird das Rad so hoch aufgehoben, als es seyn soll, und sodann unter demselben zwey Hölzer, auf zwey gegen einander über stehenden Seiten der Walze befestiget, die das Rad tragen können. Auf diese Hölzer wird das Rad mit Keilen ganz horizontal gelegt, so daß es auf allen Seiten im Umdrehen von dem fest gemachten Brete oder Stock, welcher quer vor dem Rade sitzt, mit dessen Peripherie gleich weit entfernt liegt. Alsdann werden die zwey Seiten des Rades, zwischen den Hölzern, die das Rad tragen, fest gekeilt, hiernächst die Hölzer abgeschlagen, damit die andern 2 Seiten auch gekeilt werden können.

Wenn ein Rad oder Getriebe so gestellt oder gekeilt worden, muß es mit seiner Fläche und der Walze Mittellinie den Winkel von 90 Graden halten, und mit dessen Peripherie auf allen Seiten gleich weit von der Walze Mittelpunkte entfernt stehen.

Wie

Wie werden die Kämme in die Räder eingesetzt, daß die Mittellinie derselben gerade den Mittelpunkt des Rades zeiget?

Kämme in ein Kron- oder Kammrad zu setzen, geschieht folgendergestalt: Erst werden die Kämme nach dem Maße zugehauen und ins Rad gesetzt, sodann wird das Rad umgedrehet, und die Kämme der Länge und Breite nach abgeschrieben und abgehauen, dann die Theilungszirkel mitten auf die Enden der Kämme (oder man richtet sich auch nach dem Theilungszirkel auf dem Rade) abgeschrieben, die Theilung auf die Kämme umgestochen, und selbige, der Dicke nach, abgeschrieben und abgenommen. Wenn die Kämme so verfertiget und in die Kronräder eingesetzt worden, so muß die Mittellinie derselben gerade auf den Mittelpunkt des Rades zeigen.

Kämme in ein Sternrad zu setzen.

Erst werden die Kämme nach dem Maße zugehauen und ins Rad eingesetzt, nachgehends der Länge und Breite nach abgeschrieben und abgenommen, dann der Theilungszirkel abgeschrieben, und so die Theilung auf die Kämme umgestochen, (wie weit der Theilungszirkel außer der Peripherie des Rades auf die Kämme gezeichnet werden soll, pflegen die Zimmerleute auf das Kamm-Maß abzustechen, wornach man sich richten kann) sie werden sonst der Dicke nach abgeschrieben und abgenommen. So verfertiget und ins Sternrad eingesetzt, muß die Mittellinie derselben gerade auf den Mittelpunkt des Rades zeigen.

10. Von den eisernen Zapfen, wie sie gemacht und in die Walzen gesetzt werden sollen.

In Walzen, welche horizontal liegen, werden viereckige Zapfen eingesetzt, weil sie die Walze nebst Rädern auf die Seite tragen sollen. Die Gestalt der vierkantigen eisernen Zapfen sehe man Figur 5693.

In Walzen, die perpendikulär stehen, werden Brust- oder Fleenzapfen unten eingesetzt, weil diese die Walze nebst Rädern auf den Enden tragen. Oben in den perpendikulär stehenden Walzen und Spilien können gern viereckige Zapfen seyn, doch sind die zweysteenigen Zapfen die gebräuchlichsten. Die Gestalt eines Brustzapfens sehe man Figur 5694.

Eiserne Zapfen, die perpendikulär stehen, und mit ihren untersten Enden gegen ein Stück Stahl in einem Pürtchen laufen, müssen mit Radöhl geschmieret werden; bey dem obersten Zapfen wird 1 Stück Talg hingelegt, welches, wenn der Zapfen warm wird, schmelzt, und von selbst daran läuft. Die Mühlenwalzen, die mit Hals und Zapfen gegen Steine laufen, werden mit Fett und nicht mit Oehl geschmiert. Letzteres würde sogleich ablaufen, und dadurch Trockenheit veranlassen.

Zapfen in eine Walze zu setzen, daß sie im Umlaufe nicht schwanke, geschieht auf nachstehende Weise. Erstlich wird der Balken ganz gerade und genau in Quadrat verarbeitet, sodann auch genau in der Mitte, auf allen 4 Seiten längs des Balkens, ein Schnürschlag gezogen, welches auch auf allen vier Seiten des Zapfens geschieht. Demnächst werden die Zapfen so eingehauen, daß die Schnur-

Schnurschläge beydes auf Walze und Zapfen in gerader Linie mit einander zu stehen kommen. In Steinspillen müssen die Zapfen und Klüver auf selbige Art eingesetzt werden.

Wenn Steinspillen gedrehet werden sollen, muß die dazu gehörige eiserne Spille und der Rien vorgesetzt werden, damit die Spille mit dem untersten Ende auf dem Halse der eisernen Spille und mit dem obersten Ende auf dem Zapfen umgedrehet werden kann; alsdann wird sie mit einer Schnur von einigen Leuten unterdessen rund gezogen, daß der Zimmermann selbige 3 oder 4 Stellen ganz rund drechselt, wornach das übrige abgehauen und abgehobelt wird.

Die Steinspillen werden aus gutem föhrenen Holze verfertiget. Zu Walzen in Wind- und Wassermühlen ist Eichenholz am besten.

11. Von Mühlensteinen *).

Will man einen Mühlenstein abbahnen, so wird dessen Peripherie in 3 Theile getheilt, sodann wird nach einem Richtstock ein Dreyhuck dergestalt gezeichnet, daß die äußern Striche desselben sich 6 Zoll von dessen Peripherie in einander schneiden, und dann einwärts beregter Dreyhuck so breit gehauen, daß der Richtstock darin gezogen werden kann, welcher vorher unten mit Rothstein zu bestreichen, damit man dadurch gewahrt, wo etwa noch mehr abgehauen werden soll. Diesen Dreyhuck hauet man so tief, daß der Richtstock von allen Seiten in die Kreutze, wo die Linien des Dreyhucks einander schneiden, schreibet. Wenn dieser Dreyhuck fertig ist, wird noch einer von selbiger

*) S. Clausen a. a. O. S. 22.

Größe so gemacht, daß er mit den Linien quer über den vorigen läuft, auch von nähmlicher Tiefe eingehauen, damit der Richtstock auf die Linien sowohl dieses als des ersten Dreyhucks Kreutze schreibet. Um nicht allzu große Plätze ohne Richtstock abzubahnen, können zudem gerade über den Mittelpunkt des Steins 3 Schläge gemacht werden. Wie Schläge auf einen Stein gemacht werden sollen, ist auf Fig. 5695 deutlich zu sehen.

aaa ist das erste Kreutz, das auf den Stein so eingehauen wird, damit er auf diesen 3 Seiten gleich dick werde.

bbb ist das andere Kreutz.

ccc Schläge des Richtstocks über den Mittelpunkt des Steins, welche nach der Tiefe der Kreutze auch eingehauen werden müssen.

Zum Mehlmahlen muß man bekanntlich einen Ober- und Unterstein haben. Die Rheinischen sind die besten dazu. Einige haben zwar auch Kampf- oder Nordischen Marmor; allein letztere sind von Materie ganz compakt und hart, und werden vom Gebrauch ganz glatt, weshalb sie nur wenig Nutzen schaffen; die Rheinischen aber sind löcherícht und daher schärfer.

Die größesten und besten Rheinischen Mehlsteine halten im Durchmesser 5 Fuß 3 Zoll, und 18 Zoll Dicke, daher sie gemeiniglich 18ner Mehlsteine genannt werden. Auch sind welche vom nähmlichen Durchmesser, die nur 16 Zoll Dicke halten, und 16ner genannt werden. Letztere Sorte wird zu Untersteinen gebraucht

Man kann auch mit Steinen, die 4 Fuß 6 Zoll im Durchmesser und 16 Zoll dick sind, und gemeiniglich Jungfernsteine genannt werden, Mehl mahlen.

Um einen Mehlstein der schon abgebahnt ist, zu strahlen, theilt man dessen Peripherie in 16 gleiche

gleiche Theile, nimmt sodann den halben Durchmesser des Steins, und zeichnet vom Centrum bis an erwähnte 16 Punkte desselben. Den Zwischenraum nennen die Müller Flochten. Die Strahlen werden in jede Flochte, wie Fig. 5696 zu sehen, $\frac{1}{4}$ Zoll breit, und der Boden zwischen den Strahlen $\frac{3}{4}$ Zoll breit und $\frac{1}{9}$ Zoll tief, gehauen; sie werden alle mit dem halben Durchmesser des Steins gezeichnet. Auch strahlen Einige die Mehlsteine auf nähmliche Art, wie bey den Brechsteinen in den Graupenmühlen gewöhnlich ist, die ebenfalls ganz gut mahlen.

Das Loch, oder Auge, durch den Stein, wird 11 Zoll breit gemacht.

Der Rien muß so eingehauen werden, daß die eiserne Spille ganz perpendikulär unterm Stein zu sitzen kommt.

Die Schlucklöcher im Auge werden 2 Zoll tief, 6 Zoll lang und 5 Zoll breit gemacht.

Die Mehlsteine müssen mit zwey eisernen oder eschenen Bändern gebunden werden, weil es sich auch zutragen kann, daß Mehlsteine vom Mahlen springen.

Ein Mehlstein mahlt mit seiner Fläche auf dem Unterstein, und nimmt vom Gebrauch an Dicke und Schwere ab. Als oberster Mehlstein ist er unbrauchbar, wenn er nicht über 8 Zoll Dicke hat; er kann aber sodann zum Unterstein gebraucht werden, oder man befestiget auch einen abgesetzten Pellstein auf ihn, da er dann so lange zum obern Mehlstein genutzt werden kann, bis er nur 4 Zoll noch hat.

Den Pellstein auf einen Mehlstein zu befestigen, läßt sich auf folgende Weise am besten thun: Es werden 6 Löcher, ein Quartier vom Rande, durch den Pellstein gebohret, und in gleicher Weite, oben auf dem Mehlstein, von einander abgezeichnet. In den Mehlstein werden die Löcher 2½ Zoll tief, und 2 Zoll oben, hingegen 2½ Zoll unten ins Gevierte eingehauen; hierin werden eiserne Schrauben mit Bley fest gelöthet, welche durch den Pellstein gehen, und womit selbiger auf den Mehlstein festgeschraubt wird.

Fig. 5697 stellt einen 18ner rheinischen Mehlstein vor, wie auf ihm die Strahlen eingehauen werden sollen.

a Die Größe des Lochs oder Auges durch den Stein.

bb Die Schlucklöcher.

cccc Die Tiefen worein das Rien gesteckt wird.

dd 2 Stück eiserne oder auch gute eschene Bänder, damit der Stein nicht so leicht springen könne.

Worin besteht die Kunst einen Mehlstein aufzulegen, oder abzuhangen, daß er den Unterstein mit seiner Fläche auf allen Seiten gleich stark berühre, und — was ist die Probe, woraus erhellet, daß dieses erlangt worden ist? — *).

Ein Mehlstein muß erstlich, und vor allen Dingen gut abgebahnet, und seine Fläche ganz gerade und eben gemacht, bevor die Strahlen darauf gehauen werden, sonst kann er unmöglich den Unterstein mit seiner ganzen Fläche berühren, und folglich auch nicht gut und eben mahlen. Fürs 2te muß die eiserne Spille mit Rien, (Langeisen mit seinen Federn) ganz genau in den obern Mehlstein nach der Krone eingehauen werden, daß der Spille Langeisen, nach des Steins Fläche, ganz perpendiculair zu stehen kommt; auch muß der Rien so eingehauen werden, daß er nur mit 2 bis 3 Zoll,

*) S. Clausen a. a. O. S. 26.

3 Zoll, von den äußersten Enden der Rienklauen, den Stein trägt, damit der Stein ganz sicher auf den Rien liegt.

Und fürs 3te muß der Unterstein ganz genau nach Wassermaß, auf allen Seiten mit seiner Fläche ganz horizontal gelegt werden. Wenn dies beobachtet worden, wird die eiserne Spille durch den Borß des untersten Mehlsteins in die Pfanne, wo sie laufen soll, eingesetzt, und der oberste Mehlstein auf den Rien gelegt, sodann der oberste Mehstein umgeschoben, damit man sehe, wie er auf dem Steg liegt. Die Seite des obersten Mehlsteins, welche den Unterstein erst berühret, schiebet man um, und probiret, ob selbige auf allen gegenüberstehenden Seiten, gleich weit vom Unterstein entfernt; wo nicht, so muß der Pfannblock zur Seite darnach gekeilt werden, daß man solches ganz genau erhalten könne. Hiernächst versucht man, ob der Stein auch genau auf dem Rien hängt, auf welchen der oberste Stein, so dicht über, und an den untersten gelassen wird, daß selbiger nur eben frey gehen kann. Die vier gegen einander überstehenden Seiten des obern Mehlsteins werden mit A B C und D gezeichnet; alsdann wird der Stein unterdessen umgeschoben, daß jemand denselben, dann und wann, gegen den untersten Stein druckt. Die Seiten nun, die am schwersten zu drücken, sind weiter vom Unterstein entfernt, als die so leichter daran gedrückt werden können.

Sind die Seiten AB dem Unterstein näher, als die CD werden selbige mit einer eisernen Stange aufgehoben, und auf die beyden Rienklauen unter AB dicke Hobelspäne eingesteckt, bis selbige mit CD den Unterstein gleich stark berühren. Wenn ein Mehlstein gehangen worden, werden die Oeffnungen über den Rien, im Auge des Steins, wohl verwahr:

verwahrt und zugestopft, damit das Korn nicht im Mahlen auf den Rien einlaufe, und dadurch im Hängen sich verändere.

Ein Mehlstein, so aufgelegt und gehangen, berührt mit seiner ganzen Fläche den Unterstein gleich stark, und wird sicher gutes ebenes Mehl mahlen. Hiervon wird die Erfahrung einen Jeden, der mit Mühlen umgehet, und die Steine dergestalt aufleget und hänget, überzeugen, und folglich dies statt der Probe dienen.

Noch sind nachfolgende 3 Stücke zum Mehlstein gehörig, nothwendig zu bemerken: erstlich ein Mehlstein muß nicht zu tief gehauen werden, denn sonst kann er unmöglich gutes, ebenes und feines Mehl mahlen. Die behörige Tiefe ist oben angezeigt worden. Zweytens, die eiserne Spille muß nicht kurz seyn, weil der Stein dann nicht im Hangen auf dem Steg Stand hält; sie muß also nicht kürzer, wohl aber ein wenig länger, als der halbe Durchmesser des tragenden Mehlsteins gemacht seyn. Und 3tens muß das Unterlager oder der Steg mit Leichter, gut und stark seyn; auch so, daß es weder vom Schweren noch Leichten des Steins sich zu den Seiten bewegen lasse, denn die geringste Bewegung desselben verursacht auf den Laufer große Veränderung, so, daß selbiger dadurch den Unterstein auf der einen Seite stark, und auf der andern fast gar nicht berühret. Wie ein Unterlager oder Steg gemacht werden solle, siehe übrigens Fig. 5697.

aaaa Die aufstehenden Balken des Stuhls, worauf der Stein liegt.

bb Die Balken, worauf der Pfannbalken liegt.

c) Der Pfannbalken.

d) Der Pfannblock, worin die eiserne Pfanne sitzt.

e) Der Pfannbalken von der Seite.

f)

f) Der Pfannblock von der Seite.

g) Die Stelle, wo der Leichter angebracht wird. Bey perpendiculär stehenden Walzen, die nicht an der Seite verkeilet werden dürfen, wird die eiserne Pfanne oder das Pürtchen in den Pfannbalken gesetzt.

Bey einem Mehlstein kommt es eigentlich nicht auf schnellen Lauf an. Ein Mehlstein von 5 Fuß 3 Zoll im Durchmesser, geht guten Lauf, wenn er in 3 Sekunden 4 Mahl seinen Lauf beschließt, ja man kann gut Mehl mahlen, wenn er in jeder Sekunde seinen Cirkel, sogar wenn er nur in 4 Sekunden dreymahl seinen Cirkel durchläuft.

Was hier von Mühlensteinen bemerkt ist, gilt auch bey Wasser- und andern Mahlmühlen; so wie im Gegentheile die ausführlichere Beschreibung der Triebräder bey Wassermühlen auch auf die Triebräder der Windmühlen, wenigstens was die Art der Bearbeitung betrifft, Anwendung findet, weshalb ich hier nicht ausführlich davon handeln durfte.

12. Von der besten Methode, einen Mühlenstein in eine Bockmühle aufzunehmen.

Ist die Walze von dem Kammrad bis an den Zapfen, rund oder achteckig; so kann der Stein mit einem starken Tau auf folgende Weise aufgenommen werden. Dieses Tau wird bey dem Zapfen dreymahl um die Walze geschlagen, doch so, daß es, wenn die Walze umgedrehet wird, nach dem Kammrad zu laufe. Unten wird das Tau durch den Stein befestiget, und oben von einer Person stark an die Walze gezogen. Bey den Enden der Ruthen werden Stricke umgebunden, womit die Ruthen mit Walze umgezogen werden; und so wie die Ruthen umgezogen, muß die Person oben das

Tau

Tau immer stärker an sich ziehen. Die Ruthen werden dann so lange umgezogen, bis der Stein aufgebracht worden ist. NB. Ehe der Stein aufgenommen wird, muß zur Sicherheit unter den Zapfenblock, damit er nicht bricht, eine Stütze gesetzt werden.

Hat man kein so starkes Tau, oder ist die Walze viereckig, so muß über die Walze ein Bock auf beyden Seiten des Viereckbalken gesetzt werden. Ein solcher Bock von zwey langen Sparren, 8 Zoll im Quadrat und 10 Ellen lang, wird unter die Walze stark zusammen gebunden, damit die Mühle nicht aus einander gedrückt werde. Oben wird der Bock zu beyden Seiten mit starken Tauen gebunden, so daß er ganz perpendiculär zu stehen kommt. In den Bock wird ein 2 schiebiger Chienblock, und an den Mühlensteinen ein 3 schiebiger mit starken Tauen (oder Stroppen) befestiget. Die Chienlinie (oder der Läufer) wird 2 bis 3mahl um die Walze geschlagen, und die Mühlenruthen, wie oben gedacht worden, mit Stricken umgezogen, unterdessen daß die Chienlinie von einer Person beständig und stark an die Walze gezogen wird, damit sie nicht an der Walze glitschet.

13. Vom Fange.

Der Fang, womit eine Mühle im Laufe aufzuhalten, wird um das Kammrad der Walze gesetzt, so daß er mit einem Hebel um das Rad entweder los oder geklemmt werden kann. Die Blockfänge mit Gliedern sind die besten. In kleinen Bockmühlen haben einige Fänge von einem starken eschenen Bügel, und einem festen Duhm; diese halten aber nicht so gut wie die obigen.

Ein Kammrad wird von Eichen oder sonst andern Arten harten und starken Holzes verfertiget, daher der Fang, um besser zu halten, aus weichem, nähmlich Ellern= oder Pappelholz gemacht werden muß. Wenn aber ein Kammrad zum Theil aufgeschlissen, und daher mit weichem Holze gefüttert und geschuhet wird, kann der Fang von Eichenholz verarbeitet werden. Wie ein Blockfang ums Kammrad gesetzt werden soll, wird weiter unten bey den vollständigen Abbildungen einer Blockmühle zu sehen seyn.

D. Beste Lage, Eintheilung und Beschreibung der Haupteinrichtung der Windmahlmühlen *).

Wenn eine Windmühle noch so gut gebauet worden ist, daß sie vom Winde getrieben werden kann, und hat dabey die rechte Lage nicht, so bleibt die Wirkung dessen ungeachtet doch aus. Die schlechtesten Gegenden sind: vorliegende Berge, Hölzungen, Häuser, Ströhme und andere vorliegende Tiefen, welche den Wind auffangen und uneben machen, und wenn die Mühlen auf sehr hohen Bergen liegen. Die besten Gegenden sind aber alle Ebenen, sowohl auf dem festen Lande, als nahe an großen Gewässern, wodurch der Wind in seiner einmahl angenommenen Richtung erhalten wird. Dahingegen kann ein Berg, Holz, oder eine Anzahl Häuser, den Wind dergestalt aus seiner Richtung setzen, daß er weit über die Flügel der Windmühle wegfährt, und weiter nichts als ein Flattern in den Segeln hervorbringt. Die Windmühlen, die auf Ebenen, und nahe am Wasser, gebaut werden, haben

*) S. Kunze's Schauplatz der gemeinnützigsten Maschinen. 1 Th. S. 369.

ben die mehreste Zeit Wind, und empfinden die Stöße nicht so stark und häufig, als diejenigen, welche hinter Bergen und andern Gegenständen liegen; welches jedem Müller aus der Erfahrung bekannt seyn muß. Muß man in der Nähe einer Windmühle ein Gebäude errichten, so thut man wohl, das Gebäude der Länge nach gegen die Mühle zu richten, wenn es irgend angeht, weil auf diese Art das Gebäude den Wind weniger auffängt. Sollte indessen jemand wegen des Raums oder anderer Umstände, die Häuser nicht mit den Enden nach der Mühle zu bauen können: so lehrt die Erfahrung, daß Häuser, welche 60 Fuß von einer Mühle seitwärts entfernt stehen, weniger Stoßwinde verursachen, als diejenigen von selbiger Höhe, welche 400 Fuß entfernt sind. Die Ursache liegt vermuthlich darin, weil im erstern Fall die Stoßwinde nicht höher, als das Haus ist, auf die Mühlenruthen wirken können; im letztern Fall aber einen höhern Wirbel verursachen.

Daß der Wind uneben wird, wenn selbiger über Anhöhen oder auch Tiefen hinfährt, geschiehet aus folgender Ursache: gesetzt, ein Haus steht mit der Seite quer vor einer Mühle, wenn nun der Wind von dem Himmelsstrich herkommt, daß er gerade über das Haus zu der Mühle hinwehet, so stehet, auf der Seite des Hauses, nach der Mühle zu, die Luft vermöge ihrer Schwere still. Der Wind treibt die Luft über das Haus nach seiner Richtung fort; die hinter dem Hause stillstehende Luft wird, vermöge ihres Zusammenhanges mit der übrigen, mit fortgezogen; wenn diese weicht, so muß ihr Raum wieder durch andere Luft ersetzt werden, und dieses kann nur wechselsweise geschehen, denn so wie der Wind dadurch in einem Augenblick in seiner Fahrt aufgehalten wird, wird er im andern Augenblick, wenn er sich vor dem Hause und gegen die stillstehende Luft gehäuft hat, mit mehrerer Stärke gefördert. Daß dieses sich so verhält, kann man sehen, wenn der Wind einen starken Rauch über ein Haus hintreibt. Nach welcher Gegend nun dieser hinfähret, muß auch die unsichtbar bewegte Luft hinfahren, denn der Rauch muß seiner Leichtigkeit wegen den Winde in allen seinen Bewegungen folgen.

Daß eine Mühle so viel möglich auf einem festen Boden erbauet werden müsse, versteht sich von selbst. Der lehmige Boden ist der beste.

Es gibt überhaupt drey Arten von Windmühlen.

1. Solche, deren Flügel senkrecht an einer wagerechten Welle befestigt sind.
2. Solche, deren Flügel in einer schiefen Ebene liegen, und deren Welle ebenfalls gegen den Horizont geneigt ist.
3. Solche, deren Flügel wagerecht an einer senkrechten Welle stehen.

Weil die Welle nothwendig sehr dick seyn muß, da sie die schweren Flügel tragen soll, so folgt, daß die Friktion auch sehr stark werden muß. Als Mittel dagegen bedient man sich bisweilen der Feuersteine, welche man als Unterlage anbringt. Die Holländer legen eiserne platte Bleche hin, worauf die hölzerne Welle läuft. Jedes Blech ist drey Zoll breit und die Dicke beträgt einen Viertelzoll.

Die Mühlen mit schiefliegenden Flügeln sind die gewöhnlichsten, sollen auch die besten seyn, und sind es wirklich, obgleich einige, aus Mangel hinlänglicher Erfahrung, die Mühlen mit wagerechten Flügeln vorziehen. Man legt die Flügel schief, damit sie unten dem Gebäude nicht zu nahe kommen, und damit der Wind Platz hat, zwischen dem

Gebäude und den Flügeln auszuweichen. Die innere Einrichtung dieser Mühlen ist wie bey den Wassermühlen.

Da der Wind nicht stets aus einer Gegend kommt, so macht man bey den Mühlen die Einrichtung, daß sich die Flügel nach dem Winde richten lassen, dieses läßt sich auf zwey Arten erreichen, entweder dadurch, daß man das Dach beweglich macht, oder dadurch, daß man die ganze Mühle wenden kann. Die Mühlen mit beweglichem Dache werden gewöhnlich **holländische Windmühlen** genannt; die andern aber heißen **deutsche** oder **Bockmühlen**.

Die Wendung geschieht entweder von innen durch ein Stirnrad und Getriebe, oder von aussen durch einen langen Baum, welchen man den Sterz nennt. In einiger Entfernung vom Sterze ist eine Erdwinde angebracht, von welcher ein starkes Seil geht, welches an den Sterz gebunden ist, indem man nun die Erdwinde dreht, muß sich die Mühle bewegen, da sie mit dem Sterze zusammenhängt.

Hierzu wird eine besondere Einrichtung in der Zusammensetzung der Mühle zu beobachten nöthig seyn. Die ganze Mühle muß nähmlich auf einem Gerüste stehen, welches sich in eine stehende Welle endiget, auf die die Mühle sich stützt. Eine auf diese Art gebauete Mühle hat drey Theile, diese sind:

1) der Stuhl, oder das Gerüste, welches die ganze Mühle trägt, und welches aus sehr festem Holze bestehen muß,
2) der Platz, wo die Räder gehen, oder das Gerüste, worauf sich die Achsen und Wellen der Räder stützen,

3)

3) das Dach, oder der Ort, wo die Winden angebracht sind.

Bisweilen ist, wie schon angeführt worden blos das Dach mit den Flügeln beweglich. Die Einrichtung ist folgende. Auf dem Mühlgebäude, daran das Dach noch fehlen muß, wird ein Stirnrad unbeweglich angebracht, der Durchmesser dieses Stirnrades ist etwas größer, als der des Mühlgebäudes. Die Zähne des Stirnrades müssen entweder an dem äußern, oder innern Rande angebracht werden. Ein Drehling, dessen Achsen beweglich am Dache angebracht sind, greift in das Stirnrad, zwey durch den dickern Theil der Walze gesteckte Hebel dienen dazu, daß man das Getriebe oder den Trilling herum wenden, und eben dadurch das Dach fortschieben kann. Das Dach dient zugleich zum Ruhepunkt für die Achse der Flügel. Wegen der großen Friktion, welche die Bewegung des Daches an dem Stirnrade erregt, würde nothwendig eine sehr große Kraft zur Umwendung erfordert werden. Diese Kraft kleiner zu machen, wäre es sehr gut, wenn man die Fläche des Stirnrades mit Eisenblechen, welche gut polirt sind, belegt, und den Rand des Daches mit starken messingenen Rollen besetzte.

Findet man diese Einrichtung zu beschwerlich, so kann man auch auf eine einfachere Art sich helfen. Man lasse das Stirnrad und das Getriebe weg, belege aber das Mühlengebäude oder den Räderplatz, am obern Rande, mit starken Eisenblechen, lasse die vorherbeschriebenen gegossenen messingenen Rollen am Dache, bringe an die eine Fläche des Daches den Sterzbaum an, lege eine Erdwinde vor, und bewege auf diese Art das Dach mit den Flügeln.

In den Sterzbaum sind Stufen eingehauen, damit dieser zugleich die Stelle einer Treppe vertritt.

Bisweilen tritt der Fall ein, daß man die Flügel in ihrem Laufe hemmen muß, z. B. wenn nichts mehr zu mahlen da ist, oder wenn der Wind gar zu heftig ist, das hierzu am mehrsten gewöhnliche Instrument heißt die **Premse**, welche aus einem hölzernen Kreisbogen besteht, welcher das Kammrad fast einschließt.

Bey deutschen Windmühlen wird, wenn die Bewegung der Mühle aufhören soll, dieser Kreisbogen oder Premse herab, und eben dadurch fester an das Kammrad gezogen, auch setzt man noch einen mit Gewichten beschwerten Balken darauf, je nachdem der Wind stärker oder schwächer wird, dadurch wird die Friktion so sehr vermehrt, daß der Wind sie nicht überwältigen kann. Wenn der Wind zu stark ist, als daß man die Mühle leicht hemmen kann, aber zu schwach ist, die Friktion zu überwältigen, so kann es leicht geschehen, daß er die Flügel zerbricht. Es wäre also vielleicht der Vorschlag nicht ganz zu verwerfen, die Premse ganz wegzulassen, dafür aber den Sterz oder des Getriebes Hebel so in Bewegung zu setzen, daß die Flügel abgewandt vom Winde stehen, so daß dieser keine Macht darauf haben kann.

Damit man leichter die Flügel dem Winde entgegen stellen kann, ist es anzurathen, eine sogenannte **Wetterfahne** oder **Windflügel** anzubringen, damit man die Mühle leichter stellen kann.

Nun folgen Beschreibungen gut eingerichteter Windmahlmühlen von verschiedener Bauart.

E. Beschreibung der deutschen Windmahlmühlen oder der sogenannten Bockmühlen.

1. Eine Bockmühle nach der Angabe des Herrn Claußen *).

Bey einer Mühle, die vom Winde getrieben wird, kommt es vornehmlich darauf an, daß man nach der Länge der Ruthen die Hebel der Räder so einrichte, daß die Kraft des Windes die Ruthen nicht in größere oder geringere Bewegung setzet, als nöthig ist, den verlangten Lauf oder die Kraft der Steine (das Korn zu mahlen) zu bewirken. Wollte man bey kurzen Ruthen die Räder so einrichten, daß sie langsam giengen, und doch die verlangte Kraft und den Lauf wirken sollten: so gehörte ein starker Wind dazu, selbige zu treiben, und eben so, wenn lange Ruthen ihren Zirkel geschwinder umlaufen müßten.

In der Mechanik ist es eine allgemeine Regel: was man an Kraft gewinnt, verliert man an Zeit. Bey den Mühlen wird beydes, Kraft und Zeit, erfordert, folglich muß die Kraft und die Last gleich lange Hebel haben; dies geschieht bey den Mühlen von gewöhnlicher Einrichtung, wenn Ruthen und Steine in gleicher Zeit einen Zirkel von gleicher Größe machen; denn wenn die Durchmesser einiger kleinen Zirkel eben so viel als der Durchmesser eines größern Zirkels ausmachen: so müssen ihre Peripherien, wenn sie alle aus einem Mittelpunkte gezogen sind, auch einander gleich seyn.

Ein Mehlstein von 5 Fuß 3 Zoll im Durchmesser sollte nun nach der obigen Regel, wenn die Ru-

*) S. dessen praktische Anweisung zum Mühlenbau. Eine belohnte Preisschrift. Leipzig 1792. 4. S. 32 ff.

Ruthe von 76 Fuß ihren Zirkel einmahl durchstreicht, den seinigen $14\frac{1}{2}$ mahl durchlaufen. Aus Erfahrung ist aber bekannt, daß ein Mehlstein von erwähnter Größe zum Mehlmahlen guten Lauf geht, wenn er in 3 Sekunden 4 mahl rund läuft. Dieses wird dadurch erhalten, wenn man die Windmahlmühle so einrichtet, daß die Ruthen von 76 Fuß ihren Zirkel, im Durchschnitt genommen, in 6 Sekunden beschließen müssen.

Also muß in einer solchen Mühle, die 76füßige Ruthen führt, ein Kammrad von 73 Kämmen, ein Getriebe der aufstehenden Welle von 36 Stöcken, und ein Stirnrad von 141 Kämmen hat, das Getriebe des Mehlsteins 36 Stöcke haben.

Die besten und einfachsten Mehlmühlen sind nun die sogenannten Bockmühlen. Wenn eine Bockmühle einen 18ner Mehlstein haben soll, muß selbige so hoch gebaut werden, daß die Ruthen dazu 50 bis 70 Fuß lang seyn können.

Auf einer Mehlmühle, die 50 Fuß Ruthen führt, kann ganz gut Mehl gemahlen werden, doch ist eine solche Mühle von 70 Fuß Ruthen viel besser, weil sie vor dem Winde viel ebener läuft, und daher auch auf dieser mehr als auf jener in gleicher Zeit gemahlen werden kann.

Wie eine Bockmühle gebaut werden soll, um nach ihrer Höhe eine verhältnißmäßige Dicke zu erhalten, ist Fig. 5698 und 5699 zu sehen.

Daselbst ist Figur 5698 eine durchgeschnittene Bockmühle von der Seite.

a Walze mit Ruthen und Kammrad.
b der eiserne Klüver und Getriebe.
c der Rumpf, worein das Korn gefüllt wird.
d der Mehlstein.
e der Mehlblock.
f der Stuhl oder Suhl, worauf die Mühle steht, und gedreht werden kann.
g der untere Sattel.

h)

h der Mühlenfuß.
i die Mühlensterze mit der Winde.

Figur 5699 ist die durchgeschnittene Bockmühle von dem Ende.

a das Kammrad.
b der Bock oder Gliederfang um das Rad.
c der Mehlblock.
ddd der Fuß, unterste Sattel und Suhl.
e der oberste Sattel.
f der Sterzbalken.

Uebrigens ist noch zu bemerken, daß viele Theile, welche zum Mehlmahlen erforderlich sind, aber ganz mit denen in Wassermühlen übereinkommen, hier nicht mit abgebildet sind, weil sie die wesentliche Einrichtung einer Windmühle verdecken würden. In der Anwendung ergeben sie sich leicht.

In einer Bockmühle, die 70 Fuß Ruthen, und einen Mehlstein von 5 Fuß 3 Zoll im Durchmesser führt, muß der Stein, um mit den Ruthen in gleicher Zeit gleichen Zirkel zu machen, 13⅓mahl umlaufen, wenn die Ruthen es nur einmahl thun.

Da das Mahlen des Weitzens und Rockens, wenn es was beschaffen soll, fast einen solchen Wind erfordert, wie man zum Pellen bey den Graupenmühlen gebraucht, und zum Pellen der Wind 70füßige Ruthen in weniger als 3 Sekunden rund treibt; da hingegen die Ruthen nach obiger Einrichtung zum Mehlmahlen, wenn der Stein seinen gehörigen Lauf halten soll, ungefähr 9 Sekunden brauchen: so geht eine Mühle leichter, wenn die Ruthen schneller umlaufen, wobey das Getriebe des Steins größer gemacht werden kann; und da obiges Mehlmahlen fast eben so starken Wind, als zum Pellen gehörig, erfordert: so weiß man, daß der Wind den geschwinden Lauf treiben kann, ohne daß die Mühle desfalls schwerer gehen sollte.

Weil man aber einem Mehlstein, nachdem der Wind webet, mehr oder weniger Kern geben kann, auch andere Kornarten nicht so schwer zu mahlen sind: so wird die Einrichtung getroffen, daß wenn der Mehlstein guten Lauf geht, die Ruthen alsdann ihren Zirkel in 6 Sekunden beschließen.

Ein Mehlstein von 5 Fuß 3 Zoll im Durchmesser geht starken Lauf, wenn er in 3 Sekunden 4 mahl rund läuft, folglich muß ein solcher Stein gegen Ruthen von 70 Fuß 8 mahl umlaufen.

Eine Windmehlmühle so einzurichten, daß ein 18ner Mehlstein von 5 Fuß 3 Zoll im Durchmesser seinen, als auch die Ruthen nach ihrer Länge den gehörigen Lauf erhalten, damit die Mühle am leichtesten vom Winde getrieben werde, darüber kann nach des Herrn Claußens praktischen Erfahrungen folgendes als Regel angenommen werden.

Ein Mehlstein von 5 Fuß 3 Zoll soll gegen Ruthen von 70 Fuß 8 mahl rund laufen

65	—	7	—	—	—
60	—	6	—	—	—
55	—	5	—	—	—
50	—	4	—	—	—

In einer Bockmühle, die 70 Fuß Ruthen führt, wird ein Kammrad von 73 Kämmen, 5 Zoll Abtheilung, und auf den Mehlstein ein Getriebe von 9 Stöcken gesetzt. Eine solche Mühle wird nur von zwey Hebeln, nähmlich einem der Kraft und einem der Last bewegt, daher auch die Friction nicht so stark ist, als wenn ein Mehlstein für ein Stirnrad laufen sollte, und gehen mithin diese Art Mühlen leichter zum Mehlmahlen als Graupenmühlen.

Wie stark der Wind seyn muß, um mahlen zu können, darüber sind im obigen schon verschiedene Berechnungen vorgekommen; hier verdienen indeß noch nachfolgende Bemerkungen einen Platz.

Wenn

Wenn eine Mühle, die Ruthen von 76 Fuß Länge hat, und 2 Pellsteine, welche à Stück im Durchmesser 6 Fuß sind, und eine andere, die 60 Fuß Ruthen und 2 Pellsteine, welche à Stück im Durchmesser 5 Fuß führt, von guter Einrichtung, für volle Segel gut pellen sollen: so muß der Wind so stark wehen, daß selbiger mit 1 Fußes Größe Quadratfläche (welche mit Seilen, ohne sonst etwas zu berühren, frey in der Luft aufgehangen) und mit einer Schnur über eine Rolle ¼ Pf. Gewicht gut heben kann.

Wenn erst gedachte Mühle einen 18ner, und letztere einen sogenannten rheinischen Jungfern-Mehlstein führet, und für volle Segel gut Malz mahlen soll, muß der Wind so stark seyn, daß mit obiger Fläche ein Gewicht von 7 bis 8 Loth, und wenn Weitzen oder Rocken zu mahlen, ein Gewicht von 16 bis 20 Loth gehoben werden kann.

Und wenn ferner erst beregte Mühle einen Brechstein von 4 Fuß 6 Zoll, und letztere einen dito von 4 Fuß im Durchmesser führt, beyde aber für volle Segel Grütz brechen sollen, muß der Wind mit obiger Fläche ein Gewicht von 5 bis 6 Loth heben können.

Wobey es sich jedoch von selbst versteht, daß die Mühlen ganz freyen Wind haben müssen.

Eine Bockmühle von 70 Fuß Ruthen, so wie sie Fig. 5698 und 5699 zu sehen, kostete 1792, nach des Hrn. Claußen's Angabe, in Holstein folgendes zu bauen.

1) Zimmer.	Rth.	Mk	ß.
Der eichene Suhl, der die Mühle tragen soll, ist 22 Fuß lang, 2 Fuß im □	70	—	—
Das Kreutz unter dem Suhl von eichenem Holze, jedes Stück 24 Fuß lang in □ 15 Zoll, à Stück 30 Rthlr.	60	—	—
Die 4 Knie des Fußes, à Stück 14 Fuß, also 56 Fuß Eichenholz, in □ 1 Fuß	50	—	—
Eichen Zimmer zu dem ersten Sattel	30	—	—
Die zwey Stück eichene Balken, worin der oberste Sattel sitzt, à St. 17 Fuß lang, in □ 15 Zoll, à St. 18 Rthlr.	36	—	—
Der Mehlblock von Eichenholz, 15 Fuß lang, 2 Fuß in □ —	55	—	—
Die Mühlenwalze von Eichenholz, 20 F. lang, 2 Fuß in □ —	65	—	—
Der Halsblock von Eichenholz, 15 Fuß lang, in □ 2 Fuß —	55	—	—
200 Ellen gute föhrene Balken, in □ 12 Zoll, à Elle 1 Mk 12 ß. —	116	2	—
76 Ellen der besten föhrenen Balken, in □ 14 Zoll — —	70	—	—
90 Ellen dito, in □ 8 Zoll, à Elle 12 ß	22	1	8
Die 4 Stück krumme eichene Sparren der Kappe — —	12	—	—
Das kleine Holz der Kappe	10	—	—
Eine Mühlenruthe von 70 Fuß, 38 Rthl. also zwey — —	76	—	—
Der Mühlensterdt, ein Balken von 18 Ellen, in □ 10 Zoll, à Elle 1 Mk. 8 ß.	9	—	—
Das Kammrad — —	30	—	—
Der Fang — —	15	—	—
Das Getriebe — —	3	—	—
Für Zimmer also	785	—	8

2) Breter.	Rth.	Mk	ß.
Zum Bekleiden 14 Zwölfter 6ellige Breter, à Zwölfter 10 Mk. 8 ß.	49	—	—
2 Zwölfter 9ellige, à 11 Mk. 8 ß.	7	2	—
Zu dem Balken 4 Zwölfter 8ellige, à 11 Mk. — —	14	2	—
Für Breter also	71	1	—

3) Ei=

	Rth.	Mk	ß.
3) Eisenzeug.			
Die Splintbänder der Walze, 10 Lpf. à 7 Mk. — —	23	1	—
Die Sahlingen im Halse, mit Schrauben, Bänder, 13 Lpf. à Lpf. 7 Mk.	30	1	—
Der Zapfen mit Ringen, 7 Lpf. à 7 Mk.	16	1	—
Die Spille und Klüver, 12 Lpf. à 7 Mk.	28	—	—
Noch an Ankern, Bolzen und Nägeln	60	—	—
Für Eisenzeug also	158	—	—
Für Zimmer — —	785	—	8
Für Breter — —	71	1	—
Für Eisenzeug — —	158	—	—
2 Stück 18ner rheinische Steine	220	—	—
Grundlage, und Transport der Materialien — —	100	—	—
Zimmer-Arbeitslohn —	200	—	—
Summe	1534	1	8

2. Beschreibung einer deutschen Wind- oder Bockmühle, nach des Herrn Melzer's Angabe *).

Die innere Einrichtung dieser Mühle ist Fig. 5700 zu sehen, und man erbauet sie auf folgende Art.

Die untersten Schwellen a a, oder sogenannten Kreuzschwellen, werden winkelrecht, kreuzweis zusammengelegt, sie können 17 bis 18 Zoll stark seyn. Auf diese Schwellen kommt der Ständer b in der obern Schwelle mit einem Zapfen, und in den Winkeln, so beyde Schwellen machen, mit Klauen einzustehen, seine Stärke kann 28 bis 30 Zoll seyn.

Die äußersten Strebebänder c sind 16 Zoll breit und stark, die innern d 14 und 16 Zoll.

Mit diesen wird der Ständer verbunden, und oben, wo sie sich endigen, kommt der Sattel e, auf welchem sich die Mühle unten drehet, zu liegen.

Dieses Gestelle heißt der Bock, und das Werk bekommt daher den Nahmen der Bockmühle.

Dieser Sattel ist Fig. 5701 besonders vorgestellet, und bestehet aus vier Balken aa und bb. Diese müssen $3\frac{1}{2}$ Elle lang, 18 Zoll breit und 12 Zoll stark seyn. Erwähnte Balken werden an allen vier Seiten 2 Zoll in den Ständer c eingelassen und zusammengezapfet, wie die Fig. zeiget. Es wird aber an selbigen eine Erhöhung von $\frac{1}{2}$ Z. gearbeitet, wie die punktirte Cirkellinie zeiget, und solches an der Fig. d deutlich abzunehmen ist, und dieses geschiehet deswegen, damit die Trageriegel f, welche darauf zu liegen kommen, eine gleichbreite 16zollige Auflage bekommen, und auf den äußersten

*) S. Melzer's neuverbesserte Mühlenbaukunst. 2 Th. S. 115 ff.

sten Ecken nicht so breit aufliegen, denn dadurch würde verursacht, daß sich die Mühle etwas schwer umdrehen würde. Dieser Sattel wird nun durch die Strebebänder c theils unterstützet, theils auch an den Ständer an allen vier Seiten angebunden, damit selbiger nicht ausweichen kann.

Die Höhe dieser Mühle ist von dem untern Trageriegel f Fig. 5700 an bis auf die obern Trageriegel g 6½ Elle. Von der Oberfläche der Trageriegel g bis zu der Oberfläche des Rahmstückes h 4 Ellen, und also die ganze Höhe 10½ Elle.

Die obern Trageriegel werden in die vier Ecksäulen K eingezapft. Die Länge der Mühle überhaupt wird in 9 Theile getheilt, bey dem vierten Theil von A oder fünften von B kommt der Mehlbaum l zu liegen, seine Stärke ist 1 Elle und die Höhe 28 Zoll. Der Ständer hat oben einen runden Zapfen 9 Zoll stark, mit diesem stehet er in der Mitte des Mehlbaums l inne, um diesen Zapfen und auf dem Sattel e wird das ganze Gehäuse der Mühle vermittelst des Sturzes D umgedrehet.

Der vordere Wellbalken m ist 16 Zoll, und der hintere n 12 Zoll stark. Der Zapfen an dem hintern Ende der Welle bey n ist 9 Zoll stark. Damit er sich aber nicht abarbeite, so wird er mit einem eisernen Ringe umgeben.

In den Hals der Welle o, auf welchem sie sich vorne umdrehet, werden eiserne Schinnen eingelegt, damit er sich gleichfalls nicht abnutzen kann. Unter diesem Hals wird von hartem Stein ein Lager gemacht, wozu sonderlich die Feldwacken sehr gut sind, und der Hals sehr kühl darauf gehet. Die Stärke dieser Welle ist 1 Elle, von vorne hinein bleibet sie ganz 4eckig, bis hinter das Kammrad, von da an aber wird sie 8eckig gemacht, und wird hinten 12 bis 14 Zoll tiefer gelegt, damit

die

die Flügel unten dem Gebäude nicht zu nahe kommen.

Die zwey Ecksäulen K läßt man beynahe bis auf die Erde gehen, und wenn man die Mühle nach dem Winde gestellet hat, so schläget man unter jede Säule einen Keil, und verschafft dadurch der Mühle einen sichern Stand.

Das Kammrad p bekommt 72 Kämme mit $5\frac{1}{4}$ Zoll Theilung, dessen Höhe beträgt 5 Ellen $10\frac{3}{11}$ Zoll.

Die Presse q wird aus krumm gewachsenen Hölzern, nach der Rundung des Rades zusammengesetzt, und dienet die Mühle zum Stillstehen zu bringen, welches geschiehet, wenn der Preßbaum r durch das Seil niedergelassen wird, und die Presse an das Kammrad herum anzwinget, denn dadurch wird die Bewegung des Kammrades gehindert, und die Welle sammt den Windflügeln zum Stillstehen gebracht.

Das Getriebe t hat 9 Stecken und ist an das Mühleisen gekeilet. In dieses greift das Kammrad und treibt es nebst dem Mühlstein n herum, dieser Stein ist $2\frac{1}{2}$ Ellen über dem Durchmesser. Die Windmühlen haben zwey Mühlsteineisen, eines unter dem andern, oberhalb des Steins, welche hier nicht besonders aufgerissen sind. Das untere dient erstlich, daß der Mühlstein hoch und niedrig gestellt werden kann, fürs andere wird daran das Rädergetriebe v, welches 3 Stecken hat, befestiget, welches das Räderwerk Fig. 5702 beweget.

Die Länge des untern Eisens ist $2\frac{1}{2}$ Ellen, und geht, wie bey den Wassermühlen, in einer Pfanne auf dem Stege. Das obere ist $4\frac{1}{2}$ Ellen lang, und wird unten mit den Klauen in die Ker-

ben

ben der Haue eingesetzt, oben geht es in den sogenannten Eisenbalken.

Der Rumpf w steht über dem Steine in der Rumpfleiter, unten daran hängt der Schuh in Stricken, vermittelst welcher er hoch oder niedrig gestellt werden kann, nachdem viel oder wenig Getreide in den Stein fallen soll. Dieser Schuh wird aber nicht durch den Warzenring und Rührnagel, wie bey den Wassermühlen, bewegt, sondern der Schuh hat eine lange Schnautze, welche bis an die Seite des Mühleisens raget. Weil nun das Eisen viereckig ist, so stoßen die Ecken bey Umlaufung desselben an den Schuh, und bringen selbigen immer in eine zitternde Bewegung, und hat man hier weder Warzenring noch Rührnagel nöthig. Das Aufhelfezeug x dienet den Mühlstein zu stellen oder aufzuhelfen. Die Winde y wird gebraucht, erstlich durch das Seil E das Getreide auf die Mühle zu ziehen, fürs andere mit dem Seil z das Schrot oder das noch nicht gänzlich gut gemahlne Getreide von dem untern Fußboden auf den obern zu bringen, auf daß es ferner aufgeschüttet, und vollends gut gemahlen werden könne.

Der Beutelkasten F ist $3\frac{1}{4}$ Ellen hoch, 3 Ellen lang und $1\frac{1}{2}$ Elle breit. Der Lauf, der den Mühlstein n umgibt, ist von Böttcherarbeit, wie bey den Wassermühlen.

Fig. 5703 ist der Grundriß des obern Fußbodens, auf diesem sieht man erstlich die Pfosten (2), welche mit einem Ende auf dem Mehlbaume l Fig. 5700 und mit dem andern auf einem in der vordern oder sogenannten Sturzwand befindlichen starken Riegel A liegen, ihre Stärke ist 5 Zoll, und die Breite 14 bis 16 Zoll. Diese Pfosten werden deswegen so stark erfordert, weil sie die Mühlsteine tragen müssen. Die Steinriegel (3) befesti-

befestigen den Bodenstein (4), bey (5) und (6) sind zwey Löcher, durch das (6) geht das gemahlne Getreide durch die Röhre (7) Fig. 5700 in den Beutel, das andere (5) wird gebraucht, wenn das Getreide nicht gemahlen, sondern nur geschroten wird. Bey (8) ist das Getriebe und bey (9) der Rumpf, in diesen wird das Getreide aufgeschüttet. Der übrige Boden wird mit Spundbretern belegt, bey (11) wird eine Oeffnung gelassen, durch welche die Säcke von dem untern Boden auf den obern gewunden werden. Bey (12) ist die Oeffnung für die Treppe.

Fig. 5702 ist der Grundriß des untern Fußbodens. In diesem siehet man erstlich den Ständer a mit den runden Zapfen, welcher bey l Fig. 5700 in dem Mehlbaume inne stehet, und um welchen sich die Mühle drehen läßt. 2tens den Steg b, wie er auf die Tragebänke c zu liegen kommt. 3tens das Rädergetriebe d, den Anschlag e mit der Setzwelle. Diese Stücke bewegen das Beutelwerk f in dem Beutelkasten g. 4tens die Treppe h, welche von dem untern Boden auf den obern gehet. 5tens den Preßbaum i, und 6tens die punktirte Linie K, welche den Mehlbaum vorstellt, wie er querüber lieget.

Die Länge einer Ruthe (4) Fig. 5700 so zwey Flügel gibt, ist 32 Ellen; die Ruthe, so in das Loch (5) kommt, wird die Feldruthe genannt, weil sie zu äußerst und gleichsam nach dem Felde zu stehet; die andere aber, weil sie dem Gebäude näher ist, nennet man die Hausruthe.

Diese hier vorgestellte Bockmühle ist nach beygefügtem Maßstabe incl. der Seitenwände 9 Ellen lang, und 8 Ellen breit. Man kann auch solche sowohl nach der Länge als Breite etwa $\frac{1}{2}$ Elle kleiner machen, wenn man sich nicht so viel Platz

ver-

verschaffen will. Diese Art Mühlen werden mit Einem Gange erbauet.

3. Eine Bockmühle mit zwey Gängen.

Es lassen sich aber auf diesen Bockmühlen ganz bequem zwey Gänge erbauen, und wird zu selbigen eben nicht mehr Platz als zu Einem erfordert. Melzer sagt, ihm sey einst eine solche Mühle, die von einem Holländer verfertiget war, bey Kunitz in Westpreußen gezeiget worden, und weil selbige sehr gute Dienste that, so entschloß er sich, bey seiner Besichtigung selbige zu entwerfen. Das Kammrad a Fig. 5704 hatte 72 Kämme mit 5 Zoll Theilung; dieses griff in den Drehling b welcher 32 Stecken hatte, und an einer stehenden Welle c befestiget war, welche hinter dem Mehlbaume d herunter ging; an dieser stehenden Drehlingswelle c war unten ein Stirnrad e von 84 Kämmen mit $4\frac{1}{2}$ Zoll Theilung, welches bey f und f in zwölfsteckige Getriebe eingriff, welche die Mühlsteine, so 2 Ellen 4 Zoll im Durchmesser hielten, umtrieben. Ueber den Steinen war das Rumpfzeug g und g, und vor die Getriebe f und f die Beutelkasten gebracht, und alles nach Art der Wassermühlen eingerichtet, auch waren dabey keine obern Mühleisen nöthig.

Die Treppe ging vor dem Ständer h zu den Rümpfen g, und war das Gehäuse nicht größer, als es bey einer Windmühle mit Einem Gange ist. Damit man aber auch nur Einen Gang gehen lassen konnte, wenn der Wind nicht stark genug zu zwey Gängen wehete, so wurden aus dem einen Getriebe zwey Stecken herausgenommen. Es waren aber diese Stecken mit einem viereckigen und einem den Zapfen eingesetzt, nach Art der Drehlingslingsstecken, damit man solche bequem herausschlagen und auch wieder einsetzen konnte.

Es sind bey der Mühle Fig. 5700 die Ruthen 32 Ellen lang, das Kammrad hat 72 Kämme und das Getriebe 9 Stecken, und der Mühlstein ist 60 Zoll im Durchmesser, dieser kommt bey einem Umlaufe der Windflügel 8 mahl herum. Man hält aber noch für besser, wenn das Kammrad 76 Kämme bekommt, da denn der Mühlstein $8\frac{4}{9}$ mahl herum geht.

Bey der Windmühle Fig. 5704 sind die Ruthen ebenfalls 32 Ellen lang, das Kammrad a hat 72 Kämme, der Drehling b 32 Stecken, das Stirnrad 48 Kämme, die Getriebe f 12 Stecken und die Mühlsteine sind 52 Zoll im Durchmesser.

Bey diesem Radewerk kommen die Mühlsteine 9 mahl herum, ehe die Windflügel einmahl umlaufen, wie folgendes Beyspiel zeiget.

	~~1~~) 8	
Das Kammrad a hat	~~72~~	$2\frac{8}{32}$ ($2\frac{1}{4}$) oder $\frac{9}{4}$
Der Drehling b hat	~~32~~	
Das Stirnrad e hat	48	4
Die Getriebe f haben	~~12~~	

9
4
―――
4) ~~36~~ | 9 mahl.

Es kommen also die Mühlsteine bey dieser Mühle 9 mahl herum, bey jener Fig. 5700 nur 8 mahl, obgleich die Ruthen einerley Länge haben.

Es rühret aber die Differenz des Umgehens der Mühlsteine von dem Unterschiede der Größen der Steine her; denn in Fig. 5700 ist der Stein 60 Zoll im Durchmesser, und in Fig. 5704 sind die Steine nur 52 Zoll. Da nun ein großer Stein nicht so viele Umgänge als ein kleiner haben

ben darf: so kann man die Umgänge nach den Grössen der Mühlsteine finden, wenn man solche durch die verkehrte Regel de Tri suchet. Z. B. der Mühlstein hat in der Mühle Figur 5700 60 Zoll im Durchmesser, und kommt 8 mahl herum, wie vielmahl müssen die Steine in der Mühle Fig. 5704, welche 52 Zoll im Durchmesser halten, herum kommen? Antwort: $9\frac{3}{13}$ mahl. Hier wird die Frage zum vordern Satze gemacht, wie dieses Beyspiel zeiget:

52 — 60 8
8
52) 480 | $9\frac{3}{13}$ mahl
$\not{3})2|$
(1

Eine solche Bockmühle kann aber bey starkem Sturm leicht umgeworfen werden, zumahl wenn der Müller aus Nachlässigkeit den Wind hinter die Mühle kommen läßt, das ist, wenn er auf die Sterzseite D stößt. Melzer hat einige vom Sturmwind umgeworfene Bockmühlen zu betrachten Gelegenheit gehabt, und hat selbige allezeit sammt dem Gestelle umgeworfen gefunden, so daß die Kreutzschwellen, welche horizontal liegen, gegen den Himmel gestanden.

Es bleiben aber dennoch die Müller bey ihrer alten Bauart, sie legen einfache Kreutzschwellen, wie Fig. 5705, und wo diese Schwellen zusammenstoßen, da setzen sie den Ständer a in der Mitte mit einem Zapfen, und in den Winkeln, welche die Schwellen machen, mit Klauen ein, verbinden den Ständer und Sattel mit 8 Strebebändern b, und lassen es damit gut seyn.

Es wird aber diesen Mühlen ein weit sicherer Stand verschafft, wenn man an dem Ständer a

Fig. 5706 gedoppelte Kreutzschwellen b anschliesset, und selbige auf allen vier Seiten zwey Zoll in den Ständer einläßt, damit der Ständer a mit der übrigen Stärke zwischen den Kreutzschwellen durchgeht. Unter den Kreutzschwellen läßt man den Ständer a 3 bis 4 Ellen in die Erde gehen, läßt selbigen unter den Kreutzschwellen so, wie der Eichbaum gewesen ist, und brennet oder flammet das untere Theil, so weit es in den Erdboden zu stehen kommt, damit es desto besser vor der Fäulung verwahret werde. Bey c setzet man die Strebebänder wie gewöhnlich, so kann man 16 solche Bänder anbringen, und wird auf diese Art der Mühle ein weit sicherer Stand verschaffet.

Es läßt sich aber auch ganz bequem eine Windmühle mit zwey Gängen an der Anhöhe eines Berges anbringen.

Es sey zum Beyspiel Fig. 5707 der Berg a, in diesen läßt man 1) von der einen Seite eine Tiefe arbeiten, als zu zwey Gängen Platz erfordert wird, 2) führet man an der einen Seite bey b und b Mauern von Bruchsteinen in die Höhe, auf selbige legt man 3) einige Balken c, welche 17 bis 18 Zoll stark seyn können, 4) wird bey d von 4 Balken ein Sattel zusammengeschlossen, und von allen vier Seiten mit Strebebändern e verbunden, auf diesen Sattel setzet man 5) ein leichtes Gehäuse, welches die Kammradswelle mit dem Kammrade f tragen, und an dem Sterze g auf dem Berge nach Gefallen umgedrehet werden kann, 6) läßt man das Kammrad f in den Drehling h greifen, welcher an die stehende Welle i befestiget ist, welche durch den Sattel d und die Strebebänder e bis herunter bey K gehet, 7) setzet man an diese Welle i bey l ein Stirnrad, und läßt es zu beyden Seiten in die Getriebe m eingreifen, welche

die

die Mühlsteine n und n umtreiben, und endlich 8) beleget man die Strebebänder e mit Bretern oder Schindeln, welche zugleich über der Mühle das Dach formiren.

Man kann auch statt des Stirnrades l ein Kammrad anbringen, und damit sowohl Oehl-, als auch Schneidemühlen anlegen. Auch ist zu merken, daß der Sterz g nach der Seite o heraus gehen muß, nach der Art wie bey Fig. 5700.

Noch ist zu wissen, daß die Bockmühle Fig. 5700 von der Seite vorgestellet ist, dagegen aber die Fig. 5704 und Fig. 5707 so gezeichnet sind, wie sie dem Auge von der Sterzseite sich darstellen.

4. Beschreibung einer Bockmühle nach des Herrn Behrens Angabe *).

Die Bockmühlen haben nach des Herrn Behrens Aeußerung den Vortheil, daß sie nicht allein mit weit wenigern Kosten zu erbauen sind, sondern auch leichter als die holländischen gehen, weil der Trieb nur sehr kurz und wenig Räderwerk darauf nöthig ist. Man kann nach der jetzigen gewöhnlichen Einrichtung nicht mehr wie einen Gang darauf anlegen, da es sonst mit einer Veränderung leicht möglich wäre, zwey Gänge darauf vorrichten zu können, ohne im Wesentlichen die Mühle viel zu vergrößern.

Der Balkenriß Fig. 5708 zeiget Litt. a den Hausbaum, 25 auch 26 mecklenburgische Fuß lang, 3 Fuß 3 Zoll □, welcher über den Sattel abgerundet wird, und unten vierkantig seyn muß, woran die Klauen eingeschnitten werden, welche über die Schwellen fassen. Nimmt man aber

*) S. Behrens praktische Mühlenbaukunst. S. 207 ff.

4 Schwellen: so bekommt er unten einen Zapfen, welcher zwischen den kreutzweis über einander gelegten Schwellen oder Legden durchgehen. Diese Einrichtung hält man für die beste, weil sodann der Hausbaum unten nicht verschwächt wird, und eine bessere sichere Haltung hat. Da es bekannt ist, daß sich das starke Holz in der Mitte leicht ansticht und Rotholm setzt, so thut man wohl, wenn man den Hausbaum sowohl als den Mehlbalken der Länge nach, mit einem Bohrer von 2 bis 2½ Zoll durchbohren läßt, damit der Kern heraus kommt, und die Luft durchziehen kann. Oben bekommt der Hausbaum einen Zapfen, welcher in den Mehlbalken hinein gehet, und dadurch kann die Mühle herum gedrehet werden. Die Länge der Mühle wird in 9 Theile eingetheilet, 5 Theile bleiben hinten nach dem Schwanze zu, um Balanze zu halten, und 4 Theile gegen die Windwand, zwischen den 4 und 5 Theilen kommt der Hausbaum zu stehen. Ferner Litt. b die Wendeleisten, Kehrbänke, auch Monde genannt, welche auf dem Sattel ruhen, und worauf das Gebälke c verkämmet und mit Bolzen versehen wird; h die Seitenschwellen oder Wasserleisten, welche in den Ortständern verzapfet sind; e die Ortbänder, zur Abstreifung des Vierecks; f der Prehn- oder Trachtständer unter dem Windbalken; g die Ortständer, wovon die beyden an der Sterzwand ganz bis auf die Erde herunter gehen, damit man im Sturme allenfalls Keile darunter schlagen kann; i der Mehlbalken von 3½ und 3 Fuß □, worauf k die verzahnten Mehlleisten verkämmet sind; l der Schwanz oder Kehrbaum.

Das Profil nach der Länge Fig. 5709 zeiget in a die 4 Hauptlegden 26 Fuß lang, 16 und 20 Zoll □; b die Streben oder Bänder, 4 werden

16 und 4 werden 14 Fuß lang erfordert, 12 und und 14 Zoll □, welche unten in doppelter Versatzung der Legden, und oben, nähmlich 4, mit der Versatzung in den Hausbaum und 4 mit Klauen an den Sattel greifen; c ist der Sattel, welcher aus 14- und 18zöllig geviertem Holze verfertiget und auf dem Hausbaume mit einem Satze und Verschwalbung dergestalt befestiget wird, als wenn er mit dem Hausbaume aus einem Stücke verfertiget worden wäre. Die Sattelstücke werden in einander verzapft, und die Zapfen außerhalb mit Dobben befestiget. Auf den Sattel kommt eine 2zöllige runde Erhöhung, worauf die Wendeleisten sich drehen; d die Wendeleisten, welche nach den Enden etwas zierlich verjüngt werden, auf dem Sattel aber ihre gehörige Stärke behalten; e zwey Schlußriegel, welche die Wendeleisten zusammenhalten, und gegen den Hausbaum etwas ausgehöhlet sind; zwischen den Schlußriegeln und dem Hausbaume muß noch auf jeder Seite ein geringer Spielraum bleiben; sie haben gleiche Stärke mit den Wendeleisten. In einem dieser Schlußriegel ist der Schwanzbaum verzapfet; f das Gebälke; g Schwanzbaum, welcher an der Schwelle h der Sterzwand mit Klammern und Bolzen befestiget ist; i die Ortständer, worin die Mehlleisten verzapfet sind; k der Hausbaum; l der Prehn; m der Mehlbalken; n die Mehlleisten; o das Leichtgestelle; p das Mühleneisen; q die Mühlensteine, 5 Fuß 4 Zoll lang, auch wohl $5\frac{1}{2}$ Fuß; r der Rumpf; s der Klüfer mit dem Getriebe, welches $5\frac{1}{2}$ Zoll Theilung und 10 und auch 11 Stöcke hat; t der Preßbaum; u das Kammrad mit $5\frac{1}{2}$zölliger Theilung von 72 auch 84 Kämmen; v Platten; w der Spilbalken; x Ahn-Wellenschlüssel; y Windbalken; z die Welle; tz die Presse

oder der Paß; aa die Ruthen; bb die Sparren; cc der Deckholm; dd Gegenwindbalken; ee der Schlußriegel.

Der Durchschnitt nach der Breite Fig. 5710 zeiget in a den Hausbaum; b die Wendeleisten; c die Wasserleisten; d den Jungfernständer; e die Beutelkiste; f die Treppe; g den Mehlbalken; h die Mehlleisten; i den Rumpf; k die Bütte um den Stein; l das Getriebe mit dem Klüfer; m Plattenständer; n die Docke zum Preßbaum; o Platten; p den Spillbalken; q den Preßbaum; r die Presse; s das Kammrad; t die Preßstange; u die Sparren und v den Deckholm.

Fig. 5711 zeiget den Aufriß der Sterzwand: a der Hausbaum; b der Sterz- und Schwanzbaum; c die Wendeleisten; d Treppe; e Fußbänder; f Ortständer; g Trachtschwellen; h Thürenständer; i Einzug-Tracht-Riegel; k Thürenständer; l der Schlußriegel; m der Gegenwindbalken; n Platten; o der Giebelspieß; p die Winde; q Sparren; r der Deckholm.

Der Aufriß einer Seitenwand, Figur 5712, zeiget in a den Schwanzbaum; b die Wasserleisten; c den Jungfernständer; d den Mehlbalken; e Ortständer; f Fußbänder; g Band im Ueberschnitt des Jungfernständers; h der Prehn; i obere Sturmbänder; k der Preßhebel zum Paß; l die Preßstange; m der Windbalken; n Ahnwellenbalken; o Gegenwindbalken; p das Gehäuse der Kornwinde; q der Giebelspieß; r die Sparren; s der Deckholm; t Giebelsparren; u Platten; v der Keilgiebel.

5. Einige Bemerkungen des Herrn Weinhold, wie die gemeinen deutschen Bockmühlen verbessert werden könnten *).

a) Weil jeder Flügel eine ansehnliche Länge von 30, 36 bis 40′ hat, so ist es natürlich, daß die von der Welle mehr entfernten Stellen, auch schneller umlaufen, als die nähern; folglich hat der Windstoß auf den ausweichenden Flügel, nicht an allen Stellen einerley Wirkung.

b) Die gute Wirkung der Flügel, kommt hauptsächlich auf den Winkel (Schmiege) an, unter welchem die Fläche der Flügel gegen die Umlaufsaxe geneigt ist. Beyer und die gewöhnlichen Praktiker, nehmen sie bey der Feldruthe zu 45, und bey der Hausruthe zu 40 Grad an: Aber beydes ist unrichtig, eben so, wie der theoretische Satz, von 45°, 44′. Denn dieses trifft nur ein, wenn der Flügel in Ruhe ist. Allein, bey dem sich bewegenden Flügel, ist der Winkel von 70° bis 75° der schicklichste, nach welchem die Sprossen in die Ruthen eingesetzt werden müssen, wenn die Sprossen eben und nicht hohl, oder erhaben sind. Geschiehet aber dieses, so theilet man den ganzen Flügel in 6 Theile, und setzt die Sprossen nach verschiedenen Winkeln ein. Z. B. Beym 1sten Theil wird die Sprosse unter einem Winkel von 72°; beym 2ten, von 71°; beym 3ten, 72°; beym 4ten, 74°; beym 5ten, 77½°; beym 6ten, 83°; und diese Eintheilung soll vorzüglich gute Dienste thun.

c) Wählt man Flügel, welche nicht einerley Breite, oder die Gestalt eines Rechtecks haben; sondern solche, die an ihrem äußersten Ende breiter werden; so ist folgende Proportion gut: Nähmlich, die größte Breite der Sprossen sey = ⅓ der Länge der ganzen Ruthe. Die innerste Sprosse aber verhalte sich zur äußersten, wie 3:5. Z. B. Die Länge der Ruthe sey = 30′; so ist die größte Breite der Sprossen = 10′ und die kleinste Sprosse = 6′.

d) Man hat aus der Erfahrung, daß Windmühlen bey einem Winde dessen mittlere Geschwindigkeit

*) S. Weinhold's Anmerkungen zu Beyer's Schauplatz der Mühlenbaukunst. S. 91.

digkeit 12½'' in einer Sekunde ist, und deren Ruthen 33' lang sind; und deren erste Sprosse 5½' von der Axe absteht; und welche 13 Umläufe in einer Minute machen, mittelmäßig gute Wirkung leisten.

e) Um es aber denjenigen anschaulicher zu machen, welche sich in Ansehung der Winkel oder Schmiegen, etwa nicht zurechte finden können, so soll Fig. 5713 es deutlich machen:

Das Viereck a bedeutet die Stärke einer Ruthe, und b der Mittelpunkt des Zirkels c d e f, b c, b d, b e, b f aber, vier rechte Winkel, deren jeder, wie bekannt, 90, folglich der ganze Zirkel 360 hält. Wenn man nun einen Transporteur mit seiner Spitze genau an dem Mittelpunkt b, und dem Durchmesser c e legt, und zählt auf selbigem die erforderlichen Grade, hier z. B. 70° ab, und zieht von diesem Punkt und dem Mittelpunkt b, eine gerade Linie quer durch den Zirkel, so ist dies ein neuer Durchmesser, welcher zugleich die verlangte Schmiege der Sprossen im Flügel abgiebt.

f) Die Sprossen können 1'' stark, und 2½'' breit, und ¾ Elle aus einander seyn. Auf die Sprossen nagelt man zu beyden Seiten Latten. Ein jeder Flügel bekommt 6 Thüren, folglich sind in allen 4 Flügeln 24 Thüren. Bey schwachem Winde werden die meisten, bey starkem Winde aber, die wenigsten Thüren eingesetzt; bey Sturm aber, und wenn die Mühle zumahl etwas hoch steht, wird alles ausgethüret.

g) Herr Beyer gibt zwar dem Kammrade nur 72 Zähne, und dem Getriebe 9 Stecken, mit 5¼'' Theilung. Allein, man hat sich nicht genau an dieses Verhältniß zu binden; man kann die Kämme und dadurch zugleich die Umgänge des Mühlsteins vermehren. Man nehme z. B. 76 Kämme, mit der nähmlichen Theilung an, so wird man statt 8 bey 72, dafür 8⅖ Umgänge bey 76 Kämmen haben.

F. Beschreibung der holländischen Windmühlen, welche nur im Dache beweglich sind.

Eine holländische Windmühle wird also angelegt. Es wird ein Gang von Steinen oder

von

von hölzernen Wänden, nach Gelegenheit der Lage der Mühle und nach der Größe derselben, etliche Fuß hoch aufgeführt, worauf das Gebäude zu stehen kommt. Eine in diesem Gange angelegte Treppe führt zu dem Mühlgebäude, welches entweder bis unter das Dach von Steinen aufgebauet oder von Holz errichtet, und wie ein Thurm zusammen verbunden wird. Die Welle mit den Windflügeln geht so, wie bey den Bockmühlen, aus dem Dache hervor. Damit aber die Flügel sich bequem mit dem Dache oder der Haube drehen lassen, so macht man oben um das Gebäude einen hölzernen Ring, und hauet in demselben rings herum eine Rinne aus. In diese Rinne setzet man verschiedene messingene Rollen dergestalt ein, daß sie oben über die Vertiefung ein wenig hervorstehn. Die Haube selbst verbindet man unten auch mit einem hölzernen Ringe von der Stärke, daß er genau auf die in der ausgehauenen Rinne befindlichen Rollen passe. Oben an der Haube wird ein Baum befestiget, in welchen ein anderer lothrecht eingezapft wird, welcher herunter bis auf den Gang gehet. Auf dem Gange schlägt man hin und wieder eiserne Haken ein. Hängt man nun das Seil von der Winde, womit man gewöhnlich die Mühle herumdreht, in einen solchen Haken ein, und windet es auf, so dreht sich das Dach oder die Haube vermittelst des Baumes, woran das Seil auch befestigt ist, herum, und die Flügel können bequem nach der Richtung des Windes gestellt werden.

Die innere Einrichtung einer solchen Mühle ist also. An der Windflügelwelle ist ein Kammrad, welches in einen liegenden Drehling greift, der an eine senkrecht im Thurme herunter gehende Welle befestigt ist. Unten an dieser Welle ist ein Stirn-

Stirnrad, welches in die Getriebe eingreift. Man kann auch an diese Welle noch ein Kammrad anbringen, welches in einen Drehling eingreift, um eine Stampf- und Schneidemühle dabey anzubringen. Gewöhnlich sind in einer solchen Mühle zwey Mahlgänge.

1. Beschreibung einer holländischen Windmühle mit zwey Gängen nach des Herrn Behrens Angabe *).

Diese Art Windmühlen sind deswegen bequem, weil man mehr als einen Gang darauf anlegen kann; sie erfordern aber auch einen beträchtlichen Kostenaufwand, weil unter 2000 Rthl. keine holländische Mühle, wenn sie anders gut und brauchbar seyn soll, mit einem Schrot-, Beutel- und Graupengange versehen, angelegt werden kann. Dabey müssen sie eine gute Lage haben, wenn sie gute Dienste thun sollen.

Die Grundanlage, Fig. 5714, wird als ein ordentliches Quadrat in a zubereitet. Dieses Quadrat wird in ein Achteck b eingetheilet, und mit 4 starken Säulen oder Hauptständern versehen, worauf die Last des ganzen Gebäudes ruhet. Diese Ständer gehen bis unter den Kehrring in einer Länge hinauf, wovon das Maß aus dem Profil Fig. 5715 mit einem Zirkel abzunehmen ist. Die 8 Hauptwände werden verriegelt und mit Kreutzbändern versehen, welche letztere aber nicht so, wie es einige wohl zu machen pflegen, zwischen den Riegeln hinein genagelt werden müssen, sondern weil sie die Hauptabsteifung des ganzen Gebäudes geben müssen: so werden sie ordentlich mit einer Ver-

*) S. Behrens praktische Mühlenbaukunst. S. 204 ff.

Versatzung und Zapfen in die Säulen eingelassen; dann stehr die Mühle fest und bewegt sich im geringsten nicht. Im Gegentheil hört man bey der ersten nichts tauglichen Vorrichtung ein beständiges Knarren in den obern Theilen, mit fortdauerndem Hin- und Herwanken. Da die Säulen sehr lange und starke Hölzer seyn müssen, welche bey dem überhand nehmenden Holzmangel selten und fast gar nicht mehr zu haben sind: so kann man leichter und mit kürzeren Säulen abkommen, wenn man die Mühle ordentlich stockweise verbinder. Es ist aber hierbey leicht einzusehen, daß etwas mehr Holz an Platten und Setzsohlen erfordert wird, als bey der bisher üblichen Einrichtung. c sind die Hucken; d die Balken oder Lager des Fußbodens in einem Viertel; e die Treppe; f die Beutelkiste; g die Beutelwelle; h die Staubmühle zum Graupengange, woran i die Scheibe zum Seil ohne Ende; k das Leichtgestelle zur Beutelmühle; l der Setzkolben auf dem Stege zur Spur des Mühleneisens.

Das Profil oder der Durchschnitt Fig. 5715 zeiget alle Hauptheile, welche in der Mühle vorkommen. Litt. a die Beutelkiste; b die Beutelwelle; c das Gestelle zur Schrot- und Malzmühle, worauf das Mühleisen stehet und das Leichtwerk angebracht ist; d der Ablauftrichter zum Schrötgang; e der Schrotgang; f der Beutelgang; g Klüfereisen zum Schrot- und Sichtgang, worauf die Getriebe h sitzen, mit 15 Stöcken und $4\frac{1}{2}$ zölliger Theilung versehen sind; i das Stirnrad mit $4\frac{1}{2}$ zölliger Theilung und 60 Kämmen; k die Scheibe zum Seil ohne Ende, welche mit der Ableitung die Staubmühle treibet; l das Kammrad zur Treibung des Lauri m zum Aufwinden der Kornsäcke; n das Gestelle zum Anrücken des Lauri;

ri; o der obere Drehling mit 5½ zölliger Theilung und 27 Stöcken; p das Kammrad auf der Windwelle mit 5½ zölliger Theilung und 72 Kämmen; q die Windwelle; r die Ruthen; s der Paß, welcher von Birken- oder Pappelnholze verfertiget seyn muß, weil andere Holzarten von der heftigen Friktion bey Zwingung der Mühle sich leicht entzünden und dadurch Feuer erreget werden kann. Weil nun dieses die Hauptsache ist, wodurch die Mühle, auch in dem stärksten Sturme, zum Stillstehen gebracht werden muß: so müssen die Krümme mit eisernen Gelenken, wodurch Bolzen gehen, zusammen gefüget werden; das Eisen muß rein und sehr zähe, auch dabey nicht zu dünne seyn, damit nichts springen kann; sonst gehet die Mühle in den Brand und alles gehet kurz und klein. Auf die Leichtruthe bringet man überdem noch etwas Ballast, damit der Paß schärfer anziehe, und die Mühle darunter nicht los gehen kann. Litt. t ist der Windpfuhl im untern Satze auch Ahnwellenschlüssel und Zapfenlager, darauf die Windwelle ruhet; u die Trachtleisten, worauf v der große und w der kleine Spreuzbalken verkämmet ruhen und mit Bolzen versehen sind; y der Schwanz- oder Kehrbaum, woran die Scheeren von den großen und kleinen Spreuzbalken in Versatzung laufen; z Platten, worauf die Beläge zur Versenkung der Schmierkeile von Bockholze, welche letztere mit Schwalben eingeschoben werden, und 24 Zoll von einander entfernet sind; tz der Leichtbaum zum Paß; zz die Zwickstelle zum Drehen der Mühle.

Fig. 5716 ist der Grundriß in der Gegend der Zwickstelle, und Fig. 5717 ist der Aufriß der Mühle von vorne.

2. Beschreibung einer Windgraupenmühle mit 2 Gängen, nach holländischer Art *).

Da in der Encyklopädie, im Art. Graupe, Th. 19, S. 800 die Windgraupenmühlen nur im vorbeygehen erwähnt sind, so wird es hier nicht am unrechten Orte seyn, etwas darüber zu bemerken.

Die Grundfeste, worauf das unterste Taflement von einer 8eckigen Mühle liegen soll, kann sicher von gebrannten Steinen, in Kalk gelegt werden; sind indessen gute große Feldsteine zu haben, so ist es sehr dienlich, unter jeden Ständer des Achtecks einen zu legen.

Einige bauen Graupenmühlen mit Kellern, solchergestalt: sie lassen, um die untere Etage von Zimmer und Zwickstellung zu sparen, die Ruthen bis an die Erde laufen, haben auf dem untersten Boden die Pellerey und im Keller das Grützbrechen. Hiervon ist gar nichts zu halten, denn der Keller muß mit einer starken dicken Mauer in Kalk aufgeführt, versehen werden, und kostet demnach beynahe eben so viel als das Zimmer; zudem ist es nicht allein viel ungelegener und unbequemer damit, sondern die Ruthen, die der Erde so nahe laufen, werden auch nicht so eben, als diejenigen, welche 16 bis 18 Fuß von der Erde ab sind, vom Winde getrieben.

Die Weite des Fundaments muß nach der Länge der Achtecksständer berechnet werden, und man kann dabey festsetzen, daß, wenn 1 Ständer 53 Fuß Höhe oder Länge hat; so muß das unterste Taflement 32 bis 34 Fuß, und das oberste 17 Fuß

*) S. Claußen's Anweisung zum praktischen Mühlenbau. S. 30 und Tab. III.

Fuß im Durchmesser halten, um einer Graupenmühle nach der Höhe eine proportionirliche Dicke, gehörige Schrege und Festigkeit zu geben.

Wer eine vollständige holländische Grütz- und Graupenmühle bauen und den sogenannten halben Boden darin haben will, muß 8 Achtecksständer von 53 Fuß Höhe oder Länge dazu nehmen, und wird der Raum zwischen jedem Boden am besten eingetheilt, wie folget:

Vom Kroyring bis an die obersten Balken	5 Fuß	8 Zoll
Der Spilleboden, wo das Korn vor der Mühle aufgehitzet, und in den Spillbacken geworfen wird	8 —	6 —
Des Stirnrades Boden, wo das Stirnrad und die Getriebe der Steine laufen	8 —	4 —
Die Mahlzahl, wo die Pellsteine laufen	9 —	6 —
Der halbe Boden, wo die Mehl- und Brechsteine liegen	12 —	= —
Von dem halben Boden bis an das unterste Taslement	8 —	= —
Die Zapfen der Ständer	1 —	= —
Sind obige	53 Fuß.	

Um einer Mühle oben Festigkeit zu geben, müssen die Balken des obersten Bodens tief in die Ständer eingezimmert werden; und weil die Zwickstellung gleiche Höhe mit dem Mahlzahnboden haben muß: so ist dahin zu sehen, daß dieser so eingezimmert werde, daß die Mühlenruthen nach der Höhe einer Mühle die proportionirliche Länge erhalten können.

Zu mehrerer Festigkeit müssen die 8eckigen Ständer und Balken mit proportionirlichen langen

gen Bändern zusammen gezimmert, auch einige Kreuzbänder eingezimmert oder angenagelt werden.

Die Zwickstellung, über welche die Ruthen oben überlaufen, erhält Höhe nach der Mahlzahl, nähmlich 20 Fuß übers Fundament;

also hat man von der Zwickstellung bis an den Kroyring eine Höhe von	32 Fuß
Die Dicke des Kroyrings, Wasserleisten, Halsblocks, und halbe Dicke der Walze, in allem ungefähr	7 —
Von der Zwickstellung müssen die Ruthen entfernt laufen 1 Fuß	

Folglich kann die halbe Mühlenruthe 38 Fuß lang gemacht werden.

Wie eine achteckige Graupenmühle sonst zusammen gezimmert werden soll, ist auf Fig. 5718, 5719 und 5720 zu sehen.

Die Fig. 5718 stellt nähmlich eine durchgeschnittene 8eckige Windgraupenmühle vor.

a die liegende Walze mit Ruthen und Kammrad.

b der Fangbalken, womit der Fang um das Kammrad geklemmt, oder los gemacht wird.

c die aufstehende Walze, mit Bunkel, Lojerie und Stirnrad

dd die beyden Pellspillen mit Getrieben.

ee die beyden Pellsteine in den durchgeschnittenen Küpen vorgestellt.

ffff die 4 Stücke Schlagbalken.

gg die beyden untersten Pellsteine auf den Unterlagen.

hh die beyden Stegen zu den eisernen Pellspillen, die die Pellsteine tragen

i die Fichte zu der gepellten Gerste. Die Wrangelstange derselben wird mit einer Schnur, die um die aufstehende Walze geht, gezogen.

k das Mehlspill.

l der Mehlstein.

m der Mehlsteinsteg.

n das Spill des Grützsteins, mit Scheibe zur Grützsichte und Weyher.

o der Grützstein.

p Grützsteinsteg.

q der große Weyher, welcher von einer Schnur gezogen wird, die um eine Scheibe des einen Pellspills geschlagen ist. Mit diesem Weyher wird das Schellgut abgestäubt oder gereinigt.

r r die Zwickstellen.

s die Mühlensterze mit der Winde, bey welcher die Mühle gedrehet wird.

t der Fangtau.

A der unterste Boden.

B der sogenannte halbe Boden, wo Mehl- und Grützstein liegen

C der Mahlsaal, wo die Pellsteine liegen.

D der Stirnboden.

E der stille Boden.

F der oberste Boden.

G die Kappe, die nach dem Winde umgedreht werden kann.

Fig. 5719.

a das unterste Taflement, worauf die 8eckigen Ständer stehen.

b das oberste Taflement mit dem festen Kroyring, Küp und Klotzen, worauf der oberste Kroyring mit Kappe umgedrehet wird.

Fig. 5720.

Grundriß der Kappe.

a der oberste Kroyring.

b b die beyden Wasserleisten.

c der Naßbalken.

d der Halsblock.

e der große Spret.

f der Zapfbalken.

g der kleine Spret.

3. Blitzableiter an holländischen Windmühlen *)

Der Bürger Cornelius Kuiper, welcher im Jahr 1796 zu Wormer durch den Blitz eine seiner

*) S. Nachricht von einem Blitzableiter auf der Mühle zu Wormer, nebst einer Beschreibung eines einfachen und wenig

seiner Mühlen verlor, kam hierauf im Frühjahr 1797 zu dem Bürger van Marum, um sich über einen Blitzableiter seine Meinung auszubitten, welchen er, zur Vorbeugung eines ähnlichen Unglücks, auf seiner neu erbauten Mühle anzubringen gesonnen war.

Der Bürger van Marum verwies ihn auf seine Abhandlung über die elektrischen Lufterscheinungen und Ableiter, welche er im 6 Theile der Abhandl. der Batav. Gesellsch. der Experimentalphilosophie beschrieben hatte, und die 1781 zu Rotterdam herausgekommen ist.

Die Anweisung war nach seiner Meinung mit zu vielen Schwierigkeiten verknüpft, weil, so oft die Mühle in Ruhe versetzt würde, eine Kette der Ordnung nach angehangen werden müßte, dieses aber wegen der Sorglosigkeit der Arbeiter, die von ihrem gewohnten Schlendrian nicht leicht abweichen, sich nicht gut bewerkstelligen ließe.

Dieß bewog den Bürger van Marum, ihm eine andere Zusammenstellung des Ableiters auf seiner Mühle vorzuschlagen, weßhalb er im Juni 1797 zu ihm hin reisete, um desto besser die Mühle in Augenschein zu nehmen, und zugleich ihm Anweisung zu geben, auf welche Art die Ableiter am vortheilhaftesten angebracht werden könnten.

Während dieser Zwischenzeit hatte er, ganz mit Marum's Vorschrift übereinstimmend, auf einer seiner Mühlen schon einen Ableiter angebracht, der aber wegen der wenigen Kenntnisse der Arbei-

nig kostbaren Ableiters, wodurch Mühlen gegen den Blitz gesichert werden können. Vom Bürger Dr. van Marum. Ein Aufsatz im Journal für Fabrik, 799. Aug. S. 117 ff. vom Herrn Justus Sprenger, Apotheker zu Jever, aus der Nieuwe algemeene Konst en Letter-Bode 1797. Nr. 198. S. 114—115 frey übersetzt

ter weit mehr gekostet hatte, als nöthig gewesen wäre, so daß andere Mühlenbesitzer dadurch leicht abgeschreckt werden könnten. Vielleicht ist es den Mühlenbesitzern angenehm, wenn sie hier kurz angegeben finden, auf welche einförmige und weniger kostbare Weise nach der vom Bürger van Marum beschriebenen Methode Mühlen durch Ableiter gegen den Bliß gesichert werden können

Es ist unbegreiflich, da doch sehr oft Mühlen an dem Saanstrohm durch den Bliß in die Asche gelegt worden sind, daß die des Bürgers Kuiper die erste ist, auf welcher man einen Ableiter angebracht hat. Da der Nußen der Ableiter gegen die Sicherstellung vor dem Blitze durch Erfahrung genugsam bewiesen und schon seit mehrern Jahren bekannt ist, so muß wahrscheinlich die irrige Meinung, als ob die Anbringung der Blißableiter auf Mühlen mit großen Beschwerlichkeiten verbunden wäre, daran Schuld seyn.

Die folgende Beschreibung wird lehren, daß dieses recht gut und ohne viele Beschwerden sich bewerkstelligen lasse.

In der Mühlenkappe stellt man auf den beiden zusammen gefügten Balken (voegebalken) zwey Säulen, worauf ein Querbalken befestigt ist. Hiervon ist auf Fig. 5721 die Säule ab, und am Ende der Querbalken c zu sehen. Der Balken c muß aber so hoch liegen, daß die Achse darunter frey laufen kann.

Auf diesen Balken c stellt man einen runden 25 Fuß hohen Mast, der unten 5 bis 6, und oben 3 Zoll dick seyn kann, und unten in das Loch des Balkens c durch einen Keil geschlossen wird. Dieser Mast geht oben durch die Mühlenkappe, und wird hieran durch einen eisernen Bügel verbunden und auf die Weise unbeweglich festgestellt,

gestellt. An der Seite des Mastes, die nach der hintern Seite der Mühlenkappe steht, wird eine eiserne $\frac{1}{2}$ Zoll dicke viereckige Stange angebracht, welche von oben an in einem Abstande von 4 oder 5 Fuß von der Kappe in den Mast eingelassen, und an denselben durch drey eiserne Ringe fgh verbunden wird.

Diese Stange muß aber so viel länger als der Mast seyn, daß das obere Ende, welches spitzig zuläuft, ungefähr einen Fuß über die Mühlenflügel hervorragt, wie Fig. 5722 anzeigt.

Unter dem eisernen Ringe h wird die Stange über die Mühlenkappe gebogen, so daß das Unterende den Hinter- oder so genannten Sprossenbalken (spruitbalk) i berührt, woran die Thür durch starke Nägel festgemacht ist, zu welchem Ende die Stange daselbst $1\frac{1}{2}$ oder 2 Zoll breit ausgeschmiedet und mit Löchern durchbohrt seyn muß.

Hierauf wird die $1\frac{1}{2}$ oder 2 Zoll breite und $\frac{1}{4}$ Zoll dicke stählerne Feder kn durch zwey Schrauben festgeschraubt, deren Ende durch ihre Elasticität gegen das vier Zoll breite eiserne Band mn, welches um die Kuppe (Kuip) liegt, worauf sich die Mühlenkappe drehet, angedrückt wird. Diese über das eben erwähnte Band laufende Feder berührt jedes Mahl dasselbe, so bald die Mühlenkappe umgedrehet wird, und bewirkt also eine beständige Gemeinschaft zwischen dem Ableiter auf der Mühlenkappe und der Stange op, die längs der Mühle nach unten geht, so daß auf diese Weise der Ableiter, ohne daß der Müller das mindeste dabey zu beobachten hat, immer in seiner gehörigen Lage ist.

Die Stange op muß das Band mn recht gut berühren; um dieses zu bewerkstelligen, wird das Oberende der Stange unter das Band mn gelegt. Diese Stange wird an der Seite der Mühle angebracht, damit dieselbe unten nach Gefallen geleitet werden kann.

Zu mehrerer Sicherheit wird die Stange einige Zoll abstehend von der Mühle gestellt, in so fern diese mit Schilf gedeckt seyn sollte. Ist die Stange aber ½ Zoll dick, so ist dieses nicht nothwendig, weil die Versuche des Bürgers van Marum gelehrt haben, daß Holz und andere Brennmaterialien, längs welchen Ableiter hinlaufen, nicht angezündet werden, wenn diese vom Blitze getroffen werden; ersteres ist bloß dann der Fall, wenn der Ableiter zu dünne ist und also nicht die gehörige Dicke hat. Ist die Mühle nahe beym Wasser, so wird an das Unterende der Stange p, welches zugleich in die Erde geht, ein Ableiter nach dem Wasser gemacht; hierzu ist ein Viertelzoll dicker Eisendraht in die Erde gelegt schon hinreichend.

Ist aber kein Wasser in der Nähe, so suche man die Ableitung nach einem in der Nähe sich befindenden Brunnen zu machen; sollte dieses der Fall auch nicht seyn, dann bringe man das Unterende der Stange, je nachdem der Boden trocken oder feucht ist, mehr oder weniger tief in die Erde, so daß dieselbe einen recht feuchten Boden berühre, weil der trockne Boden die elektrische Materie nicht gut ableitet.

Die für den Ableiter gegebene Vorschrift von ½ Zoll Dicke beruhet auf vielen Erfahrungen, welche gelehrt haben, daß Ableiter, die ½ Zoll dick waren, den Blitz, wodurch sie getroffen wurden, vollkommen abgeleitet haben und unbeschadet geblieben sind.

Es ist daher eben so unnütz, den Ableiter dicker zu machen, als auch höher über den Mühlenflügeln aufzustellen.

Kürz-

Kürzlich ist nun noch zu bemerken, auf welche Art Mühlen, welche ganz umgedrehet werden, und die man Onderkruijers nennt, nach dieser Anweisung gegen den Blitz gesichert werden können.

Auf einer solchen Mühle kann der Mast mit weniger Mühe hinten auf die Kappe gestellt werden, wo der gewöhnliche Wetterhahn (makelaar) steht, oder zur Seite desselben, wenn man diesen (makelaar) etwa beybehalten wollte

Die mit dem Maste verbundene eiserne Stange leitet man seitwärts über die Kappe, nach einem von den hintern Eckständern (hoeckstielen) und längs derselben nach unten an den Ring, der um die Rolle ist (rolring).

Um den Boden (oloer), worüber sich die Mühle dreht, wird auch ein eisernes Band gelegt; hierzu können die Verbindungseisen (Koppelyzers), womit die Stücke des Bodens verbunden sind, genutzt werden. Zwischen denselben legt man ein Eisen von gleicher Breite, so daß dieses mit den Verbindungseisen (Koppelyzers), deren Stücke einander gut berühren, ein Band ausmachen.

Dieses Band vertritt hier eben die Stelle, wie das eben beschriebene um die Kappe der Mühle, welche drehende Kappen haben. An das Unterende des Abl iters, welcher längs der Eckständer (hoeckltiel) geht, wird auch hier eine stählerne Feder angeschraubt, deren Ende gegen das Band angedrückt wird, das um den Boden liegt und frey darüber hinläuft. Man muß deshalb dafür sorgen, daß an dem Bande sich nicht Theile befinden, woran das Ende der Feder stoßen könnte. Dem zu Folge geht von diesem Bande ein Ableiter nach dem Wasser oder in die Erde, so wie oben erwähnt worden ist.

4. Eine holländische Mühle mit acht Flügeln.

Eine solche Mühle hat die Einrichtung, daß die Welle zu beyden Seiten aus dem Dache herausgeht, und an jedem Ende vier Flügel hat, die so gestellt sind, daß allemahl einer der hintersten zwischen zweyen der vordersten steht. Die Welle liegt völlig wagerecht, und hat ihr Lager im Dache, läßt sich auch mit demselben verschieben.

Damit die Welle nicht zu sehr beschwert wird, müssen die Flügel nur kurz seyn, und da sie nicht sehr weit von einander stehen, so kann der Wind, welcher durch die vier vordersten Flügel ziemlich in Unordnung gebracht ist, keine sehr starke Wirkung auf die andern Flügel äußern. Der Gang der kurzen Flügel ist sehr unstät und ungleich, weil, wie schon angeführt ist, der Wind sich alle Augenblicke verändert, kommt ein Windstoß, so wirkt er heftig auf dieselben, und die Räder im Hause können nicht so geschwinde folgen, daher sehr leicht eins der zu der Mühle gehörigen Stücke zerbrochen werden kann.

Bey langen Flügeln gehört schon ein sehr starker Wind dazu, daß eine schnelle und merkliche Veränderung im Gange der Flügel hervorgebracht wird; denn je länger der Flügel ist desto besser faßt ihn der Wind, und desto gleicher und ebener geht die Maschine.

Diese Mühle mit 8 Flügeln verdient deshalb eben keine Nachahmung.

S. Kunze's Schauplatz der gemeinnützigsten Maschinen. I. Th. S. 372.

G. Beschreibung einer Windmühle mit Segeln und beweglichem Dache *).

Der Verfasser des in der Note genannten Aufsatzes läßt sich über diese Mühle auf folgende Weise aus. Er sagt: in der neuesten Theorie des Herrn Gower über die Bestimmung der wahren Gestalt der Windmühlenflügeln ist gezeigt worden, daß man, um den Mühlenflügeln die möglichst beste Gestalt zu geben, jeden Flügel als eine Spiralkrümmung ansehen müsse, welche von der Luft gestoßen wird, indem sie einen dreyeckigen Raum durchläuft, welcher von der Grundfläche und von dem Ende des Flügels gebildet wird, daß, je mehr sich die Gestalt der Spiralkrümmung nähert, der Umlauf der Flügel desto schneller, und die bewegende Kraft des Windes desto mächtiger seyn wird.

Seitdem hat der französische Bürger Senovert eine Schrift herausgegeben, worin er durch ein sehr kurzes Mittel die beste Gestalt bestimmt, welche man den Windmühlenflügeln zu geben hat.

Indessen scheint es fast unglaublich, daß die besten Windmühlen, was die Gestalt ihrer Flügel betrifft, sich wirklich in Portugal befinden, ein Land, welches in Ansehung der Künste und Wissenschaften weit hinter den andern europäischen Nationen zurück geblieben ist; aber Lord Sommerville hat gezeigt, daß in der Gegend von Lissabon die Windmühlen Flügel haben, welche genau nach den eben genannten Grundsätzen gebaut, und mit Segeln überspannt sind.

*) S Beschreibung und Abbildung einer neuen Windmühle mit Segeln, anstatt der gewöhnlichen Flügel Steht im Magazin aller neuen Erfindungen. No. 6. Leipzig bey Baumgärtner. S. 335 ff. und Tab. V. f. 1—2.

Die Vortheile dieser Einrichtung sind einleuchtend. Das Ende oder der längste Theil eines jeden Segels ist an das Ende eines Hebels oder Sparrens befestigt. Auf diese Art läßt sich eine ähnliche Wirkung mit minder langen Sparren erhalten, als bey den Windmühleu mit Flügeln; und es ist ausgemacht, daß die Verkürzung der Flügel einer Windmühle ein sehr wichtiger Gegenstand ist. Bey Verminderung ihrer Länge kann die Weite des Kammrades nach einem geringen Maß, so wie auch die Sparren, nach Verhältniß gebaut werden, und dadurch vermindert man sehr die Last des Zimmerwerks, und erleichtert die Behandlung der Mühle. Von einer andern Seite können diese Segel gegen den Wind gestellt, und wie die Focksegel eines Schiffs aufgespannt werden; folglich können sie besser fassen, und es ist bey ihnen weniger nöthig, daß sie gedreht werden, wie die gewöhnlichen Windmühlen.

Das Mahlen des Getreides ist übrigens in Portugal noch weit von derjenigen Vollkommenheit entfernt, zu welcher es in andern Ländern gebracht ist, ungeachtet dieser glücklichen Anwendung der Segel, welche ein Mittel verschafft, einen größeren Vortheil von der bewegenden Kraft zu ziehen; auch versichert man, daß der ganze Mechanismus in Portugal mit einer Plumpheit angebracht ist, welche die Wirkung dieser Mühlen außerordentlich verhindert. Es wäre sehr zu wünschen, daß eine ähnliche Einrichtung an den bisherigen Windmühlen angebracht würde; sie läßt sich bey jeder Art von Windmühle anbringen, indem man bloß den Wellbaum ändert, oder indem man ein Stück auf den alten Wellbaum einzapft, um die Sprossen und Sparren zu tragen.

Einer

Einer von den großen Vortheilen der Segel besteht darin, daß der Wind, weil er wenigen oder gar keinen Widerstand gegen die Mitte der Bewegung, oder gegen den Wellbaum, leidet, viel stärker auf die Enden der Segel unten an den Sprossen wirkt; und die Nothwendigkeit, die Zapfenlöcher von einer Entfernung zur andern zu durchbohren, um jene Sprossen darin zu befestigen, erfordert die stufenartige Stellung eines jeden Segels um den Wellbaum herum, und bildet auf diese Art eine ächte Spiralkrümmung. Man bemerkt, daß der geringste Windhauch, welcher sich über dem Horizont befindet, hinreichend ist, um diese Segel in Gang zu bringen; und dieser Umstand ist nicht von geringer Bedeutung, zumahl in den warmen Ländern, wo der Wind sehr oft aufhört und ausbleibt.

Erklärung der Figuren.

Fig 5723. Perspektivische Ansicht einer Windmühle mit Segeln, so wie man sie in Portugal in der Gegend von Lissabon sieht; man hat sie vorgestellt, wie sie gegen den Wind gedreht ist, und mit aufgeblasenen Segeln; auch sind die Verkürzungsseile angegeben, welche durch ein Hißtau oder Zugseil am obern Ende der Sprossen gehen, und dazu dienen, die Segel nach Willkühr gegen den Wind zu stellen. An dem Ende des Wellbaums oder der Mühlwelle, kann man von außen den Steg des Mühleisens, oder auch auf dem Zapfen ein kleines Zahnrad anbringen, welches in ein zweytes Rad greift, welches über einer senkrechten Welle angebracht ist. Auf jeder Seite dieser Welle hängt man dann das Ende eines starken eisernen Drahts oder Stabs, zwey Kugeln oder Gewichte von Metall, welche an der Stelle beweglich sind, wo die Stäbe sich mit der Welle vereinigen. Je nachdem die Welle mit größerer oder geringerer Geschwindigkeit durch die Wirkung des Kammrades der Mühle sich dreht, desto mehr entfernen sich diese Gewichte vermöge der Fliehkraft, und wirken wie ein Regulator, welcher die

Mühle hindert, im Fall eines heftigen Windstoßes sich mit allzu großer Geschwindigkeit zu bewegen

Eine ähnliche Einrichtung ist auch bey manchen horizontalen Windmühlen angebracht, und zwar auf folgende Art. Wenn bey einem Sturm das Gewicht sich von der senkrechten Lage entfernt, und bey seinem Steigen vermittelst der Schnelligkeit der Bewegung bis zu einer bestimmten Höhe gekommen ist, so fällt eine Klammer oder ein Vorfall; er tritt zwischen die Haken und Schlingen eines jeden Stiels der vier Segel, und enthäkelt sie; die Segel fallen, und die Mühle steht still. Wer mit Erbauung von Maschinen umzugehen weiß, wird diese Einrichtungen leicht abändern können.

Fig. 5724. Senkrechter Durchschnitt der Mühle mit Segeln.

a. Der Flur mit der Treppe, um in das erste Stockwerk zu steigen, wo das Mahlen geschieht. Dieser Theil des Gebäudes dient zur Niederlage für das Getreide, welches zum Mahlen bestimmt ist.

b. Die Zargen oder Laufte der Mühlsteine, hinter welchen man die Zapfen der Mühlsteine sieht; das Ganze ruht auf der Unterlage der Mühlsteine, welche sehr fest ist.

c. Der Rumpf oder Trichter, mit seinen Rumpfleitern, und mit seinem Schuh auf dem Vordertheil des Rumpfes, der Drilling, welcher die Mühlsteine dreht, und welcher in das Kammrad der Mühle eingreift.

d. Kammrad der Mühle, welches acht und vierzig Zähne an seinen Rändern hat.

e. Wellbaum, welcher unter einem Winkel von zehn Graden angebracht ist; auf dem Baum sind die Segel befestigt, welche zu Flügeln dienen; der Zapfen am Ende dieses Baums ruht in einem Steg, welcher durch das Sparrwerk des Dachs geht; er ist mit einem Tragband, mit einem Reif und mit einer eisernen Platte versehen; der Reif des Wellbaums ruht auf Schwellen und hohen Querhölzern, und wird durch einen Riegel an seiner Stelle erhalten; das Reiben des Reifes, welcher gewöhnlich mit Eisen belegt ist, geschieht auf einem Stück Marmor von gehöriger Größe, welches das Spiel macht.

Alle

Alle diese Theile sind in der Mitte und zwischen den hohen Querhölzern gut eingezapft und vereinigt.

Der vorn hervorstehende Theil des Wellbaums hat acht Zapfenlöcher in gleicher Entfernung, in welchen die Enden von eben so vielen Sparren eingesetzt werden, welche bestimmt sind, die Segel zu halten, und ihnen die nöthige Spannung und Richtung zu geben. Zehn eiserne Bandringe umgeben den Baum zwischen den Zapfenlöchern, um das Spalten zu verhindern.

Ein solcher Sparren f zeigt die Stellung dieser dreyeckigen Segel, deren Spitze, so wie der eine Zipfel des Vordertheils, fest an dem Sparren angemacht ist; das andere Stück oder der andre Sparren ist bestimmt, den andern Zipfel des Segels zu halten. Vermittelst eines Klobens und eines kleinen Seils gibt man die Neigung, welche man verlangt, um mehr oder weniger Wind zu fassen. Alle diese Seile oder Stricke vereinigen sich an dem Ende des Wellbaums, welcher zu dieser Absicht so wie das Ende eines Bugspriets gemacht ist. Fig. 5723.

h. Das Seil, welches bestimmt ist, die Säcke hinauf und herunter zu lassen. Dieses Seil rollt sich auf eine Welle, über welcher sich ein Stirnrad befindet, welches nach Willkühr in das Kammrad eingreift, und zwar vermittelst eines Hebels, welcher es nach Willkühr in die Einschnitte hebt.

i. Kurbel mit einem Zapfen, um vermittelst eines Hakens das Dach der Mühle zu drehen, welches auf Rollen ruht, und um die Mühle gegen den Wind zu stellen.

Die Mehlbeutel und die Einrichtungen zum Mahlen sind hier eben so, wie bey den gewöhnlichen Mühlen. —

Der Mühlen- und Wasserbaumeister Herr Reiche zu Wermsdorf bey Hubertsburg macht Windmühlen, welche sich selbst nach dem Winde drehen müssen, und zu Mahl-, Schneide- und Oehlmühlen zu gebrauchen sind. Er bringt dabey auch noch anderes Maschinenwerk an, um die Mühle, wenn auch kein Wind geht, gebrauchen zu können. Letzteres geschieht durch Hülfe der Pferde, und ich werde bey den Roßmühlen davon das nöthige erwähnen.

H. Horizontale Windmühlen.

Um die bey verticalen Windflügeln erforderliche Stellung der Axe nach der Richtung des Windes zu vermeiden, hat man horizontale Windflügel erdacht, welche sich um eine feststehende verticale Axe drehen.

Soll die Fläche solcher Flügel von dem Stoße des Windes senkrecht getroffen werden, so muß die Einrichtung der Flügel so beschaffen seyn, daß sie, wenn sie dem Winde entgegen gehn, nicht von ihm getroffen werden, weil sonst gleiche entgegengesetzte Stöße einander aufheben würde. Dies läßt sich auf mehrere Art bewerkstelligen, wie es weiter unten gezeigt werden soll.

Man hat als einen besondern Vorzug der horizontalen Windflügel angerühmt, daß sie den Stoß des Windes senkrecht auffingen, und daher einen größern Effekt als die schief gegen den Wind gestellten verticalen Flügel leisteten. Daß diese Behauptung im Allgemeinen unrichtig ist, erhellet nach Schmidt's Darstellung *) auf folgende Art: Der senkrechte Stoß des Windes auf einen horizontal umlaufenden Flügel würde $=0$ seyn, wenn sich der Flügel eben so geschwind als der Wind fortbewegte, die Geschwindigkeit der Flügel muß daher jederzeit geringer als die Geschwindigkeit des Windes seyn. Man nehme an, die Wirkung sey ein Größtes, wenn die Geschwindigkeit des Flügels $= \frac{1}{3}$ der Geschwindigkeit des Windes ist. ab Figur

*) G. G. Schmidt's Anfangsgründe der Mathematik. 2ter Theil 2te Abtheilung. Frankfurt a. M. 1799. 8. S. 219.

Figur 5725 stelle die Größe eines senkrecht vom Winde getroffenen Flügels, bc die Geschwindigkeit des Windes $=1$, bd die Geschwindigkeit des Flügels $=\frac{1}{3}$ vor, so ist dc $=\frac{2}{3}$, die relative Geschwindigkeit, welche den Stoß verursacht, und man kann die Größe des Stoßes durch $\frac{4}{9}$ ab ausdrücken. Unter diesen Voraussetzungen ist das mechanische Moment des Stoßes $=\frac{4}{9}\,ab.\,bd=\frac{4}{9}$ des Parallelograms abde. Nun sey af Fig. 5726 ein schief gegen den Wind stehender Flügel, welcher von ihm nach der Richtung und mit der Geschwindigkeit $fc=bc=1$ Fig. 5725 getroffen wird, aber bloß nach der Richtung ab weichen kann. Es sey ae die Geschwindigkeit des ausweichenden Flügels, so ist fg die Geschwindigkeit, womit der Flügel nach der Richtung des Windes ausweicht, und gc die relative Geschwindigkeit des Windes, sie sey wie bey dem senkrechten Stoß $=\frac{2}{3}\,fc=\frac{2}{3}.1$.

Dies gibt den Stoß nach der Richtung fc $=\frac{4}{9}$ ab, und nach der Richtung ab, nach welcher der Flügel weichen kann $=\frac{4}{9}\,ab.\frac{fb.ab}{af^2}$, vermöge der Zerlegung der Kräfte, und das Moment dieses Stoßes $=\frac{4}{9}\,ab.\frac{fb.ab}{af^2}.ae$,

aber $fb:ab=fg:ae$ oder $ae=\frac{ab.fg}{fb}$; folglich das mechanische Moment des Stoßes auf den schiefen Flügel $=\frac{4}{9}\,ab.\frac{ab^2}{af^2}.fg$.

Nun ist $\frac{4}{9}\,ab.fg=\frac{4}{9}\,ab.bd$ Fig. 5725 oder die mechanischen Momente des senkrechten und schiefen Stoßes verhalten sich

$=1$

$$= 1 : \frac{a b^2}{f a^2} = f a^2 : a b^2.$$

Nach der gewöhnlichen Stellung der verticalen Windflügel fällt a b zwischen die Werthe von f a sin. 70° — sin. 80°. Dies gibt $\frac{a b^2}{f a^2}$ im Mittel $= 0{,}93$ nur wenig von 1 unterschieden, folglich das mechanische Moment auf einen verticalen Flügel nur weniges geringer als auf den horizontal umlaufenden. Bedenkt man nun, daß bey den vertical umlaufenden Windflügeln 4 Flügel zugleich vom Winde getroffen werden, indeß bey den horizontalen nur einer von dem Winde senkrecht getroffen wird, so ist wohl keinem Zweifel unterworfen, daß der Vortheil des mechanischen Effekts auf Seiten der verticalen Windflügel sey. Hierzu kommt noch, daß sie eine größere Umlaufsgeschwindigkeit als die horizontalen Flügel annehmen, und daher auch vermöge ihrer größern Schwungkraft und Beharrungsvermögen eine gleichförmigere Bewegung, folglich einen größern ökonomischen Effekt bewirken. Diese Behauptungen hat auch die Erfahrung bisher vollkommen bestätiget, weshalb auch Smeaton nach dem, was oben, S. 501 ff. angeführt worden ist, den horizontalen Mühlen nur $\frac{1}{8}$ bis $\frac{1}{10}$ von der Kraft beylegt, welche verticale Windflügel von gleicher Fläche haben.

Da es indessen Fälle geben kann, wo man der Lage wegen zu einer verticalen Mühle keinen Platz hat, und doch eine Windmühle zu irgend einem Behufe anzulegen wünscht, so will ich hier von verschiedenen theils vorgeschlagenen, theils wirklich ausgeführten horizontalen Windmühlen Nachricht geben, wiewohl ich in das große Lob, welches die Erfinder derselben ihnen oft ertheilen, nicht ganz einstim-

einstimmen kann. Zum Mahlen des Getreides scheinen sie nach dem obigen fast zu wenig Kraft zu haben, wenn man die Höhe der Flächen, auf welche der Wind eigentlich wirken soll, nicht sehr ausdehnen will.

Bey den horizontalen Windmühlen ist nun die Hauptsache, das Flügelwerk so einzurichten, daß es auf der einen Seite Luft fängt, und also Drehung bewirkt; auf der andern aber, wo es dem Winde entgegen geht, sich niederlegt, und nicht allein ganz unwirksam, sondern auch, so viel als nur möglich, unwiderständig wird. Man kann diese Einrichtung auf mehrere Art, sowohl in Thür- als Segelform, angeben; man kann auch verschiedene Materiale, als Holz, Blech, Leinwand — welche letztere das wenigste Geräusch macht, und in England stark im Gebrauche ist, da man sich in Deutschland bisher nur der thürförmigen Breter, die gemeiniglich sehr klappern, bedient hat — dazu anwenden. Die Fig. 5727—30 vorgestellten, von Hrn. **Maunsel** erfundenen und von Herrn **Buschendorf** in Leipzig näher beschriebenen Arten haben nur breterne thürförmige Flügel, sowohl von verticaler als horizontaler Stellung, sie fassen aber viel Wind, ihr Mechanismus ist ziemlich einfach, und das Klappern läßt sich leicht verhindern *). Also

1) Hrn. Maunsel's horizontale Mühlen, nach Hrn. Buschendorf's Beschreibung.

Unter Fig. 5727 sind zwey Windmaschinen A und B an einer einzigen Welle XXX vorgestellt. Diese beyden Maschinen können zusammen wirken;

*) S. Journal für Fabrik, Manufactur ꝛc. April 1798. S. 298 ff. mit dazu gehörigen Kupfern.

wirken; man kann aber auch nur eine, wenn man eben nicht viele Kraft nöthig hat, anwenden. Die obere Maschine A hat vier Arme, deren Länge sich nach der auszuübenden Gewalt richtet, an welchen doppelte Flügelklappen angebracht sind *); man kann ihr aber auch sechs oder acht Arme geben, welches besser ist, indem dadurch eine schnellere, kraftvollere und gleichförmige Umdrehung bewirkt wird. Die Buchstaben C, D, E, F, G, H, I und K bemerken die an Armen angebrachten thürförmigen Flügel oder Windfänge in ihren verschiedenen Lagen, nachdem sie nun dem Winde Fläche oder Kante bieten. Diese Flügel, welche alle doppelt sind, und deren diese Mühle also achte hat, — man kann sie entweder durchaus von Bret machen, oder auch von Rahmen, welche man mit starker Leinwand überzieht, wodurch sie eine größere Leichtigkeit erhalten, und dem Aufreißen und Zertrümmern nicht so ausgesetzt sind — hangen in Zapfen OO, OO, OO, OO, können sich vorwärts frey aufschlagen und in die horizontale Ebene bringen, nicht aber so rückwärts, als woran sie durch die Breter QQ, QQ **), die sich an den Kreuzarmen L, L, L befinden, verhindert werden. Diese Einrichtung bringt nun mit sich, daß die Flügel der einen Seite — hier auf der linken — dem Winde eine feste senkrechte Fläche entgegen stellen, auf die er mit seiner ganzen Kraft stößt, und die er also fortzutreiben sucht, indessen sich die Flügel der andern Seite öffnen, der Luft freyen Durch-

*) Die beyden dem Auge quervor liegenden Arme sind mit EB bezeichnet; die beyden andern aber sind bey dieser Darstellung nicht sichtbar, denn das Auge sieht auf ihrer Länge hin.

**) Solche Gegenhalter finden sich auch auf dem andern Ende der Flügel nahe an der Welle.

Durchzug gestatten, und also keine Gegenwirkung gegen die jenseitigen Flügel verursachen, wodurch denn natürlicher Weise eine Drehung der Welle erfolgt, die immer fortgesetzt wird, da immer andere Flügel in diese Gegend kommen, die sich alsbald schließen, sobald der Luftzug auf sie zu wirken beginnt.

Damit sich die obern Flügel C, E, G und I nicht zu weit und gar unter die horizontale Ebene herab öffnen, als wodurch ihr Zuschlagen und das davon abhangende Windfangen auf der linken Seite verhindert würde, so sind sie durch Schnüre P, P, P mit den obern Enden der verticalen Querarme L verbunden, welche ihnen keine zu weite Umlegung, daß sie niederwärts zurück gedrückt werden könnten, erlauben. Die untern Flügel hingegen haben schon in ihrer eigenen Schwere ein Gegenmittel gegen die völlige Umkippung, und sie spielen daher ganz frey.

Daß sich aber auch die untern Flügelthüren auf der Seite der Unthätigkeit leicht öffnen, nicht dem Winde, der sie öffnen und frey durchströmen will, durch ihre eigene Schwere zu viel Hinderung entgegen setzen und dadurch den Umschwung minder lebhaft und kraftvoll machen, so sind sie mit Gegengewichten M, M, M, M versehen, welche auf eisernen aus der Achse der Flügel heraus gehenden Stäben stehen, und die Schwere des Flügels beynahe balanciren. Dieses Gegengewicht hebt den Flügel alsbald auf, sobald nur der Wind auf der andern Seite an ihn anstößt, und hält ihn, so lange der Flügel dem Winde entgegen geht, beynahe ganz allein in der horizontalen Ebene. Und daß sich die obern Flügel auch leicht wieder schliessen, wenn sie aus dem Gegengange nun wieder auf die Thätigkeitsseite kommen, so haben sie eben=

falls solche Gegengewichte, welche dem Winde zu Hülfe kommen, und das Aufschlagen in die verticale Ebene befördern und bewirken, sobald nur der Wind nicht mehr Oeffnung, sondern Schließung verlangt.

Da ferner der Wind nicht immer mit gleicher Stärke bläst, und daher manches Mahl die Mühle zu schnell, zu anderer Zeit hingegen wieder zu langsam gehen würde, so kann man die Flügel so einrichten, daß sie dem schwachen Winde mehr Fläche, und dem starken Winde weniger Fläche entgegen stellen, um immer eine gleichförmige dem Zwecke der Maschine angemessene Bewegung zu erhalten; und dieses wird am leichtesten und bequemsten durch eine verschiebbare Verdoppelung der Flügel, wie das die lichtere Schraffirung in der Zeichnung N und N bemerkt, bewirkt. Bey starkem Winde werden die Hülfsflügel, so nennt Herr Buschendorf diese aufgelegten zweyten Flächen oder Thüren, eingeschoben, daß sie nicht über die Hauptflügel hervor stehen; bey schwachem Winde aber zieht man sie abwärts heraus, daß sie die Flügelfläche vergrößern, und zwar jedesmahl so viel als nöthig ist, vergrößern, und den Hebel verlängern. Daß sich diese Hülfsflügel selbst nach der Beschaffenheit der Windstärke ausschöben und einzögen, und dadurch der Mühle beständig einen gleichförmigen Gang ertheilten und versicherten, das wäre sehr leicht einzurichten; es ist aber hier zu weitläuftig, diesen nutzbaren Mechanismus anzugeben und zu erläutern.

In der gegenwärtigen Figur zeigen C und D zwey aufgefaltete Flügel, auf welche der Wind stößt, durch die er die Mühle umtreibt, und welche also in Thätigkeit sind. E und F sind die Flügel der entgegen gesetzten Seite, welche dem Winde entge-

entgegen gehen, und deshalb zurück gelegt sind, damit sie dem Winde keine Fläche geben und den Umschwung nicht behindern. G und H sind aus dem Gegengange heraus, beginnen auf die Thätigkeitsseite hinüber zu treten, und schon senkt sich der untere Flügel H nach der senkrechten Ebene, um den Wind mit seiner ganzen Fläche aufzufangen, indessen sich das obere G durch das Gegengewicht M gezogen, in gleicher Absicht nach der verticalen Fläche empor klappen will. Hier sieht man deutlich, wie die Schnur P das Herabklappen unter die horizontale Ebene verhindert, und wie viel Näherung zu dieser Ebene sie erlaubt. Man kann ein elastisches Kettengelenk in diese Schnur einknüpfen, und dann mag sich der Flügel ganz horizontal legen, immer wird er durch die Federkraft der Kette und den Zug des übergebogenen Gewichts sich, wenn er aus dem Gegengange heraustritt, wieder aufheben und den Wind fassen. I und K sind die entfernten Flügel, welche ganz unthätig sind, auch keinen Widerstand verursachen. Der obere steht, gehalten durch sein Gegengewicht aufrecht, wird sich aber niederlegen, sobald er dem Winde entgegen zu gehen anfängt; und der untere K nimmt bereits, gezogen durch seine Balancir-Kugel, die zurückgeschlagene Lage an, in welcher er bleibt, so lange er sich dem Luftstrohme entgegen bewegt.

Wenn ein Flügelwerk dieser Art nicht Kraft genug äußerte, so kann man noch ein anderes an eben der Welle unten, wo die zweyte Maschine B, welche gleich beschrieben werden soll, befindlich ist, angebracht werden; und man hätte denn dieses so anzuordnen, daß, wenn die Maschinen nur vierarmig wären, die Arme der untern Maschine nicht in einer und derselben senkrechten Ebene mit den Armen der obern Maschine lägen, sondern gerade in die Zwischenräume derselben kämen, damit schon bey einer Achtelumdrehung wieder ein Flügel in winkelrechter Richtung gegen den Wind stehe, die Einwirkung des letztern also beständiger, und die Umdrehung steter und gleichförmiger sey. Hätte man oben schon acht Arme, so wäre diese Zwischenkreuzung zwar nicht gerade nöthig; doch würde sie auch hier noch vortheilhaft seyn, wenn man den Uebelstand fürs Auge nicht achten und sie belieben wollte

Eine zweyte Maschine mit stehenden Flügelthüren ist bey B. in eben dieser Figur dargestellt, zwischen den Ramen U U. Sie hat zwölf Flügel, bietet deswegen dem Winde in mehrern Punkten des Schwungkreises windfassende Fläche dar, geht deshalb steter, ist leichter zu bauen, hat aber nicht so viel Gewalt als jene. Die Flügel stehen zwischen zwey großen Scheiben S, S, *) drehen sich in diesen um eiserne Zapfen, lassen sich bis zum rechten Winkel aufschlagen — man sehe die 5728 ste Figur — und ziemlich bis zur gänzlichen Anliegung einlegen. Einen geöffneten Flügel sieht man bey R, und auf diesen wirkt der Wind mit seiner ganzen Kraft, T, T, T, T, T; welche auf der rechten Seite hervor kamen und dem Winde entgegen gingen, sind eingelegt und befinden sich jetzt in Unthätigkeit, welche sie aber verlassen, so wie sie nach und nach in die Gegend von R kommen, wo sie der Wind aufschlägt, und durch ihre Gegenstemmung die Mühle umtreibt. V, V zeigt den Forst des Gebäudes, auf welchem die Maschine errichtet ist.

In

*) Die untere Scheibe ist wegen der Flügel T T T T T, die sie verdecken nicht zu sehen

In Figur 5728 zeigt sich diese Maschine im Querdurchschnitte, wo man die Zapfenlöcher in der untern Scheibe B, die Einlegung der Flügel, und die Gegenstemmungen C, C, C u. s. w., welche das Aufschlagen über den rechten Winkel hinaus verhindern, deutlich sehen kann. X ist die vertikale Hauptwelle, und A ist eine runde Walze, oder eine gleichseitige vieleckige Säule, welche die beyden Stirnscheiben des Flügelcylinders mit einander verbindet, an welcher die Gegenhalte C, C, C, C, C, C, C, C, C, C, C, C, von oben bis unten herab eingesetzt sind, und durch welche die Hauptwelle X durchläuft. D ist ein geöffneter Flügel, der sich hinten an C anlehnt, folglich sich nicht umschlagen läßt, und auf den der Wind in winkelrechter Richtung wirkt. E, F, F, F und F sind durch den Wind, dem sie auf der rechten Seite entgegen gingen, wie T, T, T, T, T in Fig. 5727 B, nieder gedrückt; und G, G, G, G befinden sich auf der Hinterseite, wo sie kein Wind trifft. E wird durch den von F widerstoßenden Wind schon in dieser Gegend aufgeschlagen, und fängt dann die Wirksamkeit, in welcher er D ablöset, an.

Diese Flügel können ebenfalls von Rahmenwerk, mit Segeltuch überspannt, seyn, welches sie leichter und zugleich dauerhafter macht. Wider das Klappern beym Anstoßen an C darf man sie in dieser Gegend nur mit doppeltem Tuchschrote bezwecken, und dadurch wird der Stoß sehr gemindert und der Schall desselben gedämpft werden.

Je mehr diese Vorrichtung Kraft ausüben soll, desto länger oder vielmehr desto breiter müssen die Flügel seyn, und desto weniger dürfen sie auf der Rückgangsseite sparren. Das letztere verhindert man leicht dadurch, daß man die Flügel in der Gegend, die auf die Achse des vorhergenden Flügels beym Einlegen zu liegen kommt, bricht, wodurch denn der äußere Theil sich genau auf den innern Theil des Nachbars, welcher hinter der Achse eine schräge Richtung haben muß, anlegen wird. Die Brechung muß so seyn, daß sich die äußere Hälfte wohl einschlagen, aber nicht zurückschlagen läßt; und auf der äußersten Kante muß der äußere halbe Flügel nach auswärts abgeschärft seyn, damit ihn der Wind, wenn er wieder in die Ströhmung desselben kommt, leicht fassen und aufschlagen könne. Da bey sehr breiten Flügeln das Stück hinter der Achse, welches sich an C lehnt, viel leiden, bey starkem Sturme auch der Stoß an die Gegenstemmung sehr heftig seyn würde, so kann man dieser Heftigkeit und der dadurch möglichen Zertrümmerung durch Stricke, welche man von den äußersten Ecken der Flügel bis zu dem Cylinder herein so anbringt und anknüpft, daß dieser Strick und der aufgeschlagene Flügel ein gleichschenkliches Dreyeck, dessen krumme Basis der 12te Theil der Cylinderperipherie ist, bilden, vorbeugen.

Um die Geschwindigkeit dieser Maschine dirigiren, sie auch ganz anhalten zu können, laufen vier Seile innerhalb der Welle herauf, von welchen sich jedes im Cylinder bey 4 in drey Stricke 1, 2, 3 vertheilt, welche an die Flügel an denjenigen Stellen, welche die Figur anzeigt, angeknüpft sind. Durch diese Seile kann man die Flügel mehr oder weniger öffnen, und dadurch, nachdem es nun die Stärke des Windes verlangt, mehr oder weniger Wind fangen lassen; ja man kann auch durch starkes Anziehen das Oeffnen der Flügel ganz verhindern, und dann wird die Maschine bey dem heftigsten Winde still stehen, so lange still stehen, als die Aufschlagung der Flügel behindert wird.

Figur

Figur 5729 A, ist eine andere nach eben den Principen eingerichtete Maschine dieser Art aufgestellt. Sie hat vier einfache Arme 5, 6, 7, 8, an deren Enden vertikale Kreuzstücke B, B, B — das eine, welches der windfangende Flügel bedeckt, kann nicht gesehen werden — befestigt sind, und an diesen Kreuzstücken hängen die vertikalen Flügel 1, 2, 3, 4, mittelst Oehrband und Zapfen G, G, G, G, GG, so daß sie sich um die Enden der Arme herum schlagen können, welche Einrichtung am besten in Figur 5730, die die Maschine in der Ansicht von oben zeigt, zu bemerken ist. Damit sich die Flügel nicht zu nahe an die Arme anlegen, als in welchem Falle sie der Wind nicht leicht öffnen könnte, sind bey C, C an andern kleinern vertikalen Kreuzstücken doppelte Gegenstemmungen, deren Länge sich in der 5730sten Figur gut zu erkennen giebt, angebracht, durch welche der Flügel, wenn der Wind auf ihn wirkt, zwey sichere Unterterstützungspunkte erhält, die ihn so wohl gegen das Schwanken, als auch gegen das Brechen sichern. F, F, F, F sind Gegengewichte, welche die Flügel beynahe balanciren, und deren Absicht bald erklärt werden soll; und M, M Seile, welche an den Enden der Flügel befestigt sind, und über verschiedene Kloben bis zur Welle hin, und an der Welle hinab in das Gebäude, auf welchem die Maschine steht, dessen Firste mit O, O bezeichnet ist, geht, durch welche man so wohl die Oeffnungsweite der Flügel, als auch ihre gänzliche Schließung in der Gewalt hat.

Stößt der Wind aus irgend einer Gegend her auf diese Maschine, so treibt er den Flügel, hier den Flügel 1, die Richtung des Windes dem Blatte gerade entgegen angenommen, der ihm, auf der Stützung C anliegend winkelrecht entgegen steht, fort, und bewirkt dadurch Umdrehung, indessen die andern Flügel sich aufschlagen, ihm die schmahle Seite entgegen stellen, auf welche er keine beträchtliche Wirksamkeit äußern kann, und dann, wenn sie auf eben diese Seite kommen, sich nach einander wieder schließen, ebenfalls winkelrechte Fläche bieten, und dadurch die Umdrehung ununterbrochen erhalten. Betrachten wir die vorliegende Maschine aufmerksam, so sehen wir, daß der Wind, der angenommenen Richtung nach, den Flügel 1, linker Hand, wie schon bemerkt worden, geschlossen und mit entgegen gestellter Fläche trifft, und ihn also fortzutreiben strebt, indessen der gegenüber stehende, dem Luftstrohme entgegen gehende Flügel, durch den Druck auf die Rückseite geöffnet wird, und nun seine Fläche dem Luftzuge nach richtet, welches ebenfalls auch der vorderste Flügel 3 thut, bey welcher Nachgiebigkeit denn keine Windfangung, die dem Zurückweichen des Armes 5 entgegen wirkte, möglich ist. Wenn der Flügel 2 so weit zurück ist, — oder der Flügel 1 in die Stelle von Flügel 2 kommt — daß er mit dem Luftstrohme beynahe parallel liegt, und diese nicht sonderlich mehr auf die vordere Fläche wirken kann, so macht das Gewicht F, vermöge der Centrifugal-Kraft, nach welcher es sich vom Mittelpunkte des Umschwunges zu entfernen sucht, daß sich der Flügel, auf welchen zugleich dieselbe Kraft wirkt, und zu deren Behufe es gut ist, daß er nicht unmittelbar am Arme anliegt, von der Gegenstemmung C entfernt, um G herum wirft, und nun die hintere Fläche dem Winde darbietet. Nun würde der Wind diesen Flügel schnell fassen und mit Ungestüm — denn die Schwungkraft des Gewichts F und des Flügels selbst, welche in der Zusammenwirkung im luftleeren Raume eine solche Richtung anneh-

annehmen würden, daß die verlängerte Linie des Armes so ziemlich mitten zwischen ihnen durchliefe, wäre zu geringe zum Widerstande — herum werfen und hinauswärts in die Ströhmungsrichtung bringen, was sowohl der Maschine schaden könnte, als auch eine noch längere Windfassungsmöglichkeit an diesem Flügel ungenutzt vorbey lassen würde. Dieses gänzliche nachtheilige Herumwerfen aber verhindert das Seil M, welches dem Flügel nur eine Oeffnung, wie sie bey Flügel 4 angegeben ist, erlaubt, und nun faßt dieser Flügel den Wind, etwas schräg gerichtet, noch mit der hintern Fläche, und der Wind wirkt noch auf diese schiefe Fläche, wie er bey den verwendeten Flügeln der verticalen Windmühlen wirkt, er schiebt ihn nähmlich seitwärts, hier von der linken nach der rechten Hand zu, fort, und hilft also dem quervor liegenden Flügel 1 noch bey der Umdrehung, und das, freylich mit nachlassender Kraft, bis er in die Stelle des Flügels 4 kommt, wo die Flächenrichtung dem Luftstrohme gänzlich parallel ist. Hier würde nun der Flügel, hinderte ihn das Seil nicht, vermöge der Schwungkraft sich weiter öffnen, als er sollte, und die äußere Fläche zum Theil dem Winde, dem er entgegen geht, darbieten, welches den Umschwung in etwas behinderte; und wäre er nicht mit dem Gegengewichte F versehen, so ginge sein Bestreben dahin, sich so weit zu öffnen, daß er mit dem Arme eine Linie machte, woran ihn zwar der Luftzug verhindern würde, welches Gegenstreben aber schon stark genug wäre, eine merkliche Nachlassung im Umlaufe zu verursachen; man sieht also, wie nöthig die Spannleinen M und die Gegengewichte F sind, so wenig sie es auch bey dem ersten Anblicke scheinen möchten. Bey dem Flügel 3 wirkt die Schwungkraft schon wieder zum

Vor-

Vortheile der Umdrehung. Der Flügel öffnet sich nähmlich vermöge derselben, so weit es nur die Kraft des Windes erlaubt, und das macht, daß er dem Winde die vordere Fläche schon von selbst in schiefer Richtung bietet, wenn sie auch die Stemmung C noch nicht veranlaßt, und daß nun der Wind eben so auf diesen Flügel bey dem Durchgange durch den Luftstrohm, oder bey dem Herübertreten von der rechten, als der Unthätigkeitsseite, auf die linke, als die Thätigkeitsseite, wirkt, als er auf den ihm entgegen stehenden hintern Flügel 2, voriger Erklärung nach wirkte, nähmlich er schiebt ihn von der rechten zur linken Seite fort, bis er ihn in die Gegend bringt, wo der Flügel, auf der Unterstützung anliegend, ihm winkelrechte Fläche bietet, folglich den größtmöglichen Stoß empfängt, und mit der vollen Kraft des Windes fortgetrieben wird. Man sieht also, daß bey dieser Maschine immer drey Flügel in Thätigkeit sind, und daß, wie ein Flügel sich dem Winde nach und nach entzieht, immer wieder ein anderer eben so nach und nach eintritt, wodurch die Bewegung gleichförmig erhalten wird; Eigenschaften, welche nebst ihrer schönen Einfachheit sie vorzüglich zur Erbauung empfehlen.

Will man diese Mühle anhalten, so zieht man alle vier Seile M straff an, so daß sich die Flügel nicht aufschlagen können. So geschlossen bleibt nun der Flügel 4 fest an C anliegen, und bietet dem Winde die hintere Fläche in eben der Richtung und Größe dar, als der Flügel 1, beyde gleiche Kräfte balanciren sich, und die Maschine bleibt oder kommt dadurch in Ruhe.

Wenn diese Flügel der Maschine bey geringem Winde nicht Kraft genug geben, so kann man sie doppelt machen, und bey schwacher Luftströhmung

mung ausziehen, um ihre Fläche zu vergrößern. Ueberhaupt muß man sich in der Bestimmung der Länge der Arme und der Flächengröße der Flügel nach der Kraft richten, die man durch sie hervorbringen will. Je länger die Arme, je größer die Flügelflächen, desto größer die Gewalt, mit welcher die Maschine wirkt. Hier ist der Maßstab 1 Zoll für 4 Fuß.

Fig. 5729 B ist eine Wiederhohlung der ersten mit A bezeichneten Maschine dieser Art, welche sich von jener dadurch unterscheidet, daß sie doppelte ausziehbare Flügel N N, N N hat, die sich durch Leinen, welche in das Gebäude herab gehen, aus- und einziehen lassen, um dem schwächern Winde mehr Fläche entgegen stellen zu können.

Diese und die erste Maschine hält man an, wenn man einen Reif von zähem biegbarem Holze, nach Art der Bremsen in den gewöhnlichen Mühlen, an ein horizontales Rad, welches unten im Gebäude liegt, anpreßt, und dadurch den Umlauf der Welle verhindert und hemmt.

Der innere Mechanismus dieser Mühlen richtet sich nach den Absichten, um welcher willen man solche Maschinen erbauet. Die beste Form des Gebäudes ist rund und zeltartig, auf dessen Dache man eine Gallerie anbringen kann, um um die Maschine herum gehen zu können.

Man sehe auch: Des Herrn Daniel Maunsel's von Clifton, Esq. horizontale Windmühlen nach ganz neuen Grundsätzen, zum Mahlen des Korns und zu verschiedenen andern Absichten. Aus dem Repert. of Arts and Manufact. No. 37 übersetzt in Geißler's Beschreibung und Geschichte der neuesten und vorzüglichsten Instrumente und Kunstwerke. X Th. Zittau und Leipzig 1798. S. 52 — 57. mit dazu gehörigen Kupfern.

2. Herrn

2) **Des Herrn Benjamin Wiseman, Kaufmann zu Diss, Erfindung neuer Segel zu Windmühlen mit horizontalen Flügeln, nebst den übrigen dazu erforderlichen Theilen; nach dem den 15 Nov. 1783. ausgefertigten Patente** *).

Fig. 5731 stellt den Durchschnitt der Mühle nebst der Welle, den horizontalen Flügeln, und den Bäumen vor, woran die Segel befestiget werden. AB ist die Welle, welche von gutem gesunden Eichenholze seyn muß, und deren Länge und Stärke sich nach der Absicht richtet, wozu diese Mühle gebraucht wird. CD sind die horizontalen Flügel von Tannenholze, welche oberhalb des Schafts oder der Welle AB durch dieselbe unter rechtem Winkel mit derselben gehen, deren Länge und Stärke gleichfalls nach dem Verhältnisse abgemessen werden muß, als wodurch mehr oder weniger Kraft ausgeübt werden soll; beträgt daher z. B. diese Länge mehr als 17 oder 18 Fuß vom Mittelpunkte, so wird es erforderlich seyn, Unterlagen wie EF denselben zu geben, auf denen sie zu mehrer Befestigung ruhen können. Am Ende dieser vier Flügel sind vier Bäume oder Masten errichtet, wie G, H, deren Höhe willkührlich ist, und sich ebenfalls nach der Absicht der Mühle richtet. Hier muß noch angemerkt werden, daß, da niemand bisher auf den Gedanken gekommen, Masten und Segel an dem Ende der horizontalen Flügel zu errichten, die vermöge einer relativen Kraft wirken; das Eigenthümliche dieser Erfindung besonders darauf

*) S. Repert. of Arts and Manuf. No. 19. und daraus übersetzt in Geißler's Beschreibung und Geschichte der neuesten und vorzüglichsten Instrumente und Kunstwerke: VIII Th. Zittau und Leipzig 1797. S. 3 ff.

auf beruht; die Form der Segel kann übrigens verschieden seyn, da sie unter irgend einer Form in ihrer Wirkung größtentheils immer einander gleich seyn werden. Diese Segel werden innerhalb der Mühle vermöge des Seils aaaa auf- und niedergelassen, welches erstlich über eine Rolle oberhalb des Mastes geht, worauf es seine Richtung bey b ändert, und mit dem Flügel horizontal geführt wird, sodann aber nochmahls über eine Rolle c, durch eine Oeffnung in der Welle und so senkrecht an derselben herabgeführt, und unterhalb eingehakt wird, wie man diese Richtung durch die punktirte Linie angedeutet hat. Unter dem erforderlichen Winkel mit dem Winde werden alsdenn diese Segel vermittelst vier schwacher Seile gestellt, welche von der Spitze eines jeden Segels durch vier Oeffnungen in der Welle an derselben herab geführt, und an vier daran befindlichen Haken eingehangen werden.

Fig. 5732 ist der Grundriß der Flügel, der Querriegel, der Nebenstangen u. s. f. A stellt den obern Theil der Welle vor. BBBB sind die vier Flügel, CCCC vier Querriegel oder Unterlagen, welche die Flügel unterstützen und mit einander verbinden. DDDD sind vier Nebenstangen, von Tannenholz, welche die Segel unter dem erforderlichen Winkel vermittelst der vier Kloben dddd halten, an denen die schwachen Seile eeee zu den Rollen cccc, und von da zu den vier Oeffnungen in der Welle innerhalb der Mühle geführt werden. EEEE sind die Segel. Die Masten stehen auf den Flügeln vermittelst vier Klammern, wodurch sie daran befestigt werden.

Eine sehr große Bequemlichkeit, welche von der Lage der Segel entspringt, ist die große Geschwindigkeit, mit welcher sie eingezogen werden können.

können. Es trägt sich bey plötzlichen Windstößen nicht selten zu, daß gewöhnliche Mühlen der allzu großen Stärke des Windes während eines Sturmes unterliegen, und solchemnach leicht Schaden nehmen, weil unter diesen Umständen ihre Segel nicht früh genug eingezogen werden können; hier hingegen kann beynahe in einem Augenblicke nicht nur derjenige, welcher die Mühle zu besorgen hat, die Segel einziehen, sondern die Segel selbst können auch bey der gleich anzugebenden Einrichtung, wenn der Wind stärker wird, und die Segel mit einer größern Geschwindigkeit wirken, sich von selbst einziehen. Da bey Mühlen zum Kornmahlen es erforderlich ist, daß immer jemand zugegen sey, der die Steine einrichte, so ist, wenn etwa der Wind stärker oder schwächer wird, diese Vorrichlung für Mühlen dieser Art nicht eben so erforderlich, als bey solchen, welche zu Räumung sumpfiger Gegenden, zum Ziehen des Wassers u. d. g. angewendet werden, und wo man denn vermöge einer solchen Vorrichtung gegen die Wirkungen plötzlicher Stürme der beständigen Aufsicht überhoben seyn kann.

Fig. 5733 stellt einen Querdurchschnitt der Welle vor, um die Lage der Haken 1, 2, 3, 4 zu zeigen. Jedes Seil ist am Ende mit einem eisernen Ringe versehen, welcher in diese Haken eingelegt wird. Wenn die Segel aufgezogen werden, so bewegen sich die Welle, Haken und Seile mit einander in der Richtung des dabey gezeichneten Pfeils; allein indeß sie rund herum bewegt werden, wird, so wie irgend ein Hinderniß plötzlich in der Richtung c d genau über die Haken eintritt, jeder Ring nebst dem Seile aus dem Haken gehoben werden, so wie sie gegen diesen Einfall kommen, und die Segel werden an den Masten herabfallen,

abfallen, so daß während einer einzigen Umdrehung der Welle alle Kraft aufgehoben, und die Mühle still stehen wird; die Gestalt dieses Einfalls ist Fig. 5734 vorgestellt worden. Ein Seil, welches mit diesem Einfalle in Verbindung steht, kann zu irgend einem Theile der Mühle geführt, und die Segel herabgelassen werden, so wie man es etwa erforderlich glaubt.

Fig. 5734 stellt die Maschine vor, vermöge welcher die Segel niedergelassen werden, wenn ihre Geschwindigkeit zu groß wird, und sich auf das Bestreben aller Körper gründet, welche sich im Kreise bewegen, und von ihren Mittelpunkten der Bewegung abwärts fliegen, was man die Zentrifugalkraft nennt, deren Anwachs sich wie das Quadrat der Geschwindigkeit verhält. AB ist die Welle einer Sumpfmühle, CD die Arme des Kronrades, an dessen einer Seite die Maschine fest gemacht worden, und deren Einrichtung folgende ist. Die herabhangende Kugel 2 von Messing oder Eisen, die um ihren Mittelpunkt 1 beweglich ist, wird vermittelst eines Drahts 3 mit dem gebogenen Hebel 4, 6 verbunden, welcher sich um seinen Mittelpunkt 5 bewegt. An dem Arme 6 dieses Hebels befindet sich ein regulirendes Gewicht 7 nebst einer Schraube, um es irgend wo an dem Arme 6 fest zu stellen; je näher nun diese Last dem Ende 6 ist, desto größer ist ihre Kraft, da sie von dem Mittelpunkte 5 weiter entfernt, und folglich ihre Wirkung auf die Kugel 2 stärker ist. Wird nun diese Last an einem solchen Orte des Arms 6 befestiget, daß ihre Wirkung auf die Kugel 2 genau hinreichend seyn wird, daß sie nicht abfliege, wenn die Segel zwanzigmahl innerhalb einer Minute im Kreise herum gehen, so wird, wenn die Geschwindigkeit der Segel während eines Sturmes wachst, die Kugel eine solche Stärke erhalten, daß das Gewicht 7 überwältiget, und das Ende des Hebels 4 vorwärts gezogen wird, wo es auf die Hemmung a stößt, die Klappe d niederdrückt, und solchemnach die Segel frey macht.

Figur 5735 ist eine Seitenansicht der Hemmung, a b sind die zwey Arme derselben, welche um einen Stift beweglich sind; c ist eine Klinke, die sich gleichfalls um einen Stift bewegt. So wie nun der lange Arm der Hemmung a senkrecht steht, so trägt die Klinke c die Last der Klappe d; wird aber jetzt a in der Richtung des Pfeils vermittelst des Hebels 4 bewegt, so steigt b, und da jetzt c nicht ferner mehr gehalten wird, so fällt die Klappe d, und löset die Seile aus den Haken. Das Seil e verhindert, daß das Seil der Klappe und des Ringes nicht herabfallen kann.

Die senkrechte Lage der Welle und die bequeme Form, welche das Gebäude erhalten kann, da es nicht gegen den Wind gestellt werden darf, gibt dieser neuen Einrichtung für die Segel noch verschiedene wesentliche Vortheile; so kann z. B., wenn nur so viel Wind ist, daß die Segel angezogen werden, ein Pferd zugleich sehr vortheilhaft an der Welle mit gebraucht werden. Der obere Raum des Gebäudes kann zu einigen Vorräthen dienen, und enthält die Theile, welche zur Mühle gehören, indeß der untere Raum für das Pferd hinreichend groß ist, in welcher Rücksicht denn noch, wenn irgend ein plötzlicher Windstoß sich erheben sollte, für die Sicherheit des Pferdes folgende Einrichtung getroffen worden ist.

In dem untern Raume Fig. 5731 ist 1 der Hebel, woran das Pferd zieht, und vermittelst des eisernen Arms 2 unterstützt wird. Der ganze untere Theil der Welle ist rund, nnd das Ende des Hebels

Hebels 3, und der untere Theil des Arms 4 umgeben die Welle und bewegen sich frey um dieselbe. Dieser Hebel wird vermittelst zweyer Ringe 5 und 6 in der erforderlichen Höhe erhalten. Genau unter dem Hebel befindet sich ein Sperrrad 7, welches an der Welle fest ist. An dem Hebel ist bey 8 ein Sperrkegel von Eisen befestiget, welcher in die Zähne des Sperrrades einfällt. Man sieht also leicht ein, daß, wenn der Hebel durch das Pferd vorwärts bewegt wird, der Sperrkegel gegen das Sperrrad wirken, und solchemnach das Pferd die Welle in Bewegung setzen wird; wird aber dagegen der Wind stärker, und die Geschwindigkeit der Welle größer, als diejenige des Pferdes, so wird der Sperrkegel nunmehr ausgehoben, so daß weiter das Pferd darauf nicht wirken könne.

Fig. 5736 ist eine perspektivische Vorstellung der Mühle.

S. auch: Beschreibung der von Herrn Benjamin Wiseman, Kaufmann zu Diss, in der Grafschaft Norfolk, neuerfundenen Segelwindmühle mit horizontalliegenden Flügelbäumen, nebst allen den Theilen, welche zur Maschinerie derselben gehören und dazu nöthig sind. Mit 3 Kupfern 4. Leipzig bey Baumgärtner 1798 (12 Gr.)

3) Des Herrn Bauverwalters Hollenberg in Osnabrück Verbesserung der Wisemanschen Erfindung *).

Der Herr Hollenberg glaubt überhaupt nicht, daß die Wiesemannische Einrichtung in Betreff der Segel im Großen von Bestande seyn

Tt 2 könne,

*) S. Busch's Almanach oder Uebersicht der Fortschritte in Wissenschaften, Künsten ꝛc. von Ostern 1797 — 1798. Erfurt 1799. S. 230.

könne, weil das ganze Werk — wie der Augenschein bey Betrachtung desselben lehrt — zu wackelnd und schwankend ist. Doch hat er in Betracht des Nutzens, welchen er sich von solcher horizontaler Bewegung verspricht, nicht unversucht lassen können, die Sache auf einem ähnlichen, aber solidern Wege zu Stande zu bringen, wovon hier die genauere Beschreibung folgt.

In Figur 5737 und 5738, welche Profil- und Grundriß einer horizontalen Windmühle vorstellen, bedeuten gleiche Buchstaben einerley Sache; und zwar

aa den Standbaum oder die stehende Axe der Windmühle, wovon bloß die Einrichtung der Krone oder des Flügelwerks hier vorgestellt ist. Alle übrige mechanische Combinationen kann man, mit Vorbehalt sonstiger willkührlicher Anwendung, nach der Wulfemannische Beschreibung, als völlig anwendbar betrachten;

bc sind Latten, welche in die Axe aa kreutzweise eingelassen werden, und mit derselben rechte Winkel machen;

de bedeuten (in Fig. 5737) dergleichen Latten, welche tiefer auf der Axe, und mit bc in einer Fläche auf der Axe angebracht werden;

mn sind Verbindungslatten zwischen bc und de.

kl sind runde eiserne Stangen, welche bey l einen Knopf, und bey k Schrauben mit Muttern haben, um die Latten bc und de standhaft zu verbinden.

cf und df sind leichte Latten von Holz, welche bey f eine Scherenverbindung haben, so daß sie mit dem darauf gespannten Segeltuche wie ein Fächer zusammengehen können;

cfd oder die triangelförmige Fläche zwischen diesen Latten, ist ein Segeltuch, welches (wie ein ausgespannter Fächer) eigentlich die Gestalt eines Kreissectors hat, dessen Bogen cpd mit Ringen (wie eine Gardine) besetzt ist, welche Ringe auf die eiserne Stange kl aufgezogen werden, wodurch das Segeltuch sich etwas in Falten legt, welches aber der Wirkung der Maschine gar nicht schadet;

ii

ii sind Rollen in den obern Latten, worüber eine Schnur geht, welche mit den Segellatten c f verbunden ist, so daß bey o an dieser Schnur gezogen oder nachgelassen, dieses fächerförmige Segel auf- und niedergeht, so daß also dadurch die Wirkung der Windmühle modificirt werden kann;

f h ist eine Schnur oder Kette, welche die zwey gegeneinander überstehenden correspondirenden Flügel mit einander verbinden, und bey

q g durch ein langes Loch durch die stehende Axe, oder auch bey selbiger hergeleitet werden kann, so daß also, wenn der Punkt f sich der Axe a a nähert, der Punkt h sich davon in eben dem Maße entfernt, bis das Segel Nr. 1. vor dem Winde auf der Latte m n ruhet, und das damit correspondirende Nr. 3. gerade vom Winde abwärts getrieben ist, und demselben die Flanke oder schmahl Seite zudreht, bis alle Wirkung auf letzterem verschwindet.

Es zeigt sich also, da der Wind mit dieser Maschine beständig so spielt, daß immer eine Fläche linker Hand vom Winde ganz abgekehrt ist, wenn die rechter Hand die ganze Wirkung derselben erfährt, daß also immer einerley Bewegung nach derselben Richtung erfolgen müsse, der Wind komme her, von welcher Weltgegend er wolle.

Daß diese so beschriebene Maschine zu allerley Betriebe anzuwenden sey, leidet keinen Zweifel; es kommt aber darauf an, ob dieselbe vor den gewöhnlichen Windmühlen mit vertikalen Flügeln den Vorzug verdiene? Daß die unmittelbare Bewegung der stehenden Axe, einer horizontalen Windmühle, vor der andern Art, wo diese stehende Axe erst durch Kamm- oder Triebräder in den Gang gebracht werden muß, den Vorzug habe, leidet ebenfalls keinen Zweifel, weil die Maschinerie dadurch simplificirt und viel Friction vermieden wird. Die Art, die Flügel niederlassen zu können, und dadurch den Gang der Mühle zu modificiren, ist vorzüglich schätzbar; und die Eigenschaft, daß die

 Maschi-

Maschine mit jedem Winde geht, ohne vorher darnach gestellt werden zu dürfen, ist bey ihrer Anwendung auf Schöpfwerke und andere Sachen von der äußersten Wichtigkeit. Ferner hat man die Größe der Wirkung dieser Maschine so in der Gewalt, daß man bey der Verlängerung der Arme von der Axe, zugleich die Höhe der Flügel vermehren kann, so, daß man also nicht nöthig hat, die Arme zu einer unbequemen Länge anwachsen zu lassen. Als Hülfsmittel bey Bewegung der Mühlen, welche zu wenig Aufschlagewasser haben, oder durch Pferde getrieben werden, möchte diese Maschine besonders zu empfehlen seyn, zumahl da die Wiesemannische Beschreibung dazu sehr dienliche Vorschrift giebt.

4) Des Herrn Baumgärtner's wagerechte Windmühle mit umbaueten Flügeln *).

Fig. 5739 zeigt die äußere Ansicht der Windmühle. Man kann den Thurm, welcher sie enthält, von Pisé-Arbeit aufführen, wobey man viele Kosten ersparen wird. Auch kann man alte Thürme benutzen, welche sich fast in allen Städten finden, um solche Mühlen darin anzulegen; man dürfte bloß Fenster hinein bringen, wie in dem hier abgebildeten Thurm.

Fig. 5740 ist der Durchschnitt der Thurms und der Mühle. Die Flügel, sieben an der Zahl, sind in dem oberen Stockmerk A eingeschlossen, und

*) Man sehe Beschreibung und Abbildnng einer neuen Windmühle ohne äußere und sichtbare Flügel, welche in Städten, und besonders für Manufacturen mit Vortheil angelegt werden kann, weil sie den Wind in ihrer Gewalt, und eine stets gleiche Bewegung hat. Erfunden vom Herrn Baumgärtner. Steht in dem Magazin aller neuen Erfindungen. Nro. 9. Leipzig bey Baumgärtner (1802) in gr. 4. S. 143 ff. und Taf. I. und II.

und drehen sich in horizontaler Richtung; die übrigen Theile der Mühle können sich in den Stockwerken B und C befinden. Die dazu gehörige Einrichtung muß für den Gebrauch der Arbeit gemacht werden, welche man davon verlangt, je nachdem sie zum Rapiren des Tabaks, oder zum Stampfen, Walken, u. s. f. bestimmt ist.

Wenn schon eine Manufaktur vorhanden wäre, mit welcher man eine solche Mühle verbinden wollte, so könnte man den Thurm der letztern von Pisé-Arbeit machen, und ihn mit den bereits vorhandenen andern Gebäuden der genannten Manufaktur vereinigen, wie man bey Fig. 5741 sieht.

Fig. 5742 zeigt den Grundriß des ersten Stockwerks des Thurms der Mühle, in welchem die mit a, b, c, d, u. f. bezeichneten Flügel enthalten sind.

Die Einfassung dieses Thurms hat vierzehn Fenster, deren jedes durch einen Schieber verschlossen wird, welcher hinauf und herunter geht, wie die Kutschenfenster, so wie man bey Fig. 5744 sieht, welche ein Stück im Großen von diesem Grundriß ist.

Fig. 5746 zeigt die Flügel der Mühle im Perspektiv; die Arme a und b sind mit ihren Segeltüchern versehen; der Arm c hat noch keins; und bey dem Arm d ist das Tuch fast ganz befestigt; sie müssen es alle seyn, und müssen immer daran bleiben; man könnte auch jeden Arm ganz damit versehen.

Um die natürliche Ursache zu begreifen, durch welche diese Mühle in Bewegung gebracht werden soll, muß man wissen, daß, wenn der Wind von A kommt, und seine Richtung nach B nimmt, (Fig. 5742), alle Fensterladen zugemacht werden, ausgenommen die bey f, g, h, i, und k, welche offen, bleiben. Hierdurch entsteht in dem Thurm ein horizontaler Luftstrohm; und wenn der Wind sehr schwach, oder wenn sogar keiner vorhanden ist, so wird diese Einrichtung der Oeffnungen einen hinlänglichen Luftstrohm verursachen, um die Flügel in Bewegung zu bringen, und die Maschine zu drehen. Der Wind, oder der Luftstrohm, welcher bey f, g, h; hinein tritt, wird bey i und k herausgegeben.

Fig. 5744 zeigt den Grundriß der nähmlichen Mühle; aber hier ist die Einfassung des Stockwerks, welches die Flügel enthält, ganz von Holz, und besteht bloß aus Pfeilern D, E, und aus Fensterladen F, G.

Wenn der Wind seine Richtung von H nach I nimmt, so öffnet man die Fensterladen 1, 2, 3, 4, auf der Seite von H, und die Laden 5 und 6, auf der Seite von I. Vielleicht ist diese Einrichtung besser als die vorige, weil dadurch der Luftstrohm gerade gegen die Enden der Flügel geleitet wird; und nicht in Gefahr kommt, sich zwischen zwey Flügeln zu verfangen, wenn sie ganz mit Leinwand versehen sind, außerdem daß die Richtung des Windes gegen die Enden der Flügel die Kraft der Hebel verstärkt.

Alle Fensterladen werden auf eine oder die andere Art, durch Schnüre in Bewegung gebracht; die bey Fig. 5743 gehen nicht in Falzen, sondern heben und senken sich zum Theil auf die bey Fig. 5740 angezeigte Art.

Die Laden der Fenster, durch welche die Luft herausgehen soll, wie bey 5 und 6. (Fig. 5743), öffnen sich nur zur Hälfte, wie man bey a, Fig. 5740, sieht; aber die andern öffnen sich ganz in zwey Theilen, wovon der eine sich senkt, wie bey b, b, Fig. 5740 der andere sich erhebt, wie bey c, in der nähmlichen Figur.

Es folgt aus dieser Einrichtung, daß der Arbeiter selbst die Flügel der Mühle richten kann; er darf nur die Schnüre ziehen, um sie in Bewegung zu setzen, indem er die Fenster öffnet; oder um sie zu hemmen, indem er die Fenster zumacht. Wenn der Wind sich ändert, so verschließt er die offnen Fenster, und öffnet andere. Wenn der Wind heftig ist, und die Maschine zu schnell geht, so wird er, anstatt sechs offner Fenster, nur fünf, oder vier, oder drey, offen lassen.

Man könnte einen Balcon um das Stockwerk führen, welches die Flügel enthält, wie wir es zur Hälfte bey M und N, Fig. 5740, 42 und 43 angezeigt sehen.

Man begreift, daß die Bedachung, welche man über das Gebäude, wie in der 5740sten und 5743sten Figur aufführt, ganz leicht, und von Eisenblech seyn muß, welches mit Theer oder Oehlfarbe bestrichen wird.

Fig. 5745 zeigt die Stellung der Pfeiler D und E und der Fensterladen F und G. Die Fensterladen G besten aus zwey Theilen, und sind zum Eintritt des Windes oder der Luft bestimmt; die Fensterladen F öffnen sich nur zur Hälfte, und dienen zum Austritt der Luft.

Zwey Fallthüren p und q müssen angebracht werden, um aus dem Stockwerk B in das Stockwerk A kommen zu können. Ihre Stelle ist bey Fig. 5742 angezeigt. —

Die bisher beschriebenen sind die neuesten Windmühlen mit wagerechten Flügeln. Nun folgen einige ältere Erfindungen, deren ich hier der Vollständigkeit wegen gedenken muß.

5) Leupold's Windmühle mit wagerechten und umbaueten Flügeln *).

Die Welle A Fig. 5747 steht senkrecht. Im Kleinen macht man die Flügel aus Blech, bey größeren Mühlen sind die Arme aber unten und oben Eisen, und mit Segeltuch bezogen. Die Größe der Flügel muß sich, so wie die Breite derselben, nach der Kraft, welche die Maschine haben soll, richten. Dieses Rad steht unter einem schrägen Dache. Das Dach wird schräge gemacht, damit der Wind keinen großen Widerstand finden, und der Regen nicht die Flügel des Rades treffen kann. Statt der Säulen oder des Gemäuers, worauf das Dach ruht, sind schräge Bleche oder Breter angebracht, so daß, wo eins aufhört, das andere anfängt, wie F, G, H, J, K, L und M, der Wind mag nun herkommen, woher es auch sey, so stößt er stets auf den vierten Theil des Umfanges des Kreisbogens, welchen die schräge gestellten Breter bilden, man kann folglich bey jedem Winde mahlen, ohne die Mühle im mindesten zu wenden. Wenn man aber nicht mahlen will, so muß man die Mühle sperren, und dieses geschieht am besten dadurch, daß man die Windbleche oder Breter beweglich macht, so daß man diese an einander legen, und folglich die Mühle verschließen kann.

Bey dieser Mühle ist entweder die wagerechte Welle zugleich die Welle des Läufers, welches gar nicht verwerflich ist; nur kann die Mühle dann nicht sehr viel wirken, weil der Läufer nicht schneller herumgeht, als die Flügel um ihre Axe sich wenden; oder man kann ein Stirnrad an die Welle legen,

*) Man sehe Kunze's Schauplatz der gemeinnützigsten Maschinen. 1 Band. Hamburg 1796. S. 378 ff.

legen, und an der Seite einen, oder nach der Größe der Flügel, mehrere Trillinge, je nachdem man mehrere oder wenigere Mahlgänge anlegen will, mit den Trillingen werden die Läufersteine auf die gewöhnliche Art verbunden.

6) Beschreibung einer andern Mühle mit wagerechten Flügeln.

Die Erfindung dieser Mühle eignet Kunze Belidor, Leupold oder Sturm zu, und er gibt davon a. a. O. folgende Beschreibung.

Die Flügel der Windmühle sind wie die eben beschriebenen eingerichtet, diese werden mit einer runden oder vieleckigen Wand umgeben, welche aus mehreren zusammengesetzten Rahmen besteht. Oben an jedem dieser Rahmen muß eine bewegliche Walze angebracht seyn, woran Wachsleinwand oder Segeltuch befestigt ist, das andere Ende wird mit einer andern ebenfalls sehr schweren Walze verbunden, einige Rollen und Seile dienen zum Aufziehen und Ablassen der Wachsleinwand oder des Segeltuchs, mittelst dieser Einrichtung ist man in den Stand gesetzt, den Flügeln, welche gebogen oder gerade seyn können, dieses thut nichts zur Sache, so viel Wind zu geben, als erfordert wird.

Die innere Einrichtung ist völlig, wie bey der eben vorher beschriebenen.

7) Belidor's Mühle mit wagerechten Flügeln, nach einer andern Einrichtung.

Diese Mühle besteht aus einer lothrechten Welle, an welcher sich die Flügel befinden, gewöhnlich bringt man sechs solcher Flügel, selten mehrere, und eben so selten wenigere an. Die Flügel sind

zum

zum Theil mit einer beweglichen Wand verdeckt, diese Wand steht auf einer beweglichen Scheibe, so daß sie verrückt werden kann. Die Wand verschließt die Hälfte oder auch nur ein Drittheil der Flügel. Wenn aber ein jäher Sturm entstände, so könnte dieser der Mühle sehr nachtheilig werden, deswegen wäre es gut, wenn man den ganzen Kreis, welchen die Flügel bilden, mit einer Wand umgäbe, welche so weit abgenommen werden könnte, als es nöthig wäre, den Flügeln die gehörige Bewegung zu geben. Die innere Einrichtung ist wie oben.

8) Beschreibung einer Mühle mit wagerechten Flügeln, welche sich selbst öffnen und schließen *).

A Fig. 5748 ist eine starke lothrecht stehende Welle mit sechs Armen B unten und oben, die durch eine Latte verbunden sind, so daß allemahl zwey Arme einen Rahmen bilden.

Ferner sind sechs Flügel angebracht, D, E, F, G, H und I, welche mit beweglichen Achsen oder Angeln in K und L angebracht sind, so daß sie alle nach einer Seite sich öffnen und schließen können.

Es käme zum Beyspiel der Wind aus M, so verschließt er alle Thüren an dieser Seite und öffnet die entgegenstehenden. Da die Flügel hoch und breit seyn können, folglich auch dem Winde eine große Fläche dadurch entgegen gesetzt ist, so muß diese Mühle sehr viel wirken. Wenn aber der Wind sehr stark wird, so ist sie in Gefahr zu zerbrechen, wovon Leupold ein Beyspiel angiebt. Wenn

*) S. Kunze a. a. O. S. 381 ff.

Wenn man nach Leupold's Angabe den Segeltüchern auf den Flügeln die Einrichtung gibt, daß man sie zusammenziehen kann, so ist keine Gefahr des Brechens da. In der Zeichnung sind die Flügel mit einer Scheibe verbunden, welche Kämme hat, so daß man auch andere Maschinen, zum Beyspiel Pumpen, mit diesen Mühlflügeln in Bewegung setzen kann.

9) Beschreibung einer Mühle mit doppelten wagerechten Flügeln.

AB 5749 ist die Welle, aus dieser gehen sechs Arme, an welchen zwey Ruthen oder mit Leinwand bezogene Rahmen angebracht sind. Sie liegen auf einander, doch nicht ganz dicht an allen Seiten, wenn der Wind dieselben ergreift, so öffnen sie sich, wie bey D vorgestellt ist, die hinten angebrachte Leiste E hindert, daß sie nicht vom Winde hintenüber geschlagen werden können.

Die Welle AB geht durch die zusammengesetzten Breter G hindurch, welche ein Dach vorstellen. Dieses Dach ruht auf vier Pfeilern FF.

Bey I wird die Welle dünner, und treibt den an derselben befestigten Läuferstein, über welchem der unbewegliche Mühlstein L, angebracht ist, er ruht in der Kapsel M. Der Stein L ist in der Mitte durchbohrt, durch diese Oeffnung geht die Welle A B I, und aus dem Kasten oder Rumpfe K fällt das Getreide durch die Oeffnung im Steine L. An der einen Seite ist die Kapsel M geöffnet, aus welcher das gemahlene Getreide in den darunter gesetzten Kasten O fällt.

H

*) S. Kunze a. a. O. S. 382.

H ist das Fußbret, worin die vier Stützen FF, und die beyden Stützen N der Kapsel M befestigt sind.

Sollte der Wind zu schwach seyn, die leichten Rahmen zu öffnen, so kann man mit einem Gegengewichte diesem zu Hülfe kommen. Will man die Mühle nicht brauchen, so verschließt man die Flügel mit einigen Haken.

An der untersten Klappe oder an dem untersten Theile der Flügel muß eine Schnur mit einem leichten Gewichte an der Rückseite angebracht werden, welches der Wind leicht heben kann, sonst wird sich dieser Theil des Flügels nie schließen oder wagerecht stellen. Dem oberen würde es folglich auch an Haltung fehlen, und dieser würde sich zu tief senken, weswegen der Wind ihn auch nicht fassen und aufheben könnte.

10) Pallas beschreibt in seinen Bemerkungen auf einer Reise in die südlichen Statthalterschaften des Russischen Reichs, 1799, erster Band, asiatische runde Windmühlen, mit horizontaldrehendem Windrade, die bey allen Winden mahlen, und durch einen Kranz mit Windladen nach der Stärke und Richtung des Windes temperirt werden können. Man findet dergleichen Windmühlen, die eine armenische Erfindung seyn sollen, auf der freyen Höhe bey Rostowsk, einer armenischen Stadt im Russischen Reiche, die unter der Kayserinn Katharina II. angelegt wurde. Pallas hat auch eine Abbildung von einer solchen Windmühle geliefert.

Uebrigens hat auch Fleury, ein geflüchteter Pfarrer aus der Normandie vor einigen Jahren dem Minister des Innern Chaptal, das Modell einer neuen Windmühle übergeben, deren Flügel wagerecht sind, und so geschickt geordnet seyn sollen, daß die Mühle stets mit gleicher Schnelle geht, wie auch immer die Beschaffenheit des Windes seyn möge. Es ist mir davon aber eben so wenig etwas näheres bekannt geworden, als von der horizontalen Mühle eines gewissen Sattlers aus Bautzen, welche nach der im Jahr 1791 davon angekündigten Zeichnung zwey Mahlgänge, zwey Graupengänge und eine Schneidemühle in Bewegung setzen sollte. Wahrscheinlich gehört diese letztere zu den unausführbaren Projecten, da es aus dem obigen zu ersehen, daß horizontale Mühlen den Mühlen mit senkrechten Flügeln an Kraft lange nicht gleich kommen.

Zu den vorzüglichsten Schriften über die Windmühlen überhaupt gehören folgende:

Beyer's Schauplatz der Mühlenbaukunst. (den vollständigeren Titel dieses Werkes und mehrerer der folgenden sehe man oben, S. 467 ff).

Claußen's praktische Anweisung zur Mühlenbaukunst. An mehreren Stellen.

Eberhard's (J. P.) Beyträge zur Mathesi applicata. S. 70.

Behren's praktische Mühlenbaukunst. An mehreren Stellen.

Melzer's neuverbesserte Mühlenbaukunst. An mehrern Stellen.

W. J. G. Karsten's Lehrbegriff der gesammten Mathematik Sechster Th. Pneumatik Xter Abschn.

G. G. Schmidt's Anfangsgründe der Mathematik 2ter Th. 2te Abth. §. 207 ff.

Stieglitz's Encyklopädie der bürgerlichen Baukunst. Dritter Theil S. 742 ff.

Kunze's Schauplatz der gemeinnützigsten Maschinen. 1ster Theil S. 372 ff.

Viele andere, besonders hier und da abgedruckte einzelne Abhandlungen über diese und jene Arten der Windmühlen, sind im obigen schon genannt worden.

Das alphabetische Verzeichniß der verschiedenen Mühlen überhaupt mit den gehörigen Nachweisungen wird am Schlusse dieser Materie folgen.

Ende des ersten Theiles.

Nachricht für den Buchbinder.

Die Kupfer werden, nach Ordnung der oben auf jeder Platte zur rechten Hand befindlichen Zahlen, hinten an das Buch, an ein Blatt Papier angekleistert, damit sie bequem heraus geschlagen werden können.

Die Tabellen werden, nach Anweisung der darauf befindlichen Seitenzahlen, im Buche selbst befestigt.

www.ingramcontent.com/pod-product-compliance
Lightning Source LLC
LaVergne TN
LVHW092122300926
849161LV00002B/197
* 9 7 8 3 1 1 2 6 8 6 7 5 1 *